湖北省线上线下混合式一流课程配套教材

华中科技大学校级"十四五"本科规划教材

钢结构基本原理

主编　高　飞　　王综轶　　聂肃非

华中科技大学出版社

中国·武汉

内 容 简 介

本书是华中科技大学高飞教授团队在积累科研与教学经验基础上,结合《钢结构设计标准》(GB 50017—2017)、《冷弯薄壁型钢结构技术规范》(GB 50018—2002)、《钢结构焊接规范》(GB 50661—2011)、《钢结构高强度螺栓连接技术规程》(JGJ 82—2011)等国家和行业标准规范编写的。

本书主要内容包括钢结构材料、钢结构连接、受弯构件设计、轴心受力构件设计、拉弯压弯构件设计、节点设计、疲劳计算和防脆断设计等,涵盖了钢结构领域最新的知识点,以便于土木工程专业本科生学习。本书包含华中科技大学钢结构教研室的最新研究成果,根据目前钢结构的发展现状,在传统钢结构基础上补充介绍了高强度钢材、不锈钢、耐候钢等高性能钢材,描述了新型的环槽铆钉连接等。

本书可作为大学本科土木工程专业的专业基础课教材,也可作为从事钢结构设计、制作和施工工程技术人员的参考书籍。

图书在版编目(CIP)数据

钢结构基本原理 / 高飞,王综轶,聂肃非主编. -- 武汉 : 华中科技大学出版社,2024.7. -- ISBN 978-7-5772-0728-5

Ⅰ. TU391

中国国家版本馆 CIP 数据核字第 2024DJ0523 号

钢结构基本原理
Gangjiegou Jiben Yuanli

高 飞 王综轶 聂肃非 主编

策划编辑:万亚军
责任编辑:郭星星
封面设计:廖亚萍
责任监印:朱 玢
出版发行:华中科技大学出版社(中国·武汉)　　电话:(027)81321913
　　　　　武汉市东湖新技术开发区华工科技园　　邮编:430223
录　　排:武汉市洪山区佳年华文印部
印　　刷:武汉市洪林印务有限公司
开　　本:787mm×1092mm　1/16
印　　张:22.75
字　　数:597 千字
版　　次:2024 年 7 月第 1 版第 1 次印刷
定　　价:69.80 元

前　　言

我国"十三五""十四五"期间,国务院、住房城乡建设部、国家发展改革委等部门制定多项文件,致力于发展我国装配式建筑和钢结构住宅,大力推动节能减排,加快建立健全绿色、低碳循环的发展性经济体系,助力碳达峰、碳中和目标的实现。钢结构具有轻质高强、抗振性能好、施工周期短、绿色环保、便于工业化生产、可循环利用等优点,属于典型的绿色环保节能型结构,符合我国循环经济和可持续发展的要求,在建筑业中有着巨大的发展潜力。

"钢结构基本原理"是土木工程专业本科生必修课之一,华中科技大学高飞教授团队在积累多年的科研与教学经验基础上,根据课程教学要求并结合《钢结构设计标准》《冷弯薄壁型钢结构技术规范》《钢结构焊接规范》《钢结构高强度螺栓连接技术规程》等标准规范,编写了本教材。

全书共分为 8 章,第 1 章为绪论,第 2 章主要介绍钢材性能及其影响因素、建筑用钢材的种类和规格等,第 3 章主要介绍钢结构中常用的焊接和螺栓连接,第 4、5、6 章分别介绍钢结构受弯构件、轴心受力构件和拉弯/压弯构件的设计方法,第 7 章介绍钢结构中常用的节点形式,第 8 章介绍钢结构的疲劳计算和防脆断设计方法。本书的附录是按照最新颁布的国家、行业标准编制的,便于工程设计人员查用。

本书由高飞、王综轶和聂肃非担任主编。参加本书编写的人员有:高飞(第 1、2、4 章)、王综轶(第 3.6～3.7 节,第 6 章,附录)、聂肃非(第 5 章)、陈俊波(第 7.1～7.4 节)、梁鸿骏(第 1 章)、朱爱珠(第 8 章)、廖绍怀(第 4 章)、胡彪(第 3.1～3.5 节)、关兴泉(第 7.5～7.7 节)。

由于编者水平有限,书中难免有错误和不当之处,欢迎广大读者批评指正。

编　者
2024 年 2 月

目　　录

第1章

绪论

1.1 钢结构的特点及应用

钢结构是土木工程中最主要的结构形式之一,被广泛应用于工业与民用建筑、桥梁、大跨空间结构、高层及超高层结构等工程中。据统计,2018 年全国钢结构行业总用量约为 6874 万吨,房建项目和基建项目的钢结构用量各为 4674 万吨和 2200 万吨;2019 年钢结构总用量为 7579 万吨,总产值达 7721 亿元。据中国钢结构协会 2023 年统计数据显示,尽管受疫情影响,我国钢结构产量依然稳步上升:我国建筑钢结构 2020 年产量为 8138 万吨,2021 年产量为 9700 万吨,2022 年产量增至 10445 万吨。尽管我国钢结构行业体量巨大且总体保持较快发展速度,但是与美国、日本等发达国家相比,中国建筑钢结构的发展却相对落后。据统计,目前美国、日本等工业发达国家的建筑用钢量占钢材消耗总量的 50% 以上,钢结构用钢量占到钢产量的 30% 以上,钢结构面积占到总建筑面积的 40% 以上。而我国 2022 年钢结构用钢量仅占钢产量的 10.3%,总体来看我国钢结构用钢量占比还很低。为推动钢结构产业的快速发展,中国钢结构协会发布了《钢结构行业"十四五"规划及 2035 年远景目标》,提出钢结构行业"十四五"期间发展目标:到 2025 年底,全国钢结构用量达到 1.4 亿吨左右,占全国粗钢产量比例 15% 以上,钢结构建筑占新建建筑面积比例达到 15% 以上;到 2035 年,我国钢结构建筑应用达到中等发达国家水平,钢结构用量达到每年 2.0 亿吨以上,占粗钢产量 25% 以上,钢结构建筑占新建建筑面积比例逐步达到 40%,基本实现钢结构智能建造。与此同时,国家部委和地方政府陆续出台相关政策指南。2015 年 1 月,国务院常务会议明确提出结合棚户区改造工程和抗震安居工程等,开展钢结构建筑试点,扩大绿色建材等的使用;2016 年 3 月,《政府工作报告》中提出:积极推广绿色建筑和建材,大力发展钢结构和装配式建筑,提高建筑工程标准和质量;同年 9 月,国务院办公厅下发的《关于大力发展装配式建筑的指导意见》中提出"力争用 10 年左右的时间,使装配式建筑占新建建筑面积的比例达 30%",建筑工业化风口愈盛,钢结构除了化解粗钢产能,又再次担负着推进建筑业转型升级的重任,下游需求持续增长;同年 10 月,工信部颁发《钢铁工业调整升级规划(2016—2020)》,提到 2020 年钢结构用钢占建筑用钢比例不低于 25%;2017 年,国家颁发《装配式钢结构建筑技术标准》(GB/T 51232—2016),大力推进钢结构建筑体系发展;2019 年,住建部颁发行业标准《装配式钢结构住宅建筑技术标准》(JGJ/T 469—2019),使产品标准、行业标准和国家标准渐成体系。同年,住建部提出开展钢结构装配式住宅建设试点,并批复湖南、山东、河南、四川、江西、浙江、青海 7 省开展钢结构装配式住宅建设试点的方案,稳步推进钢结构装配式建筑在住宅建设项目中的应用。2020 年,全国住房和城乡建设工作会议部署了九大任务,明确要求"大力推进钢结构装配式住宅建设试点"。因此,从国家的政策导向来看,国家目前倡导绿色建筑、节能环保、循环利用以及住宅产业化和工业化,而钢结构建筑作为"绿色建筑"的优秀代表,几乎满足所有要求,成为各级政府和房产商、投资者关注和推动的新兴产业,这是钢结构行业发展的又一次新的重要机遇。表1.1.1整理了中央及住建部等各部委有关钢结构的推广政策。

表 1.1.1　中央及住建部等各部委有关钢结构的推广政策

时间	部门	文件名	全面/大力/ 优先应用领域	其他主要内容
2015.08	工信部、住建部	促进绿色建材生产和应用行动方案	大跨度工业厂房;文化体育、教育医疗、交通枢纽、商业仓储等公建	发展钢结构住宅;工业建筑和基础设施大量采用钢结构;推进轻钢结构农房建设
2016.07	交通运输部	关于推进公路钢结构桥梁建设的指导意见	公路钢结构桥梁	推进钢箱梁、钢桁梁、钢混组合梁等公路钢结构桥梁建设
2019.03	住建部	关于印发住房和城乡建设部建筑市场监管司2019年工作要点的通知	钢结构住宅	开展钢结构装配式住宅建设试点
2020.07	住建部	关于大力发展钢结构建筑的意见(征求意见稿)	公共建筑	积极稳妥推进钢结构住宅和农房建设
2020.07	住建部等	绿色建筑创建行动方案	公共建筑	到2022年,当年城镇新建建筑中绿色建筑面积占比达到70%;推广装配式建造方式;大力发展钢结构等装配式建筑,新建公共建筑原则上采用钢结构
2020.07	住建部等	关于推动智能建造与建筑工业化协同发展的指导意见	/	大力发展以建筑工业化为载体,以数字化、智能化升级为动力,创新突破相关核心技术,加大智能建造在工程建设各环节的应用,形成涵盖科研、设计、生产加工、施工装配、运营等全产业链融合一体的智能建造产业体系,提升工程质量安全、效益和品质,有效拉动内需,培育国民经济新的增长点
2020.08	住建部等	关于加快新型建筑工业化发展的若干意见	医院、学校、住宅、农房等	大力发展以钢结构建筑;鼓励医院、学校等公共建筑优先采用钢结构,积极推进钢结构住宅和农房建设;完善钢结构建筑防火、防腐等性能与技术措施,加大热轧H型钢、耐候钢和耐火钢的应用,推动钢结构建筑关键技术和相关产业全面发展
2020.10	财政部、住建部	关于政府采购支持绿色建材促进建筑品质提升试点工作的通知	政府采购工程	将在南京、杭州等六城试点,在政府采购工程中推广可循环可利用建材、高强度高耐久建材、绿色部品部件、绿色装饰装修材料、节水节能建材等绿色建材产品,积极应用装配式、智能化等新型建筑工业化建造方式,鼓励建成二星级以上绿色建筑

续表

时间	部门	文件名	全面/大力/优先应用领域	其他主要内容
2020.11	中共中央	中共中央关于制定国民经济和社会发展第十四个五年规划和二〇三五年远景目标的建议	绿色建筑	基本实现新型工业化、信息化、城镇化、农业现代化,建成现代化经济体系;广泛形成绿色生产生活方式,碳排放达峰后稳中有降,生态环境根本好转,美丽中国建设目标基本实现;生产生活方式绿色转型成效显著,能源资源配置更加合理,能源利用效率大幅提高,主要污染物排放总量持续减少,生态环境持续改善
2020.12	中共中央	2020年中央经济工作会议	绿色建筑	推进重点行业和重要领域绿色化改造;推动能源清洁低碳安全高效利用;发展绿色建筑,开展绿色生活创建活动。做好碳达峰、碳中和工作;我国二氧化碳排放力争2030年前达到峰值,力争2060年前实现碳中和;要抓紧制定2030年前碳排放达峰行动方案,支持有条件的地方率先达峰;要加快调整优化产业结构、能源结构,推动煤炭消费尽早达峰
2021.03	国务院	中华人民共和国国民经济和社会发展第十四个五年规划和2035年远景目标纲要	绿色建筑、钢结构住宅	"十四五"期间,发展智能建造,推广绿色建材、装配式建筑和钢结构住宅,建设低碳城市
2021.10	国务院	关于印发2030年前碳达峰行动方案的通知	钢结构住宅	大力发展装配式建筑,推广钢结构住宅,推动建材循环利用,强化绿色设计和绿色施工管理
2022.01	住建部	"十四五"建筑业发展规划	钢结构住宅、装配式建筑、BIM技术	以标准化为主线引导上下游产业链协同发展,积极推进高品质钢结构住宅建设,鼓励学校、医院等公共建筑优先采用钢结构;装配式建筑和BIM技术是重点发展方向
2022.03	住建部	"十四五"建筑节能与绿色建筑发展规划	钢结构建筑	到2025年,完成既有建筑节能改造面积3.5亿平方米以上,装配式建筑占当年城镇新建建筑的比例达到30%;大力发展钢结构建筑,鼓励医院、学校等公共建筑优先采用钢结构建筑,积极推进钢结构住宅和农房建设,完善钢结构建筑防火、防腐等性能与技术措施
2022.05	中共中央、国务院	乡村建设行动实施方案	装配式钢结构	推行绿色规划、绿色设计、绿色建设,因地制宜推广装配式钢结构、木竹结构等安全可靠的新型建造方式

续表

时间	部门	文件名	全面/大力/优先应用领域	其他主要内容
2022.07	住建部、国家发改委	城乡建设领域碳达峰实施方案	绿色低碳建造	推进绿色低碳建造:大力发展装配式建筑,推广钢结构住宅,到 2030 年装配式建筑占当年城镇新建建筑的比例达到 40%。建设绿色低碳住宅,推进绿色低碳农房建设

1.1.1　钢结构的特点

钢结构发展规划

1. 钢结构的优点

钢结构在土木建筑工程领域应用广泛,主要因其具有以下优点:

1) 强度高,重量轻

钢材强度较高,弹性模量较高,因而钢结构构件小而轻。当今有多种强度等级的钢材,即使是强度较低的钢材,其密度与强度的比值一般也小于混凝土和木材,因此在承载能力相同的情况下钢结构自重较小,可以做成跨度较大的结构。由于杆件小,所占空间小,因此钢材亦便于运输和安装。但也正由于钢材强度高,钢结构构件截面较小,受压时易被稳定承载力和刚度要求所控制,故其强度难以得到充分的利用。

2) 材质均匀,可靠性高

钢材质地均匀,非常接近于各向同性的质体。钢材由钢厂生产,控制严格,质量比较稳定。钢结构在使用阶段能处于理想弹性工作状态,且由于钢材的弹性模量较大,变形小,因此钢结构的实际工作性能比较符合目前采用的理论计算结果,计算的不确定性因素较少,故钢结构的计算可靠性较高。

3) 塑性和韧性好

随着冶金技术的不断发展,钢材性能持续稳定和优化,建筑用钢的塑性较好,屈服后具有较强的变形能力,因此一般不会因为超载而突然断裂破坏,破坏前有明显变形预警作用。另外,良好的塑性使得构件具有良好的应力重分布能力,受力更加均匀。同时,钢材具有良好的韧性,对于动力荷载的适应性较强,适用于长期承受动力荷载的构件和抗震建筑结构。

4) 钢结构工业化程度高,施工周期短

钢结构可先在工厂内加工成构件或构件组,然后运往建设现场进行连接和组装;部分钢结构组件还可先在地面拼装成形,再整体吊装到指定位置进行连接。因此,钢结构的工业化程度高,施工简单快捷,施工周期短,有利于实现建筑产业化,是钢结构装配式住宅体系得以大力推广的重要因素。

5) 密封性好

钢材本身组织非常致密,当采用焊接连接,甚至铆钉或螺栓连接时,都易做到紧密不渗漏,因此钢材是制造容器,特别是高压容器、大型油库、气柜、输油管道的良好材料。

6) 钢结构绿色环保,可实现循环利用

在钢结构的生产和建造过程中,不需要开山采石,也无须河底挖沙,加工过程无粉尘污染,施工以干作业为主,因此对生态环境和生活环境破坏和影响小,所以说钢结构是绿色环保的结构形式。另外,钢结构施工过程中的边角料和拆除的钢构件,能够再次回炉作为炼钢的原材料,不但不产生大量的建筑垃圾,还可实现材料的循环利用。

2. 钢结构的缺点

钢结构也存在如下缺点:

1) 钢材耐腐蚀性差

暴露在空气中的普通钢材非常容易锈蚀,钢结构的截面尺寸又较小,锈蚀引起的截面削弱对于构件的影响相对更大,因此钢结构构件往往需要定期维护刷漆。钢结构对除锈、油漆和涂层厚度等均有严格要求,这也导致其建筑造价相对较高。近年来,材料和冶金学科的发展使得各种耐腐蚀钢不断出现,与传统钢材相比,它们具有较高的抗锈蚀性能,使得钢结构应用更加广泛。

2) 耐热性较好,防火性差

结构表面温度在 200 ℃ 以内时,钢材强度变化很小,因而钢结构适用于热车间。但结构表面长期受辐射热达 150 ℃ 时,应采用隔热板加以防护。钢结构防火性较差,钢材表面温度达 300~400 ℃ 以后,其强度和弹性模量显著下降;表面温度达 600 ℃ 时,其强度几乎降到零。当防火要求较高时,需要对钢材采取保护措施,如在钢结构外面包混凝土或其他防火板材,或在构件表面喷涂一层含隔热材料和化学助剂等的防火涂料,以提高钢材的耐火等级。

3) 钢结构的低温冷脆倾向

由厚钢板焊接而成的承受拉力和弯矩的构件及其连接节点在低温下有脆性破坏的倾向,应引起足够的重视。

4) 钢结构对缺陷较为敏感

钢材出厂时会存在一定内在缺陷,在制作和安装过程中还会出现新的缺陷。钢结构对缺陷较为敏感,设计时需要考虑其效应。

1.1.2　钢结构的应用

1. 工业建筑钢结构

当工业建筑的跨度和柱距较大,或者设有大吨位吊车,结构需承受大的动力荷载时,往往部分或全部采用钢结构。为了缩短施工工期,尽快发挥投资效益,近年来我国的普通工业建筑也大量采用钢结构,一般工业建筑钢结构主要包括单层厂房、双层厂房、多层厂房等(见图 1.1.1)。

对于起重量较大或工作较繁忙的重型工作车间,一般采用承重钢骨架,如冶金工厂的平炉

（a）单层厂房　　　　　　　　　　　　　　　　（b）多层厂房

图 1.1.1　钢结构工业厂房

车间、初轧车间、混凝土炉车间,重型机械厂的铸钢车间、水压机车间和锻压车间,造船厂的船体车间,电厂的锅炉框架,飞机制造厂的装配车间以及其他工厂跨度较大的车间等。

2. 桥梁结构

桥梁是为道路跨越天然或人工障碍物而修建的建筑物。随着经济的快速发展,在市政建设、过水桥、高速公路、高速铁路、跨海大桥等大型交通工程的桥梁建设中,采用钢结构作为建筑主体已日益普遍。钢结构桥梁一般由上部钢结构、下部钢结构和附属构造物组成。常见的钢结构桥梁包括钢梁桥、钢桁桥、钢拱桥、斜拉桥、悬索桥等,如旧金山金门大桥[见图1.1.2 (a)]、武汉长江大桥[见图1.1.2(b)]、重庆朝天门长江大桥、南京长江大桥均为钢结构桥梁,其规模和建设难度都举世闻名。

此外,当陆地运输不甚繁忙,河流上有船舶航行而固定式桥梁不能建造在通航净空以上时,就需要建造开启桥,从而解决水陆交通问题。为了减轻开启结构的重量,开启桥大多采用钢结构,常用的开启桥有立转桥、升降桥和平转桥三种。当桥梁位于繁华市区时,为了避免视觉上的单调性,桥梁除满足交通功能之外还可挖掘其观光功能,如我国"功能和景观结合"的桥轮合一的天津永乐桥,集交通、商业、观光等功能于一体,为城市桥梁设计开辟了新的思路。该桥采用新型斜拉桥和摩天轮复合结构体系,主要由主桥、摩天轮和引桥等部分组成,其中摩天轮和主桥采用钢结构,见图1.1.2(c)。

（a）旧金山金门大桥

（b）重庆朝天门长江大桥

图 1.1.2　钢结构桥梁工程

装配式钢
结构

（c）天津永乐桥

续图 1.1.2

3. 大跨度空间钢结构

北京大兴
国际机场

随着结构跨度增大，结构自重在全部荷载中所占的比重也就越大，减轻自重可获得明显的经济效益。对于大跨度空间钢结构，一方面结构呈现空间三维受力特性，所有构件均能较大程度发挥作用；另一方面钢结构轻质高强，可有效减轻结构自重，使得大跨度空间结构的跨越能力不断提高。大跨度空间钢结构（图 1.1.3）主要应用于体育场馆、展览馆、会展中心、航站楼、火车站房等，常用的结构体系有空间网格结构（网架结构和网壳结构）、拱架结构、索网结构、张弦结构等。

（a）北京大兴国际机场 （b）武汉火车站

图 1.1.3 大跨度空间钢结构

4. 高层及超高层建筑钢结构

高层建筑已成为现代化城市的一个标志。钢材强度高和重量轻的特点对高层建筑具有重要意义。强度高则构件截面尺寸小，可提高有效使用面积；重量轻可大大减轻构件、基础和地基所承受的荷载，降低基础工程的造价。当今世界上最高的 50 幢建筑中，钢结构和钢筋混凝土组合结构占 80% 以上。1974 年建成的纽约威利斯大厦，共 111 层，总高度达 442.3 m，为全钢结构建筑。近年来，我国也建成了很多高层钢结构建筑。1997 建成的上海金茂大厦主楼 88 层，总高度为 420.5 m；位于上海浦东的上海环球金融中心共 104 层，总高度为 492 m。在建的苏州中南中心,建筑设计总高度达 729 m,后调整为 499.15 m;武汉绿地中心建筑设计总高度为 636 m,建成后实际高度为 475 m;天津 117 大厦于 2008 年开工建设,结构高 596.5 m,成为当时仅次于迪拜哈利法塔的世界结构第二高楼,该结构采用了巨型框架-核心筒-巨型斜撑多重结构抗侧力体系,其中钢结构主要应用在外框巨柱、核心筒内钢板剪力墙、四周巨型斜撑等,总用钢量约 15 万吨。典型的高层、超高层结构如图 1.1.4 所示。

广州电视塔

　　（a）上海环球金融中心　　　　　　（b）武汉绿地中心　　　　　（c）广州新电视塔"小蛮腰"

图 1.1.4　高层超高层结构

5. 高耸结构

高耸结构主要有无线电桅杆、微波塔、广播和电视发射塔架、高压输电线路塔架、火箭发射塔等(图 1.1.5),它们的高度尺寸大,构件的横截面尺寸较小,受自重、风荷载、地震作用影响较大,常采用钢结构。

　　　（a）巴黎埃菲尔铁塔　　　　　　　　　　（b）特高压输变电塔

图 1.1.5　高耸结构

6. 密闭容器和大直径管道钢结构

钢结构还可用于要求密闭的容器制造中,如储油库、油罐煤气库、高炉、热风炉、水塔以及各种管道,见图 1.1.6。这些结构均采用板壳结构。三峡水利枢纽工程中的发电机组采用的压力钢管内径达 12.4 m。

海洋石油平台

(a)储油库   (b)输油管道

图 1.1.6 密闭容器和管道结构

7. 其他结构

需经常装拆和移动的各类起重运输设备和钻探设备也常用钢结构设计,如工地临时用房、灾区临时住房、塔式起重机身、龙门起重机、海上钻井平台等,见图 1.1.7。

(a)塔式起重机身   (b)南海某钻井平台

图 1.1.7 其他结构

1.2 钢结构的主要结构形式及组成部件

1.2.1 工业建筑结构

工业建筑钢结构主要包括单层厂房、双层厂房、多层厂房等。单层厂房一般是由一系列平面承重结构用支撑构件连成的空间整体(图 1.2.1)。在这种结构形式中,外荷载主要由平面承重结构承担,纵向水平荷载由支撑构件承受和传递。平面承重结构又可有多种形式,最常见的为横梁与柱刚接的门式刚架和横梁(桁架)与柱铰接的排架。

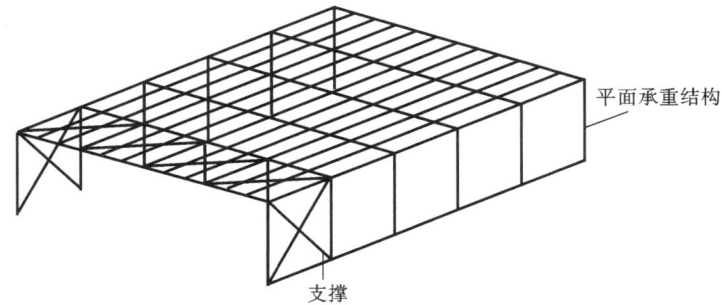

图 1.2.1　单层厂房常用的结构形式

1.2.2　桥梁结构

用于桥梁的主要结构形式有如下几种：

（1）实腹板梁式结构。该结构可以采用工字形截面或箱形截面，见图 1.2.2(a)。

（2）桁架式结构。桁架可以是简支的也可以是连续的，见图 1.2.2(b)。

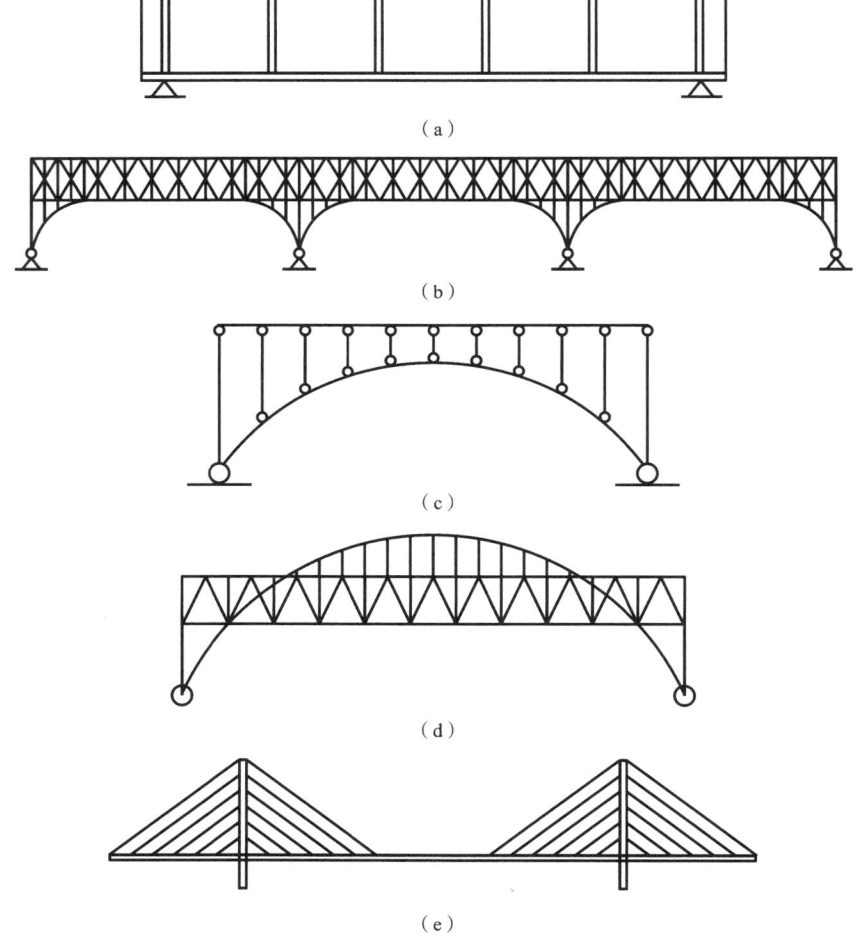

（a）

（b）

（c）

（d）

（e）

图 1.2.2　桥梁的主要结构形式

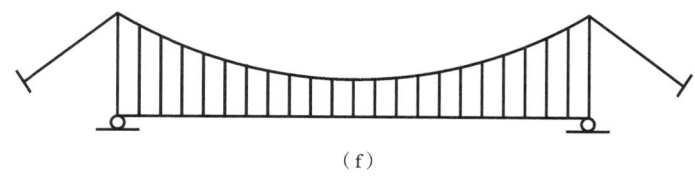

（f）

续图 1.2.2

（3）拱或刚架式结构。图 1.2.2(c)是拱式结构的一种常见形式,拱和刚架可以做成实腹式或格构式。

（4）拱与梁或桁架的组合结构。图 1.2.2(d)是柔性拱与桁架的结合形式。

（5）斜拉结构。图 1.2.2(e)所示的是斜拉结构的一种形式,斜拉索采用高强度预应力钢缆制作。

（6）悬索结构。图 1.2.2(f)所示的是悬索结构的一种形式。

1.2.3 大跨度空间钢结构

大跨度单层房屋的结构形式众多,常用的有以下几种:

1) 平板网架

图 1.2.3 给出了两种双层平板网架,图 1.2.3(a)为由杆件形成的倒置四角锥结构。图 1.2.3(b)所示结构由三个方向交叉的桁架组成,这种结构形式目前也已在单层厂房中广泛应用。

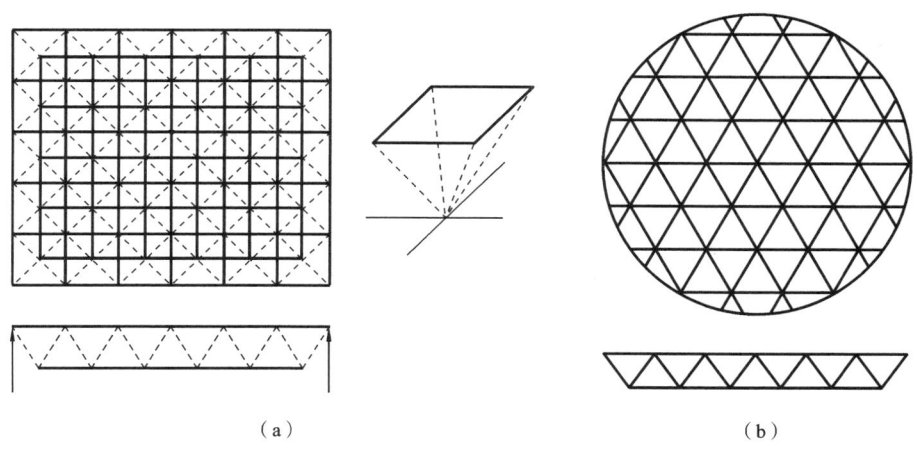

（a）　　　　　　　　　　　　　　（b）

图 1.2.3 平板网架

2) 网壳

网壳的结构形式比较多,图 1.2.4 给出了常用的几种。图 1.2.4(a)为筒状网壳,也称筒壳,可以是单层或双层的。双层时一般由倒置四角锥组成。图 1.2.4(b)和图 1.2.4(c)为球状网壳,也称球壳,无论是单层[图 1.2.4(b)]或双层[图 1.2.4(c)],其网格都可以有多种分格方式。

3) 空间桁架或空间刚架体系

上海浦东国际机场航站楼的屋盖采用了这种结构体系。

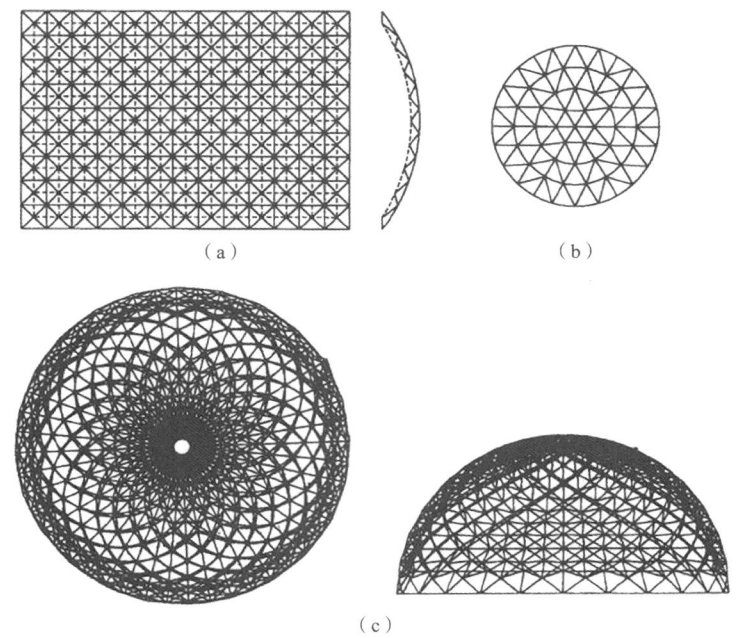

（a）　　　　　　　　　　　　　　　　（b）

（c）

图 1.2.4　网壳

4）悬索结构

　　悬索结构是一种极为灵活的结构,其形式之多可谓不胜枚举,图 1.2.5 给出了少量的常用形式。图 1.2.5(a)和图 1.2.5(b)是预应力双层悬索体系,图 1.2.5(c)和图 1.2.5(d)是预应力鞍形索网体系。

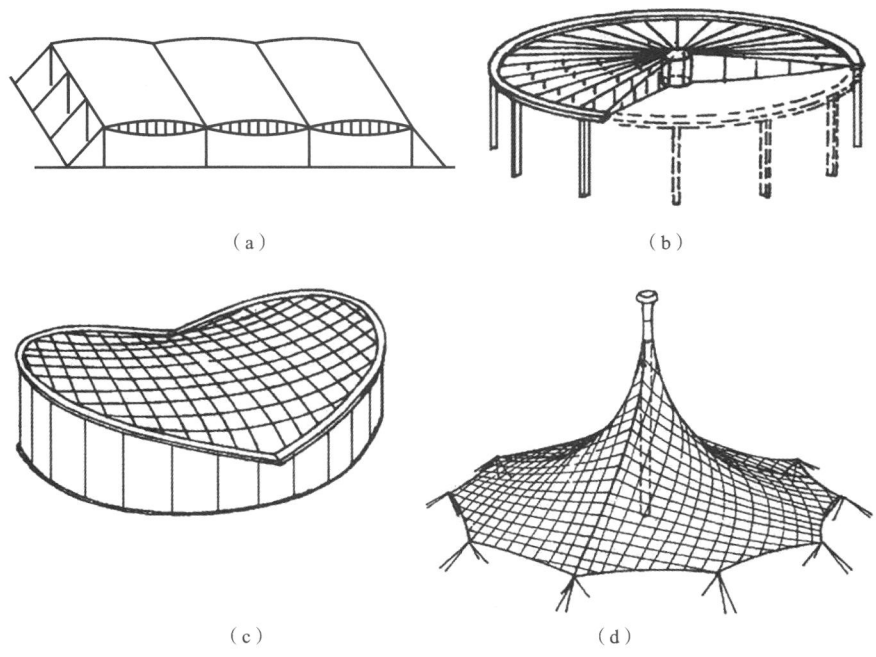

（a）　　　　　　　　　　　　　　　　（b）

（c）　　　　　　　　　　　　　　　　（d）

图 1.2.5　悬索结构

5）杂交结构

杂交结构是指不同结构形式组合在一起的结构。图 1.2.6(a)是拱与索网组合在一起的结构，图 1.2.6(b)是拉索与平板网架组合在一起的斜拉网架。

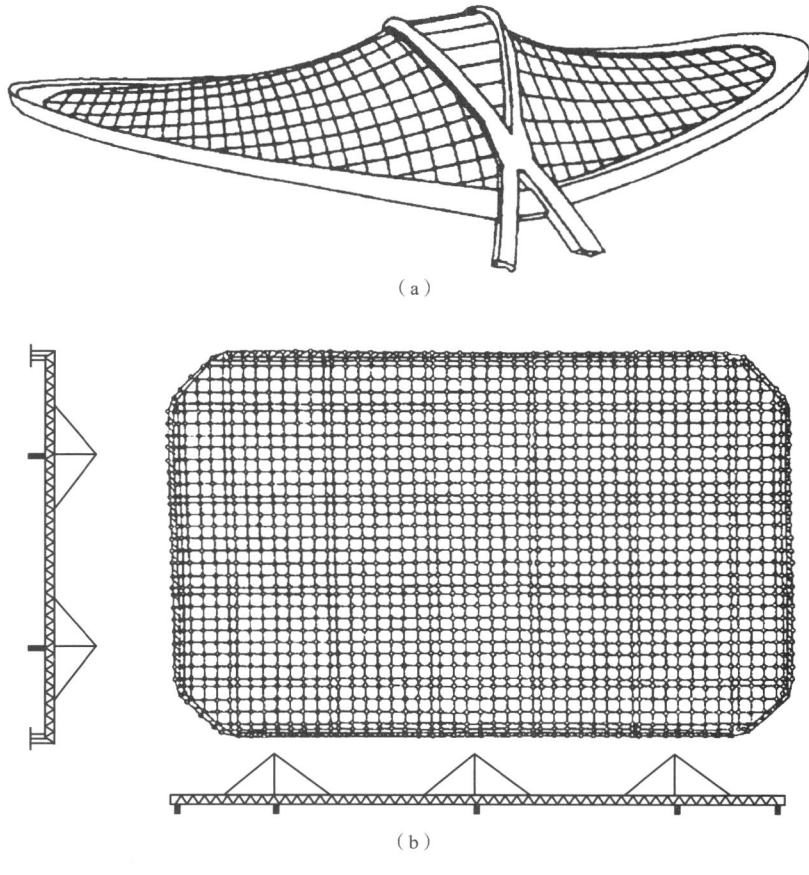

(a)

(b)

图 1.2.6 杂交结构

6）张拉集成结构

张拉集成结构是一种由通过预应力张拉的拉索与少量压杆组成的结构。这种结构形式可以跨越较大空间，是目前空间结构中跨度最大的结构，具有极佳的经济指标。图 1.2.7 所示是一种 240 m×193 m 椭圆形平面的张拉集成结构，这种形式也称索穹顶。

7）索膜结构

索膜结构由索和膜组成，具有自重轻、体形灵活多样的优点，适用于大跨度公共建筑。

1.2.4 高层及超高层结构

多层、高层及超高层建筑所承受的风荷载或地震作用随着房屋高度的增加而迅速增加，如何有效地承受水平力是选用结构形式时需要考虑的一个重要问题。根据高度的不同，多层、高层及超高层建筑可采用以下合适的结构形式：

（1）刚架结构。即由梁和柱刚性连接形成多层多跨刚架[图 1.2.8(a)]。

（2）刚架支撑结构。即由刚架和支撑体系(包括抗剪桁架、剪力墙或核心筒)组成的结构，

图 1.2.8(b)即为刚架-抗剪桁架结构。

　　（3）框筒、筒中筒、束筒等筒体结构。图 1.2.8(c)所示为束筒结构形式。

　　（4）巨型结构。巨型结构包括巨型桁架和巨型框架，见图 1.2.8(d)。

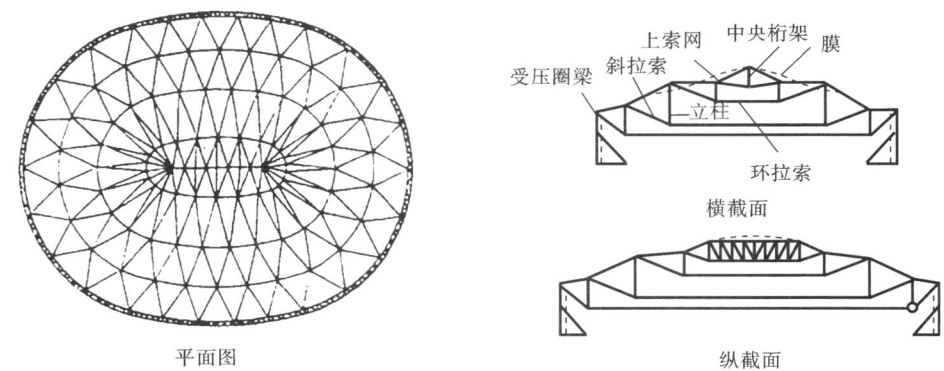

平面图　　　　　　　　　　　　　　　纵截面

图 1.2.7　张拉集成结构

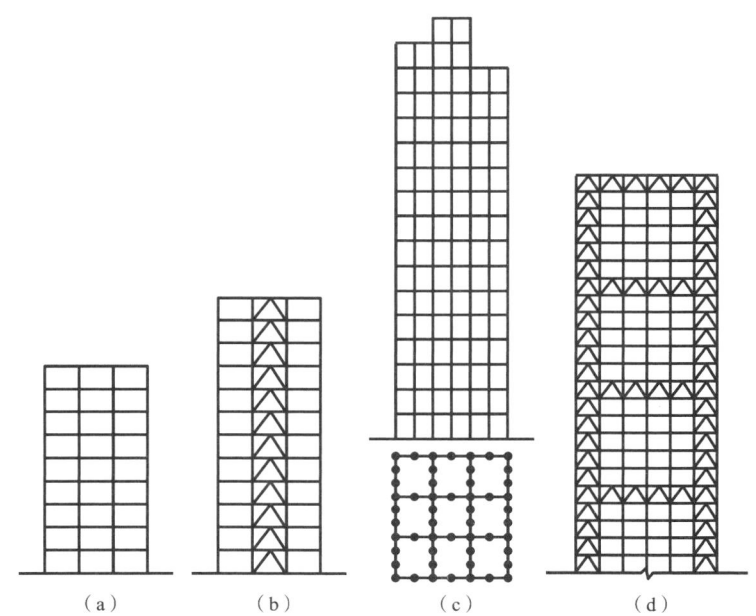

（a）　　　　（b）　　　　（c）　　　　（d）

图 1.2.8　多层、高层及超高层建筑结构形式

1.2.5　高耸结构

　　高耸结构主要指塔桅结构。塔桅的主要结构形式有两种：

　　（1）桅杆结构［图 1.2.9(a)］。杆身依靠纤绳的牵拉而站立，杆身可采用圆管或三角形、四边形等格构杆件。

　　（2）塔架结构［图 1.2.9(b)］。塔架立面轮廓线可采用直线形、单折线形、多折线形和带有拱形底座的多折线形，平面可分为三角形、四边形、六边形、八边形等。

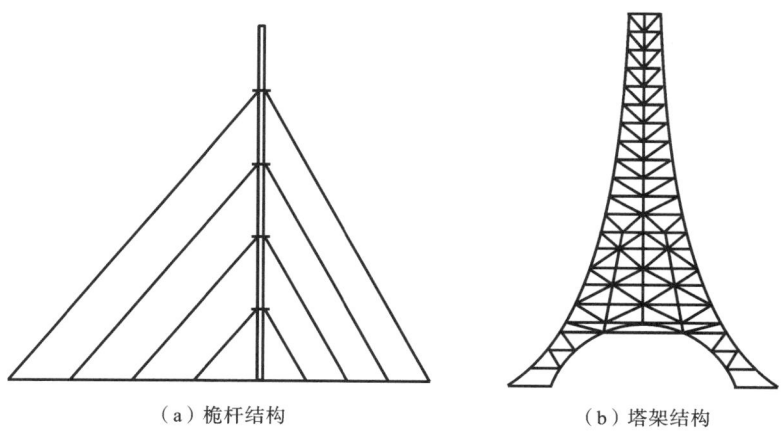

（a）桅杆结构 （b）塔架结构

图 1.2.9 塔桅结构

1.3 钢结构部件的受力特性

从房屋建筑、桥梁、塔桅以及其他工程结构所采用的主要结构形式来看,除了容器(如储液罐、储气罐、囤仓、炉体等)和管道(如输油管、输气管、压力水管等)采用钢板壳体结构外,其他结构一般都由杆件系统和拉索组成。分析结构整体受力时,往往先从杆件入手,而这些杆件根据其受力特性,一般可以归结为受弯构件、轴心受力构件(拉索、拉杆、压杆等)、压弯构件、拉弯构件以及同时承受弯剪扭应力的复杂受力构件。

1.3.1 受弯构件

工程中将只受弯矩作用或受弯矩与剪力共同作用的构件称为受弯构件。实际工程中,以受弯受剪为主但作用力很小的轴力构件,也常称为受弯构件。结构中的受弯构件主要以梁的形式出现,通常受弯构件和广义的梁是指同一对象,如图 1.3.1 所示。

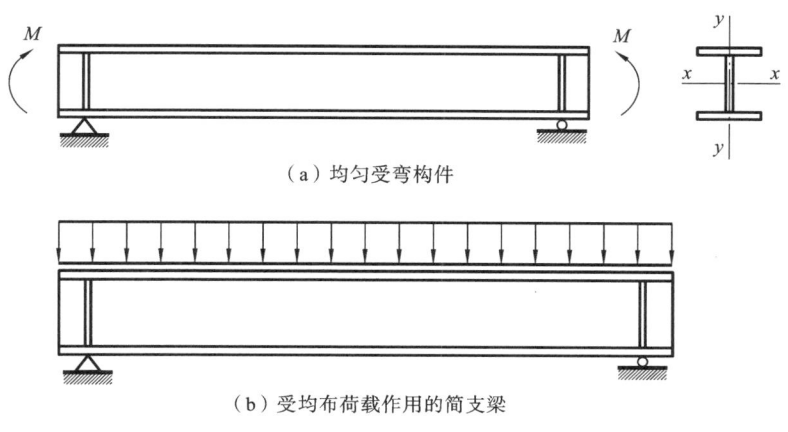

（a）均匀受弯构件

（b）受均布荷载作用的简支梁

图 1.3.1 受弯构件

按荷载情况不同,构件可能绕一个主轴受弯,也可能绕两个主轴同时受弯。前者称为单向弯曲构件(梁),后者称为双向弯曲或斜弯曲构件(梁)。

按支承条件不同,受弯构件可分为简支梁、连续梁、悬臂梁等。

按在结构体系传力系统中的作用不同,受弯构件分为主梁、次梁等。

按截面形式和尺寸沿构件轴线是否变化,有等截面受弯构件和变截面受弯构件之分。在一些情况下,使用变截面梁可以节省钢材,但也可能增加制作成本。

按截面构成方式的不同,受弯构件可分为实腹式截面和空腹式截面,前者又分为型钢截面与焊接组合截面。

采用型钢的受弯构件,通常使用工字型钢、H型钢(其截面宽高比大于工字型钢)中的窄翼缘型钢(截面宽高比为 0.3~0.5)和槽钢等。工字型钢与H型钢的材料在截面上的分布比较符合构件受弯的特点,用钢较省,因此应用普遍;但当受到轧制设备的限制,型钢规格不能满足受弯构件的要求,或考虑最大限度地节省钢材时,可采用焊接组合截面。焊接组合截面由若干钢板,或钢板与型钢连接而成,它的截面比较灵活,有的情况下可使材料的分布更容易满足工程上的各种需要,从而节省钢材。用3块钢板组成的工字形截面、4块钢板组成的箱形截面,以及由若干个室组成的多室箱形截面,在工程中应用也很广泛;空腹式截面可以减轻构件的自重,在建筑结构中也方便了管道的通行,对外露的结构构件,有时还能起到空间韵律变化的作用。

1.3.2　轴心受力构件

轴心受力构件是指承受通过构件截面形心轴线的轴向力作用的构件,当这种轴向力为拉力时,称为轴心受拉构件,简称轴心拉杆;当这种轴向力为压力时,称为轴心受压构件,简称轴心压杆。轴心受力构件广泛地应用于屋架、托架、塔架、网架和网壳等各种类型的平面或空间格构式体系以及支撑系统中。图1.3.2所示为屋架节点。

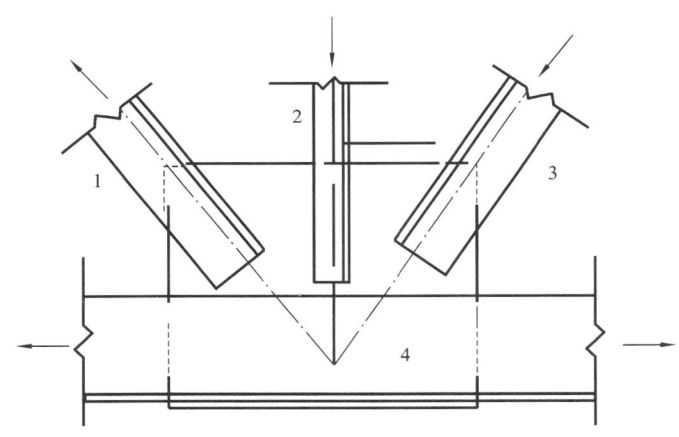

图 1.3.2　屋架节点

1,4—受拉构件;2,3—受压构件

1.3.3　压弯构件和拉弯构件

构件同时承受轴心压(或拉)力和绕截面形心主轴弯矩的作用,称为压弯(或拉弯)构件。弯矩可能由轴心力的偏心作用、端弯矩作用或横向荷载作用等因素产生(图1.3.3),当弯矩由偏心轴力引起时,构件也称为偏压(或拉)构件。当弯矩作用在截面的一个主轴平面内时,构件称为单向压弯(或拉弯)构件。当弯矩同时作用在两个主轴平面内时,构件称为双向压弯(或拉弯)构件。由于压弯构件是受弯构件和轴心受压构件的组合,因此压弯构件也称为梁-柱。

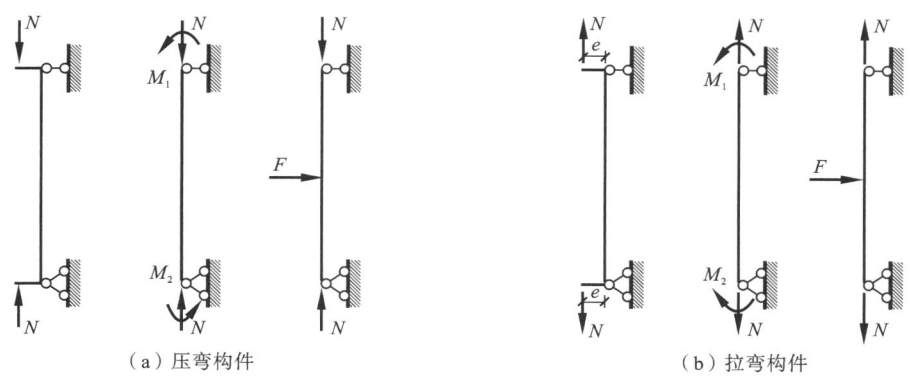

（a）压弯构件　　　　　　　　　　（b）拉弯构件

图 1.3.3　压弯构件及拉弯构件

在钢结构中压弯构件和拉弯构件的应用十分广泛,例如有节间荷载作用的桁架上下弦杆、受风荷载作用的墙架柱、工作平台柱、支架柱、单层厂房结构及多高层框架结构中的柱,等等。

1.3.4　复杂受力状态构件

当作用在梁上的剪力未通过剪力中心时,梁不仅产生弯曲变形,还将绕剪力中心扭转。当扭转发生时,除圆形截面的构件截面保持平面外,其他截面形式的构件由于截面上的纤维沿纵向伸长或缩短而表面凹凸不平,截面不再保持为平面,产生翘曲变形。如果各纤维沿纵向伸长或缩短不受约束,则为自由扭转。如图 1.3.4 所示,一等截面工字形构件受两端大小相等、方向相反的扭矩作用,端部并无添加特殊的构造措施,截面上各点纤维在纵向均可自由伸缩,构件发生的是自由扭转。自由扭转在开口截面构件上产生的剪力流如图

图 1.3.4　工字形截面构件自由扭转

1.3.5 所示,剪应力方向与壁厚中心线平行,沿壁厚方向线性变化,在壁厚中部剪应力为零,在两壁面处达最大值,其大小与构件扭转角的变化率(即扭转率)呈正比例关系。

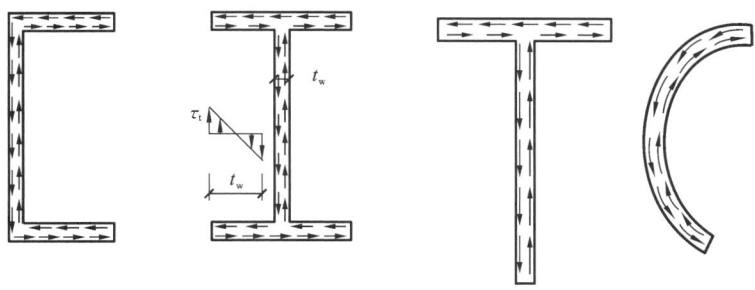

图 1.3.5　自由扭转剪应力

1.4　钢结构的常见破坏形式

钢结构各部件在各种受力状态下,可能会出现强度破坏、过度塑性变形破坏、失稳破坏、疲劳破坏和脆性断裂破坏等破坏形式。

1.4.1　强度破坏

当构件某一截面或连接件因应力超过材料强度而导致的破坏称为强度破坏。有孔洞的钢构件在削弱截面处拉断,属于一般的强度破坏。图 1.2.2(b)中的桁架桥梁结构,如果受力最大的下弦杆拉断,整个桥梁就不能再继续承载,这也属于典型的强度破坏。此外,实际工程的受弯构件的截面上都会有剪应力,若其最大剪应力达到材料剪切屈服值,也可视为强度破坏。

1.4.2　过度塑性变形破坏

由于钢结构用的钢材多数都具有良好的塑性变形能力,并且在屈服之后还会出现强化现象,表现为抗拉强度(tensile strength,符号 f_u[①] 或 R_m)高于屈服强度(yield strength,符号为 f_y),即尽管构件某截面应力超过钢材的屈服强度,结构依然可以继续承载。以一双轴对称工字形的等截面构件为例[图 1.3.1],构件两端施加等值同曲率的渐增弯矩 M,并设弯矩使构件截面绕强轴转动。构件钢材的应力应变关系如图 1.4.1(e)所示。当弯矩较小时[图

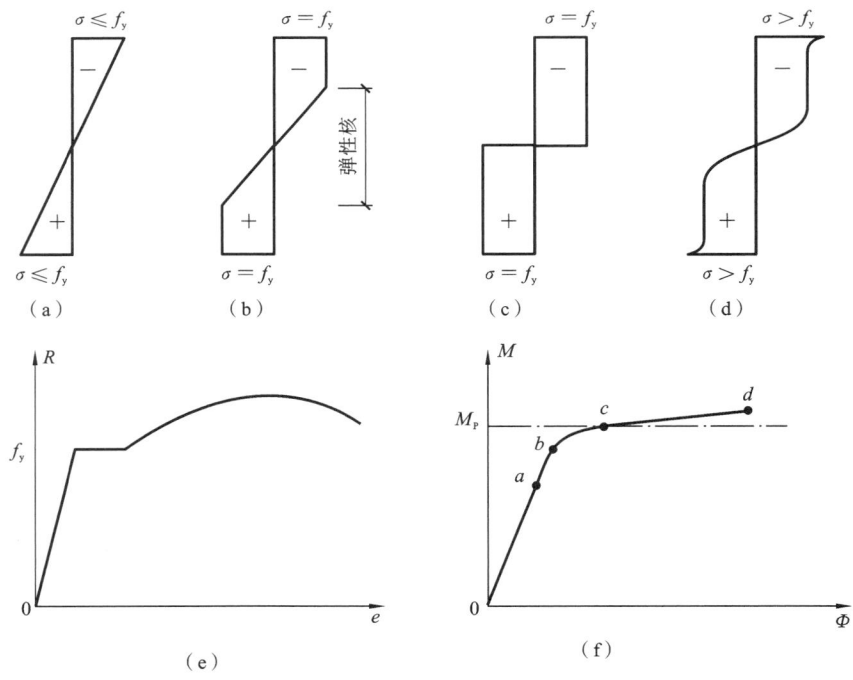

图 1.4.1　钢材应力应变关系图受弯截面应力的变化

---

① 编者注:参照 GB/T 10623—2008《金属材料 力学性能试验术语》,抗拉强度用符号 R_m 表示,而 GB 50017—2017《钢结构设计标准》中仍然沿用 f_u 的表示方法,为保持全书的一致性,本书仍采用 f_u 的表示方法。对于 f_y 的处理同此。

1.4.1(f)中的 a 点],整个截面上的正应力都小于材料的屈服强度,截面处于弹性受力状态,假如不考虑残余应力的影响,这种状态可以保持到截面最外"纤维"的应力达到屈服强度为止[图1.4.1(a)]。之后,随着弯矩继续增大[图1.4.1(f)中的 b 点],截面外侧及其附近的应力相继达到和保持在屈服强度的水准上,主轴附近则保留一个弹性核[图1.4.1(b)]。应力达到屈服强度的区域称为塑性区,塑性区的应变在应力保持不变的情况下继续发展,截面弯曲刚度仅靠弹性区提供。当弯矩增长使弹性区变得非常小时,相邻两截面在弯矩作用方向几乎可以自由转动。此时,可以把截面上的应力分布简化为图1.4.1(c)所示的情况,这种情况可以看作截面达到了抗弯承载力的极限[图1.4.1(f)中的 c 点]。截面最外边缘及其附近的应力,实际上可能超过屈服强度而进入强化状态,真实的应力分布如图1.4.1(d)所示,截面的承载能力还可能略增大一些[图1.4.1(f)中的 d 点],但此时因绝大部分材料已进入塑性状态,结构塑性变形很大。尽管此时构件仍未破坏,但是对于工程设计而言,可利用的意义不大。

1.4.3 失稳破坏

在荷载作用下,钢结构的外力与内力必须保持平衡。但这种平衡状态有持久的稳定平衡状态和极限平衡状态,当结构处于极限平衡状态时,外界轻微的扰动就会使结构或构件产生很大的变形而丧失稳定性,这种现象就是钢结构的失稳破坏。失稳破坏又可分为整体失稳破坏和局部失稳破坏。

整体失稳破坏是轴心受压构件的主要破坏形式。轴心受压构件在轴心压力较小时处于稳定平衡状态,如有微小干扰力使其偏离平衡位置,在干扰力除去后,构件仍能恢复到原先的平衡状态。随着轴心压力的增加,轴心受压构件会由稳定平衡状态逐步过渡到随遇平衡状态,这时如有微小干扰力使其偏离平衡位置,除去干扰力后构件将停留在新的位置而不能恢复到原先的平衡位置。随遇平衡状态也称为临界状态,这时的轴心压力称为临界压力。轴心压力达到临界压力标志着构件发生失稳破坏。轴心受压构件整体失稳的变形形态与截面形式有密切关系。一般情况下,双轴对称截面如工字形截面、H形截面在失稳时只出现弯曲变形,此现象称为弯曲失稳,如图1.4.2(a)所示。单轴对称截面如不对称工字形截面、槽钢截面、T形截面等,在绕非对称轴失稳时也是弯曲失稳;而绕对称轴失稳时,不仅出现弯曲变形还有扭转变形,称为弯扭失稳,如图1.4.2(b)所示。无对称轴的截面如不等肢L形截面,在失稳时均为弯扭失稳。对于十字形截面和Z形截面,可能出现弯曲失稳外,还可能出现只有扭转变形的扭转失稳,如图1.4.2(c)所示。

整体失稳也是受弯构件的主要破坏形式之一。单向受弯构件在荷载作用下,虽然最不利

图 1.4.2 轴心压杆整体失稳的形态

截面上的弯矩或者弯矩与其他内力的组合效应还低于截面的承载强度,但构件可能突然偏离原来的弯曲变形平面,发生侧向挠曲和扭转(图 1.4.3),此现象称为受弯构件的整体失稳。失稳时构件的材料都处于弹性阶段,此现象称为弹性失稳;若失稳时部分材料进入塑性,此现象则称为弹塑性失稳。受弯构件整体失稳后,一般不能再承受更大荷载的作用。不仅如此,若构件在平面外的弯曲及扭转(称为弯扭变形)的发展不能予以抑制,就不能保持构件的静态平衡并发生破坏。

同时,钢受弯构件的截面大多是由板件组成的。如果板件的宽度与厚度之比太大,在一定的荷载条件下,会出现波浪状的鼓曲变形,这种现象称为局部失稳。与整体失稳不同,若构件仅发生局部失稳,其轴线变形仍可视为发生在弯曲平面内(图 1.4.4)。板件的局部失稳,虽然不一定使构件立即达到承载极限状态而破坏,但局部失稳会恶化构件的受力性能,使得构件承载强度不能充分发挥。此外,若受弯构件的翼缘局部失稳,构件的整体失稳就可能提前发生。受弯构件的局部失稳也有弹性与弹塑性之分,当截面的板件宽厚比较小时,受弯构件截面上的最大应力能够接近甚至超过屈服强度,此后发生的板件鼓曲变形属于弹塑性局部失稳;当截面的板件宽厚比较大成为薄柔截面时,板件会在弹性阶段发生局部失稳,板件失稳后还可继续承载,且板件的承载强度比失稳时还可能有所提高,所以弹性局部失稳说明受弯构件局部遭到破坏,承载性能开始恶化,但不一定作为构件整体遭到破坏的判别准则。

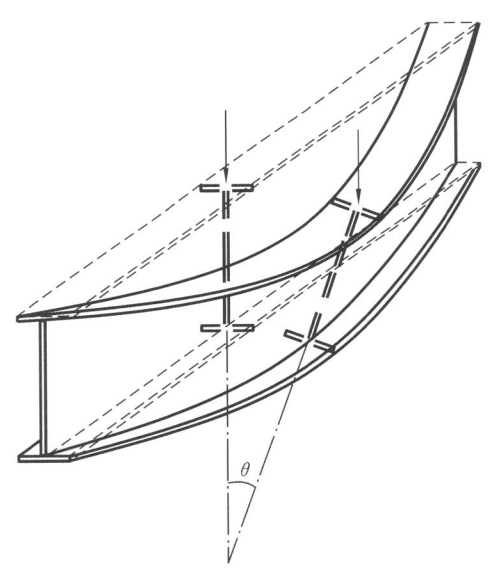

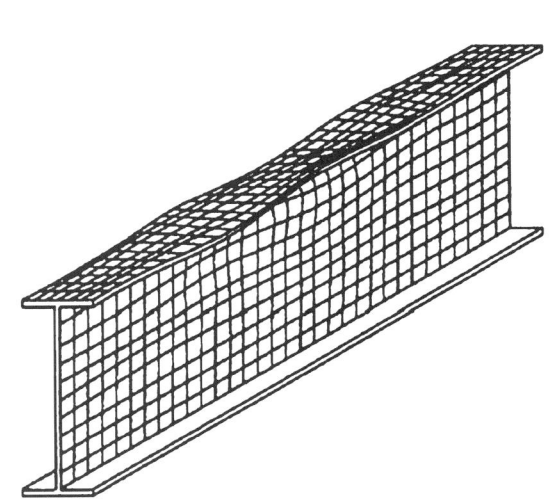

图 1.4.3 受弯构件的整体失稳 　　　　　　　图 1.4.4 受弯构件的局部失稳

1.4.4 疲劳破坏

　　钢材在持续反复荷载作用下,在其应力远低于强度极限,甚至还低于屈服极限的情况下也会发生破坏,这种现象称为钢材的疲劳破坏。能够导致钢结构疲劳的荷载是动力的或循环性的活荷载,如桥式起重机对吊车梁的作用、车辆对桥梁的作用等。钢结构在疲劳破坏之前并没有明显的变形,疲劳破坏是一种突然发生的断裂,断口平直,所以疲劳破坏属于反复荷载作用下的脆性破坏。

1.4.5 脆性断裂破坏

在结构各种可能的破坏形式之中,结构的脆性断裂破坏是最危险的破坏形式。脆性断裂破坏是突然发生的,在破坏前没有任何的预兆,发生破坏时钢材的应力也往往小于其屈服应力,上文提到的疲劳破坏也是一种典型的脆性断裂破坏。造成脆性断裂破坏的原因还有很多,如低温工作环境、钢材材质的缺陷以及焊接结构的焊缝缺陷等,这些都会增加钢结构发生脆性断裂破坏的可能。

1.5 钢结构的设计方法

1.5.1 概率极限状态设计法

1. 结构的功能要求

建筑结构要解决的基本问题是,力求以较为经济的手段,使所要建造的结构具有足够的可靠度,以满足各种预定功能要求。结构在规定的设计使用年限内应满足的功能有:

(1) 在正常施工和正常使用时,能承受可能出现的各种作用;

(2) 在正常使用时具有良好的工作性能;

(3) 在正常维护下具有足够的耐久性;

(4) 在设计规定的偶然事件(如地震、火灾、爆炸、撞击等)发生时及发生后,仍能保持必需的整体稳定性。

上述"各种作用"是指凡使结构产生内力或变形的各种原因,如施加在结构上的集中荷载或分布荷载,以及引起结构外加变形或约束变形的原因,例如地震、地基沉降、温度变化等。

2. 结构的可靠度

结构在规定的时间内,在规定的条件下,完成预定功能的能力,称为结构的可靠性。结构可靠度是对结构可靠性的定量描述,即结构在规定的时间内,在规定的条件下,完成预定功能的概率。对结构的可靠度要求与结构的设计基准期长短有关,设计基准期长,可靠度要求就高,反之则低。一般建筑物的设计基准期为 50 年。

3. 结构的极限状态

和其他建筑结构一样,钢结构的极限状态也分为两类:

(1) 承载能力极限状态。包括构件和连接的强度破坏、疲劳破坏和因过度变形而不适于继续承载,结构和构件丧失稳定,结构转变为机动体系和结构倾覆。

(2) 正常使用极限状态。包括影响结构、构件和非结构构件正常使用或耐久性能的局部损坏,如组合结构中混凝土裂缝。

承载能力极限状态与正常使用极限状态相比较,前者可能导致人身伤亡和大量财产损失,故其出现的概率应当很低,而后者对生命的危害较小,故允许出现的概率可高一些,但仍应给予足够的重视。

4. 概率极限状态设计原理

设结构的极限状态采用下列极限状态方程描述:

$$Z = g(x_1, x_2, \cdots, x_n) = 0 \qquad (1.5.1)$$

式中，$g(\cdot)$ 为结构的功能函数；$x_i(i=1,2,\cdots,n)$ 为影响结构或构件可靠度的基本变量，系指结构上的各种作用和材料性能、几何参数等。进行结构可靠度分析时，也可采用作用效应和结构抗力作为综合的基本变量，基本变量均可考虑为相互独立的随机变量。

当仅有作用效应 S 和结构抗力 R 两个基本变量时，结构的功能函数可表示为

$$Z = g(R, S) = R - S \qquad (1.5.2)$$

由于 R 和 S 都是随机变量，故其函数 Z 也是一个随机变量。功能函数 Z 存在三种可能状态：

$$Z = R - S \begin{cases} > 0 & \text{结构处于可靠状态} \\ = 0 & \text{结构处于极限状态} \\ < 0 & \text{结构处于失效状态} \end{cases}$$

定值设计法认为 R 和 S 都是确定性的变量，结构只要按 $Z \geqslant 0$ 设计，并赋予一定的安全系数，结构就是绝对安全的。事实并非如此，由于 Z 的随机性，结构失效事故仍时有所闻。

结构或构件的失效概率可表示为

$$P_f = p(Z) < 0 \qquad (1.5.3)$$

设 R 和 S 的概率统计值均服从正态分布，可分别算出它们的平均值和标准差，则功能函数 $Z = R - S$ 也服从正态分布，它的平均值和标准差分别为

$$\mu_Z = \mu_R - \mu_S \qquad (1.5.4)$$

$$\sigma_Z = \sqrt{\sigma_R^2 + \sigma_S^2} \qquad (1.5.5)$$

图 1.5.1 所示为功能函数 $Z = R - S$ 的正态分布的概率密度曲线。图中由 $-\infty$ 到 0 的阴影面积表示 $Z < 0$ 的概率，即失效概率 P_f，需采用积分法求得。由图可见，在正态分布的概率密度曲线中，Z 的平均值 μ_Z 和标准差 σ_Z 服从下述关系：

$$\beta \sigma_Z = \mu_Z \qquad (1.5.6)$$

$$\beta = \frac{\mu_Z}{\sigma_Z} \qquad (1.5.7)$$

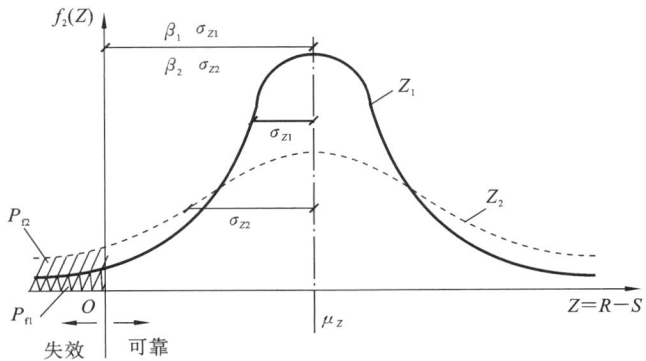

图 1.5.1 功能函数 Z 的概率密度曲线

由图可以看出，两个具有相同平均值、不同标准差的功能函数 Z_1 和 Z_2，其 β 值间有如下关系 $\beta_1 > \beta_2$，或 $-\beta_2 > -\beta_1$，而 $P_{f2} > P_{f1}$，说明 β 值与失效概率 P_f 存在着对应关系：

$$P_f = \varphi(-\beta) \qquad (1.5.8)$$

式中，$\varphi(\cdot)$ 为标准正态分布函数。

式(1.5.8)说明,只要求出 β 就可获得对应的失效概率 P_f(可靠度 $P_s=1-P_f$),故称 β 为结构构件的可靠度指标。P_f 与可靠度指标 β 的对应关系见表1.5.1。

表 1.5.1 失效概率与可靠指标的对应关系

β	2.5	2.7	3.2	3.7	4.2
P_f	5×10^{-3}	3.5×10^{-3}	6.9×10^{-4}	1.1×10^{-4}	1.3×10^{-5}

将式(1.5.4)和式(1.5.5)代入式(1.5.7)有:

$$\beta=\frac{\mu_Z}{\sigma_Z}=\frac{\mu_R-\mu_S}{\sqrt{\sigma_R^2+\sigma_S^2}} \tag{1.5.9}$$

当 R 和 S 的统计值不按正态分布时,结构构件的可靠度指标应以它们的当量正态分布的平均值和标准差代入公式(1.5.9)来计算。当功能函数 Z 为非线性函数时,可将此函数展为泰勒级数而取其线性项计算 β,由于 β 的计算只采用分布的特征值,即一阶原点矩(均值)μ_Z 和二阶中心矩(方差,即标准差的平方)σ_Z^2,对非线性函数只取线性项,而不考虑 Z 的全分布,故称此法为一次二阶矩法。

结构构件设计时采用的可靠度指标,可根据对现有结构构件的可靠度分析,并考虑使用经验和经济因素等确定。我国现行标准《建筑结构可靠性设计统一标准》(GB 50068—2018)规定,结构构件承载能力极限状态的可靠度指标不应小于表1.5.2的规定。

表 1.5.2 结构构件承载能力极限状态的可靠度指标

破坏类型	安全等级		
	一级	二级	三级
延性破坏	3.7	3.2	2.7
脆性破坏	4.2	3.7	3.2

5. 设计表达式

1)承载能力极限状态表达式

为了应用简便并符合人们长期认知的形式,可将公式(1.5.9)做如下变换

$$\mu_S=\mu_R-\beta\sqrt{\sigma_R^2+\sigma_S^2} \tag{1.5.10}$$

由于

$$\sqrt{\sigma_R^2+\sigma_S^2}=\frac{\sigma_R^2+\sigma_S^2}{\sqrt{\sigma_R^2+\sigma_S^2}} \tag{1.5.11}$$

故得

$$\mu_S+\alpha_S\sigma_S\leqslant\mu_R-\alpha_R\beta\sigma_R \tag{1.5.12}$$

式中,$\alpha_S=\frac{\sigma_S}{\sqrt{\sigma_R^2+\sigma_S^2}}$;$\alpha_R=\frac{\sigma_R}{\sqrt{\sigma_R^2+\sigma_S^2}}$。

式(1.5.12)计算较为烦琐,不符合工程使用习惯。为便于设计者使用,在引入了重要性系数之后,可将式(1.5.12)变为

$$\gamma_0 S\leqslant R \tag{1.5.13}$$

式中,γ_0 为结构重要性系数,对持久设计状况和短暂设计状况,安全等级为一级时不低于1.1,安全等级为二级时不低于1.0,安全等级为三级时不低于0.9;对偶然设计状况和地震设计状

况,不低于 1.0。

《建筑结构可靠性设计统一标准》规定结构构件的极限状态设计表达式应根据各种极限状态的设计要求,采用有关的荷载代表值、材料性能标准值、几何参数标准值以及各种分项系数等表达。

作用效应分项系数 γ_S(包括荷载分项系数 γ_G、γ_P、γ_Q)和结构抗力分项系数 γ_R 应根据结构功能函数中基本变量的统计参数和概率分布类型,以及表 1.5.2 规定的结构构件可靠度指标,通过计算分析,并考虑工程经验确定。

考虑到施加在结构上的可变荷载往往不止一种,这些荷载不可能同时达到各自的最大值,因此,还要根据组合荷载效应分布来确定荷载的组合系数。

根据结构的功能要求,进行承载能力极限状态设计时,应考虑作用效应的基本组合,必要时也应考虑作用效应的偶然组合,考虑如火灾、爆炸、撞击、地震等偶然事件的组合。

① 基本组合。

基本组合的效应设计值应按式(1.5.14)中最不利值确定:

$$S_{\mathrm{d}} = S\Big(\sum_{i \geqslant 1} \gamma_{G_i} G_{ik} + \gamma_P P + \gamma_{Q_1} \gamma_{L_1} Q_{1k} + \sum_{j > 1} \gamma_{Q_j} \psi_{cj} \gamma_{L_j} Q_{jk} \Big) \qquad (1.5.14)$$

当作用与作用效应按线性关系考虑时,基本组合的效应设计值按式(1.5.15)中最不利值确定:

$$S_{\mathrm{d}} = \sum_{i \geqslant 1} \gamma_{G_i} S_{G_{ik}} + \gamma_P S_P + \gamma_{Q_1} \gamma_{L_1} S_{Q_{1k}} + \sum_{j > 1} \gamma_{Q_j} \psi_{cj} \gamma_{L_j} S_{Q_{jk}} \qquad (1.5.15)$$

式中,γ_{G_i} 为第 i 个永久荷载分项系数;$S_{G_{ik}}$ 为第 i 个永久作用标准值效应;γ_P 为预应力作用分项系数;S_P 为预应力作用有关代表值效应;γ_{Q_j} 为第 j 个可变作用分项系数;$S_{Q_{jk}}$ 为第 j 个可变作用标准值效应;γ_{L_j} 为第 j 个考虑结构设计使用年限的荷载调整系数;ψ_{cj} 为第 j 个可变作用组合值系数。建筑结构的作用分项系数应按表 1.5.3 采用,建筑结构考虑结构设计使用年限的荷载调整系数应按表 1.5.4 采用。

表 1.5.3　建筑结构的作用效应分项系数

作用效应分项系数	当作用效应对承载力不利时	当作用效应对承载力有利时
γ_G	1.3	$\leqslant 1.0$
γ_P	1.3	$\leqslant 1.0$
γ_Q	1.5	0

表 1.5.4　建筑结构考虑结构设计使用年限的荷载调整系数 γ_L

结构的设计使用年限/年	γ_L
5	0.9
50	1.0
100	1.1

注:对设计使用年限为 25 年的结构构件,γ_L 应按各种材料结构设计标准的规定采用。

② 偶然组合。

对于偶然组合,极限状态设计表达式宜按下列原则确定:偶然代表值不乘分项系数;与偶然作用同时出现的可变荷载,应根据观测资料和工程经验采用适当的代表值,具体的设计表达式及各种系数应符合专门规范的规定。

2）正常使用极限状态表达式

对于正常使用极限状态,按《建筑结构可靠性设计统一标准》的规定要求分别采用荷载的标准组合、频遇组合和准永久组合进行设计,并使变形等设计值不超过相应的规定限值。钢结构只考虑荷载的标准组合,其设计式(按线性关系考虑)如下:

$$S_{\mathrm{d}} = \sum_{i \geqslant 1} S_{G_{ik}} + S_P + S_{Q_{1k}} + \sum_{j > 1} \psi_{cj} S_{Q_{jk}} \tag{1.5.16}$$

式中符号意义与前文相同。对于钢结构,正常使用极限状态一般只需验算结构的变形值。

1.5.2　容许应力设计法

设计结构构件时,涉及可靠度指标的参数隐含在计算公式里。结构工程师需要掌握的是钢结构概率极限状态设计法的基本原理,正确理解概率极限状态的概念和含义,以便正确处理设计、施工、工程事故分析、工程加固中出现的各种复杂问题。由于疲劳破坏的不确定性更大,研究方法尚不成熟,我国现行设计标准仍然采用容许应力设计法,而不采用概率极限状态设计的方法。容许应力设计法是一种传统的设计方法,这种方法是把影响结构的各种因素都当作不变的定值,将材料可以使用的最大强度除以一个笼统的安全系数作为容许达到的最大容许应力。其表达式为

$$\sigma \leqslant \frac{f_y}{K} = [\sigma] \tag{1.5.17}$$

式中,f_y 为钢材的屈服强度;K 为安全系数。

这种方法的优点是表达简洁、计算比较简单,曾长期被采用。但容许应力设计法有明显的缺点,由于笼统地采用了一个安全系数,因此各构件的安全度各不相同,从而使整个结构的安全度一般取决于安全度最小的构件。容许应力设计法目前还被许多国家采用,我国桥梁工程中的《公路钢结构桥梁设计规范》(JTG D64—2015)和建筑钢结构的现行标准 GB 50017—2017《钢结构设计标准》(后文简称为《标准》)中规定,对于不能按极限平衡或弹塑性分析的结构,仍然采用该方法,如对钢构件或连接的疲劳强度计算。

1.6　钢结构课程规划和学习建议

1.6.1　钢结构课程规划

学习"钢结构设计原理"这门课程的主要目的是能够设计和建造性能优良的钢结构。为此,我们需要了解钢材的各种特性、钢结构各部件的力学性能、各种受力工况下各部件可能的破坏形式,以及结构整体安全性能。因此,本课程的编制逻辑是从钢材的材料特性到钢构件的力学性能研究,再利用连接件和节点将各部件连接形成结构体系。钢材的材料特性主要包括抗拉性能、冷弯性能、冲击韧性、硬度、焊接性能和耐疲劳性能等;构件主要包括受弯构件、轴心受力构件、拉弯压弯构件等几种主要的受力形式构件。而每一章节的叙述都紧紧围绕各部件的强度、刚度、整体稳定性、局部稳定性和构造措施等内容展开;连接件主要包括焊接连接和螺栓连接两种形式;节点主要包括梁柱节点、桁架节点、主梁和次梁连接、支座和柱脚等形式。读者在了解各部件和节点的受力特性后,即可开展结构体系研究。本书以单层钢结构厂房为例,讲述常见结构体系的设计计算流程。读者掌握单层钢结构厂房的设计计算方法后,可举一反

三,自主学习其他更复杂结构体系的设计。

1.6.2　学习建议

"钢结构设计原理"是土木工程专业学习中最重要的一门专业必修课,它与实际工程有着紧密联系。针对本门课程与其他课程的不同之处,本书提出以下学习建议:

1. 日常注重观察实际结构工程,做到理论联系实际

本课程中的很多结构形式难以理解,但这些结构形式都是实际工程中存在和使用的,因此,在日常生活中多留意身边的钢结构建筑,如钢结构桥梁、厂房,火车站、机场中钢结构构件,这会对本课程的学习有很大帮助。同时,在学习本课程过程中,将所学内容与实际工程进行对照比较,也能加深理解实际工程中的很多施工做法。此外,本教材内容大部分都是力学计算,还需要重视钢结构的现实性和实际施工操作的可行性。比如,在计算中要认真考虑缺陷影响;结构和构件的计算简图必须和实际构造相符合,而构造方案离不开对施工条件的考虑。

2. 学思结合,以质疑的观点来学习

古籍中说:"博学之,审问之,慎思之,明辨之,笃行之。"这对我们今天的学习依然有指导意义,要经过思考、辨别来吸收书上正确的内容。遇到看似论据不够充分或有局限性之处,不要轻易放过,可以做些辨析,或查找相关资料后再做论证,还可以在同学之间展开讨论,力求做到明辨是非。有的问题可以暂时存疑,日后再做针对性研究。

3. 从课程内容领会前人如何不断创新

现代钢结构大约只有 200 年历史,它是一段不断创新的发展史。钢结构的创新与引进新技术密切关联,但技术的引进也伴随着新问题的出现。例如,用焊接代替铆接是一项重大革新,可使钢材性能被更加有效地利用,但顺利使用焊接需要解决一系列问题:选用钢材要注意其焊接性;计算压杆需要考虑焊接产生的残余应力;构件制作要控制焊接残余变形等。又如,冷弯薄壁型钢的出现扩大了钢结构的应用范围,它也带来了一系列新问题:截面的合理组成和屈曲后强度利用等。不断地解决新出现的问题,冷弯型钢结构设计的经济合理性进一步提高,安全可靠性日益改善。钢结构的诸多创新体现了扬长避短、取长补短、好中选优、精益求精等思想,这些思想需要结合各章的具体内容去领会。

4. 争取在教科书之外读一些参考书和相关期刊论文

编制组会根据受众的不同特点以及自己的理解,在教材的编制过程中会有所侧重地选择编写内容,重难点叙述上与其他教材也会有所不同。因此,同时参考多本不同的教科书,取长补短,能够让自己更加全面地了解钢结构的设计原理。此外,如果想要了解钢结构的最新研究进展、最新的设计理论以及最前沿的施工技术等,读者可以去查阅国内外钢结构领域的权威期刊,如《建筑结构学报》《土木工程学报》《Journal of Constructional Steel Research》《Engineering Structures》等。

第 2 章

钢结构的材料

2.1 钢材的冶炼与加工

钢材的冶
炼与加工

2.1.1 钢材的冶炼

钢是以铁和碳为主要成分的合金,其中铁是最基本的元素,碳和其他元素的占比很小。除了陨石中存在少量的天然铁外,地球上的铁都蕴藏在铁矿中。从矿石到钢材,需要经过炼铁、炼钢、脱氧和浇注等几道工序。

1. 炼铁

矿石中的铁主要以氧化物的形态存在,通过一氧化碳与碳等还原剂除氧可以还原出铁。同时,钢材冶炼中常用石灰石作为熔剂,使砂质和粘土质的杂质熔化为熔渣。这些作用须在特殊高温下才会发生,因此铁的冶炼都是在可以鼓入热风的高炉内进行的。装入炉膛内的铁矿石、焦炭、石灰石和少量的锰矿石,在鼓入的热风作用下发生反应,在高温下成为熔融的生铁(也称"铸铁",含碳量超过 2.06%)和漂浮其上的熔渣。常温下生铁质坚而脆,但其熔点低,在熔融状态下具有足够的流动性,且价格低廉,故在机械制造业的铸件生产中生铁有较广泛的应用,而在土木建筑业中生铁应用较少,仅铸铁管有一定的应用。

2. 炼钢

高温下,通过氧化作用除去生铁中多余的碳和其他杂质的过程称为炼钢。常用的炼钢方法有电炉炼钢、转炉炼钢和平炉炼钢三种。

1)电炉炼钢

利用电热原理,以废钢和生铁等为主要原料,在电弧炉内冶炼钢材的方法称为电炉炼钢。因为钢材不与空气接触,所以该方法易于清除杂质和严格控制化学成分,炼成的钢质量好,但耗电量大,成本高,一般只用于冶炼特殊钢材。

2)转炉炼钢

利用高压空气或氧气使炉内生铁熔液中的碳和其他杂质氧化,在高温下使铁液变为钢液的方法称为转炉炼钢。氧气顶吹转炉冶炼的钢中有害元素和杂质少,品质和加工性能优良,且可根据需要添加不同的元素,常用于冶炼碳素钢和合金钢。由于氧气顶吹转炉可以利用高炉炼出的生铁熔液直接炼钢,生产周期短,效率高,质量好,成本低,已成为国内外发展最快的炼钢方法。

3）平炉炼钢

利用煤气或其他燃料供应热能,把废钢、生铁熔液或铸铁块和不同的合金元素等冶炼成钢材的方法称为平炉炼钢。平炉的原料广泛,容积大,产量高,冶炼工艺简单,化学成分易于控制,炼出的钢质量优良。但平炉炼钢周期长,效率低,成本高,现已逐渐被氧气顶吹转炉炼钢所取代。

3. 钢材的脱氧和浇注

在钢液凝固过程中,氧以 FeO 形态析出,分布在晶界上,会降低钢的塑性。晶界上的 FeO 和 FeS 还会形成低熔点物质,使钢在热加工时发生热脆。为更好地保证钢锭(坯)和钢材品质,在炼钢的最后阶段必须脱氧。按钢液在炼钢炉中或盛钢桶中进行脱氧的方法和程度的不同,碳素结构钢(含碳量在 2.06% 以下)可分为沸腾钢、镇静钢(含特殊镇静钢)、半镇静钢三种。

1）沸腾钢

采用脱氧能力较弱的锰作脱氧剂,脱氧不完全,在将钢液浇注入钢锭模时,会有气体逸出,出现钢液的沸腾现象。沸腾钢在铸模中冷却很快,钢液中的氧化铁和碳作用所生成的一氧化碳气体不能全部逸出,凝固后在钢材中留有较多的氧化铁夹杂和气孔,钢的质量较差。

2）镇静钢

采用锰加硅作脱氧剂,脱氧较完全,硅在还原氧化铁的过程中还会产生热量,使钢液冷却缓慢,使气体充分逸出,浇注时不会出现沸腾现象。这种钢质量好,但成本高。特殊镇静钢是在锰硅脱氧后,再用铝补充脱氧,其脱氧程度高于镇静钢。低合金高强度结构钢一般都是镇静钢。

3）半镇静钢

半镇静钢脱氧程度介于沸腾钢和镇静钢之间。

目前连续铸造法生产钢坯(用作轧制钢材的半成品)的工艺最为常用。钢液由钢包经过中间包连续注入被水冷却的铜制铸模中,冷却后的坯材被切割成半成品。连铸法的机械化、自动化程度高,可采用电磁感应搅拌装置等先进设施提高产品质量,生产的钢坯整体质量均匀,但只有镇静钢才适合连铸工艺。国内大钢厂已很少生产沸腾钢,若采用沸腾钢,不但质量差,而且因供货困难会导致成本高。

2.1.2　钢材的加工

钢材的加工分为热加工、冷加工和热处理三种。将钢坯加热至塑性状态,依靠外力改变其形状,生产出各种厚度的钢板和型钢的过程,称为热加工;在常温下对钢材进行加工的过程称为冷加工;通过加热、保温、冷却等操作,使钢的组织结构发生变化,以获得所需性能的加工工艺称为热处理。

1. 热加工

将钢锭或钢坯加热至一定温度时,钢的组织将完全转变为奥氏体状态,奥氏体是碳溶入面心立方晶格的 γ 铁的固溶体,虽然含碳量很高,但其强度较低,塑性较好,便于塑性变形。钢材的轧制或锻压等热加工,经常选择在形成奥氏体时的适当温度范围内进行。选择原则是开始热加工时的温度不得过高,以免钢材氧化严重,而终止热加工时的温度也不能过低,以免钢材塑性变差,引发裂纹。一般轧制和锻压温度控制在 1150～1300 ℃。

钢材的轧制是通过一系列轧辊,使钢坯逐渐辊轧成所需厚度的钢板或型钢的加工工艺。

图 2.1.1 是宽翼缘 H 型钢的轧制示意图。钢材的锻压是将加热了的钢坯用锤击或模压的方法加工成所需形状的加工工艺,钢结构中的某些连接零件常采用此种方法制造。

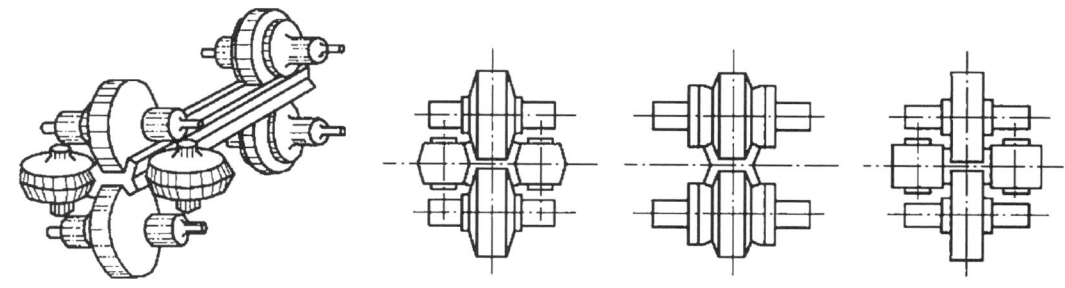

图 2.1.1　宽翼缘 H 型钢轧制示意图

热加工可破坏钢锭的铸造组织,使金属的晶粒变细,还可在高温和压力下压合钢坯中的气孔、裂纹等缺陷,改善钢材的力学性能。热轧薄板和壁厚较薄的热轧型钢,因辊轧次数较多,轧制的压缩比大,钢材的性能改善明显,其强度、塑性、韧性和焊接性能均优于厚板和厚壁型钢。钢材的强度按板厚分组就是这个缘故。

热加工使金属晶粒沿变形方向形成纤维组织,使钢材沿轧制方向(纵向)的性能优于垂直轧制方向(横向)的性能,导致钢材各向异性变大,因此对于钢板部件应沿其横向切取试件进行拉伸和冷弯试验。钢中的硫化物和氧化物等非金属夹杂,经轧制之后被压成薄片,对轧制压缩比较小的厚钢板来说,该薄片无法被焊合,会出现分层现象,会使钢板沿厚度方向受拉性能恶化,在焊接连接处沿板厚方向有拉力作用(包括焊接产生的约束拉应力作用)时,可能出现层状撕裂现象(图 2.1.2),应引起重视。

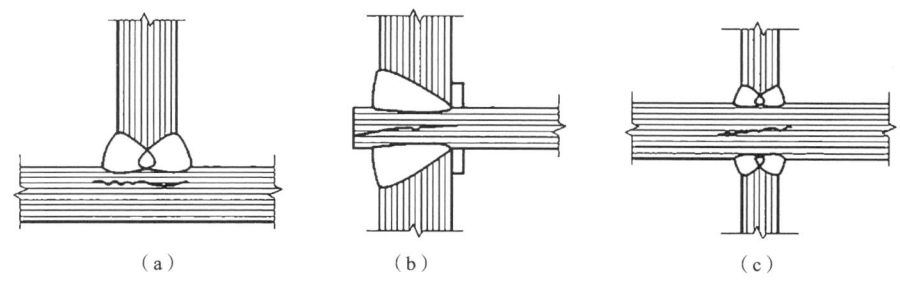

（a）　　　　　　　　（b）　　　　　　　　（c）

图 2.1.2　因焊接产生的层状撕裂

2. 冷加工

在常温或低于再结晶温度情况下,通过机械作用力使钢材产生所需要的永久塑性变形,获得需要的薄板或型钢的工艺称为冷加工。冷加工包括冷轧、冷弯、冷拔等延伸性加工,也包括剪、冲、钻、刨等切削性加工。

冷轧卷板和冷轧钢板就是将热轧卷板或热轧薄板经带钢冷轧机进一步加工而成的。轻钢结构中广泛应用的冷弯薄壁型钢和压型钢板也是经辊轧或模压冷弯制成的。高强钢丝是由热处理的优质碳素结构钢盘条经多次连续冷拔而成的。高强钢丝是组成平行钢丝束、钢绞线或钢丝绳等的基本材料。

经过冷加工的钢材会产生不同程度的塑性变形,金属晶粒沿变形方向被拉长,局部晶粒破碎,位错密度增加,并使残余应力增加。钢材冷加工会在局部或整体上提高钢材的强度和硬度,同时降低塑性和韧性。

3. 热处理

将钢在固态范围内施以加热、保温和冷却等措施,改变钢材内部组织,进而改善钢材性能的加工工艺称为热处理。钢材的普通热处理包括退火、正火、淬火和回火四种基本工艺。

退火和正火是应用非常广泛的热处理工艺,可以消除加工硬化、软化钢材、细化晶粒、改善组织,进而提高钢材的力学性能,还可以消除残余应力,以防钢件的变形和开裂,为进一步的热处理做准备。对于一般低碳钢和低合金钢而言,在炉中将钢材加热至 $850 \sim 900$ ℃,保温一段时间后,若随炉冷却至 500 ℃以下,再放至空气中冷却,该工艺称为退火;若保温后从炉中取出在空气中冷却,该工艺则称为正火。正火的冷却速度比退火快,正火后的钢材组织比退火细,强度和硬度有所提高。

去应力退火又称低温退火,主要用来消除铸件、热轧件、锻件、焊接件和冷加工件中的残余应力。去应力退火工艺是将钢件随炉缓慢加热至 $500 \sim 600$ ℃,保温一段时间后,随炉缓慢冷却至 $200 \sim 300$ ℃出炉。钢在去应力退火过程中并无组织变化,残余应力正是在加热、保温和冷却过程中消除的。

淬火工艺是将钢件加热到 900 ℃以上,保温后快速在水中或油中冷却的热处理工艺。在极大的冷却速度下,原子来不及扩散,因此含有较多碳原子的面心立方晶格的奥氏体,以无扩散方式转变为碳原子过饱和的体心立方晶格的 α 铁固溶体,即马氏体。由于 α 铁的含碳量是过饱和的,因此体心立方晶格被撑长为歪曲的体心正方晶格。晶格的畸变增加了钢材的强度和硬度,同时使塑性和韧性降低。马氏体是一种不稳定的组织,不宜用于建筑结构。

回火工艺是将淬火后的钢材加热到某一温度进行保温,而后在空气中冷却的工艺。其目的是消除残余应力、调整强度和硬度、减少脆性、增加塑性和韧性,最终形成较稳定的组织。将淬火后的钢材加热至 $500 \sim 600$ ℃,保温后在空气中冷却的工艺,称为高温回火。高温回火后的马氏体转化为铁素体和粒状渗碳体的机械混合物,称为索氏体。索氏体钢具有强度、塑性、韧性都较好的综合力学性能。通常称淬火加高温回火的工艺为调质处理,一般来说,强度较高的钢材都要经过调质处理。

2.2　钢结构用钢材的一般要求

钢材的种类繁多,性能差别很大,适用于钢结构的钢材只有碳素钢及合金钢中的少数几种。用作钢结构的钢材必须符合下列要求:

1. 较高的屈服强度和抗拉强度

钢材的屈服强度是衡量结构承载能力的重要指标,提高屈服强度可减轻结构自重,节约钢材,降低造价。抗拉强度用于衡量钢材经过较大变形后的抗拉能力,它直接反映钢材内部组织的优劣,提高抗拉强度可以增加结构的安全系数。抗拉强度与屈服强度的差值可衡量钢结构的安全储备。

2. 较高的塑性和韧性

塑性和韧性是衡量钢材在荷载作用下产生变形能力的指标。钢材塑性好,结构变形能力强,结构发生脆性破坏的倾向小,同时可通过较大的塑性变形调整局部应力;钢材韧性好,结构便具有较好的抵抗重复荷载作用的能力。

3. 良好的工艺性能

工艺性能包括冷加工性能、热加工性能、焊接性能以及 Z 向性能。具有良好工艺性能的钢材不但易于加工成各种形式的结构,而且加工过程不易对结构的强度、塑性和韧性等造成较大的影响。

4. 良好的耐久性能

良好的耐久性能主要是指钢材良好的耐腐蚀性能,即钢材在外界环境作用下仍能维持其原有力学性能及物理性能基本不变的能力。

5. 良好的耐疲劳性能及较高的环境适应能力

要求钢结构材料本身具有良好的抗动力荷载性能及较强的适应环境温度变化的能力。

2.3　钢材的主要性能

2.3.1　钢材的破坏

钢材有两种完全不同的破坏形式:塑性破坏和脆性破坏。

如图 2.3.1(a)所示,塑性破坏后断口呈纤维状,色泽发暗,且破坏前具有较大的塑性变形,变形持续时间较长。塑性破坏容易被发现和抢修加固,一般不会发生严重后果。钢材塑性破坏前的较大塑性变形能力,可以实现构件和结构中内应力的重分布,钢结构的塑性设计就是建立在这种足够的塑性变形能力上的。

如图 2.3.1(b)所示,脆性破坏后断口平直,呈有光泽的晶粒状,有的断口还有人字纹,破坏前塑性变形很小或根本没有塑性变形,表现为突然而迅速的断裂。由于脆性破坏前没有任何预兆,破坏速度快,因难以被发现而无法补救,一旦发生,就引发整个结构的破坏,后果非常严重,因此在钢结构的设计、施工和使用过程中,要特别注意防止脆性破坏的发生。

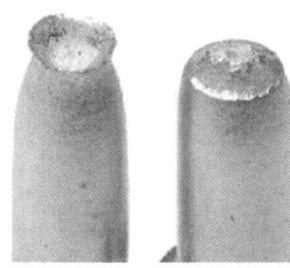 

（a）塑性破坏断口　　　　　　　　　　　（b）脆性破坏断口

图 2.3.1　钢材的塑性破坏断口与脆性破坏断口

2.3.2　钢材的主要力学性能

钢材的力学性能,是指钢材在标准条件(20 ℃±5 ℃)下在均匀拉伸、冷弯和冲击等单独作用下显示的与弹性和非弹性反应相关或涉及应力-应变关系的性能。通常,钢材有五项主要力学性能指标,即抗拉强度、屈服强度、伸长率(percentage elongation,符号为 A)、冷弯性能(cold-bending behavior)和冲击韧性(impact toughness),其中,抗拉强度、屈服强度和伸长率这三项基本性能可通过钢材单向均匀拉伸试验得到;冷弯性能和冲击韧性可分别通过冷弯试验和冲击试验得到。

1. 钢材的基本力学性能指标

钢材标准试件的制作和试验方法需按照相关国家标准《金属材料 拉伸试验 第 1 部分:室温试验方法》(GB/T 228.1—2021)规定进行。单向拉伸试验用标准试件要求表面光滑,没有孔洞、刻槽等缺陷,试件的标定长度取其直径的 5 倍或 10 倍,如图 2.3.2 所示。图 2.3.3 给出了相应钢材的单调拉伸应力-应变曲线。由低碳钢和低合金钢的试验曲线可以看出,在比例极限(proportional limit,符号为 R_P)以前钢材处于弹性阶段;在比例极限以后,钢材进入了弹塑性阶段;达到了屈服强度后,钢材出现了一段纯塑性变形,这段曲线也称为塑性平台;此后强度又有所提高,即转入强化阶段,直至产生颈缩而破坏。破坏时的残余伸长率可以表征钢材的塑性性能。调质处理的低合金钢没有明显的屈服强度和塑性平台,这类钢的屈服强度以卸载后试件中残余应变为 0.2% 所对应的应力来定义,称为名义屈服强度,表示为 $R_{r0.2}$,如图 2.3.3 所示。

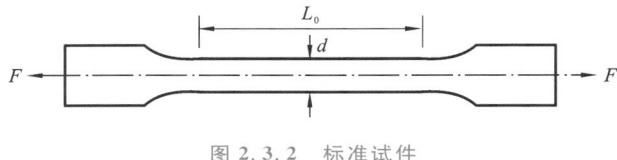

图 2.3.2　标准试件

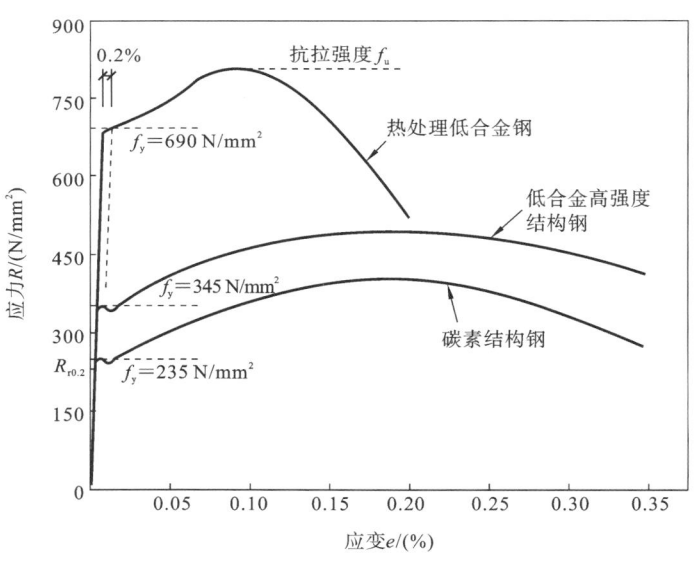

图 2.3.3　钢材的单调拉伸应力-应变曲线

从钢材的单调拉伸应力-应变曲线可以获得三个基本力学性能指标:抗拉强度 f_u、屈服强度 f_y 和断后伸长率 A。抗拉强度 f_u 是钢材一项重要的强度指标,它反映钢材受拉时所能承受的极限应力。屈服强度 f_y 是钢结构设计中应力允许达到的最大限值,当构件中的应力达到屈服强度时,结构会因过度的塑性变形而不适于继续承载。伸长率 A 是衡量钢材断裂前所具有的塑性变形能力的指标,以试件破坏后在标定长度内的残余应变表示。取圆试件直径的 5 倍或 10 倍为标定长度,其相应伸长率分别用 $A_{5.65}$ 和 $A_{11.3}$ 表示。承重结构的钢材应满足相应国家标准对上述三项基本力学性能指标的要求。

断面收缩率 Z 是试样拉断后,颈缩处横断面积的最大缩减量与原始横断面积的百分比,也是单调拉伸试验提供的一个塑性指标。Z 越大,塑性越好。在国家标准《厚度方向性能钢板》(GB/T 5313—2023)中,使用沿厚度方向的标准拉伸试件的断面收缩率来定义 Z 向钢的种类,对于 Z 向钢,当断面收缩率 Z 分别大于或等于 15%、25%、35% 时,则定义为 Z15、Z25、Z35 钢。

韧性可以用材料破坏过程中单位体积吸收的总能量来衡量,包括弹性能和非弹性能两部分,其数值等于应力-应变曲线(图 2.3.3)下的总面积。当钢材有脆性破坏的趋势时,裂纹扩展释放出来的弹性能往往成为裂纹继续扩展的驱动力,扩展前所消耗的非弹性能则属于裂纹扩展的阻力。因此,上述的静力韧性中非弹性能所占的比例越大,材料抵抗脆性破坏的能力越强。

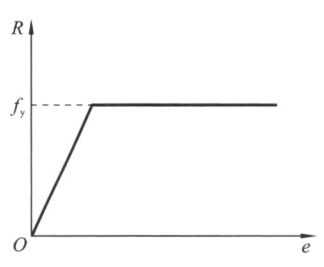

由图 2.3.3 可以看到,材料在达到屈服强度以前的应变很小,如把钢材的弹性工作阶段提高到屈服阶段,且不考虑强化阶段,则可把应力-应变曲线简化为图 2.3.4 所示的两条直线,该曲线称为理想弹塑性体的工作曲线。它表示钢材在屈服以前应力与应变关系符合胡克定律,接近理想弹性体;屈服以后塑性平台阶段又近似于理想的塑性体。这一简化,与实际情况之间的误差不大,却大大方便了计算,成为钢结构弹性设计和塑性设计的理论基础。

图 2.3.4　理想弹塑性体应力-应变曲线

2. 其他力学性能

1)冷弯性能

钢材的冷弯性能由冷弯试验确定。试验时,根据钢材的牌号和不同的板厚,按国家相关标准规定的弯心直径,在试验机上把试件弯曲 180°(图 2.3.5),以试件表面和侧面不出现裂纹和分层为合格。冷弯试验不仅能检验材料承受规定应力的弯曲变形能力的大小,还能显示其内部的冶金缺陷,因此是判断钢材塑性变形能力和冶金质量的综合指标。焊接承重结构以及重要的非焊接承重结构所采用的钢材,均应具有冷弯试验的合格保证。

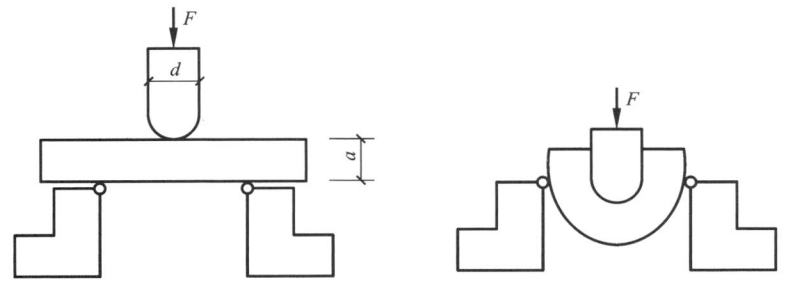

图 2.3.5　冷弯试验

2）冲击韧性

冲击韧性也称缺口韧性,是评定带有缺口的钢材在冲击荷载作用下抵抗脆性破坏能力的指标,通常用带有夏比 V 型缺口(Charpy V-notch)的标准试件做冲击试验(图 2.3.6),以击断试件所消耗的冲击功大小来衡量钢材抵抗脆性破坏的能力。冲击韧性也叫冲击功,用 A_{KV} 或 C_V 表示,单位为 J。缺口试样一次冲击弯曲试验原理如图 2.3.6 所示。质量为 m 的摆锤,举至高度 H_1 时具有势能 mgH_1(g 为重力加速度),释放摆锤,冲断试件,摆锤失去一部分能量,这部分能量就是冲断试件所做的功,见公式(2.3.1)。剩余的能量 mgH_2 使摆锤扬起高度 H_2。

$$A_{KV}=mgH_1-mgH_2 \tag{2.3.1}$$

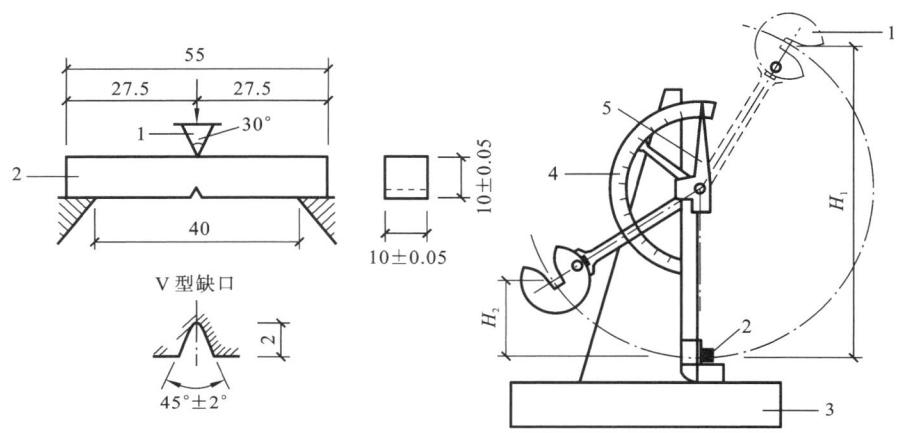

图 2.3.6　夏比 V 型缺口冲击试验和标准试件

1—摆锤;2—试件;3—试验机台座;4—刻度盘;5—指针

试验表明,钢材的冲击韧性值随温度的降低而降低,但不同牌号和质量等级钢材的降低规律又有很大的不同。因此,在寒冷地区承受动力作用的重要承重结构,应根据其工作温度和所用钢材牌号,对钢材提出相应温度下的冲击韧性指标的要求,以防脆性破坏发生。

3. 钢材在复杂应力状态的屈服条件

单向均匀拉伸试验得到的屈服强度是钢材在单向应力作用下的屈服条件,实际结构中的钢材常受到平面或三向应力等复杂应力作用。根据形状改变比能理论(第四强度理论),钢在复杂应力状态由弹性过渡到塑性的条件[也称米赛斯屈服条件(Mises yield condition)]表示为

$$\sigma_{zs}=\sqrt{\sigma_x^2+\sigma_y^2+\sigma_z^2-(\sigma_x\sigma_y+\sigma_y\sigma_z+\sigma_z\sigma_x)+3(\tau_{xy}^2+\tau_{yz}^2+\tau_{zx}^2)}=f_y \tag{2.3.2}$$

或以主应力表示为

$$\sigma_{zs}=\sqrt{\frac{1}{2}\left[(\sigma_1-\sigma_2)^2+(\sigma_2-\sigma_3)^2+(\sigma_3-\sigma_1)^2\right]}=f_y \tag{2.3.3}$$

当 $\sigma_{zs}\geqslant f_y$ 时,为塑性状态;$\sigma_{zs}<f_y$ 时,为弹性状态。

式中,σ_{zs} 为折算应力;f_y 为单向应力状态下的屈服强度。其他应力见图 2.3.7。

由式(2.3.3)可以看出,当 σ_1、σ_2、σ_3 为同号应力且数值接近时,即使它们各自都远大于 f_y,折算应力 σ_{zs} 仍小于 f_y,说明钢材很难进入塑性状态。当受三向拉应力作用时,甚至直到破坏,钢材也没有明显的塑性变形产生,其破坏为脆性破坏。这是因为钢材的塑性变形主要是铁

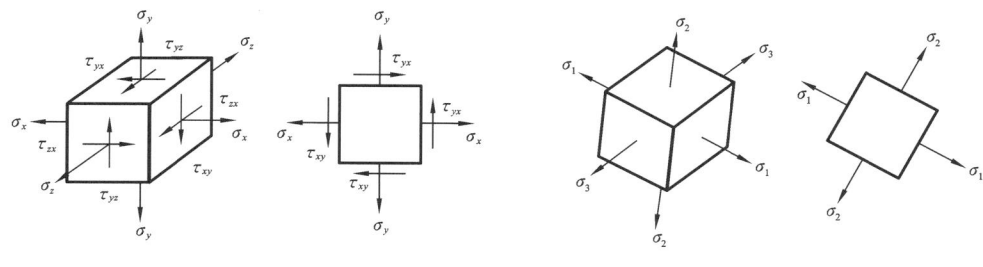

（a）一般应力分量状态　　　　　　　　　　　（b）主应力状态

图 2.3.7　钢材单元体上的复杂应力状态

素体沿剪切面滑动产生的,同号应力场剪应力很小,钢材转变为脆性。相反,在异号应力场下,切应变增大,钢材会较早地进入塑性状态,可较好地发挥其塑性性能。

在平面应力状态下(钢材厚度较薄时,其厚度方向应力很小,常可忽略不计),式(2.3.2)可写为

$$\sigma_{zs} = \sqrt{\sigma_x^2 + \sigma_y^2 - \sigma_x \sigma_y + 3\tau_{xy}^2} = f_y \qquad (2.3.4)$$

当只有正应力和剪应力时,式(2.3.2)可写为

$$\sigma_{zs} = \sqrt{\sigma^2 + 3\tau^2} = f_y \qquad (2.3.5)$$

在承受纯剪应力时,$\sigma_{zs} = \sqrt{3\tau^2} = f_y$,或 $\tau = \dfrac{f_y}{\sqrt{3}} = 0.58 f_y$。

即剪应力达到屈服强度 f_y 的 58%,钢材将进入塑性状态,所以钢材的抗剪屈服强度为抗拉屈服强度的 58%。

2.3.3　钢材的焊接性与耐腐蚀性

1. 钢材的焊接性

钢材的焊接性是指在给定的构造形式和焊接工艺条件下获得符合质量要求的焊缝连接性能。钢材焊接后在焊缝附近将产生热影响区,使钢材组织发生变化并产生较大的焊接应力。焊接性好是指焊接安全、可靠,不发生焊接裂缝,焊接接头和焊缝的冲击韧性以及热影响区的延伸性(塑性)等力学性能都不低于母材。

钢材的焊接性受碳含量和合金元素含量的影响。碳含量在 0.12%～0.20% 范围内的碳素钢,焊接性最好。碳含量的增大会使焊缝和热影响区变脆。强度较高的合金钢中掺入的合金元素大多也对焊接性有不利影响。根据我国国家标准《钢结构焊接规范》(GB 50661—2011),衡量低合金钢焊接性的碳当量 CEV 可采用式(2.3.6)计算。

$$CEV(\%) = C + \frac{Mn}{6} + \frac{Cr + Mo + V}{5} + \frac{Cu + Ni}{15}(\%) \qquad (2.3.6)$$

当 CEV≤0.38% 时,钢材的焊接性很好,Q235 钢属于这一类;

当 0.38%<CEV≤0.45% 时,钢材淬硬倾向逐渐明显,焊接难度为一般等级,Q345 钢属于此类。这类钢材需要采取适当的预热措施并注意控制试焊工艺,预热的目的在于使焊缝和热影响区缓慢冷却,以免因淬硬而开裂。

当 CEV>0.45% 时,钢材的淬硬倾向明显,需采用较高的预热温度和严格的工艺措施来获得合格的焊缝。

　　《钢结构焊接规范》给出了常用结构钢材的最低施焊温度表。厚度不超过 40 mm 的 Q235 钢和厚度不超过 20 mm 的 Q345 钢,在温度不低于 0 ℃下施焊时一般不需预热。除碳当量之外,预热温度还和钢材厚度及构件变形受到约束的程度有直接关系,因此,重要结构施焊时,实际所采用的焊接制度最好由工艺试验确定。

　　综上所述,钢材焊接性的优劣实际上是指钢材在采用一定的焊接方法、焊接材料、焊接工艺参数及一定的结构形式等条件下,获得合格焊缝的难易程度。焊接性稍差的钢材,要求更为严格的工艺措施。

2. 钢材的耐腐蚀性

　　钢材暴露在自然环境中若不加防护,则将和周围一些物质成分发生作用,形成腐蚀物。腐蚀作用一般分为两类:一类是金属和非金属元素的直接结合,称为"干腐蚀";另一类是在水分多的环境中,同周围非金属物质成分结合形成腐蚀物,称为"湿腐蚀"。钢材在大气中腐蚀可能是干腐蚀,也可能是湿腐蚀,或两者兼之。

　　钢材的耐腐蚀性较差是钢结构的一大弱点。钢铁腐蚀后除了直接损耗钢材外,还影响钢结构的受力状态。据统计,全世界每年有年产量 30％～40％的钢铁因腐蚀而失效;在受力情况下,钢结构双面腐蚀 5％及以上会直接导致结构报废。防止钢材腐蚀的主要措施是涂防腐涂料。近年来也研制出一些耐大气腐蚀的耐候钢,它是在冶炼时加入铜、磷、铬、镍等合金元素,使钢材基体表面上形成保护层来提高抗腐蚀能力。

2.4　钢材性能的影响因素

2.4.1　化学元素

　　钢是以铁和碳为主要成分的合金,碳和其他元素所占比例甚小,却严重影响着钢材的性能。

1. 碳元素(C)

　　碳是钢材中的重要元素之一,在碳素结构钢中是除铁以外的最主要元素。碳是形成钢材强度的主要成分,碳含量增大,钢的强度逐渐增高,塑性和韧性下降,冷弯性能、焊接性能和耐腐蚀性能等也变差。

　　根据碳含量的大小,碳素钢分为低碳钢(不超过 0.25％)、中碳钢(介于 0.25％和 0.6％之间)和高碳钢(大于 0.6％)。当含碳量超过 0.3％时,钢材的抗拉强度很高,却没有明显的屈服强度,且塑性较差;当含碳量超过 0.2％时,钢材的焊接性能将开始变差。因此,规范推荐的钢材其含碳量均不超过 0.22％,对于焊接结构则含碳量严格控制在 0.2％以内。

2. 硫元素(S)

　　硫是有害元素,常以硫化铁形式夹杂于钢中。当温度达 800～1000 ℃时,硫化铁会熔化使钢材变脆,因而在进行焊接或热加工时,有可能引发热裂纹,此现象称为热脆。此外,硫还会降低钢材的冲击韧性、疲劳强度、耐腐蚀性能和焊接性能等。非金属硫化物夹杂经热轧加工后还会在厚钢板中形成局部分层现象,在采用焊接连接的节点中,沿板厚方向承受拉力时,会发生层状撕裂破坏,故应严格限制钢材中的含硫量。随着钢材牌号和质量等级的提高,含硫量的限值一般由 0.05％依次降至 0.025％,抗层状撕裂钢板的含硫量应限制在 0.01％以下。

3. 磷元素(P)

磷可提高钢的强度和耐腐蚀能力,却会严重降低钢的塑性、韧性、冷弯性能和焊接性能,特别是在温度较低时会促使钢材变脆,此现象称为冷脆。因此,磷的含量也要严格控制,随着钢材牌号和质量等级的提高,含磷量的限值一般由 0.045% 依次降至 0.025%。当采取特殊的冶炼工艺时,磷可作为一种合金元素来制造含磷的低合金钢,此时含磷量可达 0.12%～0.13%。

4. 锰元素(Mn)

锰是有益元素,在普通碳素钢中,它是一种弱脱氧剂,可提高钢材强度,消除硫对钢的热脆影响,改善钢的冷脆倾向,同时不显著降低塑性和韧性。锰还是我国低合金钢的主要合金元素,其含量为 0.8%～1.8%。但锰对焊接性能不利,因此其含量不宜过多。

5. 硅元素(Si)

硅是有益元素,在普通碳素钢中,它是一种强脱氧剂,常与锰共同除氧,常用于生产镇静钢。适量的硅可以细化晶粒,提高钢的强度,且对塑性、韧性、冷弯性能和焊接性能无显著不良影响。硅的含量在一般镇静钢中为 0.12%～0.3%,在低合金钢中为 0.2%～0.5%。过量的硅会降低焊接性能和耐腐蚀性能。

6. 其他元素

钒(V)、铌(Nb)、钛(Ti)等元素在钢中形成微细碳化物,适量加入这些元素,能起细化晶粒和弥散强化作用,从而提高钢材的强度和韧性,又可保持钢材的良好塑性。

铝(Al)是强脱氧剂,还能细化晶粒,可提高钢的强度和低温韧性,在要求一定低温冲击韧性的低合金钢中,含铝量不小于 0.015%。

铬(Cr)、镍(Ni)是提高钢材强度的合金元素,常用于 Q390 及以上牌号的钢材中,但其含量应受限制,以免影响钢材的其他性能。

铜(Cu)和钼(Mo)等其他合金元素,可在金属基体表面形成保护层,提高钢对大气的耐腐蚀能力,同时使得钢材具有良好的焊接性能。在我国的焊接结构用耐候钢中,铜的含量为 0.20%～0.30%。

镧(La)、铈(Ce)等稀土元素可提高钢的抗氧化性,并改善其他性能,在低合金钢中其含量按 0.02%～0.20% 控制。

氧(O)和氮(N)属于有害元素。氧与硫类似,容易使钢热脆,氮的影响和磷类似,因此氧和氮的含量均应严格控制。但当采用特殊的合金组分匹配时,氮可作为一种合金元素来提高低合金钢的强度和耐腐蚀性,如在九江长江大桥中已成功使用的 15MnVN 钢,就是 Q420 系列的一种含氮钢,含氮量不宜超过 0.014%。

氢(H)是有害元素,呈极不稳定的原子状态溶解在钢中,其溶解度随温度的降低而降低,常在结构疏松区域、孔洞、晶格错位和晶界处富集,生成氢分子,产生巨大的内压力,使钢材开裂,此现象称为氢脆。氢脆属于延迟性破坏,在拉应力的作用下,常需要经过一定孕育发展期才会发生。含碳量较低且硫、磷含量较少的钢,氢脆敏感性低。钢的强度等级越高,对氢脆越敏感。

2.4.2　常见的钢材缺陷

冶炼过程中钢材常见的冶金缺陷包括偏析、非金属夹杂、气孔、裂纹及分层等。偏析是指钢材中化学成分不一致和不均匀,特别是硫、磷偏析严重会造成钢材的性能恶化,使钢材的塑性、韧性、冷弯性能和焊接性变差;非金属夹杂是指钢中含有硫化物与氧化物等杂质,如硫化物易导致钢材热脆,氧化物则严重降低钢材力学性能及工艺性能;气孔是浇铸钢锭时,因氧化铁与碳作用所生成的一氧化碳气体不能充分逸出而形成的;裂纹将严重影响钢材的冲击韧性、冷弯性能及抗疲劳性能;分层是钢材在厚度方向不密合,形成多层的现象,分层将大大降低钢材的冲击韧性、冷弯性能、抗脆断能力及疲劳强度,尤其是在承受垂直于板面的拉力时易产生层状撕裂。冶金缺陷对钢材性能的影响,不仅表现在结构或构件受力时,也表现在加工制作过程中。在高温和压力作用下将钢锭热轧成钢板和型钢的轧制过程,能消除钢锭中的小气泡、裂纹、疏松等缺陷,使金属组织更加致密,改善钢材的内部组织,从而改善钢材的力学性能。钢材的力学性能与轧制方向和压缩比相关,如压缩比大的薄板的强度、塑性、冲击韧性等性能优于压缩比小的厚板;同时,顺着轧制方向的力学性能优于垂直于轧制方向的力学性能。

2.4.3　应力集中

实际上钢结构的构件中可能存在孔洞、槽口、凹角以及钢材内部缺陷等,构件中的应力会因此而分布不均匀,在某些区域产生局部高峰应力,在另外一些区域则应力明显降低,形成应力集中现象。由于主应力线在绕过孔口等缺陷时发生弯转,不仅在孔口边缘处会产生沿力作用方向的应力高峰,而且会在孔口附近产生垂直于力的作用方向的横向应力,甚至会产生三向拉应力(如图 2.4.1 所示),而且厚度越厚的钢板,在其缺口中心部位的三向拉应力也越大。这是在轴向拉力作用下,缺口中心沿板厚方向的收缩变形受到较大的限制,形成平面应变状态所致。

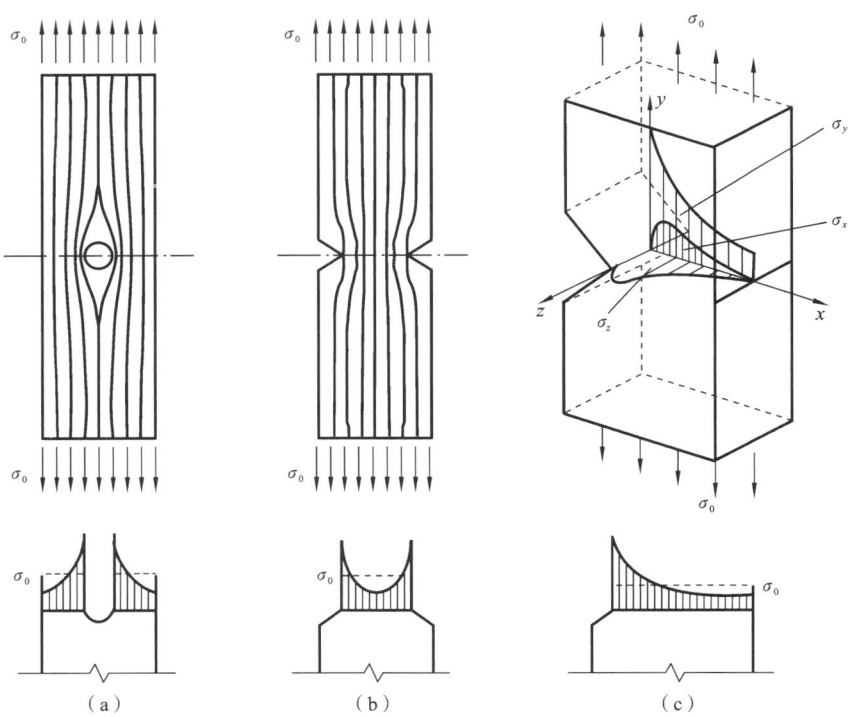

图 2.4.1　板块在孔口处的应力集中

应力集中的严重程度用应力集中系数衡量。缺口边缘沿受力方向的最大应力 σ_{max} 和净截面的平均应力 $\sigma_0[\sigma_0=N/A_n(A_n$ 为净截面面积)]的比值称为应力集中系数,即 $k=\sigma_{max}/\sigma_0$。

　　具有不同缺口形状的钢材拉伸试验结果也表明(见图 2.4.2,第 1 种试件为标准试件),截面改变的尖锐程度越大,试件中应力集中现象就越显著,引起钢材脆性破坏的危险性就越大。第 4 种试件已无明显屈服强度,表现出高强钢的脆性破坏特征。

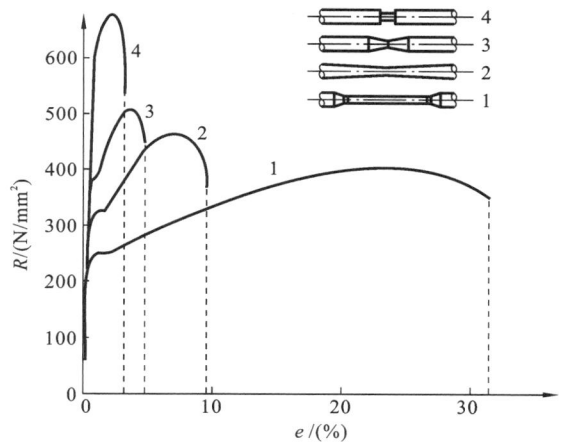

图 2.4.2　应力集中对钢材性能的影响

　　应力集中现象还可能由内应力产生。内应力的特点是力系在钢材内自平衡,而与外力无关,其在浇注、轧制和焊接加工过程中,因不同部位钢材的冷却速度不同,或不均匀加热和冷却而产生。其中焊接残余应力的量值往往很高,在焊缝附近的残余拉应力常达到屈服强度,而且在焊缝交叉处经常出现双向甚至三向残余拉应力场,使钢材局部变脆。当外力引起的应力与内应力处于不利组合时,材料会发生脆性破坏。

　　因此,在钢结构设计时应尽量使构件和连接节点的形状和构造合理,防止截面的突然改变。在进行钢结构的焊接构造设计和施工时,也应尽量减少焊接残余应力。

2.4.4　钢材的硬化

　　钢材的硬化有三种情况:时效硬化、冷作硬化(或应变硬化)和应变时效硬化。

1. 时效硬化

　　在高温时溶于铁中的少量氮和碳,随着时间的增长逐渐由固溶体中析出,生成氮化物和碳化物,氮化物和碳化物散于铁素体晶粒的滑动界面上,对晶粒的塑性滑移起到遏制作用,从而使钢材的强度提高,但同时塑性和韧性有所下降[图 2.4.3(a)],这种现象称为时效硬化(也称老化)。产生时效硬化的过程一般较长,不同种类钢材的时效硬化过程从几小时到数十年不等,但在有振动荷载、反复荷载及温度变化等情况下,时效硬化会加速发展。

2. 冷作硬化(应变硬化)

　　钢材在常温下加工称为冷加工。冷拉、冷弯、冲孔、机械剪切等冷加工使钢材产生很大塑性变形,从而提高了钢的屈服强度,同时降低了钢的塑性和韧性。在冷加工(或一次加载)使钢材产生较大塑性变形的情况下,卸载后再重新加载,钢材的屈服强度提高,而塑性和韧性降低,我们将此现象[图 2.4.3(a)]称为冷作硬化(或应变硬化)。冷作硬化会增加结构脆性破坏的危险,对直接承受动载的结构尤为不利。因此,钢结构一般不利用冷作硬化来提高强度,对重要结构还要采取刨边或扩钻等措施来消除冷作硬化的影响。

3. 应变时效硬化

在钢材产生一定数量的塑性变形后,铁素体晶体中的固溶氮和固溶碳将更容易析出,从而使已经冷作硬化的钢材又发生时效硬化[图 2.4.3(b)],此现象称为应变时效硬化。这种硬化在高温作用下会快速发展,人工时效就是据此提出来的,即先使钢材产生 10% 左右的塑性变形,卸载后再加热至 250 ℃,保温 1 h 后在空气中冷却。对人工时效后的钢材做冲击试验,可以判断钢材的应变时效硬化倾向,确保结构具有足够的抗脆性破坏能力。

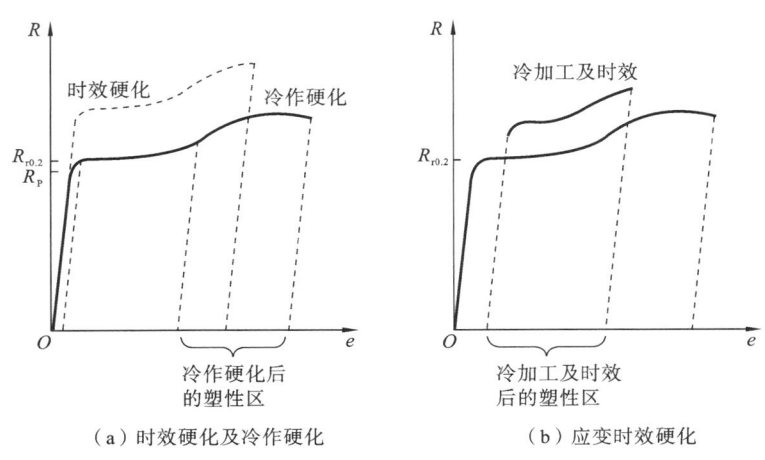

（a）时效硬化及冷作硬化　　　　　　（b）应变时效硬化

图 2.4.3　硬化对钢材性能的影响

对于比较重要的钢结构,要尽量避免局部冷作硬化现象的发生。如钢材的剪切和冲孔,会使切口和孔壁发生分离式的塑性破坏,在剪断的边缘和冲出的孔壁处产生严重的冷作硬化,甚至出现微细的裂纹,促使钢材局部变脆,此时,可将剪切处刨边。采用冲孔工艺加工时建议用较小的冲头,冲完后再行扩钻或完全改为钻孔,以此来除掉硬化部分或避免发生硬化。

2.4.5　荷载的影响

1. 加载速度的影响

在冲击荷载作用下,加载速度很快,由于钢材的塑性滑移在加载瞬间跟不上应变速率,反映出屈服点提高的倾向。但相关试验研究表明,在 20 ℃ 左右的室温环境下,虽然钢材的屈服强度和抗拉强度随应变速率的增加而提高,塑性变形能力却没有下降,反而有所提高,即处于常温下的钢材在冲击荷载作用下仍保持良好的强度和塑性变形能力。

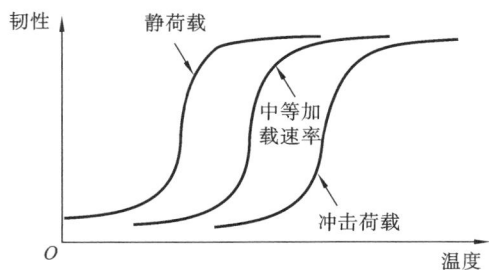

图 2.4.4　不同应变速率下钢材断裂
吸收能量随温度的变化

应变速率在温度较低时对钢材性能的影响要比常温下大得多。图 2.4.4 给出了三条不同应变速率下的缺口韧性与温度的关系曲线,图中中等加载速率相当于应变速率 $\dot{e}=10^{-3}\ \mathrm{s}^{-1}$,即每秒施加应变 $e=0.1\%$,若以 100 mm 为标定长度,其加载速度相当于 0.1 mm/s。由图 2.4.4 可以看出,随着加载速率的减小,曲线向温度较低侧移动。在温度较高和较低两侧,三条曲线趋于接近,应变速率的影响变得不明显,但在常用温度范围内温度对应变速率的影响十分显著,即在此温度范围内,加载速率越高,缺口试件断裂时吸收的能量越低,材料变得越脆。因此,在钢结构防止低温脆性破坏设计中,应考虑加载速率的影响。

2. 循环荷载的影响

钢材在连续交变荷载作用下,会逐渐累积损伤、产生裂纹及裂纹逐渐扩展,直到最后破坏,这种现象称为疲劳。试验研究发现,当钢材承受拉力至产生塑性变形,卸载后,再使其受拉,其受拉的屈服强度将提高至卸载点(冷作硬化现象);而当卸载后使其受压,其受压的屈服强度将低于一次受压时所获得的值。这种经预拉后抗拉强度提高、抗压强度降低的现象称为包辛格效应(Bauschinger effect),如图 2.4.5(a)所示。在交变荷载作用下,随着应变幅值的增加,钢材的应力-应变曲线将形成滞回曲线(hysteresis loops),如图 2.4.5(b)所示。低碳钢的滞回环丰满而稳定,滞回环所围的面积代表荷载循环一次单位体积的钢材所吸收的能量,在多次循环荷载下,钢材将吸收大量的能量,十分有利于抗震。

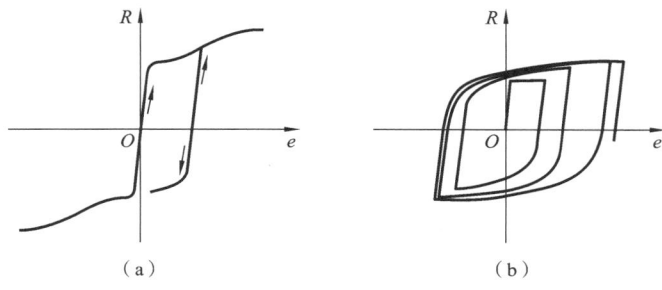

（a）　　　　　　　　　　　（b）

图 2.4.5　钢材的包辛格效应和滞回曲线

显然,在循环应变幅值作用下,钢材的性能仍然用由单调拉伸试验引申出的理想应力-应变曲线[图 2.4.6(a)]表示将会带来较大的误差,此时采用双线型曲线[图 2.4.6(b)]和三线型曲线[图 2.4.6(c)]模拟钢材性能将更为合理。钢构件和节点在循环应变幅值作用下的滞回性能要比钢材的复杂得多,其滞回性能受很多因素的影响,应通过试验研究或较精确的模拟分析获得。钢结构在地震荷载作用下的破坏,大部分是由于构件或节点的应力集中区域产生了宏观的塑性变形,由循环塑性应变累积损伤到一定程度后发生的。

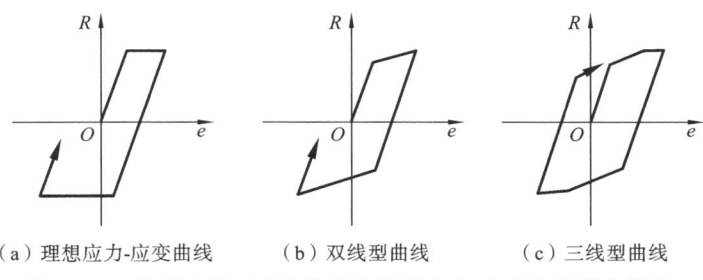

（a）理想应力-应变曲线　　　（b）双线型曲线　　　（c）三线型曲线

图 2.4.6　钢材在滞回应变荷载作用下应力-应变曲线简化模拟

2.4.6　温度的影响

1. 钢材在高温下的性能

钢材的性能受温度的影响十分明显。随温度升高,钢材强度降低,应变增大;反之,钢材强度略有增加,同时钢材会因塑性和韧性降低而变脆。图 2.4.7 给出了低碳钢在不同温度下的单调拉伸试验结果。

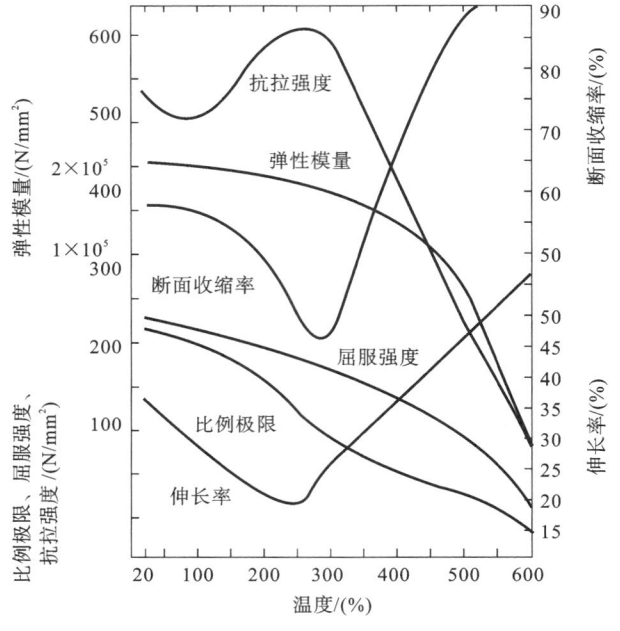

图 2.4.7　低碳钢在高温下的性能

由图可以看出:

在 150 ℃以内,钢材的强度、弹性模量和塑性均与常温相近,变化不大。

在 250 ℃左右,钢材的抗拉强度有所提高,而塑性和冲击韧性变差,在此温度范围内破坏时常呈脆性破坏特征,即出现蓝脆现象(钢材表面氧化膜呈蓝色)。显然钢材的热加工应避开这一温度区段。

温度超过 300 ℃以后,屈服强度和比例极限明显下降,达到 600 ℃时强度几乎等于零。当温度在 260～320 ℃时,在应力持续不变的情况下,钢材以很缓慢的速度继续变形,此类现象称为徐变现象。当钢结构长期受辐射热达 150 ℃以上,或可能受灼热熔化金属侵害时,钢结构应考虑设置隔热保护层。

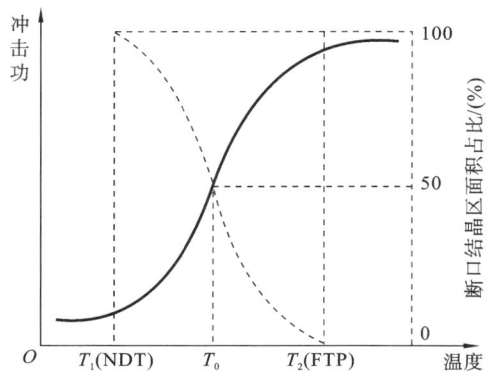

图 2.4.8　冲击韧性与工作温度的关系

2. 钢材在低温下的性能

当温度从常温开始下降时,钢材的强度稍有提高,但脆性倾向变大,塑性和冲击韧性下降。当温度下降到某一数值时(冷脆临界温度),钢材的冲击韧性突然显著下降,使钢材产生脆性断裂,该现象叫低温冷脆。钢材的冲击韧性对温度十分敏感,图 2.4.8 给出了冲击韧性与温度的关系。

图中实线为冲击功随温度的变化曲线,虚线为试件断口中晶粒状区所占面积随温度的变化曲线,温度 T_1 也称为 NDT(nil ductility temperature），为脆性转变温度或无塑性转变温度，在该温度以下，冲击试件断口呈晶粒状，表现为完全的脆性破坏。温度 T_2 也称 FTP(fracture transition plastic)，为全塑性转变温度，在该温度以上，冲击试件的断口呈纤维状，表现为完全的塑性破坏。温度由 T_2 向 T_1 降低的过程中，钢材的冲击功急剧下降，试件的破坏性质也从塑性变为脆性，故称该温度区间为脆性转变温度区。冲击功曲线的反弯点（或最陡点）对应的温度 T_0 称为转变温度。不同牌号和等级的钢材具有不同的转变温度区和转变温度，均应通过试验来确定。

在直接承受动力作用的钢结构设计中，为了防止脆性破坏，结构的工作温度应大于 T_1 接近 T_0，可小于 T_2。但是 T_1、T_2 和 T_0 的测量是非常复杂的，对每一炉钢材，都要在不同的温度下做大量的冲击试验并进行统计分析才能得到。根据大量的使用经验和试验资料的统计分析，我国有关标准对不同牌号和等级的钢材规定了在不同温度下的冲击韧性指标，例如对 Q235 钢，除 A 级不要求外，其他各级钢均取 $A_{KV}=27\text{ J}$；对低合金高强度钢，除 A 级不要求外，其他各级钢均取 $A_{KV}=27\text{ J}$。只要钢材在规定的温度下满足这些指标，就可按《钢结构设计标准》的有关规定，根据结构所处的工作温度，选择相应的钢材作为防脆断措施。

2.5　建筑用钢材的种类、规格和选用

2.5.1　建筑用钢材的种类

钢材的种类繁多，按用途可以分为结构钢、工具钢和特殊钢等。结构钢常用的是碳素结构钢、低合金高强度结构钢、优质碳素结构钢和耐候耐火钢等。

1. 碳素结构钢

根据现行的国家标准《碳素结构钢》(GB/T 700—2006)的规定，碳素结构钢的牌号由代表屈服强度的字母 Q、屈服强度的数值、质量等级符号（A、B、C、D）和脱氧方法符号四个部分按顺序组成。

常见的碳素结构钢为 Q195、Q215、Q235、Q275 等几种，屈服强度越大，其含碳量、强度和硬度越大，塑性越低。其中 Q235 在加工和焊接方面的性能都比较好，是钢结构中最常用的钢材之一。碳素结构钢的质量等级分为 A、B、C、D 四级，由 A 到 D 表示质量由低到高。不同质量等级钢材对化学成分和力学性能的要求不同。A 级钢只保证抗拉强度、屈服强度和伸长率，无冲击韧性规定，必要时可附加冷弯试验的要求，碳、锰、硅含量也可以不作为交货条件；B级、C 级、D 级钢除保证抗拉强度、屈服强度、伸长率和冷弯试验合格外，还要求保证 20 ℃、0 ℃、−20 ℃时冲击功不小于 27 J，对碳、锰、硅、硫和磷等含量也有相应要求。

钢材冶炼过程按脱氧方法，可分为沸腾钢、镇静钢和特殊镇静钢，分别用汉字拼音字首 F、Z、TZ 表示。对 Q235，A、B 级钢可以是 F 或 Z，C 级钢只能是 Z，D 级钢只能是 TZ。Z 和 TZ 可以省略不写。如 Q235-AF 表示屈服强度为 235 N/mm² 的 A 级沸腾钢；Q235-C 表示屈服强度为 235 N/mm² 的 C 级镇静钢。但是 Q235 中的沸腾钢脱氧不充分，含氧量较高，内部组织不够致密，硫、磷的偏析程度大，冲击韧性较低，冷脆性和时效倾向亦大，在低温时和动力荷载作用下容易发生脆断，不宜用于需要验算疲劳的，以及虽不需要验算疲劳但工作温度低于 −20 ℃时的焊接结构；也不宜用于需要验算疲劳且工作温度等于或低于 −20 ℃时的非焊接结构。

2. 低合金高强度结构钢

低合金钢因含有合金元素而具有较高的强度。常用的低合金钢有 Q355、Q390、Q420、

Q460 等,按质量等级分为 A、B、C、D、E 五级;需提交化学成分质保书,如碳、硫、磷、硅、锰、钒、铌和钛等的含量;须保证抗拉强度、屈服强度、伸长率和冷弯性能合格,A 级钢没有冲击韧性要求,B、C 和 D 级钢还要求保证 20 ℃,0 ℃,-20 ℃时冲击韧性不小于 34 J,E 级钢要求在-40 ℃时冲击韧性不小于 27 J。低合金钢的脱氧方法为 Z 或者 TZ,应以热轧、冷轧、正火及回火等状态交货。

采用低合金钢可以减轻结构自重,可以达到节约钢材和延长使用寿命的目的。

3. 优质碳素结构钢

优质碳素结构钢是碳素钢经过调质处理和正火处理等热处理得到的,综合性能较好。与普通碳素钢相比,它缺陷少且杂质少,8.8 级优质碳素钢(45 号钢)多用于高强度螺栓,强度高,且塑性和韧性较优。

4. 耐候耐火钢

耐候钢是在钢中加入少量的合金元素,如铜(Cu)、铬(Cr)、镍(Ni)、钼(Mo)、铌(Nb)、钛(Ti)、锆(Zr)、钒(V)等而形成的。合金元素在金属基体表面上形成保护层,可以提高钢材的耐候性能。

耐候钢比碳素结构钢的力学性能高,冲击韧性特别是低温冲击韧性较好。它还具有良好的冷成形性、热成形性和焊接性。

耐火钢是在钢中加入少量贵金属,如钼(Mo)、铬(Cr)和铌(Nb)等形成的,其耐热耐高温性较优良。

目前,在耐火钢成分体系的基础上添加耐候性元素 Cu 和 Cr,可以形成各种耐火耐候钢。例如,宝钢集团的 B400RNQ(Q233)和 B490RNQ(Q345)均属于耐候耐火钢。

2.5.2　钢材的规格

钢结构所用的钢材主要为冷轧成形的钢板和热轧成形的钢板、型钢和圆钢,以及冷弯成形的薄壁型钢,还有热轧成形钢管、冷弯成形焊接钢管等。

1. 钢板

钢板有薄板、厚板、特厚板和棒材(圆钢、方钢、扁钢、六角钢和八角钢)等,其规格如下:

(1)薄钢板(厚度 0.35~4.00 mm,宽度 500~1800 mm),冷轧成形,主要用于制作冷弯薄壁型钢。

(2)厚钢板(厚度 4.5~60 mm,宽度 600~3000 mm),冷轧成形,主要用作梁、柱、实腹式框架等的腹板和翼板,以及桁架结构的节点板。

2. 型钢

钢结构构件宜直接选用型钢,型钢尺寸不合适或构件很大时则用钢板制作。构件间直接连接或附以连接钢板进行连接。型钢有热轧及冷成形两种,如图 2.5.1 和图 2.5.2 所示。

1)热轧型钢

角钢:角钢有等边和不等边两种。等边角钢也叫等肢角钢,以边宽和厚度表示,如∟100×10 为肢宽 100 mm、厚 10 mm 的等边角钢。不等边角钢(也叫不等肢角钢)则以两边宽度和厚度表示,如∟100×80×10。

槽钢:槽钢有普通槽钢与轻型槽钢。普通槽钢的表示法如[30a,指槽钢外廓高度为 30

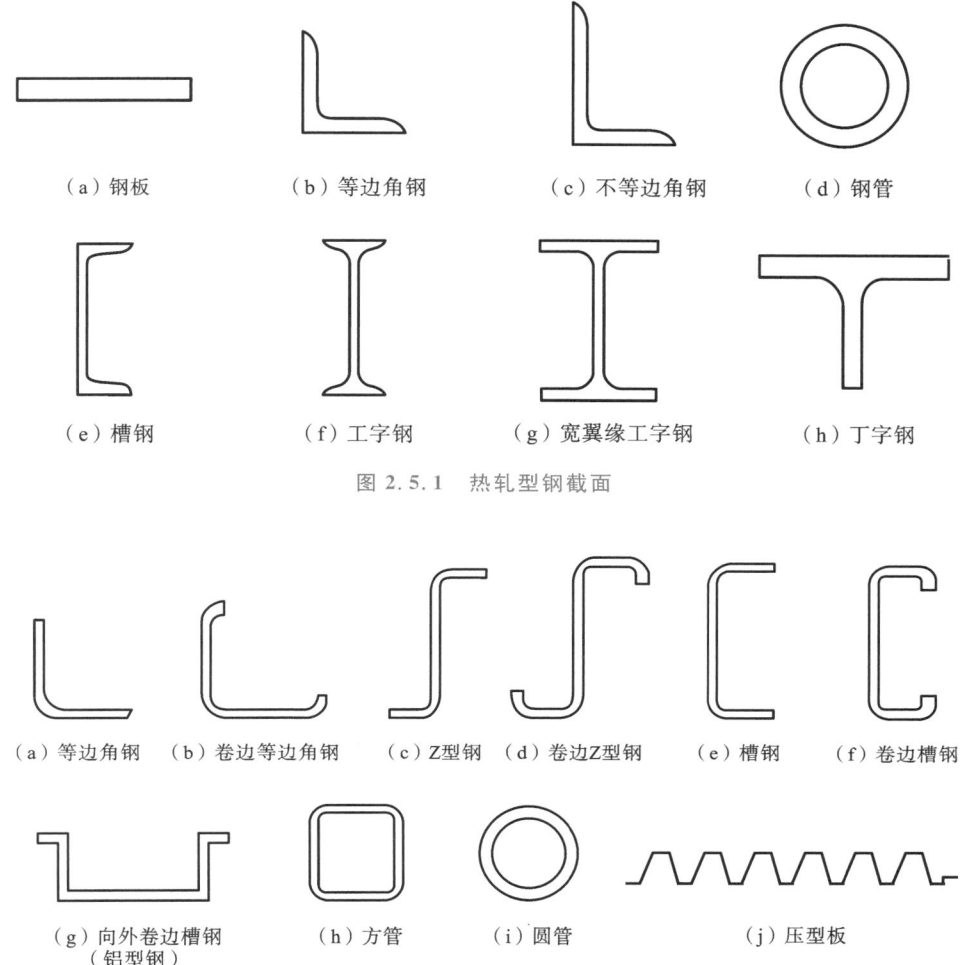

（a）钢板　　　　（b）等边角钢　　　　（c）不等边角钢　　　　（d）钢管

（e）槽钢　　　　（f）工字钢　　　　（g）宽翼缘工字钢　　　　（h）丁字钢

图 2.5.1　热轧型钢截面

（a）等边角钢　（b）卷边等边角钢　（c）Z 型钢　（d）卷边 Z 型钢　（e）槽钢　（f）卷边槽钢

（g）向外卷边槽钢　　　（h）方管　　　（i）圆管　　　　（j）压型板
（铝型钢）

图 2.5.2　冷弯型钢的截面形式

cm,腹板厚度为最薄的一种;轻型槽钢的表示方法例如[25Q,表示外廓高度为 25 cm。

　　工字钢:与槽钢相同,也分为普通工字钢和轻型工字钢两种。普通工字钢和轻型工字钢用号数表示,号数即为其截面高度的厘米数。普通工字钢的型号较大(20 号以上)时,腹板厚度分 a、b、c 三种,普通工字钢和轻型工字钢可表示为I 32a、I 32Q 等。

　　H 型钢和剖分 T 型钢:H 型钢的翼缘较宽,形式与工字钢相似,与工字钢相比,H 型钢的翼缘内表面无斜度、上下表面平行,便于与其他构件连接;从材料分布形式来看,工字钢材料主要集中在腹板附近,越向两侧延伸,钢材越少,而在轧制 H 型钢中,材料分布侧重在翼缘部分,截面特性优。热轧 H 型钢分为三类:宽翼缘 H 型钢(HW)、中翼缘 H 型钢(HM)和窄翼缘 H 型钢(HN)。其表示方法是先用符号 HW、HM 和 HN 表示型钢的类别,后面加"高度(mm)×宽度(mm)"。剖分 T 型钢也分为三类,即宽翼缘剖分 T 型钢(TW)、中翼缘剖分 T 型钢(TM)和窄翼缘剖分 T 型钢(TN)。剖分 T 型钢是由对应的 H 型钢沿腹板中部对等剖分而成的,其表示方法与 H 型钢类同。

2) 冷弯薄壁型钢

冷弯薄壁型钢是采用薄钢板冷轧而制成的,能充分利用钢材的强度,在轻型结构中得到广泛应用。冷弯薄壁型钢的壁厚一般为 1.5~12 mm,国外已发展到 25 mm,但承重结构受力构件的壁厚不宜小于 2 mm。常用冷弯薄壁型钢的形式见图 2.5.3。

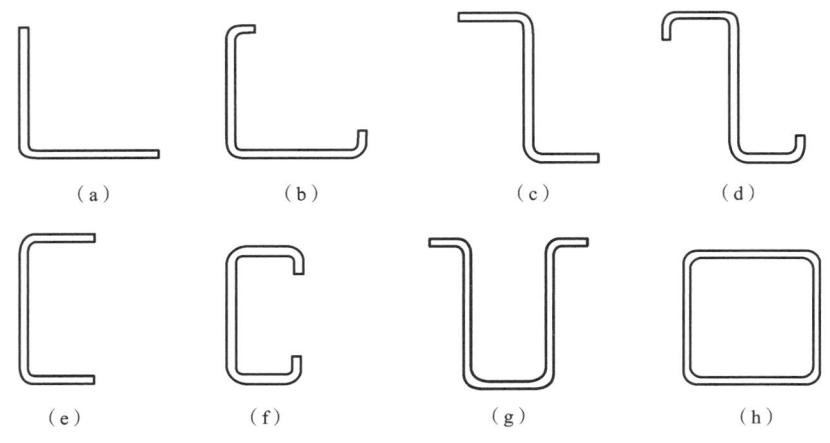

(a)　　　　　　　(b)　　　　　　　(c)　　　　　　　(d)

(e)　　　　　　　(f)　　　　　　　(g)　　　　　　　(h)

图 2.5.3　冷弯薄壁型钢形式

3. 钢管

钢管的类型分为圆钢管和方钢管。

圆钢管有热轧无缝钢管和焊接钢管两种。焊接钢管由钢板卷焊而成,分为直缝焊接钢管和螺旋焊接钢管两类。钢管用"ϕ"加"外径(mm)×壁厚(mm)"来表示,如 $\phi102×5$。无缝钢管的外径为 10~1016 mm,直缝焊接钢管的外径为 10~2540 mm。无缝钢管的通常长度为 3~12.5 m,直缝焊接钢管的长度根据外径不同通常为 4~12 m,螺旋焊接钢管的通常长度为 8~12.5 m。

常用的圆钢管的规格及截面特性见附录 H。更为详尽的圆钢管规格及截面特性可参见《无缝钢管尺寸、外形、重量及允许偏差》(GB/T 17395—2008)、《焊接钢管尺寸及单位长度重量》(GB/T 21835—2008)和《建筑结构用冷成型焊接圆钢管》(JG/T 381—2012)等标准。

4. 高强钢丝和钢索

钢索从用途上可分为建筑结构用钢索和桥梁用钢索;从钢索材料的构成要素分类,大致可分为钢丝绳、钢绞线、钢丝束和钢拉杆。

1) 钢丝绳

钢丝绳主要由绳芯、绳股和高强钢丝 3 个基本元件组成。钢丝绳通常有单股钢丝绳、密封钢丝绳、多股钢丝绳(图 2.5.4)。钢丝绳的基本元件高强钢丝是由优质碳素钢经过多次冷拔而成的,分为光面钢丝和镀锌钢丝两种类型。钢丝强度的主要指标是抗拉强度,其值在 1570~1700 N/mm^2 范围内,而屈服强度通常不做要求。国家有关标准对钢丝的化学成分有严格要求,硫、磷的含量不得超过 0.03%,铜含量不得超过 0.2%,同时对铬、镍的含量也有控制要求;高强钢丝的伸长率较小,最低为 4%,但高强钢丝(和钢索)却有一个不同于一般结构钢材的特点——松弛,即在保持长度不变的情况下所承受拉力随时间延长而略有降低。

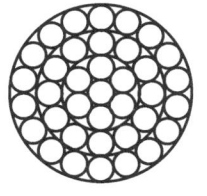 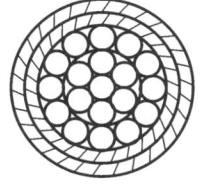 

（a）单股钢丝绳　　　　　　　（b）密封钢丝绳　　　　　　　（c）多股钢丝绳

图 2.5.4　钢丝绳索体截面形式

2）钢绞线

钢绞线一般由 7 根钢丝捻成,1 根在中心,其余 6 根在外层向同一方向缠绕,也有多根钢丝(如 19 根、37 根等)捻成的钢绞线。国内常用的钢绞线是 1×7 钢绞线和由多根 1×7 钢绞线平行组成的钢绞线束。钢绞线可采用的类型有镀锌钢绞线、高强度低松弛预应力热镀锌钢绞线、铝包钢绞线、涂塑钢绞线、无黏结钢绞线和 PE 钢绞线等,并常采用如图 2.5.5 所示的索体截面形式。强度等级按公称抗拉强度分为 1270 MPa、1370 MPa、1470 MPa、1570 MPa、1670 MPa、1770 MPa、1870 MPa 和 1960 MPa 等级别。钢绞线的弹性模量 $E=(1.85\sim1.90)\times10^5$ MPa。

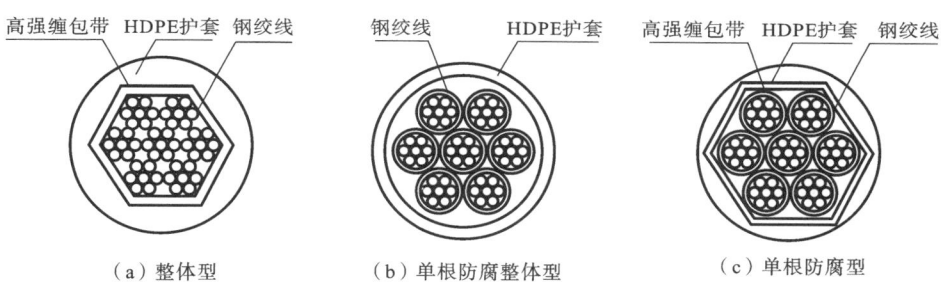

（a）整体型　　　　　　　　　（b）单根防腐整体型　　　　　　　（c）单根防腐型

图 2.5.5　钢绞线索体截面形式

3）钢丝束

钢丝束有平行钢丝束和半平行钢丝束之分。平行钢丝束是将若干根钢丝平行并拢、扎紧、穿入聚乙烯套管,在张拉结束后采用柔性防护而成,适合于现场制作。半平行钢丝束拉索在工厂内全部制造完成(图 2.5.6),产品以盘卷的成品力方式提供,适合于工地现场安装架设,应用相对广泛。

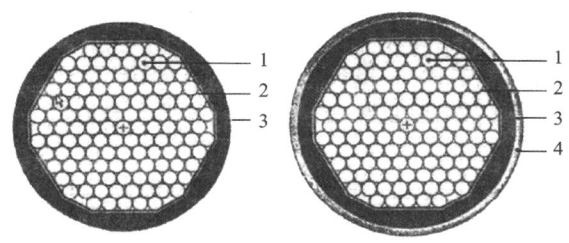

图 2.5.6　半平行钢丝束断面结构图

1—高强钢丝;2—缠绕细钢丝或纤维增强聚酯带;3—黑色聚乙烯护套;4—彩色聚乙烯护套

4）钢拉杆

钢拉杆是由合金钢或者不锈钢制成的,材料屈服强度在 460 MPa 以上,比一般的优质碳素钢高出 30％左右。高强度钢拉杆主要部件为圆杆,并辅以调节套筒、护套和接头拉环等零部件组合而成,如图 2.5.7 所示。钢拉杆与钢结构之间为铰接或销轴连接,其主要受力形式为轴向受拉,在建筑结构体系中不承受弯矩和剪力,强度潜力得到充分发挥。

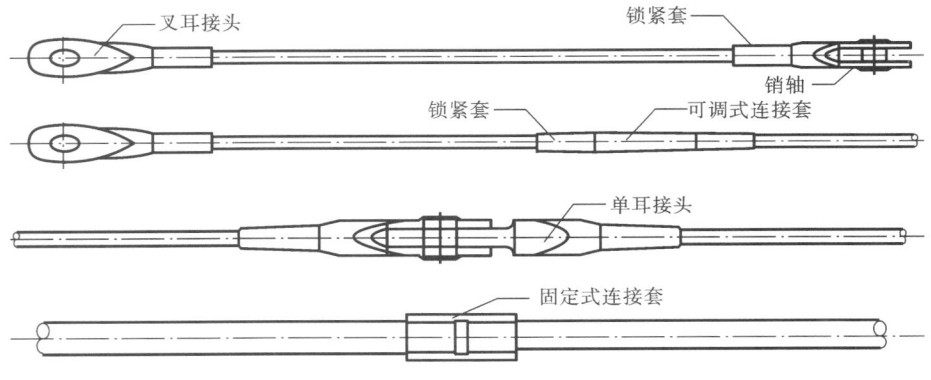

图 2.5.7　高强钢拉杆结构图

近年来,由于恶劣环境的影响,拉索在使用过程中出现了腐蚀现象,为了杜绝拉索腐蚀给结构带来的潜在危险,一些具有防腐功能的新型拉索应运而生,如高钒索(Galfan 拉索,图 2.5.8)和封闭索。拉索的主体钢绞线由镀层钢丝组成,高钒索对原材料纯度有严格的要求:如锌的纯度要达到 99.995％,铝的纯度不低于 99.8％等。封闭索是由异形(如梯形、X 形、Z 形等)钢丝和圆形钢丝共同捻制而成的,异形钢丝相邻层捻向相反。封闭索除了具有防腐能力强的特点外,还具有破断力大、耐磨性能好和抗旋转性能好等优点。

图 2.5.8　高钒索

2.5.3　钢材的选择

1. 选择原则

钢材选用的原则是既要使结构安全可靠和满足使用要求,又要最大可能节约钢材和降低造价。不同使用条件,应当有不同的质量要求。在设计钢结构时,为保证承重结构的承载能力和防止钢材在一定条件下出现脆性破坏,应该综合考虑结构的重要性、荷载特征、结构形式、应力状态、连接方法、工作环境、钢材厚度和价格等因素,选用适宜的钢材。钢材选择是否合适,不仅是一个经济问题,而且关系到结构的安全和使用寿命。

1)结构的类型及重要性

由于使用条件、结构所处部位等方面的不同,结构可以分为重要、一般和次要三类,应根据不同情况,有区别地选用钢材的牌号。例如,民用大跨度屋架、重级工作制吊车梁等就是重要的结构,应选用质量好的钢材;普通厂房的屋架和柱等属于一般的结构;梯子、栏杆、平台等则是次要的结构,可采用质量等级较低的钢材。

2)荷载的性质

结构承受的荷载可分为静力荷载和动力荷载两种。对承受动力荷载的结构应选用塑性、冲击韧性好的钢材,如 Q345-C 或 Q235-C;对承受静力荷载的结构可选用一般质量的钢材,如 Q235-BF。

3)连接方法

钢结构的连接有焊接和非焊接之分,焊接结构由于在焊接过程中不可避免地会产生焊接残余应力、焊接残余变形和其他焊接缺陷,因此,应选择碳、硫、磷含量较低,塑性、韧性和焊接性都较好的钢材。当焊接结构采用 Z 向钢时,其材质应符合现行国家标准《厚度方向性能钢板》(GB/T 5313—2010)的规定。对非焊接结构,如高强度螺栓连接的结构,这些要求就可放宽。

4)结构的工作环境

结构所处的环境如温度变化、腐蚀作用等对钢材性能的影响很大。在低温下工作的结构,应选用具有良好抗低温脆断性能的镇静钢,钢材的冷脆转变温度应低于结构所处环境的最低温度。当周围有腐蚀性介质时,应对钢材的抗锈蚀性做相应要求。

5)钢板的厚度

厚度大的钢材由于轧制时压缩比小,其强度低,塑性、冲击韧性和焊接性也较差,因此,厚度大的焊接结构应采用材质较好的钢材。

2. 选择建议

承重结构采用的钢材应具有屈服强度、抗拉强度、断后伸长率和硫、磷含量的合格保证,对焊接结构还应具有含碳量的合格保证。焊接承重结构以及重要的非焊接承重结构所采用的钢材应具有冷弯试验的合格保证;对直接承受动力荷载或需验算疲劳的构件所用钢材还应具有冲击韧性的合格保证。

对于钢材质量等级的选用:A 级钢仅可用于结构工作温度高于 0 ℃ 的不需要验算疲劳的结构,且 Q235A 钢不宜用于焊接结构。需验算疲劳的焊接结构用钢材应符合规定:当工作温度高于 0 ℃ 时其质量等级不应低于 B 级;当工作温度不高于 0 ℃ 但高于 −20 ℃ 时,Q235、Q345 钢不应低于 C 级,Q390、Q420 及 Q460 钢不应低于 D 级;当工作温度不高于 −20 ℃ 时,Q235 和 Q345 钢不应低于 D 级,Q390、Q420、Q460 钢应选用 E 级。需验算疲劳的非焊接结构,其钢材质量等级要求可较上述焊接结构降低一级但不应低于 B 级。吊车起重量不小于 50 t 的中级工作制吊车梁,其质量等级要求应与需要验算疲劳的构件相同。

公路桥梁承受车辆的冲击荷载,桥梁结构用钢要求有一定的强度、韧性和良好的抗疲劳性能,并且对钢材的表面质量要求较高。因此,桥梁钢结构采用的钢材有普通低合金高强度结构钢 Q345(16Mn,16Mnq)钢、Q390(15MnV、15MnVq)钢和普通碳素结构钢（Q235 钢），其中 Q235 钢一般仅用于临时结构、施工支架和加固构件等中。此外,《公路钢结构桥梁设计规范》(JTG D64—2015)对公路桥梁结构用钢材的冲击韧性做出了规定。

3. 国内外钢材的互换问题

随着经济全球化时代的到来,不少国外钢材进入了中国的建筑领域。由于各国的钢材标准不同,使用国外钢材时,必须全面了解不同牌号钢材的质量保证项目（包括化学成分和机械性能）,检查厂家提供的质保书,并应进行抽样复检,其复检结果应符合现行国家产品标准和设计要求,方可与我国相应的钢材进行代换。表 2.5.1 给出了以强度指标为依据的各国钢材牌号与我国钢材牌号的近似对应关系,供代换时参考。

表 2.5.1　国内外钢材牌号对应关系

国家或国际组织	中国	美国	日本	欧盟	英国	俄罗斯	澳大利亚
钢材牌号	Q235	A36	SS400 SM400 SN400	Fe360	40	C235	250 C250
	Q345	A242、A441、 A572-50、A588	SM490 SN490	Fe510 FeE355	50B、C、D	C345	350 C350
	Q390				50F	C390	400 Hd400
	Q420	A572-60	SA440B SA440C			C440	

习题

2.1 钢材的基本力学性能指标有哪些？塑性、韧性和冷弯性能分别有什么含义？

2.2 钢结构在承受静力荷载,甚至没有外力作用的情况下也有可能出现脆性断裂,这是什么原因？

2.3 导致钢材变脆的影响因素有哪些？

2.4 钢材的应力集中会产生哪些危害？

第 3 章

钢结构的连接

3.1 钢结构的连接类型

钢结构构件一般由型钢或者钢板连接而成,运到施工现场之后再通过一定的连接和安装方法形成整体结构。钢结构连接是钢结构设计中重要的环节之一,因为它关系到被连接的构件能否有效传力。为满足使用要求,连接需具有足够的强度、刚度和延性。

在设计连接时应做到:(1)传力直接,各部件受力明确,尽量避免应力集中;(2)保证各部件的变形相互协调;(3)避免产生较大的残余应力,(4)避免较厚钢板沿厚度方向出现层间撕裂;(5)方便施工且造价合理。

钢结构的连接方法包括焊接连接、螺栓连接、铆钉连接(见图 3.1.1)。螺栓连接包括普通螺栓连接和高强度螺栓连接;铆钉连接包括热铆和冷铆。

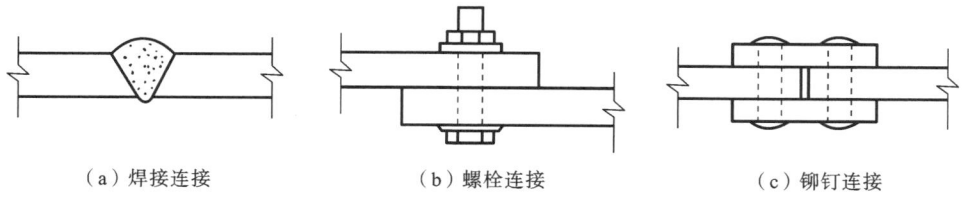

（a）焊接连接　　　　　（b）螺栓连接　　　　　（c）铆钉连接

图 3.1.1　钢结构常用连接方法

3.1.1　焊接连接

焊接连接是钢结构中最主要的连接方法,它具有诸多优点,例如:构造简单,任何形式钢构件的连接都能采用焊接;节约用料,且不会削弱构件截面;易于采用自动化操作方法;连接的气密性好,刚度大。但是,焊接连接也有自身的缺点,例如:会产生残余应力和残余变形,影响构件的承载力;会使钢材局部变脆,而且焊接部位对裂纹较敏感,裂纹萌生之后若继续扩展则可能导致整个结构的破坏。

3.1.2　螺栓连接

螺栓连接分为普通螺栓连接和高强度螺栓连接。普通螺栓分为 A 级、B 级、C 级。C 级螺栓常采用 Q235 钢材制作,性能等级分为 4.6 级和 4.8 级两种,小数点前的数字表示抗拉强度不小于 400 MPa,小数点后的数字表示屈强比,即屈服强度和抗拉强度之比。C 级螺栓加工粗糙,尺寸精度不高,只要求Ⅱ类孔,螺栓直径与孔径相差 1.0~1.5 mm,在承受剪力时,板件容易滑移。但是 C 级螺栓抗拉性能较好且成本低,所以广泛应用于承受拉力的安装连接、次要结构连接和临时安装固定连接。A 级和 B 级螺栓一般用 45 号钢或 35 号钢制作,性能等级分为 8.8 级和 4.8 级两种。这两种螺栓对加工精度要求高,尺寸准确,要求Ⅰ类孔。钢结构设计标准中规定 B 级螺栓的孔径比螺栓公称直径大 0.2~0.5 mm。A 级和 B 级螺栓因为间隙较小,所以抗剪能力较好、变形小,但是安装和制作复杂、价格过高,因此已经很少在钢结构中使用。

　　高强度螺栓一般采用 45 号钢、40B 钢、35VB 钢和 20MnTiB 钢加工制作而成,性能等级有8.8 级和 10.9 级,类型有大六角头型和扭剪型两种(见图 3.1.2)。施工时,需扭转螺母施加预拉力,从而将板件夹紧,产生巨大的摩擦力来阻止板件之间的滑移。高强度螺栓的抗剪连接分为摩擦型连接和承压型连接,摩擦型连接需对摩擦面进行处理,达到摩擦面抗滑移系数的要求,承压型连接没有摩擦面抗滑移系数的要求,因此摩擦型高强度螺栓以板件之间的滑移作为承载能力极限状态,而承压型高强度螺栓只是以板件之间的滑移作为正常使用极限状态。高强度螺栓具有连接紧密、受力良好、安装简单等优点,在桥梁、框架结构、工业厂房等钢结构领域应用广泛。

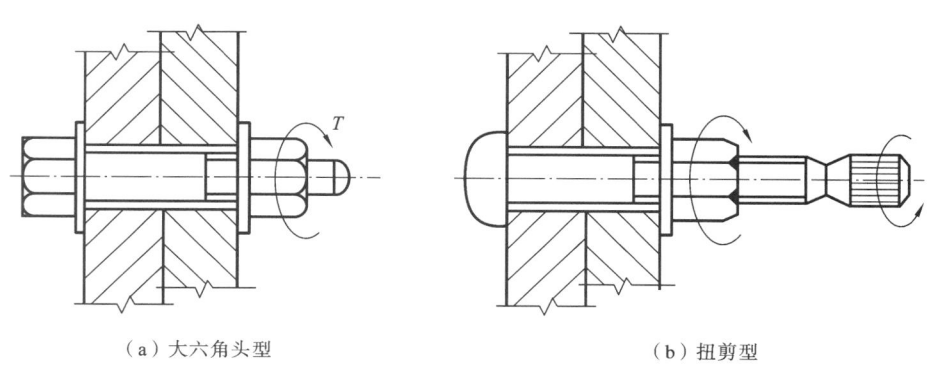

（a）大六角头型　　　　　　　　　　　　　　　　（b）扭剪型

图 3.1.2　高强度螺栓类型

3.1.3　铆钉连接

　　传统的铆钉连接分为热铆和冷铆两种。热铆即把铆钉加热到 1000~1100 ℃(铆钉枪铆合)或 650~670 ℃(压铆机铆合),插入铆钉孔,然后用压缩空气铆钉枪连续锤击或压铆机挤压铆成另一端的钉头。热铆的传力可靠,韧性和塑性较好,质量易于检查,但是其构造复杂、用钢量大、施工麻烦、打铆噪声大,近些年来应用逐渐减少。

　　冷铆是在常温下施工的一种铆钉连接,环槽铆钉连接是常用的冷铆连接方式之一。环槽铆钉由铆钉和环套两部分组成,总共有三种类型:拉断型、短尾型、单边型。拉断型和短尾型(见图 3.1.3)在铆接时会施加较大的预紧力,其受力性能与高强度螺栓类似,但是它们的抗疲劳性能更加优越,在振动作用下不容易松动。单边型环槽铆钉连接施加的预紧力较小,不适合连接主要受力构件。

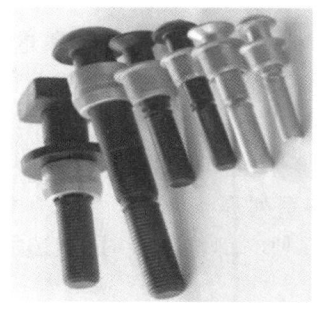
（a）拉断型

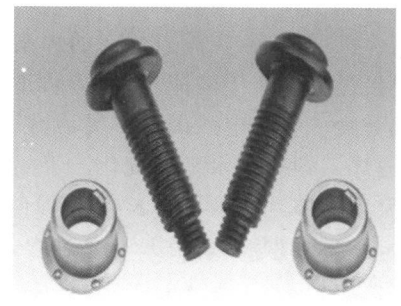
（b）短尾型

图 3.1.3　环槽铆钉

3.2　焊接连接的特点

3.2.1　常用焊接方法

钢结构中最常用的焊接方法包括焊条电弧焊、气体保护焊、电渣焊、电阻焊和气焊等。

1. 焊条电弧焊

焊条电弧焊是钢结构中应用最为广泛的焊接方法，质量比较可靠。电弧焊是将焊件作为一极，涂有焊药的焊条作为另一极，通电后焊件焊条两极接触时产生强大的电弧并提供热量，温度可达 3000 ℃。高温下，焊条熔化，滴落在焊件上被电弧吹成小凹槽的熔池中，焊条中的熔化焊丝和焊件的熔化部分结合，在冷凝后形成焊缝，从而获得牢固接头。焊条电弧焊可以分为手工电弧焊（图 3.2.1）和自动埋弧焊（图 3.2.2）。

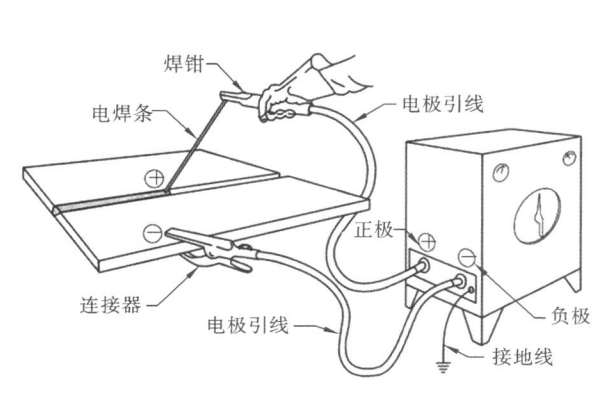

图 3.2.1　手工电弧焊

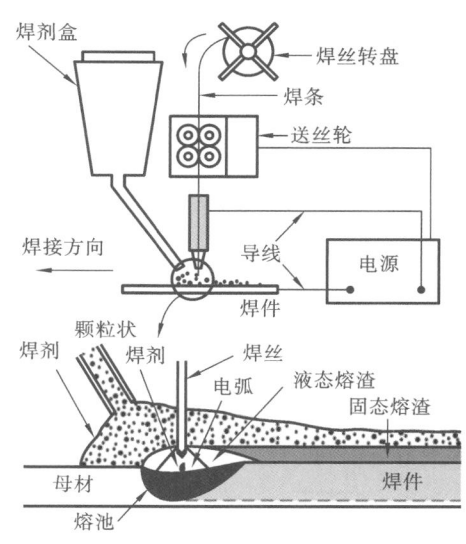

图 3.2.2　自动埋弧焊

1) 手工电弧焊

手工电弧焊机通电后,在涂有焊药的焊条和焊件之间产生电弧,熔化焊条进而形成焊缝。焊条药皮在焊接过程中产生熔渣和气体,防止空气中的氧、氮等有害气体与熔化的液体金属结合形成脆性化合物。手工电弧焊操作灵活,设备简单,适用于任意空间位置的焊接,但焊缝水平较难统一,随焊工的技术水平而变化。手工电弧焊焊条应与焊件的金属强度相适应,例如,Q235 钢焊件宜用 E43 系列焊条,Q345 钢焊件宜用 E50 系列焊条,Q390 和 Q420 钢焊件宜用 E55 系列焊条,Q460 钢焊件宜用 E60 系列焊条。不同钢种的钢材连接时,宜选用与低强度钢材相匹配的焊条。

2) 自动埋弧焊

自动埋弧焊采用没有涂层的光焊丝,焊丝埋在焊剂层下,通电后电弧作用使焊丝和焊剂熔化。熔化后的焊剂浮在熔化金属的表面形成隔绝外界空气的保护层,保护熔化的金属,同时焊剂还可以给焊缝提供必要的合金元素,以改善焊缝的质量。随着焊机的自动移动,颗粒状的焊剂不断由漏斗中漏下,电弧完全埋在焊剂之内,同时,转盘上的焊丝自动边熔化边下降。自动埋弧焊的电弧热量集中且熔深大,具有焊缝质量均匀、焊件变形小、塑性好、韧性高等特点,适用于厚板的焊接。自动埋弧焊采用的焊丝和焊剂要保证其熔敷金属的抗拉强度不低于相应的手工电弧焊焊条等级。对 Q235 钢焊件,可采用 H08、H08A、H08MnA 等焊丝配合高锰、高硅型焊剂;对 Q345、Q390 和 Q420 的焊件,可采用 H08、H08E 等焊丝配合高锰型焊剂,也可采用 H08Mn、H08MnA 焊丝配合中(或高)锰型焊剂;对 Q460 的焊件,可采用 H08MnMoA 和 H08Mn2MoVA 型焊丝。

2. 气体保护焊

气体保护焊是利用焊枪中喷出的惰性气体(如 CO_2 等)来替代焊剂在电弧周围形成局部的隔离区,使熔化的金属不与空气接触,保护焊接过程的稳定性。焊丝可自动送入,电弧热量集中且熔深大,焊接速度快;焊缝强度比手工焊高,塑性和抗锈蚀能力好。气体保护焊可以用手工操作,也可以是自动焊接,但不适宜在风较大的地方施焊,否则容易出现焊坑和气孔等缺陷。

3. 电渣焊

电渣焊(图 3.2.3)是利用电流通过熔渣所产生的电阻热来熔化金属形成焊缝的焊接方法。施焊时,焊丝通过熔嘴伸入焊缝位置,电阻热将焊丝和焊件金属持续熔化,熔池逐步上升形成焊缝。电渣焊是电弧焊的一种,特别适用于焊接较厚的焊件,如高层结构建筑等钢结构中箱形柱或者构件内部横隔板与柱的焊接,焊件可以不开坡口。

4. 电阻焊

电阻焊(图 3.2.4)利用电流通过焊件接触点表面时所产生的热量来熔化金属,再利用压力使其焊合。在钢结构焊接工况中,电阻焊适用于板叠厚不超过 12 mm 的焊接。

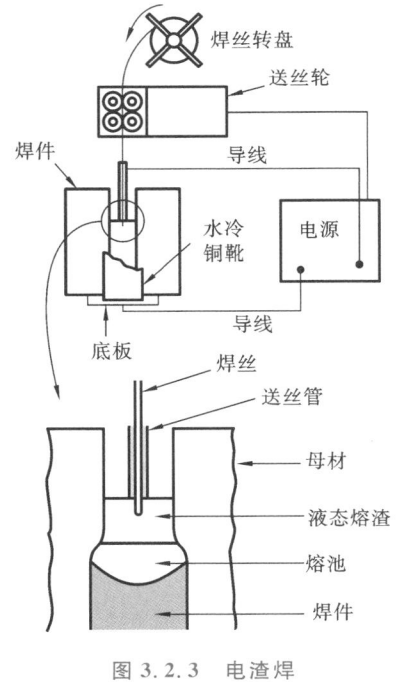

图 3.2.3　电渣焊

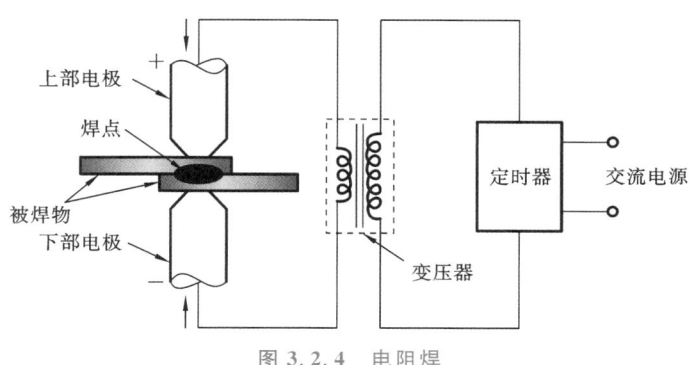

图 3.2.4　电阻焊

5. 气焊

气焊利用乙炔在氧气中燃烧而形成的火焰来熔化焊条和焊件金属,焊条和焊件冷凝后形成焊缝(图 3.2.5)。气焊常用于薄钢板或者小型结构中。

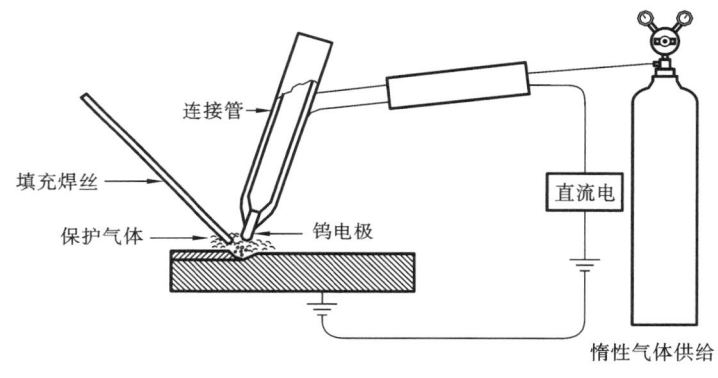

图 3.2.5　气焊

拓展阅读

3D 打印是把计算机辅助设计的模型文件导入打印机软件中,再由 3D 打印设备控制打印材料逐层堆积出三维实物的一种先进制造技术。焊接技术与 3D 打印成形方法类似,绝大多数的焊接方法是将金属材料通过一定的手段进行加热融化而后逐层堆积形成焊缝的。金属材料 3D 打印是二者相结合的关键技术,传统焊接技术将为 3D 打印技术提供有力的技术支持和丰富的经验借鉴,在此基础上应用金属 3D 打印技术将形成更经济安全高效的焊接工艺体系。

随着机械工艺在加工精准度、成形速度等方面的要求提高,在焊接机器人逐渐取代传统重复焊接工艺的趋势下,采用 3D 打印技术的三维建模与三维视觉引导组合控制机器人准确定位加工目标并完成焊接的方法,替代焊接机器人传统机器学习方法,使焊接机器人在 3D 打印技术终端的支持下完成多类型复杂的焊接任务。3D 打印技术应用在焊接机器人上,提高了焊接机器人的工作性能与精准性,拓宽了单个机器人的适用范围,让工业流水线生产有更多的结构选择。

3.2.2　焊接的优缺点

焊缝焊接是现代钢结构最主要的连接方法。与螺栓连接和铆钉连接相比,焊接的优点有:不需要在钢材上打孔,省工省时,不削弱截面,用料经济,材料可以充分利用;构造简单,无须辅助配件,任何形式的构件都可以直接相连;连接的密闭性好,结构刚度大;制作加工方便,可实现可视化操作,且方便与现代技术如 3D 打印和机器人结合。但焊接技术也存在一些缺点:焊缝附近的热影响区内,高温使得钢材的金相组织、力学性能、变形能力发生变化,导致局部材质变脆;焊接残余应力使焊缝附近结构发生脆性破坏的可能性增大,残余变形使得焊件尺寸和形状发生变化,虽可矫正但费工费时,还可能引起结构额外的受力(如受压构件的二次弯矩等);焊接结构对裂纹很敏感,局部裂缝一旦发生便很容易扩展到整体,低温冷脆性问题较为突出。

3.2.3　焊缝的连接形式及焊缝形式

1. 焊缝的连接形式

焊缝的连接形式可按构件的相对位置、构造形式和施焊位置来划分。

焊缝的连接形式按被连接构件的相对位置可分为平接(对接)、搭接、T 形连接和角接四种类型(图 3.2.6)。

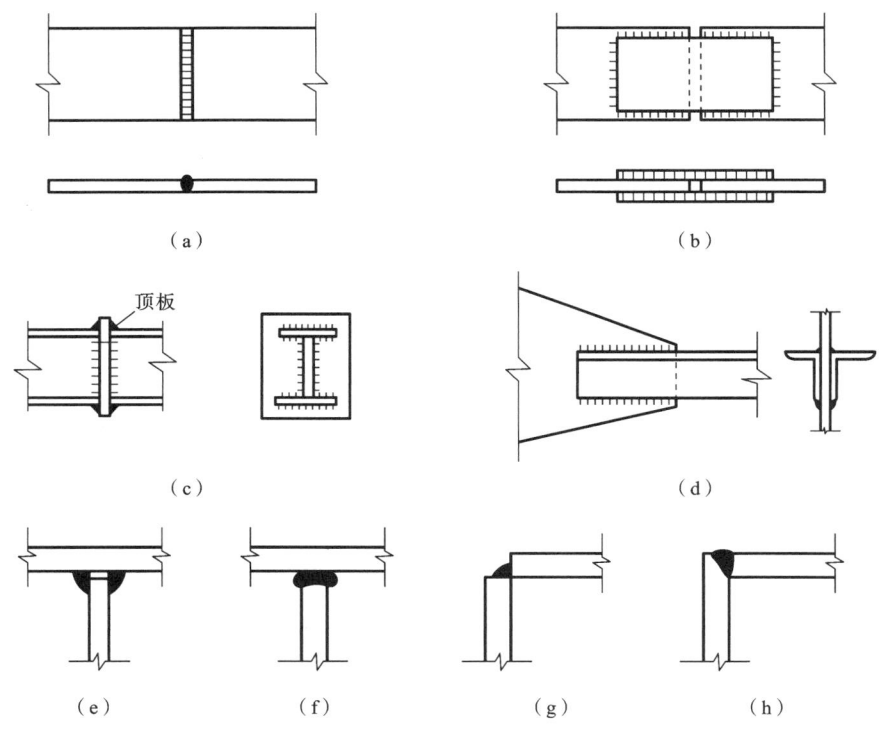

图 3.2.6　焊缝的连接形式

图 3.2.6(a)为对接连接,主要用于厚度相同或相近的两个构件相互连接。其特点如下:用料经济;由于两个被连接的构件在同一平面内,因而传力平缓均匀,应力集中现象不明显;由

于焊件边缘需要加工,因此对被连接的两板的间隙和坡口尺寸有严格要求。图 3.2.6(b)所示为用双层拼接板和角焊缝的平接连接,这种连接传力不均匀、费料,但施工简便,所连接的两板的间隙大小无须严格控制。图 3.2.6(c)所示为用顶板和角焊缝的平接连接,施工简便,顶板可以提供一定的约束作用,因而适宜用于受压构件的连接;由于存在层间撕裂的风险,受压构件不宜采用。

图 3.2.6(d)所示为用角焊缝的搭接连接,适用于不同厚度构件的连接,其特点是施工简便,构件简单,应用场景广泛灵活,但较为费料,且传力不均匀。

T 形连接省工省料,构造简单,常用于制作组合截面,可分为角焊缝的 T 形连接[图 3.2.6(e)]和焊透的 T 形连接[图 3.2.6(f)]。对于前者,焊件之间存在间隙,应力集中现象明显,受力性能较差,疲劳强度低。对于后者,其焊缝形式为对接与角接的组合,焊缝性能与对接焊缝相仿,常用在重要结构的连接中(如承受动力荷载和重级工作制吊车梁)。

图 3.2.6(g)和图 3.2.6(h)所示为用角焊缝和对接焊缝的角接连接。

2. 焊缝形式

焊缝按构造可分为对接焊缝和角焊缝两种形式。

对接焊缝:按受力方向可分为正对接焊缝和斜对接焊缝,如图 3.2.7(a)和图 3.2.7(b)所示。对接焊缝一般需要在焊件的边缘加工坡口。

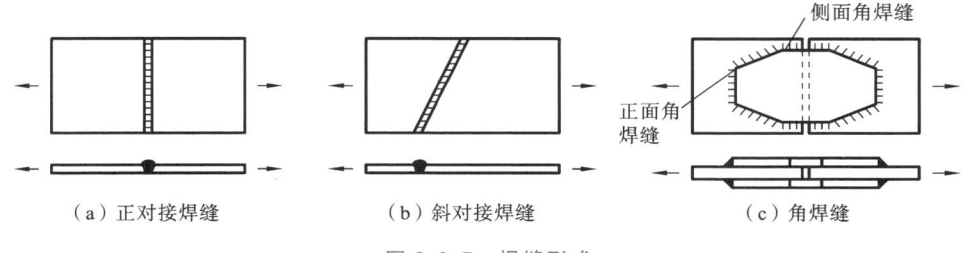

（a）正对接焊缝　　　　　　（b）斜对接焊缝　　　　　　（c）角焊缝

图 3.2.7　焊缝形式

角焊缝:按照其长度与受力方向的相交情况可分为正面角焊缝和侧面角焊缝,如图 3.2.7(c)所示。按焊缝沿长度方向的分布情况来看,可分为连续角焊缝和间断角焊缝两种,如图 3.2.8 所示。连续角焊缝的受力性能好,是角焊缝的主要形式。间断角焊缝的焊缝起止处存在截面的突变,容易引起应力集中,只适用于次要构件的连接,重要结构应避免采用。间断角焊缝的间距 l 不宜过长,过长将导致连接不紧密,潮湿环境中易引起构件的锈蚀。在受压构件中,l 不应大于 15 倍的板厚;在受拉构件中,l 不应大于 30 倍的板厚。

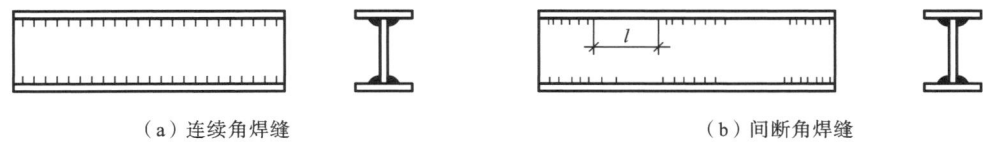

（a）连续角焊缝　　　　　　　　　　　　（b）间断角焊缝

图 3.2.8　连续角焊缝和间断角焊缝

焊缝按焊缝施焊位置分为平焊(俯焊)、横焊、立焊以及仰焊,如图 3.2.9 所示。平焊施焊最为方便,质量易于保证。横焊和立焊的施焊效率以及质量较平焊稍差。仰焊的操作条件最差,焊缝质量不易保证,应尽量避免采用。

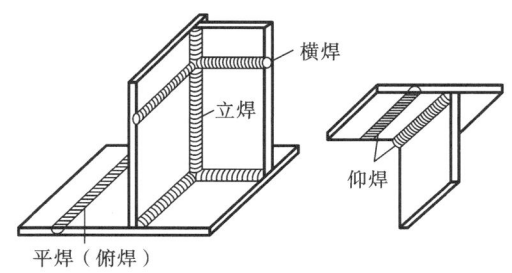

图 3.2.9　焊缝施焊位置

3.2.4　焊缝缺陷及质量检验

1. 焊缝缺陷

焊缝缺陷是指在焊接过程中产生于焊缝金属或者附近热影响区钢材表面或内部的缺陷。常见的焊缝缺陷有裂纹、气孔、烧穿、夹渣、未焊透、未熔合、咬边、焊瘤等,如图 3.2.10 所示。

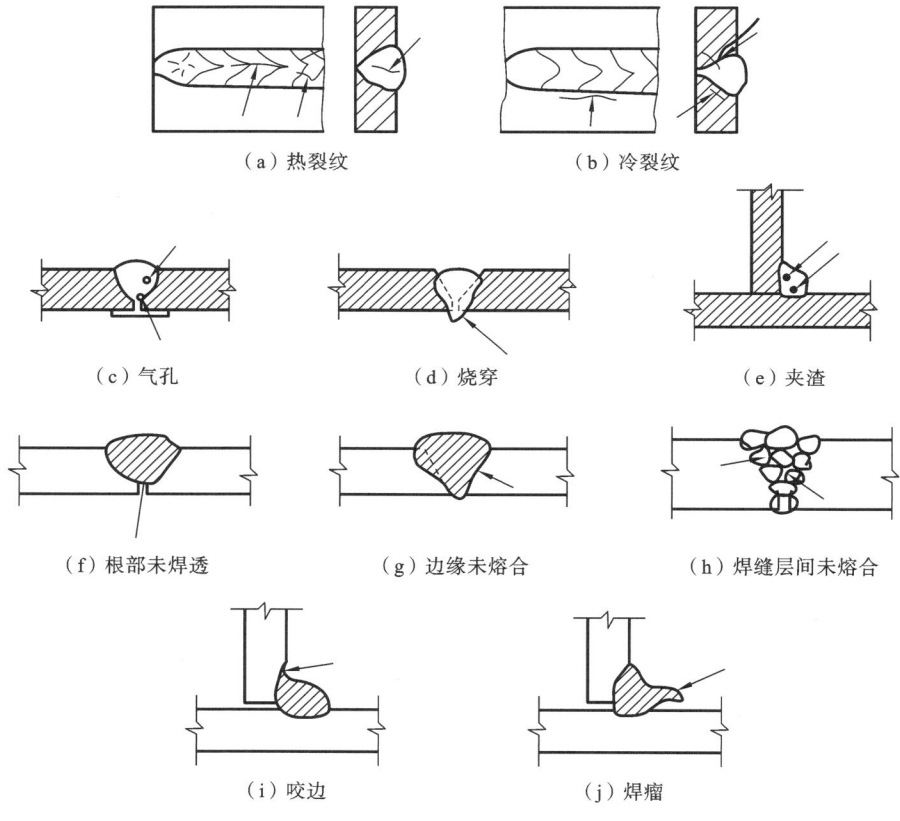

图 3.2.10　焊缝缺陷

裂纹[图 3.2.10(a)和图 3.2.10(b)]是焊缝连接中最危险的缺陷,起因是原子结构遭到破坏而形成的新的界面。按照施焊时间(或者产生温度)不同,有热裂纹和冷裂纹,前者是在焊接过程中产生的,一般沿焊缝中心长度方向开裂,也可能发生在焊缝内部两个柱状晶之间;后者是在焊缝冷却过程中形成的,容易引起构件的脆断。产生裂纹的因素很多,如钢材的化学成分不当、焊接工艺和条件设置不当(电流、电压、电弧长、焊速、焊条型号和施焊次序等)、焊件未按照要求清理等。

气孔[图 3.2.10(c)]是指焊接时熔池中的气体未在金属凝固前溢出而在焊缝中形成的空穴或者气孔。气体可能是由空气侵入、焊条药皮受潮、焊件上的未清理的杂质(油、锈、污垢)等引起的。从形状上来分,有球形气孔和条形气孔;从数量上来分,有单个气孔和气孔群。气孔在焊缝内可能均匀分布,也可能集中于某一部位。气孔削弱了焊缝的整体性,降低了接头的强度、塑性和密封性,且容易引起应力集中。

烧穿[图 3.2.10(d)]是指在焊接过程中熔化金属从焊缝背面流出形成穿孔的现象。焊接电流过大、速度过慢、工件间隙太大等都会导致烧穿现象。

夹渣[图 3.2.10(e)]是指焊缝中存在的块状或弥散状的熔渣,可分为金属夹渣和非金属夹渣,可呈线状、孤立或其他分布形式。坡口设计加工不合适、焊接电流太小、焊接速度过快、焊条药皮渗入焊缝金属、在多层施焊时熔渣没有清除干净、焊接材料与母材化学成分匹配不当等,都会引起夹渣现象。带有尖角的夹渣往往造成尖角顶点的应力集中,可能发展为裂缝;夹渣还会降低焊缝的塑性和韧性。

未焊透[图 3.2.10(f)]指母材金属未熔化,焊缝金属没有进入接头根部的现象。产生的原因包括焊接电流小、坡口和间隙尺寸不合理、焊条偏心度太大、层间和焊根清理不良等。未焊透的危害有:减小了焊缝的有效面积,使接头强度下降;引起应力集中,可能引发裂纹;降低焊缝的疲劳强度。

未熔合[图 3.2.10(g)和图 3.2.10(h)]是指焊缝金属与母材金属,或焊缝金属之间未熔化就结合在一起的缺陷。按所在部位划分,有坡口未熔合、层间未熔合和根部未熔合三种。产生的原因包括焊接电流过小、焊接速度过快、焊条角度不对、母材坡口有污物、层间清渣不彻底等。未熔合对承载截面积的减小作用非常明显,会导致严重的应力集中,其危害性仅次于裂纹。

咬边[图 3.2.10(i)]是指沿焊趾的母材部位产生的沟槽或凹陷。焊接电流太大、电弧过长、运条方式和角度不当、坡口两侧停留时间太长或太短,均有可能产生咬边现象。咬边将减小母材的截面积,削弱了构件的承载力;可能导致应力集中,易引起裂纹。

焊瘤[图 3.2.10(j)]是指液态金属在焊接过程中移动到未熔化的母材上,冷却后于母材表面形成的金属瘤。焊接电流过大、焊条角度不对、焊条熔化过快、操作手势不当等,均容易引起焊瘤。焊瘤常伴随未熔合、夹渣等缺陷一起产生,容易引起应力集中,导致裂纹产生。

2. 焊缝质量检验

焊缝缺陷的存在将削弱焊缝的受力面积,在缺陷处引起应力集中,成为裂缝萌生的源头和连接破坏的根源,对连接的强度、冲击韧性及冷弯性能等均有不利影响,因此,焊缝质量检验极为重要。

焊缝质量检验一般可用外观检查及内部无损检验,前者检查外观缺陷和几何尺寸误差,后者检查内部缺陷。《钢结构工程施工质量验收标准》(GB 50205—2020)规定,焊缝质量检验标准分为一级、二级和三级。三级焊缝只要求对全部焊缝做外观检查且符合三级质量标准;设计要求全焊透的一级、二级焊缝则除外观检查之外,还要求用超声波探伤进行内部缺陷的检验,超声波探伤不能对缺陷做出判断时,应采用射线(X 射线或 γ 射线)探伤检验,并应符合国家相应质量标准的要求。

3. 焊缝质量等级规定

《标准》对焊缝质量等级的选用做了如下规定：

（1）对于承受动荷载且需疲劳验算的构件：① 垂直于作用力方向的横向对接焊缝或者 T 形对接与角接组合焊缝，受拉时应为一级，受压时不应低于二级；② 平行于作用力方向的纵向对接焊缝不应低于二级。

（2）不需要疲劳验算的构件中，凡要求与母材等强度的对接焊缝在受拉时不应低于二级，受压时不宜低于二级（受压时不能排除焊缝中存在拉应力）。

（3）对于工作环境温度等于或者低于−20 ℃的地区，对接焊缝的质量不得低于二级。

焊缝质量与施焊条件有关，对于施焊条件较差的高空安装焊缝，其强度设计值应乘以折减系数 0.9。

3.2.5　焊缝符号

为了在钢结构施工图纸中既简明又准确地表示所设计的焊缝，需要用统一的符号来标注焊缝的形式、尺寸和辅助要求。焊缝符号由指引线、表示焊缝截面形状的图形符号以及附加符号（辅助符号、补充符号和焊缝尺寸符号）组成。指引线一般由基准线和带箭头的斜线组成，其中基准线一般应与图纸的底边平行，特殊情况下可与底边垂直，如图 3.2.11 所示。基本符号用于表示焊缝截面的形状，符号的线条宜粗于指引线，常用的焊缝基本符号见表 3.2.1。辅助符号用于表示焊缝表面形状特征，如对接焊缝表面余高部分需要加工至与焊件表面齐平，则需要在基本符号上加一短划。补充符号是为了补充说明焊缝的某些特征，如三面围焊和现场焊等。常用的焊缝辅助符号和补充符号见表 3.2.2。

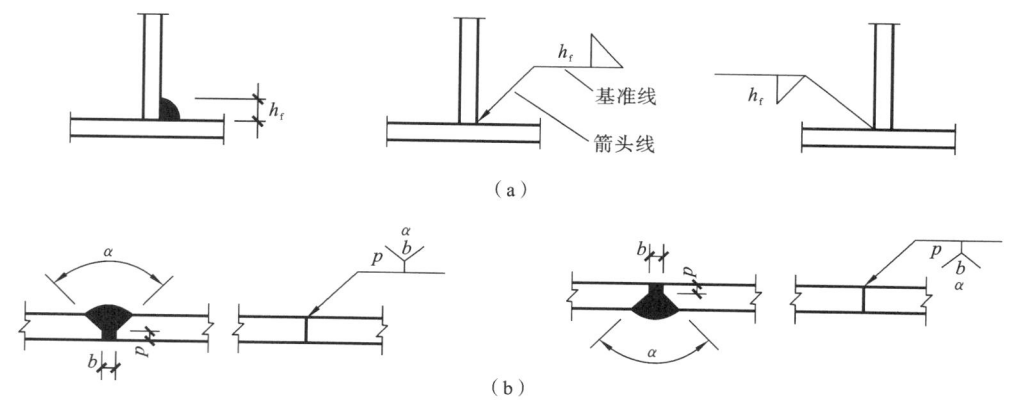

（a）

（b）

图 3.2.11　单面焊缝的标注方法

表 3.2.1　常用的焊缝基本符号

名称	封底焊缝	对接焊缝					角焊缝	塞焊缝或槽焊缝	点焊缝
		I 形焊缝	V 形焊缝	单边 V 形焊缝	带钝边的 V 形焊缝	带钝边的 U 形焊缝			
符号	⌒	‖	∨	⋁	Y	Y	⊿	⊓	○

注：单边 V 形焊缝与角焊缝的竖边画在符号的左边。

表 3.2.2　焊缝符号中常用的辅助符号和补充符号

名称		焊缝示意图	符号	示例
辅助符号	平面符号		—	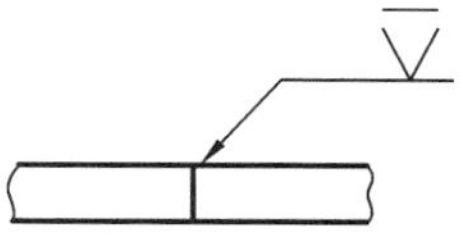
	凹面符号	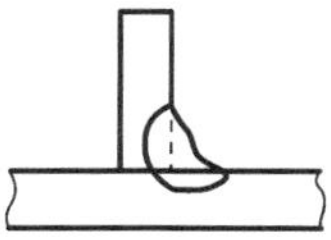	∪	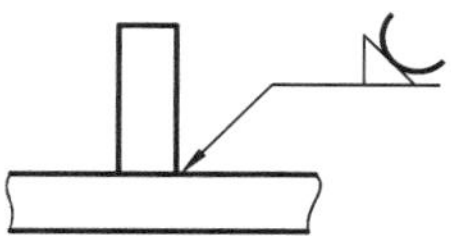
补充符号	三面围焊符号	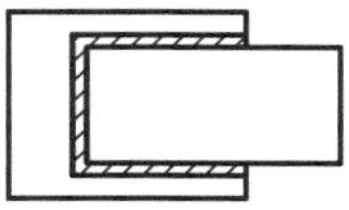	⊏	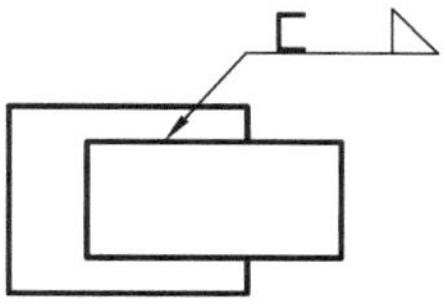
	周边围焊符号		 ○	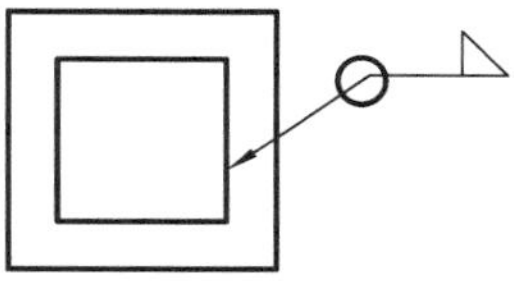
	现场焊符号		▶	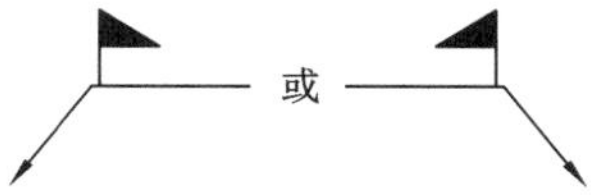 　或
	焊缝底部有垫板的符号	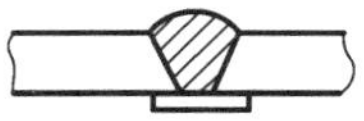	 ▭	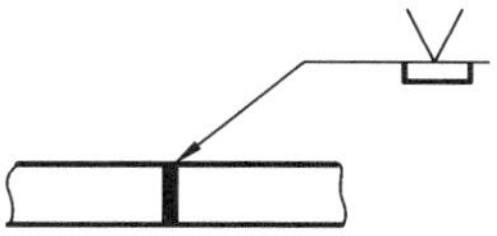
	相同焊缝符号		⌒	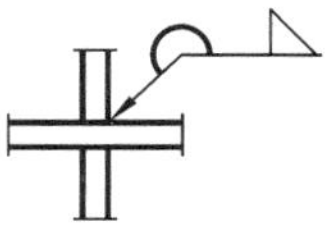
	尾部符号		 <	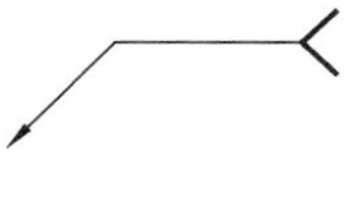

　　焊缝的箭头应指到图形上相应的焊缝位置,基准线的上、下用来标注图形符号和焊缝尺寸。对于单面焊缝,当引出线的箭头指向对应焊缝所在的一面时,应将焊缝符号和焊缝尺寸标

注在基准线上方;当箭头指向对应焊缝所在的另一面时,应将焊缝符号和尺寸标注在基准线的下面。对于双面焊缝,基准线的上、下方都应标注焊缝符号和焊缝尺寸。上方表示箭头一面的焊缝符号和尺寸,下方表示箭头另一面的焊缝符号和尺寸;当两面焊缝的尺寸相同时,只需在基准线的上方标注尺寸,如图3.2.12所示。必要时,可在基准线的末端加一尾部符号作为其他说明之用。当焊缝分布比较复杂或用上述标注方法不能表达清楚时,在标注焊缝代号的同时,可在图形上加格栅线表示,如图3.2.13所示,甚至可加注必要的说明,直至焊缝符号能够准确无歧义地表达。

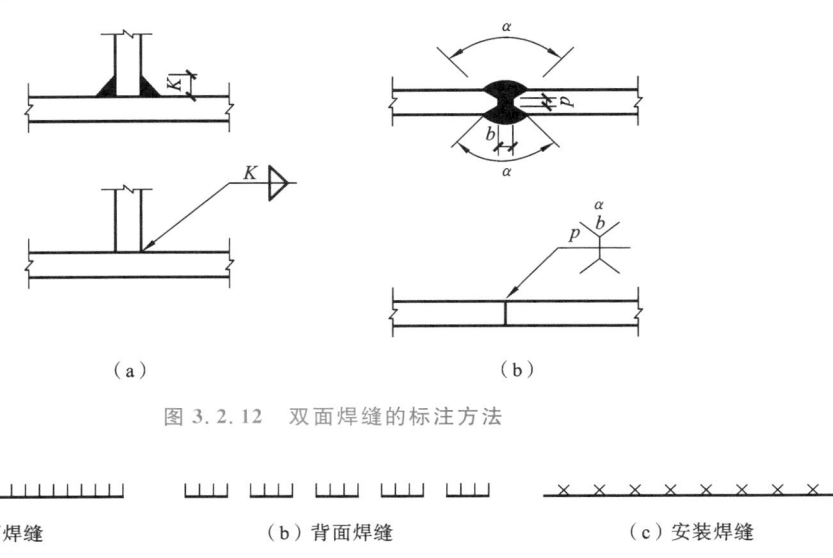

（a）　　　　　　　　　　　（b）

图 3.2.12　双面焊缝的标注方法

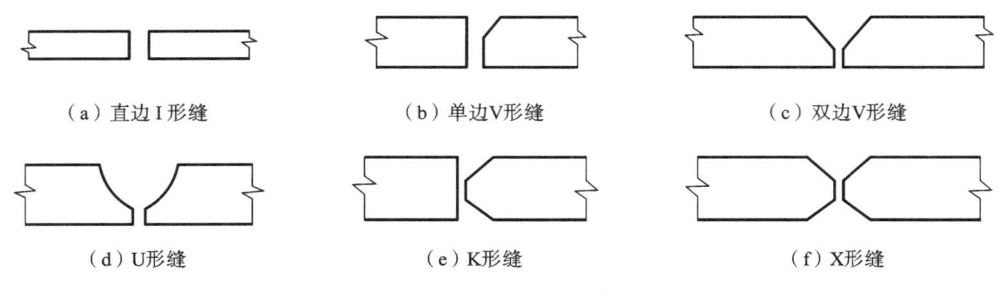

（a）正面焊缝　　　　　　　（b）背面焊缝　　　　　　　（c）安装焊缝

图 3.2.13　用格栅线表示焊缝

3.3　对接焊缝的构造和计算

3.3.1　对接焊缝的构造

对接焊缝是在两焊件坡口面之间或者一焊件的坡口面与另一焊件的表面之间相对焊接的焊缝。坡口的形式和尺寸应根据焊件厚度与施工条件而定,以保证焊件在全厚度内焊透。对接焊缝的坡口形式分为直边I形缝、单边V形缝、双边V形缝、U形缝、K形缝、X形缝等,如图3.3.1所示。

（a）直边I形缝　　　　　　　（b）单边V形缝　　　　　　　（c）双边V形缝

（d）U形缝　　　　　　　（e）K形缝　　　　　　　（f）X形缝

图 3.3.1　对接焊缝的构造

　　当焊件厚度很小($t\leqslant 6$ mm,t 为钢板厚度)时,可用直边 I 形缝。当厚度稍大($t=6\sim 16$ mm)时,为了能够焊透,需要采用有斜坡口的单边 V 形缝或双边 V 形缝,坡口和离缝共同形成一个焊条能够运转的施焊空间,便于焊缝焊透。对于较厚($t\geqslant 16$ mm)的焊件,则应采用 V 形缝、U 形缝、K 形缝和 X 形缝。对于 V 形缝和 U 形缝,需要对焊缝根部进行补焊;对于没有清根和补焊条件的情况,要事先在焊缝根部下面加垫板以保证焊透,如图 3.3.2 所示。关于坡口的形式和尺寸可参见国家标准《钢结构焊接规范》(GB 50661—2011)。

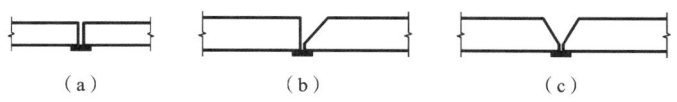

图 3.3.2　焊缝根部加垫板

　　在钢板宽度或者厚度有变化的连接中,为了减少应力集中,达到传力均匀的目的,应在板的宽度或者厚度方向从一侧或者两侧做成坡度不大于 1∶2.5(静力荷载)或 1∶4(疲劳荷载)的斜角,形成平缓过渡,如图 3.3.3 所示。当拼接的两块板的厚度差不大于 4 mm 时,可以不做斜坡。对接焊缝有诸多优点,如用料经济、传力平顺、无明显应力集中等。但对接焊缝的起弧和落弧点处常因不能熔透而出现凹形焊口,在受力时易导致应力集中而成为裂纹源。因此,为了避免焊口出现而造成的不利影响,通常在施焊时需将焊缝的起止点延伸至引弧板上,焊缝形成后将多余部分切除,如图 3.3.4 所示。

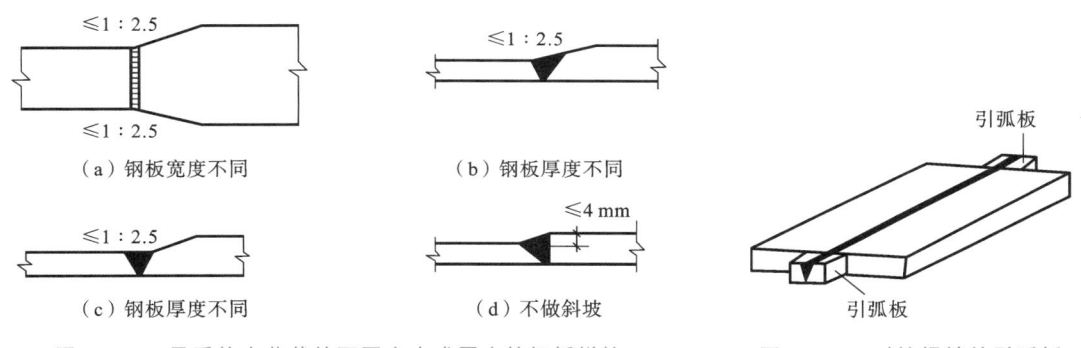

图 3.3.3　承受静力荷载的不同宽度或厚度的钢板拼接　　　　图 3.3.4　对接焊缝的引弧板

3.3.2　对接焊缝的计算

　　对接焊缝的应力分布特征与焊件原来的情况基本相同。在不同荷载(组合)作用下焊缝的计算公式分述如下。

1. 轴心受力的对接焊缝计算

　　对于轴心作用力垂直于焊缝长度方向的对接和 T 形焊接[图 3.3.5(a)和图 3.3.5(b)],其计算公式为

$$\sigma=\frac{N}{l_\mathrm{w}t}\leqslant f_\mathrm{t}^\mathrm{w}\ \text{或}\ f_\mathrm{c}^\mathrm{w} \tag{3.3.1}$$

式中,N 为焊缝承受的轴心拉力或压力;l_w 为焊缝的计算长度,当未采用引弧板时取 $l-2t$,采用引弧板时,取焊缝实际长度 l;t 为对接接头中连接件的较小厚度,在 T 形连接中为腹板厚度;f_t^w 和 f_c^w 分别为对接焊缝的抗拉、抗压强度设计值。抗压焊缝的抗压强度和一、二级抗拉

焊缝的抗拉强度同母材,三级抗拉焊缝的抗拉强度为母材的 85%。

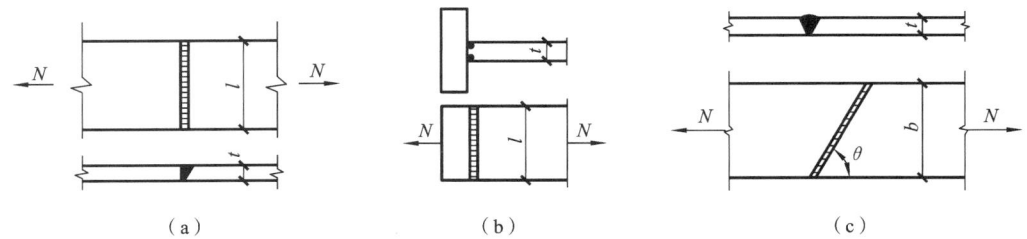

图 3.3.5　轴力作用下对接焊缝连接

当正焊缝的连接强度低于焊件强度时,可以采用斜焊缝以提高连接的承载力[图 3.3.5(c)],其作用力计算公式为

$$\sigma = \frac{N\sin\theta}{l_w t} \tag{3.3.2}$$

$$\tau = \frac{N\cos\theta}{l_w t} \tag{3.3.3}$$

式中,θ 为焊缝长度方向与作用力方向之间的夹角;l_w 为斜向焊缝计算长度,当未采用引弧板时,取 $b/\sin\theta - 2t$,采用引弧板时,取 $b/\sin\theta$。

斜缝分别按正应力和剪应力验算,其结果是近似的。计算证明,当 $\tan\theta \leqslant 1.5$ 时,可认为焊缝与母材等强,不必计算。

2. 弯矩和剪力共同作用的对接焊缝计算

弯矩作用在截面上产生线性分布的正应力,剪力作用在截面上产生抛物线形分布的剪应力,如图 3.3.6(a)所示,正应力和剪应力的计算公式分别为

$$\sigma = \frac{M}{W_w} \leqslant f_t^w \tag{3.3.4}$$

$$\tau = \frac{V S_w}{I_w t} \leqslant f_v^w \tag{3.3.5}$$

式中,M 为焊缝承受的弯矩;W_w 为焊缝计算截面的截面模量;f_t^w 为焊缝的抗拉强度设计值;V 为焊缝承受的剪力;S_w 为验算点以上焊缝截面对中和轴的面积矩;I_w 为焊缝计算截面对其中和轴的惯性矩;f_v^w 为对接焊缝的抗剪强度设计值。

在弯矩和剪力的共同作用下,对于工字形、箱形、T 形等构件,腹板和翼缘交接处的焊缝截面受到很大正应力和较大剪应力的共同作用[图 3.3.6(b)],此时,还应计算折算应力:

$$\sigma_f = \sqrt{\sigma_1^2 + 3\tau_1^2} \leqslant 1.1 f_t^w \tag{3.3.6}$$

式中,σ_1 为腹板与翼缘交接处(验算点处)焊缝正应力,$\sigma_1 = \frac{M}{W_w} \cdot \frac{h_0}{h}$,其中,$h_0$、$h$ 分别为焊缝截面处腹板高度、截面总高度;τ_1 为腹板与翼缘交接处(验算点处)焊缝剪应力,$\tau_1 = \frac{V S_1}{I_w t}$,其中,$S_1$ 为验算点以上面积对中和轴的面积矩;t 为腹板的厚度。

3. 轴力、弯矩和剪力联合作用的对接焊缝计算

在轴力、弯矩和剪力联合作用下,基于叠加原理,对接焊缝的最大正应力为轴力和弯矩引起的应力之和;剪力产生的剪应力按照式(3.3.5)验算;正应力按照式(3.3.6)验算。

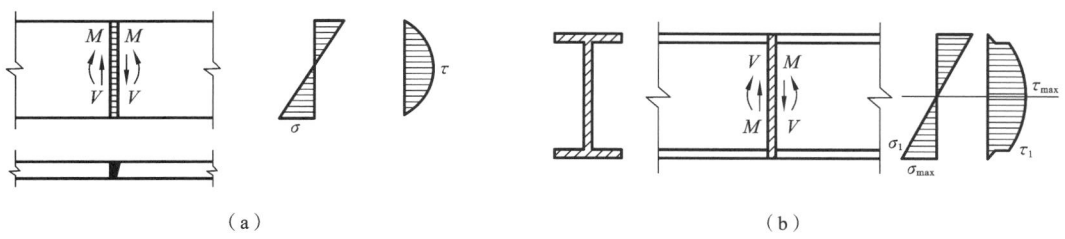

图 3.3.6　轴力作用下对接焊缝连接

【例题 3-1】　试验算图 3.3.7 所示钢板的对接焊缝的强度。图中 $a = 540$ mm,$t = 22$ mm, 轴心力的设计值为 $N = 2500$ kN。钢材为 Q235B,手工焊,焊条为 E43 型,三级检验标准的焊缝,施焊时加引弧板。

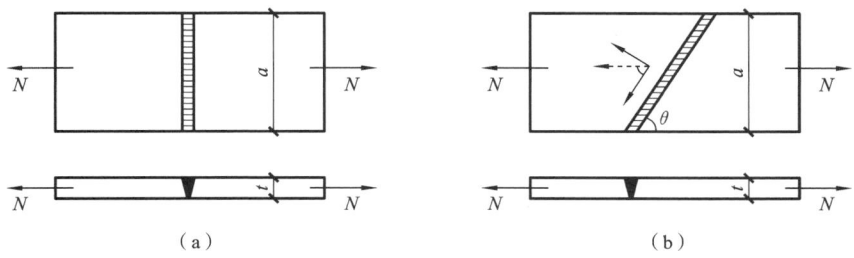

图 3.3.7　例题 3-1 图

解　正对接焊接时,其计算长度 $l_w = 540$ mm。焊缝正应力为

$$\sigma = \frac{N}{l_w t} = \frac{2500 \times 10^3}{540 \times 22} \text{ N/mm}^2 = 210 \text{ N/mm}^2 > f_t^w = 175 \text{ N/mm}^2$$

不满足要求,改用斜对接焊缝,取截割斜度为 1.5 : 1,即 $\theta = 56°$,焊缝长度 $l_w = \frac{a}{\sin\theta} = 650$ mm。故此焊缝的正应力为

$$\sigma = \frac{N\sin\theta}{l_w t} = \frac{2500 \times 10^3 \times \sin 56°}{650 \times 22} \text{ N/mm}^2 = 145 \text{ N/mm}^2 < f_t^w = 175 \text{ N/mm}^2$$

剪应力为

$$\tau = \frac{N\cos\theta}{l_w t} = \frac{2500 \times 10^3 \times \cos 56°}{650 \times 22} \text{ N/mm}^2 = 98 \text{ N/mm}^2 < f_v^w = 120 \text{ N/mm}^2$$

故斜对接焊缝满足要求。

【例题 3-2】　计算工字形截面牛腿与钢柱连接的对接焊缝强度(图 3.3.8)。$F = 550$ kN (设计值),偏心距 $e = 300$ mm。钢材为 Q235B,焊条为 E43 型,手工焊,三级检验标准的焊缝, 上、下翼缘加引弧板施焊。

解　因有引弧板,对接焊缝的计算截面与牛腿的截面相同,因而

$$I_w = \left[\frac{1}{12} \times 260 \times (380 + 2 \times 16)^3 - \frac{1}{12} \times (260 - 12) \times 380^3\right] \text{ mm}^4 = 3.81 \times 10^8 \text{ mm}^4$$

$$S_x = [260 \times 16 \times 198 + 190 \times 12 \times 190/2] \text{ mm}^3 = 1.04 \times 10^6 \text{ mm}^3$$

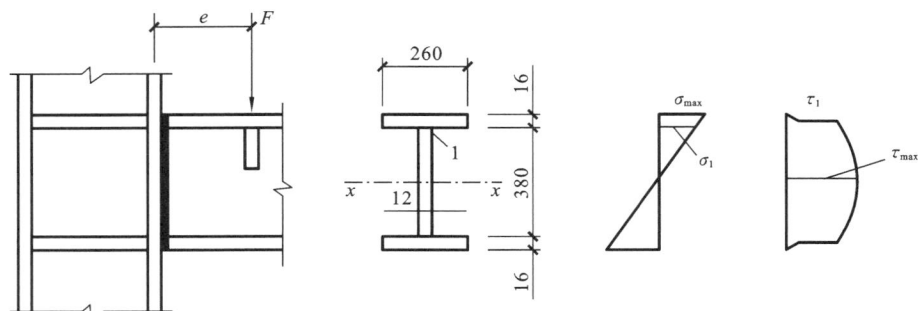

图 3.3.8　例题 3-2 图

$$S_{x1} = 260 \times 16 \times 198 \text{ mm}^3 = 8.24 \times 10^5 \text{ mm}^3$$

$$V = F = 550 \text{ kN}$$

$$M = Fe = 550 \times 0.3 \text{ kN} \cdot \text{m} = 165 \text{ kN} \cdot \text{m}$$

最大正应力为

$$\sigma_{\max} = \frac{M\dfrac{h}{2}}{I_w} = \frac{165 \times 10^6 \times 206}{3.81 \times 10^8} \text{ N/mm}^2 = 89.21 \text{ N/mm}^2 < f_t^w = 185 \text{ N/mm}^2$$

最大剪应力为

$$\tau_{\max} = \frac{VS_x}{I_x t} = \frac{550 \times 10^3 \times 1.04 \times 10^6}{3.81 \times 10^8 \times 12} \text{ N/mm}^2 = 125.11 \text{ N/mm}^2 \approx f_v^w = 125 \text{ N/mm}^2$$

上翼缘和腹板交界处"1"点的正应力：

$$\sigma_1 = \sigma_{\max} \times \frac{190}{206} = 82.28 \text{ N/mm}^2$$

剪应力：

$$\tau_1 = \frac{VS_{x1}}{I_w t} = \frac{550 \times 10^3 \times 8.24 \times 10^5}{3.81 \times 10^8 \times 12} \text{ N/mm}^2 = 99.12 \text{ N/mm}^2 < f_v^w = 125 \text{ N/mm}^2$$

由于"1"点同时受有较大的正应力和剪应力。故验算折算应力为

$$\sqrt{82.28^2 + 3 \times 99.12^2} \text{ N/mm}^2 = 190.38 \text{ N/mm}^2 < 1.1 \times 185 \text{ N/mm}^2 = 204 \text{ N/mm}^2$$

均满足要求。

3.4　角焊缝的构造和计算

3.4.1　角焊缝的构造及特点

1. 角焊缝的连接形式与受力特征

角焊缝两焊脚边的夹角 α 一般为 $90°$，称为直角角焊缝[图 3.4.1(a)]；当 α 为其他值时，称为斜角角焊缝[图 3.4.1(b)]。特别地，当 α 大于 $135°$ 或者小于 $60°$ 时，除钢管结构之外，不宜用作受力焊缝。

直角角焊缝根据截面形式可进一步分为普通焊缝（等边直角）、平坡焊缝（不等边直角）和

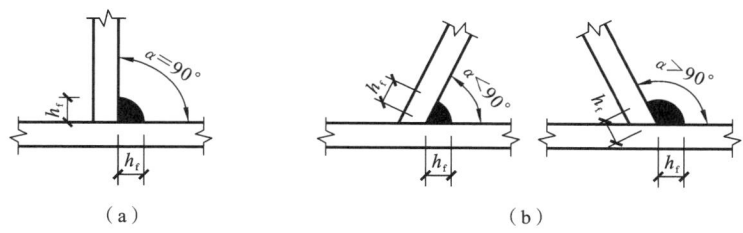

图 3.4.1　角焊缝(截面)的形式

深熔焊缝(等边凹形直角),如图 3.4.2 所示。普通角焊缝较为普遍,当其作为正面角焊缝时,由于焊缝截面传力不平顺,力线弯折,焊根处应力集中现象较为突出,容易引起高峰值应力,导致开裂。因此,在承受动力荷载的连接中,宜采用力线弯折比较平缓的平坡焊缝或者深熔焊缝。

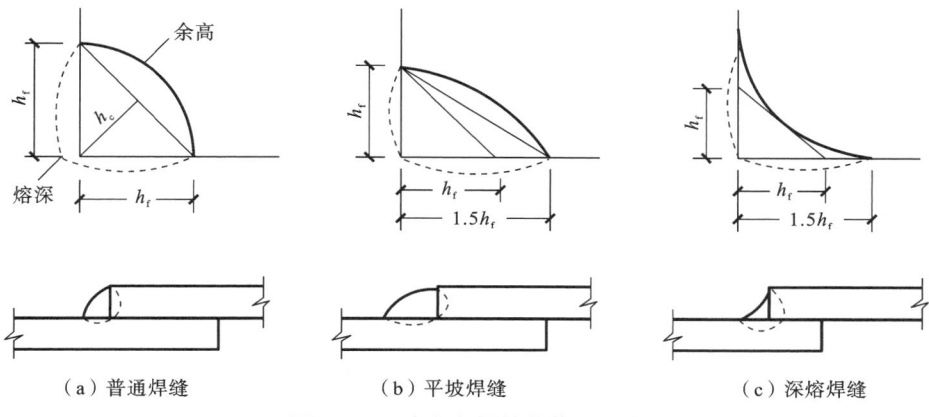

图 3.4.2　直角角焊缝的截面形式

对于不在同一平面内的焊件的搭接(侧面角焊缝)或者顶接(正面角焊缝)需要用角焊缝。侧面角焊缝主要承受剪力,其塑性较好,利于应力重分布,在规定的长度内,应力分布可趋于均匀。正面角焊缝的应力状态比较复杂,其破坏强度比侧面角焊缝高,但塑性稍差,应力集中较为明显,特别是焊缝根部,是潜在的裂纹源。

2. 角焊缝的构造要求

(1)焊脚的尺寸不宜过小。过小的焊脚难以保证焊缝的最小承载力,且会导致焊缝冷却过快,焊缝内部易生成脆硬组织,增加了裂纹产生的风险,降低塑性。因此,《标准》规定的最小焊脚尺寸如表 3.4.1 所示,承受动荷载的角焊缝最小焊脚尺寸为 5 mm。

表 3.4.1　角焊缝最小焊脚尺寸　　　　　　　　　　　　　　　　单位:mm

母材厚度 t	角焊缝最小焊脚尺寸 h_f
$t \leqslant 6$	3
$6 < t \leqslant 12$	5
$12 < t \leqslant 20$	6
$t > 20$	8

注:1. 用不预热的非低氢焊接方法焊接时,t 等于焊接连接部位中较厚件厚度,宜采用单道焊缝;

2. 采用预热的非低氢焊接方法或低氢焊接方法焊接时,t 等于焊接连接部位中较薄件厚度;

3. 焊缝尺寸 h_f 不要求超过焊接连接部位中较薄件厚度的情况除外。

(2) 焊脚的尺寸不宜过大。过大的焊脚导致热量集中,冷却收缩时容易产生较大的焊接残余变形,使热影响区域扩大,容易发生脆性断裂,较薄的焊件容易烧穿。因此,《标准》规定:搭接焊缝沿母材棱边的最大焊脚尺寸,当板厚不大于 6 mm 时,应为母材厚度,当板厚大于 6 mm 时,应为母材厚度减去 1~2 mm(图 3.4.3)。

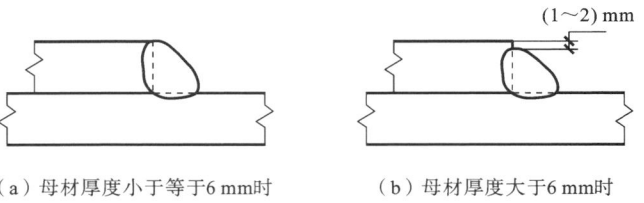

（a）母材厚度小于等于6 mm时　　　（b）母材厚度大于6 mm时

图 3.4.3　搭接焊缝沿母材棱边的最大焊脚尺寸

(3) 角焊缝的长度 l_w 不宜过小。角焊缝的横截面积大而长度较小时,会导致焊件局部加热严重,且起灭弧相距太近会引起严重的应力集中,加上一些可能产生的缺陷,导致焊缝的可靠性降低。因此,角焊缝的计算长度不得小于 $8h_f$ 和 40 mm,焊缝计算长度应为扣除引弧板、收弧板长度后的焊缝长度。间断角焊缝的最小长度不应小于最小计算长度,并且不得小于 $10h_f$ 或 50 mm,其净距不应大于 $15t$(对受压构件)或 $30t$(对受拉构件),t 为较薄焊件的厚度。腐蚀环境中不宜采用间断角焊缝。

(4) 角焊缝的长度 l_w 不宜过大。侧面角焊缝的应力沿其长度分布不均匀,两端较中间大,焊缝越长其差别也越大,太长时侧面角焊缝两端应力可能先达到极限而破坏,此时焊缝中部还未充分发挥其承载力。这种情况对承受动力荷载的构件尤为不利。因此,侧面角焊缝的计算长度也不宜大于 $60h_f$。当大于上述规定时,焊缝的承载力应乘以折减系数 $\alpha_f = 1.5 - \dfrac{l_w}{120h_f}$,且不小于 0.5。

(5) 采用搭接连接时,为了防止搭接部位角焊缝在荷载作用下张开,搭接连接角焊缝在传递部件受轴向力时应采用双角焊缝。为了防止搭接部位受轴向力时发生偏转,搭接连接的最小搭接长度应为较薄件厚度的 5 倍,且不应小于 25 mm(图 3.4.4)。

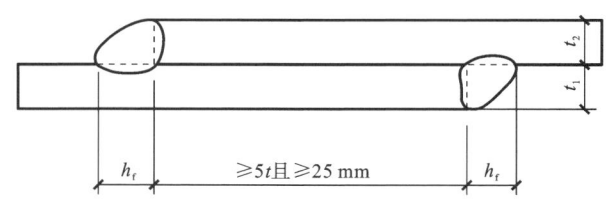

图 3.4.4　搭接连接

(6) 杆件端部搭接采用三面围焊时,在转角处截面突变,会产生应力集中,如在此处灭弧,可能出现弧坑或咬边等缺陷,从而加大应力集中的影响,故围焊的转角处必须连续施焊。对于非围焊情况,当角焊缝的端部在构件转角处时,可连续地做长度为 $2h_f$ 的绕角焊(图 3.4.5)。

(7) 对于承受动荷载不需要进行疲劳验算的构件,构件端部搭接连接的纵向角焊缝长度不应小于两侧焊缝间的垂直距离 a,且在无塞焊、槽焊等其他措施时,间距 a 不应大于较薄件厚度 t 的 16 倍(图 3.4.6),以免因焊缝横向收缩而引起板件发生较大拱曲。

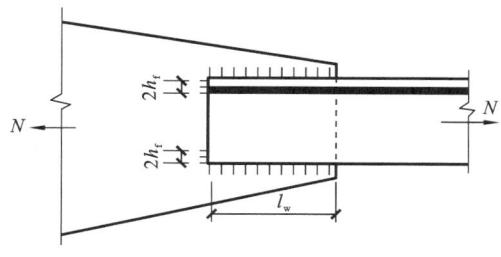

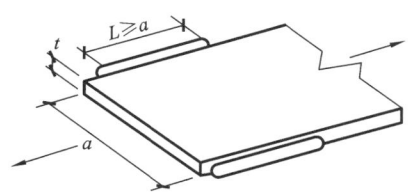

图 3.4.5　角焊缝绕角焊　　　　　　　　　图 3.4.6　纵向角焊缝长度及间距要求

3.4.2　角焊缝的基本计算公式

不论正面角焊缝或侧面角焊缝,直角角焊缝破坏面一般在喉部。破坏面上焊缝厚度称为有效厚度 h_e,通常认为直角角焊缝是以 $45°$ 方向的最小截面作为有效计算截面面积的,因此 $h_e=0.7h_f$,对应角焊缝的有效截面面积 $h_e l_w=0.7h_f l_w$。在外力 N_y 的作用下[图 3.4.7 (a)],角焊缝的有效截面上产生垂直于焊缝长度的正应力 $\sigma_\perp$ 和剪应力 $\tau_\perp$[图 3.4.7(b)]。在外力 N_z 的作用下,产生平行于焊缝长度方向的剪应力 $\tau_{//}$。在三种应力共同作用的位置产生复杂的应力状态,假定焊缝在有效截面处破坏,试验证明在这种复杂应力作用下角焊缝的强度与母材一样,可用下式表示:

$$\sqrt{\sigma_\perp^2+3(\tau_\perp^2+\tau_{//}^2)}=\sqrt{3}f_f^w \tag{3.4.1}$$

式中,f_f^w 为角焊缝的强度设计值。

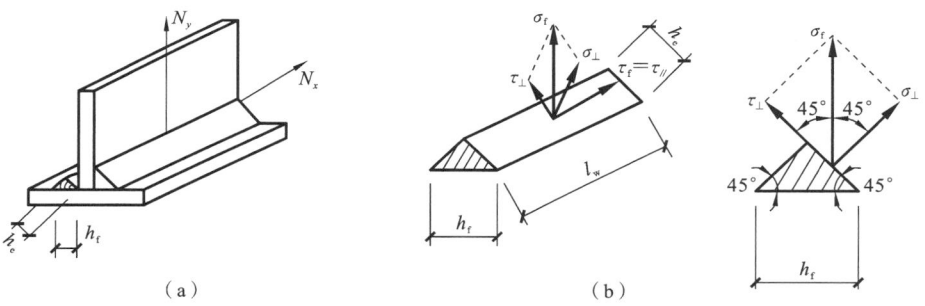

图 3.4.7　直角角焊缝截面上的应力分析

为了便于计算,可将公式(3.4.1)进行转换,得到使用的计算公式。如图 3.4.7(a)所示,外力 N_y 垂直于焊缝长度方向,且通过焊缝重心,沿焊缝长度产生平均应力 σ_f,可表示为

$$\sigma_f=\frac{N_y}{h_e\sum l_w} \tag{3.4.2}$$

将 σ_f 分解为正应力 $\sigma_\perp$ 和剪应力 $\tau_\perp$,其值为

$$\sigma_\perp=\frac{\sigma_f}{\sqrt{2}} \tag{3.4.3a}$$

$$\tau_\perp=\frac{\sigma_f}{\sqrt{2}} \tag{3.4.3b}$$

外力 N_z 平行于焊缝长度方向,且通过焊缝重心,沿焊缝长度产生平均剪应力,将 $\tau_{/\!/}$ 改为 τ_f,其值为

$$\tau_{/\!/} = \tau_f = \frac{N_z}{h_e \sum l_w} \tag{3.4.4}$$

将式(3.4.3a)、式(3.4.3b)以及式(3.4.4)代入式(3.4.1),有

$$\sqrt{4\left(\frac{\sigma_f}{\sqrt{2}}\right)^2 + 3(\tau_f)^2} \leqslant \sqrt{3} f_f^w \tag{3.4.5}$$

令 $\beta_f = \sqrt{\dfrac{3}{2}} = 1.22$,则式(3.4.5)变为

$$\sqrt{\left(\frac{\sigma_f}{\beta_f}\right)^2 + \tau_f^2} \leqslant f_f^w \tag{3.4.6}$$

式中,β_f 为正面角焊缝的强度设计值增大系数,对承受静力荷载和间接动力荷载的直角角焊缝,β_f 取 1.22;对直接承受动力荷载的直角角焊缝,由于正面角焊缝的刚度大、韧性差,把它和侧面角焊缝一样看待,应取 $\beta_f = 1.0$。h_e 为角焊缝的有效厚度,对直角角焊缝,当两焊件间隙 $b \leqslant 1.5$ mm 时,$h_e = 0.7 h_f$;当两焊件间隙 1.5 mm $< b \leqslant 5$ mm 时,$h_e = 0.7(h_f - b)$,其中 h_f 为较小的焊脚尺寸。

式(3.4.6)就是角焊缝设计的基本公式,亦是实用计算方法,计算结果与实际情况有一定出入,但大量试验证明,该计算方法是可以保证结构安全的,已被大多数国家的规范采用。

3.4.3 角焊缝的计算

1. 轴心力作用下角焊缝的计算

不失一般性,考虑通过焊缝重心且与焊缝长度方向夹角为 θ 的轴向力 N(见图 3.4.8),焊缝有效截面上的应力认为是均匀分布的。作用力 N 可以分解为沿焊缝长度方向的分力 N_y($N_y = N\cos\theta$)和垂直于焊缝长度方向的分力 N_x($N_x = N\sin\theta$)。

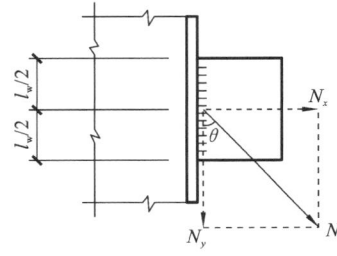

N_y 和 N_x 引起的焊缝应力分别为

$$\tau_f = \frac{N_y}{\sum h_e l_w} = \frac{N_y}{A_f} \tag{3.4.7}$$

$$\sigma_f = \frac{N_x}{\sum h_e l_w} = \frac{N_x}{A_f} \tag{3.4.8}$$

将式(3.4.7)和式(3.4.8)代入式(3.4.6),得到外力 N 作用下的角焊缝的设计公式,即

图 3.4.8　角焊缝承受斜向
　　　　　轴心力作用

$$\sqrt{\left(\frac{N_x}{A_f \beta_f}\right)^2 + \left(\frac{N_y}{A_f}\right)^2} \leqslant f_f^w \tag{3.4.9}$$

式中,A_f 为角焊缝有效截面面积,$A_f = \sum h_e l_w$;h_e 为角焊缝的有效厚度;β_f 为正面角焊缝的强度设计值增大系数;f_f^w 为角焊缝的强度设计值,见附录中表 A.5。

(1) 当 $\theta = 0°$ 时,为侧面角焊缝连接,此时外力 N 与焊缝长度方向平行,式(3.4.9)变为

$$\tau_f = \frac{N}{\sum h_e l_w} \leqslant f_f^w \tag{3.4.10}$$

(2) 当 $\theta = 90°$ 时,为正面角焊缝连接,此时外力 N 与焊缝长度方向垂直,式(3.4.9)变为

$$\sigma_f = \frac{N}{\sum h_e l_w} \leqslant \beta_f f_f^w \tag{3.4.11}$$

（3）当用矩形板拼接形成三面围焊时，可先按式（3.4.11）计算正焊缝所承担的内力 N_1，侧面焊缝则承受剩余的荷载 $N-N_1$，可按式（3.4.10）计算。

【例题 3-3】　　如图 3.4.9 所示，两块钢板用双面盖板采用三面围焊拼接，已知钢板宽度 $B=270$ mm，厚度 $t_1=28$ mm，两块钢板之间的间隙为 10 mm。拼接盖板的厚度 $t_2=16$ mm，宽 $b=250$ mm。该连接承受的静态轴心力 $N=1400$ kN（设计值），钢材为 Q235B，手工焊，焊条为 E43 型，采用不预热非低氢焊接方法焊接，角焊缝受剪强度设计值 $f_f^w=160$ N/mm²，试确定拼接盖板的长度。

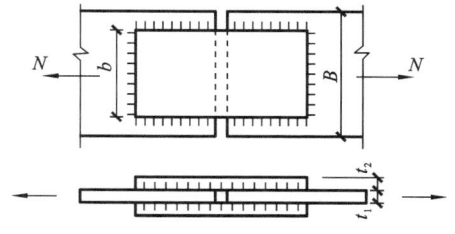

图 3.4.9　例题 3-3 图

解　（1）确定焊脚尺寸。

盖板厚度为 16 mm，大于 6 mm，$h_f \leqslant t_2-(1\sim2)$ mm$=14\sim15$ mm；

采用不预热非低氢焊接方法焊接，$h_{f,min}=8$ mm；

综合考虑，选择 $h_f=10$ mm。

（2）确定焊缝长度。

首先计算一侧两条端焊缝承受的力：

$$N_1 = 1.22 f_f^w h_e \sum l_w = 1.22 \times 160 \times 0.7 \times 10 \times (250 \times 2)\ \text{kN} = 683.2\ \text{kN}$$

连接一侧四条侧面角焊缝所受的力为 $N-N_1$，则一条侧面角焊缝的力为

$$N_2 = \frac{1}{4} \times (N-N_1) = \frac{1}{4} \times (1400-683.2)\ \text{kN} = 179.2\ \text{kN}$$

一条侧面角焊缝的计算长度：

$$l_{w1} = \frac{N_2}{h_e f_f^w} = \frac{179.2 \times 10^3}{0.7 \times 10 \times 160}\ \text{mm} = 160\ \text{mm}$$

考虑到起灭弧的影响，焊缝的实际长度：

$$l_w = l_{w1} + h_f = (160+10)\ \text{mm} = 170\ \text{mm}$$

（3）确定盖板的长度 $l = 2l_w + 10$ mm $= 350$ mm。

---

2. 轴心力作用下角钢连接的角焊缝计算

角钢与其他构件连接时可分为侧面角焊缝、三面围焊以及 L 形角焊缝。腹杆受轴心力作用，为了避免焊缝偏心受力，焊缝所传递的合力的作用线应与角钢杆件的轴线重合（图 3.4.10）。

（1）当侧面角焊缝连接角钢时[图 3.4.10(a)]，虽然轴心力通过角钢截面形心，但肢背和肢尖到角钢截面形心的距离不同（$e_1 \neq e_2$），导致肢背焊缝和肢尖焊缝受力大小不等，靠近形心的肢背焊缝承受较大的内力。设肢背焊缝和肢尖焊缝承担的内力分别为 N_1 和 N_2，由平衡条件可知：

$$N_1 = \frac{e_2}{e_1+e_2} N = k_1 N, \quad N_2 = \frac{e_1}{e_1+e_2} N = k_2 N \tag{3.4.12}$$

式中，N 为角钢承受的轴心力；k_1、k_2 为角钢角焊缝内力分配系数，按表 3.4.2 采用。

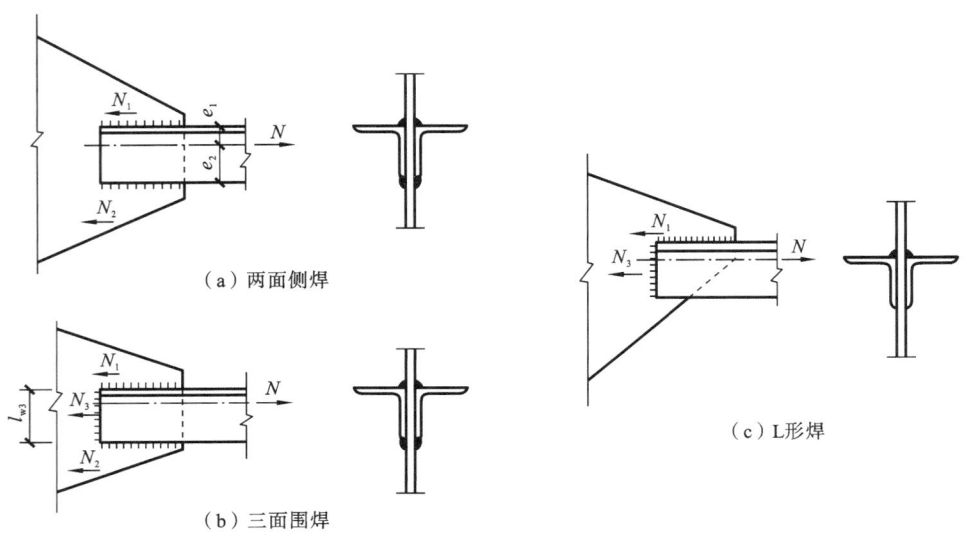

图 3.4.10　轴心力作用下的角钢角焊缝连接

表 3.4.2　角钢角焊缝的内力分配系数

角钢类型	连接形式	内力分配系数	
		肢背 k_1	肢尖 k_2
等肢角钢		0.70	0.30
不等肢角钢短肢连接		0.75	0.25
不等肢角钢长肢连接		0.65	0.35

肢背和肢尖侧面角焊缝在 N_1 和 N_2 作用下的设计公式为

$$\frac{N_1}{\sum h_{e1} l_{w1}} \leqslant f_f^w , \qquad \frac{N_2}{\sum h_{e2} l_{w2}} \leqslant f_f^w \qquad (3.4.13)$$

式中，h_{e1} 和 h_{e2} 分别为肢背、肢尖的焊缝有效厚度；l_{w1} 和 l_{w2} 分别为肢背、肢尖的焊缝计算长度，每条焊缝的计算长度为实际长度减去 $2h_f$。

（2）当采用三面围焊时［图 3.4.10(b)］，考虑到侧面角焊缝与正面角焊缝的计算区别，可先计算正面角焊缝承担的内力，假设焊脚尺寸为 h_{f3}，则有

$$N_3 = \sum \beta_f 2 h_{f3} l_{w3} f_f^w \qquad (3.4.14)$$

再通过平衡关系,可以得到肢背和肢尖侧面角焊缝分别承担的荷载 N_1 和 N_2:

$$N_1 = k_1 N - \frac{N_3}{2}, \quad N_2 = k_2 N - \frac{N_3}{2} \tag{3.4.15}$$

此时,侧面角焊缝的计算公式与式(3.4.13)相同。

(3) 对于 L 形角焊缝[图 3.4.10(c)],可令式(3.4.15)中 $N_2 = 0$,正面角焊缝和侧面角焊缝分别承担的荷载 N_3 和 N_1 为

$$N_3 = 2k_2 N, \quad N_1 = k_1 N - k_2 N \tag{3.4.16}$$

L 形角焊缝的设计公式为

$$\frac{N_3}{\sum h_{e3} l_{w3}} \leqslant \beta_f f_f^w, \quad \frac{N_1}{\sum h_{e1} l_{w1}} \leqslant f_f^w \tag{3.4.17}$$

3. 轴力、弯矩、剪力联合作用下角焊缝的计算

如图 3.4.11 所示的角焊缝连接受到偏心斜拉力 N 作用,将 N 分解为水平力 N_x 和竖向力 N_y,角焊缝将受到轴力 N_x、剪力 N_y 和弯矩 $N_x e$ 的共同作用。图中 A 点为最不利点,因此主要关注 A 点的应力。

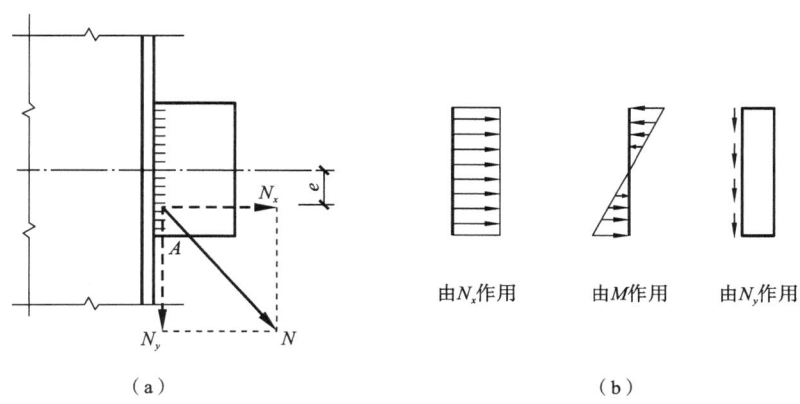

由 N_x 作用　　　由 M 作用　　　由 N_y 作用

（a）　　　　　　　　　　　　　　　　（b）

图 3.4.11　轴力、剪力、弯矩联合作用

由弯矩产生的应力为 $\sigma_M = M/W_e$,其中 W_e 为焊缝计算截面模量。由轴心拉力 N_x 产生的应力为 $\sigma_N = N_x/A_e$,A_e 为焊缝的有效截面面积。这两部分应力在 A 点的合力为 $\sigma_f = M/W_e + N_x/A_e$。剪力 N_y 在 A 点产生的平行于焊缝长度方向的应力为 $\tau_f = N_y/A_e$。

焊缝的强度按照式(3.4.18)设计:

$$\sqrt{\left(\frac{\sigma_f}{\beta_f}\right)^2 + \tau_f^2} \leqslant f_f^w \tag{3.4.18}$$

当连接承受静力荷载时,$\beta_f = 1.22$;当连接承受动力荷载时,$\beta_f = 1.0$。在计算焊缝长度时,需考虑起灭弧的影响,焊缝的计算长度等于实际长度减 $2h_f$。

【例题 3-4】　如图 3.4.12 所示的牛腿钢板,两边用角焊缝与钢柱连接。钢材为 Q235,手工焊,E43 型焊条($f_f^w = 160$ N/mm²),焊脚尺寸 $h_f = 10$ mm。假设 $e = 100$ mm,试计算该连接能承受的最大静荷载设计值。

解　(1) 内力计算:焊缝所受剪力为 V,所受弯矩 $M = 100 V$。

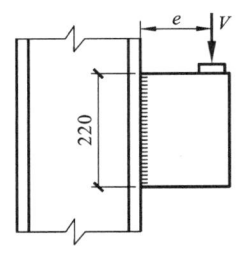

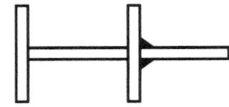

图 3.4.12　例题 3-4 图

（2）焊缝有效截面参数计算：

$$A_e = 2 \times 0.7 h_f l_w = 2 \times 0.7 \times 10 \times (220 - 2 \times 10)\ \text{mm}^2 = 2800\ \text{mm}^2$$

$$W_e = 2 \times \frac{1}{6} \times 0.7 h_f l_w^2 = 2 \times \frac{1}{6} \times 0.7 \times 10 \times (220 - 2 \times 10)^2\ \text{mm}^3$$

$$= 93.3 \times 10^3\ \text{mm}^3$$

（3）各内力产生的应力计算：

$$\tau_f = \frac{V}{A_e} = \frac{V}{2800}\ \text{N/mm}^2$$

$$\sigma_f = \frac{M}{W_e} = \frac{100V}{93.3 \times 10^3}\ \text{N/mm}^2 = \frac{V}{933}\ \text{N/mm}^2$$

（4）计算该连接所能承受的最大静荷载设计值 V。

由角焊缝基本设计公式，有：

$$\sqrt{\left(\frac{V}{1.22 \times 933}\right)^2 + \left(\frac{V}{2800}\right)^2} \leqslant 160\ \text{kN}$$

解得 $V \leqslant 168.7\ \text{kN}$。

故该连接所能承受的最大静荷载设计值为 168.7 kN。

【例题 3-5】　验算图 3.4.13 所示角焊缝连接的强度。已知：静荷载作用力设计值 $N = 500\ \text{kN}$，$e = 100\ \text{mm}$，$h_f = 10\ \text{mm}$，钢材为 Q235，手工焊，焊条为 E43 型，$f_f^w = 160\ \text{N/mm}^2$。

解　（1）焊缝内力计算：

竖向轴心力：

$$N_y = N\sin45° = 353.55\ \text{kN}$$

水平轴心力：

$$N_x = N\cos45° = 353.55\ \text{kN}$$

弯矩：

$$M = N_x e = 353.55 \times 0.1\ \text{kN·m} = 35.36\ \text{kN·m}$$

（2）各内力在焊缝截面最不利处（最上端）产生的
应力：

$$\tau_f = \frac{N_y}{A_e} = \frac{353.55 \times 10^3}{2 \times 0.7 \times 10 \times (400 - 2 \times 10)}\ \text{MPa}$$

$$= \frac{353.55 \times 10^3}{5320}\ \text{MPa} = 66.46\ \text{MPa}$$

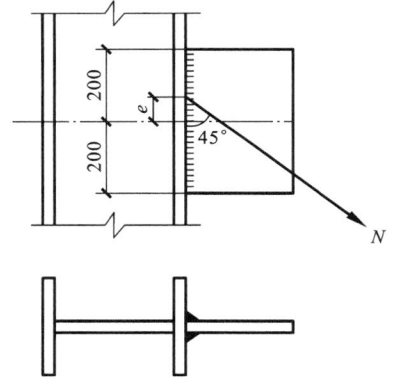

图 3.4.13　例题 3-5 图

$$\sigma_N = \frac{N_x}{A_e} = 66.46\ \text{MPa}$$

$$\sigma_M = \frac{M}{W_e} = \frac{35.36 \times 10^6}{2 \times \frac{1}{6} \times 0.7 \times 10 \times (400 - 2 \times 10)^2}\ \text{MPa}$$

$$= \frac{35.36 \times 10^6}{336933} = 104.95\ \text{MPa}$$

（3）焊缝强度验算：

$$\sqrt{\left(\frac{\sigma_N + \sigma_M}{\beta_f}\right)^2 + \tau_f^2} = \sqrt{\left(\frac{66.46 + 104.95}{1.22}\right)^2 + 66.46^2}\ \text{MPa} = 155.43\ \text{MPa}$$

$$155.43 \text{ MPa} < f_\text{f}^\text{w} = 160 \text{ MPa}$$

满足要求。

【例题 3-6】　试验算图 3.4.14 所示牛腿与钢柱连接的角焊缝强度。钢材为 Q235，焊条为 E43 型，手工焊。荷载设计值 $N = 300$ kN，偏心距 $e = 320$ mm，焊脚尺寸 $h_\text{f1} = 8$ mm，$h_\text{f2} = 6$ mm。图 3.3.14(b) 所示为焊缝有效截面。

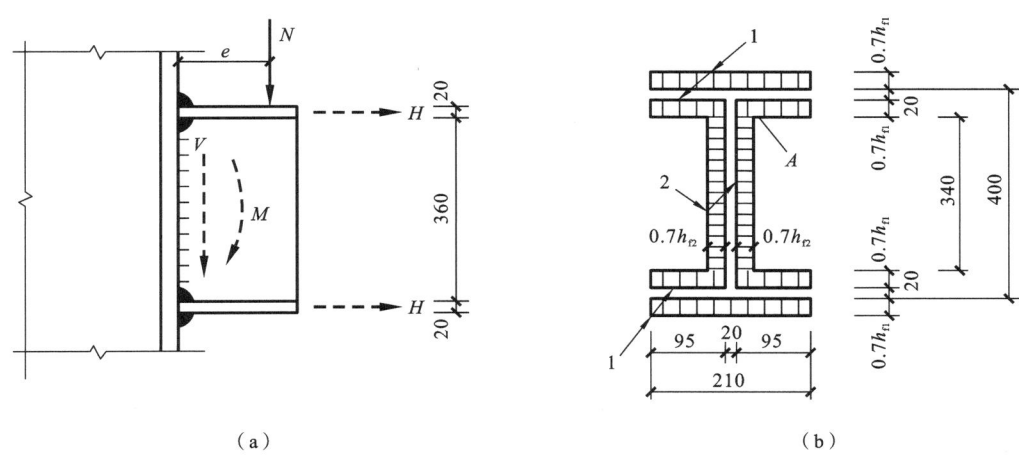

（a）　　　　　　　　　　　　　　　　　　（b）

图 3.4.14　例题 3-6 图

解　在角焊缝形心处引起剪力 $V = N = 300$ kN，弯矩 $M = Ne = 300 \times 0.32$ kN·m $= 96$ kN·m。
(1) 考虑腹板焊缝传递弯矩的计算方法。
为计算方便，对图中尺寸尽可能取整数。
全部焊缝有效截面对中和轴的惯性矩为

$$I_\text{w} = \left(2 \times \frac{0.42 \times 34^3}{12} + 2 \times 21 \times 0.56 \times 20.28^2 + 4 \times 9.5 \times 0.56 \times 17.28^2 \right) \text{cm}^4 = 18779 \text{ cm}^4$$

翼缘焊缝的最大应力：

$$\sigma_\text{f1} = \frac{M}{I_\text{w}} \cdot \frac{h}{2} = \frac{96 \times 10^6}{18779 \times 10^4} \times 205.6 \text{ N/mm}^2 = 105.10 \text{ N/mm}^2$$

$$\beta_\text{f} f_\text{f}^\text{w} = 1.22 \times 160 \text{ N/mm}^2 = 195.20 \text{ N/mm}^2$$

$$105.10 \text{ N/mm}^2 < 195.20 \text{ N/mm}^2$$

腹板焊缝中由于弯矩 M 引起的最大应力：

$$\sigma_\text{f2} = 105.10 \times \frac{170}{205.6} \text{ N/mm}^2 = 86.90 \text{ N/mm}^2$$

由于剪力 V 在腹板焊缝中产生的平均剪应力：

$$\tau_\text{f} = \frac{V}{\sum (h_\text{e2} l_\text{w2})} = \frac{300 \times 10^3}{2 \times 0.7 \times 6 \times 340} \text{ N/mm}^2 = 105.04 \text{ N/mm}^2$$

则腹板焊缝的强度（A 点为设计控制点）为

$$\sqrt{\left(\frac{\sigma_\text{f2}}{\beta_\text{f}} \right)^2 + \tau_\text{f}^2} = \sqrt{\left(\frac{86.90}{1.22} \right)^2 + 105^2} \text{ N/mm}^2 = 126.88 \text{ N/mm}^2$$

$$126.88 \text{ N/mm}^2 < f_\text{f}^\text{w} = 160 \text{ N/mm}^2$$

故满足强度要求。

（2）不考虑腹板焊缝传递弯矩的计算方法。

若不考虑腹板焊缝传递弯矩，可将弯矩 M 转化为一对水平力 H，该水平力分别作用于上下翼缘，其大小为

$$H=\frac{M}{h}=\frac{96\times10^6}{380}\text{ kN}=252.6\text{ kN}\quad（h\text{ 值近似取为翼缘中线间距离}）$$

翼缘焊缝的强度：

$$\sigma_f=\frac{H}{h_{e1}l_{w1}}=\frac{252.6\times10^3}{0.7\times8\times(210+2\times95)}\text{ N/mm}^2=112.8\text{ N/mm}^2$$

$$112.8\text{ N/mm}^2<\beta_f f_f^w=195\text{ N/mm}^2$$

腹板焊缝的强度：

$$\tau_f=\frac{V}{h_{e2}l_{w2}}=\frac{300\times10^3}{2\times0.7\times6\times340}\text{ N/mm}^2=105.0\text{ N/mm}^2<160\text{ N/mm}^2$$

故均满足强度要求。

---

4. 三面围焊在扭矩和剪力共同作用下角焊缝的计算

如图 3.4.15 所示三面围焊承受偏心剪力 F 的作用，该偏心力对焊缝形心 O 会产生扭矩，大小为 $T=F(e_1+e_2)$，同时产生剪力 $V=F$。可基于如下假定计算焊缝在剪力和扭矩作用下的应力：

（1）焊缝按弹性计算，被连接的板件是绝对刚性的，并且它有绕焊缝形心 O 点旋转的趋势；

（2）角焊缝上任一点的应力方向垂直于该点与形心 O 的连线，应力大小与连线的长度成正比；

（3）剪力 V 在焊缝上引起的应力是均匀分布的。

由图 3.4.15 可知，A 点和 A' 点与形心的距离最远，扭矩引起的应力最大，并且该应力在 y 轴方向的分量与剪力 F 的作用方向相同，因此 A 点和 A' 点是控制点，此处以 A 点为例来介

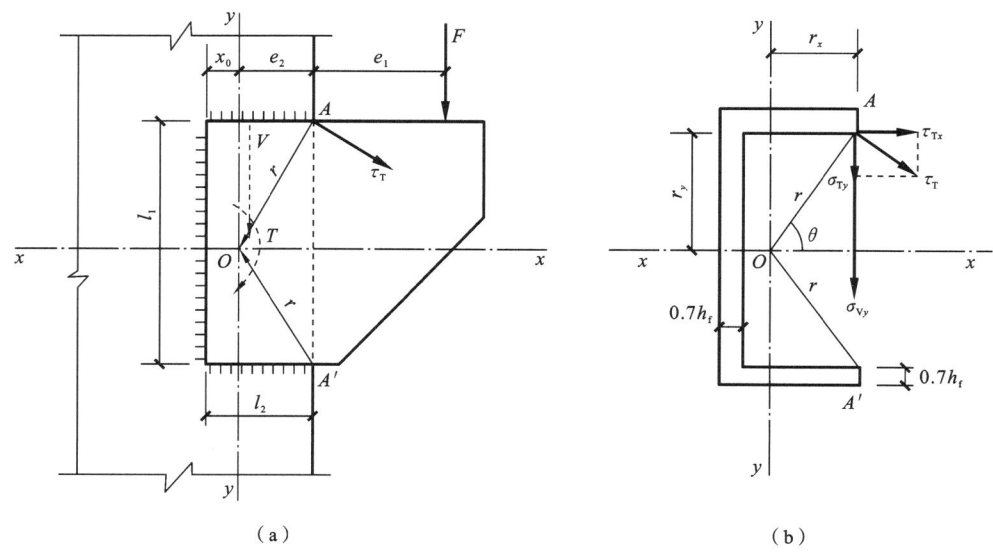

（a）　　　　　　　　　　　　　　　　　　（b）

图 3.4.15　角焊缝承受剪力和扭矩的共同作用

绍。在扭矩作用下,A 点的应力为

$$\tau_T = \frac{T \cdot r}{I_P} = \frac{T \cdot r}{I_x + I_y} \tag{3.4.19}$$

式中,I_P 为有效焊缝截面对其形心的极惯性矩。

τ_T 在 x 轴和 y 轴方向的分量为

$$\tau_{Tx} = \tau_T \cdot \sin\theta = \frac{T \cdot r}{I_P} \cdot \frac{r_y}{r} = \frac{T \cdot r_y}{I_P} \tag{3.4.20a}$$

$$\sigma_{Ty} = \tau_T \cdot \cos\theta = \frac{T \cdot r}{I_P} \cdot \frac{r_x}{r} = \frac{T \cdot r_x}{I_P} \tag{3.4.20b}$$

剪力 V 在 A 点引起的应力为

$$\sigma_{Vy} = \frac{V}{\sum (h_e l_w)} \tag{3.4.21}$$

A 点在 x 轴方向(平行于焊缝方向)的应力为 τ_{Tx},在 y 轴方向(垂直于焊缝方向)的应力为 $\sigma_{Ty} + \sigma_{Vy}$。$A$ 点的合应力需满足以下条件:

$$\sqrt{\left(\frac{\sigma_{Ty} + \sigma_{Vy}}{\beta_f}\right)^2 + \tau_{Tx}^2} \leqslant f_f^w \tag{3.4.22}$$

与前文相同,当连接承受静荷载时,$\beta_f = 1.22$;当连接承受动荷载时,$\beta_f = 1.0$。

【例题 3-7】　如图 3.4.15 所示,一支托板与柱搭接焊接,水平焊缝和竖向焊缝在转角处连续施焊,$l_1 = 400$ mm,$l_2 = 300$ mm,$e_1 + e_2 = 500$ mm,作用力设计值 $F = 220$ kN,钢材为 Q235,焊条为 E43 型,手工焊,采用不预热非低氢焊接方法焊接。支托板厚度 $t_1 = 12$ mm,柱翼缘厚度 $t_2 = 16$ mm。试确定角焊缝焊脚尺寸,并验算其强度。

解　(1)确定焊脚尺寸。

$h_{f,min} = 6$ mm,$h_{f,max} = [12 - (1 \sim 2)]$ mm $= 10 \sim 11$ mm,取焊脚尺寸 $h_f = 8$ mm。

因为水平焊缝和竖向焊缝在转角处连续施焊,所以在计算焊缝长度时,仅在水平焊缝端部减去 8 mm。

(2)计算剪力和扭矩。

竖向剪力:

$$V = F = 220 \text{ kN}$$

扭矩:

$$T = F(e_1 + e_2) = 220 \times 0.5 \text{ kN} \cdot \text{m} = 110 \text{ kN} \cdot \text{m}$$

(3)角焊缝的计算截面几何特征。

形心位置:

$$x_0 = \frac{2 \times 0.7 \times 8 \times (300 - 8)^2/2}{0.7 \times 8 \times (400 + 292 \times 2)} \text{ mm} = 86.6 \text{ mm}$$

截面惯性矩:

$$I_x = \left[\frac{1}{12} \times 0.7 \times 8 \times 400^3 + 2 \times 0.7 \times 8 \times (300 - 8) \times (200 + 0.7 \times 8/2)^2\right] \text{ mm}^4 = 1.64 \times 10^8 \text{ mm}^4$$

$$I_y = \left[0.7 \times 8 \times 400 \times 86.6^2 + 2 \times \frac{1}{12} \times 0.7 \times 8 \times 292^3 + 2 \times 0.7 \times 8 \times 292 \times (292/2 - 86.6)^2\right] \text{ mm}^4$$
$$= 0.52 \times 10^8 \text{ mm}^4$$

$$I_P = I_x + I_y = 2.16 \times 10^8 \text{ mm}^4$$

（4）应力计算及强度验算。

剪力 V 在 A 点产生的应力：

$$\sigma_{Vy} = \frac{F}{0.7h_f \sum l_w} = \frac{220 \times 1000}{0.7 \times 8 \times (400 + 2 \times 292)} \text{ N/mm}^2 = 39.92 \text{ N/mm}^2$$

扭矩在 A 点产生的应力沿 x 轴和 y 轴方向分解，可得

$$\tau_{Tx} = \frac{T}{I_P} r_y = \frac{110 \times 10^6 \times 200}{2.16 \times 10^8} \text{ N/mm}^2 = 101.85 \text{ N/mm}^2$$

$$\sigma_{Ty} = \frac{T}{I_P} r_x = \frac{110 \times 10^6 \times (292 - 86.6)}{2.16 \times 10^8} \text{ N/mm}^2 = 104.60 \text{ N/mm}^2$$

强度验算：

$$\sqrt{\left(\frac{\sigma_{Ty} + \sigma_{Vy}}{\beta_f}\right)^2 + \tau_{Tx}^2} = \sqrt{\left(\frac{104.60 + 39.92}{1.22}\right)^2 + 101.85^2} \text{ N/mm}^2 = 156.22 \text{ N/mm}^2$$

$$156.22 \text{ N/mm}^2 < f_f^w = 160 \text{ N/mm}^2$$

满足要求。

3.4.4　部分焊透对接焊缝

对于焊缝受力要求较低的厚板焊接连接，在要求焊缝美观整齐时，可采用部分焊透的对接焊缝和 T 形对接与角接组合焊缝，如图 3.4.16 所示。这种焊缝形式的工作情况与角焊缝相似，因此应按照角焊缝进行计算，相应的规定如下：

（1）在垂直于焊缝长度方向的压力作用下，$\beta_f = 1.22$；其他受力情况下，$\beta_f = 1.0$。

（2）对于焊缝有效厚度 h_e：

① V 形坡口，当 $\alpha \geqslant 60°$ 时，$h_e = s$，当 $\alpha < 60°$，$h_e = 0.75s$；s 为坡口深度，即焊缝根部至焊缝表面的最短距离。

② 单边 V 形和 K 形坡口，当 $\alpha = 45° \pm 5°$ 时，$h_e = s - 3$。

③ U 形和 J 形坡口，$h_e = s$。

④ 当融合线处焊缝截面边长等于或者接近于最短距离 s 时，抗剪强度设计值应按角焊缝的强度设计值乘以折减系数 0.9。

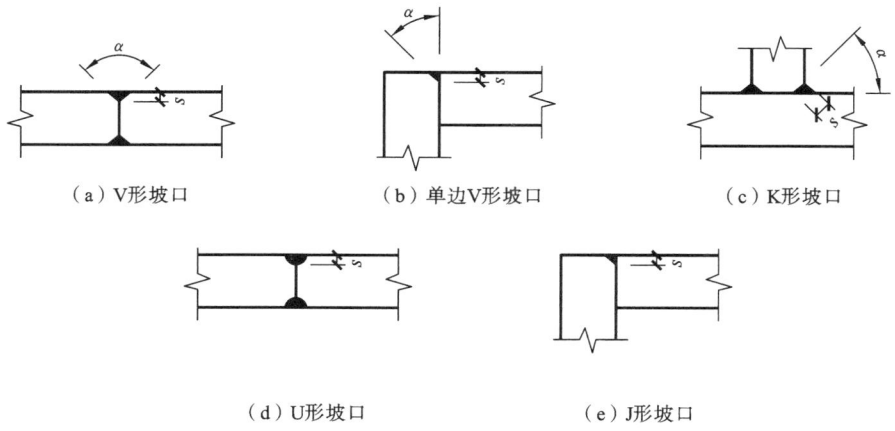

（a）V形坡口　　　　　　　　（b）单边V形坡口　　　　　　　　（c）K形坡口

（d）U形坡口　　　　　　　　（e）J形坡口

图 3.4.16　弯矩和扭矩作用下的角焊缝应力

3.5　焊接残余应力和焊接变形

焊接过程引起钢材不均匀的加热和冷却,焊缝附近的局部区域(热影响区)受到高温作用而产生热变形,焊件冷却后产生的变形称为焊接(残余)变形。在冷却过程中,由于焊缝和焊缝临近区域钢材硬化而不能自由形变,约束变形会产生应力,此种应力称为焊接(残余)应力。

3.5.1　焊接残余应力的分类和成因

焊接残余应力有三类:纵向应力、横向应力以及厚度方向的应力。这三种应力都是由焊接加热和冷却过程中不均匀的收缩变形引起的。

1. 纵向焊接残余应力

施焊时,焊件上产生不均匀的温度场,焊缝附近温度最高,可达 1600 ℃以上,其临近区域温度较低,而且急剧下降(图 3.5.1)。钢材在不均匀的温度场作用下产生不均匀的膨胀,焊缝及附近高温处钢材膨胀变形最大,其膨胀过程受温度较低处膨胀变形较小的钢材的约束,产生了热塑性压缩。焊缝冷却时,塑性压缩的焊缝区的收缩受到两侧钢材的限制,使焊缝区产生纵向拉应力。焊接残余应力是约束形变产生的内应力,在焊件内部自平衡,这必将导致两侧钢材因为中间焊缝的收缩而产生纵向压应力,如图 3.5.2(a)所示。

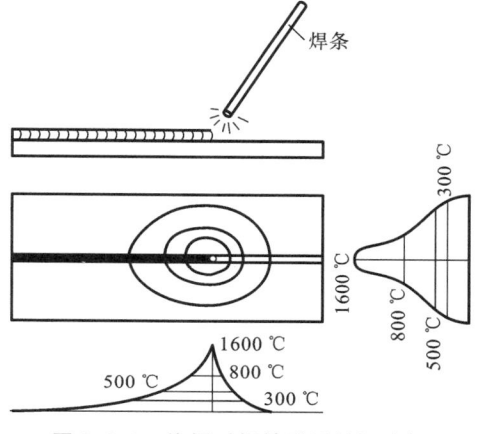

图 3.5.1　施焊时焊缝附近的温度场

2. 横向焊接残余应力

横向焊接应力垂直于焊缝,产生的原因有两个:一是由于焊缝纵向收缩,两块钢板趋向于

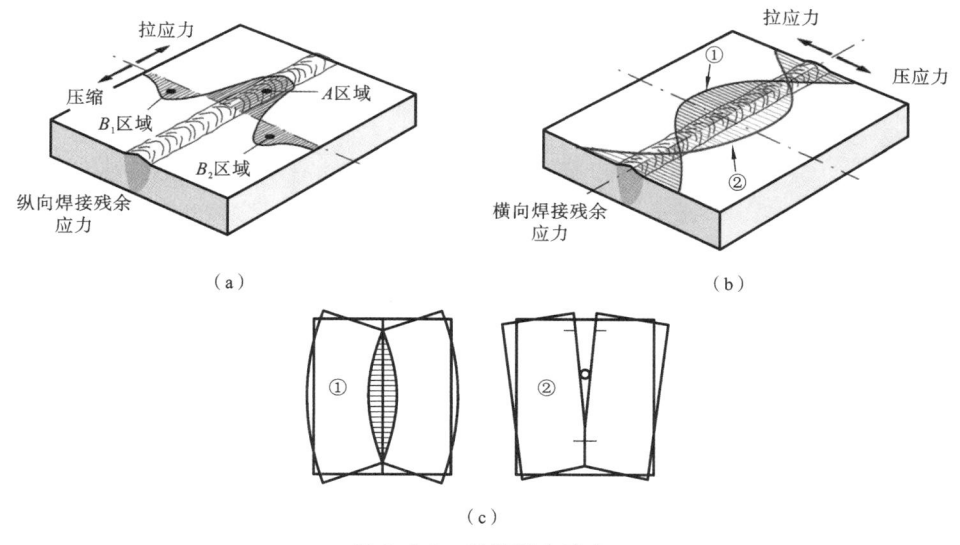

（a）　　　　　　　　　　　　　　　　（b）

（c）

图 3.5.2　焊接残余应力

形成反方向的弯曲变形[图 3.5.2(c)中的工况①],但实际上焊缝将两块钢板连接成整体,于是在焊缝中部产生横向拉应力,而在两端产生压应力,如图 3.5.2(b)中工况①所示。二是在施焊过程中,焊缝冷却时间有先后,先焊的焊缝凝固早且有一定的强度,会约束后焊焊缝在横向的自由膨胀,引发横向塑性压缩变形。当先焊焊缝冷却时,中间焊缝开始逐渐冷却,后焊焊缝继而冷却;后焊部分的收缩受到先焊已凝固部分的约束而受拉,先焊焊缝因杠杆原理仍受拉,中间部分受压[图 3.5.2(c)中的工况②]。横向残余应力的分布如图 3.5.2(b)中工况②所示。

　　由以上分析可知,横向收缩引起的横向焊接应力与施焊方向和先后次序有关(图 3.5.3)。焊缝的横向残余应力是由以上两种因素共同引起的,最终的应力分布由以上两种应力叠加决定。

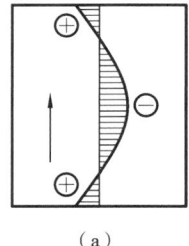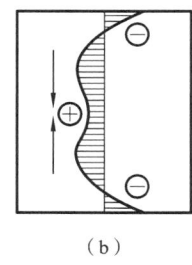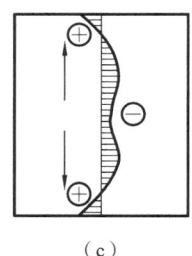

（a）　　　　　　　　　（b）　　　　　　　　　（c）

图 3.5.3　不同施焊方向的横向残余应力

3. 厚度方向的焊接残余应力

　　在厚钢板的焊接中,需要多层施焊,存在冷却时间不同的问题。同时,焊缝与钢板和空气接触的面散热快,凝固早,而焊缝中心冷却滞后。焊缝后冷却部位的收缩受到先凝结部分的约束,因此,焊缝除了纵向和横向焊接残余应力 σ_x、σ_y 外,在钢板厚度方向还存在焊接残余应力 σ_z(图 3.5.4)。这三种应力同向且都为拉应力,根据材料力学知识可知,这种三轴受拉的应力状态对结构大为不利。

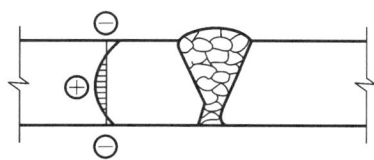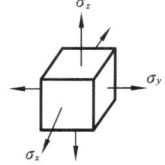

图 3.5.4　不同施焊方向的横向残余应力

3.5.2　焊接残余应力的影响

1. 对构件静力强度的影响

　　由于钢材具有一定的塑性,在静力荷载作用下,焊接残余应力不会影响结构的强度。为了证明上述结论,现详细分析有焊接残余应力的情况。假设焊接残余应力的分布如图 3.5.5(a)所示,残余拉应力达到材料屈服强度 f_y。由于残余应力是自平衡的,所以受拉区应力的面积等于受压区应力面积,因此

$$N_t = b \cdot t \cdot f_y = N_c = (B-b) \cdot t \cdot \sigma$$

随着外力 N 增加,已经屈服的受拉区应力不再增加(假设钢材为理想弹塑性材料),外力

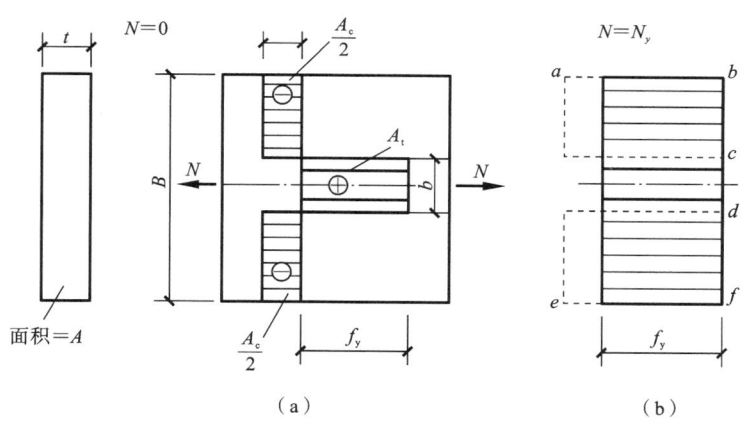

图 3.5.5   焊接残余应力对静力强度的影响

继而由截面上其他弹性部分承担,直到全截面的应力达到材料的屈服强度为止,此时外荷载 N_y 为

$$N_y = N_c + (B-b) \cdot t \cdot f_y = B \cdot t \cdot f_y$$

由此可以看出,有残余应力和无残余应力的屈服荷载相同,因此残余应力不会影响结构的强度。

2. 对构件刚度的影响

焊接残余应力会降低构件的刚度。仍以图 3.5.5(a)为例,因焊接残余应力而屈服的塑性段在轴心拉力的作用下仅发生变形,外力则由剩余弹性区承受。因此,在相同的外力作用下,有残余应力的构件的形变大于无残余应力的情况,也就是刚度降低。

3.5.3   焊接残余变形

焊接残余变形和焊接残余应力相伴相生。焊接中,不均匀加热会导致膨胀和冷却过程中产生受到约束的收缩,这种收缩作用不可避免地会产生一些残余变形,包括横向收缩、纵向收缩、弯曲变形、角变形、扭曲变形等(图 3.5.6)。这些残余变形应满足相应的质量验收规范,必要时需加以矫正,避免其对结构适用性和安全性造成不利影响。

3.5.4   减少焊接应力和变形的措施

减小焊接残余应力和焊接残余变形可以从焊接工艺和焊缝设计两个方面综合考虑。

1. 焊接工艺

(1)采取合理的焊接次序。钢板在对接时采取分段焊[图 3.5.7(a)]方法;厚度方向采用分层焊[图 3.5.7(b)]方法;钢板分块拼焊[图 3.5.7(c)]也有利于减小残余应力;工字形截面采用对角跳焊[图 3.5.7(d)]方法。

(2)施焊前使构件产生一个与焊接变形相反的预变形,达到焊接后产生的变形与预变形相互抵消的目的。采用预变形的方法只能减小焊接残余变形量,但不会根除焊接残余应力。

(3)对于小尺寸的焊件,在施焊前预热或施焊后回火(加热至 600 ℃ 左右,然后缓慢冷却),可以消除焊接残余应力。此外,还可以采用机械方法校正或者局部加热反弯来消除焊接残余应力。

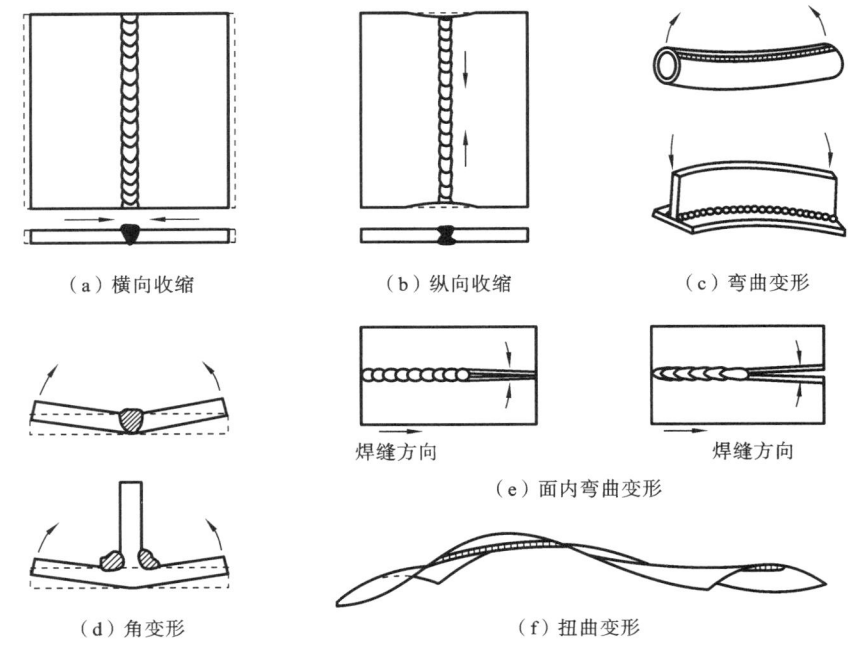

（a）横向收缩　　　　　　（b）纵向收缩　　　　　　（c）弯曲变形

焊缝方向　　　　　　　　焊缝方向

（e）面内弯曲变形

（d）角变形　　　　　　　　　（f）扭曲变形

图 3.5.6　焊接残余应力对静力强度的影响

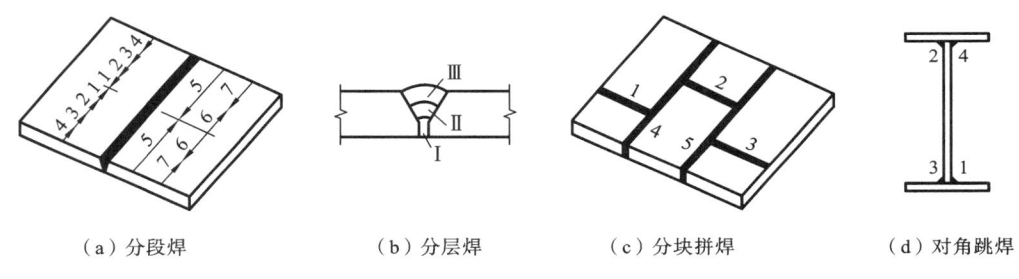

（a）分段焊　　　　（b）分层焊　　　　（c）分块拼焊　　　　（d）对角跳焊

图 3.5.7　合理的施焊次序

2. 焊缝设计

（1）焊缝布置宜对称于构件重心，尽可能使其变形相反而相互抵消，以减小焊接变形；

（2）焊缝长度和焊脚尺寸要适宜且匹配；

（3）焊缝不宜过于集中；

（4）尽量避免多条焊缝相交，为此，可中断次要焊缝，保证主要焊缝连续通过；

（5）尽量避免在钢材厚度方向产生拉应力。

3.6　普通螺栓连接的构造和计算

3.6.1　螺栓连接的构造要求

构件上螺栓的排列分为并列和错列两种（见图 3.6.1），其布置应满足受力、构造和施工三

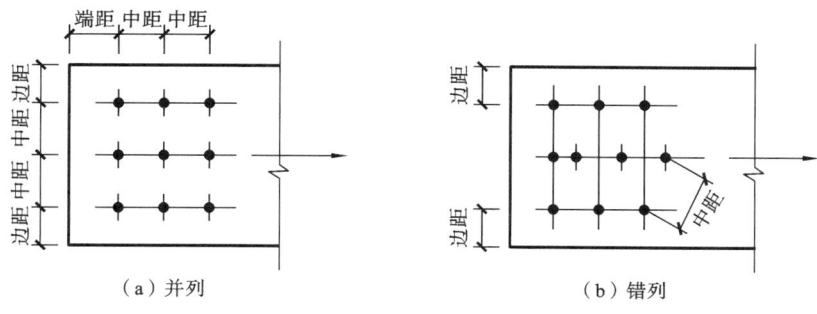

图 3.6.1　螺栓排列方式

方面的要求。

1. 受力要求

若螺栓沿着受力方向的端距过小,钢材可能发生剪断或者撕裂破坏;若螺栓中距过小,钢板截面被削弱过多,构件有可能沿直线或折线发生净截面破坏。构件受压时,沿作用力方向的螺栓中距不宜过大,以避免被连接板件之间发生鼓曲或张口的现象。

2. 构造要求

螺栓的中距和边距过大时,被连接件之间接触不紧密,会导致潮气浸入使钢材锈蚀,因此《标准》中规定了螺栓的最大容许间距。

3. 施工要求

须保证一定的施工空间,便于转动螺栓扳手,因此《标准》中规定了螺栓连接的最小容许间距。

根据以上的要求,《标准》中给出了相关规定,见表 3.6.1。

表 3.6.1　螺栓或铆钉的孔距、边距和端距容许值

名称	位置和方向			最大容许间距 (取两者的较小值)	最小容许 间距
中心间距	外排(垂直于内力方向或顺内力方向)			$8d_0$ 或 $12t$	$3d_0$
	中间排	垂直于内力方向		$16d_0$ 或 $24t$	
		顺内力方向	构件受压力	$12d_0$ 或 $18t$	
			构件受拉力	$16d_0$ 或 $24t$	
	沿对角线方向			—	
中心至构件 边缘距离	顺内力方向			$4d_0$ 或 $8t$	$2d_0$
	垂直于内力方向	剪切边或手工切割边			$1.5d_0$
		轧制边、自动 气割或锯割边	高强度螺栓		
			其他螺栓或铆钉		$1.2d_0$

注:1. d_0 为螺栓或铆钉的孔径,对槽孔为短向尺寸;t 为外层较薄板件的厚度。

2. 钢板边缘与刚性构件(如角钢、槽钢等)相连的高强度螺栓的最大间距,可按中间排的数值采用。

3. 计算螺栓孔引起的截面削弱时,取 $d+4$ mm 和 d_0 的较大者,其中 d 为螺杆直径(mm)。

型钢上螺栓的排列规定见图 3.6.2 和表 3.6.2～表 3.6.4。施工时,螺栓和螺栓孔的表示方法见表 3.6.5。

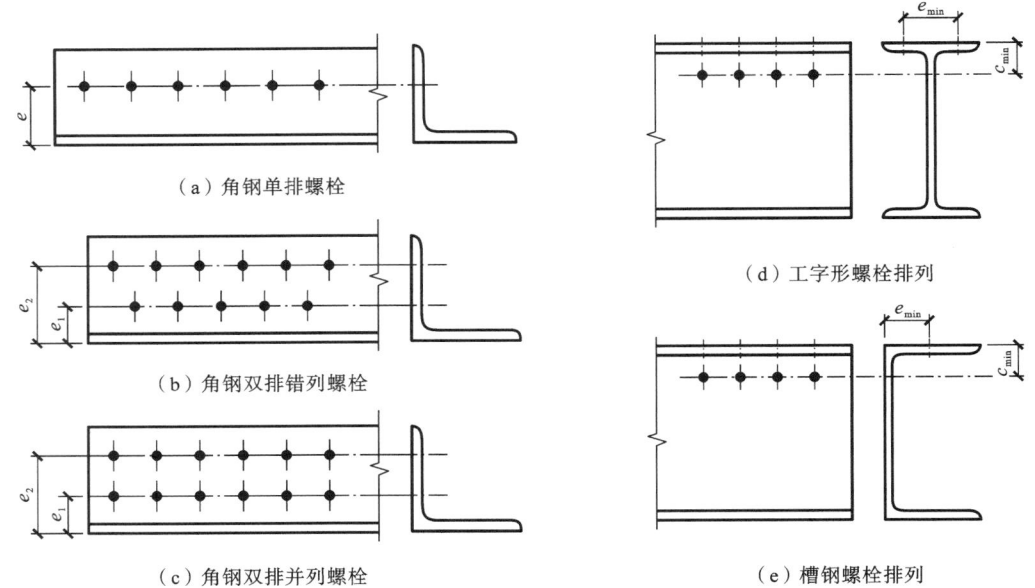

图 3.6.2　型钢上的螺栓排列

表 3.6.2　角钢上螺栓或铆钉线距表　　　　　　　　单位:mm

单行排列	角钢肢宽	40	45	50	56	63	70	75	80	90	100	110	125
	线距 e	25	25	30	30	35	40	40	45	50	55	60	70
	钉孔最大直径	11.5	13.5	13.5	15.5	17.5	20	22	22	24	24	26	26

双行错排	角钢肢宽	125	140	160	180	200	双行并列	角钢肢宽	160	180	200
	e_1	55	60	70	70	80		e_1	60	70	80
	e_2	90	100	120	140	160		e_2	130	140	160
	钉孔最大直径	24	24	26	26	26		钉孔最大直径	24	24	26

表 3.6.3　工字钢和槽钢腹板上的螺栓容许距离　　　　　　　　单位:mm

工字钢型号	12	14	16	18	20	22	25	28	32	36	40	45	50	56	63
线距 c_{min}	40	45	45	45	50	50	55	60	60	65	70	75	75	75	75
槽钢型号	12	14	16	18	20	22	25	28	32	38	40				
线距 c_{min}	40	45	50	50	55	55	55	60	65	70	75				

表 3.6.4　工字钢和槽钢翼缘上的螺栓容许距离　　　　　　　　单位:mm

工字钢型号	12	14	16	18	20	22	25	28	32	36	40	45	50	56	63
线距 e_{min}	40	40	50	55	60	65	65	70	75	80	80	85	90	95	95
槽钢型号	12	14	16	18	20	22	25	28	32	38	40				
线距 e_{min}	30	35	35	40	40	45	45	45	50	56	60				

表 3.6.5　孔、螺栓图例

序号	名称	图例	说明
1	永久螺栓		
2	安装螺栓		
3	高强度螺栓		1. 细"＋"线表示定位线； 2. 必须标注孔、螺栓直径
4	螺栓圆孔		
5	长圆形螺栓孔		

3.6.2　螺栓连接的工作性能

普通螺栓按照受力方式的不同可以分为抗剪螺栓和抗拉螺栓，见图 3.6.3。当荷载与螺杆垂直时，螺栓受剪；当荷载与螺杆平行时，螺栓受拉。

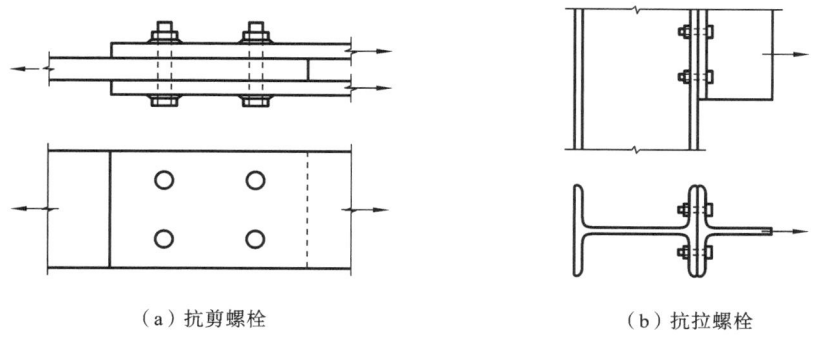

（a）抗剪螺栓　　　　　　　　　　（b）抗拉螺栓

图 3.6.3　抗剪螺栓和抗拉螺栓

1. 抗剪螺栓连接

抗剪螺栓连接在承受剪力作用时，从开始加载直至破坏共分为 4 个阶段，见图 3.6.4。图中 N 为外力大小，δ 为 a 点和 b 点之间的相对位移。

1）摩擦传力阶段（$O—1$ 段）

当荷载较小时，外力由板件之间的摩擦力克服。由于普通螺栓只是在拧螺母时施加了很小的预拉力，因此板件之间的挤压力和摩擦力很小；高强度螺栓连接中螺栓上有很大的预拉力，板件之间的挤压力和摩擦力较大，所以摩擦力可以抵抗较大的外荷载作用。

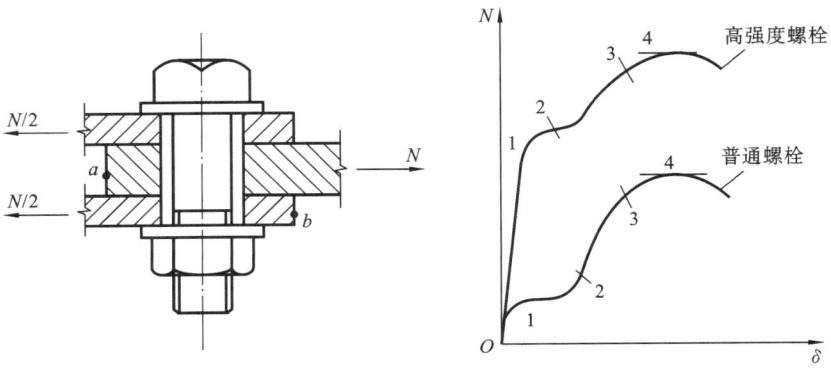

图 3.6.4　单个螺栓的抗剪性能

2）滑移阶段（1—2 段）

当荷载超过摩擦力极限,板件产生相对滑移,直至板件孔壁与螺杆接触。

3）螺栓杆受力阶段（2—3 段）

荷载继续增加,相对位移 δ 增大,螺栓杆开始变形,螺杆除了受到剪力外还会受拉力和弯矩的作用。此外,螺杆的伸长受到螺母的约束,板件之间的挤压力增大,摩擦力也随之增大。到达"3"点之后,加载曲线开始发生明显的弯曲,表明螺栓连接达到弹性极限。

4）弹塑性阶段（3—4 段）

继续增加荷载,位移非线性增长,荷载达到极限值（"4"点）之后会降低,位移继续增长直至破坏。

普通螺栓受剪破坏可能出现 5 种破坏形式:螺栓被剪断[见图 3.6.5（a）];孔壁被挤压破坏[见图 3.6.5（b）],由于螺栓和孔壁均受压,该类破坏也被称为螺栓承压破坏;因板件端部的螺孔端距太小而发生冲剪破坏[见图 3.6.5（c）],设计中可规定 $l_1 \geqslant 2d_0$ 来保证不发生此类破坏;板件因为螺栓孔削弱过多而被拉断[见图 3.6.5（d）],设计时需进行板件净截面强度的验

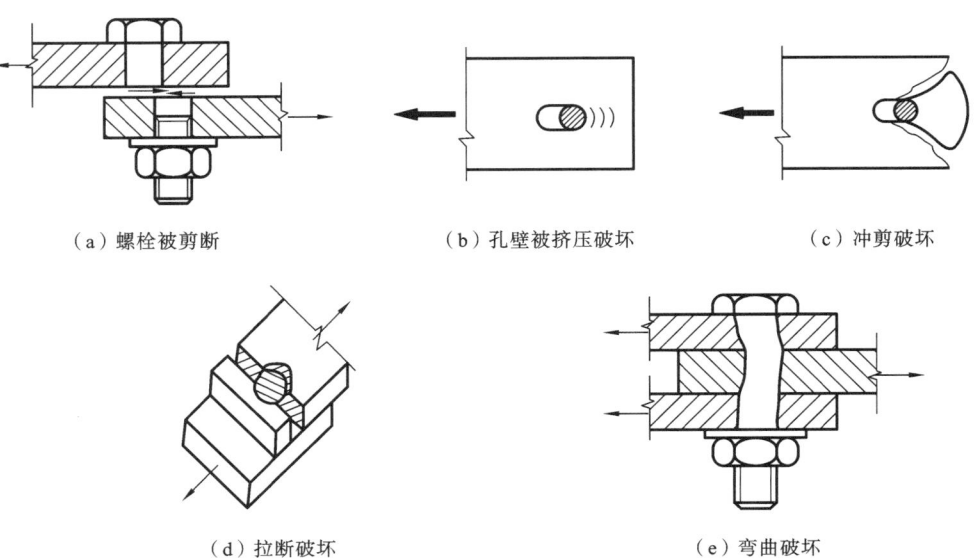

图 3.6.5　螺栓受剪破坏形式

算;板件太厚而螺栓直径太小时,螺杆易发生弯曲破坏[见图 3.6.5(e)],为保证不发生该类破坏,要求被连接板件的总厚度小于 5 倍的螺栓直径。对于螺栓连接承载能力的计算,只需考虑前两种破坏模式。

单个螺栓的受剪和承压能力设计值计算方法如下:

受剪承载力设计值:

$$N_v^b = n_v \frac{\pi d^2}{4} f_v^b \qquad (3.6.1)$$

承压承载力设计值:

$$N_c^b = d \sum t f_c^b \qquad (3.6.2)$$

式中,n_v 为受剪面数目;d 为螺杆直径;$\sum t$ 为在不同受力方向中一个受力方向承压构件总厚度的较小值;f_v^b 和 f_c^b 分别为螺栓的抗剪强度和承压强度设计值,查附录中表 A.6 可得。单个螺栓的抗剪承载力设计值应取式(3.6.1)和式(3.6.2)的较小者。

2. 抗拉螺栓连接

螺栓在受拉时拉力往往不是直接施加在螺杆的轴线上的,例如图 3.6.6(a)所示的 T 形件的连接,螺栓在受到外力时会发生一定的变形,在两端部会产生撬力,因此螺栓的拉力为 $P = N + Q$,其中 Q 为撬力。撬力的影响因素有很多,如螺杆直径、板件厚度、螺栓位置,等等,其计算较为复杂。标准中,将螺栓的抗拉强度设计值乘以 0.8 的折减系数来考虑撬力的影响。例如 4.6 级普通螺栓材料(Q235 钢)的设计强度为 215 N/mm²,螺栓抗拉强度设计值为

$$f_t^b = 0.8 f = 0.8 \times 215 \text{ N/mm}^2 = 170 \text{ N/mm}^2$$

在构造上也可以采取一定的措施来降低撬力,例如在连接件上布置加劲肋[见图 3.6.6(b)],以增大连接件的刚度。该方法对于高强度螺栓连接同样有效。

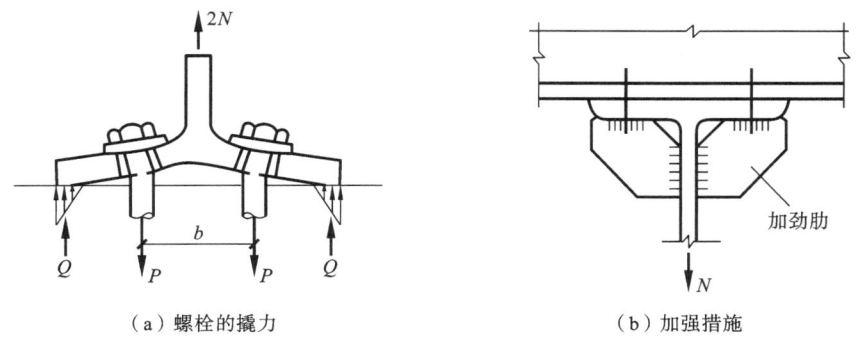

（a）螺栓的撬力　　　　　　　　　（b）加强措施

图 3.6.6　抗拉螺栓连接

单个螺栓的抗拉承载力设计值计算方法如下:

$$N_t^b = \frac{\pi d_e^2}{4} f_t^b \qquad (3.6.3)$$

式中,d_e 为螺栓在螺纹处的有效直径;f_t^b 为螺栓的抗拉强度设计值。

3.6.3　螺栓群的计算

1. 螺栓群轴心受剪

螺栓群受到轴心剪力时,各个螺栓的受力状态不同,两端的螺栓剪力较大,而中间的螺栓

剪力小,如图 3.6.7 所示。若螺栓连接长度较小($l_1 < 15d_0$,其中 d_0 为螺栓孔径),连接件进入弹塑性工作状态后,螺栓群会发生内力重分布,剪力趋于一致,因此所需的螺栓数为

$$n = \frac{N}{N_{\min}^{b}} \tag{3.6.4}$$

式中,$N_{\min}^{b}$ 为一个螺栓受剪承载力与承压承载力的最小值。

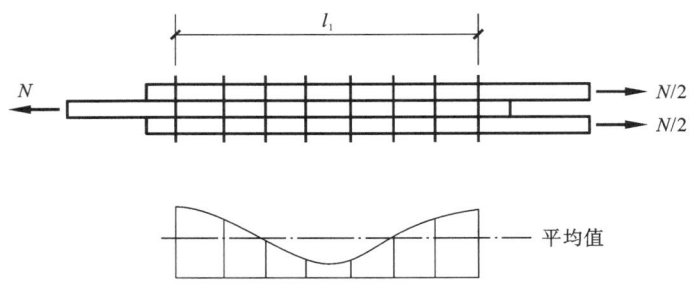

图 3.6.7　螺栓群受剪时的内力分布

当 $l_1 > 15d_0$ 时,连接进入塑性工作状态后,各螺栓的内力分布仍不均匀,两端的螺栓会首先发生破坏,其余螺栓从外到内破坏。对于该情况,标准规定螺栓承载力需乘以折减系数 η($\eta = 1.1 - l_1/150d_0$),当 $l_1 > 60d_0$ 时,取 $\eta = 0.7$。

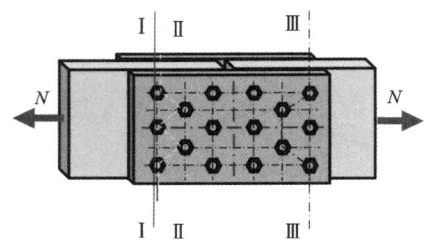

图 3.6.8　螺栓群受剪时净截面计算

由于螺栓削弱了构件的截面,因此还需要验算构件的净截面强度(见图 3.6.8),验算公式如下:

$$\sigma = \frac{N}{A_n} \leqslant f_d \tag{3.6.5}$$

式中,A_n 为构件净截面面积,根据螺栓的排列取 Ⅰ-Ⅰ 截面、Ⅱ-Ⅱ 截面或 Ⅲ-Ⅲ 截面进行计算;f_d 取 $0.7f_u$(f_u 为钢材的抗拉强度),若构件沿全长都有排列较密螺栓的组合构件时,f_d 取为钢材抗拉强度设计值。构件强度具体的计算方法参见本书第 5 章内容。

2. 螺栓群偏心受剪

当螺栓群受到如图 3.6.9 所示的偏心剪力时,可将偏心剪力简化为一个轴心剪力和一个扭矩。可认为轴心剪力由所有螺栓共同承担,且每个螺栓剪力大小相同,即

$$F_{iN} = \frac{N}{n} \tag{3.6.6}$$

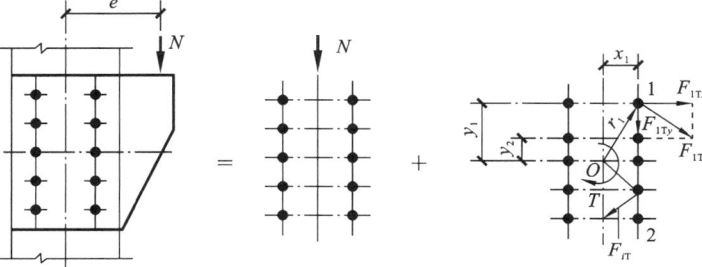

图 3.6.9　螺栓群偏心受剪

扭矩 $T=Ne$，一般在设计中采用弹性分析，并且假定扭矩的旋转中心在螺栓群的形心，每个螺栓由扭矩产生剪力的大小正比于螺栓至中心点的距离 r_i，方向垂直于该螺栓与中心点的连线。根据以上假设，可得

$$\frac{F_{1T}}{r_1}=\frac{F_{2T}}{r_2}=\cdots=\frac{F_{nT}}{r_n} \tag{3.6.7a}$$

由力的平衡关系有

$$F_{1T}r_1+F_{2T}r_2+\cdots+F_{nT}r_n=T \tag{3.6.7b}$$

将式(3.6.7a)代入式(3.6.7b)得

$$T=\frac{F_{1T}}{r_1}(r_1^2+r_2^2+\cdots+r_n^2)=\frac{F_{1T}}{r_1}\sum r_i^2 \tag{3.6.7c}$$

由上可知，扭矩引起的最大剪力位于最上端和最下端的 4 个螺栓处，根据轴心剪力的方向，可判断图 3.6.9 中 1 和 2 处的螺栓合力最大。取螺栓 1 作为分析对象，扭矩引起的剪力为

$$F_{1T}=\frac{T\cdot r_1}{\sum r_i^2}=\frac{T\cdot r_1}{\sum x_i^2+\sum y_i^2} \tag{3.6.8}$$

将 F_{1T} 分解为水平方向和竖直方向的力：

$$F_{1Tx}=F_{1T}\cdot\frac{y_1}{r_1}=\frac{T\cdot y_1}{\sum x_i^2+\sum y_i^2} \tag{3.6.9a}$$

$$F_{1Ty}=F_{1T}\cdot\frac{x_1}{r_1}=\frac{T\cdot x_1}{\sum x_i^2+\sum y_i^2} \tag{3.6.9b}$$

因此 1 处螺栓最大合力的计算式为

$$F_1=\sqrt{F_{1Tx}^2+(F_{1Ty}+F_{1N})^2}\leqslant N_{\min}^{b} \tag{3.6.10}$$

当螺栓布置在一个狭长带，即 $y_1\geqslant3x_1$ 时，可假定式(3.6.9a)和式(3.6.9b)中 $x_i=0$，由此可得 $F_{1Ty}=0$，$F_{1Tx}=T\cdot y_1/\sum y_i^2$，此时式(3.6.10)变为

$$F_1=\sqrt{\left(\frac{T\cdot y_1}{\sum y_i^2}\right)^2+\left(\frac{N}{n}\right)^2}\leqslant N_{\min}^{b} \tag{3.6.11}$$

按照以上方法进行设计，除了受力最大的螺栓外，其他螺栓均有继续承载的潜力，因此按照式(3.6.10)计算轴心力作用下的螺栓内力时，即使连接长度大于 $15d_0$，单个螺栓的承载力也不需要考虑折减系数 η。

【例题 3-8】　如图 3.6.10 所示牛腿，用 C 级粗制螺栓 M22 与柱翼缘相连，螺栓孔径 $d_0=23.5$ mm，连接的构造形式和尺寸如图，构件钢材采用 Q235，已知 $P=300$ kN。试验算该牛腿与柱翼缘的连接是否安全。

解　查表可得 $f_v^b=140$ N/mm²，$f_c^b=305$ N/mm²。

(1)将荷载移至群心的情况。

剪力 $P=300$ kN；扭矩 $T=Pe=300\times(300+75)$ kN·mm$=112500$ kN·mm。

(2)计算螺栓内力。

在剪力作用下，剪力大小为

$$F_{1N}=P/n=300/20\ \text{kN}=15\ \text{kN}$$

在扭矩作用下，计算 1 点螺栓的受力：

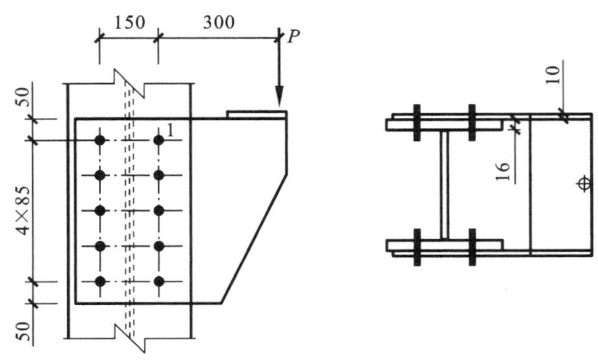

图 3.6.10   例题 3-8 图

$$F_{1Tx} = \frac{Ty_1}{\sum(x_i^2 + y_i^2)} = \frac{112500 \times 170}{20 \times 75^2 + 8 \times 85^2 + 8 \times 170^2}\ kN = 47.63\ kN$$

$$F_{1Ty} = \frac{Tx_1}{\sum(x_i^2 + y_i^2)} = \frac{112500 \times 75}{20 \times 75^2 + 8 \times 85^2 + 8 \times 170^2}\ kN = 21.01\ kN$$

在剪力和扭矩的共同作用下,"1"点为最不利的点,最大合力为

$$F_1 = \sqrt{F_{1Tx}^2 + (F_{1Ty} + F_{1N})^2} = \sqrt{47.63^2 + (21.01 + 15)^2}\ kN = 59.71\ kN$$

(3)验算螺栓承载力。

$$N_v^b = n_v\frac{\pi d^2}{4}f_v^b = 1 \times \frac{\pi \times 22^2}{4} \times 140 \times 10^{-3}\ kN = 53.19\ kN$$

$$N_c^b = d\sum t \cdot f_c^b = 22 \times 10 \times 305 \times 10^{-3}\ kN = 67.10\ kN$$

因此单个螺栓的抗剪承载力为 53.19 kN。由于 59.71 kN>53.19 kN,因此该连接不满足要求。

---

3. 螺栓群轴心受拉

当螺栓群受到如图 3.6.11 所示的轴心拉力时,假定每个螺栓均匀受力,则总共需要的螺栓数量为

$$n = \frac{N}{N_t^b} \tag{3.6.12}$$

4. 螺栓群承受弯矩作用

如图 3.6.12 所示螺栓群承受弯矩作用,螺栓几乎全部承受拉力,受拉区只是几个螺栓点,受压区则为牛腿下侧矩形截面。想要精确确定中和轴的位置是比较困难的,通常假定中和轴位于最下排螺栓处。假设最下排螺栓处为坐标零点,按照弹性设计方法,在弯矩作用下各排螺栓拉力的大小与其纵坐标 y 值成正比,即

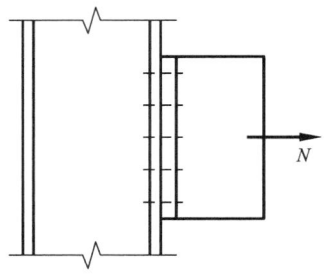

图 3.6.11   螺栓群轴心受拉

$$N_1/y_1 = N_2/y_2 = \cdots = N_i/y_i = \cdots = N_n/y_n \tag{3.6.13}$$

对 O 点列弯矩平衡方程时,可偏保守地忽略力臂很小的受压区部分的力矩,则

$$M = \sum N_i y_i \tag{3.6.14}$$

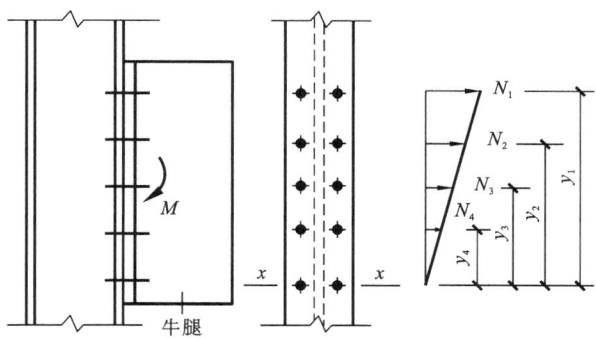

图 3.6.12　螺栓群承受弯矩作用

结合式(3.6.13)和式(3.6.14)可得：

$$N_i = \frac{My_i}{\sum y_i^2} \qquad (3.6.15)$$

最上端螺栓拉力最大,设计时要求其拉力不超过一个螺栓的抗拉承载力设计值：

$$N_1 = \frac{My_1}{\sum y_i^2} \leqslant N_t^b \qquad (3.6.16)$$

5. 螺栓群承受偏心拉力

螺栓群偏心受拉时(偏心距为 e),可将偏心拉力 N 视为轴心拉力 N 和弯矩 $M = Ne$ 的联合作用,见图 3.6.13(a)。按照弹性设计方法,根据偏心距 e 的大小可分为小偏心受拉和大偏心受拉两种情况。

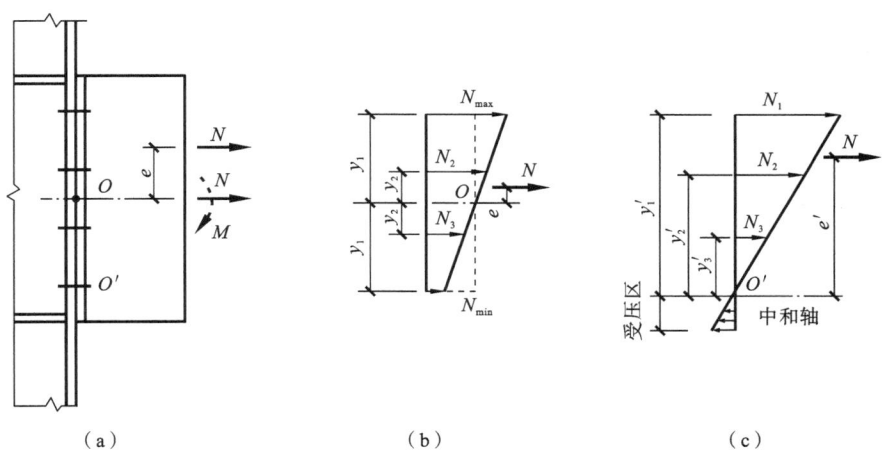

图 3.6.13　螺栓群偏心受拉

1) 小偏心受拉

当偏心距较小时,轴心力 N 作用下螺栓全部受拉,且可假定每个螺栓均匀受力;弯矩 M 作用下,中和轴为螺栓群心,此时中和轴以上螺栓受拉,中和轴以下螺栓受压[见图 3.6.13(b)];叠加后,所有螺栓均承受拉力。最上排螺栓受力最大,设计时需满足：

$$N_{\max} = \frac{N}{n} + \frac{Ne y_1}{\sum y_i^2} \leqslant N_t^b \qquad (3.6.17)$$

式中，y_i 为螺栓至群心 O 的纵坐标。

底排螺栓受力需满足：

$$N_{\min} = \frac{N}{n} - \frac{Ne y_1}{\sum y_i^2} \geqslant 0 \qquad (3.6.18)$$

式(3.6.18)为小偏心受拉的使用条件，换算可得 $e \leqslant \sum y_i^2 / (n y_1)$。

2）大偏心受拉

若式(3.6.18)不成立，即 $e > \sum y_i^2 / (n y_1)$ 时，螺栓群偏心受拉工况为大偏心受拉，此时在弯矩作用下构件绕 O' 点转动，中和轴位于底排螺栓处[见图 3.6.13(c)]，上部螺栓均受拉而中和轴以下的螺栓受压。将弯矩 $M = Ne'$ 代入式(3.6.16)并用 y_i' 代替 y_i 可得：

$$N_1 = \frac{Ne' y_1'}{\sum y_i'^2} \leqslant N_t^b \qquad (3.6.19)$$

式(3.6.19)即为螺栓群大偏心受拉情况下的承载力计算公式。

【例题 3-9】　如图 3.6.14 所示的螺栓连接，钢材为 Q235，采用 C 级 M20 普通螺栓，偏心距 $e=100$ mm，拉力 $N=100$ kN，螺栓有效直径 $d_e=17.65$ mm。试验算螺栓连接的承载力。

解　查表得 $f_t^b = 170$ N/mm²。

（1）验算偏心距。

$$\sum y_i^2 \big/ (n y_1) = (4 \times 150^2 + 4 \times 50^2) / (8 \times 150) \text{ mm}$$

$$= 83.33 \text{ mm}$$

$$83.33 \text{ mm} < e = 100 \text{ mm}$$

所以，该工况为大偏心受拉工况。

（2）计算螺栓受力。

中和轴为底排螺栓处，因此偏心距为

$$e' = e + 150 \text{ mm} = 250 \text{ mm}$$

螺栓承受的最大拉力为

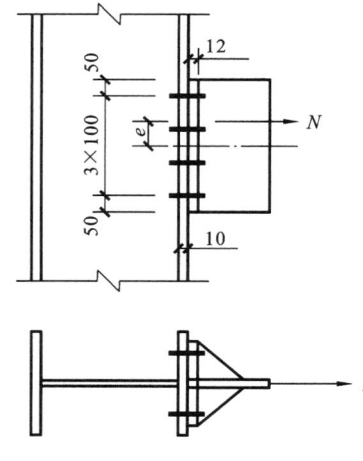

图 3.6.14　例题 3-9 图

$$N_1 = Ne' y_1' \big/ \sum y_i'^2 = \frac{100 \times 250 \times 300}{2 \times (100^2 + 200^2 + 300^2)} \text{ kN}$$

$$= 26.78 \text{ kN}$$

（3）验算螺栓承载力。

$$N_t^b = \frac{\pi d_e^2}{4} f_t^b = \frac{3.14 \times 17.65^2}{4} \times 170 \times 10^{-3} \text{ kN} = 41.57 \text{ kN}$$

$$41.57 \text{ kN} > N_1 = 26.8 \text{ kN}$$

因此，承载力满足要求。

---

6. 螺栓群同时承受剪力和拉力

螺栓群同时承受剪力和拉力作用可以分为两种情况：(1) 设置支托，剪力完全由支托承担[见图 3.6.15(a)]；(2) 不设置支托，或者支托只是起临时支撑作用，剪力由螺栓群承担

〔见图 3.6.15(b)〕。

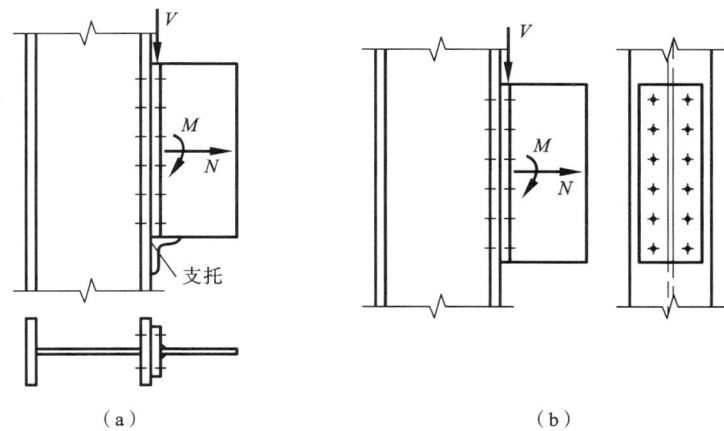

(a)　　　　　　　　　　　　　　　　　(b)

图 3.6.15　螺栓群承受剪力、轴心拉力和弯矩共同作用

对于情况(1)，螺栓群的受力可按照式(3.6.17)～式(3.6.19)计算。对于情况(2)，螺栓不仅承受拉力作用还承受剪力作用，拉力的计算方式与情况(1)相同，剪力则由所有螺栓承受且可假设螺栓受力均匀。

研究表明，普通螺栓承受拉力和剪力共同作用时可能发生两种破坏模式：螺栓杆受拉受剪破坏和孔壁承压破坏。大量的试验研究发现，普通螺栓受拉受剪破坏时，拉力和剪力分别除以各自单独作用时的承载力（N_t/N_t^b 和 N_v/N_v^b）所得的相关曲线近似为圆曲线（见图 3.6.16）。

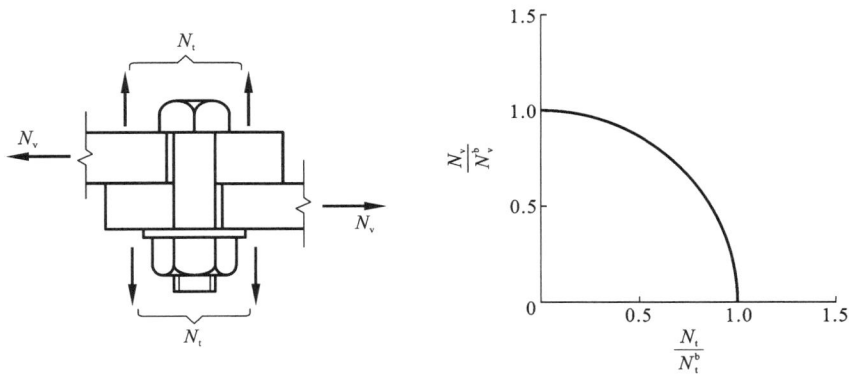

图 3.6.16　普通螺栓受拉受剪破坏相关曲线

因此，《标准》规定，同时承受剪力和杆轴方向拉力的普通螺栓，应分别按照下列公式进行验算：

验算拉力剪力组合作用：

$$\sqrt{\left(\frac{N_v}{N_v^b}\right)^2 + \left(\frac{N_t}{N_t^b}\right)^2} \leqslant 1.0 \tag{3.6.20}$$

验算孔壁承压：

$$N_v = \frac{V}{n} \leqslant N_c^b \tag{3.6.21}$$

式中，N_v 和 N_t 分别为一个普通螺栓所承受的剪力和拉力设计值；N_v^b 和 N_t^b 分别为一个普通螺栓的抗剪和抗拉承载力设计值;N_c^b 为一个普通螺栓的孔壁承压承载力设计值;n 为普通螺栓总数。

【例题 3-10】　例题 3-9 中,若牛腿除承受偏心拉力之外还承受剪力 $V=200$ kN,试验算螺栓承载力。

解　查表得 $f_v^b=140$ N/mm^2,$f_c^b=305$ N/mm^2。

每个螺栓承受的剪力为

$$N_v=\frac{200}{8}\ kN=25\ kN$$

螺栓的受剪承载力设计值为

$$N_v^b=n_v\frac{\pi d^2}{4}f_v^b=1\times\frac{3.14\times20^2}{4}\times140\times10^{-3}\ kN=43.96\ kN$$

螺栓的承压承载力设计值为

$$N_c^b=d\sum tf_c^b=20\times10\times305\times10^{-3}\ kN=61\ kN$$

验算拉剪组合承载力:

$$\sqrt{\left(\frac{N_v}{N_v^b}\right)^2+\left(\frac{N_t}{N_t^b}\right)^2}=\sqrt{\left(\frac{25}{43.96}\right)^2+\left(\frac{26.78}{41.57}\right)^2}=0.86<1$$

满足要求。

验算承压承载力设计值:

$$N_v=25\ kN\leqslant N_c^b=61\ kN$$

满足要求。

3.7　高强度螺栓连接的性能和计算

3.7.1　高强度螺栓连接的工作性能

1. 高强度螺栓工作性能概述

高强度螺栓是高强螺杆和配套螺母、垫圈的合称,其杆身、螺母和垫圈都要用抗拉强度很高的钢材制作。材料螺杆一般采用 20MnTiB 钢、35VB 钢和 45 号钢、35 号钢(仅限 8.8 级),螺母和垫圈用经过热处理(为提高其强度)的 45 号钢或 35 号钢制成。45 号钢和 35 号钢由于淬透性不够理想,且因含碳量高而抵抗应力腐蚀断裂的性能较差,故只适用于直径不大于 20 mm 的高强度螺栓,另外 20MnTiB 钢只适用于直径不大于 24 mm 的高强度螺栓。

高强度螺栓等级划分表示方法与普通螺栓相同,例如 8.8 级高强度螺栓的最低抗拉强度是 800 N/mm^2,屈服强度是 0.8×800 N/mm$^2=640$ N/mm^2。高强度螺栓连接分为摩擦型和承压型两种,其中承压型连接只能采用标准圆孔,摩擦型连接可以采用标准圆孔、大圆孔或者槽孔。高强度螺栓采用扩大孔连接时,同一连接面只能在盖板和芯板其中之一的板上采用大圆孔或槽孔,其余仍用标准圆孔。具体孔型按表 3.7.1 采用。

在外力作用下,高强度螺栓承受剪力或拉力,其工作性能概述如下:

表 3.7.1　高强度螺栓连接的孔型尺寸匹配　　　　　　　　　　　　单位:mm

螺栓公称直径			M12	M16	M20	M22	M24	M27	M30
孔型	标准圆孔	直径	13.5	17.5	22	24	26	30	33
	大圆孔	直径	16	20	24	28	30	35	38
	槽孔	短向	13.5	17.5	22	24	26	30	33
		长向	22	30	37	40	45	50	55

（1）高强度螺栓摩擦型连接的抗剪工作性能。

高强度螺栓安装时将螺栓拧紧,使螺杆产生预拉力压紧构件接触面,与接触面产生的摩擦力可以阻止二者相互滑移,这样达到传递外力的目的。高强度螺栓摩擦型连接与普通螺栓连接的一个重要区别就是,完全不靠孔壁的承压和螺杆的抗剪来传力,而是靠钢板间接触面的摩擦力传力。

（2）高强度螺栓承压型连接的抗剪工作性能。

高强度螺栓承压型连接的传力特征是,当剪力超过摩擦力时,构件之间会发生相对滑移,螺杆杆身与孔壁接触,使螺杆受剪和孔壁受压,与普通螺栓的破坏形式相同。

（3）高强度螺栓连接的抗拉工作性能。

高强度螺栓连接由于存在预拉力,构件间在承受外力作用前就有较大的挤压力,高强度螺栓受到外拉力作用时,首先要抵消这种挤压力,在克服挤压力之前,螺杆的预拉力基本不变。

如图 3.7.1 所示,高强度螺栓在受外力之前,螺杆有预拉力 P,钢板接触面上产生挤压力 C,由于钢板刚度很大,挤压应力分布均匀。预拉力 P 与挤压力 C 相平衡,即

$$C = P \tag{3.7.1a}$$

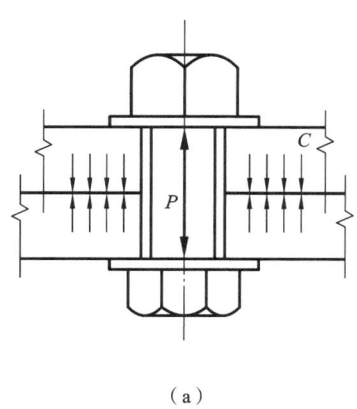
（a）

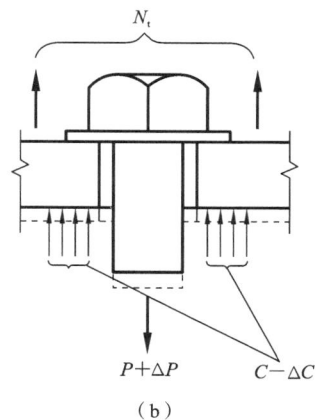
（b）

图 3.7.1　高强度螺栓受拉

对连接施加外拉力 N_t,螺栓伸长 Δ_t,被连接板压缩量恢复 Δ_e。此时螺杆中拉力增加,被连接板的压力 C 减少 ΔC。

根据平衡条件有:

$$P + \Delta P = N_t + C - \Delta C \tag{3.7.1b}$$

将式（3.7.1b）代入等式（3.7.1a）,有

$$\Delta P = N_t - \Delta C \tag{3.7.1c}$$

根据变形协调条件：

$$\Delta_t = \Delta_e$$

设螺栓与被连接板的弹性模量都为 E，有效面积分别为 A_b、A_μ，被连接板的厚度是 δ，有

$$\Delta_t = \frac{\Delta P}{A_b E}\delta$$

$$\Delta_e = \frac{\Delta C}{A_\mu E}\delta$$

即

$$\frac{\Delta P}{A_b E}\delta = \frac{\Delta C}{A_\mu E}\delta \tag{3.7.1d}$$

将式(3.7.1d)代入式(3.7.1c)，有

$$\Delta P = \frac{N_t}{\left(1 + \dfrac{A_\mu}{A_b}\right)}$$

因为 $A_\mu \gg A_b$，取 $A_\mu = 10A_b$，则

$$\Delta P = 0.09 N_t \tag{3.7.1e}$$

若 $N_t = P$，对 N_t 考虑平均荷载分项系数 1.3，则 $\Delta P = 0.07P$，也就是当外拉力达到 P 时，螺栓内拉力实际只增加 7%。分析表明，如果板层之间的压力没有完全消失，螺杆中的拉力只增加 5%～10%。也就是，外拉力基本只能让板层间压力减小，对螺杆预拉力并没有大的影响。如果外拉力 N_t 过大时($N_t > 0.8P$)，螺栓会发生松弛现象，这样摩擦型连接高强度螺栓的优越性就会丧失。为了防止螺栓松弛并保留一定的余量，标准规定每个摩擦型连接的高强度螺栓在其杆轴方向的外拉力不能大于 $0.8P$。

令 P_f 表示在外力 N_t 作用后螺栓的拉力，图 3.7.2(a)展示了高强度螺栓的拉力 P_f 随外力 N_t 变化的情况，折线 ABC 表示预加拉力的高强度螺栓所受拉力的变化，直线 OBC 表示未加预拉力的高强度螺栓所受拉力的变化。到 B 点后两条线都沿 BC 变化直到破坏。如果连接不出现撬力，可以把 B 点看作正常使用极限状态。

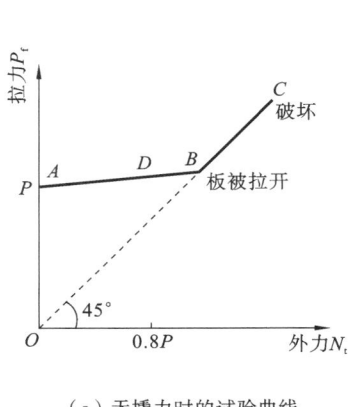

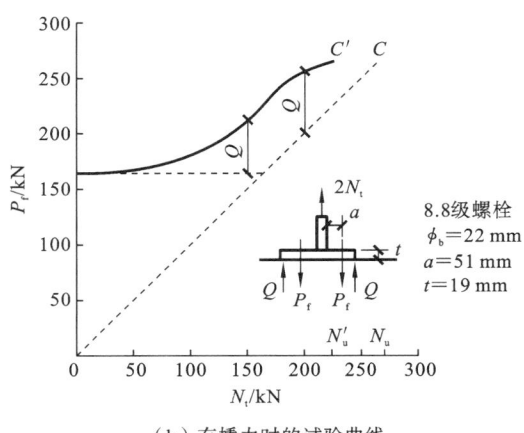

（a）无撬力时的试验曲线　　　　　　（b）有撬力时的试验曲线

图 3.7.2　高强度螺栓拉力变化

对刚度较小的 T 形件翼缘，受拉后会出现弯曲变形，同时在其端部产生撬力 Q，让 T 形件起杠杆作用，钢材的抗拉能力降低。由图 3.7.2(b)所示的试验曲线可以知道，C 点和 C' 点的

纵坐标是一样的,也就是撬力 Q 对螺栓的破坏拉力值没有影响,但外力 N_t 的极限值降低了(因为 C 点横坐标 N_u 下降为 C' 点横坐标 N'_u),并且螺栓的拉力增加量要比刚性 T 形板的大。关于撬力 Q 的影响,正如高强度螺栓抗拉承载力设计值,要限制在 $0.8P$ 以内。国外规范要求计算撬力 Q 和外力相加的值,以此作为螺栓的设计拉力,而不降低螺栓强度设计值。如果不计算撬力 Q 的同时又不降低螺栓强度设计值,那么应该设置加劲肋,或者加大 T 形件翼缘的厚度(不小于 2 倍的螺栓直径),以此提高翼缘板的刚度。

2. 高强度螺栓的预拉力

1)高强度螺栓预拉力的施加方法

对高强度螺栓预拉力 P 的准确控制很重要,针对不同类型的高强度螺栓有不同的预拉力建立方法。承压型连接的高强度螺栓预拉力 P 的施拧工艺和设计值取值与摩擦型连接高强度螺栓一样。

(1)大六角头螺栓的预拉力控制。

a. 力矩法。通过控制拧紧力来实现预拉力,一般采用预置式扭力(定力)扳手或者指针式扭力(测力)扳手,现在较多用电动扭矩扳手。其中拧紧力矩由试验确定,施工时控制的预拉力应为设计预拉力的 1.1 倍。如果用电动扭矩扳手,需要的施工扭矩 T_f 为

$$T_f = kP_f d \tag{3.7.2}$$

式中,k 为扭矩系数平均值,由供货厂方给定,施工前复验;P_f 为施工预拉力,取值为设计预拉力 $1/0.9$ 倍;d 为高强度螺栓的直径。

力矩法的优点:较简单、易实施、费用少。缺点:测得的预拉力值误差大且分散,一般误差为 $\pm 25\%$,这是连接件和被连接件的表面和拧紧速度的差异造成的。

为了克服板件和垫圈等的变形,基本消除板件之间的间隙,让拧紧力矩系数有更好的线性度,达到提高施工控制预拉力值准确度的目的,在安装大六角头高强度螺栓时,较好做法是先按拧紧力矩的 50% 进行初拧,接着按 100% 拧紧力矩进行终拧。如果是大型节点,在初拧后还要按初拧力矩进行复拧,然后进行终拧。

b. 转角法。转角法分初拧和终拧两步。初拧是先用普通扳手使被连接构件紧密贴合,终拧以初拧的贴近位置为起点,根据以螺栓直径和板叠厚度所确定的终拧角度,用扳手旋转螺母,拧到预定角度值时,螺栓的拉力就达到了需要的预拉力数值。

(2)扭剪型高强度螺栓的预拉力控制。

扭剪型高强度螺栓的优点:强度高、安装简单、质量易于保证、可以单面拧紧、对操作人员没有特殊要求等。扭剪型高强度螺栓如图 3.7.3 所示,螺纹段端部有一个承受拧紧反力矩的十二角体和一个可以在规定力矩下剪断的断颈槽,螺栓头是盘头。

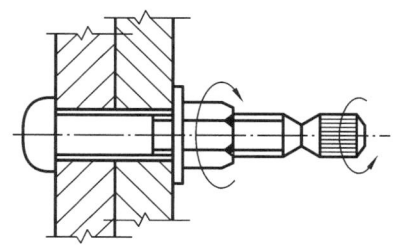

图 3.7.3　扭剪型高强度螺栓

要用特制的电动扳手来安装扭剪型高强度螺栓,此扳手有两个分别套在螺母六角体和螺栓十二角体上的套头。拧紧时对螺母施加顺时针力矩,同时在螺栓十二角体上施加同样大小的逆时针力矩,让螺栓断颈部分承受扭剪,初拧力矩是拧紧力矩的 50%,复拧力矩数值与初拧力矩相等,断颈剪断表示终拧结束,安装也结束,拧紧力矩就是相应的安装力矩。

2）预拉力值的确定

高强度螺栓预拉力设计值 P 的计算公式：

$$P = \frac{0.9 \times 0.9 \times 0.9}{1.2} f_u A_e \qquad (3.7.3)$$

式中，f_u 为高强度螺栓的抗拉强度，根据热处理后螺栓的最低 f_u 值，对 10.9 级螺栓取 1040 N/mm²，对 8.8 级螺栓取 830 N/mm²；A_e 是螺纹处的有效面积。公式中的系数取值考虑了以下因素：扭紧螺栓时扭矩使螺栓产生的剪应力会降低螺栓的承拉能力，所以对材料抗拉强度除以系数 1.2；考虑到螺栓材质的不均匀性，引进一个折减系数 0.9；施工时为补偿预拉力的松弛会对螺栓超张拉 5%～10%，故采用超张拉系数 0.9；以螺栓的抗拉强度为准，再引进一个附加安全系数 0.9。

高强度螺栓预拉力的取值见表 3.7.2 和表 3.7.3。

表 3.7.2　高强度螺栓的预拉力设计值 P(GB 50017)　　　　　　单位:kN

螺栓的性能等级	螺栓公称直径/mm					
	M16	M20	M22	M24	M27	M30
8.8 级	80	125	150	175	230	280
10.9 级	100	155	190	225	290	355

表 3.7.3　高强度螺栓的预拉力设计值 P(GB 50018)　　　　　　单位:kN

螺栓的性能等级	螺栓公称直径/mm		
	M12	M14	M16
8.8 级	45	60	80
10.9 级	55	75	100

3. 高强度螺栓摩擦面抗滑移系数

高强度螺栓摩擦型连接完全依靠被连接构件间的摩擦阻力传力，而摩擦阻力的大小与摩擦面抗滑移系数 μ 有关，抗滑移系数 μ 取值见表 3.7.4 和表 3.7.5。冷弯薄壁型钢构件板壁较薄，它的抗滑移系数均较普通钢结构有所降低。

实际工程中有砂轮打磨等接触面处理方法，这种构件的抗滑移系数要由试验确定。如果是承压型连接，连接处构件接触面要清除油污和浮锈，对仅受拉力的高强度螺栓连接，不要求对接触面进行抗滑移处理。

表 3.7.4　摩擦面的抗滑移系数 μ 取值(GB 50017)

连接处构件接触面的处理方法	构件的钢材牌号		
	Q235	Q345 或 Q390	Q420 或 Q460
喷硬质石英砂或铸钢棱角砂	0.45	0.45	0.45
抛丸(喷砂)	0.40	0.40	0.40
钢丝刷清除浮锈或未经处理的干净轧制面	0.30	0.35	—

注:1. 钢丝刷除锈方向应与受力方向垂直;

　　2. 连接构件采用不同钢材牌号时,μ 按相应较低强度取值;

　　3. 若用其他方法处理,处理工艺与抗滑移系数值都需经试验确定。

表 3.7.5　摩擦面的抗滑移系数 μ 取值（GB 50018）

连接处构件接触面的处理方法	构件的钢材牌号	
	Q235	Q345
喷砂（抛丸）	0.40	0.45
热轧钢材轧制表面清除浮锈	0.30	0.35
冷轧钢材轧制表面清除浮锈	0.25	—

注：除锈方向要与受力方向相垂直；经过喷砂除锈后的钢材表面，看起来平整光滑，但实际上金属表面有微观的凹凸不平，高强度螺栓连接在很高的压紧作用下被连接构件表面相互啮合，这时钢材强度和硬度越大，让这种啮合面产生滑移的力就需越大，所以 μ 的取值是与钢种有关的。试验说明，摩擦面涂红丹（四氧化三铅）后，$\mu < 0.15$，也就是经处理后 μ 值仍然很低，所以严禁采用摩擦面涂刷红丹的方式。另外连接在淋雨或者潮湿环境下拼装，也会降低 μ 值，故要采取有效措施以保证连接处表面的干燥。

3.7.2　高强度螺栓摩擦型连接计算

1. 受剪连接承载力

构件接触面的摩擦力决定了摩擦型连接的承载力，其大小与传力摩擦面的抗剪滑移系数和对钢板的预拉力有关。一个摩擦型连接高强度螺栓的受剪承载力设计值为

$$N_{\mathrm{v}}^{\mathrm{b}} = 0.9 k n_{\mathrm{f}} \mu P \qquad (3.7.4)$$

式中，k 为孔型系数，标准圆孔取 1.0，大圆孔取 0.85，内力与槽孔长向垂直时取 0.7，内力与槽孔长向平行时取 0.6；n_{f} 为传力摩擦面数目；μ 为摩擦面的抗滑移系数，按表 3.7.4 和表 3.7.5 采用；P 为单个高强度螺栓的预拉力，按表 3.7.2 和表 3.7.3 采用。

试验说明，摩擦型连接高强度螺栓的抗剪承载力在低温下无明显影响，但如果温度为 100~150 ℃时，会造成螺栓预拉力的温度损失，所以应该把摩擦型连接高强度螺栓的抗剪承载力设计值减小 10%；当高强度螺栓连接处在高温环境中，应实施隔热措施，让连接温度在 150 ℃以下，甚至 100 ℃以下。

2. 受拉连接承载力

由前文可知，当外拉力过大（超过 $0.8P$ 后）时，螺栓会发生应力松弛现象，对连接抗剪性能很不利。由此，为让高强度螺栓连接在受拉力作用时，被连接板一直有一定的压紧力，《标准》规定单个高强度螺栓受拉承载力设计值为

$$N_{\mathrm{t}}^{\mathrm{b}} = 0.8P \qquad (3.7.5)$$

3. 同时承受剪力和拉力连接的承载力

由上所述，当螺栓承受的外拉力 $N_{\mathrm{t}} \leqslant P$ 时，板层间的压力会减少到 $P - N_{\mathrm{t}}$，那么连接的抗滑移静摩擦力（也就是螺栓的抗剪承载力）也会减小。试验表明，这时接触面的抗滑移系数 μ 值也会降低，μ 值会随 N_{t} 增大而减小，研究表明，外加拉力 N_{t} 和剪力 N_{v} 与高强度螺栓的受拉、受剪承载力设计值之间有某种线性相关关系。因此《标准》规定，对同时承受剪力和拉力的摩擦型连接高强度螺栓，每个螺栓的承载力应符合下式要求：

$$\frac{N_{\mathrm{v}}}{N_{\mathrm{v}}^{\mathrm{b}}} + \frac{N_{\mathrm{t}}}{N_{\mathrm{t}}^{\mathrm{b}}} \leqslant 1.0 \qquad (3.7.6)$$

式中，N_{v} 和 N_{t} 分别是单个高强度螺栓承受的剪力和拉力；$N_{\mathrm{v}}^{\mathrm{b}}$ 和 $N_{\mathrm{t}}^{\mathrm{b}}$ 分别为单个高强度螺栓的受剪、受拉承载力设计值。

3.7.3　高强度螺栓承压型连接计算

1. 受剪连接承载力

承压型连接高强度螺栓与摩擦型连接高强度螺栓所采用的钢材相同,预应力也相同,其构件接触面可以不用进行抗滑移处理,只用清除油污及浮锈。容许被连接构件之间产生滑移时,受剪时的极限承载力是由杆身抗剪和孔壁承压决定的,而摩擦力只是起延缓滑动的作用。因此其抗剪计算方法与普通螺栓相同,计算时采用承压型连接高强度螺栓的强度设计值,当剪切面在螺纹处时,应按螺纹处的有效截面计算。

高强度螺栓承压型连接一般不与焊接共用在同一连接中,也不应用于直接承受动力荷载的结构,抗剪承压型连接在正常使用极限状态下要符合摩擦型连接的设计要求。

2. 受拉连接承载力

在螺栓杆轴方向受拉的承压型连接中,《标准》给出了相应强度级别的螺栓抗拉强度设计值 $f_t^b \approx 0.48 f_u^b$,单个高强度螺栓的抗拉承载力计算公式与普通螺栓相同,只是抗拉强度的设计值有所不同。

3. 同时承受剪力和拉力连接的承载力

承压型连接高强度螺栓在同时承受剪力和杆轴方向拉力时,承载力计算方法和普通螺栓相同,即满足下式要求:

$$\sqrt{\left(\frac{N_v}{N_v^b}\right)^2 + \left(\frac{N_t}{N_t^b}\right)^2} \leqslant 1.0 \tag{3.7.7}$$

$$N_v \leqslant \frac{N_c^b}{1.2} \tag{3.7.8}$$

式中,N_v^b、N_t^b、N_c^b 分别是一个高强度螺栓的受剪、受拉和承压承载力设计值;N_v、N_t 分别为单个高强度螺栓所承受的剪力和拉力。

式(3.7.8)中的 1.2 为折减系数,当高强度螺栓承压型连接在加预拉力后,板的孔前存在较高的三向应力,极大提高了板的局部挤压强度,因此承压型连接高强度螺栓的 N_c^b 比普通螺栓高不少。但在施加外拉力时,板件间的挤压力会随外拉力增大而减小,螺栓的承压强度设计值也会跟着降低。高强度螺栓的外拉力一般都不会大于 $0.8P$,此时整个板层间可以看作始终处于紧密接触状态,为方便计算,《标准》规定有外拉力存在时,将承压强度统一采用除以 1.2 的做法予以降低,以此保证安全。

3.7.4　高强度螺栓群的计算

1. 高强度螺栓群受剪

1) 轴心受剪

高强度螺栓连接受轴心剪力作用,见图 3.7.4。所需的螺栓数目由下式确定:

$$n > \frac{N}{N_{min}^b} \tag{3.7.9}$$

式中,N_{min}^b 为相对应连接类型的单个高强度螺栓的受剪承载力设计值中的最小值。

高强度螺栓摩擦型连接中构件净截面的强度计算和普通螺栓是有区别的,被连接钢板最危险的截面是在第一排的螺栓孔处(见图 3.7.4)。而这个截面上,连接传递的力 N 已有一部

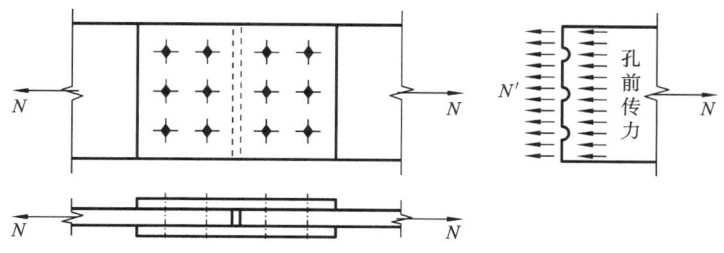

图 3.7.4　轴力作用下的高强度螺栓连接

分在摩擦力作用下向孔前传递,因此净截面的拉力 $N'<N$。试验结果得到,孔前传力系数可取 0.5,也就是第一排高强度螺栓所分担内力已有 50% 传递给孔前摩擦面。

令连接一侧的螺栓数为 n,计算截面(即最外列螺栓处)的螺栓数为 n_1,那么构件净截面受力为

$$N' = N - 0.5\,\frac{N}{n} \times n_1 = N\left(1 - 0.5\,\frac{n_1}{n}\right) \tag{3.7.10}$$

净截面强度计算公式为

$$\sigma = \frac{N'}{A_n} \leqslant f \tag{3.7.11}$$

由以上分析可以看出,高强度螺栓连接中,开孔对构件截面的削弱影响相对普通螺栓连接要小,这是节约钢材的一种途径。

2)非轴心受剪

扭矩、剪力、轴心力共同作用时,高强度螺栓群的抗剪计算方法与普通螺栓群是一样的,只是应采用高强度螺栓承载力设计值来计算。

2. 高强度螺栓群受拉

1)轴心受拉

高强度螺栓群连接在轴心受拉时,需要的螺栓数目:

$$n \geqslant \frac{N}{N_t^b}$$

式中,N_t^b 是单个高强度螺栓(摩擦型或者承压型)在杆轴方向受拉力时的承载力设计值。

2)受弯矩作用

高强度螺栓(摩擦型和承压型)的预拉力 P 总是大于外拉力,在连接受弯矩作用而让螺栓沿栓杆方向受力时,被连接构件接触面是一直保持紧密贴合的。所以可把中和轴看作是在螺栓群的形心轴上的(图 3.7.5),最外排螺栓受力是最大的。最大拉力的验算式如下:

$$N_1 = \frac{M \cdot y_1}{\sum y_i^2} \leqslant N_t^b \tag{3.7.12}$$

式中,y_1 为螺栓群形心轴到螺栓的最大距离;$\sum y_i^2$ 为形心轴上、下各个螺栓到形心轴距离的平方和。

3)偏心受拉

由前文所述,当高强度螺栓群偏心受拉时(即受拉力、弯矩联合作用),因为有较大的预拉力在保证板层之间始终是紧密贴合的,端板并不会拉开,所以高强度螺栓群(摩擦型或者承压型)都可按照普通螺栓小偏心受拉的工况计算,公式如下:

$$N_1 = \frac{N}{n} + \frac{Ney_1}{\sum y_i^2} \leqslant N_t^b \tag{3.7.13}$$

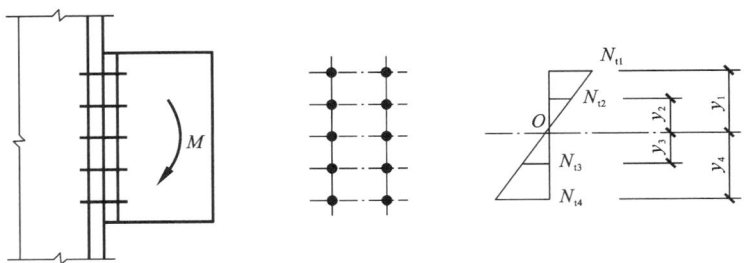

图 3.7.5 承受弯矩的高强度螺栓连接

3. 高强度螺栓群受拉力、剪力、弯矩的共同作用

1）高强度螺栓摩擦型连接的计算

高强度螺栓摩擦型连接在承受拉力、剪力和弯矩联合作用时内力分布见图 3.7.6，根据图中受力情况可知，螺栓群中各排螺栓所受的拉力是各不相同的，但可假定各排螺栓承受的剪力大小相同。

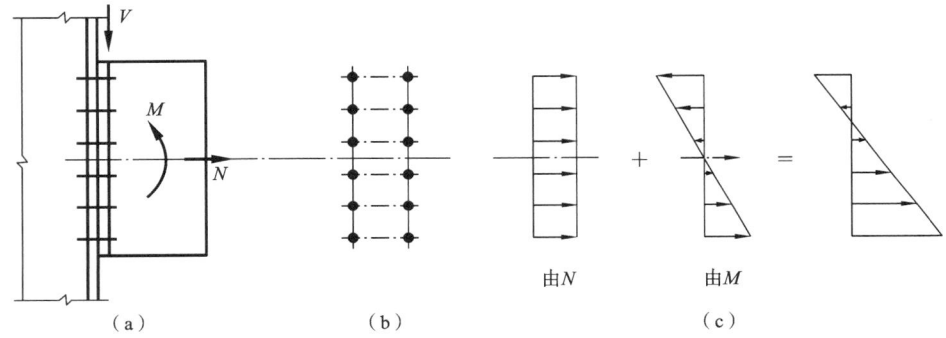

图 3.7.6 高强度螺栓摩擦型连接的内力分布

在轴力 N 和弯矩 M 的作用下，高强度螺栓的最大拉力用式(3.7.13)表示。

单个螺栓承受的剪力为

$$N_v = \frac{V}{n} \tag{3.7.14}$$

式中，n 为螺栓个数。

在拉力、剪力和弯矩的联合作用下，高强度螺栓摩擦型连接的承载力用式(3.7.6)表示，即

$$\frac{N_v}{N_v^b} + \frac{N_t}{N_t^b} \leqslant 1.0$$

将式(3.7.13)和式(3.7.14)代入式(3.7.6)，即可以验算拉-剪-弯联合作用下高强度螺栓群的安全性。

2）高强度螺栓承压型连接的计算

对高强度螺栓承压型连接，按式(3.7.7)和式(3.7.8)计算，即

$$\sqrt{\left(\frac{N_v}{N_v^b}\right)^2 + \left(\frac{N_t}{N_t^b}\right)^2} \leqslant 1.0$$

$$N_v \leqslant \frac{N_c^b}{1.2}$$

【例题 3-11】　图 3.7.7 所示为斜向偏心力作用的高强度螺栓摩擦型连接,偏心力 $T=$ 600 kN,钢材为 Q235,螺栓用 10.9 级 M22 高强度螺栓,构件接触面采用喷硬质石英砂处理。试验算此连接的承载力。

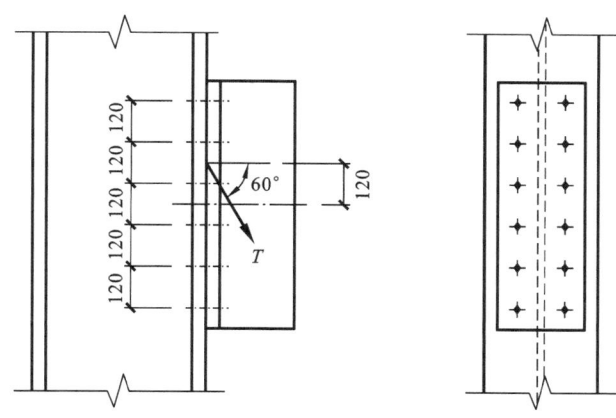

图 3.7.7　例题 3-11 图

解　由表 3.7.2 和表 3.7.4 查得螺栓预拉力 $P=190$ kN,$\mu=0.45$。

作用于螺栓群形心处的内力为

$$N=600\times\cos60° \text{ kN}=300 \text{ kN}$$

$$V=600\times\sin60° \text{ kN}=520 \text{ kN}$$

$$M=300\times12 \text{ kN}\cdot\text{cm}=3600 \text{ kN}\cdot\text{cm}$$

第一排螺栓所受拉力 N_{t1}、剪力 N_{v1}（从上至下第 i 排螺栓所受拉力、剪力分别记为 N_{ti}、N_{vi}）分别按式(3.7.13)和式(3.7.14)计算：

$$N_{t1}=\frac{N}{n}+\frac{My_1}{\sum y_i^2}=\left[\frac{300}{12}+\frac{3600\times30}{4\times(6^2+18^2+30^2)}\right]\text{kN}=\left[25+\frac{3600\times30}{5040}\right]\text{kN}=46.43 \text{ kN}$$

$$N_{v1}=\frac{520}{12}\text{ kN}=43.33 \text{ kN}$$

单个高强度螺栓抗剪与抗拉承载力设计值为

$$N_v^b=0.9kn_f\mu P=0.9\times1\times1\times0.45\times190 \text{ kN}=76.95 \text{ kN}$$

$$N_t^b=0.8P=0.8\times190 \text{ kN}=152 \text{ kN}$$

螺栓连接承载力按式(3.7.6)验算：

$$\frac{N_{v1}}{N_v^b}+\frac{N_{t1}}{N_t^b}=\frac{43.33}{76.95}+\frac{46.43}{152}=0.87<1$$

因此此连接满足强度要求。

习题

3.1　简述焊缝连接的优点和缺点。

3.2 角焊缝的焊脚尺寸过大或过小对连接件有何影响？

3.3 焊接残余应力对钢结构的工作性能有何影响？

3.4 《钢结构设计标准》中对螺栓排列规定了最大和最小容许距离，其目的是什么？

3.5 在传递剪力的连接中，高强度螺栓摩擦型连接和普通螺栓连接的传力特点有何不同？

3.6 试说明在弯矩作用下，普通螺栓计算和摩擦型高强度螺栓计算的区别及原因。

3.7 试求节点构造如下图所示连接的最大荷载设计值 F。材料为 Q235B 钢，手工焊，E43 型焊条，焊脚尺寸 $h_f=8$ mm，采用三面围焊。

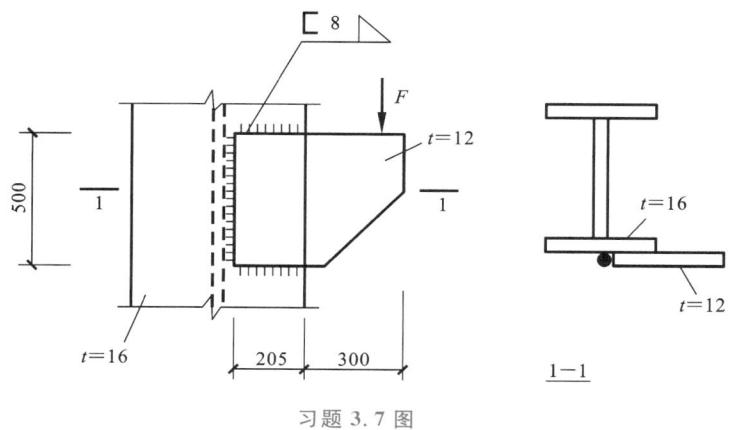

习题 3.7 图

3.8 有一支托角钢，两边用角焊缝与柱相连，如下图所示，钢材为 Q345，焊条为 E50 型，手工焊。试确定焊缝厚度（焊缝有绕角，焊缝长度可以不减去 $2h_f$）。

已知：外力设计值 $N=400$ kN。

3.9 试设计如下图所示牛腿与柱的角焊缝连接。钢材为 Q235B，焊条为 E43 型，手工焊，外力设计值 $N=98$ kN（静力荷载），偏心距 $e=120$ mm（注意 N 对水平焊缝也有偏心）。

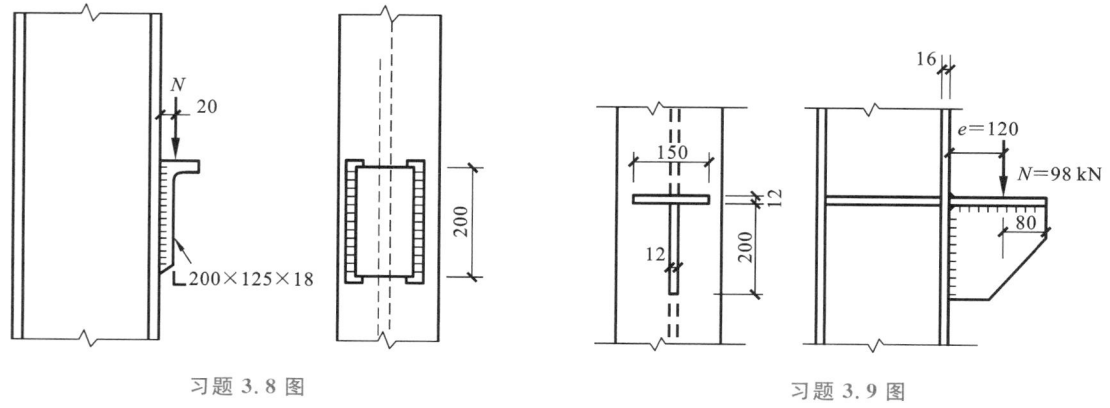

习题 3.8 图   习题 3.9 图

3.10 如图所示焊接连接，采用三面围焊，承受的轴心拉力设计值 $N=1000$ kN。钢材为 Q235B，焊条为 E43 型。试验算此连接焊缝是否满足要求。

3.11 试计算如图所示钢板与柱翼缘的连接角焊缝的强度。已知 $N=390$ kN（设计值），与焊缝之间的夹角 $\theta=60°$，钢材为 Q235，手工焊，焊条为 E43 型。

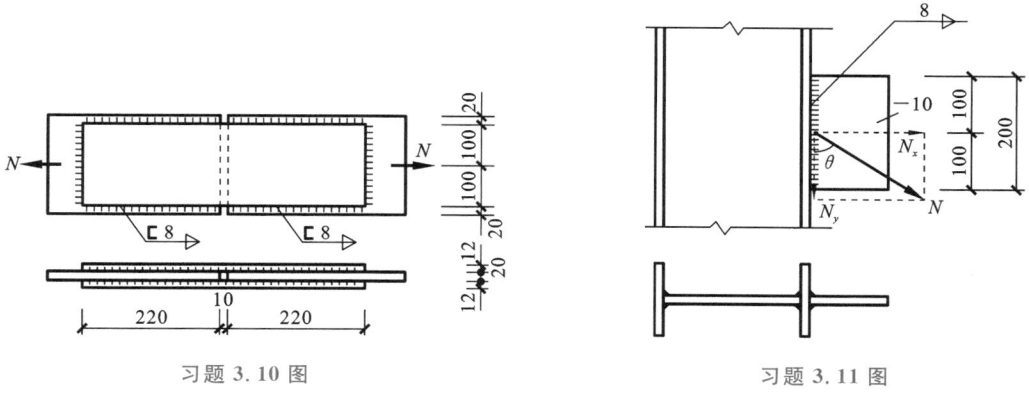

习题 3.10 图   习题 3.11 图

3.12 试设计如图所示牛腿与柱的连接角焊缝①②③。钢材为 Q235B,焊条为 E43 型,手工焊。

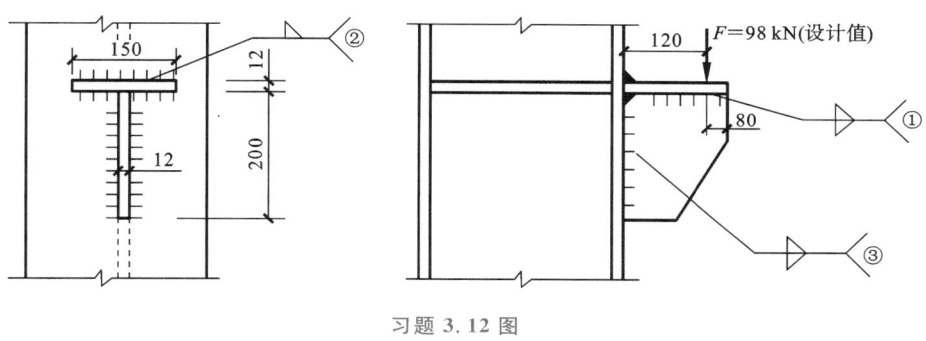

习题 3.12 图

3.13 如图所示的连接节点,斜杆承受轴向拉力设计值 $F=250$ kN,钢材采用 Q235。螺栓连接采用 C 级普通螺栓 M22,偏心距 $e=50$ mm,翼缘板与柱采用 10 个受拉普通螺栓,计算螺栓群中危险螺栓的内力。

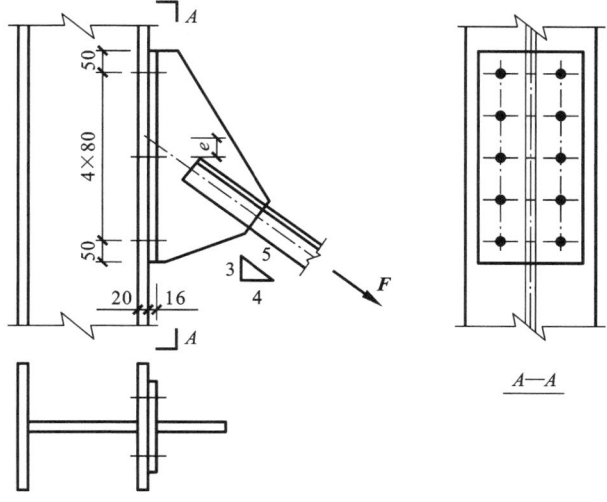

习题 3.13 图

3.14 如图所示的螺栓连接,钢材采用 Q235,偏心距 $e=120$ mm,$N=120$ kN,试分别验算采用两种不同螺栓连接的承载力。

(1) 采用 10.9 级高强度螺栓 M20,设计为摩擦型连接,预拉力 $P=140$ kN,$\mu=0.45$;

(2) 采用 C 级普通螺栓 M20,$f_t^b=170$ N/mm^2,$d_e=17.65$ mm。

3.15 如图所示,验算采用 10.9 级 M22 摩擦型连接高强度螺栓的承载力。已知,构件接触面经喷砂处理,钢材为 Q235B,构件接触面抗滑移系数 $\mu=0.45$。

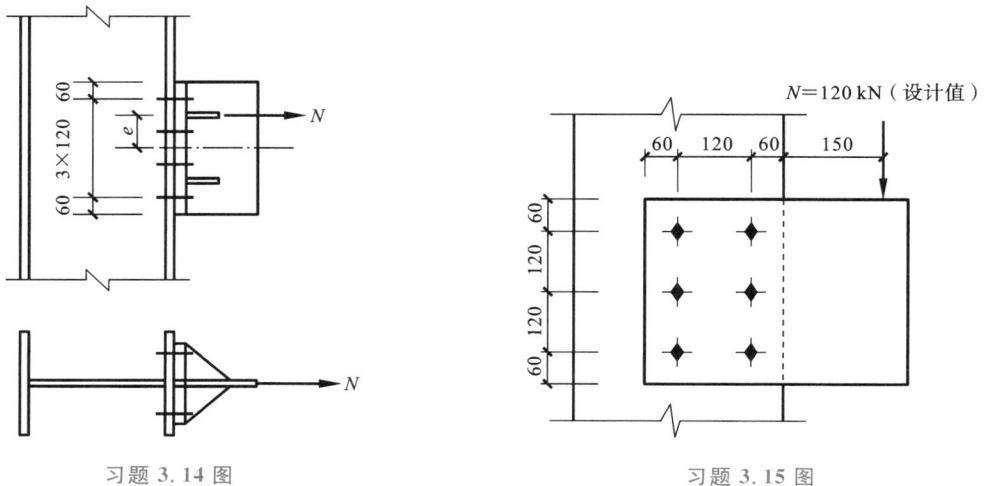

习题 3.14 图   习题 3.15 图

3.16 下图所示为一受斜向偏心力作用的高强度螺栓摩擦型连接,偏心力 $T=480$ kN,钢材为 Q235,螺栓是 10.9 级 M22 高强度螺栓,预拉力 $P=190$ kN,摩擦面抗滑移系数 $\mu=0.40,k=1.0$。请验算连接是否安全。

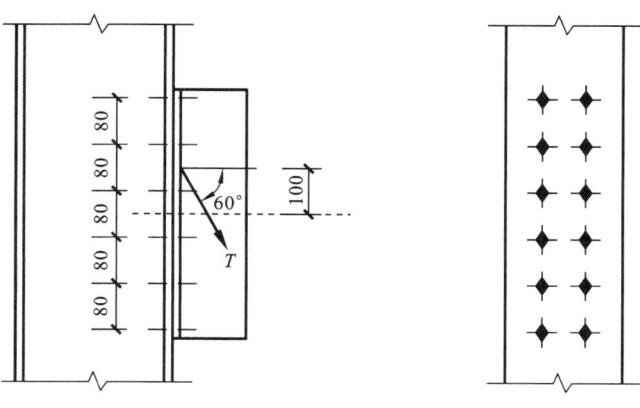

习题 3.16 图

第 4 章

受弯构件

4.1 受弯构件类型及其截面形式

4.1.1 受弯构件类型

受弯构件主要承受横向(构件长度方向为纵向)荷载或弯矩,内力主要为弯矩或弯矩和剪力组合,在钢结构工程中多做成实腹式构件,通常称为钢梁。钢梁在钢结构中是一种应用较为广泛的基本构件,在钢结构中占比较大,如楼盖梁、工作平台梁、吊车梁、钢架梁、墙架梁以及屋盖体系中的檩条等。

钢梁依截面形式、使用功能、受力和构造等方面的不同可分别归纳为下列类型。

按截面形式,钢梁可分为热轧型钢梁(工字钢、H 形钢梁、槽钢、T 形钢梁)、冷弯型钢梁(冷弯薄壁槽钢、Z 形钢梁等)和组合梁(工字形截面双轴对称或单轴对称、一层翼缘板或两层翼缘板,箱形截面梁等),如图 4.1.1 所示。梁主要内力为弯矩 M_x,梁截面必须具有较大的抗弯刚度 I_x,因而其最经济的截面形式是工字形(含 H 形)或箱形,某些次要构件如墙架梁和檩条等也可采用槽形截面。型钢梁由热轧型钢制成,主要包括热轧 H 型钢、热轧普通工字钢和

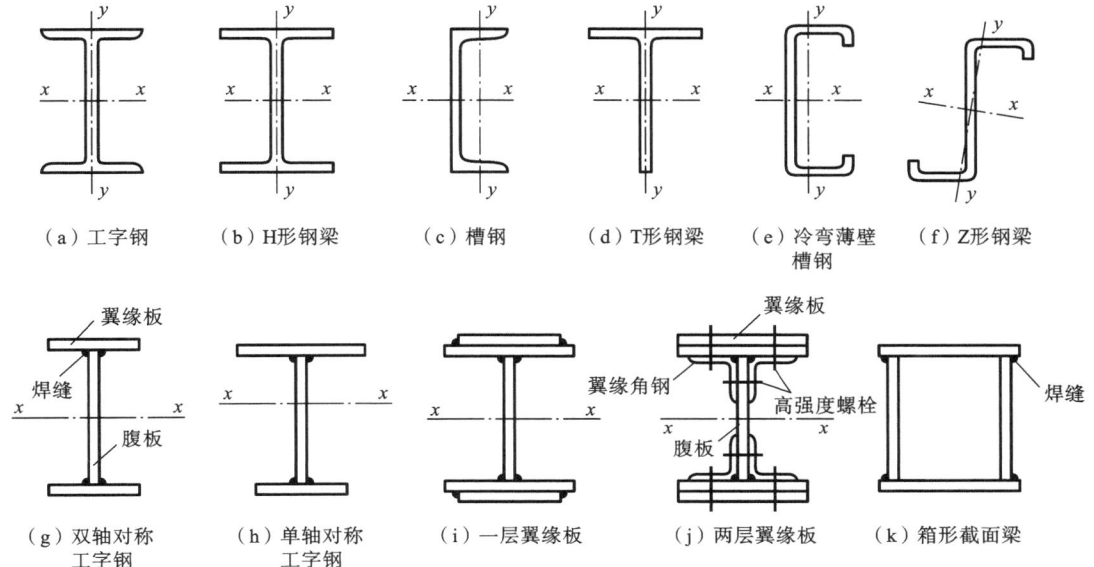

（a）工字钢　（b）H 形钢梁　（c）槽钢　（d）T 形钢梁　（e）冷弯薄壁槽钢　（f）Z 形钢梁

（g）双轴对称工字钢　（h）单轴对称工字钢　（i）一层翼缘板　（j）两层翼缘板　（k）箱形截面梁

图 4.1.1　梁的截面形式

热轧普通槽钢。

　　热轧型钢由于轧制条件的限制,其腹板厚度一般偏大,用钢量较多,但制造省工,构造简单,因此结构中应尽量采用型钢梁。当型钢梁不能满足强度和刚度要求时,可采用组合截面梁,见图4.1.1(g)～图4.1.1(k)。组合截面有钢板组合梁[一般是焊接,也有荷载特重或对抵抗动力荷载作用要求较高的少数梁可采用高强度螺栓摩擦型连接,见图4.1.1(j)]或钢-混凝土组合梁和蜂窝梁。工字形钢板组合梁由于腹板厚度可以选得较薄,因此可减少用钢量。当荷载较大且梁的截面高度受到限制或抗扭性能要求较高时,可采用箱形截面梁,见图4.1.1(k)。

　　按使用功能,钢梁可分为楼盖梁(主梁、次梁)、工作平台梁、吊车梁、檩条、墙梁等。

　　按受力情况,钢梁可分为单向受弯梁(楼盖梁、平台梁等)和双向受弯梁(吊车梁、檩条、墙梁等),如图4.1.2所示。

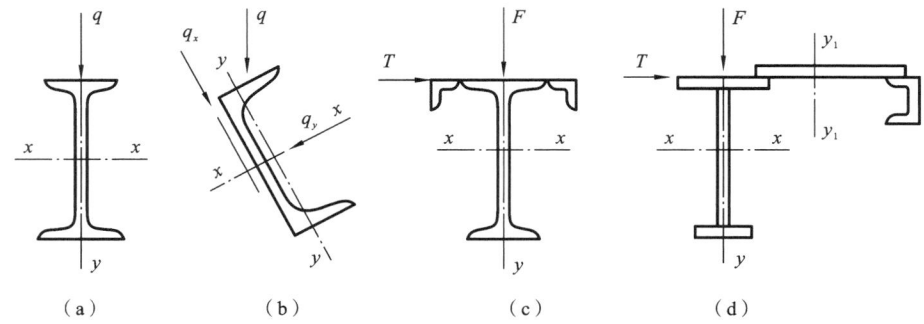

图 4.1.2　单向受弯梁和双向受弯梁

　　按支承情况,钢梁可分为简支梁、多跨连续梁、悬臂梁或伸臂梁等。

　　按制造方法,钢梁可分为焊接梁、铆接梁、栓焊梁(高强度螺栓和焊接共用的梁)等。

　　按梁的外形,钢梁可分为实腹梁、桁架梁、蜂窝梁(见图4.1.3)等。

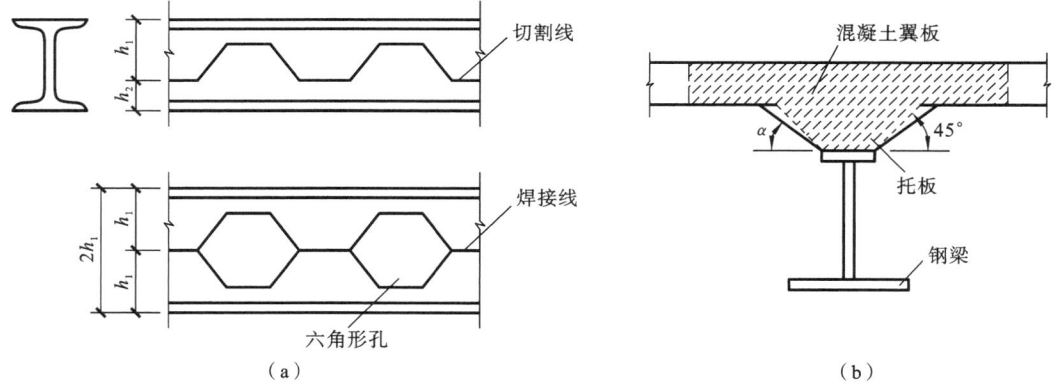

图 4.1.3　蜂窝梁和钢-混凝土组合梁

　　按截面沿长度方向有无改变,钢梁可分为等截面梁和变截面(变宽度、变高度)梁等。

　　按材料性能,钢梁可分为同种钢梁或异种钢梁(翼缘板或跨中梁段用高强度钢,腹板或其他梁段用低强度钢)和钢与混凝土组合梁等。

4.1.2　梁格布置及计算内容

　　梁格是由纵横交错的主、次梁排列而成的平面体系,如图4.1.4所示。梁格上的荷载一般先由铺板传给次梁,再由次梁传给主梁,然后传到柱或墙,最后传给基础和地基。

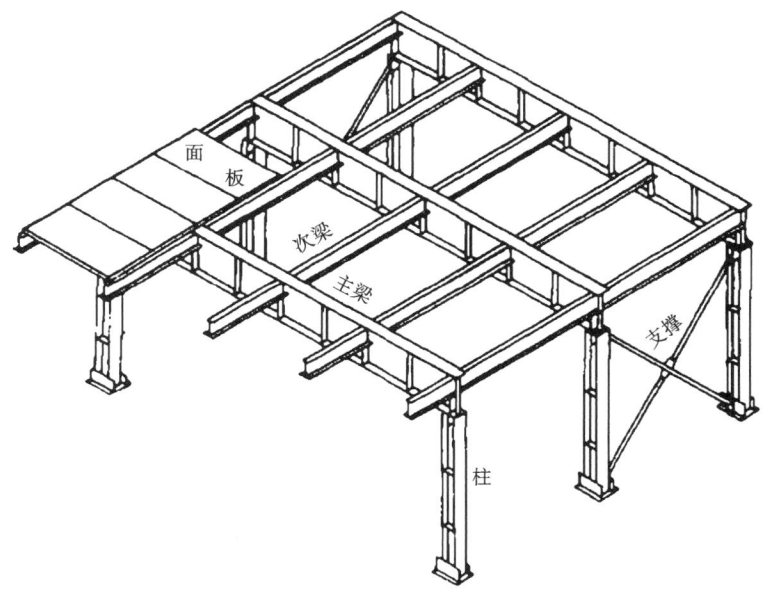

图 4.1.4 平台结构

根据梁的排列方式,梁格可分成下列三种典型的形式:

① 简单式梁格——只有主梁,板直接放置在主梁上。板的荷载直接传给主梁,由于板的承载力较小,主梁布置较密,故适用于梁跨度较小的情况。

② 普通式梁格——有次梁和主梁,次梁支承于主梁上,是一种常用的梁格布置方式;次梁将板划分为较小的区格,以减小板的跨度。板的荷载传给次梁,次梁再将荷载传给主梁。

③ 复式梁格——横向(短向)设置主梁,主梁间加设纵向次梁,纵向次梁间设置横向次梁(小梁),使板的跨度与厚度保持在经济合理的范围内。板的荷载传给横向次梁,经横向次梁传给纵向次梁,再由纵向次梁传给主梁。荷载传递路径长,构造相对繁杂,适用于主梁跨度较大、荷载重的情况。

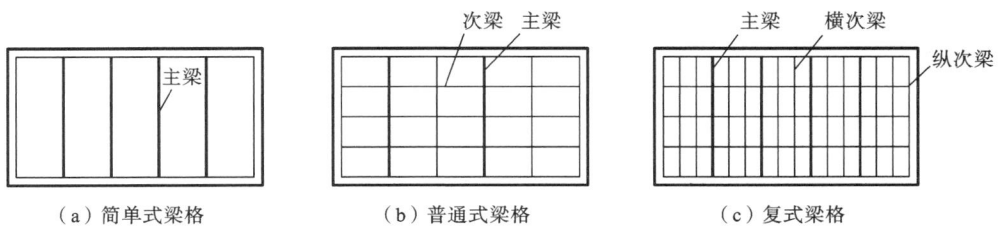

(a)简单式梁格   (b)普通式梁格   (c)复式梁格

图 4.1.5 梁格布置

受弯构件的设计计算内容较多,首先应满足强度、整体稳定、局部稳定和刚度四个方面的要求。前三项属于承载能力极限状态计算,采用荷载的设计值;第四项为正常使用极限状态的计算,计算挠度时按荷载的标准值进行。

梁的强度计算主要包括抗弯、抗剪、局部压应力和折算应力等;刚度控制是要求最大挠度不超过按受力和使用要求规定的容许值;整体稳定指梁不会发生侧向弯扭失稳,主要通过对梁的受压翼缘设足够的侧向支承或适当加大梁截面来控制;局部稳定指梁的翼缘和腹板等板件不会发生局部凸曲失稳,在梁中主要通过限制受压翼缘和腹板的宽(高)厚比来控制,对于焊接组合钢板梁,可在腹板设置加劲肋以提高其局部稳定性。

另外,对承受动力荷载重复作用的梁(吊车梁、吊车桁架、工作平台梁等),当应力变化的循环次数 $n \geqslant 10^5$ 次时(一般为重级工作制吊车梁和重级、中级工作制吊车桁架),还应进行疲劳计算。根据正常使用极限状态,则应使受弯构件的挠度不超过规定的容许值。

4.1.3　截面板件宽厚比等级

钢结构中使用的构件大部分是由板件组成的,例如工字形截面、H 形截面、箱形截面等。构件截面一般比较开展、板件较薄,这可以在截面面积不变的情况下增大截面惯性矩从而提高构件使用效率,但是,过薄的受压构件易发生局部失稳,不利于发挥钢材的塑性性能,因此,需要对截面板件宽厚比进行限制。

板件宽厚比指截面板件平直段的宽度和厚度之比,受弯构件和压弯构件腹板平直段的高度与腹板厚度之比也称为板件高厚比。板件的宽厚比越大,板件越薄,受压时更加容易发生局部屈曲,承载力会降低,无法充分发挥钢材的塑性性能;宽厚比越小,板件越厚,受压时不易发生鼓曲。因此,截面板件的宽厚比决定了钢结构受弯和压弯构件的塑性转动变形能力,因此对构件截面进行分类是钢结构设计的基础。

《标准》根据截面转动能力,将不同截面形式的压弯和受弯构件的截面板件分为 5 个等级,并且对不同的宽厚比等级提出了限值,如表 4.1.1 所示。其中,参数 α_0 为应力梯度,$\alpha_0 = (\sigma_{max} - \sigma_{min}) / \sigma_{max}$。式中 σ_{max} 为腹板计算高度边缘的最大压应力;σ_{min} 为腹板计算高度另一边缘相应的应力,压应力取正值,拉应力取负值。

表 4.1.1　压弯和受弯构件的截面板件宽厚比等级及限值(GB 50017)

构件	截面板件宽厚比等级		S1 级	S2 级	S3 级	S4 级	S5 级
压弯构件(框架柱)	H 形截面	翼缘 b/t	$9\varepsilon_k$	$11\varepsilon_k$	$13\varepsilon_k$	$15\varepsilon_k$	20
		腹板 h_0/t_w	$(33+13\alpha_0^{1.3})\varepsilon_k$	$(38+13\alpha_0^{1.39})\varepsilon_k$	$(40+18\alpha_0^{1.5})\varepsilon_k$	$(45+25\alpha_0^{1.66})\varepsilon_k$	250
	箱形截面	壁板(腹板)间翼缘 b_0/t	$30\varepsilon_k$	$35\varepsilon_k$	$40\varepsilon_k$	$45\varepsilon_k$	—
	圆钢管截面	径厚比 D/t	$50\varepsilon_k^2$	$70\varepsilon_k^2$	$90\varepsilon_k^2$	$100\varepsilon_k^2$	—
受弯构件(梁)	工字形截面	翼缘 b/t	$9\varepsilon_k$	$11\varepsilon_k$	$13\varepsilon_k$	$15\varepsilon_k$	20
		腹板 h_0/t_w	$65\varepsilon_k$	$72\varepsilon_k$	$93\varepsilon_k$	$124\varepsilon_k$	250
	箱形截面	壁板(腹板)间翼缘 b_0/t	$25\varepsilon_k$	$32\varepsilon_k$	$37\varepsilon_k$	$42\varepsilon_k$	—

注:1. ε_k 为钢号修正系数,其值为 235 与钢材牌号中屈服强度数值的比值的平方根。

2. b 为工字形、H 形截面的翼缘外伸宽度,t、h_0、t_w 分别是翼缘厚度、腹板净高和腹板厚度,对轧制型截面,腹板净高不包括翼缘腹板过渡处圆弧段;对于箱形截面,b_0、t 分别为壁板间的距离和壁板厚度;D 为圆管截面外径。

3. 箱形截面梁及单向受弯的箱形截面柱,其腹板限值可根据 H 形截面腹板采用。

4. 腹板的宽厚比可通过设置加劲肋减小。

5. 当按国家标准《建筑抗震设计规范》(GB 50011—2010)第 9.2.14 条第 2 款的规定设计,且 S5 级截面的板件宽厚比小于 S4 级经 ε_σ 修正的板件宽厚比时,可视作 C 类截面,ε_σ 为应力修正因子,$\varepsilon_\sigma = \sqrt{f_y/\sigma_{max}}$。

S1 级：可达全截面塑性，保证塑性铰具有塑性设计要求的转动能力，且在转动过程中承载力不降低，称为一级塑性截面。

S2 级：可达全截面塑性，但由于局部屈曲，塑性铰的转动能力有限，称为二级塑性截面。

S3 级：翼缘全部屈服，腹板可发展不超过 1/4 截面高度的塑性，称为弹塑性截面。

S4 级：边缘纤维屈服截面，边缘纤维可达屈服强度，但由于局部屈曲而不能发展塑性，称为弹性截面。

S5 级：在边缘纤维所承受应力达屈服应力前，腹板可能发生局部屈曲，称为薄壁截面。

H 形截面和箱形截面宽(高)厚比限制中的截面尺寸见图 4.1.6。b 为翼缘外伸宽度；h_0 为腹板计算高度，对于焊接截面取腹板净高 h_w，对轧制型截面取腹板净高不包括翼缘腹板过渡处圆弧段；t 和 t_w 分别为翼缘和腹板厚度。

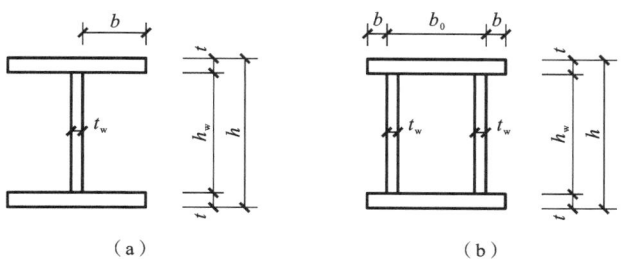

图 4.1.6　H 形截面和箱形截面宽(高)厚比限制中的截面尺寸

4.2　受弯构件的强度与刚度计算

梁的设计首先应满足强度和刚度(挠度)的设计要求。强度计算主要是抗弯强度(弯曲正应力 σ)和抗剪强度(剪应力)，集中荷载作用下，还应验算局部承压强度(σ_c)，必要时尚需验算折算应力。

4.2.1　弯曲强度

1. 钢梁受弯工作阶段

以双轴对称工字形截面梁为例，钢梁受纯弯曲时，根据平截面假定，梁截面的弯曲正应力随弯矩增加而变化，可分为弹性、弹塑性及塑性三个阶段，如图 4.2.1 所示。

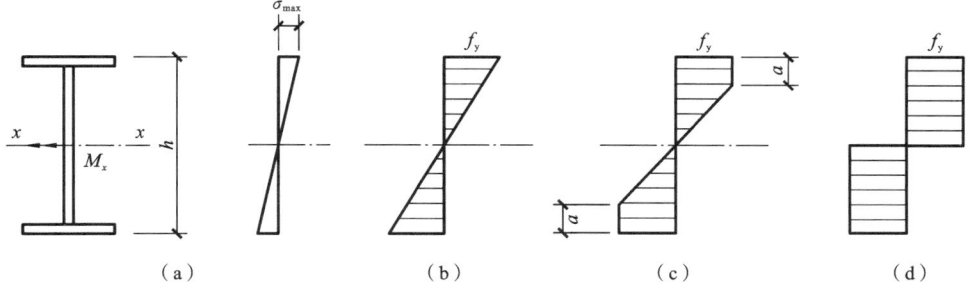

图 4.2.1　工字形截面梁的正应力分布

1) 弹性工作阶段

当荷载（弯矩）较小时，截面边缘纤维最大应力 $\sigma \leqslant f_y$，截面应力呈三角形分布，梁处于弹性工作阶段。根据材料力学，应力与弯矩的关系如式（4.2.1）所示。

$$\sigma = \frac{M_x y}{I_{nx}} \tag{4.2.1}$$

截面边缘最大应力为

$$\sigma_{max} = \frac{M_x y_{max}}{I_{nx}} = \frac{M_x}{W_{nx}} \tag{4.2.2}$$

式中，I_{nx} 为净截面惯性矩；W_{nx} 为净截面弹性抵抗矩或弹性截面模量；y_{max} 为边缘纤维到中和轴的距离。

以 $\sigma_{max} = f_y$ 时为梁弹性工作阶段的极限状态，其弹性极限弯矩（屈服弯矩）为

$$M_y = W_{nx} f_y \tag{4.2.3}$$

S1～S4 级截面均可达到此状态，具体截面分类见表 4.1.1。对于直接承受动力荷载的梁，不宜利用塑性，只按截面边缘屈服的弹性阶段设计，即以边缘纤维屈服为正应力极限状态。

2) 弹塑性工作阶段

随荷载（弯矩）增大，截面外侧部分纤维进入塑性工作阶段，可把截面分成弹性区和塑性区，塑性区高度记作 a，应力分布如图 4.2.1(c) 所示，此时梁处于弹塑性工作阶段。《标准》对一般受弯构件的强度计算，适当考虑了截面塑性的发展，以截面纤维部分进入塑性作为承载力极限状态。

3) 塑性工作阶段

荷载（弯矩）继续增大，截面塑性区向内发展，理论上全截面最后可进入塑性工作阶段，达到全截面屈服状态，正应力图形呈两块矩形，如图 4.2.1(d) 所示，此时梁处于塑性工作阶段，荷载不再增加，但变形仍可以继续增加，截面如一个转动的铰，称为塑性铰（塑性变形集中发展的区域）。截面上的弯矩记作 M_p，称为塑性弯矩。

当截面进入全塑性工作阶段时，全截面上应力为 f_y，须满足 $\int f_y dA = 0$，截面中和轴平分该截面，受压区截面面积 A_1 等于受拉区截面面积 A_2。对中和轴取力矩，可得全截面塑性弯矩。

$$M_p = f_y A_1 y_1 + f_y A_2 y_2 = f_y (S_1 + S_2) = f_y W_p \tag{4.2.4}$$

式中，$W_p = S_1 + S_2$，称为截面塑性抵抗矩或塑性截面模量。S_1、S_2 分别为截面受压区和受拉区对中和轴的面积矩。

截面塑性抵抗矩 W_p 与弹性抵抗矩 W（若不考虑截面削弱）之比称为截面的形状系数 F，即

$$F = \frac{W_p}{W} \tag{4.2.5}$$

F 值与材料无关，只随截面形状不同而不同，例如圆形截面 $F = 1.7$，圆管截面 $F = 1.27$，矩形截面 $F = \frac{1}{4} bh^2 / \left(\frac{1}{6} bh^2 \right) = 1.5$，工字形截面 $F = 1.10 \sim 1.17$（随截面尺寸不同而变化）。

2. 钢结构设计标准的规定

实际设计中，考虑梁的塑性发展比不考虑要节约钢材，但梁达到塑性弯矩而出现塑性铰

时,梁的变形较大,同时梁还可能存在剪应力和局部压应力等复杂应力状态,此时梁在形成塑性铰之前就可能达到极限承载力。因此,梁的实际承载力取值在式(4.2.3)和式(4.2.4)之间。《标准》对不需验算疲劳的受弯构件,允许考虑截面有一定程度的塑性发展,引入塑性发展系数 γ_x、γ_y。

《标准》规定梁的正压力计算公式为

单向弯曲时:

$$\sigma = \frac{M_x}{\gamma_x W_{nx}} \leqslant f \tag{4.2.6}$$

双向弯曲时:

$$\sigma = \frac{M_x}{\gamma_x W_{nx}} + \frac{M_y}{\gamma_y W_{ny}} \leqslant f \tag{4.2.7}$$

式中,M_x、M_y 分别为绕 x 轴和绕 y 轴的弯矩(对工字形截面,x 轴为强轴,y 轴为弱轴);W_{nx}、W_{ny} 分别为对 x 轴和对 y 轴的净截面抵抗矩;γ_x、γ_y 分别为对 x 轴和对 y 轴的截面塑性发展系数。

截面塑性发展系数应按照下列规定取值:

(1) 对工字形和箱形截面,当翼缘截面板件宽厚比等级为 S4 级或 S5 级时,截面塑性发展系数应取为 1.0,当截面板件宽厚比等级为 S1 级、S2 级、S3 级时,截面塑性发展系数应按下列规定取值:

工字形截面(x 轴为强轴,y 轴为弱轴):$\gamma_x = 1.05$,$\gamma_y = 1.20$。

箱形截面:$\gamma_x = \gamma_y = 1.05$。

(2) 对于需要计算疲劳的梁(如重级工作制梁),因为有塑性区深入的截面,塑性区钢材易发生硬化,促使疲劳断裂提前发生,宜取 $\gamma_x = \gamma_y = 1.0$。

(3) 其他截面的塑性发展系数可按表 4.2.1 取值。

表 4.2.1　截面塑性发展系数 γ_x、γ_y (GB 50017)

项次	截面形式	γ_x	γ_y
1	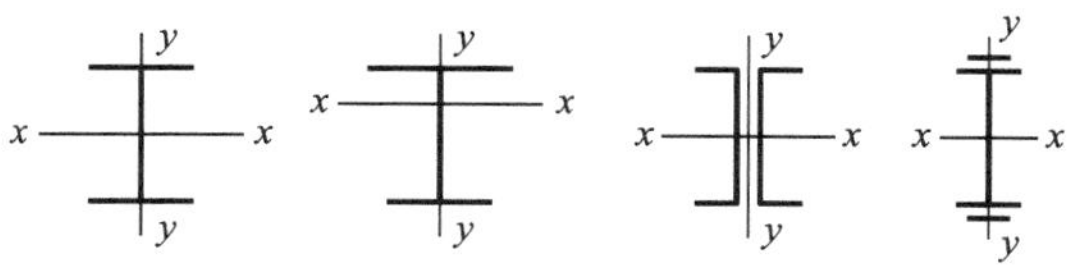	1.05	1.2
2			1.05

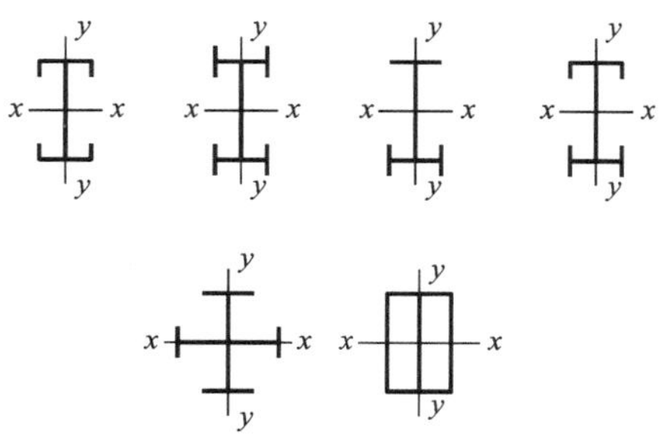

续表

项次	截面形式	γ_x	γ_y
3	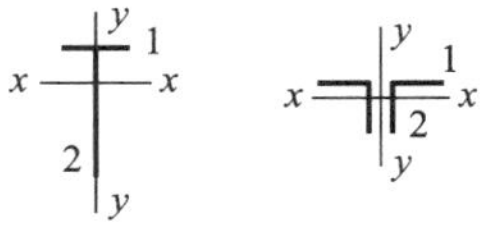	$\gamma_{x1}=1.05$ $\gamma_{x2}=1.2$	1.2
4	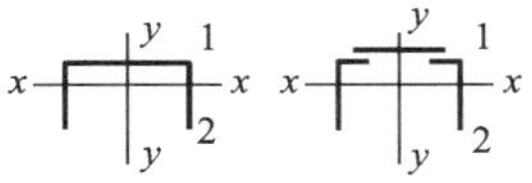		1.05
5	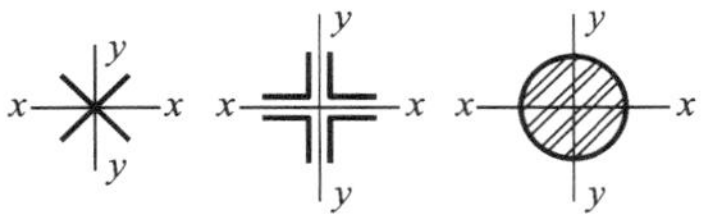	1.2	1.2
6	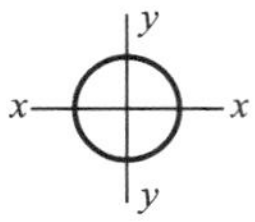	1.15	1.15
7	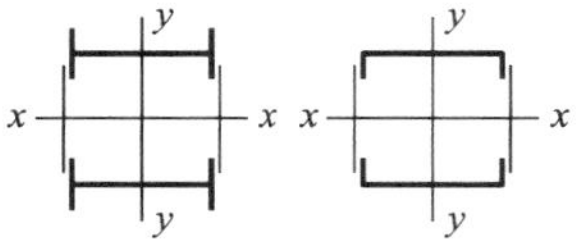	1.0	1.05
8	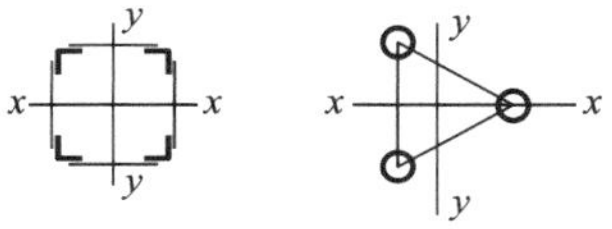		1.0

4.2.2 抗剪强度

梁截面上通常有外力产生的剪力作用,在构件截面上有一特殊点 S,当剪力作用在该点时构件只产生线位移,不产生扭转,这一特殊点 S 称为构件的剪力中心。若不通过剪力中心,梁在弯曲的同时还要扭转,由于扭转是绕剪力中心取矩进行的,故 S 点又称为扭转中心。剪力中心的位置与截面的形状和尺寸有关,而与外荷载无关,常用开口薄壁截面的剪力中心 S 位置见表 4.2.2。剪力中心 S 位置存在以下简单规律:

(1) 对于双对称轴截面和点对称截面(如 Z 形截面),S 与截面形心重合;

(2) 对于单对称轴截面,S 在对称轴上;

(3) 由矩形薄板中线相交于一点组成的截面,S 在多板件的交汇点处。

剪力如果不通过剪力中心,可将其平移到剪力中心,此时会产生弯曲剪力和扭转剪力。对于钢梁通常采用的工字形和槽形截面等开口薄壁截面,其抗扭刚度较小,不宜承担扭转(钢结构中专门用于抵抗扭转变形的构件并不多),通常采用构造措施或增加平面外侧向支撑来保证扭转稳定性。开口薄壁构件抗剪强度计算时,设计标准只考虑弯曲剪应力的强度计算。根据弯曲剪力流理论,在竖向剪力 V 作用下,弯曲剪应力在截面上的分布如图 4.2.2 所示,截面上最大剪应力在腹板中和轴处。

表 4.2.2　常用开口薄壁截面的剪力中心 S 位置

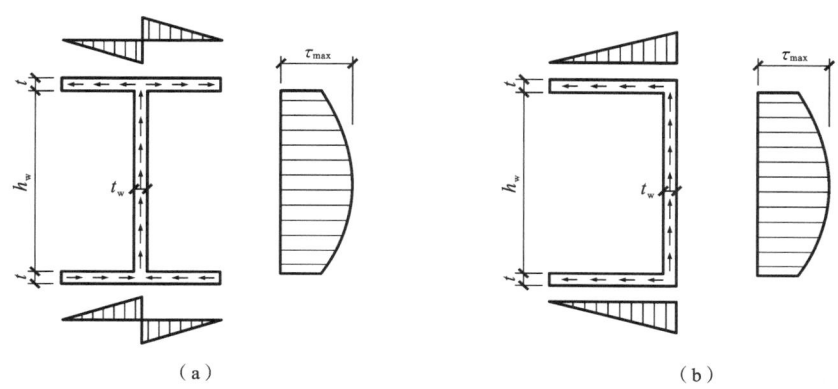

截面形式				
剪力中心 S 位置	$a=\dfrac{b_2^3 t_2}{b_1^3 t_1+b_2^3 t_2}h$	$a=\dfrac{3b^2 t}{6bt+ht_w}$	翼缘腹板交点	角点	形心

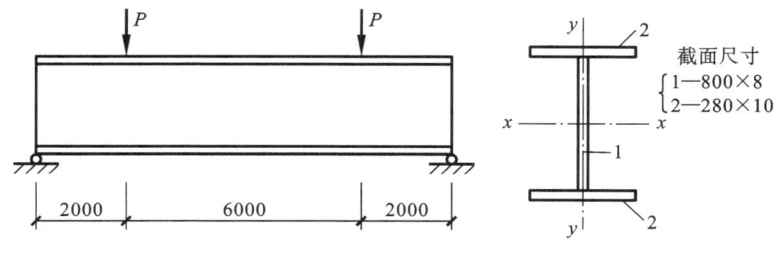

图 4.2.2　弯曲剪应力的分布

根据材料力学知识,实腹梁截面上的剪应力计算式为

$$\tau=\frac{V_y S_x}{I_x t_w}\leqslant f_v \tag{4.2.8}$$

式中,V_y 为计算截面沿腹板平面作用的剪力;S_x 为计算剪应力处以上或以下毛截面对中和轴的面积矩;I_x 为毛截面惯性矩;f_v 为钢材抗剪设计强度;t_w 为计算点处板件的厚度。

【例题 4-1】　图 4.2.3 所示为一两端铰接的焊接工字形等截面钢梁,梁上作用有两个集中荷载 $P=300$ kN。试对此梁进行强度验算。

截面尺寸
$\begin{cases}1\text{—}800\times 8\\ 2\text{—}280\times 10\end{cases}$

图 4.2.3　例题 4-1 图

解　最大弯矩和剪力:
$$M_{max}=300\times 2\ \text{kN}\cdot\text{m}=600\ \text{kN}\cdot\text{m},\quad V_{max}=300\ \text{kN}$$

截面的几何特征：

$$I_x = \left(\frac{1}{12} \times 8 \times 800^3 + 2 \times 280 \times 10 \times 405^2\right) \text{ mm}^4 = 1.26 \times 10^9 \text{ mm}^4$$

$$W_x = \frac{1.26 \times 10^9}{410} \text{ mm}^3 = 3.07 \times 10^6 \text{ mm}^3$$

截面翼缘边缘处正应力最大，最大正应力为

$$\sigma = \frac{M}{\gamma_x W} = \frac{600 \times 10^6}{1.05 \times 3.07 \times 10^6} \text{ N/mm}^2 = 186.13 \text{ N/mm}^2$$

$$186.13 \text{ N/mm}^2 < f = 215 \text{ N/mm}^2$$

截面腹板处剪应力最大，最大剪应力为

$$\tau = \frac{VS}{I_x t_w} = \frac{300 \times 10^3 \times (400 \times 8 \times 200 + 280 \times 10 \times 405)}{1.26 \times 10^9 \times 8} \text{ N/mm}^2$$

$$= 52.80 \text{ N/mm}^2$$

$$52.80 \text{ N/mm}^2 < f_v = 125 \text{ N/mm}^2$$

4.2.3　局部承压强度

当梁上有集中荷载（如吊车轮压、次梁传来的集中力、支座反力等）作用，且该荷载处又未设置支承加劲肋时，集中荷载由翼缘传至腹板，腹板边缘存在沿高度方向的局部压应力。为保证这部分腹板不致受压破坏，应计算腹板上边缘处的局部承压强度。腹板边缘在集中力作用点处所产生的压应力最大，向两侧（梁长度方向）逐渐减小，其压应力的实际分布并不均匀，如图 4.2.4 所示。

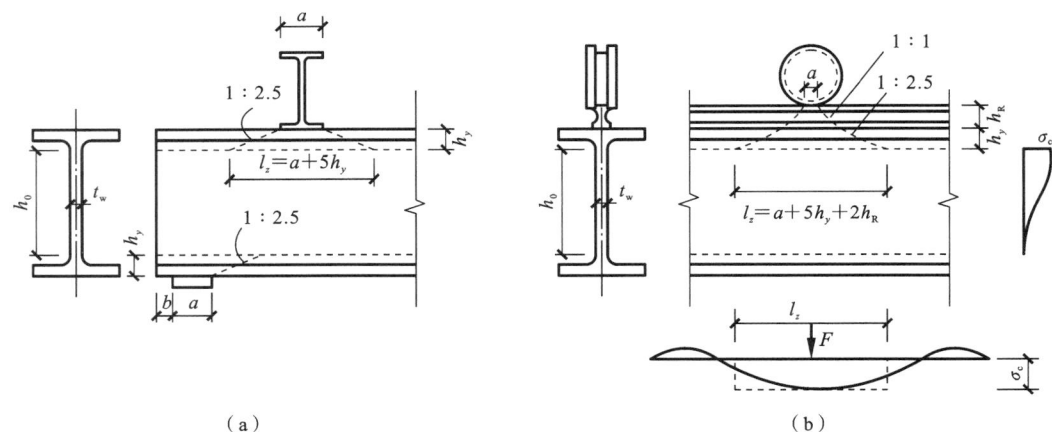

图 4.2.4　局部压应力的分布

在集中荷载作用下，翼缘（或轨道梁）像一个支承在腹板上的弹性地基梁。假定集中荷载从作用点处以 1 : 2.5（在 h_y 高度范围内）和 1 : 1（在轨道高度 h_R 高度范围内，因为轨道梁刚度相对较大）扩散，均匀分布于腹板计算高度边缘。按这样假定，所计算的均匀分布压应力与理论计算的局部压应力最大值相吻合。

梁的局部承压强度 σ_c 应按下列公式计算：

$$\sigma_c = \frac{\psi F}{t_w l_z} \leqslant f \psi \qquad (4.2.9)$$

$$l_z = 3.25 \sqrt[3]{\frac{I_R + I_f}{t_w}} \qquad (4.2.10)$$

或

$$l_z = a + 5h_y + 2h_R \qquad (4.2.11)$$

式中，F 为集中荷载设计值，对动力荷载应考虑动力系数。ψ 为集中荷载增大系数，对重级工作制吊车梁，$\psi = 1.35$；对其他梁，$\psi = 1.0$。t_w 为计算点处梁板的厚度。l_z 为集中荷载在腹板计算高度上边缘的假定分布长度，宜按式(4.2.10)计算，也可采用简化式(4.2.11)计算。I_R 为轨道绕自身形心轴的惯性矩。I_f 为梁上翼缘绕翼缘中面的惯性矩。a 为集中荷载沿梁跨度方向的支承长度，对钢轨上的轮压，a 可取为 50 mm。h_y 为自梁顶面至腹板计算高度上边缘的距离，对焊接梁为上翼缘厚度，对轧制工字形截面梁，为梁顶面到腹板过渡完成点的距离。h_R 为轨道的高度，对梁顶无轨道的梁取值为 0。f 为钢材的抗压强度设计值。

在梁的支座处，当不设置支承加劲肋时，也应按式(4.2.9)计算腹板计算高度下边缘的局部压应力，但 ψ 取 1.0。支座集中反力的假定分布长度，应根据支座具体尺寸按式(4.2.11)计算。

4.2.4　折算应力

在钢板组合梁的腹板计算高度边缘处，若同时承受较大的正应力、剪应力和局部压应力（如图 4.2.5 所示），或同时承受较大的正应力和剪应力时，应按复杂多轴应力状态下钢材的屈服准则验算该处的折算应力：

$$\sigma_{zs} = \sqrt{\sigma^2 + \sigma_c^2 - \sigma\sigma_c + 3\tau^2} \leqslant \beta_1 f \qquad (4.2.12)$$

式中，σ、τ、σ_c 分别为腹板计算高度边缘同一点上同时产生的正应力、剪应力和局部压应力，σ 和 σ_c 以拉应力为正值，以压应力为负值。β_1 为强度增大系数，当 σ 与 σ_c 异号时，取 $\beta_1 = 1.2$；当 σ 与 σ_c 同号或 $\sigma_c = 0$ 时，取 $\beta_1 = 1.1$。

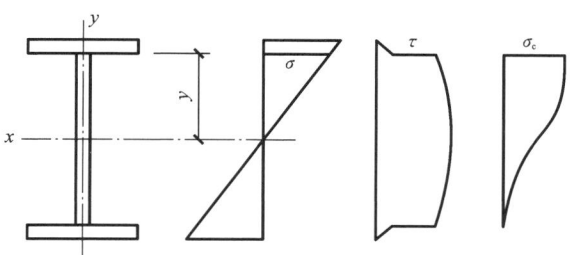

图 4.2.5　σ、τ、σ_c 的共同作用

考虑到梁的某一截面处腹板边缘的折算应力达到屈服时仅限于局部，所以将设计强度予以提高，因而在式(4.2.12)中将强度设计值乘以增大系数 β_1。考虑到异号应力场将增加钢材的塑性性能，因而 β_1 可取得大一些。故当 σ 和 σ_c 异号时，取 $\beta_1 = 1.2$；当 σ 和 σ_c 同号时，钢材脆性倾向增加，取 $\beta_1 = 1.1$。

4.2.5　梁的刚度

梁的截面一般由抗弯强度和整体稳定性来控制,而跨度较大的梁的截面往往由刚度(挠度)控制。如果梁的刚度不足,就不能保证功能的正常使用(属于正常使用极限状态)。例如,楼面梁的挠度过大,就会给人一种不安全的感觉,而且可能使顶棚抹灰等脱落,影响整个结构的使用功能;吊车梁的挠度过大,还会增加吊车运行时的冲击和振动,甚至使吊车不能正常运行;等等。因此,限制梁在正常使用时的最大挠度,就显得十分必要了。控制梁的刚度通过对标准荷载下的最大挠度加以限制实现,按式(4.2.13)计算。

$$v \leqslant [v] \tag{4.2.13}$$

式中,v 为标准荷载组合下梁的最大挠度;$[v]$ 为受弯构件的挠度限值,按附录 B 规定采用。

梁的最大挠度可用材料力学、结构力学方法计算。

均布荷载作用下简支梁:$v = \dfrac{5ql^4}{384EI_x} = \dfrac{5}{48}\dfrac{M_x l^2}{EI_x} \approx \dfrac{M_x l^2}{10EI_x}$。

集中荷载下等截面简支梁:$v = \dfrac{Pl^3}{48EI_x} = \dfrac{M_x l^2}{12EI_x}$。

三个集中荷载作用下简支梁:$v = \dfrac{19P_k l^3}{384EI_x} = \dfrac{M_k l^2}{10EI_x}$(三个以上的集中荷载作用均可简化为按此式计算,误差不大)。

【例题 4-2】　跨度为 3 m 的简支梁,承受均布荷载,其中永久荷载标准值 $q_k = 15$ kN/m,各可变荷载标准值共为 $q_{1k} = 18$ kN/m,整体稳定满足要求。试选择普通工字钢截面,结构安全等级为二级。试验算该简支梁的结构安全等级。

解　(1)荷载组合。

标准荷载:

$$q_0 = q_k + q_{1k}$$

设计荷载:

$$q = \gamma_0 (\gamma_G q_k + \psi \gamma_{q1} q_{1k})$$

其中,γ_0 为结构重要性系数,由于安全等级为二级,取 $\gamma_0 = 1.0$;γ_G 为永久荷载分项系数,取 $\gamma_G = 1.3$;γ_{q1} 为可变荷载分项系数,取 $\gamma_{q1} = 1.5$;ψ 为荷载组合系数,取 $\psi = 1.0$。

荷载标准值:

$$q = (15+18) \text{ kN/m} = 33 \text{ kN/m} \quad (未包含梁的自重)$$

荷载设计值:

$$q = 1.0(1.3 \times 15 + 1.0 \times 1.5 \times 18) \text{ kN/m} = 46.5 \text{ kN/m}$$

(2)计算最大弯矩(跨中截面)。

在设计荷载下(暂不计自重)的最大弯矩:

$$M = ql^2/8 = 46.5 \times 3^2/8 \text{ kN·m} = 52.31 \text{ kN·m}$$

(3)选择截面。

需要的净截面抵抗矩:

$$W_{nx} = \frac{M}{\gamma_x f} = \frac{52.31 \times 10^3}{1.05 \times 215} \text{ cm}^3 = 231.72 \text{ cm}^3$$

查附录,选用 I20a 工字钢,$I_x = 2370$ cm^4,$W_x = 237$ cm^3,$I_x/S_x = 17.4$ cm,$t_w = 7$ mm,梁的

每米长重量 $g=0.27$ kN/m。加上梁的自重,重新计算最大弯矩:
$$M=ql^2/8=(46.5+1.3\times0.27)\times3^2/8 \text{ kN} \cdot \text{m}=52.71 \text{ kN} \cdot \text{m}$$

(4) 强度验算。

① 抗弯强度验算:
$$\sigma=\frac{M}{\gamma_x W_x}=\frac{52.71\times10^6}{1.05\times237\times10^3} \text{ N/mm}^2=211.81 \text{ N/mm}^2$$
$$211.81 \text{ N/mm}^2 < f=215 \text{ N/mm}^2$$

满足要求。

② 抗剪强度验算:
$$\tau=\frac{VS_x}{I_x t_w}=\frac{1}{2}\times(46.9\times3)\times\frac{10^3}{174\times7} \text{ N/mm}^2=57.76 \text{ N/mm}^2$$
$$57.76 \text{ N/mm}^2 < f_v=125 \text{ N/mm}^2$$

满足要求。

③ 局部压应力验算:

在支座处有局部压应力。支座构造设计如图 4.2.6 所示,不设支撑加劲肋。需验算局部压应力。
$$l_z=a+2.5h_y=(80+2.5\times20.4) \text{ mm}=131 \text{ mm}$$
$$F=ql/2=46.9\times3/2 \text{ kN}=70.35 \text{ kN}$$

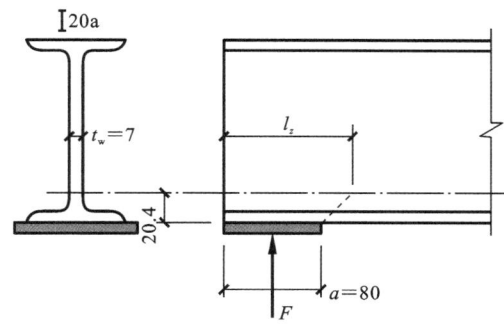

图 4.2.6　例题 4-2 图

由式(4.2.9)可得:
$$\sigma_c=\frac{\psi F}{t_w l_z}=\frac{1\times70.35\times10^3}{7\times131} \text{ N/mm}^2=76.72 \text{ N/mm}^2$$
$$76.72 \text{ N/mm}^2 < f=215 \text{ N/mm}^2$$

满足要求。

(5) 刚度验算(采用标准荷载):
$$v=\frac{5ql^4}{384EI_x}=\frac{5\times33.27\times3000^4}{384\times206\times2370\times10^7} \text{ mm}=7.19 \text{ mm}$$
$$7.19 \text{ mm} < [v]=\frac{l}{250}=\frac{3000}{250} \text{ mm}=12 \text{ mm}$$

满足要求。

4.3 梁的扭转

当作用在梁上的剪力没有通过剪力中心时梁不仅产生弯曲变形,还将绕剪力中心发生扭转。当受弯构件和压弯构件绕弯矩平面外发生整体失稳时,梁同时发生侧向弯曲和扭转变形。为了说明梁的平面外整体稳定性,这里将简单介绍梁的扭转。

在材料力学中,主要介绍的是圆杆的扭转。圆杆扭转时,圆截面始终保持平面,只是截面对杆轴产生转动,符合平截面假定。圆截面上只产生剪应力,某点剪应力的大小与该点至圆心的距离成正比,方向垂直于该点至圆心的连线。

非圆杆如截面为矩形、工字形和槽形等杆件在扭转时,原先为平面的截面不再保持平面,不符合平截面假定,截面上各点沿杆轴方向发生纵向位移而使截面翘曲(即截面上各点的纵向位移不同而使截面凹凸不平)。构件扭转时若截面能自由翘曲,纵向位移不受约束,这种扭转称为自由扭转(或称圣维南扭转、均匀扭转、纯扭转等)。翘曲受到约束的扭转称为约束扭转(或称非均匀扭转、弯曲扭转等)。

4.3.1 自由扭转

自由扭转时由于截面能自由翘曲,因而有以下特点:(1)扭转时各截面有相同翘曲;(2)各纵向纤维无伸长或缩短变形,截面上不产生正应力;(3)在扭矩作用下截面上只产生剪应力;(4)纵向纤维保持直线,如图 4.3.1 所示。

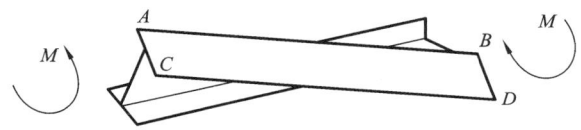

图 4.3.1 构件的自由扭转

根据弹性力学的分析,由狭长矩形截面$(b \gg t)$组成的构件发生自由扭转时,扭矩 M_t 与扭转率$\dfrac{\mathrm{d}\varphi}{\mathrm{d}z}$(即单位长度的扭转角)的关系如下:

$$M_t = GI_t \frac{\mathrm{d}\varphi}{\mathrm{d}z} \tag{4.3.1}$$

式中,φ 为扭转角;GI_t 为构件的扭转刚度;G 为钢材剪切模量;I_t 为截面的抗扭惯性矩。对由几个狭长矩形截面组成的开口薄壁截面,I_t 由式(4.3.2)计算。

$$I_t = \frac{k}{3} \sum_{i=1}^{n} b_i t_i^3 \tag{4.3.2}$$

式中,b_i、t_i 分别为第 i 块板件的宽度和厚度;k 为考虑热轧型钢在板件交界弧形部分有利影响的增大系数,如对工字钢取 1.25,对单角钢取 1.0,对 T 型钢取 1.15,对槽钢取 1.12 等。

开口薄壁截面自由扭转截面上的剪应力分布如图 4.3.2 所示。剪应力在其截面上形成封闭的剪力流,其方向与壁厚的中心线平行,沿着壁厚方向线性变化,在厚度中心处剪应力为零,表面最大,其截面上的最大剪应力为

$$\tau_t = \frac{M_t t}{I_t} \tag{4.3.3}$$

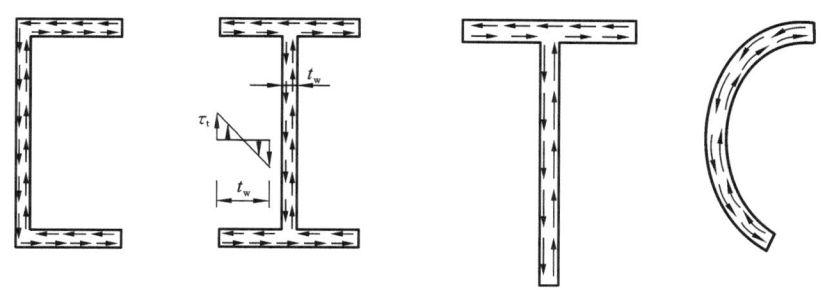

图 4.3.2　构件的自由扭转截面上剪应力分布

对于闭口薄壁截面,可认为剪应力沿壁厚均匀分布,形成封闭的剪力流,方向与截面中心线相切,沿构件截面任意处 τt 保持不变,如图 4.3.3 所示,则

$$M_t = \oint \rho \tau t \, ds = \tau t \oint \rho \, ds \qquad (4.3.4)$$

式中,ρ 为剪力中心至微元 ds 的中心线的距离,微元扇形可近似为三角形,其面积为 $\frac{1}{2} \rho ds$;$\oint \rho ds$ 积分是对截面各板件厚度中线的闭路积分,故 $\oint \rho ds$ 为截面壁厚中心线所围成的面积 A 的 2 倍。式(4.3.4)可以写成 $M_t = 2\tau t A$,即任一点处的剪应力为

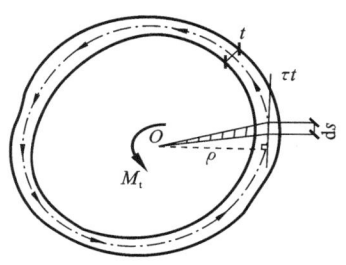

图 4.3.3　闭口截面的自由扭转

$$\tau = \frac{M_t}{2At} \qquad (4.3.5)$$

由此可见,闭口截面的抗扭能力要比开口截面的抗扭能力更强,当钢构件需承受较大扭矩时,可采用闭口截面的构件。

4.3.2　开口截面构件的约束扭转

构件扭转时,截面的翘曲变形受到约束,这种扭转叫约束扭转。实际结构中,构件的约束扭转可能是由杆件端部支承条件限制截面不能自由翘曲引起,或构件全长的扭矩分布不均匀导致各截面翘曲变形不一致而引起。如图 4.3.4 所示悬臂工字形构件,在自由端施加一集中扭矩后,自由端截面翘曲变形最大,固定端截面翘曲变形为零,中间各截面受到不同程度的约束。

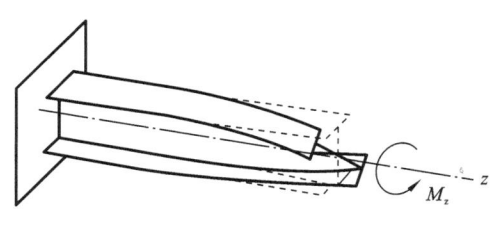

图 4.3.4　梁的约束扭转

约束扭转有如下特点:(1)各截面有不同的翘曲变形,两相邻截面间构件的纵向纤维因伸长或缩短变形而产生正应变且该应变受到不同程度的约束,截面上必将产生正应力,这个正应力称为翘曲正应力或扇性正应力。翘曲正应力在截面内为不均匀分布,但在全截面内平衡。(2)因为截面各纵向纤维有不同的伸长或缩短,因而使杆件各部分产生不同方向的弯曲变形。(3)由于各截面上有大小不同的翘曲正应力,与之相应平衡,截面上必将产生剪应力,这个剪应力称为翘曲剪应力或扇性剪应力。此外,约束扭转时为抵抗两相邻截面的相互转动,截面上

亦存在与自由扭转相对应的自由扭转剪应力（或称圣维南剪应力）。这样，约束扭转时，构件的截面上有两种剪应力：自由扭转剪应力 τ_t 和翘曲剪应力 τ_ω，前者组成自由扭转的扭矩 M_t，后者组成翘曲扭矩 M_ω，两者合成为总扭矩 M_z，即构件扭转平衡方程为

$$M_z = M_t + M_\omega \tag{4.3.6}$$

式中，自由扭矩 M_t 对开口截面可采用式(4.3.1)计算；翘曲扭矩 M_ω 采用下式计算：

$$M_\omega = -EI_\omega \varphi''' \tag{4.3.7}$$

式中，I_ω 为截面翘曲扭转常数，又称扇性惯性矩，量纲为 L^6，计算式如下：

$$I_\omega = \int_0^s \omega^2 t \, \mathrm{d}s = \int_A \omega^2 \, \mathrm{d}A \tag{4.3.8}$$

式中，ω 为主扇性坐标。

现以双轴对称工字形截面悬臂梁为例说明梁在约束扭转时翘曲扭矩 M_ω 的计算方法。

设离坐标原点 O 处的任意截面的扭转角为 φ，则如图 4.3.5(a)所示，上下翼缘水平方向（x 方向）的位移为

$$u = \frac{h}{2}\varphi \tag{4.3.9}$$

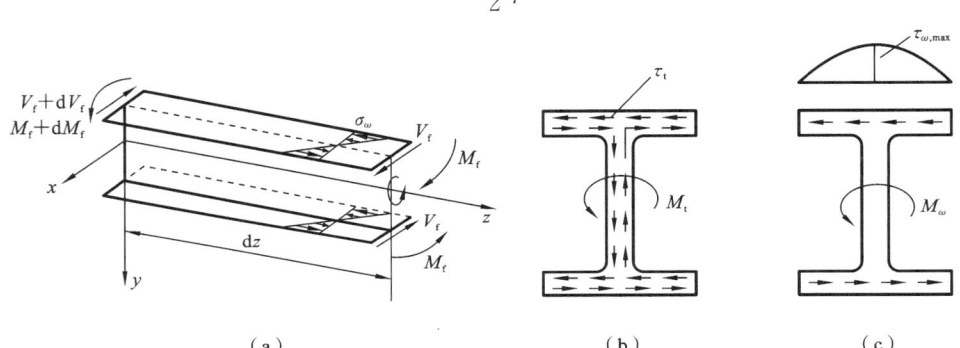

（a）　　　　　　　　　　（b）　　　　　　　　　　（c）

图 4.3.5　约束扭转时截面的应力分布

忽略腹板抗扭影响，将翘曲扭矩等效为作用在上下翼缘的一对力偶 $V_f h$，这样可将上下翼缘看作单独的受弯构件，则有：

$$M_f = -EI_f u'' = -EI_f \frac{h}{2}\varphi'' \tag{4.3.10}$$

式中，I_f 为一个翼缘对 y 轴的惯性矩，$I_f = \frac{1}{2}I_y$；M_f 为一个翼缘平面内的弯矩。根据材料力学及弯矩和剪力的关系，翼缘中的剪力 V_f 为

$$V_f = \frac{\mathrm{d}M_f}{\mathrm{d}z} = -EI_f \frac{h}{2}\varphi''' \tag{4.3.11}$$

则上下翼缘形成的翘曲扭矩为

$$M_\omega = V_f h = -EI_f \frac{h^2}{2}\varphi''' = -EI_\omega \varphi''' \tag{4.3.12}$$

最后得：

$$M_z = GI_t \varphi' - EI_\omega \varphi''' \tag{4.3.13}$$

式中，EI_ω 为翘曲刚度，表示截面抵抗翘曲变形的能力，是研究构件扭转时的一个重要物理量。

4.4　梁的整体稳定

4.4.1　梁的整体稳定的概念

为了获得较大的抗弯承载力,需要较大的截面惯性矩,因此钢梁通常采用的截面形式是工字形,其显著特点是两个主轴惯性矩相差极大,其强轴 I_x 远大于其弱轴 I_y 轴。因此,当跨度中间无侧向支承的梁在梁最大刚度平面内受弯矩 M_x 时,若弯矩较小,梁仅在弯矩作用平面内弯曲,无侧向位移。即便此时有外界偶然的侧向干扰力作用,还因此产生一定的侧向位移和扭转,但当干扰力消失后,梁仍能恢复原来的稳定平衡状态,这种现象称为梁整体稳定。然而,当弯矩逐渐增加使梁受压翼缘的最大弯曲压应力达到某一数值时,梁在偶然的很小侧向干扰力作用下,会突然向刚度较小的侧向弯曲,并伴随扭转。此时若除去侧向干扰力,侧向弯扭变形也不再消失。若弯矩再略增加,则弯扭变形将迅速增大,梁也随之失去承载能力,这种现象称为梁丧失整体稳定。因此,梁的失稳是从稳定平衡状态转变为不稳定平衡状态,并产生侧向弯扭屈曲。两种平衡状态过渡时梁所能承受的最大弯矩和截面的最大弯曲压应力称为临界弯矩 M_{cr} 和临界应力 σ_{cr}。

梁之所以发生弯扭失稳,可以这样来理解:如图 4.4.1 所示,可将梁视为以中和轴为界的部分受压和部分受拉的组合构件,其受压翼缘和部分与它相连的受压腹板[图 4.4.1(b) 的 T 形截面]则类似于一轴心压杆。当压应力达某一数值时,按理应在梁刚度较小方向[绕图 4.4.1(b) 中 1—1 轴]弯曲屈曲,但由于梁与腹板连成一体,腹板作连续支承作用(下翼缘和腹板下部均受拉,可以提供稳定的支承),此种情况不可能产生,故压应力可继续增加,最终达到某一特定的压应力,使梁沿侧向[绕图 4.4.1(b) 中 2—2 轴]压屈,即绕整个截面的 y 轴失稳,并带动梁整个截面一起侧向位移,即丧失整体性。由于梁的受拉部分

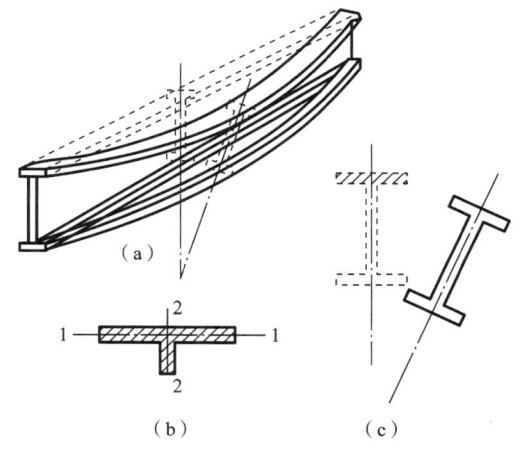

图 4.4.1　工字形截面梁整体弯扭失稳

受弯曲拉应力的作用,梁趋向于拉直,从而对受压区的侧向变形施加牵制,故梁失稳时表现为不同程度(受压翼缘大,受拉翼缘小)侧向变形弯曲,侧向屈曲后,弯矩平面不再和截面的剪力中心重合,必然产生扭转。因此,梁的整体失稳必然是侧向弯扭屈曲。

4.4.2　双轴对称工字形截面简支梁纯弯作用下的整体稳定

在分析之前做出如下基本假定:

(1) 弯矩作用在最大刚度平面,屈曲时钢梁处于弹性阶段。

(2) 梁端为夹支座(不能发生 x 和 y 方向的位移,也不能发生绕 z 轴的转动,可发生绕 x 和 y 轴的转动);梁端截面不受约束,可自由翘曲。左支座不能发生 z 方向位移,右支座可以。

(3) 梁变形后,力偶矩与原来的方向平行(梁的变形属小变形范围)。

(4) 截面为刚周边,变形前后截面形状保持不变,因而截面惯性矩保持不变。

　　图 4.4.2 表示一双轴对称截面的简支梁在梁端被约束不能扭转,但可自由翘曲;在最大刚度主平面内,两端各承受对强轴(x 轴)作用的一对力矩 M_x。正常情况下梁为稳定平衡,即只发生对 x 轴的竖向弯曲(竖向位移 υ 沿 y 轴方向),当弯矩 M 达到临界弯矩值 M_{cr} 时,梁发生弯扭失稳,即同时发生对 y 轴的侧向水平弯曲(水平位移 u 沿 x 轴方向,图 4.4.2 中截面扭转,扭转角为 φ)。以截面的形心为坐标原点,整体坐标系为 O-x-y-z,随截面位移而移动的局部坐标系为 O-ξ-η-ζ。

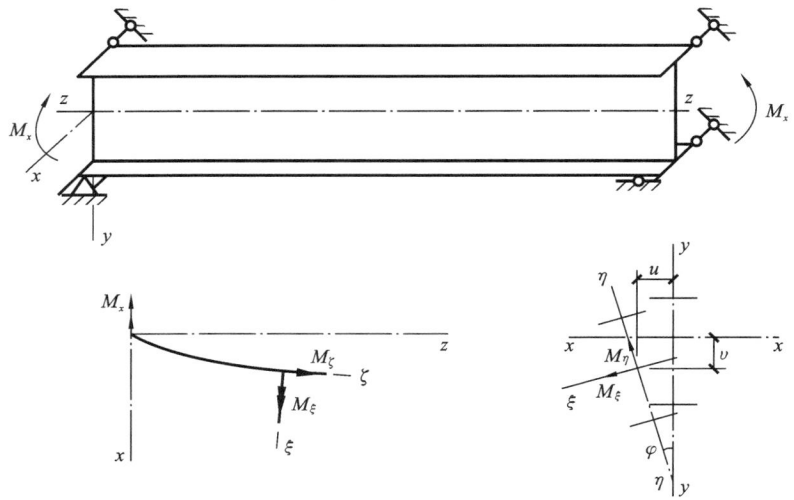

图 4.4.2　工字形截面简支梁整体弯扭屈曲

　　图 4.4.2 中,竖向位移 υ 使 η 轴和 ξ 轴在竖平面 yz 内对 y、z 轴倾斜角度 $\mathrm{d}\upsilon/\mathrm{d}z$;侧向位移 u 使 ξ 轴和 ζ 轴在水平面 xz 内对 x、z 轴倾斜角度 $\mathrm{d}u/\mathrm{d}z$;扭转角 φ 使 ξ 轴和 η 轴在截面平面 xy 内对 x、y 轴倾斜角度 φ。在离梁左支座为 z 的截面上作用有弯矩 M_x,用带双箭头的矢量表示。梁发生侧扭变形后,在图 4.4.2 中,把 M_x 分解成 $M_x\cos\theta$ 和 $M_x\sin\theta$,将 $M_x\cos\theta$ 又分解成 M_ξ。由于 $\theta=\mathrm{d}u/\mathrm{d}z$,且截面转角 φ 和 θ 均属微小量,可取 $\sin\theta\approx\theta$,$\cos\theta\approx1$,$\sin\varphi\approx\varphi$,$\cos\varphi\approx1$。

　　于是有

$$M_\xi=M_x\cos\theta\cos\varphi\approx M_x \tag{4.4.1}$$

$$M_\eta=M_x\cos\theta\sin\varphi\approx M_x\varphi \tag{4.4.2}$$

$$M_\zeta=M_x\sin\theta\approx M_x\theta=M_x\frac{\mathrm{d}u}{\mathrm{d}z}=M_x u' \tag{4.4.3}$$

式中,M_ξ、M_η 分别为截面发生位移后绕强轴 ξ 和弱轴 η 的弯矩;M_ζ 为绕纵轴的扭矩。

　　根据弹性稳定理论弯矩、扭矩与位移之间的关系,可建立如下平衡微分方程式:

$$-EI_x\upsilon''=M_\xi=M_x \tag{4.4.4}$$

$$-EI_y u''=M_\eta=M_x\varphi \tag{4.4.5}$$

$$GI_t\varphi'-EI_\omega\varphi'''=M_x u' \tag{4.4.6}$$

　　对以上微分方程求解,可得双轴对称工字形截面简支梁纯弯作用下丧失整体稳定时的临界弯矩为

$$M_{cr}=\frac{\pi^2 EI_y}{l^2}\sqrt{\frac{I_\omega}{I_y}\left(1+\frac{GI_t l^2}{\pi^2 EI_\omega}\right)} \tag{4.4.7}$$

式中,l 为梁受压翼缘的自由长度(受压翼缘侧向支撑点之间的距离);E、G 分别为钢材的弹性模量和剪切模量;I_t 为截面扭转常数,也称抗扭惯性矩;GI_t 为抗扭刚度;EI_y 为侧向抗弯刚度;I_ω 为扇性惯性矩;I_y 为截面对 y 轴(弱轴)的毛截面惯性矩。

$\dfrac{\pi^2 EI_y}{l^2}$ 为绕 y 轴屈曲的轴心受压构件欧拉公式。由式(4.4.7)可知,影响纯弯曲下双轴对称工字形简支梁临界弯矩大小的因素包括 EI_y、GI_t、EI_ω 以及梁的侧向无支承长度 l。

4.4.3 单轴对称工字形截面承受横向荷载时的临界弯矩

加宽梁的上翼缘有利于梁的整体稳定性,对于此单轴对称工字形截面简支梁(图 4.4.3),由于其截面的剪力中心 S 与形心 O 不重合,承受横向荷载时梁的随遇平衡状态微分方程不是常系数,求不出理论的解析解,只能求出近似解或数值解。可采用能量法求出在不同荷载种类和作用位置情况下的梁的临界弯矩近似解:

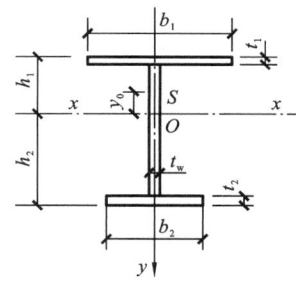

图 4.4.3 单轴对称工字形截面

$$M_{cr} = C_1 \frac{\pi^2 EI_y}{l^2} \left[C_2 a + C_3 \beta_y + \sqrt{(C_2 a + C_3 \beta_y)^2 + \frac{I_\omega}{I_y}\left(1 + \frac{GI_t l^2}{\pi^2 EI_\omega}\right)} \right]$$

(4.4.8)

式中,C_1、C_2、C_3 为与荷载有关的系数,取值见表 4.4.1;a 表示横向荷载作用点至截面剪力中心的距离(当荷载作用在剪力中心以下时取正号,反之取负号);β_y 表示不对称修正系数,反映截面不对称程度。

$$\beta_y = \frac{1}{2I_x} \int_A y(x^2 + y^2)\mathrm{d}A - y_0 \tag{4.4.9}$$

式中,$y_0 = -(I_1 h_1 - I_2 h_2)/I_y$,表示剪力中心 S 至形心 O 的距离(剪力中心在形心之下取正号,反之取负号);I_1、I_2 分别表示受压翼缘和受拉翼缘对腹板轴线(y 轴)的惯性矩,$I_1 = t_1 b_1^3/12$,$I_2 = t_2 b_2^3/12$;h_1 和 h_2 分别表示受压翼缘和受拉翼缘形心至整个截面形心的距离。

式(4.4.8)同样也适用于双轴对称截面,此时 $\beta_y = 0$,$C_1 = 1$,$C_2 = 0$,$C_3 = 1$。

表 4.4.1 C_1、C_2、C_3 的取值

荷载类型	C_1	C_2	C_3
纯弯曲	1	0	1
满跨均布荷载	1.13	0.46	0.53
跨中集中荷载	1.35	0.55	0.40

4.4.4 受弯构件整体稳定验算

1. 单向受弯梁

由式(4.4.7)和式(4.4.8)可以看出,受弯构件整体稳定的临界荷载计算较复杂,在《标准》中采用了如下简化计算。

$$I_t = \frac{1.25}{3}\sum b_i t_i^3 = \frac{1}{3}A t_1^2 \frac{1.25\sum b_i t_i^3}{A t_1^2} \approx \frac{1}{3}A t_1^2 \tag{4.4.10a}$$

$$I_\omega = \frac{1}{4} I_y h^2 \qquad (4.4.10\text{b})$$

式中，A 为梁毛截面面积；t_1 为受压翼缘板的厚度；h 为梁全截面的高度。

将钢材的弹性模量 $E = 206 \times 10^3\ \text{N/mm}^2$ 和剪切模量 $G = 79 \times 10^3\ \text{N/mm}^2$ 代入式(4.4.7)，可以得出临界弯矩为

$$M_{cr} = \frac{10.17 \times 10^5}{\lambda_y^2} Ah \sqrt{1 + \left(\frac{\lambda_y t_1}{4.4h}\right)^2}$$

从而，临界应力为

$$\sigma_{cr} = \frac{M_{cr}}{W_x} = \frac{10.17 \times 10^5}{\lambda_y^2 W_x} Ah \sqrt{1 + \left(\frac{\lambda_y t_1}{4.4h}\right)^2} \qquad (4.4.11)$$

式中，W_x 为按受压翼缘确定的毛截面抗弯模量。

为保证梁不发生整体失稳，梁的最大压应力不应大于临界弯矩 M_{cr} 产生的临界压应力 σ_{cr} 除以抗力分项系数 γ_R，即

$$\frac{M_{cr}}{W_x} \leqslant \frac{\sigma_{cr}}{\gamma_R} = \frac{\sigma_{cr}}{f_y} \frac{f_y}{\gamma_R} \qquad (4.4.12)$$

定义受弯构件整体稳定系数 φ_b 为

$$\varphi_b = \frac{\sigma_{cr}}{f_y} \qquad (4.4.13)$$

将 φ_b 代入式(4.4.12)得：

$$\frac{M_{cr}}{W_x} \leqslant \varphi_b \frac{f_y}{\gamma_R} = \varphi_b f$$

亦即

$$\frac{M_{cr}}{\varphi_b W_x f} \leqslant 1.0 \qquad (4.4.14)$$

式(4.4.14)即为《标准》中单向受弯构件的整体稳定计算公式。

将式(4.4.11)代入式(4.4.13)，取 $f_y = 235\ \text{N/mm}^2$，得到稳定系数的近似值为

$$\varphi_b = \frac{4320}{\lambda_y^2} \frac{Ah}{W_x} \sqrt{1 + \left(\frac{\lambda_y t_1}{4.4h}\right)^2} \qquad (4.4.15\text{a})$$

对于非 Q235 的钢材，引用钢号修正系数 $\varepsilon_k = \sqrt{\frac{235}{f_y}}$，上式改写为

$$\varphi_b = \frac{4320}{\lambda_y^2} \frac{Ah}{W_x} \varepsilon_k^2 \sqrt{1 + \left(\frac{\lambda_y t_1}{4.4h}\right)^2} \qquad (4.4.15\text{b})$$

式中，$\lambda_y = l_1 / i_y$ 为梁在侧向支点间截面绕 y 轴的长细比；l_1 为受压翼缘侧向支承点间距离(梁的支座处视为有侧向支承)；i_y 为梁毛截面对 y 轴的截面回转半径。

式(4.4.15)只适用于纯弯情况，对于其他荷载类型仍可按式(4.4.7)和式(4.4.8)计算临界弯矩，从而求得整体稳定系数 $\overline{\varphi}_b$，但这样计算较烦琐。定义 $\beta_b = \overline{\varphi}_b / \varphi_b$，式(4.4.15b)乘以 β_b 就可以考虑其他荷载情况。为了能够应用于单轴对称焊接工字形截面简支梁的一般情况，引入截面修正系数 η_b，受弯构件整体稳定系数的计算公式的一般形式为

$$\varphi_b = \beta_b \frac{4320}{\lambda_y^2} \frac{Ah}{W_x} \left[\sqrt{1 + \left(\frac{\lambda_y t_1}{4.4h}\right)^2} + \eta_b \right] \varepsilon_k^2 \qquad (4.4.16)$$

式中，β_b 为等效弯矩系数，β_b 取值参见附录中的表 C.1。η_b 为截面不对称影响系数，双轴对称

截面取 $\eta_b = 0$；加强受压翼缘的工字形截面取 $\eta_b = 0.8(2\alpha_b - 1)$；加强受拉翼缘的工字形截面取 $\eta_b = 2\alpha_b - 1$。$\alpha_b = I_1/(I_1 + I_2)$，$I_1$ 和 I_2 分别为受压翼缘和受拉翼缘对 y 轴的惯性矩，α_b 的范围为 $0 < \alpha_b < 1$。

　　由以上关系可知，当为双轴对称时，$\alpha_b = 0.5$，$\eta_b = 0$；当为加强受压翼缘时，$\alpha_b > 0.5$，η_b 为正值，稳定系数 φ_b 增大；当为加强受拉翼缘时，$\alpha_b < 0.5$，η_b 为负值，稳定系数 φ_b 降低。显然，加强上翼缘工字形截面的受弯构件有利于其整体稳定性。

　　上述公式都是按照弹性工作阶段导出的。对于受弯构件，可取比例极限 $f_p = 0.6f_y$，当算得的 $\varphi_b > 0.6$ 时，考虑初弯曲、加载荷偏心及残余应力等缺陷的影响，此时材料已进入弹塑性阶段，整体稳定临界力显著降低。此时，应按下式对稳定系数进行修正：

$$\varphi_b' = 1.07 - \frac{0.282}{\varphi_b} \leqslant 1.0 \tag{4.4.17}$$

　　即当按式（4.4.16）计算的 $\varphi_b > 0.6$ 时，用 φ_b' 代替 φ_b 来计算受弯构件的整体稳定性。

　　对于轧制普通工字钢简支梁的整体稳定系数 φ_b，可由附录中表 C.2 直接查得，当查得的 φ_b 值大于 0.6 时，同样应按式（4.4.17）进行修正。

　　对于均匀弯曲（纯弯曲）作用的构件，当 $\lambda_y \leqslant 120\varepsilon_k$ 时，其整体稳定系数 φ_b 可按下列近似公式计算。

　　（1）工字形截面（含 H 型钢）。

　　双轴对称时：

$$\varphi_b = 1.07 - \frac{\lambda_y^2}{44000\varepsilon_k^2} \leqslant 1.0 \tag{4.4.18a}$$

　　单轴对称时：

$$\varphi_b = 1.07 - \frac{W_x}{(2\alpha_b + 0.1)Ah} \cdot \frac{\lambda_y^2}{14000\varepsilon_k^2} \leqslant 1.0 \tag{4.4.18b}$$

　　（2）T 形截面（弯矩作用在对称轴平面，绕 x 轴）。

　　① 弯矩使翼缘受压时。

　　双角钢组成的 T 形截面：

$$\varphi_b = 1.07 - \frac{0.0017\lambda_y}{\varepsilon_k} \leqslant 1.0 \tag{4.4.19a}$$

　　剖分 T 形钢板组成的 T 形截面：

$$\varphi_b = 1.07 - \frac{0.0022\lambda_y}{\varepsilon_k} \leqslant 1.0 \tag{4.4.19b}$$

　　② 弯矩使翼缘受拉且腹板宽厚比不大于 $18\varepsilon_k$ 时。

$$\varphi_b = 1 - \frac{0.0005\lambda_y}{\varepsilon_k} \leqslant 1.0 \tag{4.4.20}$$

式（4.4.18）～式（4.4.20）中的 φ_b 值已经考虑了非弹性屈曲问题，因此当算得的 φ_b 值大于 0.6 时不需要再换算成 φ_b'。由上可知，受弯构件整体稳定系数计算相当烦琐，在工程设计应用中，受弯构件的整体稳定通常通过构造措施来保证（如设置铺板或支撑等），需要验算的情况并不很多。

　　2. 双向受弯梁

　　对于在两个主平面内均受弯的 H 型钢或工字形截面构件，设梁绕强轴和弱轴的弯矩分别为 M_x 和 M_y，整体稳定性应按下式进行计算：

$$\frac{M_x}{\varphi_b W_x f}+\frac{M_y}{\gamma_y W_y f}\leqslant 1 \qquad (4.4.21)$$

式中，M_y 为绕弱轴的弯矩；W_x、W_y 为按受压纤维确定的对 x 轴和对 y 轴的毛截面模量；φ_b 为绕强轴弯曲确定的梁整体稳定系数。

γ_y 取值同塑性发展系数，但并不表示截面沿 y 轴已经进入塑性阶段，而是为了降低后一项的影响并保持与强度公式的一致性，并非绕弱轴弯曲出现塑性之意。如前述，梁的整体稳定性属于构件的整体力学性能，M_x 和 M_y 很难能像强度计算那样在同一截面取得最大值，比较简单的办法是取梁跨度中央 1/3 范围内的最大值。

4.4.5　钢梁整体稳定性的主要影响因素和梁整体稳定的保证措施

1. 钢梁整体稳定性的主要影响因素

1）荷载种类

当梁受纯弯曲时，其弯矩图为矩形，梁中所有截面的弯矩都相等，受压翼缘上的压应力沿梁长不变，故临界弯矩最小；而跨中受集中荷载时，其弯矩图呈三角形，靠近支座处弯矩很小，对跨中截面有较大的约束作用，从而提高了梁的稳定性；均布荷载下的稳定性处于二者之间，如图 4.4.4 所示。

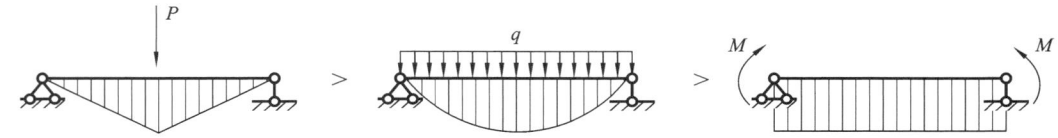

图 4.4.4　不同荷载下梁的稳定性对比

2）受压翼缘的自由长度 l_1

长度 l_1 为受压翼缘侧向支撑点间的距离（梁支座处视为有侧向支撑）。对跨中无侧向支撑点的梁，l_1 为其跨度，减小 l_1，λ_y 会减小，M_{cr} 会增大。因此可在梁的受压翼缘处增设可靠的侧向支撑以提高梁的整体稳定性，这也是经济有效的方法。

3）梁端和跨中侧向约束

增加梁端和跨中侧向约束，采取相应的构造措施防止梁端截面的扭转，有利于提高梁的临界弯矩，约束程度愈高，临界弯矩愈高。

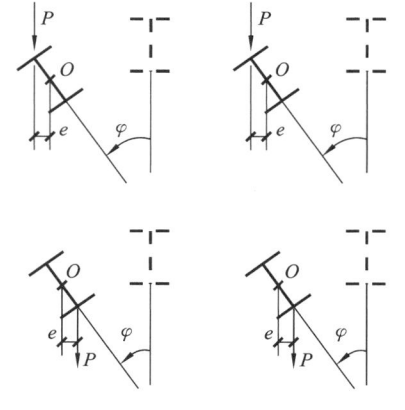

图 4.4.5　荷载位置对整体稳定的影响

4）荷载作用点位置

荷载作用在剪力中心之上（上翼缘）加速屈曲，对梁的整体稳定性不利；荷载作用在剪力中心之下（下翼缘）延缓屈曲，对梁的整体稳定性有利。梁产生微小侧向位移和扭矩时，作用在上翼缘的荷载 P 对弯曲中心产生同向的附加扭矩 Pe，使梁的扭转加剧，使梁加速丧失整体稳定，从而降低了梁的临界荷载；荷载作用在下翼缘，产生反向的附加扭矩 Pe，有利于阻止梁的弯曲扭转，减缓梁丧失整体稳定的速度，提高了梁的临界荷载，如图 4.4.5 所示。

2. 梁整体稳定的保证措施

常用的增加梁整体稳定的方法有:增大梁截面尺寸,尤其是增加受压翼缘的宽度;增加梁的侧向支撑,减小构件侧向支撑点之间的间距 l_1,侧向支撑宜设置在受压翼缘一侧;若无法增加侧向支撑,可采用闭口截面代替开口截面,因为闭口截面的抗扭能力更强;增加梁端的约束,防止梁端面扭转。

在实际工程中,当简支梁仅腹板与相邻构件相连,进行钢梁稳定计算时侧向支承点距离应取实际距离的 1.2 倍。钢梁上部通常设置有支撑体系(用以减小梁受压翼缘自由长度的侧向支撑,其支撑力应将梁的受压翼缘视为轴心压杆来确定),以减小截面板件尺寸。若没有设置侧向支承点的梁,可将上翼缘与支座结构相连。高度不大的梁也可在梁端支座设置支承加劲肋。符合下列条件之一,梁不会发生整体失稳,可不计算其整体稳定性:

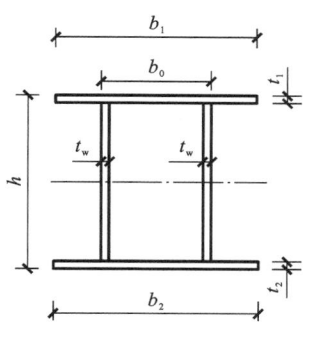

图 4.4.6 箱形截面

(1) 当铺板密铺在梁的受压翼缘上并与其牢固相连,能阻止梁受压翼缘的侧向位移时;

(2) 当箱形截面简支梁的截面尺寸(图 4.4.6)满足 $h/b_0 \leqslant 6$,且 $l_1/b_0 \leqslant 95\varepsilon_k^2$ 时,一般箱形截面梁均符合稳定性要求。

【例题 4-3】 如图 4.4.7 所示焊接工字形截面简支梁,钢材为 Q235,跨中设置侧向支撑,集中荷载设计值 $F = 100$ kN,忽略梁的自重,试验算此梁的整体稳定性。

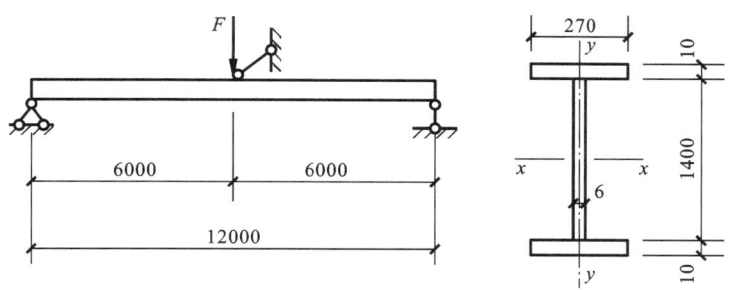

图 4.4.7 例题 4-3 图

解 (1) 经判断,该简支梁不属于不需要验算整体稳定性的情况,因此应验算梁的整体稳定性。

(2) 计算梁的截面几何参数:

$$A = (140 \times 0.6 + 2 \times 27 \times 1) \text{ cm}^2 = 138 \text{ cm}^2$$

$$I_x = \left(\frac{1}{12} \times 0.6 \times 140^3 + 2 \times 27 \times 1 \times 70.5^2 \right) \text{ cm}^4 = 405593.5 \text{ cm}^4$$

$$I_y = 2 \times \frac{1}{12} \times 1 \times 27^3 \text{ cm}^4 = 3280.5 \text{ cm}^4$$

$$W_x = \frac{405593.5}{71} \text{ cm}^3 = 5712.6 \text{ cm}^3$$

(3) 求长细比:

$$i_y = \sqrt{\frac{I_y}{A}} = \sqrt{\frac{3280.5}{138}} \text{ cm} = 4.88 \text{ cm}, \quad \lambda_y = \frac{l_1}{i_y} = \frac{600}{4.876} = 123$$

（4）计算梁的最大弯矩：

$$M = \frac{1}{2}Fl = \frac{1}{2} \times 100 \times 12 \text{ kN} \cdot \text{m} = 600 \text{ kN} \cdot \text{m}$$

（5）梁的整体稳定验算：

查附录中表 C.1 得，$\beta_b = 1.75$；因为是双轴对称工字形截面，$\eta_b = 0$。对于 Q235 钢材，$f_y = 235 \text{ N/mm}^2$。将 $h = 1420 \text{ mm}$，$t_1 = 10 \text{ mm}$ 代入得：

$$\varphi_b = \beta_b \frac{4320}{\lambda_y^2} \frac{Ah}{W_x} \left[\sqrt{1 + \left(\frac{\lambda_y t_1}{4.4h} \right)^2} + \eta_b \right] \frac{235}{f_y} = 1.15 > 0.6$$

须对整体稳定系数进行修正：

$$\varphi'_b = 1.07 - 0.28/\varphi_b = 1.07 - 0.28/1.15 = 0.83$$

因此，

$$\frac{M_x}{\varphi'_b W_x} = \frac{600 \times 10^6}{0.83 \times 5712.6 \times 10^3} \text{ N/mm}^2 = 126.54 \text{ N/mm}^2 < 215 \text{ N/mm}^2$$

故梁的整体稳定满足要求。

4.5　受弯构件的局部稳定和加劲肋设计

4.5.1　板件的局部稳定

1. 局部屈曲现象

在进行受弯构件截面设计时，为了节省钢材，截面宜尽可能选用宽而薄的板件，以使截面材料远离截面形心，用同样的总截面面积就能获得较大的惯性矩，从而提高梁的抗弯承载力、刚度和整体稳定性。如工字形截面，从强度和刚度考虑，腹板宜高一些，厚度宜薄一些；从整体稳定考虑，翼缘宜宽一些，厚度宜薄一些；总之，组成截面的板件的宽厚比应尽量大一些。但是，这样会带来另一个问题，如果板件过于宽薄，受压翼缘或腹板会在梁发生强度破坏或丧失整体稳定之前，由于板中的压应力或剪应力达到某一数值后，板面可能突然偏离其原来的平面位置而发生显著的波形鼓曲（图 4.5.1），这种现象称为梁丧失局部稳定。

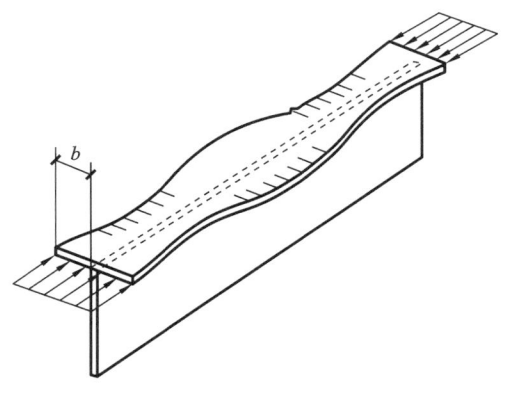

（a）受压翼缘屈曲　　　　　　　　（b）腹板屈曲

图 4.5.1　梁丧失局部稳定

梁发生局部失稳时,整根梁不会立即丧失承载能力,屈曲后还有一定承载能力,但板件局部屈曲部分退出工作,改变了梁的受力状况,截面的弯曲中心偏离荷载的作用平面,使梁的刚度减小,强度和整体稳定性降低,以致梁中的失稳板件出现明显的变形,不利于继续使用,或梁发生扭转而提早丧失整体稳定。因此,梁的腹板和翼缘不能过于宽薄,否则须采取适当措施防止局部失稳。设计时需注意板件的局部稳定问题。

热轧型钢梁由于其翼缘和腹板宽厚比较小,一般能满足局部稳定要求,一般不需要进行验算。对冷弯薄壁型钢梁的受压或受弯板件,若宽厚比不超过规定的限制,则认为板件处于弹性阶段,全部有效;若宽厚比超过此限制时,则板件部分屈曲,只考虑一部分宽度有效,此时采用有效截面,按《冷弯薄壁型钢结构技术规范》规定进行验算。这里只分析组合板梁的局部稳定问题,为了更好说明这个问题,下面先介绍矩形薄板的屈曲。

2. 矩形薄板的屈曲

薄板是指板宽 b 与板厚 t 大于8(即宽厚比 $b/t>8$)的板,板件剪切变形可以忽略;宽厚比小于5~8的板称为厚板,剪切变形不能忽略。薄板失稳指的是,板件在中面(平分板厚的平面)内的压应力、剪应力或者二者共同作用下,不能保持其平面变形状态的平衡形式,所发生的微弯曲变形。这种现象称为板件失稳,也称屈曲。

1)板件弹性阶段的临界应力

图 4.5.2 所示为四边简支板受纵向均布压力作用,根据薄板小挠度理论,建立板中面的屈曲平衡方程:

$$D\left(\frac{\partial^4 \omega}{\partial x^4}+2\frac{\partial^4 \omega}{\partial x^2 \partial y^2}+\frac{\partial^4 \omega}{\partial y^4}\right)+N_x\left(\frac{\partial^2 \omega}{\partial x^2}\right)=0 \qquad (4.5.1)$$

式中,ω 为板屈曲后任一点的挠度;D 为板单位宽度的抗弯刚度,$D=\dfrac{Et^3}{12(1-\nu^2)}$;$t$ 为板厚;N_x 为单位板宽的压力;E 为弹性模量;ν 为泊松比。

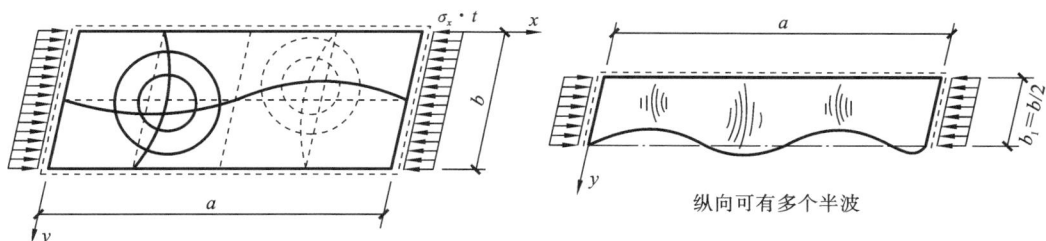

图 4.5.2 矩形薄板的屈曲

对于四边简支板,式(4.5.1)中的挠度的解可用双重三角级数表示,即

$$\omega=\sum_{m=1}^{\infty}\sum_{n=1}^{\infty}A_{mn}\sin\frac{m\pi x}{a}\sin\frac{n\pi y}{b} \qquad (4.5.2)$$

式中,A_{mn} 为待定系数;m、n 分别是板在 x 方向和 y 方向的屈曲半波数,$m=1$、2、3、$\cdots$,$n=1$、2、3、$\cdots$;a 和 b 分别为板的长度和宽度。

四边简支矩形板边界条件是板边缘的挠度和弯矩均为零,即

当 $x=0$、a 时,$\omega=0$。

$$\frac{\partial^2 \omega}{\partial x^2}+v\frac{\partial^2 \omega}{\partial y^2}=0\ (即\ M_x=0) \qquad (4.5.3a)$$

当 $y=0$、b 时，$\omega=0$。

$$\frac{\partial^2 \omega}{\partial y^2} + v\frac{\partial^2 \omega}{\partial x^2} = 0 \ （即 \ M_y = 0） \tag{4.5.3b}$$

将式(4.5.2)代入式(4.5.1)，解得 N_x 的临界值 N_{xcr} 为

$$N_{xcr} = \frac{D\pi^2}{b^2}\left(\frac{mb}{a} + \frac{n^2 a}{mb}\right)^2 \tag{4.5.4}$$

上式给出了能使板在微弯状态下平衡的 N_x 与板的几何尺寸、材料参数以及屈曲模态的半波数之间的关系。可以看出，要使临界力 N_{xcr} 最小，则取 $n=1$，即板在宽度(y)方向只能弯曲成一个半波。最小临界压力为

$$N_{xcr} = \frac{D\pi^2}{b^2}\left(\frac{mb}{a} + \frac{a}{mb}\right)^2 = k\frac{D\pi^2}{b^2} \tag{4.5.5}$$

式中，k 为板的屈曲系数，$k=\left(\dfrac{mb}{a} + \dfrac{a}{mb}\right)^2$。

当 m 取 $1,2,3,\cdots$ 时，k 与 a/b 的关系如图 4.5.3 所示，这些曲线构成的下包线就是 k 的取值。可以看出，当 $a/b>1$ 时，对于任意 m 和 a/b 的取值，$k_{\min}$ 值变化不大，设计时，可取 $k=4.0$，即

$$N_{xcr} = 4\frac{D\pi^2}{b^2} \tag{4.5.6}$$

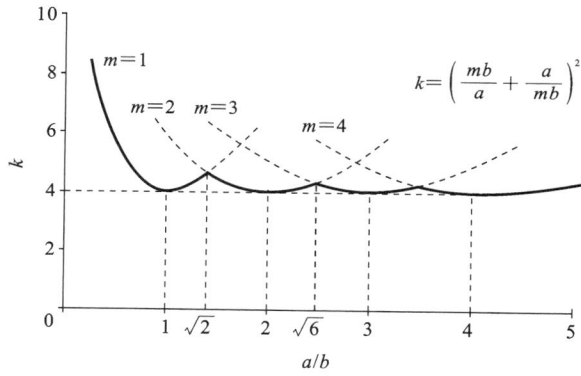

图 4.5.3　k 与 a/b 的关系

从式(4.5.5)可得板在弹性阶段的临界应力表达式为

$$\sigma_{xcr} = \frac{N_{xcr}}{t} = k\frac{\pi^2 E}{12(1-v^2)}\left(\frac{t}{b}\right)^2 \tag{4.5.7}$$

其他支承情况的矩形板，采用相同的分析方法可得相同的临界应力表达式，即式(4.5.7)也同样适用于薄板在中面内受弯、受剪、受不均匀压应力以及其他各种支撑的情况，只是屈曲系数 k 值有所不同，如表 4.5.1 所示。

表 4.5.1　不同条件下板件的屈曲系数 k 值

项次	支承情况	应力状态	k	注
1	四边简支	两平行边均匀受压	$k_{\min}=4$	
2	三边简支一边自由	两平行简支边均匀受压	$k=0.425+\left(\dfrac{b}{a}\right)^2$	a、b 为板边长，a 为自由边长

续表

项次	支承情况	应力状态	k	注
3	四边简支	两平行边受弯	$k_{min}=23.9$	
4	两平行边简支 另两边固定	两平行简支 边受弯	$k_{min}=39.6$	
5	四边简支	一边局部受压	当 $\frac{a}{b}\leqslant1.5,k=\left(4.5\frac{b}{a}+7.4\right)\frac{b}{a}$； 当 $\frac{a}{b}>1.5,k=\left(11-0.9\frac{b}{a}\right)\frac{b}{a}$	a、b 为板边长， a 与压应力方向垂直
6	四边简支	四边均匀受剪	当 $\frac{a}{b}\leqslant1,k=4.0+5.34\left(\frac{b}{a}\right)^2$； 当 $\frac{a}{b}>1,k=4.0\left(\frac{b}{a}\right)^2+5.34$	a、b 为板边长， b 为短边长

组合板截面受弯构件由翼缘和腹板组成，其局部失稳时还须考虑实际板件与板件之间的相互嵌固作用，引入弹性嵌固系数 χ，弹性嵌固的程度取决于相互连接的板件的相对刚度。例如，工字形截面翼缘厚度比腹板厚度大，翼缘对腹板有嵌固作用，计算腹板屈曲时考虑大于 1.0 的嵌固系数；相反，腹板对翼缘的约束作用小，计算翼缘屈曲时不考虑嵌固系数，即取 $\chi=1.0$。因此，矩形薄板弹性屈曲应力可用下式确定。

$$\sigma_{xcr}=\frac{\chi k\pi^2 E}{12(1-\nu^2)}\left(\frac{t}{b}\right)^2 \tag{4.5.8}$$

2）**矩形薄板弹塑性屈曲的临界应力**

当板件的 σ_{xcr} 大于钢材的比例极限 f_p 时，钢板受力方向的弹性模量降低为切线模量 E_t，另一方向由于薄膜张力受拉而处于弹性阶段，采用弹性模量 E，其性质属于正交异性板。为了反映板件这种弹塑性性能，在式（4.5.8）中以 $\sqrt{\eta}E$ 代替 E，因此，矩形薄板弹塑性阶段临界应力可统一按下式计算：

$$\sigma_{cr}=\frac{\chi k\pi^2\sqrt{\eta}E}{12(1-\nu^2)}\left(\frac{t}{b}\right)^2 \tag{4.5.9}$$

从式（4.5.9）可知，影响临界压力的主要因素是板件的宽厚比 b/t、荷载条件、边界约束条件及板件的长宽比（综合用 χk 表示）。因此提高临界应力的有效方法是减小板件的宽厚比，加强边界约束条件，或减小板件的长宽比（效果不是太大）。另外，σ_{cr} 与钢材的强度没有直接关系，因此采用高强度钢材并不能显著提高板件的局部稳定性。

对普通钢梁构件，按《标准》设计，可通过限制板件宽厚比、设计加劲肋的方法，保证板件不发生局部失稳。对于非承受疲劳荷载的梁也可利用腹板屈曲后强度进行验算。对冷弯薄壁型钢构件，当板件宽厚比超过限制时，则只考虑一部分宽度有效，采用有效宽度按《冷弯薄壁型钢结构技术规范》进行验算。对型钢梁，其板件宽厚比较小，都能满足局部稳定要求，不需要验算。

4.5.2 受弯构件的局部稳定

为了防止板件局部失稳，一般使板件屈曲临界应力不小于材料的屈服强度，承载能力由材料强度控制，即

$$\sigma_{cr} \geqslant f_y \qquad (4.5.10)$$

根据上述设计准则,设计表达式可转化为对板件宽厚比或高厚比的限值要求。

1. 受压翼缘的局部稳定

梁的翼缘板远离截面的形心,强度一般能够得到比较充分的利用。同时,翼缘板发生局部屈曲,会很快导致梁丧失继续承载的能力。因此,常采用限制翼缘宽厚比的办法,亦即保证必要的厚度的办法,来防止其局部失稳。

为了保证翼缘板在强度破坏之前不致发生局部失稳,临界应力应不小于翼缘板内的平均应力的极限值,即组合梁受压翼缘所受的弯曲应力较大,通常进入了弹塑性阶段屈曲。如图4.5.4所示,对工字形、T形截面及箱形截面的悬挑部分的受压翼缘,可作为三边简支、一边自由的矩形板,一般 a 远大于 b,按最不利情况考虑,取 $k_{min}=0.425$,$\chi=1.0$,$\eta=0.4$,$\nu=0.3$,$E=2.06\times10^5$ N/mm²,代入式(4.5.9),计算出 σ_{cr} 后再代入式(4.5.10),不等式右边取 $0.95f_y$,得到

$$\sigma_{cr}=0.425\times1.0\frac{\pi^2}{12\times(1-0.3^2)}\sqrt{0.4\times2.06\times10^5}\times\left(\frac{t}{b}\right)^2\geqslant0.95f_y$$

整理后可得

$$\frac{b}{t}\leqslant15\sqrt{\frac{235}{f_y}}=15\varepsilon_k \qquad (4.5.11)$$

由于翼缘的平均应力为 $0.95f_y$,大体上相当于边缘屈服,因而受压翼缘板属于 S4 级截面。

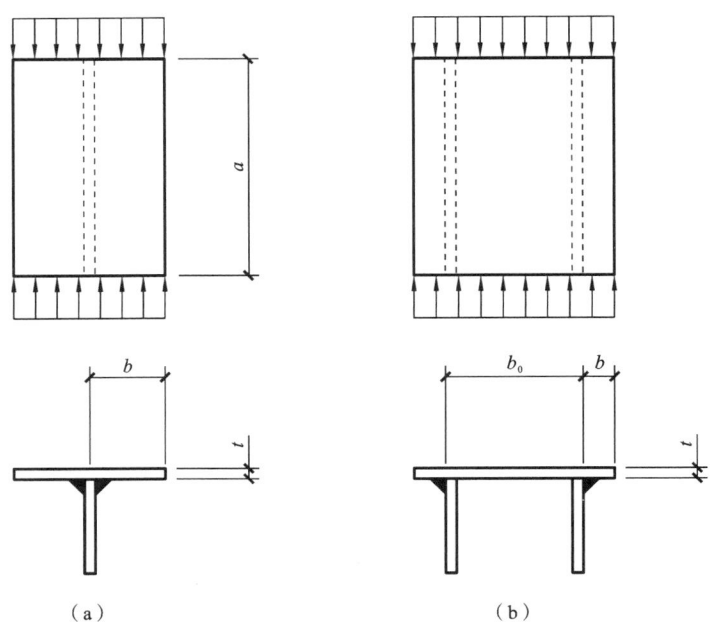

图 4.5.4 梁的受压翼缘

当超静定受弯构件采用塑性设计方法时,即允许截面上出现塑性铰并要求有一定转动能力时,翼缘的应变数值较大,甚至可达到应变硬化的阶段,需对其翼缘的宽厚比要求十分严格,受压翼缘板属于 S1 级截面,与其相应的受压翼缘宽厚比限值是

$$\frac{b}{t} \leqslant 9\varepsilon_k \tag{4.5.12}$$

当简支受弯构件截面允许出现部分塑性,采用弹塑性设计方法,取 $\gamma_x = 1.05$ 时,翼缘外伸宽厚比应比式(4.5.11)要求严格,即要求满足 S3 级截面的限值要求,与其相应的受压翼缘宽厚比限值是

$$\frac{b}{t} \leqslant 13\varepsilon_k \tag{4.5.13}$$

对于箱形截面,翼缘的中间部分相当于四边简支板,$k=4.0$;腹板比较薄,对翼缘没什么约束作用,可取 $\chi=1.0$;考虑翼缘塑性发展,$\eta=0.25$,根据 $\sigma_{cr} \geqslant f_y$ 可得其宽厚比限值是

$$\frac{b_0}{t} \leqslant 40\varepsilon_k \tag{4.5.14}$$

2. 受弯构件腹板的局部稳定

一般来说,为了提高板件的稳定性,可减小板件的宽厚比或高厚比。受弯构件为了获得较大的抗弯刚度,需较高的截面高度,腹板相应也较高。而腹板主要承受剪力,若只满足抗剪强度控制要求,则计算的腹板厚度一般较小,此时腹板高厚比较大,不易满足局部稳定性要求。如果采用增加板厚的方法来满足腹板局部稳定性要求,则很不经济,也不合理。通常是采用设置加劲肋的方法,将腹板划分为不同的受力区格以改变板件的尺寸,也就改变了板件的高厚比。加劲肋(图 4.5.5)分横向加劲肋、纵向加劲肋、短加劲肋、支承加劲肋。横向加劲肋主要防止剪应力和局部压应力作用下的腹板失稳;纵向加劲肋主要防止弯曲压应力可能引起的腹板失稳;短加劲肋主要防止局部压应力下的腹板失稳;支承加劲肋主要承受集中力作用。设计时按不同情况选择合理的布置形式,此时,腹板加劲肋和翼缘使腹板成为若干不同边界约束的矩形区格板。局部失稳形态多种多样,临界应力的计算较复杂,下面,先介绍各种应力单独作用下的临界应力公式,再介绍不同应力共同作用下的相关性公式。

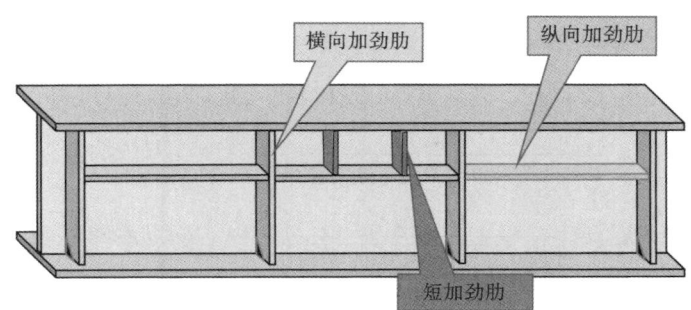

图 4.5.5 受弯构件腹板加劲肋的布置

1)腹板的纯剪屈曲

取如图 4.5.6 所示的腹板区格,假定其在纯剪切作用下工作,其屈曲发生在中性轴附近。四边简支的矩形板,在均匀分布的剪应力的作用下,板中主应力与剪应力相等,主应力方向与板面成 45°夹角。主压应力可能引起板件屈曲,屈曲时也呈现沿 45°方向的倾斜鼓曲,这个方向与主压应力的方向垂直。板弹性阶段临界剪应力为

$$\tau_{cr} = \chi k \frac{\pi^2 E}{12(1-\nu^2)} \left(\frac{t_w}{h_0}\right)^2 \tag{4.5.15}$$

式中，t_w 为腹板厚度；h_0 为腹板计算高度。将参数 $\nu=0.3$、$E=2.06\times10^5$ N/mm² 代入上式，简化得

$$\tau_{cr}=18.6\chi k\left(\frac{100t_w}{h_0}\right)^2 \qquad (4.5.16)$$

对于四边简支板，屈曲系数 k 可近似按式(4.5.17)取用：

$$k=4.0+5.34(h_0/a)^2 \quad (a/h_0\leqslant1) \qquad (4.5.17a)$$

$$k=5.34+4.0(h_0/a)^2 \quad (a/h_0>1) \qquad (4.5.17b)$$

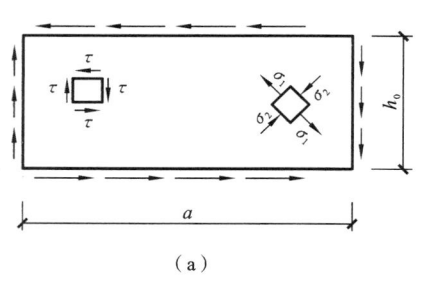 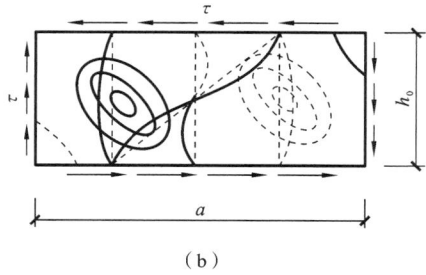

(a)

(b)

图 4.5.6 板的纯剪屈曲

参考国际上通行的表达方法，《标准》引入新参数——腹板通用高厚比(亦称正则化高厚比)，其定义为：钢材受弯、受剪或受压的屈服强度除以相应的腹板区格抗弯、抗剪或局部承压弹性屈曲临界应力之商的平方根。令腹板受剪时的通用高厚比为

$$\lambda_{n,s}=\sqrt{f_{vy}/\tau_{cr}} \qquad (4.5.18)$$

式中，f_{vy} 为钢材的抗剪屈服强度，$f_{vy}=f_y/\sqrt{3}$。

统一取嵌固系数 $\chi=1.23$，将式(4.5.16)代入式(4.5.18)，得

$$\lambda_{n,s}=\frac{h_0/t_w}{41\sqrt{k}}\cdot\frac{1}{\varepsilon_k} \qquad (4.5.19)$$

其中钢号修正系数 $\varepsilon_k=\sqrt{235/f_y}$。若将式(4.5.17)代入式(4.5.19)可得

$$\lambda_{n,s}=\frac{h_0/t_w}{41\sqrt{4.0+5.34(h_0/a)^2}}\cdot\frac{1}{\varepsilon_k} \quad (a/h_0\leqslant1) \qquad (4.5.20a)$$

$$\lambda_{n,s}=\frac{h_0/t_w}{41\sqrt{5.34+4.0(h_0/a)^2}}\cdot\frac{1}{\varepsilon_k} \quad (a/h_0>1) \qquad (4.5.20b)$$

为了将简支梁与框架梁统一，将上式中的 41 改为 37η。对于简支梁，系数 η 取 1.11；对于框架梁梁端最大应力，η 取 1.0，可以得到

$$\lambda_{n,s}=\frac{h_0/t_w}{37\eta\sqrt{4.0+5.34(h_0/a)^2}}\cdot\frac{1}{\varepsilon_k} \quad (a/h_0\leqslant1) \qquad (4.5.21a)$$

$$\lambda_{n,s}=\frac{h_0/t_w}{37\eta\sqrt{5.34+4.0(h_0/a)^2}}\cdot\frac{1}{\varepsilon_k} \quad (a/h_0>1) \qquad (4.5.21b)$$

考虑到板件各种缺陷如几何缺陷和残余应力等，板件可能在塑性、弹塑性、弹性范围内屈曲，因此，《标准》给出三个式子来计算 τ_{cr}：

当 $\lambda_{n,s}\leqslant0.8$ 时：

$$\tau_{cr}=f_v \qquad (4.5.22a)$$

当 $0.8 < \lambda_{n,s} \leqslant 1.2$ 时：

$$\tau_{cr} = [1 - 0.59(\lambda_{n,s} - 0.8)]f_v \tag{4.5.22b}$$

当 $\lambda_{n,s} > 1.2$ 时：

$$\tau_{cr} = 1.1 f_v / \lambda_{n,s}^2 \tag{4.5.22c}$$

临界剪应力的表达式如图 4.5.7 所示。当 $\lambda_{n,s}$ 大于 1.2 时,临界剪应力位于弹性区;当 $0.8 < \lambda_{n,s} \leqslant 1.2$ 时,临界剪应力处于弹塑性状态,当 $\lambda_{n,s} \leqslant 0.8$ 时,临界剪应力进入塑性状态。

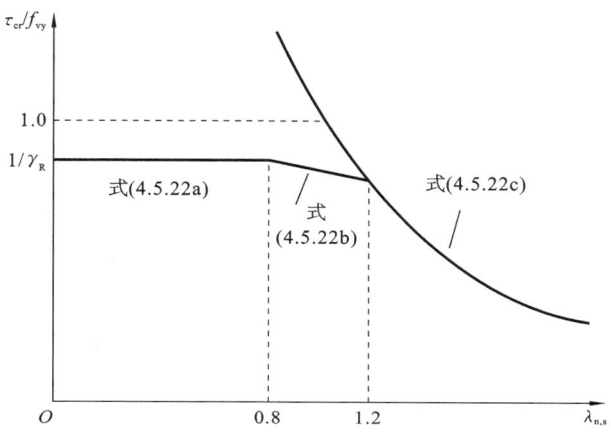

图 4.5.7　τ_{cr} 与 $\lambda_{n,s}$ 的关系曲线

当腹板不设加劲肋时,相当于 a 趋于无穷大,此时 $k = 5.34$。若要求 $\tau_{cr} = f_v$,则 $\lambda_{n,s}$ 不应超过 0.8。由式(4.5.19)可得,高厚比限值 $h_0/t_w = 75.8\varepsilon_k$。考虑到实际工程设计中,区格剪力取区格左右剪力的平均值,区格腹板的平均剪应力一般低于 f_v,因此,《标准》规定的限值为 $h_0/t_w \leqslant 80\varepsilon_k$。

2) 腹板的纯弯屈曲

如果受弯构件腹板过薄,当弯矩达到一定值后,在弯曲压应力作用下腹板会发生屈曲,图 4.5.8 为纯弯作用下四边简支矩形板的屈曲形态。沿横向(腹板高度 h_0 方向)为一个半波,沿纵向(构件长度方向)形成的屈曲波数取决于板长。由表 4.5.1 可知,对于四边简支情况,取屈曲系数 $k_{min} = 23.9$;对于两加载边简支,另外两边为固定矩形板的情况,取 $k_{min} = 39.6$。屈曲部分偏于板的受压区或受压较大的部位。因此,阻止纯弯屈曲的措施是在腹板受压区中部偏上的部位设置纵向加劲肋,加劲肋距受压边的距离宜为 $h_1 = (1/2.5 \sim 1/2)h_c$,$h_c$ 为腹板受压区的高度。

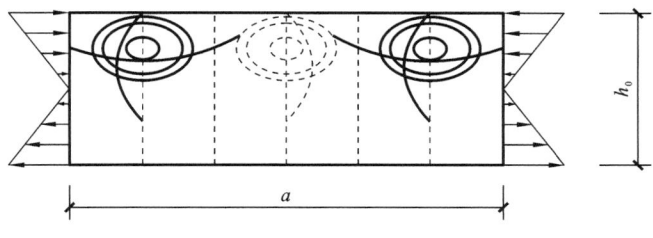

图 4.5.8　板的纯弯曲屈曲

设梁腹板为纯弯作用下的四边简支板（$k_{\min}=23.9$）。考虑上、下翼缘对腹板的转动约束作用时，受拉翼缘刚度大，梁腹板和受拉翼缘相连接的转动基本被约束，相当于完全嵌固。受压翼缘对腹板的约束除与本身的刚度有关外，还和限制其转动的构造有关。有构造限制时，$\chi=1.66$；没有构造限制时，$\chi=1.23$。令 $b=h_0$，参数 $\nu=0.3$，$E=2.06\times10^5$ N/mm^2，代入式(4.5.8)可得到腹板简支于翼缘的临界力公式为

$$\sigma_{x\mathrm{cr}}=\frac{\chi k\pi^2 E}{12(1-\nu^2)}\left(\frac{t}{h_0}\right)^2=1.66\times23.9\times18.6\left(\frac{100t_\mathrm{w}}{h_0}\right)^2=737\left(\frac{100t_\mathrm{w}}{h_0}\right)^2$$

$$\sigma_{x\mathrm{cr}}=\frac{\chi k\pi^2 E}{12(1-\nu^2)}\left(\frac{t}{h_0}\right)^2=1.23\times23.9\times18.6\left(\frac{100t_\mathrm{w}}{h_0}\right)^2=547\left(\frac{100t_\mathrm{w}}{h_0}\right)^2$$

若取 $\sigma_{\mathrm{cr}}\geqslant f_\mathrm{y}$，保证腹板不致因受弯曲压应力而失去局部稳定，则分别得到 $h_0/t_\mathrm{w}\leqslant177\varepsilon_\mathrm{k}$ 和 $h_0/t_\mathrm{w}\leqslant153\varepsilon_\mathrm{k}$。即满足上式时，在纯弯曲作用下，腹板不会丧失局部稳定。据此，《标准》规定腹板不设置纵向加劲肋的限值为 $h_0/t_\mathrm{w}\leqslant170\varepsilon_\mathrm{k}$ 和 $h_0/t_\mathrm{w}\leqslant150\varepsilon_\mathrm{k}$。

与腹板纯剪时采用通用高厚比一样，取腹板弯曲时的通用高厚比为 $\lambda_{\mathrm{n,b}}=\sqrt{f_\mathrm{y}/\sigma_{\mathrm{cr}}}$ 作为参数来计算临界应力。则 $\lambda_{\mathrm{n,b}}$ 的计算如下：

（1）当有刚性铺板密铺在梁的受压翼缘并与受压翼缘牢固连接，使受压翼缘的扭转受到约束时，取约束系数 $\chi=1.66$。此时，$\sigma_{\mathrm{cr}}=7.4\times10^6\left(\frac{t_\mathrm{w}}{h_0}\right)^2$，则

$$\lambda_{\mathrm{n,b}}=\frac{2h_\mathrm{c}/t_\mathrm{w}}{177}\frac{1}{\varepsilon_\mathrm{k}} \tag{4.5.23a}$$

（2）当梁的受压翼缘的扭转未受到约束时，由于腹板应力最大处翼缘应力也很大，此时翼缘对腹板的约束较弱，取约束系数 $\chi=1.0$。此时，$\sigma_{\mathrm{cr}}=4.4\times10^6\left(\frac{t_\mathrm{w}}{h_0}\right)^2$，则

$$\lambda_{\mathrm{n,b}}=\frac{2h_\mathrm{c}/t_\mathrm{w}}{138}\frac{1}{\varepsilon_\mathrm{k}} \tag{4.5.23b}$$

式中，h_c 为腹板弯曲受压区高度，双轴对称截面取 $h_\mathrm{c}=0.5h_0$。

由 $\lambda_{\mathrm{n,b}}$ 的定义可知，弹性临界应力表达式为

$$\sigma_{\mathrm{cr}}=\frac{f_\mathrm{y}}{\lambda_{\mathrm{n,b}}^2} \tag{4.5.24}$$

《标准》用 $1.1f$ 代替 f_y，则弹性临界应力的计算公式为

$$\sigma_{\mathrm{cr}}=\frac{1.1f}{\lambda_{\mathrm{n,b}}^2} \tag{4.5.25}$$

此式未引进抗力分项系数，原因是：① 弹性临界应力应取决于弹性模量 E，它的变异性不如屈服强度大；② 板件在弹性范围屈曲后，还有承载潜力。

钢材是弹塑性体，板件可能在塑性、弹塑性、弹性范围内屈曲，因此，《标准》给出三个式子来计算 σ_{cr}。

$\lambda_{\mathrm{n,b}}\leqslant0.85$ 时：

$$\sigma_{\mathrm{cr}}=f \tag{4.5.26a}$$

$0.85<\lambda_{\mathrm{n,b}}\leqslant1.25$ 时：

$$\sigma_{\mathrm{cr}}=[1-0.75(\lambda_{\mathrm{n,b}}-0.85)]f \tag{4.5.26b}$$

$\lambda_{\mathrm{n,b}}>1.25$ 时：

$$\sigma_{\mathrm{cr}}=1.1f/\lambda_{\mathrm{n,b}}^2 \tag{4.5.26c}$$

3）腹板在局部压应力作用下的屈曲

当梁上作用有较大集中荷载而没有设置支承加劲肋时，腹板边缘将承受较大的局部压应力 σ_{c} 作用，并可能产生横向屈曲，见图 4.5.9。屈曲时腹板横向和纵向都只有一个半波，屈曲部分偏向于局部压应力部位，因而提高承受局部压应力的临界应力的有效措施是在腹板的受压区附近设置短加劲肋。其失稳时的临界应力形式仍可表示为

$$\sigma_{\mathrm{c,cr}}=\chi k\,\frac{\pi^2 E}{12(1-\nu^2)}\left(\frac{t_{\mathrm{w}}}{h_0}\right)^2=18.6k\chi\left(\frac{100t_{\mathrm{w}}}{h_0}\right)^2 \tag{4.5.27}$$

根据理论分析，对于四边简支板，屈曲系数 k 随 a/h_0 的增大而减小，其表达式可表达如下：

$$k=\left(4.5\,\frac{h_0}{a}+7.4\right)\frac{h_0}{a} \qquad \left(0.5\leqslant\frac{a}{h_0}\leqslant1.5\right) \tag{4.5.28a}$$

$$k=\left(11-0.9\,\frac{h_0}{a}\right)\frac{h_0}{a} \qquad \left(1.5<\frac{a}{h_0}\leqslant2.0\right) \tag{4.5.28b}$$

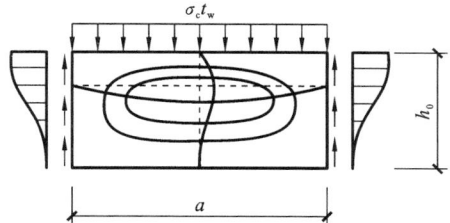

图 4.5.9　板在局部压应力作用下的屈曲

对于组合板梁的腹板，考虑翼缘对腹板的嵌固作用，χ 取值如下：

$$\chi=1.81-0.255\,\frac{h_0}{a} \tag{4.5.29}$$

若在局部压应力下不发生局部失稳，应满足 $\sigma_{\mathrm{c,cr}}\geqslant f_{\mathrm{y}}$，由此可得腹板在局部压应力下不会发生屈曲的高厚比限值为

$$\frac{h_0}{t_{\mathrm{w}}}\leqslant84\sqrt{\frac{235}{f_{\mathrm{y}}}}=84\varepsilon_{\mathrm{k}}$$

综合考虑纯剪作用下板件屈曲的类似情况，《标准》统一规定为 $h_0/t_{\mathrm{w}}\leqslant80\varepsilon_{\mathrm{k}}$。

同样引入局部承压时的通用高厚比 $\lambda_{\mathrm{n,c}}$ 计算公式为

$$\lambda_{\mathrm{n,c}}=\sqrt{\frac{f_{\mathrm{y}}}{\sigma_{\mathrm{c,cr}}}}=\frac{h_0/t_{\mathrm{w}}}{28.1\sqrt{\chi k}}\sqrt{\frac{f_{\mathrm{y}}}{235}}=\frac{h_0/t_{\mathrm{w}}}{28.1\sqrt{\chi k}}\cdot\frac{1}{\varepsilon_{\mathrm{k}}} \tag{4.5.30}$$

将 χk 的计算值代入上式，并将公式简化得到：

$$\lambda_{\mathrm{n,c}}=\frac{h_0/t_{\mathrm{w}}}{28\sqrt{10.9+13.4(1.83-a/h_0)^3}}\cdot\frac{1}{\varepsilon_{\mathrm{k}}} \qquad (0.5\leqslant a/h_0\leqslant1.5) \tag{4.5.31a}$$

$$\lambda_{\mathrm{n,c}}=\frac{h_0/t_{\mathrm{w}}}{28\sqrt{18.9-5a/h_0}}\cdot\frac{1}{\varepsilon_{\mathrm{k}}} \qquad (1.5<a/h_0\leqslant2.0) \tag{4.5.31b}$$

同样，在局部压应力作用下，板件可能在塑性、弹塑性、弹性范围内屈曲，因此，《标准》给出三个式子来计算 $\sigma_{\mathrm{c,cr}}$。

当 $\lambda_{\mathrm{n,c}}\leqslant0.9$ 时：

$$\sigma_{c,cr} = f \tag{4.5.32a}$$

当 $0.9 < \lambda_{n,c} \leqslant 1.2$ 时：

$$\sigma_{c,cr} = [1 - 0.79(\lambda_{n,c} - 0.9)]f \tag{4.5.32b}$$

当 $\lambda_{n,c} > 1.2$ 时：

$$\sigma_{c,cr} = \frac{1.1f}{\lambda_{n,c}^2} \tag{4.5.32c}$$

4）腹板在多种应力作用下的局部屈曲

以上介绍的是腹板在单独应力作用下的屈曲问题，在实际工程中通常同时存在几种应力共同作用的情况。钢梁在多种应力（σ、τ、σ_c）共同作用下，局部失稳形态有多种，局部稳定性计算较复杂。横向加劲肋的作用主要是防止由剪应力和局部压应力可能引起的腹板失稳，纵向加劲肋主要防止由弯曲压应力可能引起的腹板失稳，短加劲肋主要防止由局部压应力可能引起的腹板失稳。计算时，先根据要求布置加劲肋，再计算各区格板的平均作用应力和相应的临界应力，使其满足稳定条件。若不满足，应调整加劲肋间距，重新计算。下面分情况介绍其稳定计算方法。

（1）仅配置横向加劲肋的梁腹板。

梁腹板在两个横向加劲肋之间的区格，同时受弯曲正应力 σ、剪应力 τ 和局部压应力 σ_c 的作用，区格板件的稳定应满足下式：

$$\left(\frac{\sigma}{\sigma_{cr}}\right)^2 + \left(\frac{\tau}{\tau_{cr}}\right)^2 + \frac{\sigma_c}{\sigma_{c,cr}} \leqslant 1 \tag{4.5.33}$$

式中，σ 为所计算腹板区格内，由平均弯矩产生的腹板计算高度边缘的弯曲正应力；τ 为所计算腹板区格内，由平均剪力产生的腹板平均剪应力，按 $\tau = V/(h_w t_w)$ 计算；σ_c 为腹板计算高度边缘的局部压应力，应按式（4.2.9）计算，但取 $\psi=1.0$；τ_{cr}、σ_{cr}、$\sigma_{c,cr}$ 分别为各种应力单独作用下的临界应力，按式（4.5.22）、式（4.5.26）、式（4.5.32）计算。

（2）同时布置横向加劲肋和纵向加劲肋的梁腹板。

如图 4.5.10 所示，同时用横向加劲肋和纵向加劲肋加强的腹板，纵向加劲肋将腹板分隔为上区格（即区格Ⅰ）和下区格（即区格Ⅱ）两种情况，应分别验证其局部稳定性。

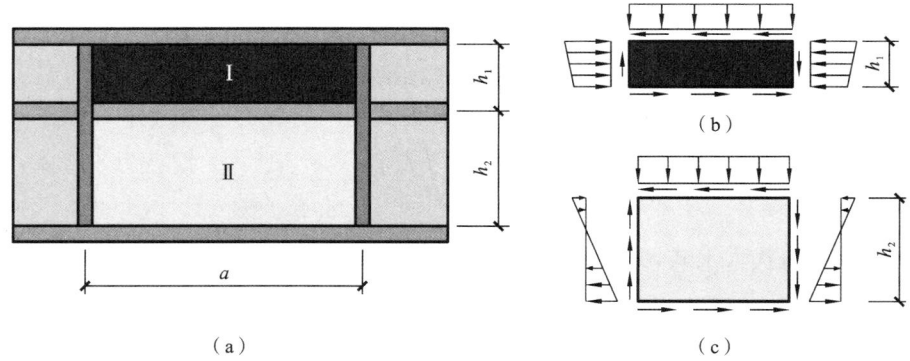

图 4.5.10　腹板的上、下区格的受力状态

① 受压翼缘与纵向加劲肋之间的区格Ⅰ：区格Ⅰ的受力状态见图 4.5.10(b)，区格高度为 h_1。

两侧受近乎均匀的压应力 σ、剪应力 τ 和局部横向压应力 σ_c 的作用。此时，其局部稳定应满足下式：

$$\frac{\sigma}{\sigma_{cr1}}+\left(\frac{\sigma_c}{\sigma_{c,cr1}}\right)^2+\left(\frac{\tau}{\tau_{cr1}}\right)^2\leqslant 1 \tag{4.5.34}$$

式中，σ_{cr1} 按式(4.5.26)计算，但式中的 $\lambda_{n,b}$ 改用下列 $\lambda_{n,b1}$ 代替。

当梁受压翼缘扭转受到约束时：

$$\lambda_{n,b1}=\frac{h_1/t_w}{75\varepsilon_k} \tag{4.5.35a}$$

当梁受压翼缘扭转未受到约束时：

$$\lambda_{n,b1}=\frac{h_1/t_w}{64\varepsilon_k} \tag{4.5.35b}$$

τ_{cr1} 按式(4.5.21)和式(4.5.22)计算，但式中的 h_0 改用 h_1 代替；$\sigma_{c,cr1}$ 按式(4.5.26)计算，但式中的 $\lambda_{n,b}$ 改用下列 $\lambda_{n,c1}$ 代替。

当梁受压翼缘扭转受到约束时：

$$\lambda_{n,c1}=\frac{h_1/t_w}{56\varepsilon_k} \tag{4.5.36a}$$

当梁受压翼缘扭转未受到约束时：

$$\lambda_{n,c1}=\frac{h_1/t_w}{40\varepsilon_k} \tag{4.5.36b}$$

② 受拉翼缘与纵向加劲肋之间的区格 Ⅱ：

$$\left(\frac{\sigma_2}{\sigma_{cr2}}\right)^2+\left(\frac{\tau}{\tau_{cr2}}\right)^2+\frac{\sigma_{c2}}{\sigma_{c,cr2}}\leqslant 1 \tag{4.5.37}$$

式中，σ_2 为所计算区格内由平均弯矩产生的腹板在纵肋处的弯曲压应力；σ_{c2} 为腹板在纵肋处的横向压应力，取 $0.3\sigma_c$；σ_{cr2} 按式(4.5.26)计算，但式中的 $\lambda_{n,b}$ 改用下列 $\lambda_{n,b2}$ 代替。

$$\lambda_{n,b2}=\frac{h_2/t_w}{194\varepsilon_k}$$

τ_{cr2} 按式(4.5.21)和式(4.5.22)计算，但式中的 h_0 改用 h_2（$h_2=h_0-h_1$）代替；$\sigma_{c,cr2}$ 按式(4.5.31)和式(4.5.32)计算，但式中的 h_0 改用 h_2 代替，当 $a/h_2>2$ 时，取 $a/h_2=2$。

（3）受压翼缘和纵向加劲肋间设有短加劲肋的区格板。

该区格的局部稳定性应按照式(4.5.34)验算；σ_{cr1} 的计算方法与"同时布置横向加劲肋和纵向加劲肋的梁腹板"情况下计算方法相同；τ_{cr1} 按式(4.5.21)和式(4.5.22)计算，但将 h_0 和 a 改为 h_1 和 a_1，a_1 为短加劲肋间距。$\sigma_{c,cr1}$ 按式(4.5.26)计算，但式中 $\lambda_{n,b}$ 改用下列 $\lambda_{n,c1}$ 代替。

当梁受压翼缘扭转受到约束时：

$$\lambda_{n,c1}=\frac{a_1/t_w}{87\varepsilon_k} \tag{4.5.38a}$$

当梁受压翼缘扭转未受到约束时：

$$\lambda_{n,c1}=\frac{a_1/t_w}{73\varepsilon_k} \tag{4.5.38b}$$

对于 $a_1/h_1>1.2$ 的区格，式(4.5.38)右侧应乘以 $1/\sqrt{0.4+0.5a_1/h_1}$。

5）腹板局部稳定验算步骤

（1）确定需验算的截面位置。首先是梁的端部第一块板段（剪力最大），其次是截面改变处的板段（剪应力小但正应力大）和跨中截面（正应力最大）。

（2）计算高厚比。若满足规定限值，或不必设置加劲肋，或根据构造要求设置横向加劲肋,但不需验算稳定性。

(3) 当高厚比超过规定限值时,应按规定设置横向加劲肋或纵向加劲肋。

(4) 横向、纵向加劲肋验算:① 先设定加劲肋间距 a;② 计算加劲肋之间板块的平均弯曲正应力、平均剪应力和局部压应力;③ 计算各种单一力学状态下临界弯曲应力 σ_{cr}、临界剪应力 τ_{cr}、临界局部压应力 $\sigma_{c,cr}$;④ 验算腹板稳定,过于富裕或不满足设计要求时,可调整纵、横向加劲肋的间距,再进行验算。

4.5.3　腹板加劲肋的设计

1. 加劲肋的布置

加劲肋设计需首先进行加劲肋布置,然后进行验算。在布置时,需考虑以下几点:

(1) 中间加劲肋宜在腹板两侧成对布置。这是因为要使梁的整体受力不致产生人为的偏心。在条件不容许时,也可采用单侧配置,但支撑加劲肋、重级工作制吊车梁的加劲肋不能单侧配置。

(2) 焊接梁的加劲肋一般采用钢板,较少的情况下也可采用肢尖焊于腹板的角钢,以增加刚度。加劲肋作为腹板区格的侧向支承,需要有足够的刚度。

(3) 在实际布置加劲肋时还要考虑与支座、次梁以及集中荷载的位置配合,因为在这些部位往往要求设置横向加劲肋,并传递集中力。

2. 加劲肋的构造要求

对于直接承受动力荷载的吊车梁及类似构件,或其他不考虑屈曲后强度的组合梁,应按下列要求设置腹板加劲肋。

(1) 当 $h_0/t_w \leqslant 80\varepsilon_k$ 时(t_w 为腹板厚度,h_0 为腹板计算高度),若局部压应力等于零或局部压应力较小时,可不配置加劲肋。有局部压应力的梁($\sigma_c \neq 0$)宜按构造配置横向加劲肋,其横向加劲肋间距应满足 $0.5h_0 \leqslant a \leqslant 2h_0$。

(2) 当 $h_0/t_w > 80\varepsilon_k$ 时,应配置横向加劲肋。其中,当 $h_0/t_w > 170\varepsilon_k$(受压翼缘扭转受到约束,如有刚性铺板、制动板或焊有钢轨时)或 $h_0/t_w > 150\varepsilon_k$(受压翼缘扭转未受到约束时)或按计算需要时,应在弯曲应力较大区格的受压区增加配置纵向加劲肋。局部压应力很大的梁,必要时宜在受压区配置短加劲肋。对于单轴对称梁,h_0 应取腹板受压区高度 h_c 的 2 倍。

(3) 梁的支座处或上翼缘受有较大固定集中荷载处,宜设置支承加劲肋,且不应单侧配置。

(4) 任何情况下,h_0/t_w 均不应超过 250,以免焊接时腹板产生翘曲变形。

3. 加劲肋的截面尺寸要求

加劲肋必须具有足够的抗弯刚度以满足腹板屈曲时加劲肋作为腹板的支承的要求,即加劲肋应使该处的腹板屈曲时基本无出平面位移(即防止腹板发生凹凸变形),因此有下列要求。

① 在腹板两侧成对配置的钢板横向加劲肋,其截面尺寸(外伸宽度 b_s × 厚度 t_s)应符合下列要求:

$$b_s \geqslant \frac{h_0}{30} + 40 \text{ mm} \tag{4.5.39}$$

承压加劲肋:

$$t_s \geqslant \frac{b_s}{15} \tag{4.5.40a}$$

不受力加劲肋：

$$t_s \geqslant \frac{b_s}{19} \qquad (4.5.40b)$$

仅在腹板一侧配置的钢板横向加劲肋，其外伸宽度应大于按式(4.5.39)算得的 1.2 倍，厚度仍需符合式(4.5.40)的要求。

② 在同时用横向加劲肋和纵向加劲肋加强的腹板中，应在其相交处将纵向加劲肋断开，横向加劲肋保持连续（见图 4.5.11）。此时横向加劲肋对纵肋起支承作用，截面尺寸除应满足上述要求外，其绕 z 轴的惯性矩应满足下列要求：

$$I_z \geqslant 3h_0 t_w^3 \qquad (4.5.41)$$

绕 y 轴的惯性矩应满足：

当 $a/h_0 \leqslant 0.85$ 时：

$$I_y \geqslant 1.5 h_0 t_w^3 \qquad (4.5.42a)$$

当 $a/h_0 > 0.85$ 时：

$$I_y \geqslant \left(2.5 - 0.45 \frac{a}{h_0}\right)\left(\frac{a}{h_0}\right)^2 h_0 t_w^3 \qquad (4.5.42b)$$

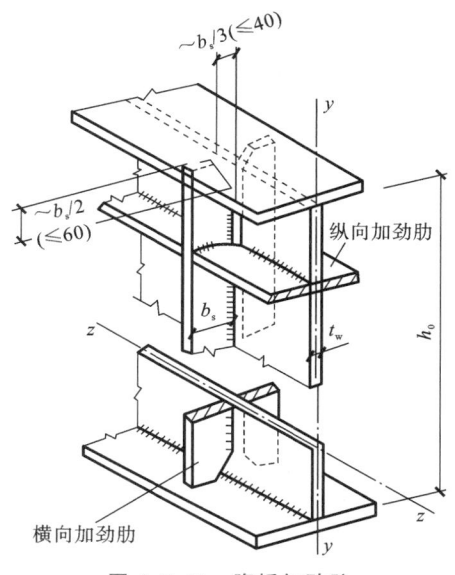

图 4.5.11　腹板加劲肋

4.6　梁腹板屈曲后的工作性能及设计

4.6.1　梁腹板屈曲后的性能

实际工程中，为获得较好的经济效益，通常把梁的腹板设计成高而薄，这样既可以提高梁的抗弯承载力，一般又能满足腹板的抗剪强度要求，但是，如此会导致一个问题，即腹板容易发生局部屈曲。为此，需要设置加劲肋以保证腹板的局部稳定，其设计准则是板件局部失稳不先于整体失稳（即等稳条件）。但是，后来的研究发现，腹板失稳并不会引起梁立即丧失整体稳定，梁腹板受压屈曲后和受剪屈曲后都存在继续承载能力，也称为屈曲后强度。腹板受压屈曲后强度可以这样解释：梁的腹板可看作支承上、下翼缘板和两横向加劲肋的四边支承板。如果四边支承较强（即板支座不产生相对线位移），则当腹板屈曲后发生出平面的侧向变形（鼓出变形）时，在腹板中面会产生因薄膜拉应力而形成的薄膜张力场，张力场的存在可阻止侧向变形的加大，从而梁可继续承受较大的荷载，直到腹板发生屈服破坏（即强度破坏）。腹板纯剪屈曲后强度可以用桁架模型来解释：在设有横向加劲肋的板梁中，腹板受纯剪作用，在板中会产生两个斜方向（一般 45°或 135°方向）的主拉应力和主压应力，腹板沿一个斜方向因主压应力产生波浪鼓出而退出工作，但在另一个方向因主拉应力存在，材料仍处于弹性阶段可继续受拉，直到腹板发生屈服破坏（即强度破坏），如图 4.6.1 所示。此时，腹板、翼缘、加劲肋形成一种类似于桁架的结构，腹板此时的受力类似于桁架中的斜拉杆，加劲肋则类似于竖压杆，翼缘板相当于桁架的上下弦杆。腹板中薄膜张力场（拉杆）的作用将增加腹板的抗剪强度，即屈曲后强度。考虑腹板屈曲后强度就是让腹板发生失稳，此时，腹板更薄了，需要的加劲肋减少了，从而取得一定的经济效益。特别是对于跨度较大的焊接工字形截面梁，腹板高度一般很大，若采用较薄的腹板并利用其屈曲后强度,可获得很好的经济效益。此时,腹板的高厚比可达 250~300 而不需设纵向加劲肋,仅在支座处或固定集中荷载作用处设置支承加劲肋或视需要设置中间横向加劲肋。

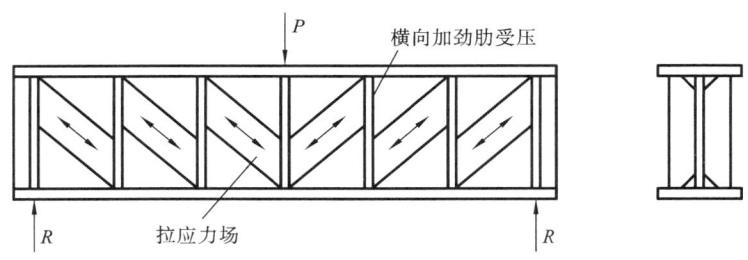

图 4.6.1 腹板屈曲后应力场

考虑腹板屈曲后强度是有条件的,《标准》规定,承受静力荷载或间接承受动力荷载的组合梁宜考虑腹板屈曲后强度。对直接承受动力荷载的梁暂不考虑屈曲后强度,这是因为反复屈曲可能导致腹板边缘出现疲劳裂缝,且相关研究不够。对工字形截面的翼缘,由于属三边简支、一边自由的工况,虽然也存在一定程度的屈曲后强度,但屈曲后继续承载的能力不大,一般在工程设计中不考虑利用其屈曲后强度。此外,进行塑性设计时,由于局部失稳会使构件塑性不能充分发展,也不得利用屈曲后强度。

4.6.2 梁考虑腹板屈曲后强度的设计

1. 腹板屈曲后抗剪承载力设计值

组合梁腹板受剪屈曲后承载力强度的理论分析和计算有多种,建筑钢结构中采用的是半张力场理论。其基本简化模型为桁架模型(如图 4.6.1):① 发生屈曲后腹板的剪力,一部分由根据小挠度理论计算出的抗剪力承担,另一部分由斜向张力作用(薄膜效应)承担;② 梁翼缘板绕自身轴抗弯刚度很小,不能承受由腹板斜张力场产生的垂直分力的作用。根据理论分析和试验研究,《标准》采用简化的计算方法,引用式(4.5.21)中正则化长细比,梁腹板抗剪承载力设计值 V_u 由式(4.6.1)确定。

$$V_u = h_w t_w f_v \quad (\lambda_{n,s} \leqslant 0.8) \tag{4.6.1a}$$

$$V_u = h_w t_w f_v [1 - 0.5(\lambda_{n,s} - 0.8)] \quad (0.8 \leqslant \lambda_{n,s} \leqslant 1.2) \tag{4.6.1b}$$

$$V_u = \frac{h_w t_w f_v}{\lambda_{n,s}^{1.2}} \quad (\lambda_{n,s} > 1.2) \tag{4.6.1c}$$

当焊接截面梁仅配置支承加劲肋时,取 $h_0/a = 0$。

2. 腹板屈曲后受弯承载力设计值

在弯曲正应力作用下,梁腹板屈曲后的性能与剪切作用下有所不同。如图 4.6.2 所示,梁腹板在弯矩达到一定程度时发生局部失稳,若高厚比较大,致使 $\lambda_{n,b} \geqslant 1.25$,则失稳时受压区边缘压力小于屈服强度 f_y,梁还可继续承受进一步的荷载,但截面上的应力出现重分布,截面上应力增加呈非线性,屈曲部分应力不再继续增大,甚至有所减小,而和翼缘相邻部分及压应力较小和受拉部分的应力会继续增大,直至边缘应力达到屈服强度为止。考虑腹板屈曲后强度,计算截面的极限弯矩时,《标准》采用实用的近似分析方法即采用有效截面来近似计算梁的抗弯承载力(见图 4.6.2),认为腹板受压区一部分退出工作,不起受力作用,受拉区全部有效,且将受压区以及受拉区的应力分布均视为直线分布。

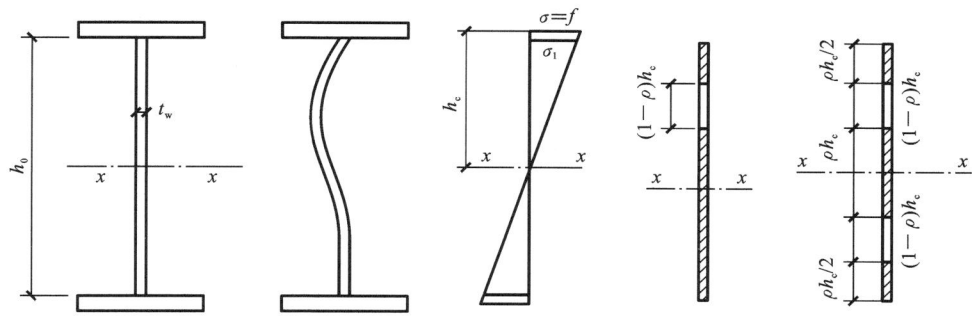

图 4.6.2 弯曲正应力作用下的屈曲后性能

假设梁腹板受压区有效高度为 ρh_c,中和轴两边中部扣去 $(1-\rho)h_c$ 高度作为退出工作的腹板屈曲部分。为了计算方便,保持中和轴位置不变,在腹板受拉区也对称地扣去 $(1-\rho)h_c$ 高度,可得到如下梁受弯承载力设计值 M_{eu} 的近似计算公式:

$$M_{eu} = \gamma_x \alpha_e W_x f \tag{4.6.2}$$

$$\alpha_e = 1 - \frac{(1-\rho)h_c^3 t_w}{2I_x} \tag{4.6.3}$$

式中,α_e 为梁截面模量考虑腹板有效高度的折减系数;I_x 为按梁截面全部有效算得的绕 x 轴的惯性矩;γ_x 为梁截面塑性发展系数;h_c 为按梁截面全部有效算得的腹板受压区高度;ρ 为腹板受压区有效高度系数,按式(4.6.4)计算。

当 $\lambda_{n,b} \leqslant 0.85$ 时:

$$\rho = 1.0 \tag{4.6.4a}$$

当 $0.85 < \lambda_{n,b} \leqslant 1.25$ 时:

$$\rho = 1.0 - 0.82(\lambda_{n,b} - 0.85) \tag{4.6.4b}$$

当 $\lambda_{n,b} > 1.25$ 时:

$$\rho = \frac{1}{\lambda_{n,b}}\left(1 - \frac{0.2}{\lambda_{n,b}}\right) \tag{4.6.4c}$$

式中,$\lambda_{n,b}$ 为用于腹板受弯计算时的正则化宽厚比,按式(4.5.23)计算。

3. 焊接组合梁考虑腹板屈曲后受弯和受剪共同作用承载力

一般情况下,工程中的梁受力情况较复杂,腹板通常既承受剪应力作用又承受弯曲正应力作用。研究表明,当边缘正应力达到屈服强度时,工字形截面焊接梁的腹板还可承受剪力 $0.6V_u$;在剪力不超过 $0.5V_u$ 时,腹板抗弯强度不下降,梁的极限弯矩仍可取为 M_{eu};当弯矩不超过翼缘所提供的最大弯矩 M_f 时,腹板不承担弯矩作用。弯矩 M 和剪力 V 具有一定的相关性,可用多种不同的相关曲线表示。我国《标准》采用的是 M 和 V 无量纲化的相关关系,如图 4.6.3 所示,承载力计算公式如下:

$$\left(\frac{V}{0.5V_u} - 1\right)^2 + \frac{M - M_f}{M_{eu} - M_f} \leqslant 1.0 \tag{4.6.5}$$

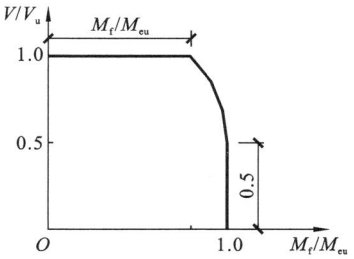

图 4.6.3 腹板屈曲后强度梁的抗弯抗剪相关曲线

$$M_{\mathrm{f}}=\left(A_{\mathrm{f1}}\frac{h_{\mathrm{m1}}^{2}}{h_{\mathrm{m2}}}+A_{\mathrm{f2}}h_{\mathrm{m2}}\right)f \tag{4.6.6}$$

式中，M 和 V 分别为同一截面上弯矩和剪力设计值，当 $V<0.5V_{\mathrm{u}}$ 时，取 $V=0.5V_{\mathrm{u}}$；当 $M<M_{\mathrm{f}}$ 时，取 $M=M_{\mathrm{f}}$。M_{f} 为梁两翼缘所能承担的弯矩设计值；A_{f1}、h_{m1} 分别为较大翼缘的面积、较大翼缘形心至梁中和轴的距离；A_{f2}、h_{m2} 分别为较小翼缘的面积、较小翼缘形心至梁中和轴的距离；M_{eu}、V_{u} 分别为组合梁抗弯、抗剪承载力设计值，按式（4.6.1）和式（4.6.2）计算。

4.6.3　考虑腹板屈曲后梁的加劲肋设计

1. 中间横向加劲肋和上端受有集中压力的中间支承加劲肋

如果梁仅配置支承加劲肋时，其承载力不能满足式（4.6.5）时，应在腹板两侧对称配置中间横向加劲肋以减少腹板区格长度。中间横向加劲肋和上端受有集中压力的中间支承加劲肋的截面尺寸应满足式（4.5.39）、式（4.5.40）的构造要求。根据张力场理论，拉力对横向加劲肋的作用可分为竖向和水平两个分力，而水平分力可认为由翼缘承担，因而对中间加劲肋按承受 N_{s} 的轴心受压构件验算其在腹板平面外的稳定性，其轴心力可按式（4.6.7）计算。

$$N_{\mathrm{s}}=V_{\mathrm{u}}-\tau_{\mathrm{cr}}h_{\mathrm{w}}t_{\mathrm{w}}+F \tag{4.6.7}$$

式中，F 为作用于中间支承加劲肋上端的集中压力；V_{u} 按式（4.6.1）计算；τ_{cr} 按式（4.5.22）计算。

2. 支座加劲肋

对于支座加劲肋，当和其相邻的腹板利用屈曲后强度时，则必须考虑拉力场水平分力的影响，按压弯构件验算其腹板平面外的稳定性。当腹板支座旁的区格 $\lambda_{\mathrm{n,s}}>0.8$（即利用屈曲后强度）时，支座加劲肋除承受支座反力 R 外，还将承受拉力场的水平分力 H。H 按下式计算：

$$H=(V_{\mathrm{u}}-\tau_{\mathrm{cr}}h_{\mathrm{w}}t_{\mathrm{w}})\sqrt{1+(a/h_{0})^{2}} \tag{4.6.8}$$

对设中间横向加劲肋的梁，a 取支座端区格的加劲肋间距；对不设中间横向加劲肋的腹板，a 取梁支座至跨内剪力为零的距离。H 的作用点近似取在距梁腹板计算高度上边缘 $h_{0}/4$ 处。此压弯构件的截面尺寸和计算长度取值，与一般支座加劲肋的取值相同。$a>2.5h_{0}$ 和不设中间横向加劲肋的腹板，当满足式（4.5.33）的要求时，可取水平分力 $H=0$。

3. 支座设置封头肋板

为了增加抗弯能力，应在梁外伸的端部设置封头肋板，如图 4.6.4 所示。支座加劲肋按承受支座反力 R 的轴心压杆计算。在水平力 H 的作用下，封头肋板、支座加劲肋和其间的腹板犹如简支于上下翼缘的竖直简支梁，其 H 作用点处的弯矩为 $M=3Hh_{0}/16$，则封头肋板的压力近似为 $M/e=3Hh_{0}/(16e)$，则封头肋板的面积为

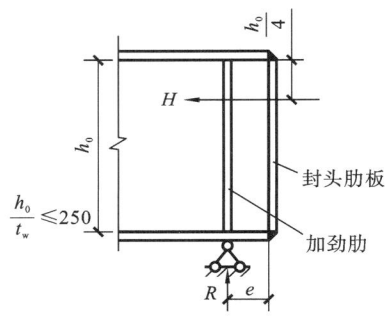

图 4.6.4　设置封头肋板的梁端构造

$$A_{\mathrm{c}}=\frac{3h_{0}H}{16ef} \tag{4.6.9}$$

式中，e 为支座加劲肋与封头肋板之间的距离；f 为钢材强度设计值。

考虑腹板屈曲后强度的梁，腹板高厚比应满足 $a/h_{0}<250$ 的构造要求，可按构造需要设置中间横向加劲肋，一般不再考虑设置纵向加劲肋。

梁的稳定

习题

4.1　对梁进行抗弯强度设计时,为什么要考虑塑性发展系数? 什么情况下塑性发展系数等于1.0?

4.2　什么是梁的整体失稳? 梁的整体稳定性与哪些因素有关? 哪些措施可以提高梁的整体稳定性?

4.3　什么叫梁丧失局部稳定? 对于不同的失稳形式,如何保证梁的局部稳定性?

4.4　为什么梁腹板具有屈曲后强度? 利用腹板屈曲后强度有何好处?

4.5　如下图(单位 mm)所示为一焊接工字形截面简支梁,钢材 Q235B,$f = 215\ \mathrm{N/mm^2}$,试按梁抗弯强度计算最大容许静力均布荷载值(包括梁自重)。

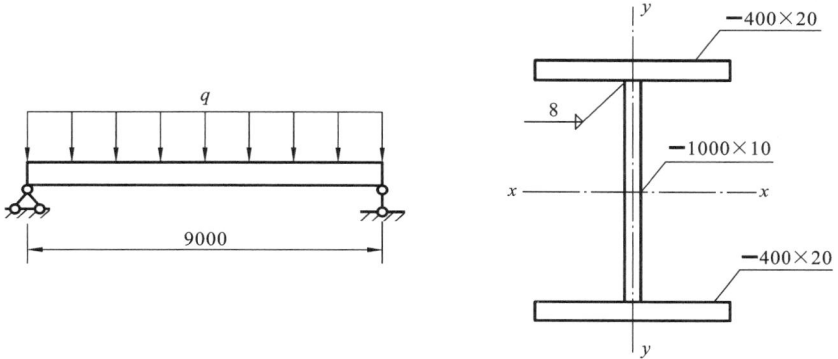

习题 4.5 图

4.6　如下图所示的平台梁格,主梁和次梁均采用工字形截面。与次梁牢固焊接的钢筋混凝土板和面层的自重为 $4\ \mathrm{kN/m^2}$,活荷载标准值为 $35\ \mathrm{kN/m^2}$。选用 Q235 钢材,试设计主梁和次梁的截面。

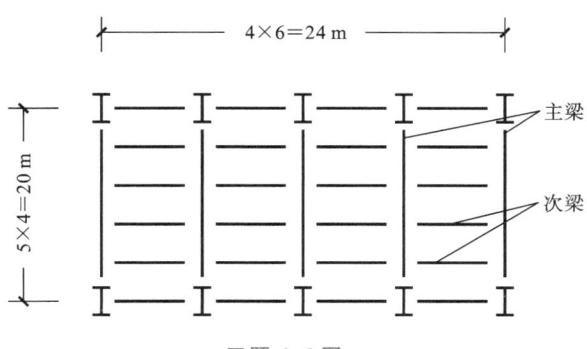

习题 4.6 图

4.7　工字形焊接截面简支梁,跨度为 15 m,截面尺寸如下图所示,在跨长 1/3 处设置次梁,次梁传来的集中荷载设计值 $F = 220\ \mathrm{kN}$,钢材选用 Q345,不考虑梁的自重,试验算梁的整体稳定性和局部稳定性。

4.8　如下图所示的简支焊接钢梁的尺寸及荷载(均为静力荷载设计值),钢材为 Q235B,

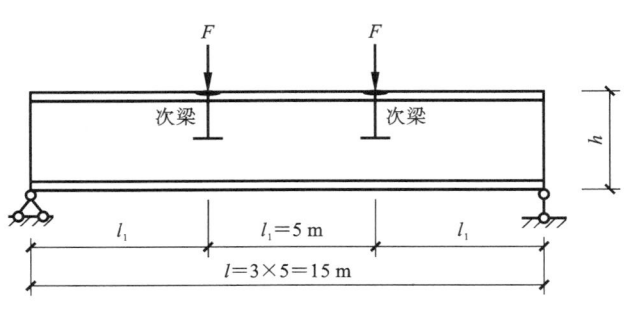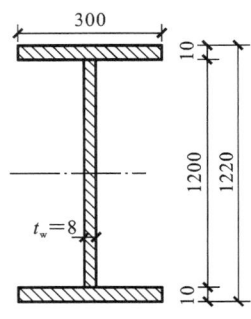

习题 4.7 图

上翼缘作用有均布荷载 $q=5$ kN/m,集中荷载为 $P=350$ kN,加劲肋等间距布置,不考虑局部压应力,梁受压翼缘的扭转未受到约束。试验算受压翼缘和腹板区格 I 的局部稳定性。

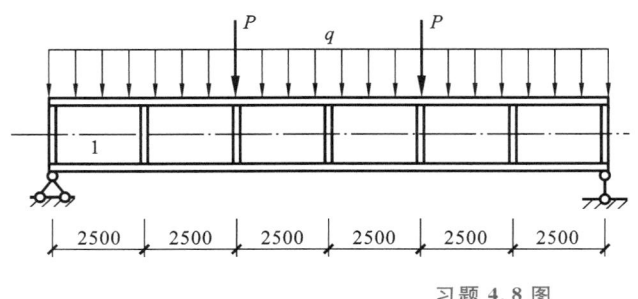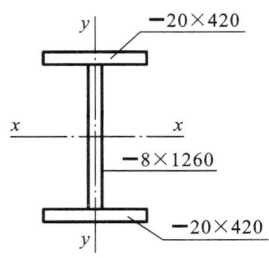

习题 4.8 图

第5章

轴心受力构件

5.1 轴心受力构件概述

 钢结构中轴心受力构件指承受通过构件截面几何形心轴线的轴向力作用的构件。当这种轴向力为拉力时,轴心受力构件称为轴心受拉构件,简称轴心拉杆或拉杆;当这种轴向力为压力时,轴心受力构件称为轴心受压构件,简称轴心压杆或压杆。轴心受力构件广泛地应用于承重钢结构,如平面桁架、空间桁架和网架等。工业建筑的平台和其他结构的支柱、各种支撑系统也常用轴心受力构件。

 轴心受力构件的截面形式主要有以下四类。第一类是冷弯薄壁型钢截面,如图 5.1.1(a)所示,这类截面的厚度一般在 6 mm 以下。第二类是热轧型钢截面,这类截面一般为钢铁厂供货,截面厚度大于 6 mm,截面形式如图 5.1.1(b)所示,如圆钢、圆管、方管、角钢、工字钢、T 型

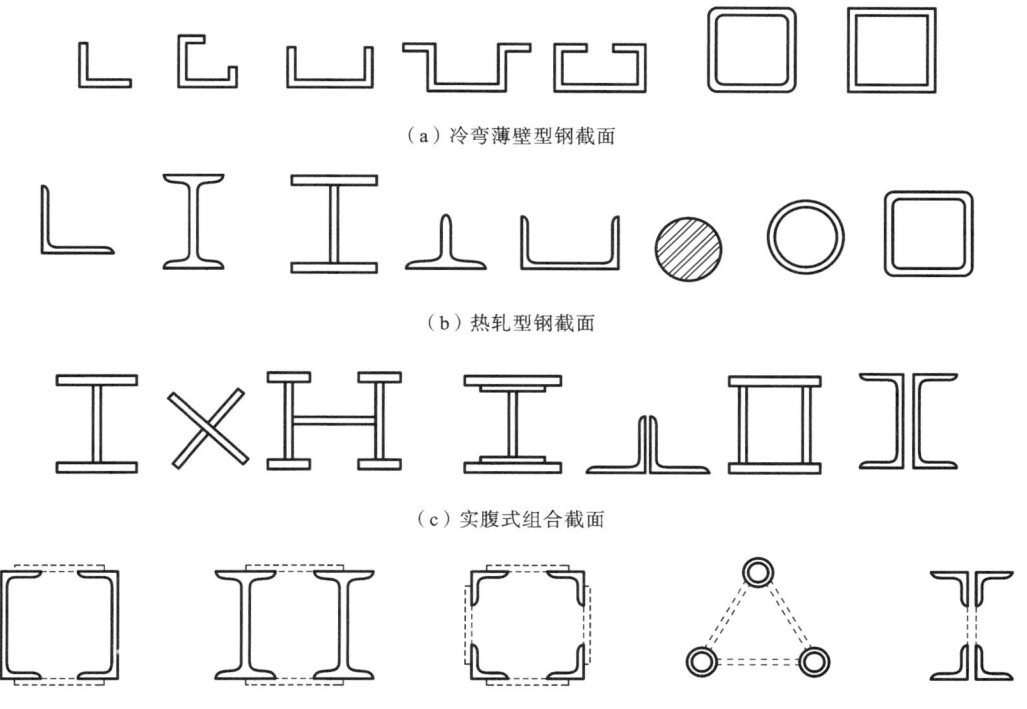

(a)冷弯薄壁型钢截面

(b)热轧型钢截面

(c)实腹式组合截面

(d)格构式组合截面

图 5.1.1 轴心受力构件的截面形式

钢、宽翼缘 H 型钢和槽钢等,其中最常用的是工字形或 H 型钢截面。第三类是实腹式组合截面,用型钢和钢板组合而成,截面形式如图 5.1.1(c)所示(前三类是实腹式截面,即截面整体连通)。第四类截面是格构式组合截面,截面用型钢和钢板组合而成,但截面整体不连通,格构式构件一般由两个或多个分肢用缀件联系组成,截面形式如图 5.1.1(d)所示,采用较多的是两分肢格构式构件。

轴压柱受力较小时可以采用型钢实腹截面,随着荷载的增大,型钢截面不能满足要求时一般采用组合截面。在格构式构件截面中,将通过分肢腹板的主轴命名为实轴(y-y 轴),将通过分肢缀材的主轴命名为虚轴(x-x 轴)。分肢通常采用轧制槽钢或工字钢,承受荷载较大时可采用焊接工字形或槽形组合截面形式。缀材有缀条和缀板两种,一般设置在分肢翼缘两侧平面内,其作用是将各分肢连成整体,使其协同变形、协同受力,并承受绕虚轴弯曲时产生的剪力。缀条用斜杆组成或斜杆与横杆共同组成,缀条常采用单角钢,与分肢翼缘组成桁架体系,使构件承受横向剪力时有较大的刚度。缀板常采用钢板,与分肢翼缘组成刚架体系。轴压柱的形式见图 5.1.2。

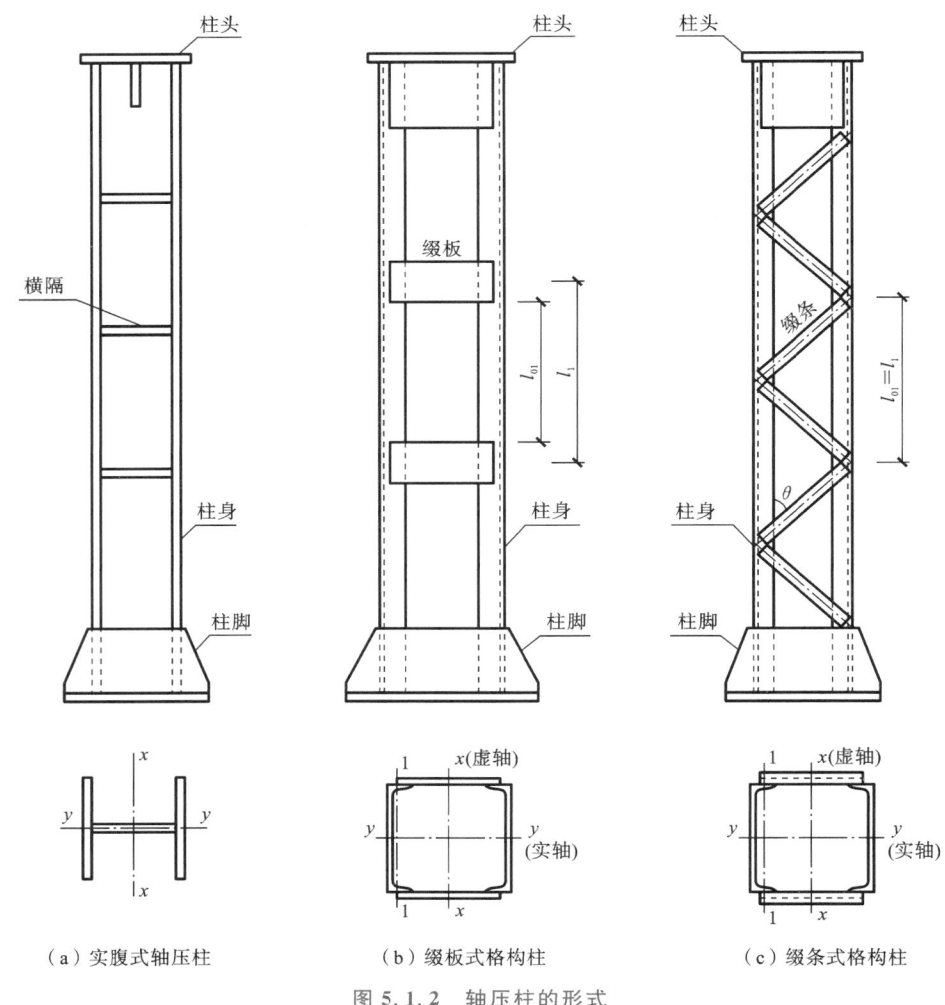

图 5.1.2　轴压柱的形式

轴心受力构件具体采用哪种截面形式由构件的使用要求决定。轴心受力构件需要满足的要求是：(1) 具有足够的截面积以满足承载力要求；(2) 制作简单，便于和相邻构件连接；(3) 截面采用宽肢薄壁的形式，优先选择具有较大回转半径的截面，截面的材料尽量不往截面形心集中，以满足构件刚度要求和稳定性要求；(4) 受压构件的截面在两个主轴方向的长细比不要相差太大，以免浪费材料。

5.2　轴心受力构件的强度和刚度

　　轴心受力构件的设计需要满足承载能力极限状态与正常使用极限状态的要求。对于承载能力极限状态，轴心受拉构件与一般拉弯构件一样，只有强度问题；轴心受压构件和压弯构件以及拉力小、弯矩大的拉弯构件同时需要验算强度与稳定性。对于正常使用极限状态，每类构件都有刚度要求，只是不同受力类型的构件所要求的刚度控制指标不一样。

5.2.1　轴心受力构件的强度

　　拉杆和压杆的强度验算一般分为截面无削弱和截面有削弱两种情况。截面如果有削弱，不同的连接方式所造成的截面削弱在强度计算时要分开讨论。现分别讨论拉杆和压杆毛截面与净截面的强度要求。

　　1. 拉杆的强度计算

　　(1) 拉杆在截面没有被局部削弱时性能与钢材在拉伸试验时所表现的一致，构件不允许出现过大的屈服变形，考虑材料的抗力分项系数，相应的强度计算见式(5.2.1)：

$$\sigma=\frac{N}{A}\leqslant f \tag{5.2.1}$$

　　(2) 除采用摩擦型高强度螺栓连接之外，端部采用其他类型螺栓或者铆钉连接的拉杆，有孔洞削弱的截面也是强度计算的薄弱部位，除按式(5.2.1)考虑毛截面屈服，还应增加考虑孔洞削弱以后的净截面强度计算。拉杆受力时净截面处由于应力集中首先屈服，此时拉杆并未达到承载能力极限状态，还能继续承担增加的荷载，虽然有局部变形但整体变形并不大，可以承担继续增大的拉力直至净截面拉断为止。考虑到拉断的后果比屈服严重，所以分析时抗力分项系数取值大一些，在 1.3 的基础上增加 10%，即取 1.1×1.3＝1.43，其倒数为 0.7。净截面拉断时的强度计算见式(5.2.2)：

$$\sigma=\frac{N}{A_n}\leqslant 0.7f_u \tag{5.2.2}$$

　　(3) 拉杆端采用摩擦型高强度螺栓连接时，考虑到孔轴线左、右摩擦面传递的一半力，式(5.2.2)应修正为

$$\sigma=\left(1-0.5\frac{n_1}{n}\right)\frac{N}{A_n}\leqslant 0.7f_u \tag{5.2.3}$$

式中，N 为所计算截面处的拉力值；f 为钢材的抗拉强度设计值；A 为构件的毛截面面积；A_n 为构件的净截面面积，当构件的多个截面有孔时，取最不利截面；f_u 为钢材的抗拉强度；n 为在节点或拼接处构件一端连接的高强度螺栓数目；n_1 为所计算截面的高强度螺栓数目。

　　(4) 当拉杆为沿全长都排列较密螺栓的组合构件时，取净截面屈服为承载能力极限状态，此时强度计算公式为

$$\sigma=\frac{N}{A_n}\leqslant f \tag{5.2.4}$$

（5）端部部分连接的杆件有效截面。

以端部采用平板连接的拉杆为例。如图 5.2.1(a)所示,板在 A—A 截面的应力分布不均匀,但当焊缝足够长的时候(标准要求不小于板宽 b),板通过截面内力重分布可以达到全截面屈服。这种端部部分连接的拉杆强度可以采用式(5.2.1)计算。

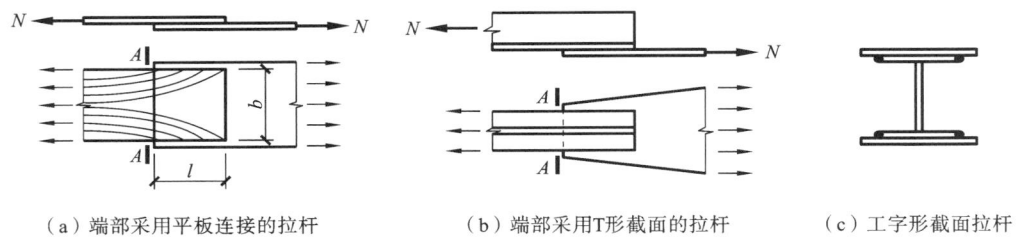

（a）端部采用平板连接的拉杆　　　　（b）端部采用T形截面的拉杆　　　　（c）工字形截面拉杆

图 5.2.1　端部部分连接的拉杆

拉杆端部采用单根 T 形截面形式[图 5.2.1(b)]时,T 型钢的翼缘两侧焊缝和节点板连接,T 型钢腹板没有焊缝和节点板连接,腹板内力需要通过腹板和翼缘的剪力传入翼缘再到翼缘焊缝,此时 A—A 截面应力不均匀现象十分突出,试验表明,在达到全截面屈服之前就会在焊缝处出现裂缝,此处拉杆的 A—A 截面不能看成全部有效。这种类型的连接强度计算见式(5.2.5):

$$\frac{N}{\eta A} \leqslant f \tag{5.2.5}$$

式中,η 为有效截面系数,对 T 型钢取 0.9,对角钢单边连接取 0.85。当不是采用焊接而是采用螺栓和节点板相连时,式(5.2.5)中的 A 用 A_n 替换。

对于工字形和 H 形截面拉杆,当端部只在翼缘边缘和节点板用焊接相连[图 5.2.1(c)]时,有效截面系数取 0.9,当端部只有腹板和节点板用焊接相连时,有效截面系数取 0.7。

压杆的端部如果采用和拉杆一样的部分连接方式,其 A—A 截面同样难以达到均匀屈服的工况,虽然没有断裂危险,但为了安全应采用式(5.2.5)进行强度计算。不管是拉杆还是压杆,端部的部分连接都是指端部没有正面角焊缝的情况,如果端部有正面角焊缝,其传力情况和部分连接完全不同,不需要采用有效截面系数。

2. 压杆的强度计算

计算压杆的截面强度时,可以认为孔洞由螺栓或者铆钉压实,因此不用考虑净截面的问题,截面强度按式(5.2.1)计算,公式里面的轴心拉力用轴心压力替换。但当截面存在没有使用紧固件的虚孔时,此处截面的强度还需要按式(5.2.2)补充计算。一般情况下,压杆的承载力是由稳定条件确定的,强度计算不起控制作用。

5.2.2　轴心受力构件的刚度

按正常使用极限状态的要求,为了避免安装运输和使用过程中过大的振动和变形,拉杆和压杆均应具有一定的刚度。对于拉杆,如果刚度不足,容易在受力之前由于自重产生变形或者过大的挠度。《标准》对轴心受力构件的容许长细比进行控制,见式(5.2.6)。

$$\lambda = \frac{l_0}{i} \leqslant [\lambda] \tag{5.2.6}$$

式中,λ 为构件最不利方向长细比,一般为两个主轴方向长细比中的最大值;l_0 为相应方向构件的计算长度,按各类构件的规定取值;i 为相应方向的回转半径;$[\lambda]$ 为拉杆或压杆的容许长细比,按表 5.2.1 或表 5.2.2 采用。

表 5.2.1　受拉构件的容许长细比

构件名称	承受静力荷载或间接动力荷载的结构构件			直接承受动力荷载的结构
	一般建筑结构	对腹杆提供平面外支撑的弦杆	重级工作制的厂房	
桁架的构件	350	250	250	250
吊车梁或吊车桁架以下柱间支撑	300	—	200	—
其他拉杆、支撑、系杆等（张紧的圆钢除外）	400	—	350	—

注:1. 除对腹杆提供平面外支点的弦杆之外,承受静力荷载的结构受拉构件,可仅计算竖向平面内的长细比;
　　2. 计算单角钢受拉构件的长细比时,应采用角钢的最小回转半径,但计算在交叉点相互连接的交叉杆件平面外的长细比时,可采用与角钢肢边平行轴的回转半径;
　　3. 中、重级工作制吊车桁架下弦杆的长细比不超过 200;
　　4. 在设有夹钳或者刚性料耙等硬钩起重机的厂房中,支撑的长细比不宜超过 300;
　　5. 受拉构件在永久荷载与风荷载组合作用下受压时,其长细比不宜超过 250;
　　6. 跨度大于或等于 60 m 的桁架,其受拉弦杆和腹杆的长细比不宜超过 300(承受静力荷载或者间接承受动力荷载)或 250(直接承受动力荷载);
　　7. 柱间支撑按拉杆设计时,竖向荷载作用下柱子的轴力应按无支撑时考虑。

表 5.2.2　受压构件的容许长细比

构件名称	容许长细比
轴心受压柱、桁架和天窗架中的压杆	150
柱的缀条、吊车梁或吊车桁架以下的柱间支撑	150
支撑	200
用以减小受压构件计算长度的杆件	200

注:1. 计算单角钢受压构件的长细比时,应采用角钢的最小回转半径,但计算在交叉点相互连接的交叉杆件平面外的长细比时,可采用与角钢肢边平行轴的回转半径;
　　2. 跨度大于或等于 60 m 的桁架,其受压弦杆、端压杆和直接承受动力荷载的受压腹杆的长细比不宜大于 120;
　　3. 轴心受压构件的长细比不宜超过表 5.2.2 的容许值,但当杆件内力设计值不大于承载能力的 50% 时,容许长细比可取 200。

【例题 5-1】　验算由 2∟63×5 组成的水平放置的轴心拉杆的强度和刚度。轴心拉力的设计值为 270 kN,只承受静力作用,计算长度为 3 m。杆端有一排直径为 20 mm 的孔眼(图 5.2.2),钢材为 Q235 钢。

解　(1) 刚度计算。

查表得∟63×5 的面积 $A=6.14\ \text{cm}^2$,$i_{\min}=i_x=1.94\ \text{cm}$。

$$\lambda=\frac{l_0}{i_{\min}}=\frac{3000}{19.4}=154.6\leqslant[\lambda]=350$$

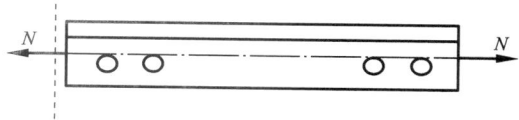

图 5.2.2 例题 5-1 图

满足要求。

（2）强度计算。

$$A_n = 2 \times (A - d \cdot t) = 2 \times (614 - 20 \times 5) \text{ mm}^2 = 1028 \text{ mm}^2$$

$$N = 270 \text{ kN}$$

$$\sigma = \frac{N}{A_n} = \frac{270 \times 10^3}{1028} \text{ MPa} = 262.65 \text{ MPa}$$

262.65 MPa＞f＝215 MPa,强度不满足要求。

所需净截面面积为

$$A_n \geqslant \frac{N}{f} = \frac{270 \times 10^3}{215} \text{ mm}^2 = 1256 \text{ mm}^2$$

所需截面积为

$$A = A_n + d \cdot t = \left(\frac{1256}{2} + 20 \times 5 \right) \text{ mm}^2 = 728 \text{ mm}^2$$

728 mm²＞614 mm²,不满足要求。

5.3　实腹式轴心受压构件的整体稳定理论

稳定性是钢结构承载能力极限状态验算的重要内容。钢结构轴心压杆除了短粗杆或者截面有重大削弱的杆有可能强度不能满足要求外,一般情况下都是由整体稳定性来确定承载力。钢材的强度高,钢压杆大多数柔细,保证钢压杆的整体稳定是构件设计的重要环节。国内外因压杆失稳导致钢结构坍塌的重大事故时有发生,所以须特别重视钢压杆的稳定性。

理论上压杆整体失稳分为两类:分支点失稳和极值点失稳。分支点失稳的特点:构件处于初始的稳定平衡状态,随着荷载的增加,到达临界荷载时,构件从初始的稳定平衡状态突变到另外一个不稳定的平衡状态,表现出平衡位置的分岔现象[图 5.3.1(a)]。无缺陷的理想轴心压杆的失稳属于这一类型,它可以是弹性屈曲,也可以是非弹性屈曲。

极值点失稳的特点:构件没有平衡状态的改变,随着荷载的增加,构件不仅出现与荷载作用方向一致的变形加大,与荷载作用方向不同的另外一个方向的变形值也逐步加大,荷载-变形曲线没有分岔[图 5.3.1(b)],在荷载-变形曲线上可以获得构件承载的极值点,此种临界状态可认为是构件不能再承受荷载增量的点,即图 5.3.1(b)中的 P 点。有缺陷的非理想压杆以及钢结构压弯构件,在经历足够的塑性发展过程以后呈现极值点失稳的特征。

自 18 世纪至 20 世纪中期,以欧拉为代表的众多科学家对轴心压杆的整体稳定性能进行了大量研究,我国钢结构设计标准中压杆整体稳定理论分析是在此基础上修正拓展的。欧拉以无缺陷的理想直杆为研究对象,理想压杆从稳定的平衡状态到达临界状态时,在平衡位置的分岔处建立平衡微分方程,求解方程得到临界荷载。实际工程的压杆是缺陷杆,探讨缺陷杆的

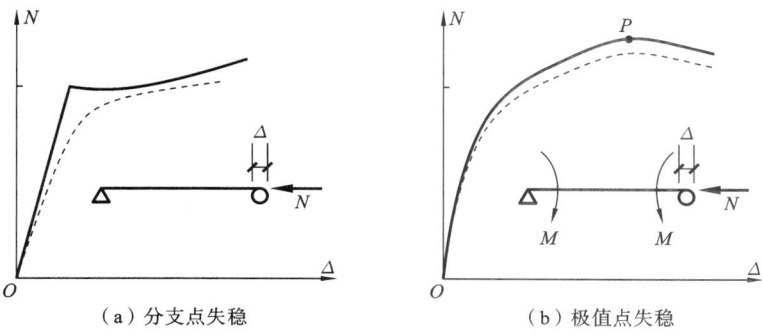

（a）分支点失稳   （b）极值点失稳

图 5.3.1 两类失稳模式

各种缺陷对压杆临界荷载的影响，最后叠加修正压杆的临界荷载以贴近工程实际。要建立理想压杆的临界状态平衡微分方程，首先要研究压杆整体失稳现象，了解平衡分岔时构件处于何种临界状态，这样才能建立对应数学模型。

5.3.1 轴心压杆的整体失稳屈曲模态

以无缺陷的理想压杆的弯曲失稳为例［图 5.3.2(a)］。压杆在压力 N 较小时，构件只产生轴向压缩变形，压缩变形量与 N 呈比例增长，保持稳定的平衡状态。随着轴压力 N 的增加，杆件从稳定的直线平衡状态变为微弯曲的曲线平衡状态，这时杆件处于不稳定平衡状态，稍微增加的轴压力 N 会使压杆的弯曲变形大幅增加，这种现象称为压杆的弯曲屈曲或者弯曲失稳。构件从稳定平衡过渡到不稳定平衡的临界状态，对应的轴压力称为临界压力 N_{cr}，相应的

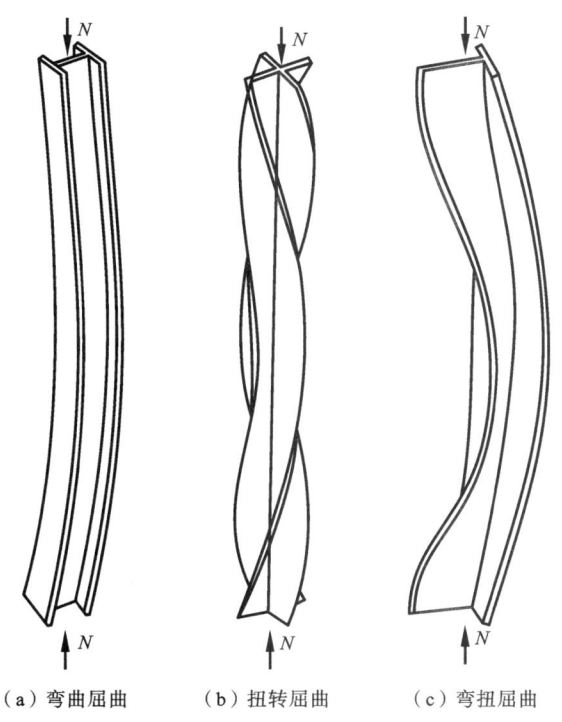

（a）弯曲屈曲   （b）扭转屈曲   （c）弯扭屈曲

图 5.3.2 两端铰接压杆可能的屈曲状态

截面应力称为临界应力 σ_{cr}。σ_{cr} 常低于钢材的屈服强度 f_y，即构件在达到强度极限状态之前就会丧失整体稳定。

　　钢结构中压杆常用双轴对称截面，为了获得较大的回转半径，截面设计时往往将截面材料分别远离形心，比如常见的工字形或者 H 形截面，其板件较厚，构件的抗扭刚度较大，失稳时主要发生弯曲屈曲。这是无缺陷轴心压杆屈曲的最常见模态。对某些抗扭刚度较差的轴心受压构件[如十字形截面，见图 5.3.2(b)]，在一定条件下当轴压力 N 达到临界值时，原来挺直的稳定平衡状态不再保持，进入微扭转的不稳定平衡状态，荷载再稍微增加，则扭转变形迅速增大，最终使构件丧失承载能力，这种现象称为扭转屈曲或扭转失稳，这也是无缺陷轴心压杆可能的屈曲模态。单轴对称截面[如 T 形截面，见图 5.3.2(c)]压杆绕对称轴弯扭屈曲时，截面形心与截面剪力中心（或称扭转中心、弯曲中心，即构件弯曲时截面剪应力合力作用点通过的位置）不重合，在发生弯曲变形的同时必然伴随有扭转变形，这种现象称为弯扭屈曲或弯扭失稳，这也是无缺陷压杆可能的屈曲模态。单轴对称压杆绕非对称轴失稳时其屈曲模态称为弯曲失稳。哪种杆件会产生哪种形式的屈曲与压杆的截面形式、尺寸，以及杆件的长度，杆端的支承情况有关。

　　钢结构中常用截面的轴心受压构件失稳时主要发生弯曲屈曲；单轴对称截面的构件绕对称轴弯扭屈曲时，当采用考虑扭转效应的换算长细比后，也可按弯曲屈曲计算。因此，弯曲屈曲是确定轴心受压构件稳定承载力的主要依据，本节将主要讨论弯曲屈曲问题。

5.3.2　无缺陷理想轴心压杆的弯曲屈曲

1. 弹性弯曲屈曲

对于两端铰接的理想等截面压杆，在研究弹性弯曲屈曲临界力时采用了以下基本假

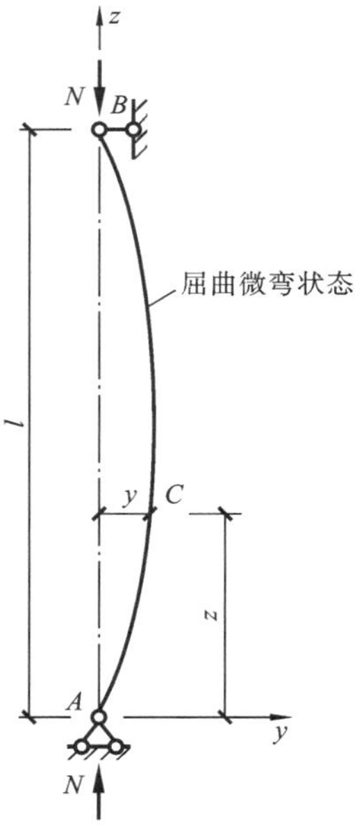

图 5.3.3　轴心压杆的
弯曲屈曲

定：① 压杆为等截面无缺陷的理想直杆；② 压力作用线与杆件轴线重合；③ 材料均质且各向同性，有无限弹性，符合胡克定律。

　　由以上假定可知，这只是现实中不可能存在的理想压杆，在此基础上研究实际轴心压杆在弹性和弹塑性状态下的稳定承载力。

　　图 5.3.3 为轴心压杆的弯曲屈曲。当压力处于临界状态时杆件处于微弯的平衡状态，建立如图 5.3.3 所示的坐标系，任选一个截面，取隔离体，列内外力的平衡微分方程，解平衡微分方程可得欧拉临界力和欧拉临界应力：

$$N_E = \frac{\pi^2 EI}{(\mu l)^2} = \frac{\pi^2 EI}{l_0^2} = \frac{\pi^2 EA}{\lambda^2} \qquad (5.3.1)$$

$$\sigma_E = \frac{N_E}{A} = \frac{\pi^2 E}{\lambda^2} \qquad (5.3.2)$$

式中，E 为钢材的弹性模量；I 为截面绕所计算屈曲方向主轴的惯性矩；l、l_0 为构件的几何长度和计算长度；μ 为构件计算长度系数。对于单杆，计算长度系数 μ 根据构件的端部条件确定，按表 5.3.1 选用；对桁架中的轴心压杆，μ 按相关规定采用。

表 5.3.1　轴心受压杆件的计算长度系数

屈曲形式(虚线所示)	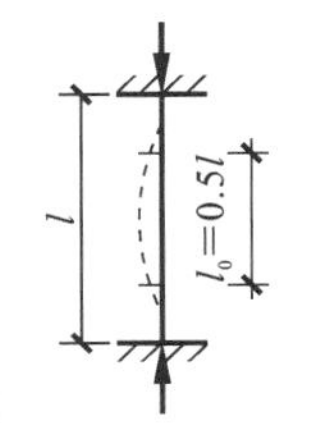	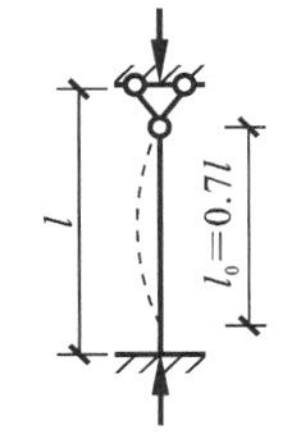	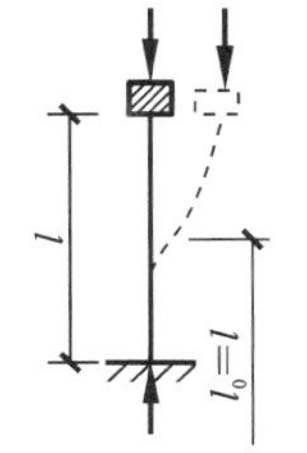	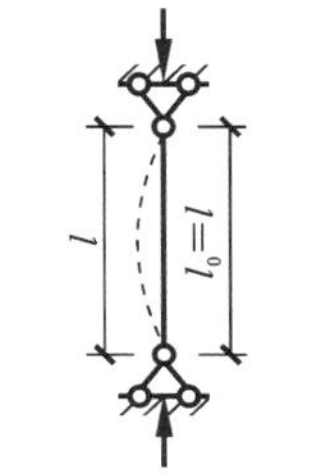	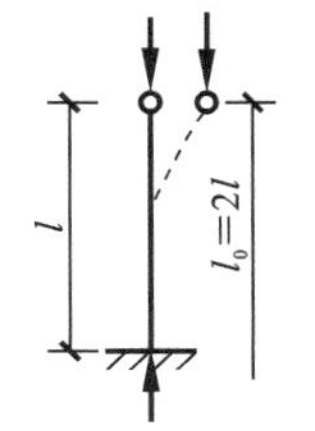	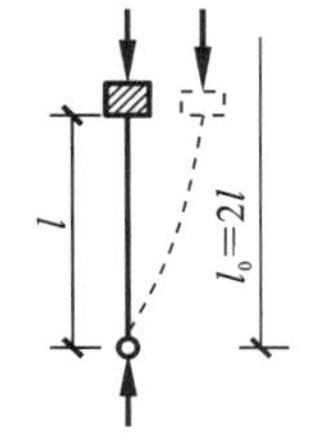
μ 的理论值	0.50	0.70	1.0	1.0	2.0	2.0
μ 的建议值	0.65	0.80	1.0	1.2	2.1	2.0

端部条件符号	 无转动,无侧移		 无转动,自由侧移		
	 自由转动,无侧移		 自由移动,自由侧移		

欧拉公式基于材料无限弹性且符合胡克定律,而钢材应力超过比例极限以后其应力应变不成比例关系,因此欧拉公式有以下适用范围:

$$\sigma_{E} = \frac{\pi^2 E}{\lambda^2} \leqslant f_{p} \tag{5.3.3}$$

或

$$\lambda \geqslant \lambda_{p} = \sqrt{\frac{\pi^2 E}{f_{p}}} \tag{5.3.4}$$

式中,λ_{p} 为相应截面应力达到比例极限 f_{p} 时构件的长细比。

对于细长杆,式(5.3.4)大多能满足;对于中长杆或者短粗杆,即 $\lambda < \lambda_{p}$,这类杆的截面应力在屈服前已经超过比例极限而进入弹塑性阶段,屈服也发生在弹塑性阶段。

2. 弹塑性弯曲屈曲

确定轴心压杆弹塑性状态的整体稳定承载力分析仍基于理想轴心压杆假定,但此时材料不再为无限理想弹性体,不符合胡克定律。在众多研究中,1889 年恩格赛尔根据切线模量理论求得的弹塑性临界力与试验结果吻合较好。该理论用 σ-ε 曲线的切线模量 $E_{t} = \mathrm{d}\sigma/\mathrm{d}\varepsilon$ 代替欧拉公式中的弹性模量 E,将欧拉公式推广应用到弹性范围。

$$N_{t(cr)} = \frac{\pi^2 E_{t} I}{l_0^2} \tag{5.3.5}$$

$$\sigma_{t(cr)} = \frac{\pi^2 E_{t}}{\lambda^2} \tag{5.3.6}$$

由式(5.3.2)和式(5.3.6)可知,理想轴心压杆弹性屈曲临界应力与长细比存在一一对应的关系,可绘出 σ_{cr}-λ 关系曲线,俗称柱子曲线。从形式上看,式(5.3.2)和式(5.3.6)仅仅是模量不同,但使用上有很大区别。弹性状态的理想压杆采用欧拉公式可直接由 λ 求得临界应力 σ_{cr},弹塑性状态的理想压杆发生弯曲屈曲时则不能如此得到结果,切线模量与临界应力互为函数。一般通过短柱试验得到钢材的平均 σ-ε 关系曲线,从而得到钢材的 σ-E_t 关系曲线,进而获得钢材弹塑性屈曲时的柱子曲线,如图 5.3.4 所示。

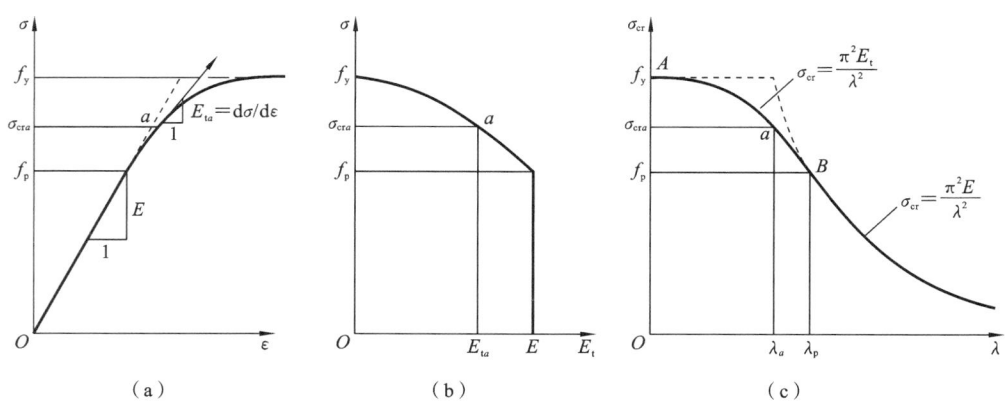

图 5.3.4　切线模量和理想轴心压杆的柱子曲线

不同品种的钢材弹性模量基本一致,切线模量有较大区别,因此,细长杆采用高强度钢材并不能提高其稳定承载力。在弹塑性阶段,σ_{cr} 不仅是 λ 的函数,还是 E_t 的函数,不同强度的钢材的 E_t 值差别很大。因此当钢材强度不同时,构件长细比 λ 越小,临界应力 σ_{cr} 差别越大,当 λ 趋近零时达到各自的屈服强度,也就是构件稳定承载力的上限值。

理想压杆在实际工程中是不存在的。实际构件中不可避免存在初弯曲、初偏心和残余应力等初始缺陷,这些因素对压杆稳定承载力的影响不能忽视。理想压杆稳定承载力的研究为实际压杆稳定承载力研究奠定了基础,有较高的价值。

5.3.3　力学和几何缺陷对轴心压杆弯曲屈曲的影响

随着现代计算和测试技术的发展,构件的残余应力分布、初弯曲和初偏心的大小等以及这些因素对压杆稳定承载力的影响已经能够确定。有缺陷压杆更能反映压杆的实际受力情况。研究发现,对压杆稳定承载力影响较大的力学初始缺陷是残余应力,对压杆稳定承载力影响较大的几何初始缺陷是初弯曲和初偏心。下面分别讨论这几种初始缺陷对压杆稳定承载力的影响。

1. 残余应力的分布规律

由于构件钢材热轧以及板边火焰切割、构件焊接和校正调直等加工制造过程中不均匀的高温加热和不同的冷却时间等,引起构件塑性变形,形成内部板件互相牵扯自平衡的内力,这就是残余应力。其中焊接残余应力数值最大,通常可达到或者接近屈服强度 f_y。

图 5.3.5(a)所示为热轧 H 型钢的纵向残余应力分布,翼缘板端的单位体积暴露面积大于腹板和翼缘相交处,冷却较快。同样腹板中部也比两端冷却快,后冷却部分受到先冷却部分的约束产生残余拉应力,先冷却部分产生与之平衡的残余压应力。残余拉应力与残余压应力自

相平衡。

图 5.3.5(b)所示为热轧或者剪切钢板的纵向残余应力分布。该残余应力峰值较小，常可忽略。用这种带钢焊接组成的工字形截面构件，焊接处的残余拉应力可能达到屈服强度，如图 5.3.5(c)所示。

图 5.3.5(d)所示为火焰切割钢板焊接 H 型钢的纵向残余应力分布。由于切割时热量集中在切割的较小范围，很高甚至高达屈服强度的残余拉应力就发生在板边缘的小范围内，且翼缘板的焊缝处变号为残余拉应力。

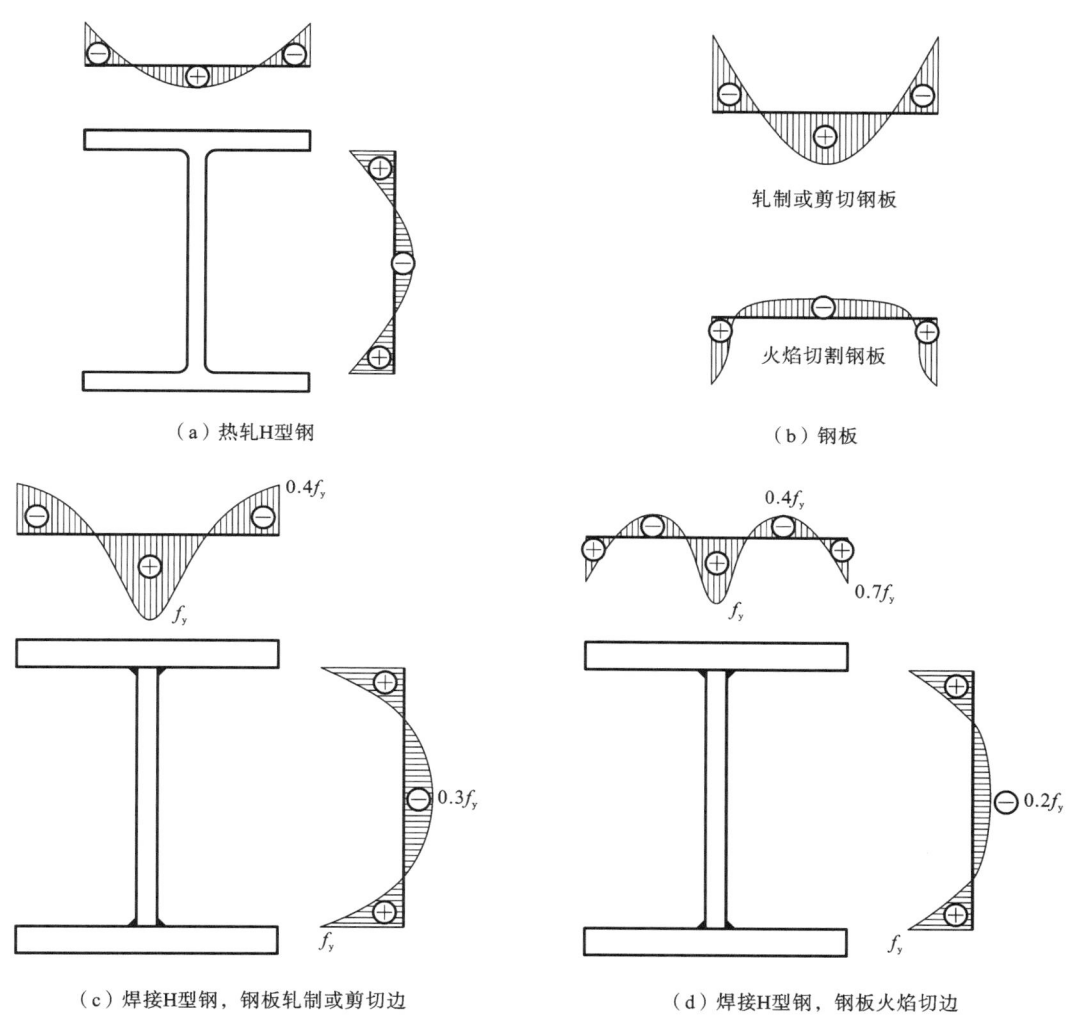

（a）热轧H型钢　　　　　（b）钢板

（c）焊接H型钢，钢板轧制或剪切边　　　（d）焊接H型钢，钢板火焰切边

图 5.3.5　构件纵向残余应力分布

残余压应力的大小一般在$(0.32\sim0.57)f_y$，残余拉应力可高达$(0.5\sim1.0)f_y$。热轧型钢中残余应力在截面上的分布和大小与截面形状、尺寸比例、初始温度、冷却条件以及钢材性质有关。焊接构件中残余应力在截面上的分布和大小还与焊缝大小、焊接工艺和翼缘板边缘制作方法（焰切、剪切或轧制）有关。

2. 残余应力对轴心压杆稳定承载力的影响

在理想压杆稳定承载力计算的基础上分析残余应力对压杆稳定承载力的影响。忽略影响不大的腹板部分的残余应力,翼缘部分的残余应力呈三角形分布,如图 5.3.6 所示。在压力 N 的作用下,截面上的应力叠加为 $\sigma = \sigma_r + N/A$(σ_r 为截面最大残余应力)。如图 5.3.6 所示,根据杆件屈服时临界压力 N_{cr} 的大小,可分为两种情况:

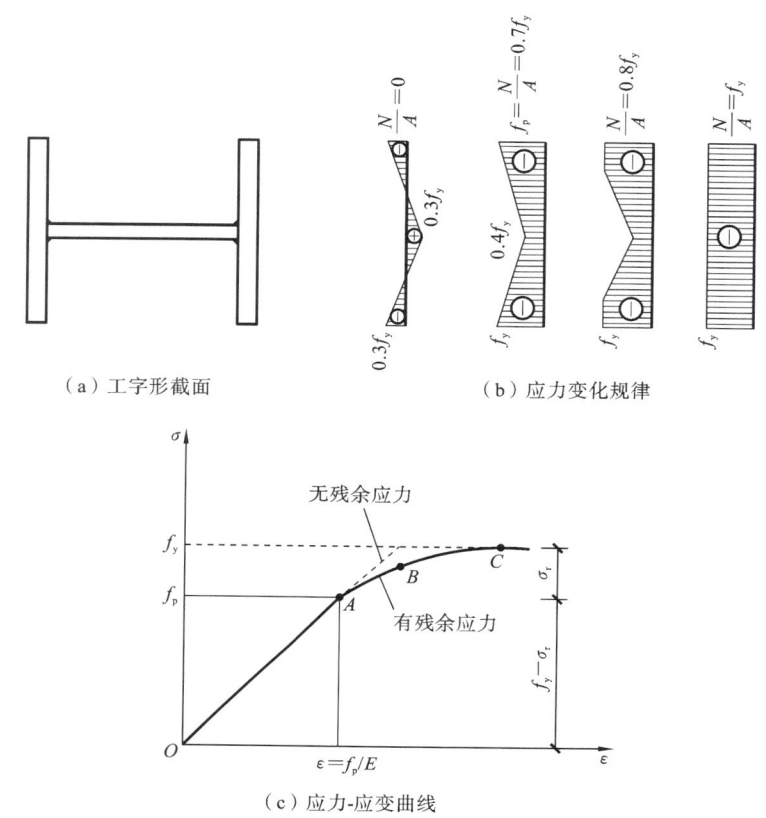

（a）工字形截面   （b）应力变化规律

（c）应力-应变曲线

图 5.3.6 残余应力对轴压短柱平均应力-应变曲线的影响

（1）若 $N_{cr}/A < f_y - \sigma_r$,构件处于弹性状态,可采用式(5.3.1)和式(5.3.2)计算 N_{cr} 和 σ_{cr}。

（2）若 $f_y - \sigma_r \leqslant N_{cr}/A \leqslant f_y$,杆件受截面残余应力的影响,在 $N/A = f_y - \sigma_r$ 时提前进入弹塑性状态,产生屈服区,其承载能力降低。屈服区弹性模量为零,不能简单按切线模量理论计算 N_{cr} 和 σ_{cr},只能取弹性区截面的抗弯刚度 EI_c 进行计算,即

$$\sigma_{cr} = \frac{N_{cr}}{A} = \frac{\pi^2 EI_c}{l_0^2 A} = \frac{\pi^2 E}{\lambda^2} \frac{I_c}{I} \tag{5.3.7}$$

式(5.3.7)表明,考虑残余应力时,弹塑性屈曲的临界应力为弹性欧拉临界应力乘小于 1 的折减系数 I_c/I。比值 I_c/I 取决于构件截面形状尺寸、残余应力的分布和大小,以及构件屈曲时的弯曲方向。EI_c/I 称为有效弹性模量或换算切线模量 E_t。翼缘为轧制边的工字形截面如图 5.3.7(a)所示,由于残余应力的影响,翼缘四角先屈服,绕 x 轴(忽略腹板面积)和 y 轴的有效弹性模量分别为

$$E_{tx} = E \frac{I_{ex}}{I_x} \approx E \frac{2tb_e(h/2)^2}{2tb(h/2)^2} = E \frac{A_e}{A} = E\eta \tag{5.3.8}$$

$$E_{ty} = E \frac{I_{ey}}{I_y} \approx E \frac{2tb_e^3/12}{2tb^3/12} = E\left(\frac{A_e}{A}\right)^3 = E\eta^3 \tag{5.3.9}$$

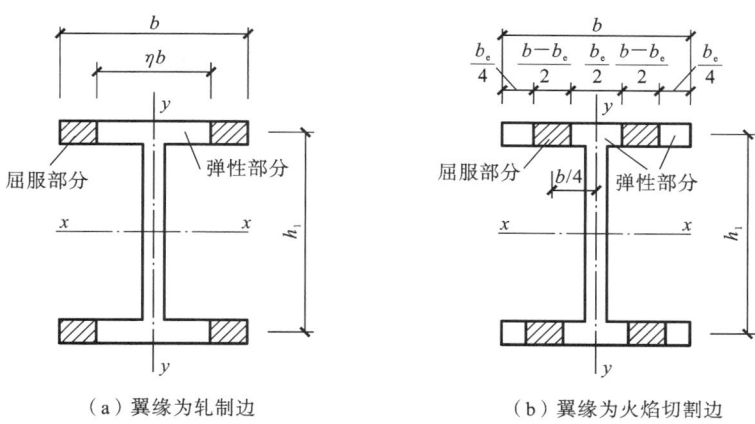

（a）翼缘为轧制边　　　　　　　　（b）翼缘为火焰切割边

图 5.3.7　工字形截面的弹性区与塑性区分布

式中，A_e、A 和 η 分别为翼缘的弹性区面积、总面积和两者的比。

由于 $\eta < 1$，故 $E_{ty} \ll E_{tx}$。可见，残余应力的不利影响对绕弱轴屈曲时比绕强轴屈曲时严重得多。究其原因是远离弱轴的部分是残余压应力最大的部分，而远离强轴的部分兼有残余压应力和残余拉应力。

图 5.3.7(b) 所示的翼缘为火焰切割边钢板焊接的工字形截面，由于残余应力的影响，翼缘中部是塑性区。可以证明，对 $x—x$ 轴屈曲时，E_{tx} 的计算式与式(5.3.8)相同；对 $y—y$ 轴屈曲时，有

$$E_{ty} = E\frac{I_{ey}}{I_y} = E\frac{2t\left[b^3/12 - (b-b_e)(b/4)^2\right]}{2tb^3/12} = E\left(\frac{1}{4} + \frac{3}{4}\eta\right) \tag{5.3.10}$$

上式的计算数值比式(5.3.9)大，因此，用火焰切割边钢板焊接的工字形截面，由于远离弱轴的翼缘两端具有推迟塑性发展的残余拉应力，对弱轴屈曲时的临界应力比用轧制边焊接的相同工字形截面大。

因为系数 η 随 σ_{cr} 变化，所以求解式(5.3.8)～式(5.3.10)时，需要建立 η 与 σ_{cr} 的关系才能联立求解临界应力。根据内外力的平衡关系可确定 η 与 σ_{cr} 的关系(如图 5.3.6 所示的弹塑性阶段，$\sigma_{cr} = f_y - 0.3f_y\eta^2$)。联立求解可得到如图 5.3.8 所示的柱子曲线。

在弹性阶段，柱子曲线与欧拉曲线相同，在弹塑性阶段，绕强轴的临界应力高于绕弱轴的临界应力。

3. 构件初弯曲对压杆稳定承载力的影响

实际轴心压杆在制造和运输安装过程中，不可避免地会产生微小的初弯曲。初弯曲量大小一般取杆中点的挠曲矢高来衡量，该矢高一般取杆长 l 的 1/2000～1/500。有初弯曲的杆件在压力的作用下，其侧向挠度从开始加载就会不断增加，杆件全长除轴心力外还存在因挠曲而附加的弯矩，从而降低压杆的稳定承载力。

图 5.3.9 所示为一根中点沿 y 方向有初始挠度 v_0 的两端铰接压杆，y_0 为任一点处初始挠度。当构件承受轴压力 N 时，挠度将增加为 $y_0 + y$。

假设初弯曲形状曲线为半波正弦曲线 $y = v_0\sin(\pi z/l)$。在弹性弯曲状态下，由内外力平衡条件可建立平衡微分方程，求解可得挠度 y 和总挠度 Y 分别如下：

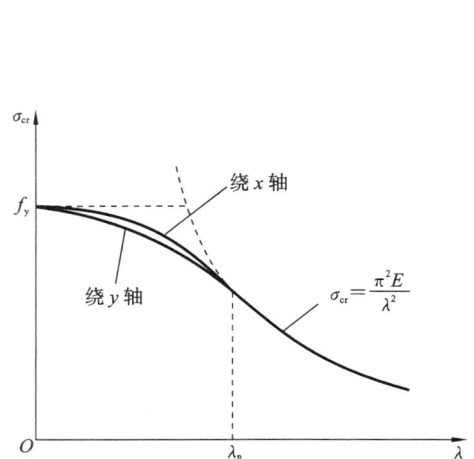

图 5.3.8　考虑残余应力影响的柱子曲线

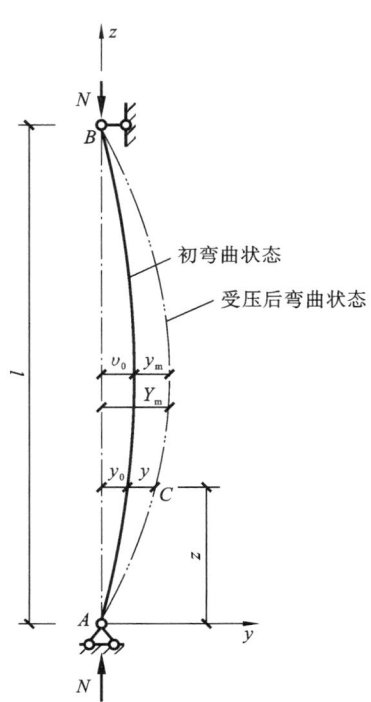

图 5.3.9　有初始弯曲的压杆

$$y = \frac{\alpha}{1-\alpha}\upsilon_0 \sin\frac{\pi z}{l} \qquad (5.3.11)$$

$$Y = y_0 + y = \frac{\upsilon_0}{1-\alpha}\sin\frac{\pi z}{l} \qquad (5.3.12)$$

中点的挠度和弯矩为

$$y_m = y_{(z=l/2)} = \frac{\alpha}{1-\alpha}\upsilon_0 \qquad (5.3.13)$$

$$Y_m = Y_{(z=l/2)} = \frac{\upsilon_0}{1-\alpha} \qquad (5.3.14)$$

$$M_m = N Y_m = \frac{N\upsilon_0}{1-\alpha} \qquad (5.3.15)$$

式中,$\alpha = N/N_E$;$N_E = \pi^2 EI/l^2$ 是欧拉临界力;$1/(1-\alpha)$ 为初挠度放大系数或弯矩放大系数。有初弯曲的轴心受压构件的荷载-总挠度曲线如图 5.3.10 所示。从图 5.3.10 和式(5.3.11)、式(5.3.12)可以看出,有初始挠曲压杆一开始加压其挠度就增加,但荷载与挠度的增加不成比例,挠度开始增加较慢,后面增加较快。

　　式(5.3.11)和式(5.3.12)建立在材料为无限弹性的条件下,轴心压杆的承载力在理论上最终可达到欧拉临界力,挠度和弯矩可无限增大,如图 5.3.10 中 b 点所示。

　　实际上这是不可能的。在轴力和附加弯矩的共同作用下,当杆中点截面边缘纤维压应力率先达到屈服点 f_y 时,压杆即进入弹塑性状态,承载力随之降低。无残余压应力的压杆边缘屈服可由下式计算:

$$\sigma_{max} = \frac{N}{A} + \frac{M_m}{W_{1x}} = \frac{N}{A}\left(1 + \frac{A}{W_{1x}}\frac{\upsilon_0}{1-N/N_{Ex}}\right) = \sigma_0\left(1 + \varepsilon_0\frac{\sigma_{Ex}}{\sigma_{Ex}-\sigma_0}\right) = f_y$$

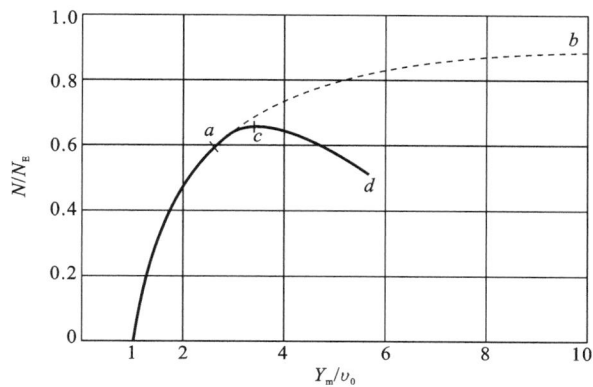

图 5.3.10　有初弯曲轴心压杆构件的荷载‑总挠度曲线

式中，$\sigma_0 = N/A$ 为压杆截面平均应力；$\varepsilon_0 = \dfrac{A}{W_{1x}}\upsilon_0 = \dfrac{\upsilon_0}{\rho}$ 为相对初弯曲曲率，$\rho = W_{1x}/A$ 为截面核心距；W_{1x} 为较大受压纤维的毛截面模量。

上式为 σ_0 的一元二次方程，其有效根为

$$\sigma_0 = \frac{f_y + (1 + \varepsilon_0)\sigma_{Ex}}{2} - \sqrt{\left[\frac{f_y + (1 + \varepsilon_0)\sigma_{Ex}}{2}\right]^2 - f_y\sigma_{Ex}} \qquad (5.3.16)$$

式（5.3.16）为佩利公式。根据佩利公式求出的 $N = A\sigma_0$ 相当于图 5.3.10 中的 a 点，它对应截面边缘纤维开始屈服时的荷载。随着轴压力的增加，截面一部分发展塑性，挠度增加加快，到达 c 点时截面塑性发展很深，不能继续承受增加的轴力，要想维持压杆平衡就必须卸载，因此曲线表现为下降段 cd。与 c 点相对应的极限荷载为有初弯曲的压杆整体稳定极限承载力，也称为压溃荷载。这种失稳属于第二类稳定问题，是极值点失稳。

求解极限荷载 N_c 比较复杂，一般用数值解法。佩利公式是由构件截面边缘屈服准则导出来的，求得的 N 或者 σ_0 代表边缘受压纤维达到屈服时的最大荷载或最大应力，不代表稳定极限承载力，所得结果偏于保守，有些情况比实际屈曲荷载低很多。

施工规范规定的初弯曲最大允许值 $\upsilon_0 = l/1000$，则初始曲率为

$$\varepsilon_0 = \frac{l}{1000}\frac{A}{W_{1x}} = \frac{\lambda}{1000}\frac{i}{\rho} \qquad (5.3.17)$$

对于不同的截面及对应轴，i/ρ 各不相同，因此可由佩利公式确定各种截面的柱子曲线，如图 5.3.11 所示。

4. 构件初偏心对压杆稳定承载力的影响

由于构造和施工方法的原因，轴心压杆的作用力可能产生一定程度的初偏心。图 5.3.12 所示为两端铰接的等截面理想直杆，两端作用力有着大小相等、方向相同的偏心距 e_0。在弹性稳定状态，按力矩的平衡条件可列出内外力矩微分平衡方程，解此平衡方程可得挠度曲线，见式（5.3.18），可得杆中点挠度，见式（5.3.19）。

$$y = e_0\left[\tan\frac{kl}{2}\sin kz + \cos kz - 1\right] \qquad (5.3.18)$$

$$y_m = y_{(z = l/2)} = e_0\left(\sec\frac{\pi}{2}\sqrt{\frac{N}{N_E}} - 1\right) \qquad (5.3.19)$$

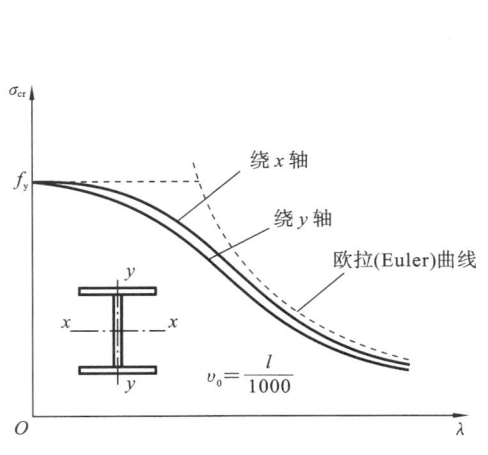

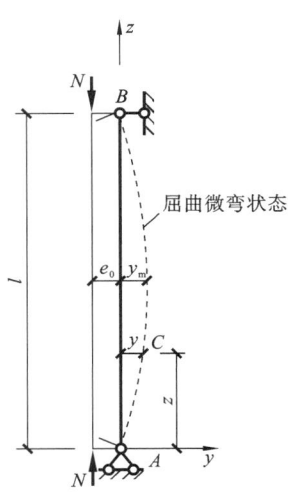

图 5.3.11　考虑初弯曲影响的柱子曲线　　　　　图 5.3.12　有初偏心的压杆

　　有初偏心轴心压杆的荷载-挠度曲线如图 5.3.13 所示。初偏心对压杆承载力的影响与初弯曲的类似,为了简单,可合并采用一种缺陷代表两种缺陷的影响,如采用加大初弯曲的数值来考虑两者的综合影响。若初偏心和初挠曲相当,则初偏心的影响更不利,这是由于初偏心所产生的附加弯矩存在于杆的两端。另外,初偏心一般数值较小,且与杆长无关,而短杆初挠曲较小,中长杆初挠曲较大,因此,初偏心对短杆的影响较明显,杆件越长则影响越小。

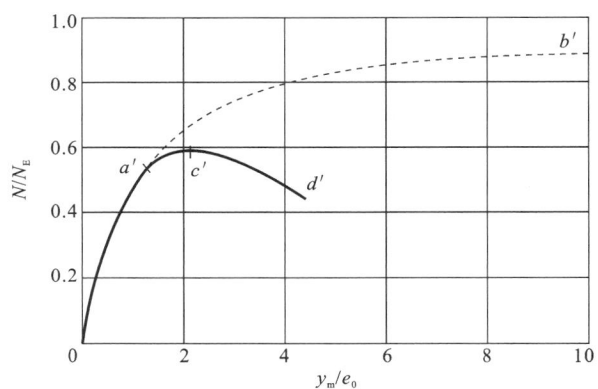

图 5.3.13　有初偏心轴心压杆的荷载-挠度曲线

5. 各种初始缺陷的综合影响和实际轴心压杆的稳定承载力

　　以上讨论了各种初始缺陷(残余应力、初弯曲、初偏心)单独对轴心压杆稳定承载力的影响,综合考虑各种因素,即可得符合工程实际的轴心压杆稳定承载力。通过以上分析还可见,由于初弯曲、初偏心的影响,理想轴心压杆成为偏心压杆,其稳定性质也由第一类稳定问题变为第二类稳定问题,承载力下降,若再加上残余应力的影响,杆件受压后提前进入弹塑性状态,抗弯刚度减小,从而使构件承载能力降低更多。

5.4　轴心受压构件整体稳定的计算

5.4.1　实际轴心压杆整体稳定承载力的确定方法

　　前面讨论过理想轴心压杆的临界力在弹性阶段是长细比 λ 的单一函数,在弹塑性阶段也引入与材料强度有一定关系的切线模量 E_t。实际轴心压杆受初弯曲、初偏心、残余应力和材质不均匀等的综合影响,且影响程度因截面形状、尺寸和屈曲方向的不同而变化。因此,实际上每根压杆都有各自的临界力,相同类型的压杆即使截面尺寸相同,也可能因初始缺陷的影响而有各自的柱子曲线,这表明实际轴心压杆工作的复杂性。

　　图 5.4.1 是两端铰接、有残余应力和初弯曲的轴心压杆的荷载-挠度曲线图(初偏心的影响在加大的初弯曲量中考虑)。在弹性阶段(O_1a_1 段),荷载 N 和挠度 y_m 的关系曲线与只有初弯曲没有残余应力时的弹性关系曲线完全相同,当压力 N 超过边缘纤维屈服时的压力 N_p 以后,屈服区继续往截面深处发展,截面开始进入弹塑性状态,挠度随 N 的增加而增加的速率加快,到 c_1 点无法继续加载,要维持平衡只能卸载,同时伴随着越来越大的塑性变形,如曲线 c_1d_1 段。N-Y_m 曲线的极值点是由稳定平衡过渡到不稳定平衡的关键点,c_1 点相应的荷载称为临界荷载,也称极限荷载或者压溃荷载。根据此模型建立的长度计算理论称为极限承载力理论。由于缺陷分布的复杂性,实际压杆按极限承载力理论计算比较复杂,一般需要采用数值法用计算机求解。数值分析方法一般包括数值积分法、差分法等解微分方程的数值方法和有限元方法等。

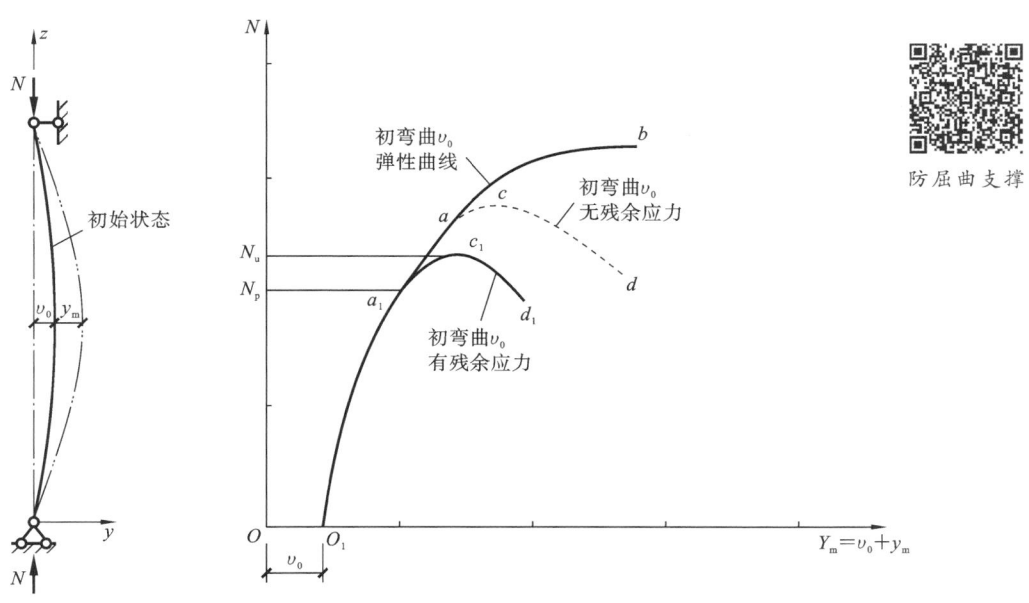

图 5.4.1　轴心压杆的荷载-挠度曲线图

　　我国在制定轴心压杆柱子曲线时,根据不同截面形状和尺寸、不同加工条件和相应的残余应力分布及大小、不同的弯曲方向及弯曲量($v_0 = l/1000$,以此代表几何缺陷值),按极限承载力理论,采用数值积分法,得到近 200 条不同实腹式轴心压杆弯曲屈曲的柱子曲线。轴心压杆的极限承载力不仅取决于长细比,由于残余应力的影响,对于长细比相同的构件,截面形状、弯曲方向、加工形式的不同也会造成残余应力的分布和大小不同,构件的极限承载力也就有较大的差距,所计算的柱子曲线形成相当宽的分布带。这个分布带的上、下限相差较大,特别是中等长细比区域,其差距尤其明显。《标准》将这些曲线分成四组,将分布带分成四个窄带,取每组的平均值曲线作为该组的代表曲线,给出 a、b、c、d 四组柱子曲线,如图 5.4.2 所示。在 $\lambda = 40 \sim 120$ 的常用范围内,柱子曲线 a 比曲线 b 高出 4%～15%,而曲线 c 比曲线 b 约低 7%～13%,最低的曲线 d 主要用于厚板截面。图中,$\varphi = N_u/(A f_y) = \sigma_u/f_y$ 称为受压构件的整体稳定系数。

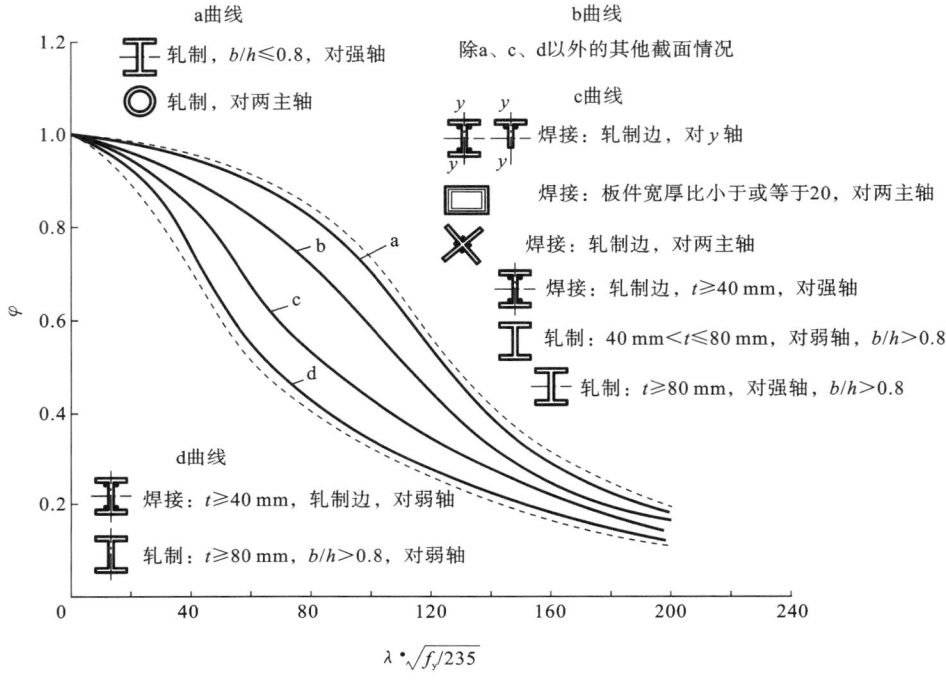

图 5.4.2　《标准》中的柱子曲线

a、b、c、d 四条柱子曲线所代表的截面形式见表 5.4.1 和表 5.4.2,不在表内的截面一般归属于 b 类柱子曲线。

表 5.4.1　轴心受压构件的截面分类(板厚 $t < 40$ mm)

截面形式		对 x 轴	对 y 轴
轧制 ⊕		a 类	a 类
轧制 工字形	$b/h \leqslant 0.8$	a 类	b 类
	$b/h > 0.8$	a^* 类	b^* 类

截面形式		对 x 轴	对 y 轴
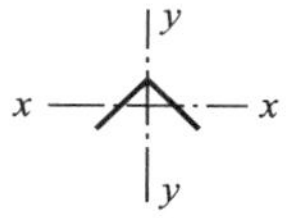 轧制等边角钢		a^* 类	a^* 类
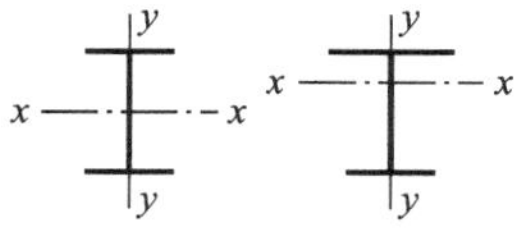 焊接，翼缘为焰切边	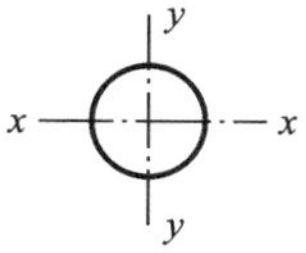 焊接	b 类	b 类
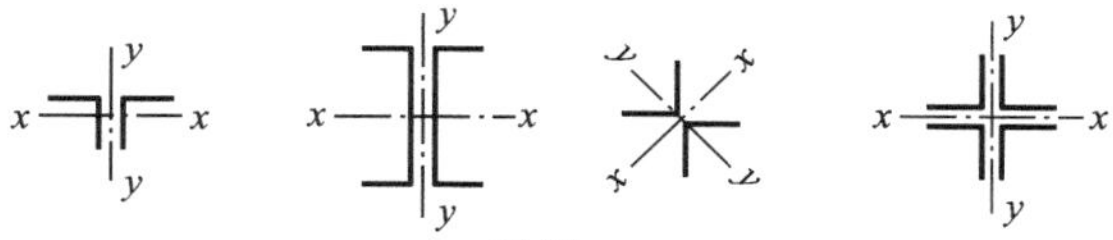 轧制			
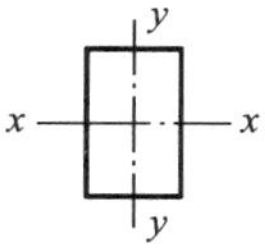 轧制、焊接（板件宽厚比＞20）	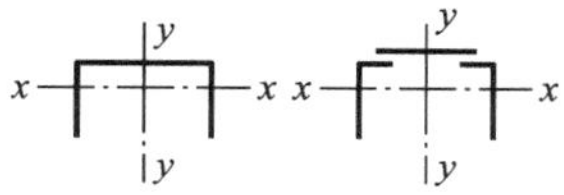 轧制或焊接		
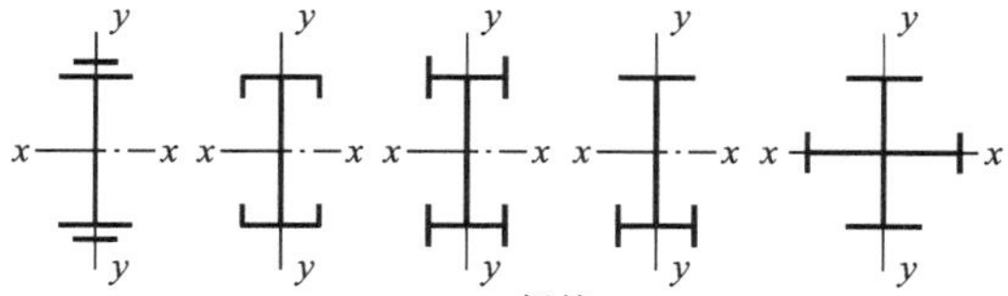 焊接	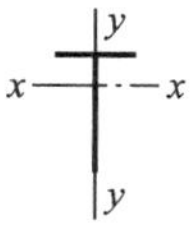 轧制截面和翼缘为焰切边的焊接截面	b 类	b 类
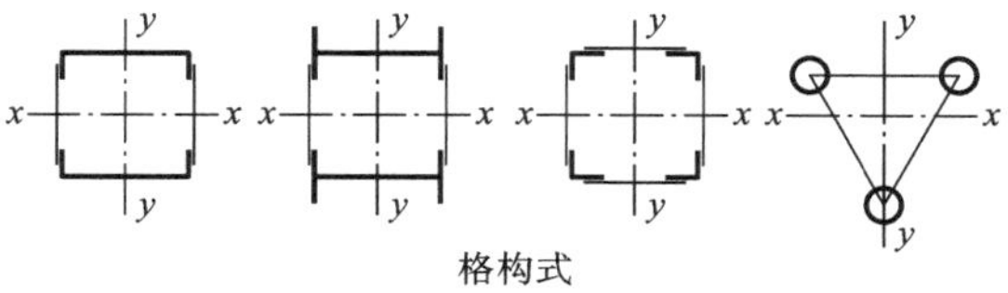 格构式	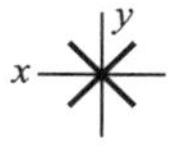 焊接，板件边缘焰切		
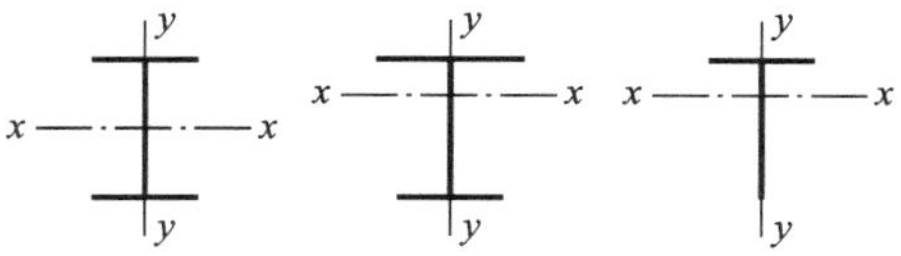 焊接，翼缘为轧制或剪切边		b 类	c 类

截面形式		对 x 轴	对 y 轴
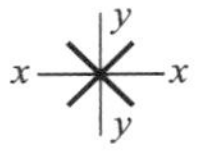 焊接，板件边缘轧制或剪切	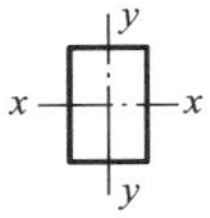 轧制、焊接（板件宽厚比≤20）	c 类	c 类

注:1. a* 类含义为 Q235 钢取 b 类，Q345、Q390、Q420 和 Q460 钢取 a 类；b* 类含义为 Q235 钢取 c 类，Q345、Q390、Q420 和 Q460 钢取 b 类。

2. 无对称轴且剪心和形心不重合的截面，其截面分类可按有对称轴的类似截面确定，如不等边角钢采用等边角钢的类别；当无类似截面时，可取 c 类。

表 5.4.2　轴心受压构件的截面分类（板厚 $t \geqslant 40$ mm）

截面形式		对 x 轴	对 y 轴
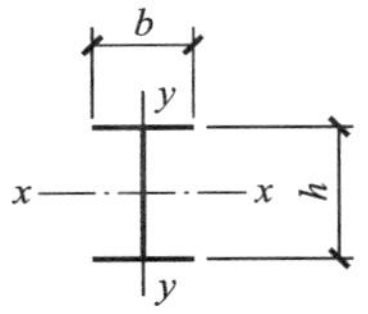 轧制工字形或H形截面	$t < 80$ mm	b 类	c 类
	$t \geqslant 80$ mm	c 类	d 类
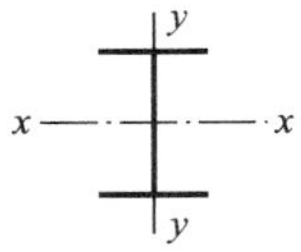 焊接工字形截面	翼缘为焰切边	b 类	b 类
	翼缘为轧制或剪切边	c 类	d 类
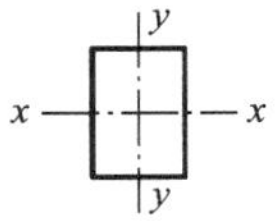 焊接箱形截面	板件宽厚比＞20	b 类	b 类
	板件宽厚比≤20	c 类	c 类

由表 5.4.1 和表 5.4.2 可以看出，轧制钢管冷却时均匀收缩，产生的残余应力较小，属于 a 类；焊接圆形钢管存在残余应力的影响，属于 b 类。窄翼缘轧制普通工字钢的整个翼缘截面上的残余应力为拉应力，对绕 x 轴的弯曲屈曲有利，属于 a 类。对于 $b/h > 0.8$ 的宽翼缘轧制 H 型钢，其翼缘两端存在较大的残余压应力，故绕 y 轴失稳时比绕 x 轴失稳时低一类别，且残余应力的不利影响随钢材强度的提高而减弱，因此将 Q235 钢、$b/h > 0.8$ 的宽翼缘轧制 H 型钢绕 x 轴失稳时归为 b 类，将屈服强度大于等于 345 MPa 且 $b/h > 0.8$ 的宽翼缘轧制 H 型钢提高一类，归为 a 类。同理，屈服强度大于等于 345 MPa 的等边角钢也提高一个类别。对焊接工字形截面，当翼缘为轧制边、剪切边或焰切后刨边时，其翼缘两端存在较大的残余压应力，

绕对称轴失稳时比绕非对称轴失稳时承载能力降低更多,故前者归入 c 类,后者归入 b 类。当翼缘为焰切边时,翼缘端部有残余拉应力,绕 y 轴失稳时的承载力比翼缘为轧制边或剪切边的有所提高,因此绕 x 轴和绕 y 轴两种情况都属于 b 类。格构式轴心压杆绕虚轴失稳时采用边缘屈服准则确定的柱子曲线,接近曲线 b,归入 b 类。格构式轴心压杆分肢采用槽钢截面时,计算分肢绕自身轴稳定时取 b 类。单轴对称截面(如 T 形和槽形截面)绕对称轴失稳属于弯扭屈曲,承载力较低,为简化计算,归入 c 类,按弯曲屈曲计算。同理,无对称轴截面(如不等边角钢)也归入 c 类。双角钢组成的 T 形截面由于腹板厚度是翼缘厚度的两倍,角钢之间的间隙加大了抗扭刚度,弯扭承载力不低,归入 b 类。

高层建筑钢结构钢柱采用的板件往往厚度较大(或宽厚比小),制成的热轧或焊接 H 形、箱形截面等残余应力大且复杂。厚板存在三向变化的残余应力,质量也不稳定,此类板件制作的截面其稳定承载力较低。我国《高层民用建筑钢结构技术规程》(JGJ 99—2015)对这些截面作了补充规定,将较有利的情况归入 b 类,某些不利情况归为 c 类,某些更不利的情况归入 d 类,如表 5.4.2 所示。

5.4.2 实际轴心压杆的整体稳定计算

根据轴心受压构件的稳定极限承载力 N_u,考虑抗力分项系数以后,即可得《标准》规定的验算其整体稳定性的公式:

$$\sigma = \frac{N}{A} \leqslant \frac{N_u}{A\gamma_R} = \frac{N_u}{Af_y} \frac{f_y}{\gamma_R} = \varphi f \qquad (5.4.1)$$

或

$$\frac{N}{\varphi A} \leqslant f \qquad (5.4.2)$$

式中,N 为轴心压力;N_u 为构件的极限压力;A 为构件的毛截面面积;f 为钢材的抗压强度设计值;γ_R 为抗力分项系数;φ 为轴心受压构件的稳定系数。

为了计算方便,《标准》采用最小二乘法将四类截面的稳定系数 φ 值拟合成数学公式来表达,并将拟合结果用表格列出。φ 取截面两主轴稳定系数的较小值,根据构件两主轴方向的长细比或换算长细比按表 5.4.1 和表 5.4.2 的截面分类查附录 D 可得。

5.4.3 轴压构件整体稳定计算的长细比

1. 截面为双轴对称或极对称的构件

验算轴心受压构件的整体稳定时,构件长细比 λ 的取值可按以下公式确定:

$$\lambda_x = \frac{l_{0x}}{i_x}, \quad \lambda_y = \frac{l_{0y}}{i_y} \qquad (5.4.3)$$

式中,l_{0x}、l_{0y} 分别为构件对主轴 x 轴、y 轴的计算长度;i_x、i_y 为构件毛截面对主轴 x 轴、y 轴的回转半径。双轴对称十字形截面板件宽厚比不超过 $15\varepsilon_k$ 时,可不计算扭转屈曲。

2. 截面为单轴对称的构件

本节前面所述的整体稳定临界力的计算均是弯曲屈曲形式,这是常用轴心压杆的屈曲形式。对于槽形和双板 T 形截面等单轴对称截面的轴心压杆,虽然绕非对称主轴(一般设为 x—x 轴)屈曲时是弯曲屈曲,但是绕对称主轴(一般为 y—y 轴)屈曲时,由于截面形心与剪心不重合,故在弯曲的同时必然伴随着扭转。在相同条件下弯扭屈曲的临界力比弯曲屈曲时要低。

《标准》采用加大的换算长细比代替对主轴屈曲的实际长细比来考虑弯扭屈曲的临界力的影响。

(1) 在对 T 形和槽形等单轴对称截面进行弯扭屈曲分析后,绕对称轴(y—y 轴)的稳定计算应考虑扭转效应,由下式的换算长细比 λ_{yz} 代替 λ_y:

$$\lambda_{yz}=\frac{1}{\sqrt{2}}\left[(\lambda_y^2+\lambda_z^2)+\sqrt{(\lambda_y^2+\lambda_z^2)-4\left(1-\frac{y_s^2}{i_0^2}\right)\lambda_y^2\lambda_z^2}\right]^{\frac{1}{2}} \quad (5.4.4)$$

$$\lambda_z=\sqrt{\frac{I_0}{\dfrac{I_t}{25.7}+\dfrac{I_\omega}{l_\omega^2}}} \quad (5.4.5)$$

$$i_0^2=y_s^2+i_x^2+i_y^2 \quad (5.4.6)$$

式中,y_s 为截面形心至剪心的距离;i_0 为截面对剪心的极回转半径;λ_y 为构件对对称轴 y 的长细比;λ_z 为扭转屈曲的换算长细比,由式(5.4.5)确定;I_0、I_t、I_ω 分别为构件毛截面对剪心的极惯性矩、自由扭转常数和扇性惯性矩,十字形截面可近似取 $I_\omega=0$;l_ω 为扭转屈曲的计算长度,两端铰接且端截面可自由翘曲的杆取几何长度,两端嵌固且端截面的翘曲完全受到约束者,取 $0.5l$。

(2) 角钢组成的单轴对称截面构件。

式(5.4.4)比较复杂,对于常用的单角钢和双角钢组合 T 形截面(图 5.4.3)可按以下规定计算换算长细比:

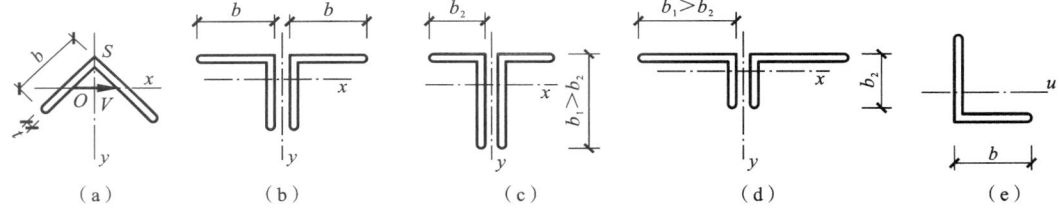

图 5.4.3   单角钢截面和双角钢 T 形组合截面

① 等边单角钢轴心受压构件当绕两主轴弯曲的计算长度相等时,可不计算弯扭屈曲;

② 双角钢组合 T 形截面构件绕对称轴的换算长细比 λ_{yz} 可按下列简化公式确定。

a. 等边双角钢截面[图 5.4.3(b)]。

当 $\lambda_y \geqslant \lambda_z$ 时:

$$\lambda_{yz}=\lambda_y\left[1+0.16\left(\frac{\lambda_z}{\lambda_y}\right)^2\right] \quad (5.4.7)$$

当 $\lambda_y < \lambda_z$ 时:

$$\lambda_{yz}=\lambda_z\left[1+0.16\left(\frac{\lambda_y}{\lambda_z}\right)^2\right] \quad (5.4.8)$$

$$\lambda_z=3.9\frac{b}{t} \quad (5.4.9)$$

b. 长肢相并的不等边双角钢截面[图 5.4.3(c)]。

当 $\lambda_y \geqslant \lambda_z$ 时:

$$\lambda_{yz}=\lambda_y\left[1+0.25\left(\frac{\lambda_z}{\lambda_y}\right)^2\right] \quad (5.4.10)$$

当 $\lambda_y < \lambda_z$ 时:

$$\lambda_{yz} = \lambda_z \left[1 + 0.25 \left(\frac{\lambda_y}{\lambda_z} \right)^2 \right] \tag{5.4.11}$$

$$\lambda_z = 5.1 \frac{b_2}{t} \tag{5.4.12}$$

c. 短肢相并的不等边双角钢截面[图 5.4.3(d)]。

当 $\lambda_y \geqslant \lambda_z$ 时:

$$\lambda_{yz} = \lambda_y \left[1 + 0.06 \left(\frac{\lambda_z}{\lambda_y} \right)^2 \right] \tag{5.4.13}$$

当 $\lambda_y < \lambda_z$ 时:

$$\lambda_{yz} = \lambda_z \left[1 + 0.06 \left(\frac{\lambda_y}{\lambda_z} \right)^2 \right] \tag{5.4.14}$$

$$\lambda_z = 3.7 \frac{b_1}{t} \tag{5.4.15}$$

3. 截面无对称轴且剪心和形心不重合的构件

对于这类构件,应采用下列换算长细比:

$$\lambda_{xyz} = \pi \sqrt{\frac{EA}{N_{xyz}}} \tag{5.4.16}$$

$$(N_x - N_{xyz})(N_y - N_{xyz})(N_z - N_{xyz}) - N_{xyz}^2 (N_x - N_{xyz}) \left(\frac{y_s}{i_0} \right)^2 - N_{xyz}^2 (N_y - N_{xyz}) \left(\frac{x_s}{i_0} \right)^2 = 0 \tag{5.4.17}$$

$$i_0^2 = i_x^2 + i_y^2 + x_s^2 + y_s^2 \tag{5.4.18}$$

$$N_x = \frac{\pi^2 EA}{\lambda_x^2} \tag{5.4.19}$$

$$N_y = \frac{\pi^2 EA}{\lambda_y^2} \tag{5.4.20}$$

$$N_z = \frac{1}{i_0^2} \left(\frac{\pi^2 EI_\omega}{l_\omega^2} + GI_t \right) \tag{5.4.21}$$

式中,N_{xyz} 为理想压杆的弯扭屈曲临界力,由式(5.4.17)确定;x_s、y_s 为截面剪心的坐标;i_0 为截面对剪心的极回转半径;N_x、N_y 分别为绕 x 轴和 y 轴的弯曲屈曲临界力;N_z 为扭转屈曲临界力;E、G 分别为钢材弹性模量和剪切模量。

4. 不等边角钢轴心受压构件[图 5.4.3(e)]

当 $\lambda_y \geqslant \lambda_z$ 时,不等边角钢换算长细比为

$$\lambda_{xyz} = \lambda_y \left[1 + 0.25 \left(\frac{\lambda_z}{\lambda_y} \right)^2 \right] \tag{5.4.22}$$

当 $\lambda_y < \lambda_z$ 时,不等边角钢换算长细比为

$$\lambda_{xyz} = \lambda_z \left[1 + 0.25 \left(\frac{\lambda_y}{\lambda_z} \right)^2 \right] \tag{5.4.23}$$

$$\lambda_z = 4.21 \frac{b_1}{t} \tag{5.4.24}$$

【例题 5-2】　某车间工作平台柱高 2.6 m,按两端铰接的轴心受压柱考虑。如果柱采用Ⅰ16(16 号热轧工字钢),试经过计算解答:(1)钢材采用 Q235 钢时,设计承载力为多少?

(2)钢材改用 Q345 钢时,设计承载力是否显著提高?

解　(1)钢材采用 Q235 钢时,查表得Ⅰ16 的面积 $A=26.1$ cm^2,$i_x=6.57$ cm,$i_y=1.89$ cm;

$$\lambda_x=\frac{l_{0x}}{i_x}=\frac{2600}{65.7}=39.57\leqslant[\lambda]=150,属于 a 类截面,查表得 \varphi_x=0.941;$$

$$\lambda_y=\frac{l_{0y}}{i_y}=\frac{2600}{18.9}=137.57\leqslant[\lambda]=150,属于 b 类截面,查表得 \varphi_y=0.353。$$

$$N\leqslant\varphi Af=0.353\times2610\times215 \text{ N}=198086 \text{ N}\approx198.1 \text{ kN}。$$

(2)改用 Q345 钢时,$\lambda_x=40$,属于 a 类截面,按 $\lambda_x=40\times\sqrt{\dfrac{345}{235}}=48$ 查表得 $\varphi_x=0.921$;

$\lambda_y=138$,属于 b 类截面,按 $\lambda_y=138\times\sqrt{\dfrac{345}{235}}=164$ 查表得 $\varphi_y=0.265$。

$$N\leqslant\varphi Af=0.265\times2610\times310 \text{ N}=214411 \text{ N}=214.4 \text{ kN}$$

承载力无明显的提高。

5.5　实腹式轴心受压柱的局部稳定

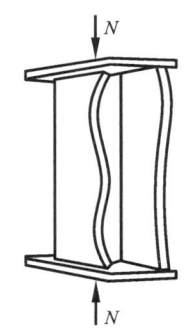

图 5.5.1　实腹式轴心压杆翼缘屈曲

实腹式轴心受压构件因主要受轴压力的作用,故应该按均匀受压板验算轴心压杆板件的局部稳定。轧制型钢(工字钢、槽钢、T 型钢、角钢等)的翼缘和腹板一般都有较大厚度,宽(高)厚比相对较小,都能满足局部稳定要求,可不作验算。对焊接组合截面构件,通常按限制板件宽(高)厚比的办法来保证实腹式轴心压杆的局部稳定。

图 5.5.1 所示为一个工字形截面轴心压杆翼缘受力屈曲情况,它与工字形截面梁受压翼缘相似,但在确定板件宽厚比限值时所采用的准则不同。确定板件宽(高)厚比限值所采用的准则有两种:一种是使构件应力达到屈服前其板件不发生局部屈曲,即局部屈曲临界应力不低于屈服应力,工字形截面梁受压翼缘的局部稳定验算采用的就是此准则;另一种是将板件的局部稳定和整体稳定结合在一起考虑,按板的局部失稳不先于杆件的整体失稳的准则,即根据板的屈曲临界应力 σ_{cr} 和杆件的整体稳定极限承载力 σ_u 相等的稳定准则($\sigma_{cr}=\sigma_u$),计算板件的宽厚比限值。因此,σ_u 越大,板件的宽厚比限值将越小,反之越大。在长细比很小的时候可参照前一准则调整。

5.5.1　均匀受压板件的屈曲

为了在同等截面面积下获得较好的稳定性,轴心压杆板件的平面尺寸比较大,截面尽量做得宽肢薄壁,使截面回转半径最大,板件有可能在整体稳定丧失之前发生局部失稳。按弹性力学基本理论推出考虑板件之间相互约束作用的矩形均匀受压板件的局稳临界应力公式,考虑到轴心压杆一般在弹塑性状态工作,故按等稳定准则可得

$$\frac{\chi\sqrt{\eta}k\pi^2 E}{12(1-\nu^2)}\left(\frac{t}{b}\right)^2=\varphi f_y \tag{5.5.1}$$

式中,χ 为板边缘的弹性约束系数,对外伸翼缘,由于腹板较薄,不考虑嵌固作用,取 $\chi=1.0$;若腹板可视为四边简支、两边受翼缘弹性嵌固的约束形式,则可取 $\chi=1.3$。k 为屈曲系数,对外伸翼缘取 $k=0.425$,对腹板取 $k=4.0$。η 为弹性模量折减系数,根据试验,$\eta=0.1013\lambda^2\left(1-0.0248\lambda^2\frac{f_y}{E}\right)\frac{f_y}{E}$。$\nu$ 为钢材泊松比,取 0.3。b、t 为所计算板件的宽(高)度和厚度。

式(5.5.1)等号左边即板件局部稳定屈曲临界状态对应的屈曲临界应力 σ_{cr},等号右边整体稳定系数 φ 按各类截面取值。

5.5.2　轴压构件板件宽(高)厚比限值

《标准》对如图 5.5.2 所示的常用焊接组合工字形、H 形、T 形、箱形截面的各轴压板件分别用公式(5.5.1)讨论宽(高)厚比限值,得到实腹式轴压构件要求不出现局部失稳时板件宽厚比限值的一系列规定。

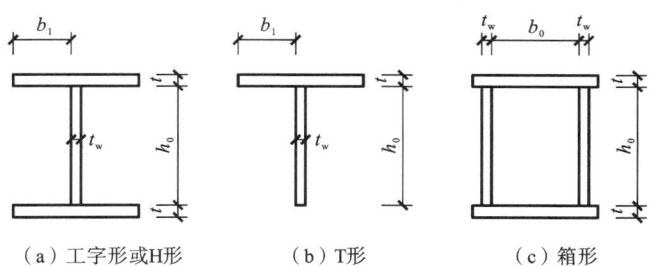

（a）工字形或H形　　（b）T形　　（c）箱形

图 5.5.2　焊接组合截面

1. H 形截面

由于 H 形截面的腹板一般比翼缘板薄,腹板对翼缘几乎没有嵌固作用,因此翼缘可视为三边简支、一边自由的均匀受压板,取 $k=0.425$,弹性约束系数 $\chi=1.0$;而腹板可视为四边简支板,当腹板发生屈曲时,翼缘作为腹板纵向边的支承,嵌固对腹板起一定的弹性嵌固作用,取 $k=4.0$,弹性约束系数 $\chi=1.3$。在弹塑性阶段,弹性模量折减系数 η 按式(5.5.1)中字母含义解释内容计算,将以上值代入式(5.5.1)并换算,可得翼缘板悬臂部分的宽厚比及腹板高厚比与 λ 的关系曲线。为便于设计,《标准》统一采用以下偏于安全的简化直线式计算。

腹板:
$$\frac{h_0}{t_w}\leqslant(25+0.5\lambda)\varepsilon_k \tag{5.5.2}$$

翼缘:
$$\frac{b_1}{t}\leqslant(10+0.1\lambda)\varepsilon_k \tag{5.5.3}$$

式中,λ 为构件的较大长细比,当 $\lambda<30$ 时,取为 30,当 $\lambda>100$ 时,取为 100;h_0、t_w、b_1、t 分别为

腹板计算高度和厚度以及翼缘悬臂部分的宽度和厚度,按图 5.5.2 所示取值。

2. T 形截面

T 形截面轴心压杆的翼缘悬臂部分的宽厚比 b_1/t 限值与 H 形截面一样,按式(5.5.3)计算;T 形截面腹板与其翼缘一样,也是三边简支、一边自由的板,但腹板宽厚比比翼缘的大很多,它的屈曲受到翼缘一定程度的弹性嵌固限制,因此腹板宽厚比可以适当放宽;考虑到焊接 T 形截面几何缺陷和残余应力比热轧 T 型钢大,故采取了不同的限制值,具体见式(5.5.4)和式(5.5.5)。

热轧 T 型钢:

$$\frac{h_0}{t_w} \leqslant (15+0.2\lambda)\varepsilon_k \tag{5.5.4}$$

焊接 T 形截面:

$$\frac{h_0}{t_w} \leqslant (13+0.17\lambda)\varepsilon_k \tag{5.5.5}$$

3. 箱形截面

箱形截面轴心压杆的翼缘和腹板均为四边支承板,翼缘和腹板一般采用单侧焊缝连接,嵌固程度较低,取弹性约束系数 $\chi=1.0$。《标准》采用箱形梁的宽厚比限值确定方法,即采用局部屈曲临界应力不低于屈服应力的准则,得到的宽厚比限值与杆件长细比无关,具体如下:

$$\frac{b_0}{t} \text{或} \frac{h_0}{t} \leqslant 40\varepsilon_k \tag{5.5.6}$$

4. 圆管径厚比的限值

根据弹性理论,圆管在均匀轴压力作用下的弹性屈曲力为

$$\sigma_{cr} = 1.21\frac{Et}{D}$$

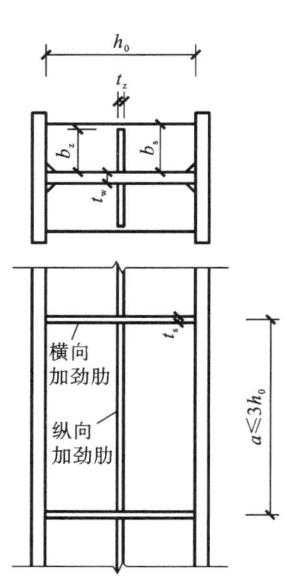

式中,D 为圆管外径;t 为管壁厚度。试验研究发现,圆管缺陷对 σ_{cr} 的影响较大,管壁越薄影响越大,其值最大可降低 30%。另外,圆管局部屈曲经常发生在弹塑性范围,应对上式进行修正,故《标准》中采用下式计算限值:

$$\frac{D}{t} \leqslant 100\varepsilon_k^2 \tag{5.5.7}$$

5.5.3　加强局部稳定的措施

当轴心压杆截面板件不满足以上宽(高)厚比要求时,可调整板件厚度或宽(高)度使其满足要求。H 形、工字形和箱形截面轴心压杆的腹板也可采用设置纵向加劲肋的办法,以减小腹板计算高度(图 5.5.3)。当采用纵向加劲肋加强时,纵向加劲肋通常在横向加劲肋之间配置,纵向加劲肋一般在两侧成对配置,配置间距和尺寸需满足构造要求。横向加劲肋自由外伸宽度应满足 $b_s \geqslant h_0/30+40$ mm,厚度 $t_s \geqslant b_s/15$;纵向加劲肋一侧外伸宽度 $b_s \geqslant 10t_w$,厚度 $t_s \geqslant 0.75t_w$。

图 5.5.3　纵向加劲肋加强腹板

5.5.4　腹板的有效面积

采用有效截面计算腹板的局部稳定类似于梁腹板考虑屈曲后强度的计算方法。大型工字形压杆截面的腹板由于高厚比较大,较难满足规范限值要求,加大腹板厚度往往不经济,为了节省材料,仍可以采用较薄的腹板,腹板屈曲以后,考虑利用腹板的屈曲后强度,采用有效截面进行相关计算。在计算构件的强度和稳定性时,认为腹板中间部分退出工作,仅仅考虑腹板计算高度边缘范围两侧各 $20t_w\varepsilon_k$ 的部分和翼缘部分作为有效面积来计算(见图 5.5.4)。但在计算构件长细比和整体稳定系数时,仍然考虑全截面的面积。

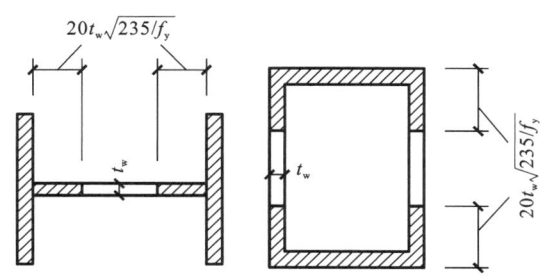

图 5.5.4　纵向加劲肋腹板的有效面积

5.6　实腹式轴心压杆的截面设计

5.6.1　截面设计原则

实腹式轴心压杆的截面形式一般可选用双轴对称的型钢截面或实腹式组合截面。为了在经济和安全之间取得合适的平衡,设计时可参照下述原则:

(1)等稳定性。设计应使构件两个主轴方向的稳定承载力相同,以充分发挥其承载能力,因此,应尽可能使其两个方向的稳定系数或长细比相等,即 $\varphi_x \approx \varphi_y$ 或 $\lambda_x \approx \lambda_y$ 。

(2)宽肢薄壁。在满足板件宽(高)厚比限值的条件下,截面面积的分布应尽量远离形心轴,以获得更大的截面惯性矩和回转半径,提高构件的整体稳定性和刚度,达到合理利用材料的目的。

(3)连接方便。杆件截面选择应便于与其他构件连接,一般选用开敞式截面为宜,对封闭式的箱形和管形截面,由于连接困难,只有特殊情况才采用。

(4)制造省工。尽可能构造简单、加工方便、取材容易。设计时优先选用型钢(如 H 型钢等)或者便于采用自动焊的截面(工字形截面等),这样做有时会增加用钢量,但因制造省工和型钢价格便宜,综合考虑可能仍更经济。

5.6.2　截面设计方法

轴压实腹杆截面设计时,首先根据上述截面设计原则、轴力大小和杆件计算长度等情况综合考虑后,第一步初选截面形式、钢材级别和确定截面尺寸,第二步进行强度、刚度、整体稳定和局部稳定(型钢截面可不用验算)验算。

1. 试选截面

选择截面类型和钢材级别,假定构件的长细比 $\lambda = 50 \sim 100$,一般当轴压力较大且构件计算长度小时长细比取较小值,反之取较大值。根据 λ、截面分类和钢材级别可查压杆的稳定系数 φ 值,可进一步计算得到所需的截面面积:

$$A_{req} = \frac{N}{\varphi f} \tag{5.6.1}$$

然后确定对主轴的回转半径。$i_{xreq} = l_{0x}/\lambda$,$i_{yreq} = l_{0y}/\lambda$。对于焊接组合截面,根据所需回转半径 i_{req} 与截面高度 h、宽度 b 之间的近似关系,即 $i_x = \alpha_1 h$ 和 $i_y = \alpha_2 b$(系数 α_1、α_2 的近似值见附录 E),求出所设计截面的轮廓尺寸。

$$h = \frac{i_{xreq}}{\alpha_1}, \quad b = \frac{i_{yreq}}{\alpha_2} \tag{5.6.2}$$

对于型钢截面,根据 A_{req} 和 i_{req} 选择合适的型钢型号。

最后确定组合截面各板件尺寸。根据所需的 A_{req}、h、b,并考虑局部稳定和构造要求初选截面尺寸。如采用焊接工字形截面,为便于采用自动焊,宜取 $b \approx h$;为使材料用料合理,宜取一个合适的翼缘截面面积,即 $A_1 = (0.35 \sim 0.40)A$,$t_w = (0.4 \sim 0.7)t$,但不小于 6 mm;h_0 和 b 宜取 10 mm 的整数倍;t 和 t_w 宜取 2 mm 的整数倍。

2. 验算截面

按照上述步骤试选截面后,根据前文介绍的方法进行强度、刚度、整体稳定和局部稳定验算。如验算结果不完全满足要求,应调整截面尺寸后重新验算,直到满足要求为止。

5.6.3　构造要求

当实腹式柱腹板宽厚比 $h_0/t_w > 80\varepsilon_k$ 时,有可能在施工过程中产生扭转变形,应如图 5.5.3 所示配置成对的横向加劲肋以增加抗扭刚度,其间距不大于 $3h_0$,横向加劲肋截面尺寸与 5.5.3 节中的要求相同。对大型实腹钢柱,为了增加抗扭刚度,应设置横隔(即外伸宽度加宽至翼缘边的横向加劲肋)。横隔的间距不得大于柱截面较大宽度的 9 倍或 8 m,且在运输单元的两端均应设置。另外,在较大水平力处也应设置横隔,以防止柱局部压弯变形。

实腹式轴心压杆板件间的纵向连接焊缝只承受柱初弯曲或偶然横向力作用等产生的较小剪力,因此不必计算,焊脚尺寸按构造要求采用即可。

【例题 5-3】　设某工业平台柱承受轴心压力 5000 kN(设计值),柱高 8 m,两端铰接。要求设计 H 型钢柱或焊接工字形截面柱。

解　(1)H 型钢柱。

① 初选截面。

设 $\lambda = 60$,则 $\varphi = 0.807$,属于 b 类截面,则

$$A = \frac{N}{\varphi f} = \frac{5000 \times 10^3}{0.807 \times 215} \text{ mm}^2 \approx 28818 \text{ mm}^2 = 288.18 \text{ cm}^2$$

$$i_x = i_y = \frac{l_0}{\lambda} = \frac{8000}{60} \text{ mm} \approx 133 \text{ mm}$$

选 HW428×407×20×35,其面积 $A = 361.4 \text{ cm}^2$,$i_x = 18.2 \text{ cm}$,$i_y = 10.4 \text{ cm}$。

② 验算。

$$\lambda_x = \frac{l_{0x}}{i_x} = \frac{8000}{182} \approx 44 \leqslant [\lambda] = 150，属于 b 类截面，查表得 \varphi_x = 0.882。$$

$$\lambda_y = \frac{l_{0y}}{i_y} = \frac{8000}{104} \approx 77 \leqslant [\lambda] = 150，属于 b 类截面，查表得 \varphi_y = 0.707。$$

$$\sigma = \frac{N}{\varphi A} = \frac{5000 \times 10^3}{0.707 \times 361.4 \times 10^2} \text{ MPa} \approx 195.69 \text{ MPa}$$

$$195.69 \text{ MPa} < f = 205 \text{ MPa}$$

满足整体稳定要求。

（2）焊接工字形截面柱。

① 初选截面。

根据 H 型钢截面，初选焊接工字形截面，如图 5.6.1 所示。

② 计算参数。

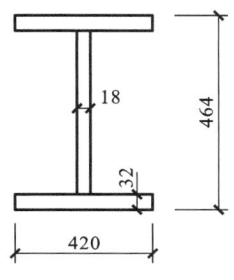

图 5.6.1 例题 5-3 图

$$A = (420 \times 32 \times 2 + 400 \times 18) \text{ mm}^2 = 34080 \text{ mm}^2$$

$$I_x = \frac{1}{12} \times (420 \times 464^3 - 18 \times 400^3) \text{ mm}^4 = 3.40 \times 10^9 \text{ mm}^4$$

$$I_y = 2 \times \frac{1}{12} \times 32 \times 420^3 \text{ mm}^4 = 3.95 \times 10^8 \text{ mm}^4$$

$$i_x = \sqrt{\frac{I_x}{A}} = \sqrt{\frac{3.40 \times 10^9}{34080}} \text{ mm} = 315.86 \text{ mm}$$

$$i_y = \sqrt{\frac{I_y}{A}} = \sqrt{\frac{3.95 \times 10^8}{34080}} \text{ mm} = 107.66 \text{ mm}$$

③ 整体稳定验算。

$$\lambda_x = \frac{l_{0x}}{i_x} = \frac{8000}{315.86} \approx 25 \leqslant [\lambda] = 150，属于 b 类截面，查表得 \varphi_x = 0.953。$$

$$\lambda_y = \frac{l_{0y}}{i_y} = \frac{8000}{107.66} \approx 74 \leqslant [\lambda] = 150，属于 b 类截面，查表得 \varphi_y = 0.726。$$

$$\sigma = \frac{N}{\varphi A} = \frac{5000 \times 10^3}{0.726 \times 34080} \text{ MPa} = 202.08 \text{ MPa}$$

$$202.08 \text{ MPa} < f = 205 \text{ MPa}$$

满足整体稳定要求。

④ 局部稳定验算。

$$\frac{b_1}{t} = \frac{(420 - 18)/2}{32} = 6.28 < (10 + 0.1 \times 74) = 17.4$$

$$\frac{h_0}{t_w} = \frac{400}{18} = 22.22 < (25 + 0.5 \times 74) = 62$$

满足局部稳定要求。

5.7 格构式轴心受压构件

格构式轴心受压柱通常以对称双肢组合较多，截面形式见图 5.1.1(d)，分肢多用槽钢、H

型钢或工字钢,用缀材(缀条或缀板)将分肢连成整体协同受力,因此称为缀条格构柱或缀板格构柱。

　　缀条常用单角钢,一般与构件水平轴线成 40°～70°夹角斜放,也称为斜缀条,单肢计算长度过长时可增设与构件纵向轴线垂直的横缀条。缀板采用钢板,垂直构件沿纵向轴线等间距横放[见图 5.1.2(b)和图 5.1.2(c)]。

5.7.1　格构式轴压构件的整体稳定

　　格构式轴心压杆截面中,通常将横贯分肢腹板的轴称为实轴,即图 5.7.1 中 y—y 轴,穿过缀件平面的轴称为虚轴,即图 5.7.1 中 x—x 轴。格构轴心压杆失稳时,一般不发生扭转屈曲与弯扭屈曲,往往发生绕截面两个主轴的弯曲屈曲,因此计算格构式轴心压杆的稳定时,只需分别计算绕实轴(y 轴)和虚轴(x 轴)的抗弯曲屈曲的承载力即可。

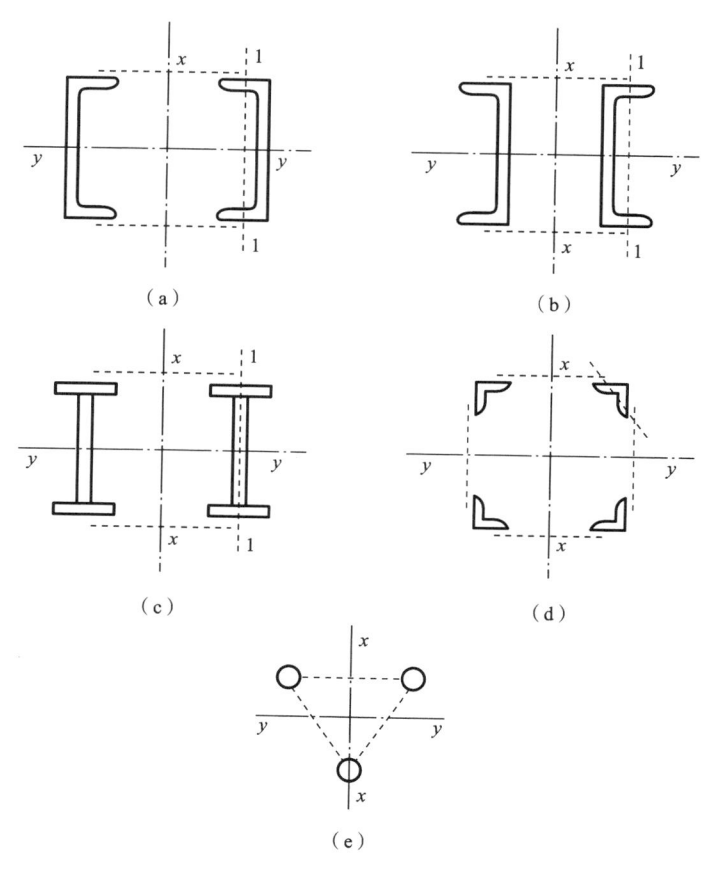

图 5.7.1　格构式轴心受压构件截面

　　格构式轴心压杆绕实轴失稳计算方法与实腹式轴心受压构件完全相同,即采用式(5.4.2)按 b 类截面(屈曲类型)进行计算,但绕虚轴的整体稳定临界力比相同长细比的实腹式轴心压杆的低,需要分别考虑。

　　轴心压杆弯曲后,构件各横截面将产生弯矩和剪力。对实腹式轴心压杆,其抗剪刚度大,剪力引起的附加变形小,对构件临界力降低有限,不到 1%,可以忽略不计。格构式轴心压杆绕虚轴弯曲时,连接分肢的不是连续的板件而是缀材,缀材隔段设置,抗剪能力差,因此产生的剪切变形大,对整体稳定的不利影响不能忽略。通常会加大对虚轴的长细比,即采用对虚轴的换算长细比 λ_{0x} 代替实际长细比 λ_x 来考虑缀材剪切变形大对格构式轴心压杆绕虚轴的稳定承载力的影响。

根据弹性理论,两端铰接的双肢缀条构件在弹性阶段对虚轴的临界应力为

$$\sigma_{cr}=\frac{\pi^2 E}{\lambda_x^2+\dfrac{\pi^2}{\sin^2\alpha\cos\alpha}\dfrac{A}{A_{1x}}}=\frac{\pi^2 E}{\lambda_{0x}^2} \tag{5.7.1}$$

式中,$\lambda_{0x}=\sqrt{\lambda_x^2+\dfrac{\pi^2}{\sin^2\alpha\cos\alpha}\dfrac{A}{A_{1x}}}$ 为换算长细比;λ_x 为构件对 x 轴的长细比;A 为分肢毛截面面积之和;A_{1x} 为构件截面中垂直于 x 轴的各斜缀条毛截面面积之和。

考虑到 α 一般在 45°左右(通常为 40°~70°),因此 $\pi^2/(\sin^2\alpha\cdot\cos\alpha)$ 值约为 27,故《标准》将双肢缀条格构柱的换算长细比简化为

$$\lambda_{0x}=\sqrt{\lambda_x^2+27\frac{A}{A_{1x}}} \tag{5.7.2}$$

注意,当斜缀条与柱轴线之间的夹角不在 40°~70°范围内时,$\pi^2/(\sin^2\alpha\cdot\cos\alpha)$ 值将比 27 大很多,式(5.7.2)所计算的换算长细比是偏于不安全的,应按式(5.7.1)中注解计算换算长细比。

对双肢缀板轴压构件,用相同原理可得其换算长细比为

$$\lambda_{0x}=\sqrt{\lambda_x^2+\frac{\pi^2}{12}\left(1+\frac{2}{k}\right)\lambda_1^2} \tag{5.7.3}$$

式中,λ_1 为分肢长细比,$\lambda_1=l_{01}/i_1$,i_1 为分肢对最小刚度轴 1—1 的回转半径(见图 5.7.1)。l_{01} 在焊接时为相邻两缀板间的净距离,在螺栓连接时为相邻两缀板边缘螺栓的距离。$k=(I_b/c)(I_1/l_1)$ 为缀板与分肢线刚度比值,l_1 为相邻两缀板间的中心距[见图 5.1.2(b)];I_1 为单个分肢绕平行于虚轴的形心轴心惯性矩;I_b 为构件截面各缀板的截面惯性矩之和;c 为两分肢的轴线间距。

通常情况下,k 值较大(两分肢不等时,k 按较大分肢计算)。当 $k=6$~20 时,$\pi^2(1+2/k)/12=0.905$~1.097,即在 $k\geqslant6$ 的常用范围,$\pi^2(1+2/k)/12$ 接近 1。为简化计算,《标准》规定双肢缀板轴压构件换算长细比按以下简化公式计算:

$$\lambda_{0x}=\sqrt{\lambda_x^2+\lambda_1^2} \tag{5.7.4}$$

当 $k=2$~6 时,$\pi^2(1+2/k)/12=1.097$~1.645,按式(5.7.4)计算 λ_{0x} 误差较大,因此 $k\leqslant6$ 时宜使用式(5.7.3)计算 λ_{0x}。

对于四肢和三肢组合的格构式轴心压杆,可得出类似的换算长细比计算公式,详见《标准》。

5.7.2　格构式轴心受压构件的分肢稳定

格构式轴心受压构件的分肢在缀件节点之间又是一个单独的实腹式受压构件,因此应保证它不先于构件整体丧失承载力。计算时不能简单地用 $\lambda_1<\lambda_{0x}$ 考虑,由于初弯曲的影响,构件整体可能呈弯曲状态,产生附加剪力和弯矩。附加弯矩使两分肢的内力不等,附加剪力使缀板构件的分肢产生弯矩。为简化起见,经对各类型实际构件(取初弯曲为 $l/500$)进行计算和综合分析,《标准》规定分肢的长细比满足下列条件时可不计算分肢的强度、刚度和稳定性。

缀条构件：

$$\lambda_1 < 0.7\lambda_{max} \tag{5.7.5}$$

缀板构件：

$$\lambda_1 < 0.5\lambda_{max} \text{ 且不应大于 } 40\varepsilon_k \tag{5.7.6}$$

式中，λ_{max} 为构件两方向长细比（对虚轴取换算长细比）的较大值，当 $\lambda_{max} < 50$ 时取 $\lambda_{max} = 50$。λ_1 按式（5.7.3）的规定计算，但当缀件采用缀条时，l_{01} 取缀条节点中心间的距离。

格构式轴心受压构件的分肢承受压力，应进行板件的局部稳定计算。分肢常采用轧制型钢，其翼缘和腹板一般都能满足局部稳定要求。当分肢采用焊接组合截面时，需进行局部稳定验算。如分肢采用焊接组合工字形截面，其腹板和翼缘宽（高）厚比应按式（5.5.2）和式（5.5.3）进行验算。

5.7.3 格构式轴心受压构件的缀件设计

1. 格构式轴心受压构件的剪力

格构式轴心受压构件绕虚轴弯曲时将产生剪力 $V = \mathrm{d}M/\mathrm{d}x$，其中 $M = Nv$，如图 5.7.2 所示。考虑初始缺陷的影响，经理论分析，《标准》采用以下实用公式计算格构式轴心受压构件中可能发生的最大剪力设计值：

$$V = \frac{Af}{85}\sqrt{\frac{f_y}{235}} \tag{5.7.7}$$

此式与国际标准化组织（ISO）的钢结构设计规范草案所规定的 $V \geqslant 0.012Af_y/\gamma_R$ 基本相同。为了方便设计，此剪力 V 可认为沿构件全长不变，方向可正可负[图 5.7.2(d)中实线]，由承受该剪力的各缀件面共同承担。双肢格构式构件有两个缀件面，每面承担的剪力 $V_1 = V/2$。

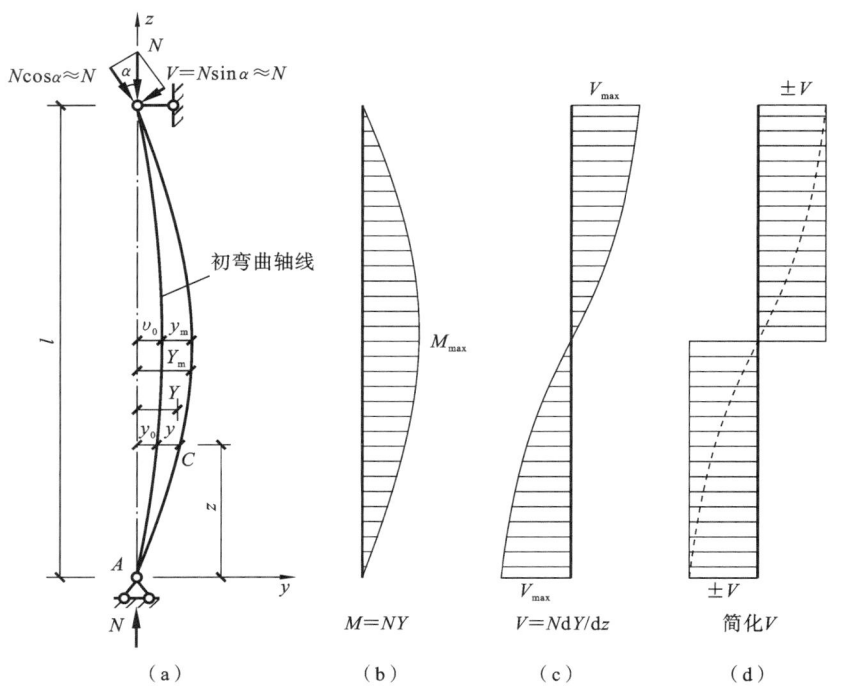

（a）   （b）   （c）   （d）

图 5.7.2 格构式轴心受压构件的弯矩和剪力

2. 缀条计算

缀条一般布置成单斜缀条体系[图 5.7.3(a)],对于受力很大的受压构件,可以布置成交叉缀条体系[图 5.7.3(b)],当分肢间距较大,为减小分肢计算长度,还可以设置横缀条[图 5.7.3(c)]。格构式构件的每个缀件面如同缀条与构件分肢组成的平行弦桁架体系,缀条可看作桁架的腹杆,其内力可按铰接桁架进行分析。每根斜缀条的内力如式(5.7.8)所示。

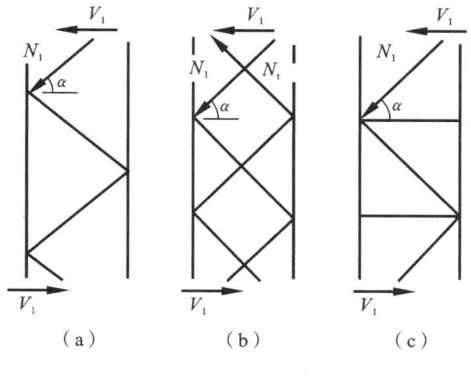

图 5.7.3 缀条布置

$$N_1 = \frac{V_1}{n \cos \alpha} \quad (5.7.8)$$

式中,V_1 为分配到每一个缀条面的剪力;n 为每个缀条面承受剪力的斜缀条数目,单斜缀条时 $n=1$,交叉缀条时 $n=2$;α 为缀条与水平方向间的夹角。

由于构件弯曲变形方向可能变化,因此剪力方向可正可负,斜缀条可能受拉或受压,设计时应按最不利情况计算。单角钢缀条通常与构件分肢单面连接(图 5.7.4),故在受力时实际上存在偏心并产生扭转屈曲。为简化计算,《标准》对格构柱缀条这种单面连接的单角钢仍按轴心受压构件计算,但计算其强度、稳定性和连接时,应引入相应的强度设计值折减系数以考虑偏心受力的影响。

(1) 计算强度时,强度设计值应乘 0.85 的折减系数;

(2) 验算稳定性时,强度设计值应乘折减系数 η,对于等边角钢,$\eta=0.6+0.0015\lambda$,但不大于 1.0;对于短边相连的不等边角钢,$\eta=0.5+0.0025\lambda$,但不大于 1.0;对于长边相连的不等边角钢,$\eta=0.7$。其中,λ 为长细比,对中间无联系的单角钢压杆,应按最小回转板件计算,当 $\lambda<20$ 时取 20;当 η 计算值大于 1.0 时取 1.0。

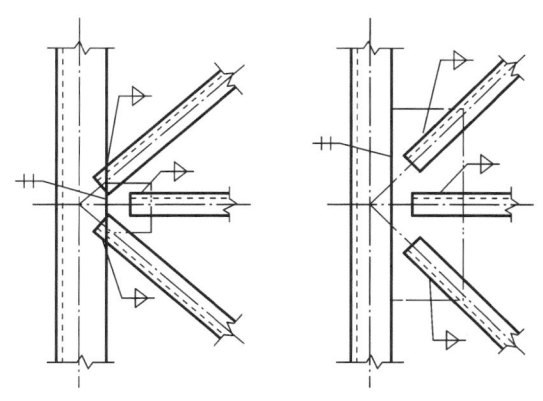

图 5.7.4 缀条与分肢的连接

交叉斜缀条体系中的横缀条可按内力 $N=V_1$ 的压杆计算,单斜缀条体系中的横缀条主要用于减小分肢计算长度,一般不做计算,取与斜缀条相同的截面。缀条的最小尺寸不宜小于∟45×4 或∟56×36×4 的角钢,缀条的轴线与分肢的轴线应尽可能交于一点,设有横缀条时,还可加设节点板(图 5.7.4)。有时为了保证必要的焊缝长度,节点处缀条轴线交汇点可稍向外移至分肢形心轴线以外,但不应超出分肢翼缘的外侧。为了减小斜缀条两端受力角焊缝的搭接长度,缀条与分肢可采用三面围焊相连。

3. 缀板计算

缀板和分肢形成的格构柱如同一多层钢架。假定受力弯曲时,反弯点分布在各段分肢和缀板的中点,如图 5.7.5 所示。缀板尺寸的确定主要考虑刚度和构造要求,缀板计算主要集中在缀板和分肢连接焊缝的验算。取如图 5.7.5 所示的隔离体,根据内力平衡可得每个缀板剪

力 V_{b1} 和缀板与分肢连接处的弯矩 M_{b1}：

$$V_{b1} = \frac{V_1 l_1}{c}, \qquad M_{b1} = \frac{V_1 l_1}{2} \tag{5.7.9}$$

式中，l_1 为两相邻缀板轴线间的距离，根据分肢稳定和强度条件取值；c 为分肢轴线间距离。

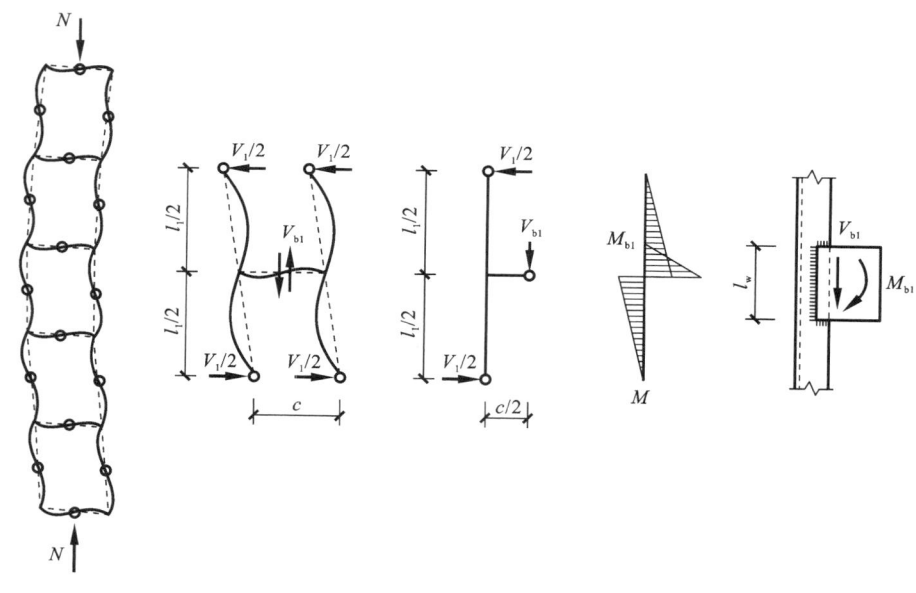

图 5.7.5　缀板的内力

根据 V_{b1} 和 M_{b1} 可验算缀板的弯曲强度、剪切强度以及缀板与分肢的连接强度。由于角焊缝强度设计值低于缀板强度设计值，故一般只需计算缀板与分肢的角焊缝连接强度。

缀板的尺寸由刚度条件确定，为了保证缀板的刚度，《标准》规定在同一截面处各缀板的线刚度之和不得小于构件较大分肢线刚度的 6 倍，即 $\sum (I_b/c) \geqslant 6(I_1/l_1)$，式中 I_b、I_1 分别为缀板和分肢的截面惯性矩。一般缀板尺寸按构造要求范围选取后再验算，若取缀板的宽度 $h_b \geqslant 2c/3$，厚度 $t_b \geqslant c/40$ 和 6 mm，一般可满足上述线刚度、受力和连接等要求。

缀板和分肢连接的单边搭接宽度一般取 20～30 mm，可以采用三面围焊，或只用缀板端部纵向焊缝与分肢相连。缀板厚度不宜小于 5 mm。

5.7.4　连接节点和构造规定

为了提高格构式构件的抗扭刚度，传递内力，保证运输和安装过程中截面几何形状不变，在受有较大水平力处和每个运送单元的两端，应设置横隔，构件较长时还应设置中间横隔。横隔的间距不得大于构件截面较大宽度的 9 倍或 8 m。格构式构件的横隔可用钢板或交叉角钢制作（图 5.7.6）。

5.7.5　格构式轴心受压构件的截面设计

现以两个相同实腹式分肢组成的格构式轴心受压构件（图 5.7.7）为例来说明其截面选择和设计问题。首先根据使用要求、材料供应、轴心压力 N 的大小和两方向的计算长度 l_{0x}、l_{0y} 等条件确定构件的截面形式（中小型柱常用缀板柱，大型柱常用缀条柱）和钢材牌号，然后选择

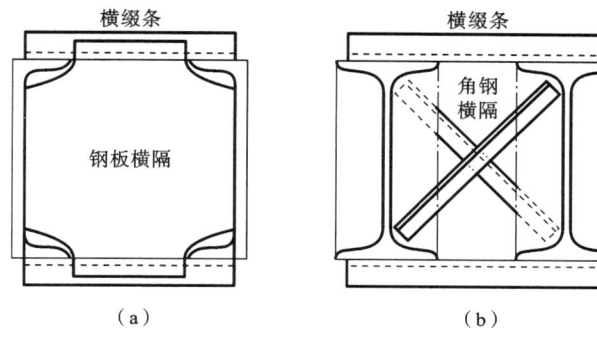

图 5.7.6　格构式构件的横隔

截面尺寸。截面选择分为三个步骤:首先按实轴稳定要求选择截面两分肢的尺寸,其次按绕虚轴与实轴等稳定原则确定分肢间距,最后做截面验算。

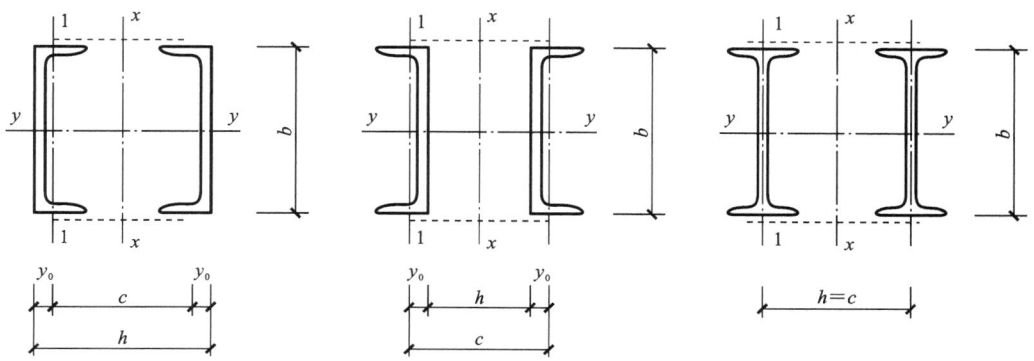

图 5.7.7　格构式构件截面设计

1. 按实轴(y 轴)稳定条件选择截面尺寸

假定绕实轴长细比 $\lambda_y=60\sim100$,当 N 较大而 l_{0y} 较小时取较小值,反之取较大值。根据 λ_x 及钢号和截面类别查得整体稳定系数 φ 值,按公式(5.6.1)求所需截面面积 A_{req}。

求绕实轴所需要的回转半径 $i_{yreq}=l_{0y}/\lambda_y$(如分肢为组合截面,则还应由 i_{yreq} 按附录 E 的近似值求出所需截面宽度 $b=i_{yreq}/\alpha_1$)。

根据所需 A_{req}、i_{yreq}(或 b)初选分肢型钢规格(或截面尺寸),并进行实轴整体稳定性和刚度验算,必要时还应进行强度验算和板件宽厚比验算。若验算结果不完全满足要求,应重新假定 λ_y 后再试选截面,直至满意为止。

2. 按虚轴(x 轴)与实轴等稳定原则确定两分肢间距

根据换算长细比 $\lambda_{0x}=\lambda_y$,则可求得所需要的 λ_{xreq}。

对缀条格构式构件:

$$\lambda_{xreq}=\sqrt{\lambda_{0x}^2-27\frac{A}{A_{1x}}}=\sqrt{\lambda_y^2-27\frac{A}{A_{1x}}} \qquad (5.7.10)$$

对缀板格构式构件:

$$\lambda_{xreq}=\sqrt{\lambda_{0x}^2-\lambda_1^2}=\sqrt{\lambda_y^2-\lambda_1^2} \qquad (5.7.11)$$

由 λ_{xreq} 可求所需 i_{xreq}（$i_{xreq}=l_{0x}/\lambda_{xreq}$），从而按附录 E 确定分肢间距 $h=i_{xreq}/\alpha_2$。

在按式（5.7.10）计算 λ_{xreq} 时，需先假定 A_{1x}，可按 $A_{1x}=0.1A$ 与构造要求预估缀条角钢型号；在按式（5.7.11）计算 λ_{xreq} 时，需先假定 λ_1，λ_1 可按式（5.7.6）的最大值取用。

两分肢翼缘间的净空应大于 $100\sim150$ mm，以便于油漆。h 的实际尺寸应调整为 10 mm 的倍数。

3. 截面验算

按照上述步骤初选截面后，按式（5.2.6）、式（5.4.2）、式（5.7.5）和式（5.7.6）进行刚度、整体稳定性和分肢稳定性验算；如有孔洞削弱，还应按式（5.2.2）进行强度验算；缀件设计按 5.7.3 节进行。如验算结果不完全满足要求，应调整截面尺寸后重新验算，直到满足要求为止。

柱子失稳

习题

5.1 如下图所示，两种截面（焰切边缘）的截面面积相等，钢材均为 Q235 钢。当用作长度为 10 m 的两端铰接轴心受压柱时，是否能安全承受设计荷载 3200 kN？

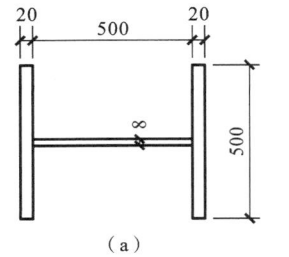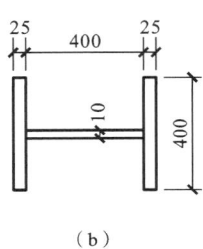

（a）　　　　　　　　　　（b）

习题 5.1 图

5.2 设计由两槽钢组成的缀板柱，柱长 7.5 m，两端铰接，设计轴心压力为 1500 kN，钢材为 Q235B，截面无削弱。

5.3 有一两端铰接、长度为 4 m 的轴心受压柱，用 Q235 的 HN400×200×8×13 H 型钢做成，压力设计值为 490 kN，两端偏心距相同，皆为 20 cm。试验算其承载力。

5.4 工字形截面轴心受压柱如图所示，$l_{0x}=l=9$ m，$l_{0y}=3$ m，在跨中截面每个翼缘和腹板上各有两个对称布置的 $d_0=24$ mm 的螺栓孔，钢材用 Q235B，$f=215$ N/mm²，翼缘为焰切边。试求最大承载力 N（局部稳定已保证，不必验算）。

5.5 某轴心压杆的截面如图所示，分肢用缀板连接，杆件自由长度 $l_{0x}=1088$ cm，$l_{0y}=1360$ cm。钢材为 Q345，设取分肢长细比 $\lambda_1=40$，试计算该杆件的稳定承载力 N_{max}。

5.6 两端为简支的轴心受压杆件，$l=9$ m，钢材为 Q235，$E=2.06\times10^5$ MPa，剪切模量 $G=7.9\times10^4$ MPa，试分别计算下列情况下压杆的弹性屈曲临界应力和扭转屈曲临界应力。

（1）两端为简支；

（2）在杆件长度的中点布置如习题 5.6（b）图所示支承；

（3）在杆件长度的中点布置如习题 5.6（c）图所示支承。

5.7 图中为一管道支架，其支柱的压力设计值 $N=1600$ kN，柱两端铰接，钢材为 Q235，截面无孔眼削弱，若采用普通轧制工字钢，试设计此支柱的截面（1—1 剖面）。

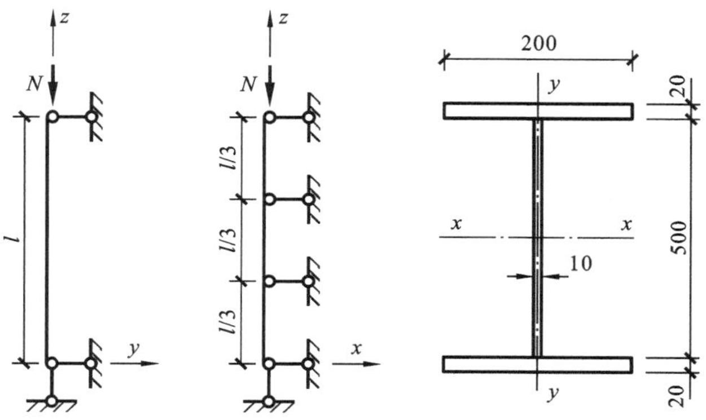

习题 5.4 图

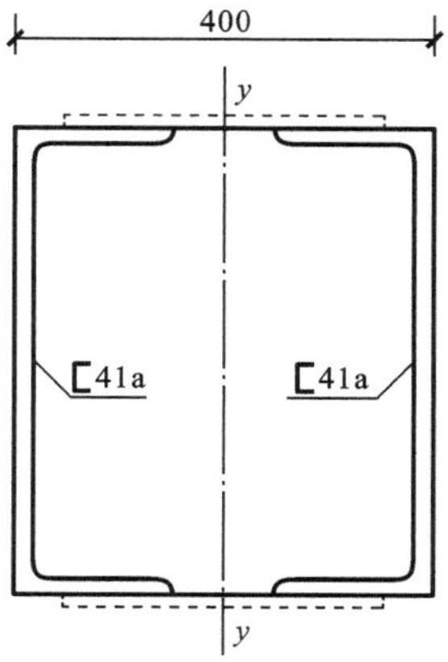

习题 5.5 图

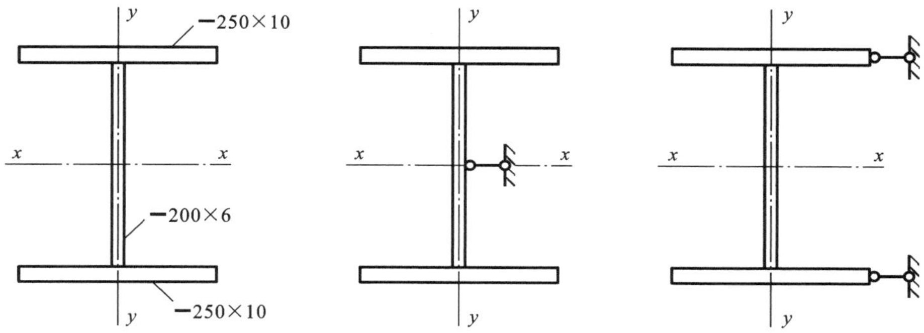

（a）截面尺寸　　　　（b）支承条件1　　　　（c）支承条件2

习题 5.6 图

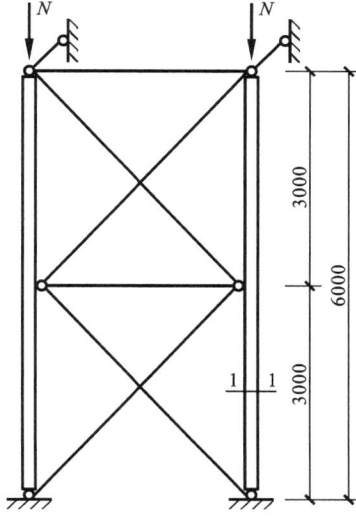

习题 5.7 图

第 6 章
拉弯构件和压弯构件

6.1　拉弯、压弯构件的应用和截面形式

　　同时承受轴心力(压力或拉力)N 和绕截面形心主轴的弯矩 M 共同作用的构件称为拉弯或压弯构件。弯矩可能由轴心力的偏心作用、端弯矩作用或横向荷载作用等因素产生(见图 6.1.1 和图 6.1.2)。弯矩由轴力偏心引起时,也称作偏压构件或偏拉构件。根据绕截面形心主轴的弯矩的作用面,有单向压(拉)弯构件(弯矩作用在截面的一个主轴平面)和双向压(拉)弯构件(弯矩同时作用在两个主轴平面内)。

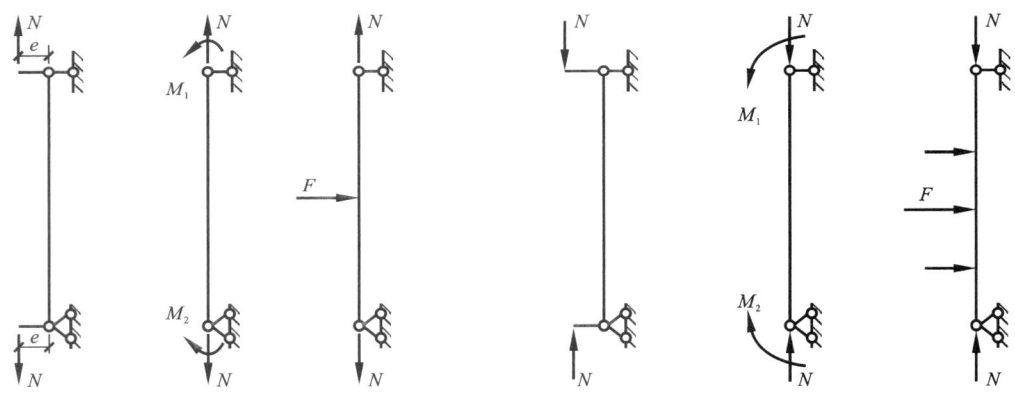

图 6.1.1　拉弯构件　　　　　　　　　　图 6.1.2　压弯构件

　　压弯构件在钢结构中的应用非常广泛,如有节间荷载作用的桁架上、下弦杆,受风荷载作用的墙架柱(如抗风柱),工作平台柱,支架柱,单层厂房结构及多高层框架结构中的柱,等等。
　　拉弯构件和压弯构件一般采用双轴对称或单轴对称的截面形式,可分为实腹式截面和格构式截面(如图 6.1.3 所示)。双轴对称截面常用于弯矩较小或正、负弯矩绝对值相差不大以及构造或使用上宜采用对称截面的构件。单轴对称截面常用于弯矩较大或正、负弯矩绝对值相差较大的构件,即将受力较大一侧的截面尺寸加大,以节约钢材(如压弯构件的截面通常在弯矩作用方向具有较大的截面尺寸)。当构件计算长度较大且受力也较大时,为了获得较大的截面抵抗矩、抗弯刚度和回转半径,通常采用格构式截面。压弯构件的截面通常做成在弯矩作用方向具有较大截面尺寸的形式。
　　与轴心受压构件和受弯构件类似,压弯构件的设计应满足承载能力极限状态和正常使用

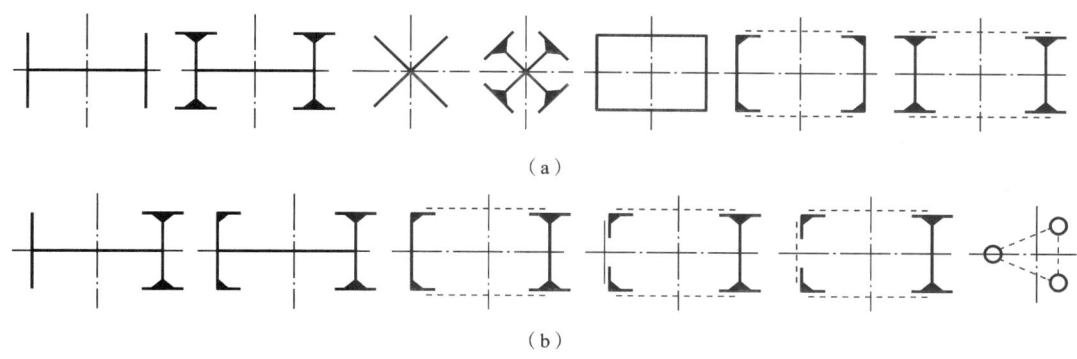

（a）

（b）

图 6.1.3　拉弯和压弯构件的截面形式

极限状态。承载能力极限状态包括强度、整体稳定和局部稳定三个方面,正常使用极限状态主要验算构件的长细比,当弯矩较大时,也包括构件的挠度。强度计算一般可考虑截面塑性变形的发展,对直接承受动力荷载的构件和格构式构件等则通常按弹性受力计算。对承受单向弯矩作用的压弯构件,刚度和整体稳定计算通常应分别考虑对 x 轴和对 y 轴两个方向,即在弯矩作用平面内和在弯矩作用平面外两个方向。刚度计算一般是控制构件的最大长细比不超过规定的容许值,对于框架梁等以承受弯矩为主的压弯构件,必要时需控制弯矩作用方向的挠度不超过容许值。

局部稳定计算一般是保证构件各组成板件在受力过程中的局部稳定或控制各板件的宽厚比不超过规定的最大限值。对格构式构件则还应计算各分肢的稳定性是否满足要求。

而拉弯构件的设计一般只需考虑强度和刚度两个方面。但对以承受弯矩为主的拉弯构件,若截面一侧最外纤维产生较大的压应力,则也应考虑和计算构件的整体稳定以及受压板件或分肢的局部稳定。

6.2　拉弯构件和压弯构件的截面强度和刚度

6.2.1　拉弯构件和压弯构件的强度计算

承受静力荷载作用的拉弯构件和压弯构件的强度承载能力极限状态是指受力最不利截面上出现塑性铰。这里以常用的双轴对称工字形截面为例加以说明。在轴心压力和弯矩共同作用下,工字形截面上应力的发展过程如图 6.2.1 所示。

假设轴力不变而弯矩不断增加,截面上应力的发展过程为:边缘纤维的最大应力不断增加达到屈服点[见图 6.2.1(a)];最大应力一侧应力达到屈服强度并保持不变而进入塑性发展阶段,塑性区不断沿截面高度深入截面[见图 6.2.1(b)];受拉侧边缘应力达到屈服强度且应力保持不变而进入塑性发展阶段,塑性区亦不断沿截面高度深入截面[见图 6.2.1(c)];全截面应力达到屈服强度即全截面进入塑性状态,此时亦称截面形成塑性铰[见图 6.2.1(d)]。

对拉弯构件、截面有削弱或构件端部弯矩大于跨间弯矩的压弯构件,需要进行强度计算。结构设计时,可根据构件所受荷载的性质、截面形状和受力特点等,规定不同的截面应力状态作为强度计算的极限状态。拉弯构件和压弯构件的强度计算准则有以下三种。

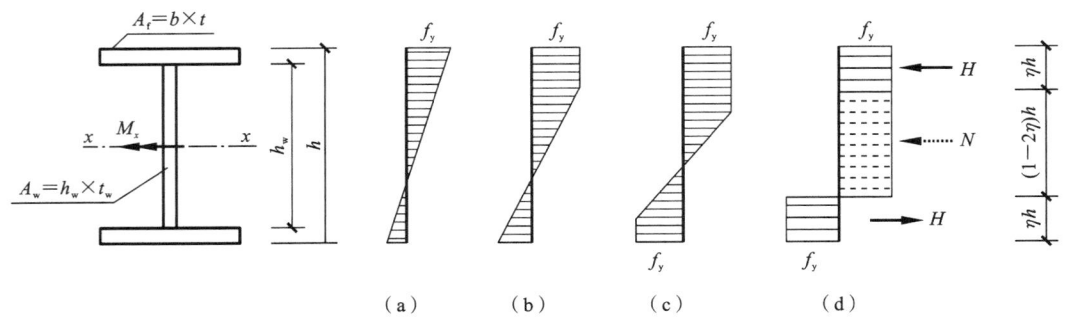

图 6.2.1　压弯构件截面应力的发展过程

1. 边缘纤维屈服准则(弹性阶段)

在构件受力最大的截面上,截面边缘处的最大应力达到屈服时即认为构件达到了强度极限。此时构件处于弹性工作阶段,在最危险截面上,截面边缘处的最大应力 σ 达到屈服点 f_y,即

$$\sigma=\frac{N}{A_n}+\frac{M_x}{W_{ex}}\leqslant f_y \tag{6.2.1}$$

式中,N、M_x 为验算截面处的轴力和弯矩;A_n 为验算截面处的截面面积;W_{ex} 为验算截面处绕截面主轴 x 轴的净截面抵抗矩。

令截面屈服轴力 $N_p=A_n f_y$,屈服弯矩 $M_{ex}=W_{ex}f_y$,则得 N 和 M_x 的线性相关关系:

$$\frac{N}{N_p}+\frac{M_x}{M_{ex}}=1 \tag{6.2.2}$$

对于直接承受动力荷载的实腹式拉弯和压弯构件,关于其截面塑性发展后的性能研究还不够成熟,因此按照边缘屈服准则考虑;而对于格构式拉弯、压弯构件,当弯矩绕虚轴作用时,因截面腹部虚空,塑性发展的潜力不大,故也应按弹性工作状态计算。

2. 全截面屈服准则(塑性铰阶段)

构件的最大受力截面的全部受拉和受压区的应力都达到屈服。此时,这一截面在轴力和弯矩的共同作用下形成塑性铰[见图 6.2.1(d)]。根据内外力的平衡,可得出轴心力 N 和弯矩 M_x 的相关公式。

根据全截面应力图形,由内外力的平衡条件,即一对水平力 H 所组成的力偶与外力矩 M_x 平衡,合力 N 与轴力平衡。为简化计算,可取 $h\approx h_w$。令一个翼缘的面积 $A_f=\alpha A_w$,则全截面面积 $A=(2\alpha+1)A_w$。

当轴力较小(即 $N\leqslant A_w f_y$)时,塑性中和轴位于腹板内,可得出轴心力 N 和弯矩 M_x 的计算式:

$$N=(1-2\eta)ht_w f_y=(1-2\eta)A_w f_y \tag{6.2.3a}$$

$$M_x=A_f h f_y+\eta A_w f_y(1-\eta)h=A_w h f_y(\alpha+\eta-\eta^2) \tag{6.2.3b}$$

消去以上两式中的 η,并令截面屈服轴力为

$$N_p=Af_y=(2\alpha+1)A_w f_y \tag{6.2.4a}$$

截面屈服时的塑性弯矩为

$$M_{px}=W_{px}f_y=(\alpha A_w h+0.25A_w h)f_y=(\alpha+0.25)A_w h f_y \tag{6.2.4b}$$

则得轴心力 N 和弯矩 M_x 的相关公式为

$$\frac{(2\alpha+1)^2}{4\alpha+1}\left(\frac{N}{N_p}\right)^2+\frac{M_x}{M_{px}}=1 \qquad (6.2.5a)$$

当轴力较大(即 $N>A_w f_y$)时,塑性中和轴位于翼缘内,按上述相同方法可以推导得

$$\frac{N}{N_p}+\frac{4\alpha+1}{2(2\alpha+1)}\frac{M_x}{M_{px}}=1 \qquad (6.2.5b)$$

式(6.2.5a)和式(6.2.5b)表示的相关关系为曲线,图 6.2.2 所示的实线即为工字形截面构件当弯矩绕强轴作用时的相关曲线。

构件的 N/N_p-M_x/M_{px} 关系曲线均呈凸形,与构件的截面形状及腹板翼缘面积比有关。由于该曲线外凸不明显,为了便于计算,同时考虑轴心力所引起

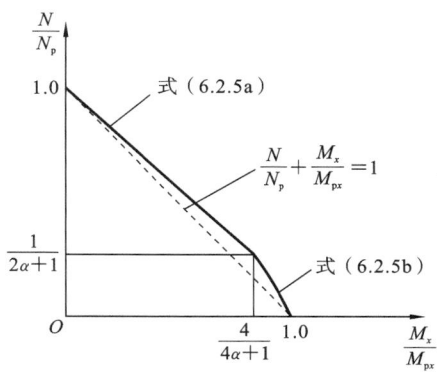

图 6.2.2　压弯构件 N/N_p-M_x/M_{px} 关系曲线

的附加弯矩和剪力的不利影响,可偏于安全采用一条斜直线(见图 6.2.2 中的虚线)代替曲线,其表达式为

$$\frac{N}{N_p}+\frac{M_x}{M_{px}}=1 \qquad (6.2.6)$$

3. 部分发展塑性准则(弹塑性阶段)

对于承受静力荷载和间接动力荷载的实腹式拉弯、压弯构件及格构式拉弯、压弯构件,当弯矩绕实轴作用时,以截面形成塑性铰为强度承载力的极限状态,但为控制构件不因生成塑性铰而产生过大的变形,影响正常使用,运用塑性发展系数来控制其截面塑性发展的深度。这一准则以构件最大受力截面的部分受压区和受拉区进入塑性为强度极限,截面塑性发展深度将根据具体情况给予规定。为了避免构件形成塑性铰时产生过大的非弹性变形,《标准》规定一般构件以这一准则作为强度极限。为了计算简便并偏于安全,强度计算可用直线式相关关系,并和受弯构件的强度计算一样,用 $\gamma_x W_{nx}$ 和 $\gamma_y W_{ny}$ 分别代替截面对两个主轴的塑性抵抗矩,同时用设计强度代替屈服强度。

(1)单向拉弯构件和压弯构件的强度计算公式:

$$\frac{N}{A_n}\pm\frac{M_x}{\gamma_x W_{nx}}\leqslant f \qquad (6.2.7)$$

式中,γ_x 为截面塑性发展系数;A_n 为构件的净截面面积。

(2)双向压弯构件和拉弯构件的强度计算公式。

除圆管截面外,双向压弯(拉弯)构件的强度计算公式为

$$\frac{M}{A_n}\pm\frac{M_x}{\gamma_x W_{nx}}\pm\frac{M_y}{\gamma_y W_{ny}}\leqslant f \qquad (6.2.8)$$

圆形截面双向压弯(拉弯)构件的强度应按下式计算:

$$\frac{N}{A_n}+\frac{\sqrt{M_x^2+M_y^2}}{\gamma_m W_n}\leqslant f \qquad (6.2.9)$$

式中,M_x、M_y 分别为同一截面处对 x 轴和对 y 轴的弯矩设计值;γ_x、γ_y 为截面塑性发展系数;A_n 为构件净截面面积;W_{nx}、W_{ny} 分别为对 x 轴和对 y 轴的净截面抵抗矩;N 为同一截面处轴心压(拉)力设计值;γ_m 为圆形截面构件的塑性发展系数,对于实腹圆形截面取 1.2,当圆管截面板件宽厚比不满足 S3 级要求时取 1.0,当圆管截面板件宽厚比满足 S3 级要求时取 1.15,对

于需要验算疲劳强度的拉弯、压弯构件宜取 1.0。

6.2.2　拉弯构件和压弯构件的刚度计算

拉弯和压弯构件的正常使用极限状态是通过限制构件的长细比不超过容许长细比来保证的,即

$$\lambda = \frac{l_0}{i} \leqslant [\lambda] \tag{6.2.10}$$

式中,λ 为构件的最大长细比,对于格构式构件,虚轴方向应取换算长细比;l_0 为构件的计算长度;$[\lambda]$ 为压弯构件和拉弯构件的容许长细比,分别与轴心受压构件和轴心受拉构件的规定完全相同。

【例题 6-1】　图 6.2.3 所示为双轴对称焊接 H 形截面(翼缘为剪切边)压弯构件,总长度为 9 m,跨中有一侧向支撑,该构件承受的轴向荷载设计值 $N = 900$ kN,跨中集中荷载 $F = 200$ kN,材料选用 Q235 钢材。试验算该压弯构件的强度和刚度。

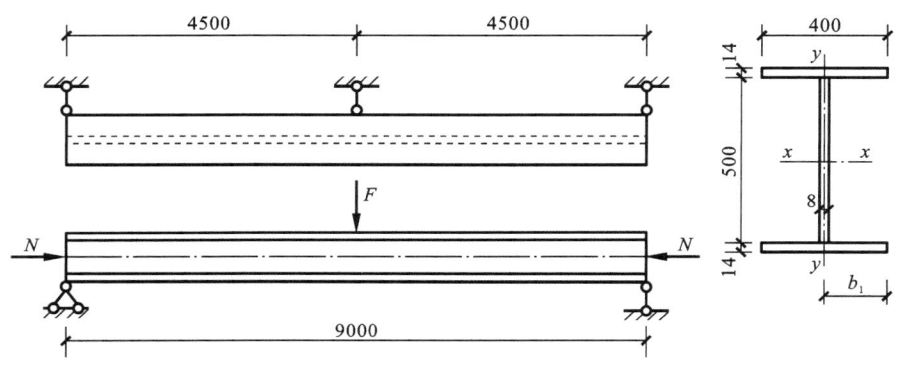

图 6.2.3　例题 6-1 图

解　(1)内力计算。

对于跨中截面,有

$$M_x = \frac{1}{4} Fl = \frac{1}{4} \times 200 \times 9 \text{ kN} \cdot \text{m} = 450 \text{ kN} \cdot \text{m}$$

(2)截面几何特征计算。

$$A_n = A = 2bt + h_w t_w = 152 \text{ cm}^2$$

$$I_{nx} = I_x = \frac{1}{12} bh^3 - \frac{1}{12}(b - t_w)h_w^3 = 82327 \text{ cm}^4$$

$$I_y = 2 \times \frac{1}{12} tb^3 = 14933 \text{ cm}^4$$

$$i_x = \sqrt{\frac{I_x}{A}} = 23.27 \text{ cm}$$

$$i_y = \sqrt{\frac{I_y}{A}} = 9.91 \text{ cm}$$

在弯矩作用平面内,$W_{1nx} = W_{1x} = 3118 \text{ cm}^3$。

（3）强度验算。

$$15\sqrt{\frac{235}{f_y}}>\frac{b_1}{t}=\frac{(400-8)/2}{14}=14>13\sqrt{\frac{235}{f_y}}=13$$

查表 4.1.1 可知该截面为 S4 级截面，取塑性发展系数 $\gamma_x=1.0$。

$$\sigma=\frac{N}{A_n}+\frac{M_x}{\gamma_x W_{1nx}}=\left(\frac{900\times10^3}{15200}+\frac{450\times10^6}{3118\times10^3}\right)\text{N/mm}^2\approx203\text{ N/mm}^2$$

$$203\text{ N/mm}^2<215\text{ N/mm}^2$$

因此，满足强度设计要求。

（4）刚度验算。

$$l_x=9\text{ m}，\quad l_y=4.5\text{ m}$$

$$\lambda_x=l_x/i_x=900/23.27=38.68，\quad \lambda_y=l_y/i_y=450/9.91=45.41$$

$$\lambda_{max}=\lambda_y=45.41<[\lambda]=150$$

因此，满足刚度要求。

6.3　实腹式压弯构件的稳定计算

6.3.1　压弯构件整体失稳形式

　　压弯构件在轴力作用下，全截面产生均匀受压应力，在弯矩作用下，截面上产生一部分受拉的应力和一部分受压的应力；在轴力和弯矩两者共同作用下，截面大部分区域产生受压应力，也有可能全截面产生受压应力，只是压应力分布不均匀而已。只受单向弯矩作用的压弯构件通常称为单向压弯构件，其整体失稳分为弯矩作用平面内和弯矩作用平面外两种情况，弯矩作用平面内失稳为弯曲屈曲（图 6.3.1），弯矩作用平面外失稳为弯扭屈曲（图 6.3.2）。受两个方向弯矩作用的压弯构件通常称为双向压弯构件，其只有弯扭失稳一种可能。

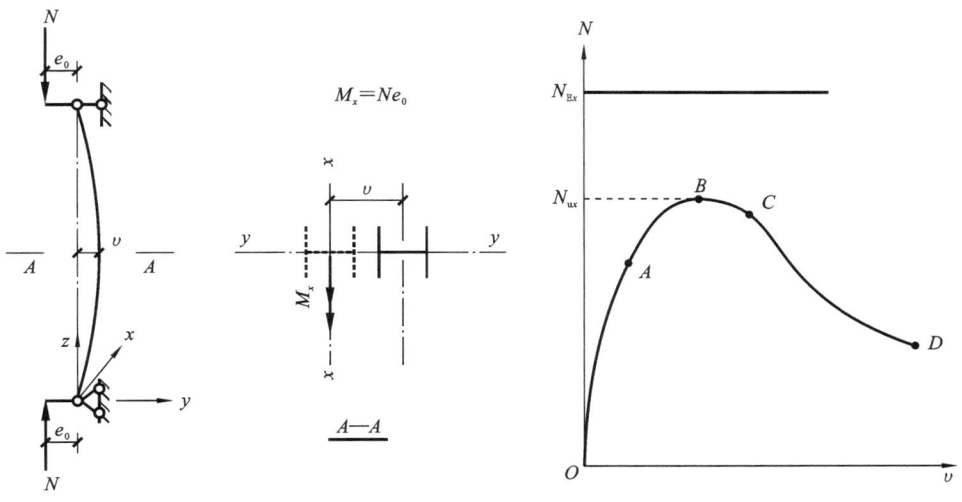

图 6.3.1　单向压弯构件弯矩作用平面内失稳变形和轴力-位移曲线

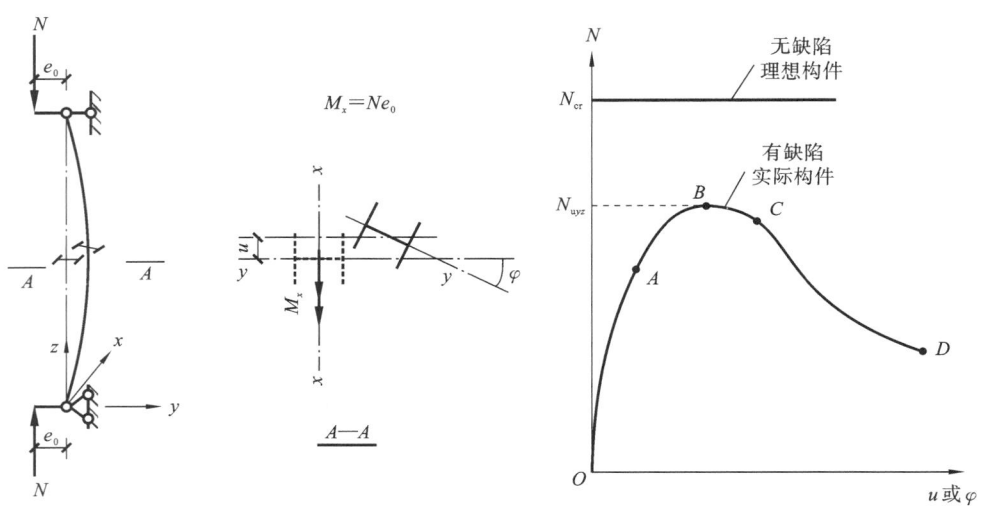

图 6.3.2　单向压弯构件弯矩作用平面外失稳变形和轴力-位移曲线

对于抵抗弯扭变形能力很强的压弯构件,或者在构件的侧向有足够多的支承以阻止其发生弯扭变形的压弯构件,在轴线压力和弯矩的共同作用下,可能在弯矩作用的平面内发生整体的弯曲失稳。发生这种弯曲失稳的压弯构件,其承载能力可以用图 6.3.1 来说明。弯矩作用平面内构件的跨中最大挠度与构件压力的关系如图 6.3.1 中曲线所示。从图 6.3.1 可以看出,当压力增加,构件中挠度非线性地增长,这是由于加载的 P-δ 二阶效应,即压力增大使得挠度和附加弯矩增大,附加弯矩又使挠度进一步增大。到达 A 点时,截面边缘开始屈服。荷载继续增大,塑性区域增加,曲线的非线性关系更加明显。到达 B 点时,构件压力达到了承载能力的极限值,荷载无法继续增加,要维持平衡,必须卸载,曲线出现了下降段 BCD,压弯构件处于不稳定平衡状态。B 点的轴力称为压弯构件极限荷载 N_{ur},该力小于理想压杆的欧拉临界力 N_{Er}。

当构件没有足够的侧向支撑,且弯矩作用平面内稳定性较强,加载初期,构件只产生弯矩作用平面内的挠度。当外荷载增加到某一临界值之后,构件会突然产生弯矩作用平面外(见图 6.3.2 中 x 轴方向)的弯曲变形 u 和扭转位移 φ,即构件发生了弯扭失稳,无初始缺陷的理想压弯构件的弯扭失稳是一种分枝型失稳。实际构件均有初始缺陷,在加载初期,构件就会产生较小的侧向位移 u 和扭转位移 φ,并且 u 和 φ 随荷载的增加而增加,当达到某一极限荷载 N_{uyz} 之后,u 和 φ 快速增长,但是荷载降低,构件发生极值点失稳。

6.3.2　单向压弯构件弯矩作用平面内的整体稳定计算

1. 极限荷载计算方法

考虑压弯构件材料塑性的发展,压弯构件整体稳定计算相对复杂。以矩形截面为例,如图 6.3.3(a)所示同时承受轴向压力 N 和端弯矩 M 的构件,在平面内失稳时塑性区的分布有图 6.3.3(b)和图 6.3.3(c)两种可能情况:只在弯曲受压的一侧出现塑性和在两侧同时出现塑性。很明显,在出现塑性的范围内,弯曲刚度不仅不再保持为弹性变形时的常值 EI,而且随塑性在杆截面上发展的深度而变化,这种变化使得用于计算弹性压弯构件的解析方法不再适用。

确定压弯构件弯矩作用平面内极限承载力有多种方法,通常有两种方法,即近似法和数值

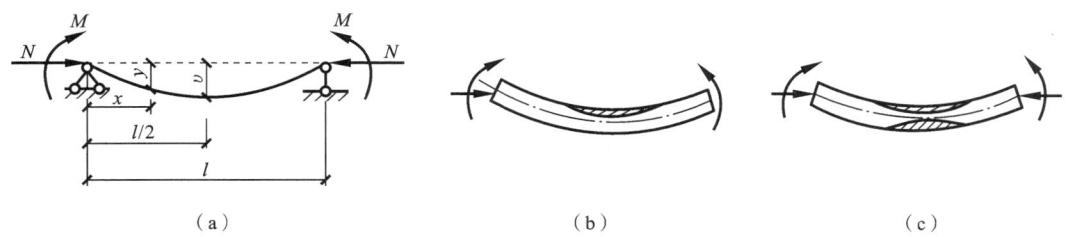

图 6.3.3　压弯构件平面内失稳时的塑性区示意

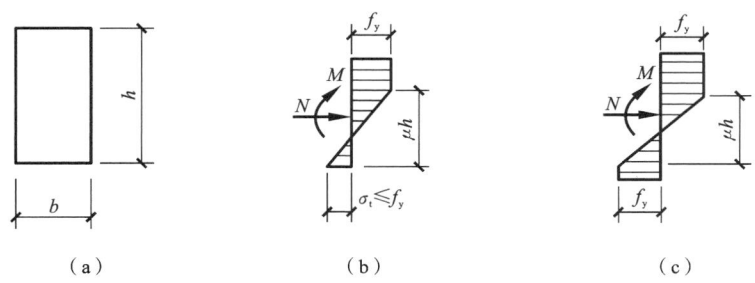

图 6.3.4　压弯构件截面的应力

积分法。近似法的计算较为复杂,以矩形截面的构件为例进行说明。假定材料为理想的弹塑性体,构件受到轴力和弯矩共同作用时,可能在构件的一侧出现塑性区[图 6.3.4(b)]或在两侧同时出现塑性区[图 6.3.4(c)]。令 $N_p = A f_y$,$M_y = W f_y$,可分别由以下两式计算上述两种情况下构件的承载力:

$$N_u = \frac{\pi^2 E I}{l^2} \left[1 - \frac{M}{3 M_y (1 - N_u / N_p)} \right]^3 \tag{6.3.1a}$$

$$N_u = \frac{\pi^2 E I}{l^2} \left[1 - \left(\frac{N_u}{N_p} \right)^2 - \frac{2}{3} \times \frac{M}{M_y} \right]^{3/2} \tag{6.3.1b}$$

以上两式可进一步简化概括为 $N_u = \frac{\pi^2 E I}{l^2} \mu^3$,其中 μ 为截面弹性区高度与截面高度之比。

式(6.3.1a)和式(6.3.1b)等号左、右两边都含有 N_u,求解方程组相当困难。因此,即使是相对简单的矩形截面,求解 N 和 M 的关系也非常复杂,对于常用的工字形截面、H 形截面或其他截面,求解 N 和 M 的关系更加复杂。如果再考虑残余应力和其他因素的影响,就难以求出 N 和 M 关系的解析公式,因此,该方法不具有实用价值。

数值分析法即有限元法,可考虑构件初始几何缺陷即杆件初始挠度曲线形式的影响,也可考虑材料的残余应力的影响。计算时把杆沿轴线划分为足够多的小段,并以每段中点的曲率代表该段的曲率。计算时,假定构件符合平截面假定。为了确定考虑残余应力作用下每个点的应力,需要把杆件的截面离散成众多的单元。在每一小段的中央截面上,每一单元的应变为

$$\varepsilon_i = \varepsilon_0 + \varphi y_i + \frac{\sigma_{ri}}{E} \tag{6.3.2}$$

式中,ε_0 为截面形心处的应变;φ 该段中点的截面曲率;y_i 为第 i 段的挠度;σ_{ri} 为已知的残余应力。

假定材料为理想的弹塑性体,则其单元的应力为

$$\sigma_i = E\varepsilon_i \leqslant f_y \tag{6.3.3}$$

若图 6.3.5 中轴力 N 和偏心距 e 已知，根据截面上力和弯矩的平衡条件，可以由迭代试算得出 ε_0 和 φ。假定杆件左端的转角为 θ_0，可用数值积分逐段计算各段分界点的位移和转角。

第一段末端：

$$y_1 = v_0 + \theta_0 l_1 - \frac{1}{2}\varphi l_1^2 \tag{6.3.4}$$

$$\theta_1 = \theta_0 - \varphi l_1 \tag{6.3.5}$$

式中，v_0 为左端的位移，对于端部有支承点的构件可取为零；l_1 为第一段的长度。

逐段推算到构件的右端，应该得到右端支承点的位移为零。如果此处的位移不为零，则需调整前面所假定的 θ_0，从头计算，直到最后误差在容许的范围内为止。对于图 6.3.5(a) 所示的对称情况，可用跨度中央的倾角 $\theta_i = 0°$ 为条件，代替右端位移为零的条件，以减少计算工作量。这样就可算得和 N_i 对应的跨中挠度 v_i。改变 N_i 值做多次计算，即可得出图 6.3.5(b) 所示的 N-v 全过程曲线。曲线的极值点 B 对应构件的极限承载力 N_u。数值分析法比近似法要精确，可以考虑多种影响因素，目前使用广泛。

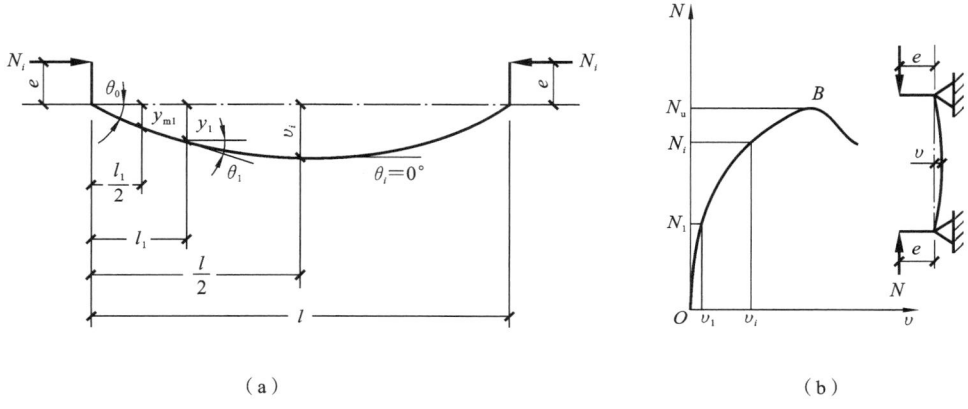

（a）　　　　　　　　　　　　　　　　　　　（b）

图 6.3.5　压弯构件全过程分析曲线

2. 整体稳定计算公式

与轴压构件类似，压弯构件一样存在残余应力和初弯曲，因此确定压弯构件的承载力时也应考虑残余应力和初弯曲的影响，再加上不同的截面形状和尺寸、不同的支座条件等因素，不论用解析式近似法还是用数值积分法，计算过程都是很繁复的。这两种方法都不能直接用于实际设计工作中。

目前，各国设计规范中压弯构件在弯矩作用平面内整体稳定验算多采用轴力 N 与弯矩 M 相对简单的相关公式法，即通过理论分析，建立轴力与弯矩的相关公式，并在大量数值计算和试验数据统计分析的基础上，对相关公式中的参数进行修正，得到一个半经验半理论公式。利用边缘屈服准则，可以建立压弯构件弯矩作用平面内稳定计算的轴力与弯矩的相关公式。我国《标准》进一步引入了抗力分项系数，规定除圆管界面外，实腹式压弯构件在弯矩作用平面内的整体稳定性按下式进行计算：

$$\frac{N}{\varphi_x A f} + \frac{\beta_{mx} M_x}{\gamma_x W_{1x}\left(1 - \frac{0.8N}{N'_{Ex}}\right)f} \leqslant 1.0 \tag{6.3.6}$$

$$N'_{Ex} = \frac{\pi^2 EA}{1.1\lambda_x^2} \qquad (6.3.7)$$

式中,N 为所计算构件范围内轴心压力设计值;φ_x 为弯矩作用平面内轴心受压构件稳定系数,可按第 5 章介绍的方法确定;M_x 为所计算构件段范围内的最大弯矩设计值;W_{1x} 为在弯矩作用平面内最大受压纤维的毛截面模量;γ_x 为塑性发展系数;β_{mx} 为等效弯矩系数,其含义是将非均匀弯矩等效为均匀弯矩,在计算时,令二者的二阶弯矩最大值相等来处理。

对于表 4.2.1 中第 3 项、第 4 项中的单轴对称压弯构件,当弯矩作用在对称平面内且翼缘受压时,可能使无翼缘一侧在拉应力作用下首先屈服,为了限制受拉塑性区,对于该情况,除了按照式(6.3.6)计算外,还需要满足以下要求:

$$\left| \frac{N}{Af} - \frac{\beta_{mx}M_x}{\gamma_x W_{2x}\left(1 - 1.25\dfrac{N}{N'_{Ex}}\right)f} \right| \leqslant 1.0 \qquad (6.3.8)$$

式中,W_{2x} 为无翼缘端的毛截面模量。

如图 6.3.6(a)所示的某压弯构件,在集中荷载 Q 作用下的最大一阶弯矩为 $M_{\text{I max}}$,由于构件产生横向变形,轴心力 N 将会产生弯矩,此时二阶弯矩最大值为 $M_{\text{II max}}$。如图 6.3.6(b)所示的同一构件,受到轴心力 N 和端弯矩 M_e 作用,二阶弯矩最大值为 $M_{\text{II e}}$。若 $M_{\text{II max}} = M_{\text{II e}}$,则 M_e 为等效弯矩,也可用 $\beta_{mx}M_{\text{I max}}$ 来表示。几种典型 β_{mx} 的表达式见表 6.3.1。

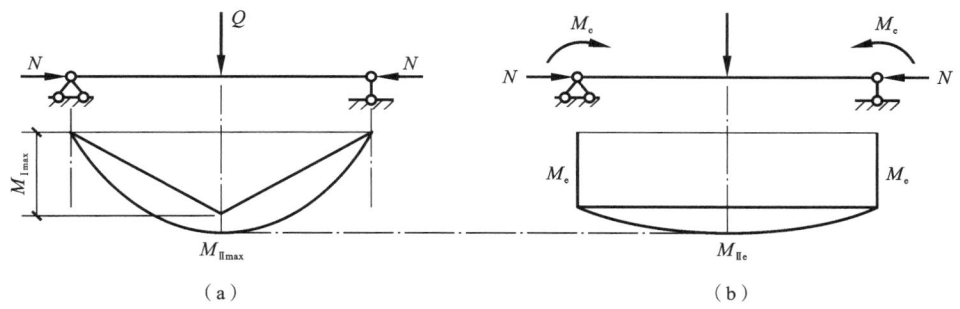

| (a) | (b) |

图 6.3.6 等效弯矩系数解释

表 6.3.1 常用压弯构件平面内稳定计算等效弯矩系数

荷载类型	β_{mx} 理论值	《标准》中规定的 β_{mx} 值
N ← Q → N	$\dfrac{1 - 0.18\dfrac{N}{N_{cr}}}{1 + 0.23\dfrac{N}{N_{cr}}}$	$1 - 0.36\dfrac{N}{N_{cr}}$
N ← q → N	$\dfrac{1 - 0.03\dfrac{N}{N_{cr}}}{1 + 0.23\dfrac{N}{N_{cr}}}$	$1 - 0.18\dfrac{N}{N_{cr}}$
N ← M_2 M_1 → N $\;\;\lvert M_1\rvert > \lvert M_2\rvert$	$\sqrt{\dfrac{1 - 2\dfrac{M_2}{M_1}\cos kl + \left(\dfrac{M_2}{M_1}\right)^2}{2(1 - \cos kl)}}$	$0.6 + 0.4\dfrac{M_2}{M_1}$

注:$k = \sqrt{N/EI}$,l 为构件长度。

《标准》中更为详细地规定了等效弯矩系数 β_{mx} 的取值方法,具体如下。

(1) 无侧移框架柱和两端支承的构件。

① 无横向荷载作用时,β_{mx} 应按下式计算:

$$\beta_{mx} = 0.6 + 0.4 \frac{M_2}{M_1} \tag{6.3.9}$$

式中,M_1 和 M_2 为端弯矩,构件无反弯点时取同号,构件有反弯点时取异号,$|M_1| \geqslant |M_2|$。

② 无端弯矩但有横向荷载作用时,β_{mx} 应按下列公式计算:

跨中单个集中荷载:

$$\beta_{mx} = 1 - 0.36 \frac{N}{N_{cr}} \tag{6.3.10}$$

全跨均布荷载:

$$\beta_{mx} = 1 - 0.18 \frac{N}{N_{cr}} \tag{6.3.11}$$

式中,N_{cr} 为弹性临界力,其大小等于 $\pi^2 EI/(\mu l)^2$,μ 为构件的计算长度系数。

③ 端弯矩和横向荷载同时作用时,式(6.3.6)中的 $\beta_{mx} M_x$ 应按下式计算:

$$\beta_{mx} M_x = \beta_{mqx} M_{qx} + \beta_{m1x} M_1 \tag{6.3.12}$$

式中,M_{qx} 为横向荷载(垂直于构件轴线方向的荷载)所产生的弯矩最大值;M_1 为跨中单个横向集中荷载产生的弯矩;β_{m1x} 和 β_{mqx} 分别为按照第(1)款第①项和第②项计算的等效弯矩系数。

(2) 有侧移框架柱和悬臂构件。

① 除第(2)款第②项规定之外的框架柱,β_{mx} 应按下式计算:

$$\beta_{mx} = 1 - 0.36 \frac{N}{N_{cr}} \tag{6.3.13}$$

② 对于有横向荷载的柱脚铰接的单层框架柱和多层框架的底层柱,$\beta_{mx} = 1.0$。

③ 对于自由端作用有弯矩的悬臂柱,β_{mx} 应按下式计算:

$$\beta_{mx} = 1 - 0.36(1 - m) \frac{N}{N_{cr}} \tag{6.3.14}$$

式中,m 为自由端弯矩与固定端弯矩之比,当弯矩图无反弯点时取正号,有反弯点时取负号。

6.3.3　实腹式单向压弯构件在弯矩作用平面外的稳定计算

开口薄壁截面压弯构件的抗扭刚度及弯矩作用平面外的抗弯刚度通常较小,当构件在弯矩作用平面外没有足够的支撑以阻止其产生侧向位移和扭转时,构件可能发生弯扭屈曲(弯扭失稳)而破坏,这种弯扭屈曲又称为压弯构件弯矩作用平面外的整体失稳。对于理想的压弯构件,它具有分枝型失稳的特征。

1. 双轴对称压弯构件平面外弯扭屈曲临界力

对于两端简支、无初始缺陷的双轴对称截面实腹式构件,当两端受到轴心压力 N 和最大弯矩 M_x 的作用时,可将弯矩作用平面外的弯扭变形看作侧向弯曲和绕纵轴扭转的共同作用,如图 6.3.2 所示。由弹性稳定理论分析可得扭转失稳的临界条件为

$$\left(1 - \frac{N}{N_{Ey}}\right)\left(1 - \frac{N}{N_z}\right) - \frac{M_x^2}{M_{crx}^2} = 0 \tag{6.3.15}$$

式中,N_{Ey} 为构件轴心受压时绕 y 轴弯曲失稳的临界力;N_z 为构件绕 z 轴扭转失稳的临界力;M_{crx} 为构件受均匀弯曲作用时绕 x 轴弯扭失稳的临界弯矩。

将式(6.3.15)绘制成图 6.3.7 所示的曲线。对于常用的钢结构构件,N_z/N_{Ey} 往往都大于 1.0。若较保守地取 $N_z/N_{Ey}=1.0$,则式(6.3.15)变为

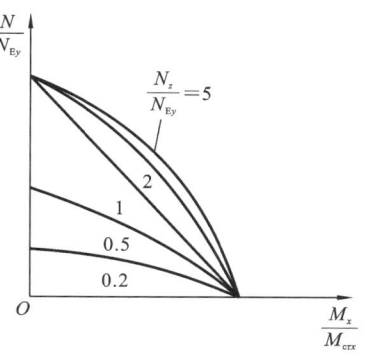

$$\frac{N}{N_{Ey}}+\frac{M_x}{M_{crx}}=1 \qquad (6.3.16)$$

2. 压弯构件在弯矩作用平面外的整体稳定计算

式(6.3.16)是根据双轴对称理想压弯构件导出并经简化的理论公式。对于单轴对称截面压弯构件,若 N_{Ey} 代表单轴对称截面轴心压杆的弯扭屈曲临界力,上式仍可以表示轴力和弯矩的相关关系。另外,虽然式 (6.3.16)是通过弹性稳定理论分析得到的,但大量研究表明,该式也可以用于弹塑性压弯构件的弯扭屈曲计

图 6.3.7 单向压弯构件在弯矩作用平面外失稳的相关曲线

算。《标准》采用了式(6.3.16)作为压弯构件平面外失稳的设计依据,并用 $\varphi_y A f_y$ 和 $\varphi_b W_{1x} f_y$ 代替 N_{Ey} 和 M_{crx},同时引入等效弯矩系数 β_{tx} 和截面影响系数 η,得到压弯构件在弯矩作用平面外的整体稳定计算公式:

$$\frac{N}{\varphi_y A f}+\eta\frac{\beta_{tx}M_x}{\varphi_b W_{1x}f}\leqslant 1 \qquad (6.3.17)$$

式中,M_x 为所计算构件段范围内的最大弯矩设计值;W_{1x} 为在弯矩作用平面内最大受压纤维的毛截面模量;φ_y 为弯矩作用平面外的轴心受压构件稳定系数,按第 5 章中的规定计算;φ_b 为均匀弯曲的受弯构件整体稳定系数,对于工字形和 T 形截面的非悬臂构件,可按附录 C 中的规定来计算,对于闭口截面,$\varphi_b=1.0$;η 为截面影响系数,对于闭口截面 $\eta=0.7$,对于开口截面 $\eta=1.0$。

等效弯矩系数 β_{tx} 按下列规定采用。

(1)在弯矩作用平面外有支承的构件,应根据两相邻支承间构件段的荷载和内力情况确定。

① 无横向荷载作用时,β_{tx} 应按下式计算:

$$\beta_{tx}=0.65+0.35\frac{M_2}{M_1} \qquad (6.3.18)$$

② 端弯矩和横向荷载同时作用时,$\beta_{tx}=1.0$(使构件产生同向曲率)或 $\beta_{tx}=0.85$(使构件产生反向曲率);

③ 无端弯矩有横向荷载作用时,$\beta_{tx}=1.0$。

(2)弯矩作用平面外为悬臂的构件,$\beta_{tx}=1.0$。

【例题 6-2】 对于例题 6-1 中的压弯构件,试验算该构件弯矩作用平面内和弯矩作用平面外的整体稳定性。

解 (1)弯矩作用平面内的整体稳定验算。

长细比 $\lambda_x=38.68$,故有

$$\lambda_x/\varepsilon_k=38.68/\sqrt{235/f_y}=38.68$$

由表 5.4.1 可知,该截面对 x 轴为 b 类截面,查附录 D 可得 $\varphi_x=0.904$。

$$N'_{Ex}=\frac{\pi^2 EA}{1.1\lambda_x^2}=\frac{3.14^2\times206\times10^3\times152\times10^2}{1.1\times38.68^2}\times10^{-3}\ \text{kN}=18759\ \text{kN}$$

$$N_{cr}=\frac{\pi^2 EI}{(\mu l)^2}=\frac{3.14^2\times206\times10^3\times82327\times10^4}{(1.0\times9000)^2}\times10^{-3}\ kN=20643\ kN$$

$$\beta_{mx}=1-0.36N/N_{cr}=1-0.36\times900/20643=0.984$$

$$\frac{N}{\varphi_x Af}+\frac{\beta_{mx}M_x}{\gamma_x W_{1x}(1-0.8N/N'_{Ex})f}$$

$$=\frac{900\times10^3}{0.904\times15200\times215}+\frac{0.984\times450\times10^6}{1.0\times3118\times10^3\times(1-0.8\times900/18759)\times215}$$

$$=0.30+0.69=0.99<1.0$$

因此,满足要求。

(2) 弯矩作用平面外的整体稳定验算。

$$\lambda_y=45.41,\quad \lambda_y/\varepsilon_k=45.41/\sqrt{235/f_y}=45.41$$

由表 5.4.1 可知,该截面对 y 轴为 c 类截面,查附录 D 可得 $\varphi_y=0.804$。

受弯构件整体稳定系数近似值 $\varphi_b=1.07-\frac{\lambda_y^2}{44000\varepsilon_k^2}=1.07-\frac{45.41^2}{44000}=1.023$,取 $\varphi_b=1.0$。

在两相邻支承点间(支座处和中间处)无横向荷载作用,且一端(支座处)的弯矩为 0,因此 $\beta_{tx}=0.65+0.35M_2/M_1=0.65$。

$$\frac{N}{\varphi_y Af}+\frac{\beta_{tx}M_x}{\varphi_b W_{1x}f}=\frac{900\times10^3}{0.804\times15200\times215}+\frac{0.65\times450\times10^6}{1.0\times3118\times10^3\times215}$$

$$=0.34+0.44=0.78<1.0$$

因此,满足要求。

【例题 6-3】 图 6.3.8 所示为两端铰接的焊接工字形截面压弯构件,在三分点处各有一侧向支承点。其承受的轴心压力设计值 $N=1000\ kN$,一端弯矩 $M_{x1}=330\ kN\cdot m$,另一端弯矩 $M_{x2}=210\ kN\cdot m$。该构件采用 Q235 钢材制作,翼缘为火焰切割边,塑性发展系数 $\gamma_x=1.05$,试验算该压弯构件的稳定性。

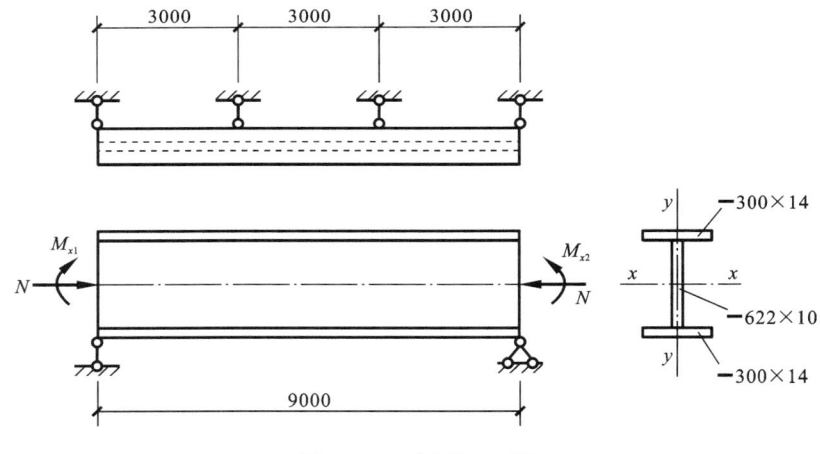

图 6.3.8　例题 6-3 图

解 (1) 截面几何特征。
$$A=146.2\ cm^2,\quad I_x=104997.65\ cm^4,\quad W_{1x}=3230.70\ cm^3$$
$$i_x=26.80\ cm,\quad I_y=6305.18\ cm^4,\quad i_y=6.57\ cm$$

（2）弯矩作用平面内的稳定验算。

$$\lambda_x = l_x/i_x = 900/26.80 = 33.58 < [\lambda] = 150$$

该截面对 x 轴为 b 类截面，查附录 D 可得 $\varphi_x = 0.923$。

$$N'_{Ex} = \frac{\pi^2 EA}{1.1\lambda_x^2} = \frac{3.14^2 \times 206000 \times 14620}{1.1 \times 33.58^2} \times 10^{-3}\ kN = 23936\ kN$$

$$\beta_{mx} = 0.6 + 0.4 \times \frac{M_2}{M_1} = 0.6 + 0.4 \times \frac{210}{330} = 0.85$$

$$\frac{N}{\varphi_x A f} + \frac{\beta_{mx} M_x}{\gamma_x W_{1x}(1 - 0.8N/N'_{Ex})f}$$

$$= \frac{1000 \times 10^3}{0.923 \times 14620 \times 215} + \frac{0.85 \times 330 \times 10^6}{1.05 \times 3230.70 \times 10^3 \times (1 - 0.8 \times 1000/23936) \times 215}$$

$$= 0.34 + 0.40 = 0.74 < 1$$

因此，满足要求。

（3）弯矩作用平面外的稳定验算。

$\lambda_y = l_y/i_y = 300/6.57 = 45.66 < [\lambda] = 150$，按 b 类截面查附录 D 可得 $\varphi_y = 0.875$。

最大弯矩在左端，而左边第一段 β_{tx} 最大，故只需验算该段；左端弯矩 $M_1 = 330\ kN \cdot m$，右端弯矩 $M_2 = 330 - (330 - 210) \times \frac{1}{3}\ kN \cdot m = 290\ kN \cdot m$。

因此，$\beta_{tx} = 0.65 + 0.35M_2/M_1 = 0.65 + 0.35 \times 290/330 = 0.958$；

$\varphi_b = 1.07 - \lambda_y^2/44000 = 1.07 - 45.66^2/44000 = 1.023$，取 $\varphi_b = 1.0$。

$$\frac{N}{\varphi_y A f} + \eta\frac{\beta_{tx} M_x}{\varphi_b W_{1x} f} = \frac{1000 \times 10^3}{0.875 \times 14620 \times 215} + 1.0 \times \frac{0.958 \times 330}{1.0 \times 3230.70 \times 215} \times 10^3 = 0.82 < 1$$

因此，满足要求。

6.3.4　双向压弯构件的稳定承载力计算

双向弯曲压弯构件在两个主轴平面内均有弯矩作用，其整体失稳常伴随着构件的扭转变形，其稳定承载力与 N、M_x、M_y 三者的比例有关，无法给出理论上的解析解，只能得到有限元的数值解。当两个方向弯矩很小时，双向压弯构件接近轴心受压构件的受力情况，当某一方向的弯矩很小时，双向压弯构件接近单向压弯构件的受力情况。为了设计方便，并与轴心受压构件和单向压弯构件计算衔接，仍采用相关公式来计算。《标准》规定，对于弯矩作用在两个主平面内的双轴对称实腹式工字形截面（含 H 形）和箱形（闭口）截面的压弯构件，其稳定按下列公式计算：

$$\frac{N}{\varphi_x A f} + \frac{\beta_{mx} M_x}{\gamma_x W_x\left(1 - 0.8\dfrac{N}{N'_{Ex}}\right)} + \eta\frac{\beta_{ty} M_y}{\varphi_{by} W_y f} \leqslant 1.0 \qquad (6.3.19)$$

$$\frac{N}{\varphi_y A f} + \eta\frac{\beta_{tx} M_x}{\varphi_{bx} W_x f} + \frac{\beta_{my} M_y}{\gamma_y W_y\left(1 - 0.8\dfrac{N}{N'_{Ey}}\right)f} \leqslant 1.0 \qquad (6.3.20)$$

$$N'_{Ey} = \frac{\pi^2 EA}{(1.1\lambda_y^2)} \qquad (6.3.21)$$

式中，φ_x 和 φ_y 分别为对强轴（x 轴）和弱轴（y 轴）的轴心受压构件稳定系数。φ_{bx} 和 φ_{by} 为均匀

弯曲的受弯构件整体稳定系数,对于工字形截面的非悬臂构件,φ_{bx}可按附录 C.5 条的规定确定,φ_{by}可取为 1.0;对闭合截面,取 $\varphi_{bx}=\varphi_{by}=1.0$。$W_x$ 和 W_y 为对强轴和对弱轴的毛截面模量。β_{mx} 和 β_{my} 为等效弯矩系数,应按弯矩作用平面内稳定计算的有关规定采用。β_{tx}、β_{ty} 和 η 为等效弯矩系数和截面影响系数,应按弯矩作用平面外稳定计算的有关规定采用。

6.3.5　实腹式压弯构件的局部稳定计算

实腹式压弯构件中组成截面的板件与轴心受压构件和受弯构件的板件相似,在均匀压应力(如受压翼缘,均匀受压或近似均匀受压),或不均匀压应力和剪应力(如腹板)作用下,可能发生局部屈曲,此现象称为丧失局部稳定性。在压弯构件的局部稳定设计中常采用限制板件高(宽)厚比的方法来进行。

1. 腹板和翼缘高(宽)厚比限值

压弯构件的腹板受非均匀压应力和剪应力的共同作用,研究表明腹板的局部稳定受剪应力的影响不大,主要与压应力不均匀分布有关。引入应力梯度:

$$\alpha_0 = \frac{\sigma_{max} - \sigma_{min}}{\sigma_{max}} \tag{6.3.22}$$

式中,σ_{max} 为腹板计算高度边缘的最大压应力,计算时不考虑构件的稳定系数和截面塑性发展系数;σ_{min} 为腹板计算高度另一边缘相应的应力,压应力为正,拉应力为负。

通过弹性屈曲分析,可得到在四边简支条件下腹板受不均匀压应力和剪应力共同作用的弹性屈曲临界力:

$$\sigma_{cr} = K_e \frac{\pi^2 E t_w^2}{12(1-\nu^2)h_0^2} \tag{6.3.23}$$

式中,K_e 是与 α_0 有关的弹性屈曲系数;t_w 为腹板厚度;h_0 为腹板计算高度。若取 $\sigma_{cr}=235$ N/mm²,弹性模量 $E=206$ GPa,泊松比 $\nu=0.3$,便可得到腹板高厚比与应力梯度的关系。

《标准》规定实腹式压弯构件要求不出现局部失稳时,其腹板高厚比、翼缘宽厚比应符合压弯构件 S4 级截面的要求(见表 4.1.1)。

2. 考虑板件屈曲后强度的压弯构件承载力

1) 有限宽度计算

当工字形和箱形截面压弯构件的腹板高厚比超过 S4 级截面的要求(即腹板高厚比过大),应考虑腹板局部屈曲对截面承载性能的影响,在计算时可使用有效截面代替实际截面来计算压弯构件的承载力。

工字形截面腹板受压区的有效宽度应取为

$$h_e = \rho h_c \tag{6.3.24}$$

当 $\lambda_{n,p} \leqslant 0.75$ 时,$\rho=1.0$;当 $\lambda_{n,p} > 0.75$ 时,

$$\rho = \frac{1}{\lambda_{n,p}} \left(1 - \frac{0.19}{\lambda_{n,p}} \right) \tag{6.3.25}$$

$$\lambda_{n,p} = \frac{h_w/t_w}{28.1 \sqrt{k_\sigma} \cdot \dfrac{1}{\varepsilon_k}} \tag{6.3.26}$$

$$k_\sigma = \frac{16}{2-\alpha_0 + \sqrt{(2-\alpha_0)^2 + 0.112\alpha_0^2}} \tag{6.3.27}$$

式中，h_c 和 h_e 分别为腹板受压区宽度和有效宽度，当腹板全部受压时，$h_c = h_w$；ρ 为有效宽度系数。

上式计算出的 h_e 为整个腹板受压区的有效宽度，腹板局部屈曲一般发生在压应力较大的中间区域，腹板受压区有效宽度的分布可通过下式确定。

当截面全部受压，即 $\alpha_0 \leqslant 1.0$ 时[见图 6.3.9(a)]：

$$h_{e1} = \frac{2h_e}{4 + \alpha_0} \tag{6.3.28}$$

$$h_{e2} = h_e - h_{e1} \tag{6.3.29}$$

当截面部分受拉，即 $\alpha_0 > 1.0$ 时[见图 6.3.9(b)]：

$$h_{e1} = 0.4h_e \tag{6.3.30}$$

$$h_{e2} = 0.6h_e \tag{6.3.31}$$

箱形截面压弯构件翼缘宽厚比超限时也应按式(6.3.24)计算其有效宽度，计算时取 $k_\sigma = 4.0$。有效宽度在两侧均匀分布。

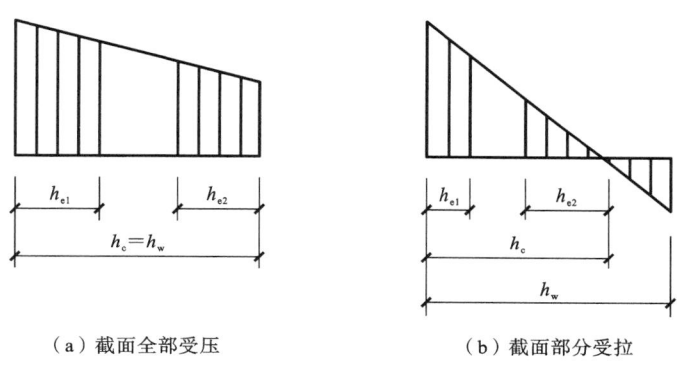

（a）截面全部受压　　　　　　（b）截面部分受拉

图 6.3.9　腹板有效宽度分布

2）考虑板件局部屈曲的承载力验算

强度验算方法如下：

$$\frac{N}{A_{ne}} \pm \frac{M_x + Ne}{\gamma_x W_{nex}} \leqslant f \tag{6.3.32}$$

弯矩作用平面内稳定和弯矩作用平面外稳定的验算方法如下：

$$\frac{N}{\varphi_x A_e f} + \frac{\beta_{mx} M_x + Ne}{\gamma_x W_{e1x}(1 - 0.8 N/N'_{Ex})f} \leqslant 1.0 \tag{6.3.33}$$

$$\frac{N}{\varphi_y A_e f} + \eta \frac{\beta_{tx} M_x + Ne}{\varphi_b W_{e1x} f} \leqslant 1.0 \tag{6.3.34}$$

式中，A_{ne} 和 A_e 分别为有效净截面面积和有效毛截面面积；W_{nex} 为有效截面净截面模量；W_{e1x} 为有效截面对较大受压纤维的毛截面模量；e 为有效截面形心至原截面形心的距离。

6.4　格构式压弯构件的稳定计算

格构式压弯构件与实腹式压弯构件的强度验算方法相同，其刚度设计与轴心受压构件相同，本节着重介绍格构式压弯构件的稳定设计方法。

6.4.1 弯矩绕虚轴作用的格构式压弯构件

1. 弯矩作用平面内的整体稳定计算

当弯矩绕格构式构件的虚轴作用,由于截面中部空心,因此不考虑塑性的深入发展,按照弹性设计,故弯矩作用平面内的整体稳定验算适宜采用边缘屈服准则,按下式验算。

$$\frac{N}{\varphi_x A f} + \frac{\beta_{mx} M_x}{W_{1x}\left(1 - \dfrac{N}{N'_{Ex}}\right) f} \leqslant 1.0 \tag{6.4.1}$$

$$W_{1x} = I_x / y_0 \tag{6.4.2}$$

式中,I_x 为构件对虚轴的毛截面惯性矩;y_0 为由虚轴到压力较大分肢的轴线距离或者到压力较大分肢腹板外边缘的距离,取二者较大值[见图 6.4.1(b)和图 6.4.1(c)];φ_x 和 N'_{Ex} 分别为弯矩作用平面内轴心受压构件稳定系数和参数,由换算长细比确定,换算长细比的计算方法与第 5 章格构式轴心受压构件中的计算方法相同。

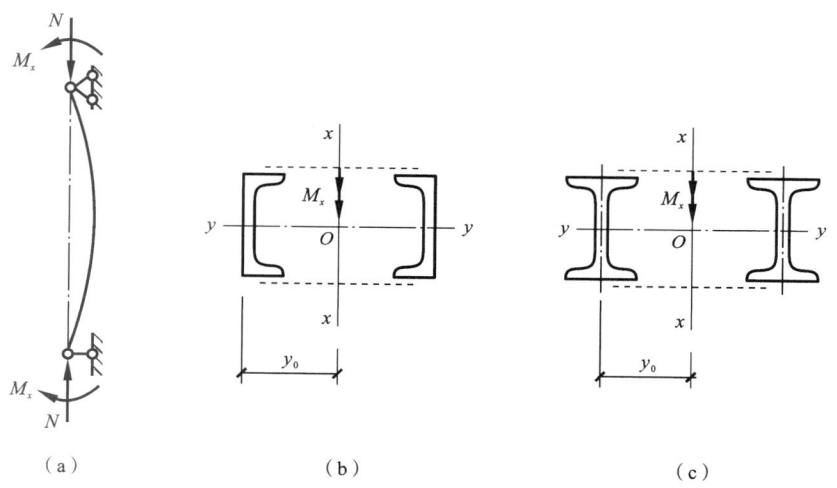

图 6.4.1 弯矩绕虚轴作用的格构式压弯构件

2. 分肢的稳定

弯矩绕虚轴作用的压弯构件,在弯矩作用平面外的整体稳定性一般由分肢的稳定计算得到,因为受力较大的分肢平均应力大于整体构件的平均应力,保证分肢不发生弯矩作用平面外的失稳,整个构件就不会发生弯矩作用平面外的失稳。

对于弯矩绕虚轴作用的格构式压弯构件,弯矩可分解为作用在两个分肢上的力偶(见图 6.4.2)。每个分肢上的轴心力为

分肢 1:

$$N_1 = N \frac{y_2}{a} + \frac{M}{a} \tag{6.4.3}$$

分肢 2:

$$N_2 = N - N_1 \tag{6.4.4}$$

对于由缀条连接的格构式压弯构件,分肢 1 和分肢 2 的内力确定后,可按照轴心受压构件

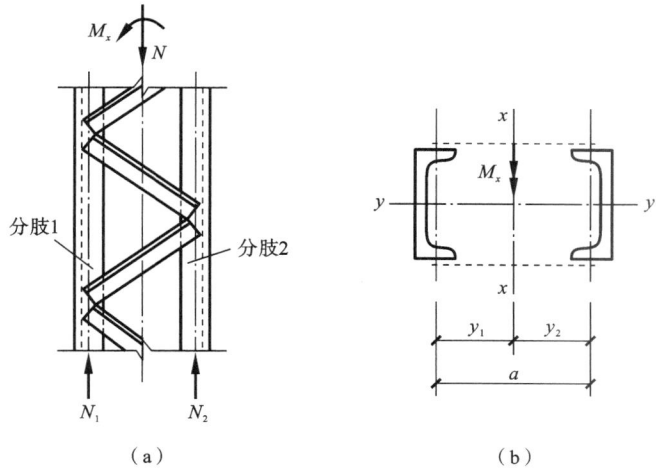

图 6.4.2　分肢计算简图

来验算稳定性。在弯矩作用平面内,单肢的计算长度取缀条之间的距离;在弯矩作用平面外,单肢的计算长度取整个构件的侧向支撑点之间的距离。

对于由缀板连接的格构式压弯构件,单肢除了承受轴心力作用外,还应考虑由剪力引起的局部弯矩,按压弯构件验算单肢的稳定。单肢在两个方向上的计算长度取值方法同缀条连接的压弯构件。

6.4.2　弯矩绕实轴作用的格构式压弯构件

当弯矩绕实轴作用(见图 6.4.3)时,格构式压弯构件的受力性能与实腹式压弯构件相同,因此其弯矩作用平面内和弯矩作用平面外的稳定计算均可参照实腹式压弯构件的设计方法。但是在验算弯矩作用平面外的稳定时,长细比应取换算长细比,φ_b 应取 1.0。

分肢的轴心力分配方法如下。

分肢 1:

$$N_1 = N \frac{y_2}{a} \qquad (6.4.5)$$

分肢 2:

$$N_2 = N - N_1 \qquad (6.4.6)$$

分肢的弯矩分配方法如下。

分肢 1:

$$M_{y1} = \frac{I_1/y_1}{I_1/y_1 + I_2/y_2} \cdot M_y \qquad (6.4.7)$$

分肢 2:

$$M_{y2} = \frac{I_2/y_2}{I_1/y_1 + I_2/y_2} \cdot M_y \qquad (6.4.8)$$

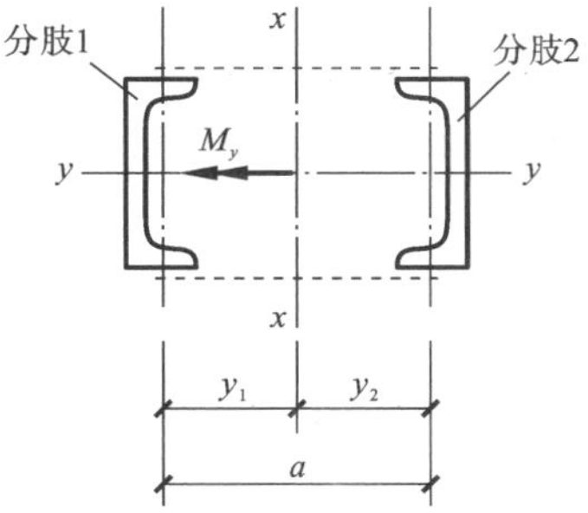

图 6.4.3　弯矩绕实轴作用的
格构式压弯构件

式中,I_1 和 I_2 分别为分肢 1 和分肢 2 对 y 轴的惯性矩。

6.4.3　双向受弯的格构式压弯构件

对于弯矩作用在两个主平面内的双肢格构式压弯构件(见图 6.4.4),其稳定性应按整体和分肢分别计算。

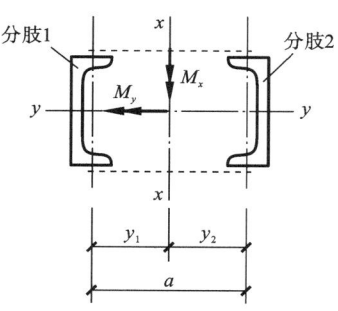

图 6.4.4　双向受弯的格构
式压弯构件

（1）按整体计算。

计算公式如下：

$$\frac{N}{\varphi_x Af} + \frac{\beta_{mx}M_x}{W_{1x}\left(1-\dfrac{N}{N'_{Ex}}\right)f} + \frac{\beta_{ty}M_y}{W_{1y}f} \leqslant 1.0 \quad (6.4.9)$$

式中, W_{1y} 为在 M_y 作用下对较大受压纤维的毛截面模量;其他系数与实腹式压弯构件相同,但对虚轴的稳定系数 φ_x 应采用换算长细比确定。

（2）按分肢计算。

分肢的稳定性按照实腹式压弯构件来计算。力和弯矩的分配原则如下:轴力 N 和弯矩 M_x 在分肢上产生的轴力按照式(6.4.3)和式(6.4.4)确定, M_y 在分肢上产生的轴力和弯矩按照式(6.4.5)～式(6.4.8)确定。对于由缀条连接的格构式压弯构件,其分肢稳定可按照单向受弯实腹式压弯构件验算;对于由缀板连接的格构式压弯构件,还需考虑缀板剪力产生的局部弯矩,其分肢稳定按照双向压弯构件验算。

拉弯和压弯构件

习题

6.1　为什么要采用等效弯矩系数？其值是怎样确定的？

6.2　实腹式拉弯和压弯构件各有哪些可能的破坏形式？

6.3　什么是压弯构件的应力梯度？腹板应力梯度对压弯构件的哪项性能有影响？

6.4　单向受弯的实腹式压弯构件,在什么情况下发生平面内失稳？什么情况下发生平面外失稳？

6.5　如图所示的拉弯构件,钢材为 Q235B,截面为 I 22a,横向均布荷载设计值为 10 kN/m。试确定该构件能承受的最大轴心拉力设计值。

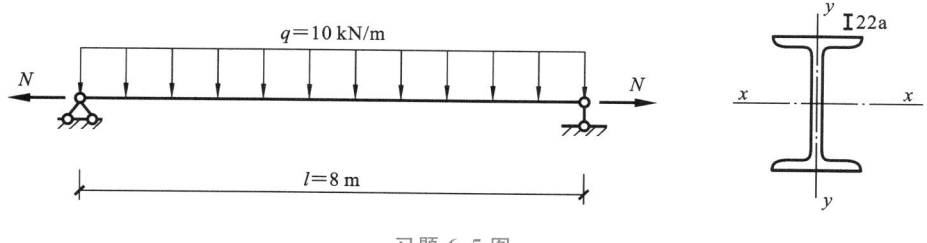

习题 6.5 图

6.6　如图所示的某轧制 H 型钢压弯构件,选用 Q235 钢材,构件长度为 10 m,轴心压力 $N=800$ kN,一端弯矩 $M_1=200$ kN·m,另一端弯矩 $M_2=100$ kN·m,试选择合适的截面并进行验算。

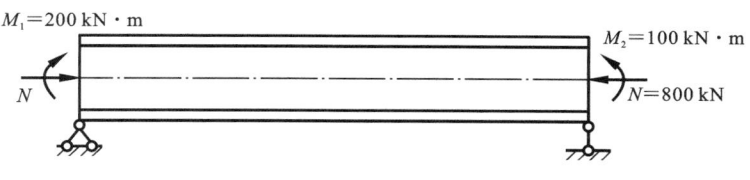

习题 6.6 图

6.7 验算图中压弯构件的稳定性。图中荷载均为设计值,钢材为 Q235,组成板件均为火焰切割边。

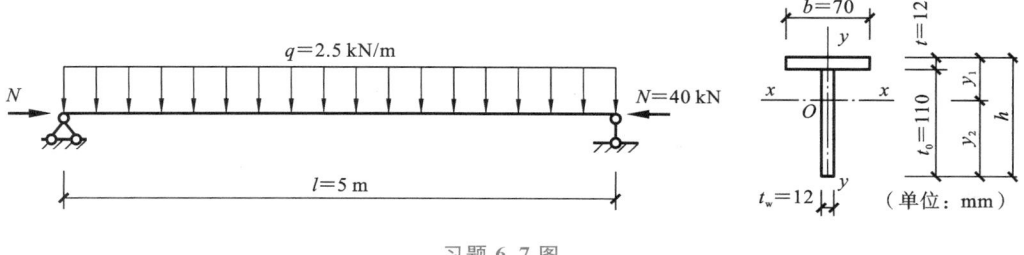

习题 6.7 图

6.8 如图所示的格构式压弯构件,分肢由缀条连接。构件两端铰接,计算长度 $l_{0x} = l_{0y} = 6.5$ m,缀条采用角钢∟70×4,缀条倾角为 45°,构件轴心压力设计值 $N = 450$ kN,弯矩绕虚轴作用,钢材采用 Q235,试计算该构件能承受的最大弯矩设计值。

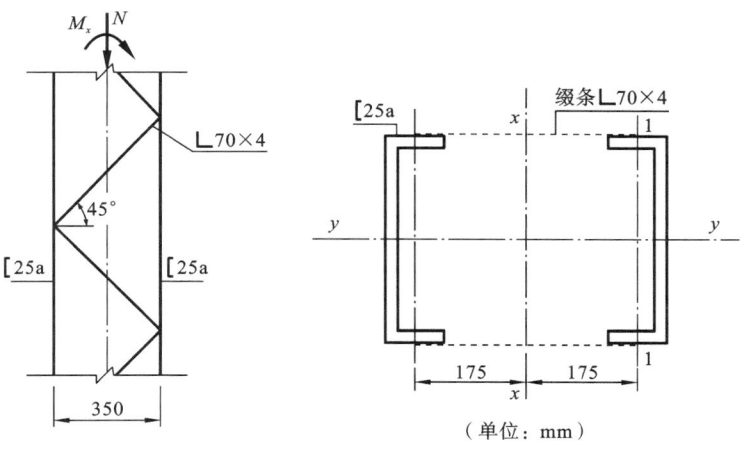

习题 6.8 图

第 7 章

节点设计

7.1 节点设计的一般原则

  钢结构建筑的结构体系一般由结构构件(structural member)和节点(joint)共同组成。不同的构件必须经由一定形式的节点相互连接,形成结构体系(structural system),从而保证结构构件的协同工作。在结构设计中,节点的设计和构件的设计具有同等的重要性。如果节点设计不甚合理,即使所有构件均满足强度与刚度的设计要求,也会由于连接节点的破坏而导致整体结构的失效。除了对结构性能产生影响外,节点形式的选择还会对建筑的成本和施工进度产生影响。对于钢结构建筑来讲,钢结构框架的设计、加工和安装的成本约为建筑总成本的30%。其中,节点连接的成本通常占有相当大的比重。实践证明,钢结构潜在的成本节省空间主要在节点的适当选择上,如拼接节点、梁柱节点的选择等。

  按照节点的连接类型的不同,钢结构的节点连接一般包括构件的拼接、梁与柱的连接、柱脚的连接(如图 7.1.1 所示)以及主次梁的连接(详见 7.3 节)。

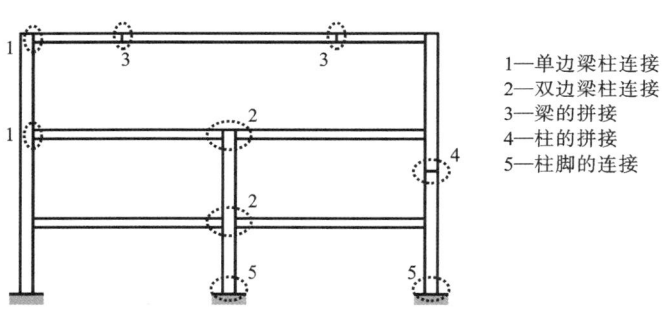

1—单边梁柱连接
2—双边梁柱连接
3—梁的拼接
4—柱的拼接
5—柱脚的连接

图 7.1.1   钢结构节点连接类型

  我国《标准》以及多个国家和地区的钢结构设计规范,如欧洲规范 EN 1993-1-8:2005(*Eurocode 3:Design of steel structures － Part 1-8:Design of joints*)、美国规范 ANSI/AISC 360-16(*Specification for Structural Steel Buildings*)等,按照转动刚度的不同将节点分为铰接节点、刚接节点和半刚接节点三类。在实际工程中,理想的铰接或刚接节点很少存在。大部分钢结构的连接节点既不是完全的刚接节点,也不是完全的铰接节点,而是介于两者之间的半刚接节点。对于铰接节点,通常认为构件端部在荷载作用下可以自由转动。实际中,铰接节点有一定的转动刚度,但转动刚度往往较小,可以忽略不计。因此,设计时可认为铰接节点仅传递剪力不传递弯矩,并且可以自由转动。需要注意的是,铰接节点必须有足够的旋转能力,这样才能满足结构分析中对节点转动能力的要求。对于刚接节点,通常认为节点有足够的转动刚度,在承载能力极限状态下可以保持被连接构件的角度不变。实际中,刚接节点在荷载作用下,被连接构件之间会产生一定的相对转动,但相对刚度往往可以忽略不计。因此,设计时可认为刚接节点在传递弯矩时保持构件相对角度不变。有文献指出,当一个节点能够传递理想刚接弯矩的 90% 以上时,该节点可视为刚接节点;当一个节点只能传递理想刚接弯矩的 20% 以下时,该节点可视为铰接节点。典型的铰接节点和刚接节点的构造见图 7.1.2。半刚接节点的力学性能介于刚接节点和铰接节点之间,可以传递一定的弯矩(一般为理想刚接弯矩的 20%~90%),被连接构件的轴线还产生一定的相对转角。上述三种连接类型的典型弯矩-转角曲线如图 7.1.3 所示,其中曲线 OAB、OGH、OIJ 分别代表刚接、半刚接和铰接节点的弯矩-转角曲线。半刚接节点的框架结构计算相对复杂,往往需要通过试验确定连接节点的弯

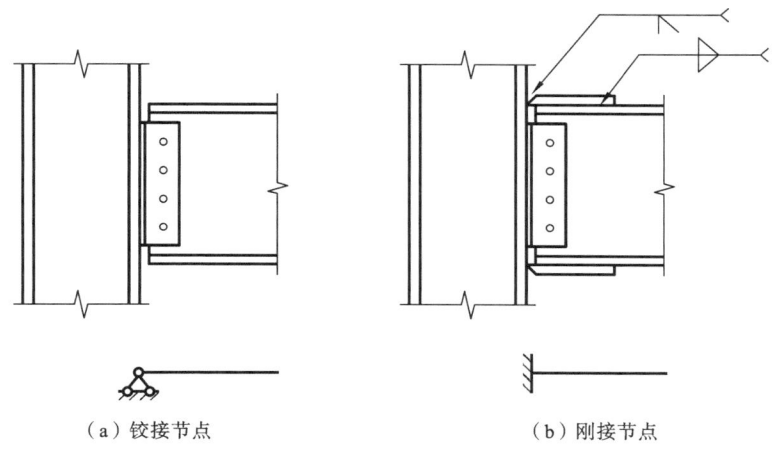

（a）铰接节点 （b）刚接节点

图 7.1.2 典型的铰接节点及刚接节点

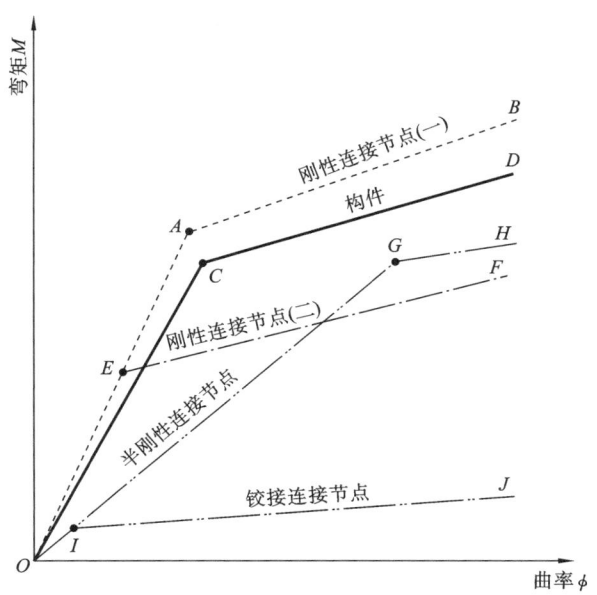

图 7.1.3 不同连接类型的弯矩-转角曲线

矩-转角关系曲线。目前在实际工程中较少采用半刚接节点,本章将重点介绍节点的铰接与刚接。

7.2　拼接连接

在实际工程中,由于受到现有钢构件尺寸(如板材、型钢规格)或者运输条件、安装条件等的限制,在制作、安装过程中,往往需要对部分构件进行拼接,以满足结构的空间要求(如图 7.1.1 中梁、柱的拼接)。在设计时,拼接构造应保证被连接构件的连续性,不仅要保证拼接截面的强度不低于拼接构件的强度,还要保证构件的整体刚度不降低,构件的变形曲线在拼接截面处不出现转折。构件拼接按照构件受力状态的不同,可以大致分为轴心受力构件的拼接、梁的拼接和柱的拼接。其中,轴心受力构件的拼接仅需考虑轴心拉力或压力,梁的拼接需要考虑弯矩和剪力的作用,柱的拼接则需要考虑轴力、弯矩和剪力的传递。

轴心受力构件的拼接应按照等强原则来进行验算,即拼接节点能有效传递拼接构件的最大抗力($N=Af$ 和 $N=A_n\times0.7f_u$ 中的较小值,其中 A 为拼接构件毛截面面积,A_n 为拼接构件净截面面积,f 为钢材的强度设计值,f_u 为钢材的抗拉强度最小值)。相关计算的内容可以参考第 3 章和第 5 章中的方法,这里不再重复讨论。本节将重点介绍梁、柱的拼接。

7.2.1　梁的拼接

在钢结构建筑中,梁主要承受弯矩和剪力。图 7.2.1 展示了一个在桥梁工程中较为常见的双跨连续梁的拼接示意图。在这个连续梁中,每个跨距离中心支座约四分之一处的弯矩为零(即反弯点),是梁拼接较为理想的位置。理论上讲,拼接位置设置在连续梁的反弯点处比较实用和经济。但是结构在不同工况作用下,例如静荷载和风荷载,反弯点的位置可能发生变化,结构的内力也会有所不同。为保证拼接梁的连续性和设计的简便性,梁的拼接一般设计为刚性连接,宜考虑等强设计。因此,梁的拼接应考虑弯矩和剪力的传递。梁的拼接可以采用焊接连接、螺栓连接或栓焊混合连接,如图 7.2.2 所示。

焊接拼接时,按照施工条件的不同,可以分为工厂焊接和现场焊接。工厂焊接多因受到现有钢材尺寸(如板材、型钢规格)限制而做的拼接,而现场焊接多是因受到运输或吊装条件的限

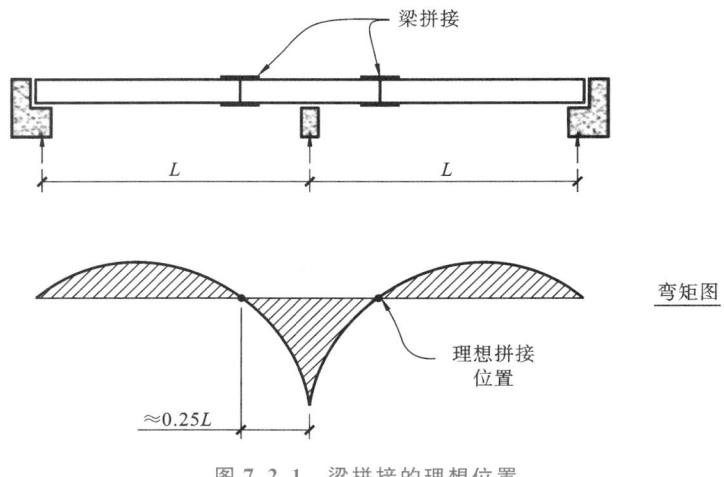

图 7.2.1　梁拼接的理想位置

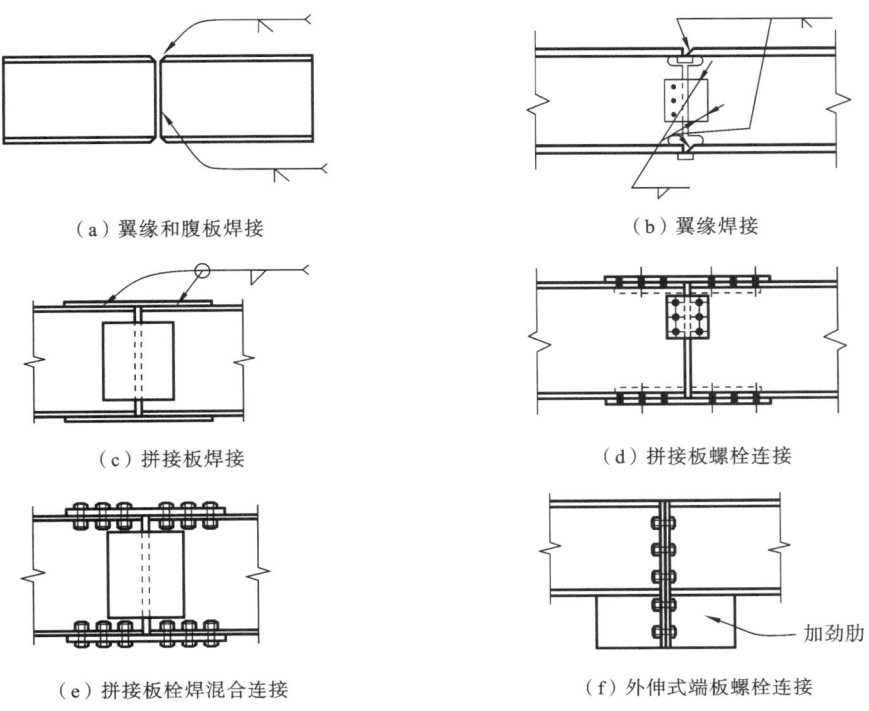

（a）翼缘和腹板焊接　　　　　　　　（b）翼缘焊接

（c）拼接板焊接　　　　　　　　　　（d）拼接板螺栓连接

（e）拼接板栓焊混合连接　　　　　　（f）外伸式端板螺栓连接

图 7.2.2　常见的梁的拼接方式

制而做的拼接。

　　工厂焊接时,翼缘和腹板的拼接焊缝一般采用全熔透对接焊缝,翼缘和腹板的焊缝位置可以在同一截面断开[见图 7.2.2(a)],也可以错开但应与次梁连接位置和加劲肋的位置错开,以避免焊缝集中,如图 7.2.3(a)所示。采用全熔透对接焊时,对接焊缝施焊时宜加引弧板以避免对接焊缝两端起落弧所引起的缺陷。焊缝的质量达到《钢结构工程施工质量验收标准》(GB 50205—2020)中一、二级焊缝质量的标准时,认为焊缝与母材等强,不用进行强度验算。对于受拉的三级焊缝,则需要进行强度验算,主要是验算焊缝的抗拉强度设计值是否大于或等于受拉翼缘和腹板的最大拉应力。当焊缝强度不足时,可以采用如图 7.2.3(b)所示的斜焊缝,以增大焊缝的长度。若采用斜焊缝拼接,当斜焊缝与受力方向间的夹角 θ 满足 $\tan\theta \leqslant 1.5$ 时,可以省略强度验算。斜焊缝的拼接往往费工费时费料,不宜过多使用。

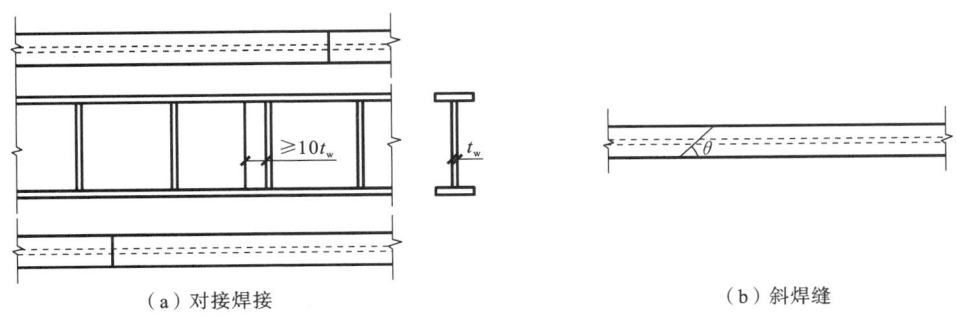

（a）对接焊接　　　　　　　　　　　（b）斜焊缝

图 7.2.3　梁的工厂焊接拼接

现场焊接时,当吊装能力满足要求可以选择地面拼装,然后整体吊装、安装;当吊装能力有限时,则需分段吊装,然后高空施焊。现场焊接一般应使翼缘和腹板在同一截面断开,梁端整齐,这样可以方便运输和吊装。为了保证焊接的质量,构件在加工时需在翼缘板上预留向上的 V 形坡口。翼缘板在焊接过程中会有一定的伸缩,为减小焊接导致的残余变形,可在翼缘板靠近拼接截面的位置预留约 500 mm 的长度不焊[见图 7.2.4(a)],完成拼接焊接之后,再进行补焊。焊接顺序可以按照图 7.2.4(a)中标示的序号进行。为避免焊缝集中,现场焊接时也可以将梁翼缘和腹板上的焊缝适当错开[见图 7.2.4(b)],并在构件加工时预留向上的 V 形坡口,以保证焊接质量。但由于有悬出的翼缘板,拼接梁在运输吊装过程中需注意防护,以免发生碰撞损坏而影响拼接质量。现场焊接也多采用图 7.2.2(b)所示的构造方式,即在翼缘处采用全熔透对接焊,腹板处利用拼接板连接。其中,腹板与拼接板的连接可以采用多种方式,如螺栓连接、焊接连接或栓焊混合连接。当对接焊缝强度不足,而又不宜采用斜焊缝时,可以采用拼接板加角焊缝连接[如图 7.2.2(c)所示]、拼接板螺栓连接[如图 7.2.2(d)所示]、拼接板栓焊混合连接[如图 7.2.2(e)所示]和外伸式端板螺栓连接[如图 7.2.2(f)所示]的构造,以满足拼接节点的承载能力要求。

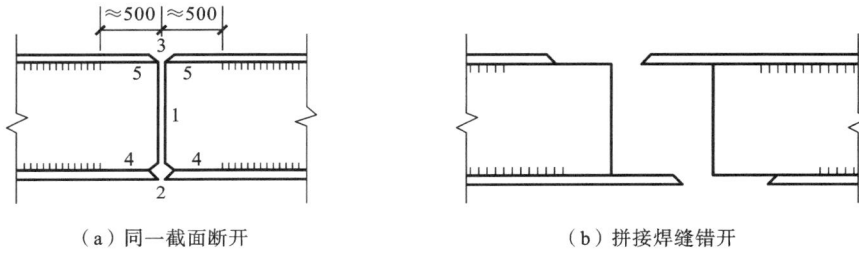

（a）同一截面断开　　　　　　　　　（b）拼接焊缝错开

图 7.2.4　梁的现场焊接拼接

螺栓连接[见图 7.2.2(d)]施工方便、施工速度较快,在实际工程中应用广泛。在螺栓拼接设计时,拼接节点应满足承载力要求,可传递弯矩和剪力,保证梁的整体连续性。设计计算时,拼接截面处的剪力 V 认为全部由腹板承担,由连接螺栓平均分担,并且假定剪力作用在螺栓群的形心处。每个连接螺栓所受的剪力 V_1 为

$$V_1 = \frac{V}{n} \tag{7.2.1}$$

式中,n 为腹板拼接一侧的高强度螺栓总数。

梁翼缘的拼接板螺栓拼接,通常应按照等强设计原则进行设计,即拼接板的净截面面积应不小于拼接处翼缘板的净截面面积。高强度螺栓的布置应按照翼缘板所能承受的轴向力 N(Af 或 $A_n \times 0.7 f_u$ 的较小值)进行设计。高强度螺栓应对称布置,螺栓间距应满足《标准》中的规定,并应满足施工的要求。

拼接截面处的弯矩按照等强原则由梁翼缘和腹板共同承担,计算时依据两者的毛截面惯性矩比值进行分配,则翼缘和腹板承担的弯矩依次为

$$M_f = \frac{I_f}{I} M \tag{7.2.2}$$

$$M_w = \frac{I_w}{I} M \tag{7.2.3}$$

式中,I 为梁的毛截面惯性矩;I_f 和 I_w 分别为梁翼缘、腹板的毛截面惯性矩;M 为拼接梁截面的弯矩设计值($M = W_n f$,W_n 为梁的净截面模量);M_f、M_w 为翼缘和腹板承担的弯矩值。

腹板拼接处的螺栓群排列经常高而窄(如图 7.2.5 所示),在 M_w 的作用下,可以近似地认为各个螺栓只承受水平方向力的作用。因此,距螺栓群形心最远的螺栓受到的水平力最大,可按式(7.2.4)计算:

$$T_1 = \frac{M_w y_1}{\sum y_i^2} \qquad (7.2.4)$$

式中,T_1 为螺栓承受的最大水平力;y_i 为各个螺栓中心到螺栓群形心的竖直距离,如图 7.2.5 所示。

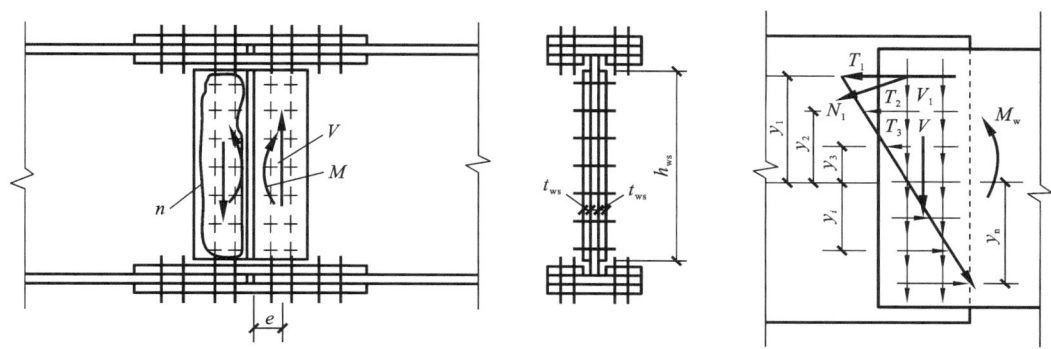

图 7.2.5 梁的拼接板螺栓拼接

腹板上受力最大的高强度螺栓所受的合力应满足式(7.2.5)的要求:

$$N_1 = \sqrt{V_1^2 + T_1^2} \leqslant N_v^b \qquad (7.2.5)$$

式中,N_v^b 为高强度螺栓的抗剪承载力设计值。

为了使腹板上的螺栓和翼缘上的螺栓受力协调均匀,T_1 应满足式(7.2.6)的要求:

$$T_1 \leqslant \frac{y_1 h}{2} N_v^b \qquad (7.2.6)$$

式中,h 为拼接梁截面的全高。

腹板拼接板的强度可近似地按照式(7.2.7)计算:

$$\sigma = \frac{M_w}{W_{ws}} \leqslant f \qquad (7.2.7)$$

式中,W_{ws} 为腹板拼接板的净截面模量。

7.2.2 柱的拼接

在钢结构建筑中,当建筑的高度超过了常见的型钢规格或者出于经济性考虑而在不同楼层设置不同截面的框架柱时,需要对框架柱进行拼接。一般来说,对于四层及以下的建筑,使用单一截面柱时施工更为方便;对于四层以上建筑,柱子每隔两到三层进行拼接,柱子截面尺寸可能随着楼层变化而发生变化。柱子的拼接既要保持柱子的强度连续,又要保持柱子截面主轴方向的刚度连续,并保证轴向压力、弯矩和水平剪力的有效传递。拼接时,应使所拼接的两根柱子平直对接以传递轴向压力,并尽可能使上、下柱子界面的形心主轴与拼接材料的形心轴保持一致。

按拼接方式的不同,柱的拼接可以分为焊接拼接、螺栓拼接和栓焊混合拼接。对于等截面柱的拼接,可以采用对接焊连接、栓焊混合连接和高强度螺栓连接[依次见图 7.2.6(a)～(c)]等构造。

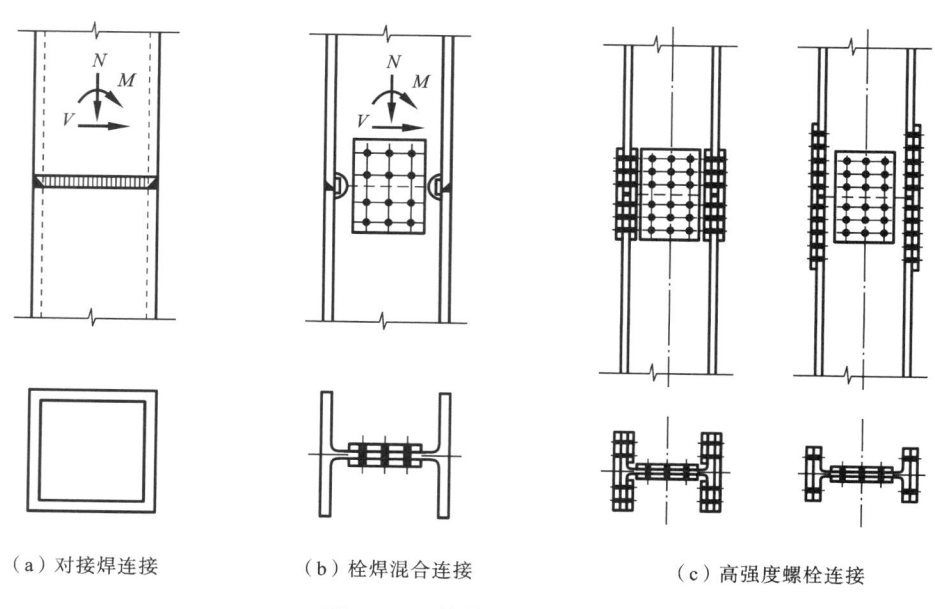

（a）对接焊连接   （b）栓焊混合连接   （c）高强度螺栓连接

图 7.2.6   等截面柱的拼接

焊接拼接时,翼缘或腹板的对接焊接宜采用全熔透对接焊。对于现场施焊的对接焊缝,须事先在工厂加工时预留好坡口,并设置好定位零部件,以保证施焊的准确性和焊缝的质量。焊缝的质量可以达到《钢结构工程施工质量验收标准》(GB 50205—2020)中一、二级焊缝质量的标准时,认为焊缝与母材等强,不用验算。对于受拉的三级焊缝,需要进行强度验算。

框架柱一般是板件很厚的重型构件,端部直接接触可以有效传递压力。因此,加工时应保证构件端面的平整度。当柱子拼接处的弯矩设计值较小时,柱整个端面只传递压力,此时仅需设置适量的构造螺栓来保证拼接安全;当柱子拼接处的弯矩设计值较大时,翼缘可能出现净拉应力,此时需要根据强度计算布置螺栓。当最大净拉应力超过上层柱设计强度的 10% 时,螺栓需要考虑防滑(slip resistant)设计。柱子中的剪力通常由侧向力(如风荷载)引起,当侧向力在多个框架柱中分配之后,在单一柱上的剪力通常较小,一般可以由承压接触面的摩擦力以及腹板上的拼接构件来承担。

柱需要改变截面时,一般应尽可能地保持截面高度不变,而采用改变翼缘厚度(或板件厚度)的办法。若需改变柱截面高度,则一般将变截面段设于梁与柱连接节点处,使柱在层间保持等截面。这样,柱外带悬臂梁段的不规则连接就可以在工厂完成,以保证制作和安装质量。变截面段的坡度,一般可在 1:6～1:4 的范围内采用,通常取 1:5 或 1:6。

对于 H 形截面边柱、中柱,可分别采用图 7.2.7(a)和图 7.2.7(b)所示的做法,但其连接尚应考虑由于上、下柱重心偏离所产生的附加弯矩的影响。对于箱形截面边柱、中柱,还可采用图 7.2.7(c)～图 7.2.7(f)所示的做法。

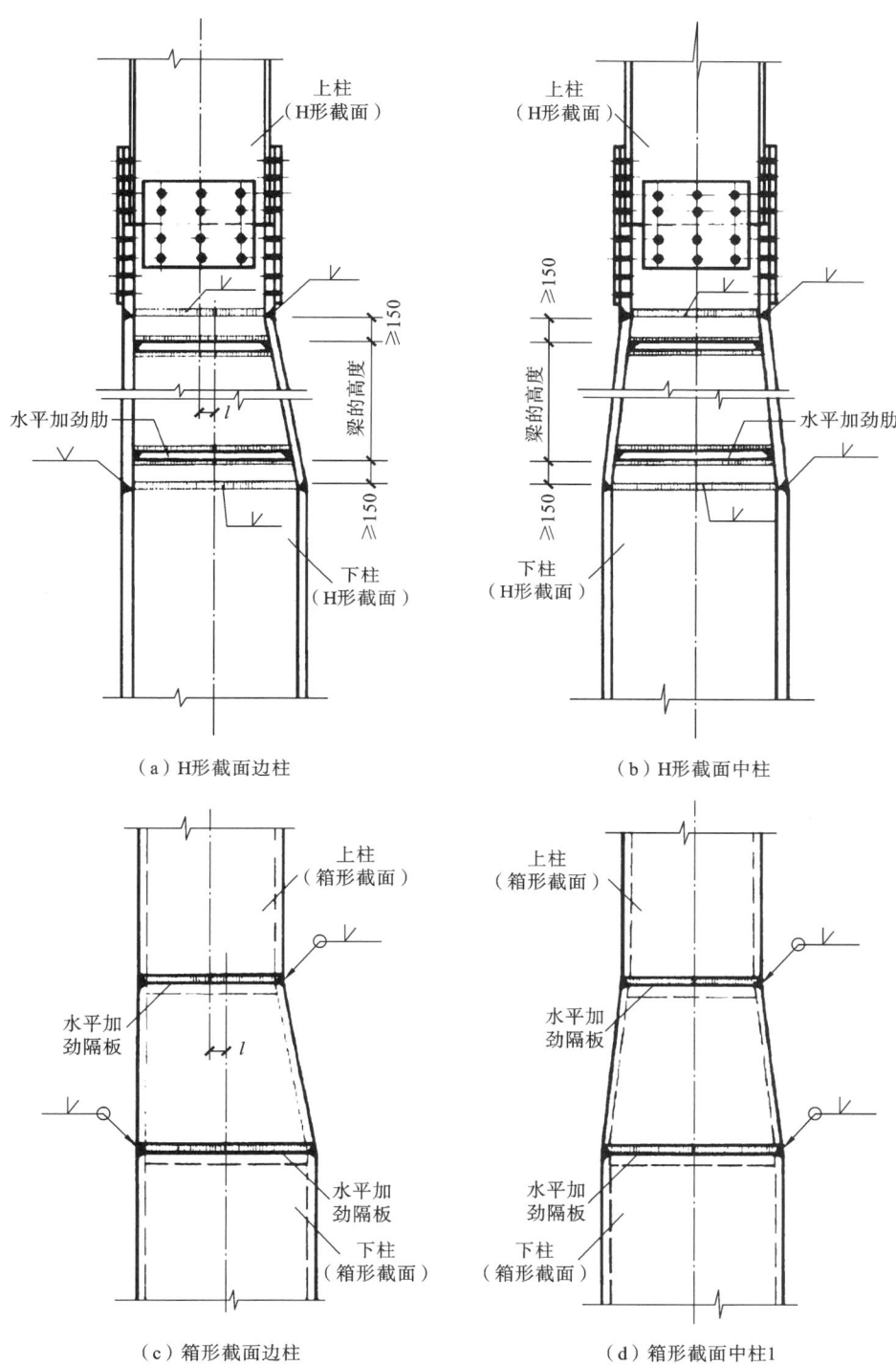

（a）H形截面边柱

（b）H形截面中柱

（c）箱形截面边柱

（d）箱形截面中柱1

图 7.2.7 变截面柱的拼接

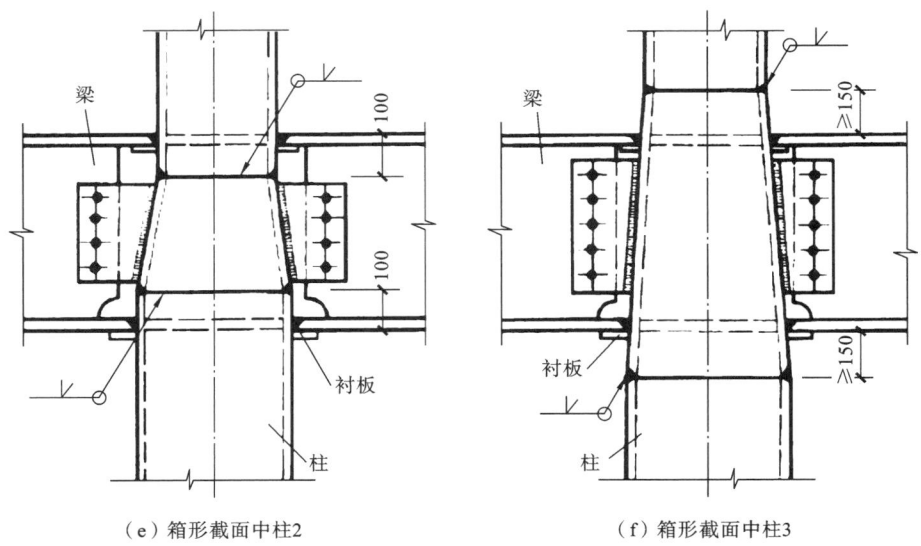

（e）箱形截面中柱2　　　　　　　　　　　（f）箱形截面中柱3

续图 7.2.7

7.3　主次梁的连接

　　次梁与主梁的连接可分铰接和刚接两种。根据结构的计算假定，次梁可以简支于主梁，也可以刚接于主梁（如在和主梁连接处做成连续梁）。如果次梁按简支梁计算，在节点处只传递竖向的支座反力，则该连接为铰接。如果次梁按连续梁计算，在节点处能同时传递竖向支座反力和梁端弯矩，则该连接为刚接。主次梁的连接，按照其相对位置的不同，可以分为叠接和平接两种。主次梁的叠接是把次梁直接搭放在主梁之上，并用焊缝或螺栓固定，如图 7.3.1 所示。主次梁的平接则是将次梁与主梁的腹板、加劲肋或者承托进行连接。次梁上翼缘可以根据需要与主梁上翼缘保持平直，或比主梁上翼缘稍低，因此，平接可以降低结构的高度，在实际工程中的应用较为广泛。

7.3.1　主次梁的铰接

　　主次梁采用叠接时，连接方式多为铰接。当次梁的下翼缘高度与主梁上翼缘高度平齐时，可以直接采用如图 7.3.1(a)所示的构造；当次梁的下翼缘高度比主梁上翼缘高度略高时，可以在两者之间放置垫板、H 型钢［见图 7.3.1(b)和图 7.3.1(c)］或通过不等肢角钢相连［见图 7.3.1(d)］；当次梁的下翼缘高度比主梁上翼缘高度略低时，可以在次梁上切缺口，并通过角钢与主梁相连［见图 7.3.1(e)和图 7.3.1(f)］。当次梁的支座反力较大时，应在主梁相应的位置加设加劲肋，以免主梁承受过大的局部压力而产生局部破坏，如图 7.3.1(a)所示。主次梁叠接的优点是构造简单，次梁安装方便，但是这种连接形式占用净空大，应用常受限制。

　　主次梁采用平接时，常见的连接方式有翼板连接（fin-plate connection）、局部端板连接（end-plate connection）和双角钢腹板连接（double angle web cleat connection）等。

　　翼板连接是指次梁通过连接板与主梁的腹板相连或次梁与主梁加劲肋直接相连，如图 7.3.2 所示。当连接的翼板比较短时，需要切除次梁的部分翼缘和腹板来完成连接［见

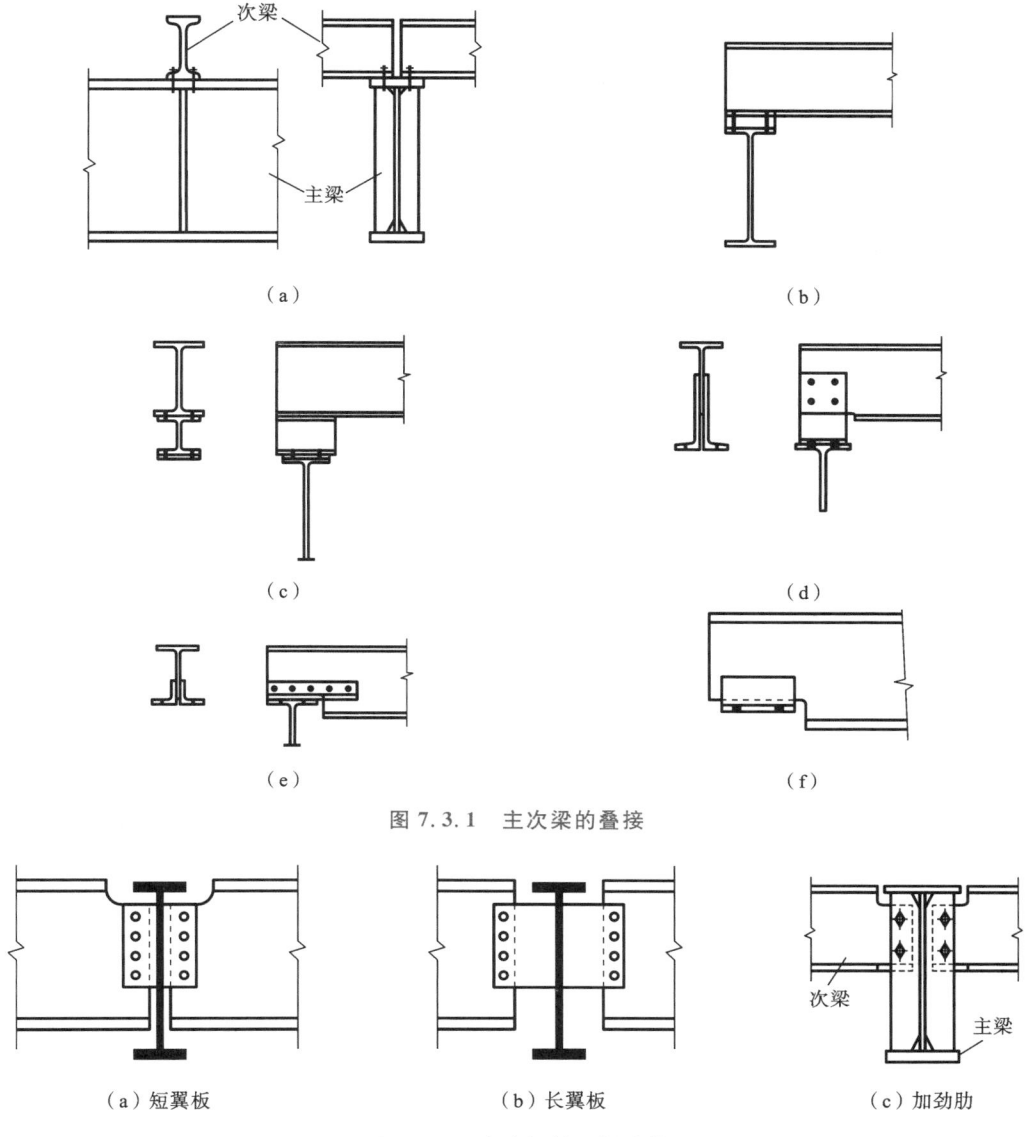

（a）　　　　　　　　　　　　　　　　（b）

（c）　　　　　　　　　　　　　　　　（d）

（e）　　　　　　　　　　　　　　　　（f）

图 7.3.1　主次梁的叠接

（a）短翼板　　　　　（b）长翼板　　　　　（c）加劲肋

图 7.3.2　主次梁的翼板连接

图 7.3.2(a)];当连接的翼板较宽时,次梁无须进行部分切除[见图 7.3.2(b)];当主次梁连接处设置了竖向加劲肋,次梁可以通过螺栓与主梁加劲肋相连[见图 7.3.2(c)]。

　　设计时,翼板连接的铰接节点,除了需要验算螺栓强度外,还需要验算连接节点处板件在剪力作用下的强度,即

$$\frac{N}{\sum(\eta_i A_i)} \leqslant f \tag{7.3.1}$$

$$A_i = l_i t \tag{7.3.2}$$

$$\eta_i = \frac{1}{\sqrt{1+2\cos^2\alpha_i}} \tag{7.3.3}$$

式中,N 为作用于梁上的剪力;A_i 为第 i 段破坏面的净截面面积;t 为板件的厚度;l_i 为第 i 段

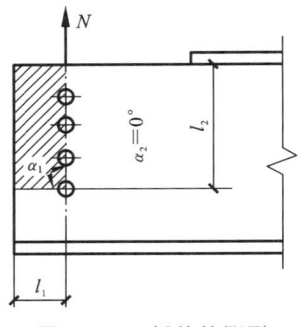

图 7.3.3　板件的撕裂

破坏线的长度,应取板件中最危险的破坏线长度(见图 7.3.3);η_i 为第 i 段的剪力折算系数;α_i 为第 i 段破坏线与荷载作用线间的夹角。

　　局部端板连接是指在次梁端焊接端板,然后次梁通过端板与主梁腹板相连,如图 7.3.4 所示。双角钢腹板连接是指次梁通过两个角钢与主梁的腹板相连,如图 7.3.5 所示。这种连接方式也需要将次梁的翼缘和腹板局部切除[见图 7.3.5(a)和图 7.3.5(b)]。当次梁的支座反力较大、螺栓连接不能满足承载力要求时,可采用现场焊接连接来承受支座反力,此时螺栓起到临时固

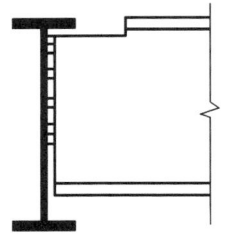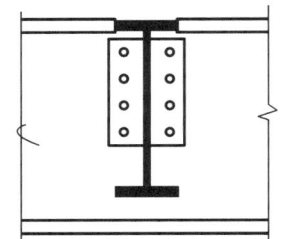

图 7.3.4　主次梁的局部端板连接

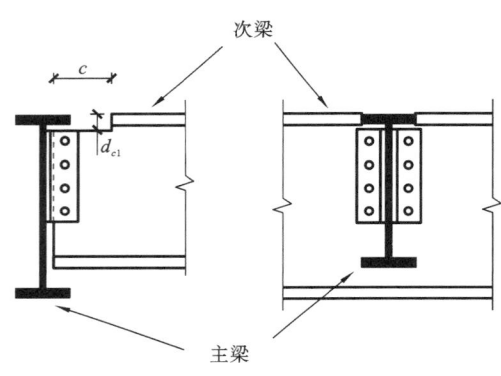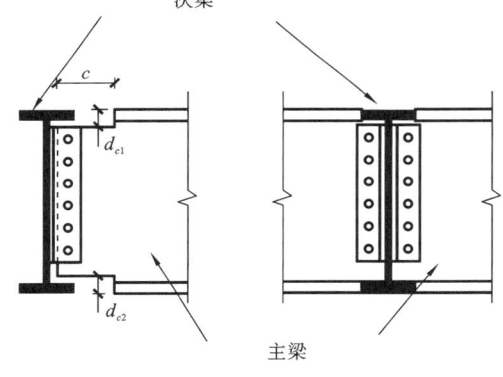

（a）次梁高度小于主梁（单边切除）　　　　（b）主、次梁高度相同（双边切除）

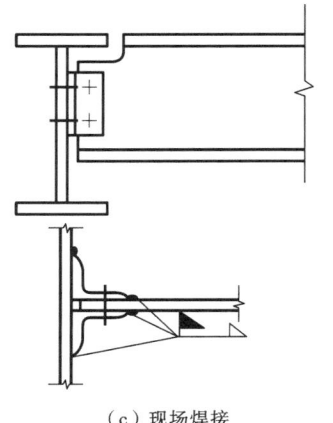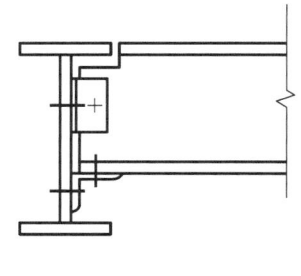

（c）现场焊接　　　　　　　　　　（d）角钢承托

图 7.3.5　主次梁的双角钢腹板连接

定安装的作用[见图 7.3.5(c)]。同时,也可以在次梁下面设置承托的角钢来传递次梁的支座反力,此时次梁腹板处的连接起固定作用,防止支座处截面的扭转[见图 7.3.5(d)]。

7.3.2 主次梁的刚接

主次梁刚接时,次梁除了向主梁传递支座反力外,还会传递梁端弯矩。当主梁两侧次梁的两端弯矩相等时,弯矩相互平衡;而当主梁两侧次梁两端弯矩相差较大时,主梁会受扭,产生不利影响。因此,只有主梁两侧次梁的梁端弯矩相近时,主次梁才宜采用刚接连接方式。主次梁的刚接通常采用平接的方式,次梁连接于主梁的侧面,并与主梁刚接。主梁两侧的相邻次梁成为支撑于主梁侧面的连续梁,如图 7.3.6 所示。

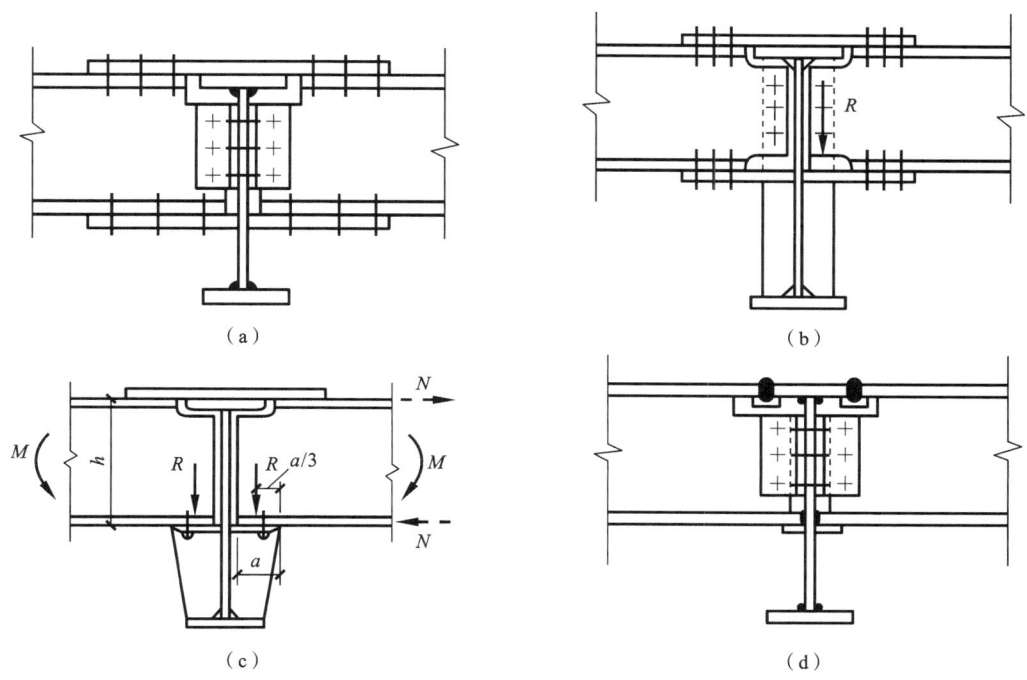

图 7.3.6 主次梁的刚接

图 7.3.6(a) 和图 7.3.6(b) 所示结构均采用高强度螺栓连接,其中图 7.3.6(a) 中主次梁的腹板通过双角钢相连,次梁上、下翼缘处分别设置连接盖板,传递次梁弯矩。上翼缘处的连接盖板为连续板,而下翼缘处的连接盖板分成两块,分别焊接在主梁腹板的两侧,或者在主梁腹板上开孔做成连续板。在图 7.3.6(b) 所示的构造中,次梁的腹板连接在主梁的加劲肋上,此时下翼缘处的连接板分成四块,分别焊接在主梁腹板两侧,或做成连续板。图 7.3.6(c) 和图 7.3.6(d) 所示为主次梁刚接的焊接方案,其中图 7.3.6(c) 是将次梁放置在主梁的承托上,在次梁上翼缘处设置连接盖板,下翼缘处的连接板由承托板代替。如图 7.3.6(d) 所示,主次梁的腹板通过双角钢相连,次梁上、下翼缘处分别与主梁采用对接焊来实现力的传递。使用此种连接构造时,次梁翼缘处需要预加工 V 形坡口,次梁端部的切割需满足精度要求。施焊时,需要在焊缝下侧设置垫板,以熔透焊缝,提高焊缝的焊接质量。在验算时,次梁支座处的弯矩可以分解为次梁上翼缘拉力和下翼缘压力的力偶 $N = M/h$(h 为次梁截面高度)。次梁上、下翼缘与连接盖板的连接(螺栓连接或者焊接连接)需满足承载力 N 的要求。采用螺栓连接的

两种方案,施工相对简单,但是加工时耗材费力(连接盖板以及主次梁开孔等);采用焊接连接的两种方案,加工省时,且次梁受拉翼缘未被螺孔削弱,但是,它的施工难度相对较大,难以保证连接的质量。因此,连续次梁刚接方案在实际工程中的应用并不广泛。

7.4　梁与柱的连接

　　梁与柱的连接设计与主次梁的连接设计相似。梁柱连接节点按照节点转动刚度的不同,可以分为铰接、刚接和半刚接三类。前文已经阐述了这三种连接节点的力学性能。简单来说,铰接时,柱身只承受梁端传递的竖向剪力,梁与柱间的夹角可以自由改变;刚接时,柱身在承受梁端传递的竖向剪力的同时,还要承受梁端传递的弯矩,梁与柱间的夹角一直保持不变;半刚接时,柱身在承受梁端传递的竖向剪力的同时,还要承受一部分梁端传递的弯矩,梁与柱间的夹角会发生一定的改变。采用刚性连接节点的框架,梁跨中弯矩较小,可以一定程度上减小梁高。在实际工程中,刚接的抗弯框架(moment frame)的实用经济的跨度可达 6~12 m。

　　图 7.4.1 展示了实际工程中常用的一些梁柱连接的构造。梁柱连接节点可采用翼板连接[见图 7.4.1(a)]、螺栓角钢连接[见图 7.4.1(b)和图 7.4.1(c)]、端板连接[见图 7.4.1(d)~图 7.4.1(f)]、焊接连接[见图 7.4.1(g)]和栓焊混合连接[见图 7.4.1(h)]等构造。其中,焊接连接和栓焊混合连接的转动刚度最大,可以认为是刚性连接。外伸式端板连接和顶底角钢连接的转动刚度次之,可以认为是半刚性连接。但是当外伸式端板连接的端板厚度足够大时,可以作为刚性连接。翼板连接、双角钢腹板连接、局部端板连接和端板连接的转动刚度很小,属于铰接。梁与柱的半刚性连接的框架结构计算相对复杂,往往需要通过试验确定连接节点的弯矩-转角关系曲线,故目前较少采用半刚性连接节点。本节将介绍梁与柱的铰接与刚接。

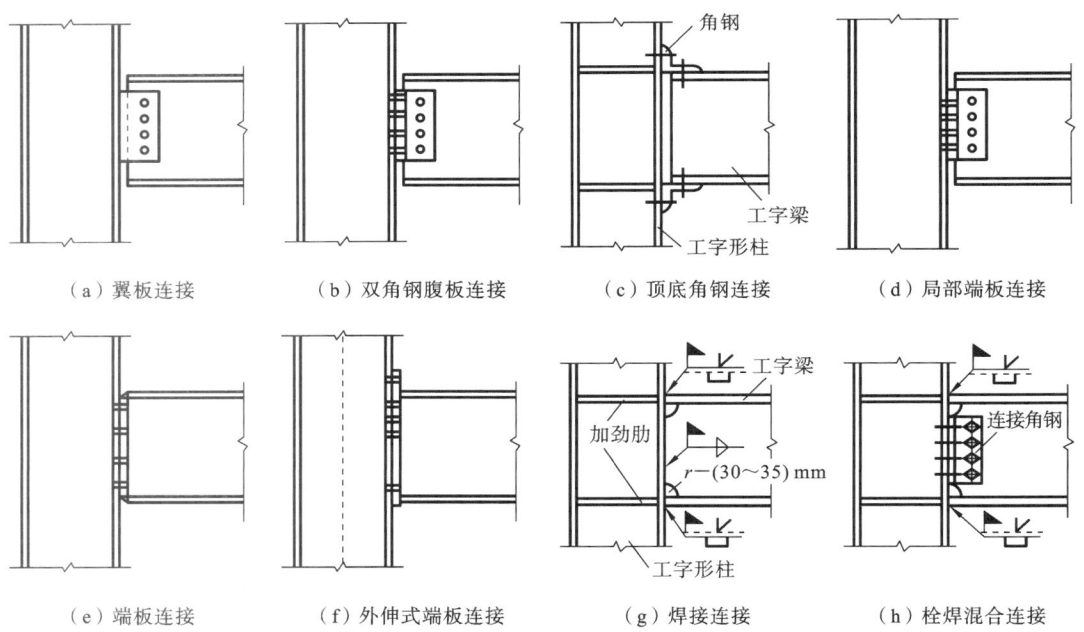

图 7.4.1　常见的梁柱连接类型

7.4.1　梁与柱的铰接

梁与柱的铰接主要是为了实现简支梁的支承条件,在梁端传递剪力。常见的梁柱铰接节点有翼板连接、局部端板连接、端板连接和双角钢腹板连接,如图7.4.1所示。这些连接节点的构造设计与主次梁的铰接十分相似,在此不再赘述。

7.4.2　梁与柱的刚接

钢结构框架中,将梁与柱的连接节点设计成刚性连接,可以增强框架的抗侧移刚度,减小框架梁的跨中弯矩。在多层、高层框架中,梁与柱的连接节点一般都设计为刚性连接,以保证力的有效传递,减小梁的总高,节约空间。梁与柱的刚性连接可以设计成焊接连接、螺栓连接、栓焊混合连接等构造。

图7.4.1(d)~图7.4.1(f)所示的是梁柱节点的端板螺栓连接,即在梁端焊接一块端板,梁通过端板和高强度螺栓与柱相连。当端板构造、螺栓布置合理时,该连接对梁端约束可以达到刚接的要求。《标准》规定,对于端板连接的梁柱刚接节点,端板宜采用外伸式端板[见图7.4.1(f)],且端板厚度不宜小于螺栓直径;连接应采用高强度螺栓,螺栓应对称布置并满足施工要求。由于端板螺栓连接构造简单,施工方便,施工进度较快,受弯承载力和刚度大,在实际工程中应用较为广泛。

图7.4.1(g)所示的构造是将工字形梁与H形柱完全焊接的刚接节点。梁上、下翼缘与柱翼缘通过单边坡口对接焊进行焊接。梁在加工时,需在梁端腹板上、下角处开适当尺寸的半圆孔,以方便施焊和在底部设置焊接衬垫。这种完全焊接连接构造简单,省工省料,但是不便于施工,拼装时需要精确定位、高空施焊,对焊缝的质量要求也很高。在实际工程中,经常将框架梁分成长短段。在工厂加工时,先将短梁焊接在H形柱上,现场施工时,再采用摩擦型高强度螺栓将框架梁的中间段拼接起来,如图7.4.2所示。图7.4.1(h)所示的是工字形梁与H形柱采用栓焊混合连接的构

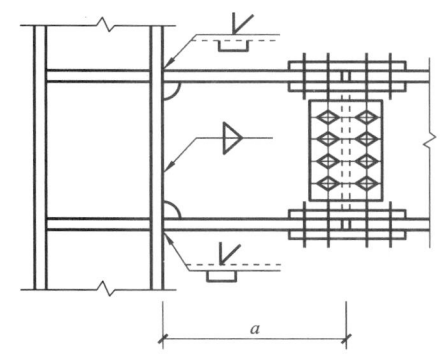

图7.4.2　完全焊接连接的工厂焊接与现场拼接

造形式。梁的腹板与柱翼缘通过角钢和高强度螺栓进行连接。框架梁安装就位之后,再将梁上、下翼缘与柱翼缘通过单边坡口对接焊进行焊接。采用焊接连接或栓焊混合连接的梁柱刚接节点,当柱为H形柱时,宜在腹板对应于梁翼缘的部位设置横向加劲肋,当柱为箱形截面柱时,宜在梁翼缘的部位设置水平隔板(见图7.4.3);当柱采用冷成形管截面或壁板厚度小于翼缘厚度较多时,宜采用隔板贯通式构造(见图7.4.4)。节点采用隔板贯通式构造时,应采用全熔透坡口焊连接。贯通式隔板的挑出长度宜介于25~60 mm之间;隔板厚度不应小于梁翼缘厚度和柱壁厚。当隔板厚度不小于36 mm时,宜选用厚度方向钢板,以避免钢板层间撕裂。

在图7.4.1(g)和图7.4.1(h)所示的两种连接构造中,梁端弯矩在梁上、下翼缘处所产生的拉力和压力由焊缝承担,梁端的剪力由腹板的焊缝或者螺栓来承担。此时,梁翼缘与柱翼缘垂直形成T形节点,当柱未设置水平加劲肋时,梁翼缘母材与焊缝均应根据有效宽度进行受拉强度验算。根据试验研究,柱翼缘在梁翼缘的拉力作用下,有如两块受三边线荷载作用的三边嵌固板(见图7.4.5),拉力在柱翼缘板上的影响长度为$p(\approx 12t_c)$,每块板所能承受的拉力

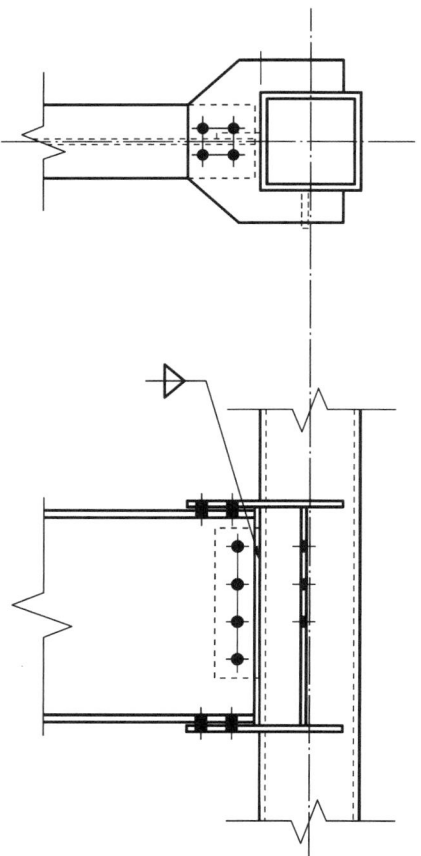

图 7.4.3　设置水平隔板的梁柱连接节点

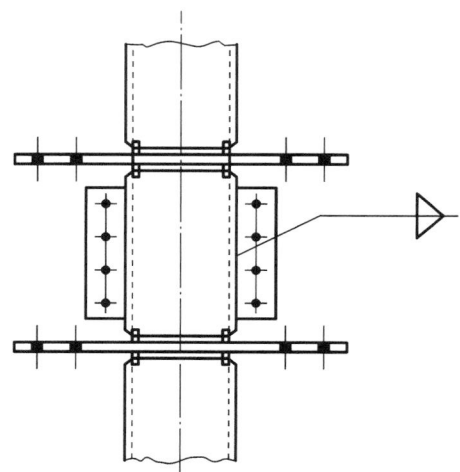

图 7.4.4　隔板贯通式梁柱节点

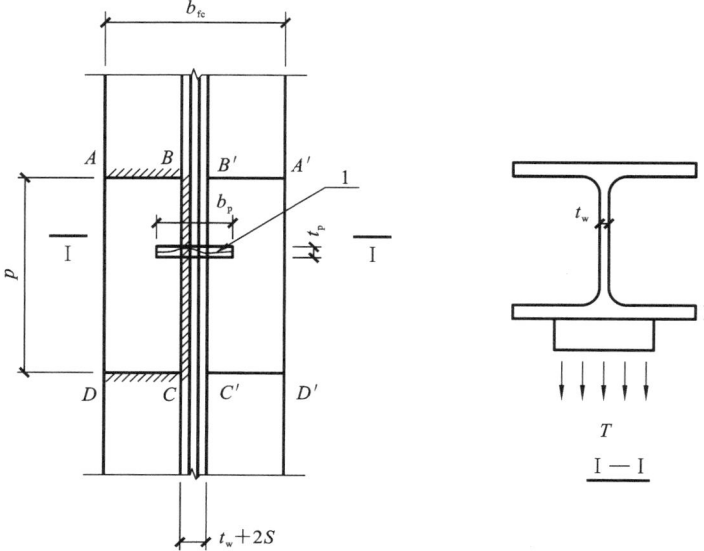

图 7.4.5　柱翼缘受力示意图

可近似取为 $3.5f_c t_c^2$，两嵌固板之间的受拉板（或梁翼缘）屈服，即承受拉力 $t_b f_b(t_w + 2r_c)$，引入受拉翼缘有效宽度 b_e，梁翼缘传来拉力平衡式为

$$T = b_e t_p f_b = f_b t_p \left(7\,\frac{f_c t_c^2}{f_b t_p} + t_w + 2r_c \right) \tag{7.4.1}$$

$$b_e = 7k t_c + t_w + 2r_c \tag{7.4.2}$$

$$k = \frac{f_c t_c}{f_b t_p} \tag{7.4.3}$$

式中，b_e 为 T 形节点的有效宽度（见图 7.4.6）；f_c 为柱翼缘（被连接件翼缘）的钢材屈服强度；f_b 为梁翼缘（连接板）的钢材屈服强度；t_w 为柱（被连接件）腹板的厚度；t_c 为柱（被连接件）翼缘的厚度；t_p 为梁翼缘（连接板）的厚度；r_c 为柱腹板计算高度边缘至柱翼缘底面的距离，对于被连接件，轧制工字形或 H 形截面杆件取为过渡段圆角半径 r，焊接工字形或 H 形截面杆件取为焊脚尺寸 h_f。

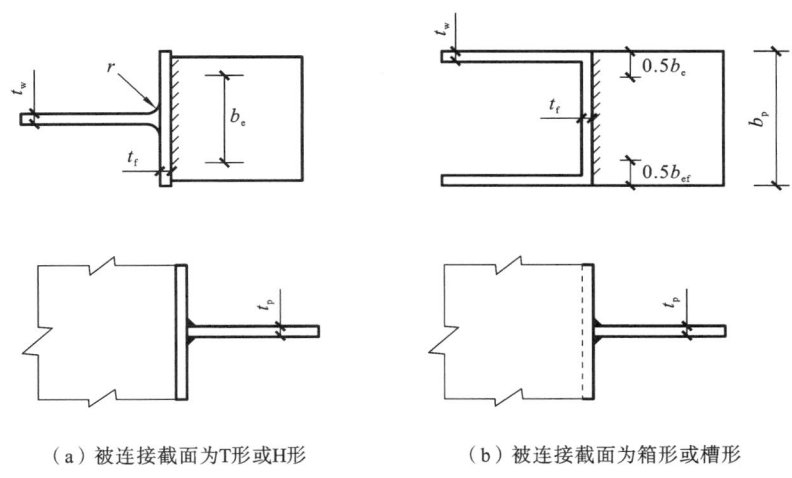

（a）被连接截面为T形或H形　　　　　（b）被连接截面为箱形或槽形

图 7.4.6　未加劲 T 形连接节点的有效宽度示意图

考虑到柱翼缘中间和两侧部分的刚度不同，难以充分发挥共同作用，翼缘承担的荷载应有所折减。为安全起见，《标准》引入了 0.8 的折减系数，式（7.4.2）中的系数 7 应改为 5。

（1）工字形或 H 形截面杆件的有效宽度：

$$b_e = 5k t_c + t_w + 2r_c \tag{7.4.4}$$

$$k = \frac{f_c t_c}{f_b t_p} \quad (\text{当 } k > 1.0 \text{ 时，取 } 1.0) \tag{7.4.5}$$

（2）箱形或槽形截面杆件的有效宽度：

$$b_e = 5k t_c + 2t_w \tag{7.4.6}$$

依据式（7.4.4）和式（7.4.6）计算出 T 形节点有效宽度后，根据梁受拉翼缘处的力平衡，经过简化计算可以得出柱翼缘板厚应满足：

$$t_c \geqslant 0.4\sqrt{\frac{f_b A_{ft}}{f_c}} \tag{7.4.7}$$

式中，A_{ft} 为梁受拉翼缘的面积；f_b 为梁钢材抗拉强度设计值；f_c 为柱钢材受压强度设计值。

翼缘受拉区满足强度要求的同时，还应对柱腹板及翼缘进行局部稳定的验算，以防止柱的腹板和翼缘发生局部屈曲破坏，如图 7.4.7 所示。

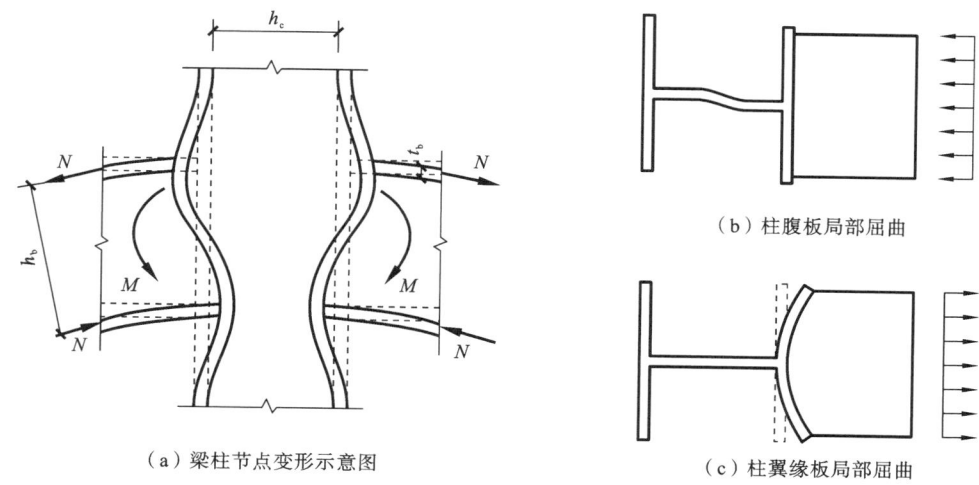

（a）梁柱节点变形示意图　　　　　　（c）柱翼缘板局部屈曲

图 7.4.7　无加劲肋梁柱刚接节点的变形与破坏模式

在梁受压翼缘处,柱腹板的厚度应满足强度和局部稳定的要求,即需验算受压翼缘传来的力是否会导致柱腹板强度破坏[式(7.4.8)]或局部屈曲[式(7.4.9)]:

(1) 考虑到柱腹板的局部承压条件,可以得出柱腹板的厚度应满足:

$$t_w \geqslant \frac{A_{fc} f_b}{b_e f_c}$$ (7.4.8)

$$b_e = t_f + 5h_y = t_f + 5(t_c + r_c)$$ (7.4.9)

式中,b_e 为柱腹板计算高度边缘处压应力的假定分布长度(参考图 7.4.8);h_y 为自柱顶面至腹板计算高度边缘的距离,对轧制型钢截面取柱翼缘边缘至内弧起点的距离,对焊接截面取柱翼缘厚度 t_c(即 $r_c=0$);t_f 为梁受压翼缘的厚度。

(2) 考虑到柱腹板的局部稳定条件,可以得出柱腹板的厚度应满足:

$$t_w \geqslant \frac{h_c}{30}\sqrt{\frac{f_c}{235}}$$ (7.4.10)

式中,h_c 为柱腹板的宽度。

如果式(7.4.8)、式(7.4.9)和式(7.4.10)的验算不能满足要求,则需要在柱腹板处设置加劲肋,加劲肋的布置要求应满足相应的规定。梁柱刚接节点的节点域受力状态如图 7.4.9 所示。节点域在周边弯矩和剪力的共同作用下,柱腹板可能屈服或局部失稳。在设计过程中,需要验算节点域腹板的强度和稳定性。节点域的受力比较复杂,在实际工程设计中为简化计算,采用将节点域受剪承载力提高到 4/3 倍的方式,以考虑省略柱端剪力(一般的框架结构中,省略柱端剪力的影响会导致节点域弯矩增加 10%~20%)、节点域弹性变形占结构整体比例小、塑性发展等有利因素。节点域的承载力应满足下式的要求:

$$\frac{M_{b1}+M_{b2}}{V_p} \leqslant f_{ps}$$ (7.4.11)

式中,V_p 为节点域的剪力,对于 H 形截面柱,$V_p = h_b h_c t_w$,对于箱形截面柱,$V_p = 1.8h_b h_c t_w$;M_{b1}、M_{b2} 为节点域两侧梁端弯矩设计值;f_{ps} 为节点域的受剪承载力设计值;h_b 为节点域的高度,即梁腹板的高度;h_c 为节点域的宽度,即柱腹板的高度;t_w 为柱腹板的厚度。

节点域的受剪承载力与其宽厚比紧密相关。《标准》规定,节点域的受剪承载力 f_{ps} 应根据

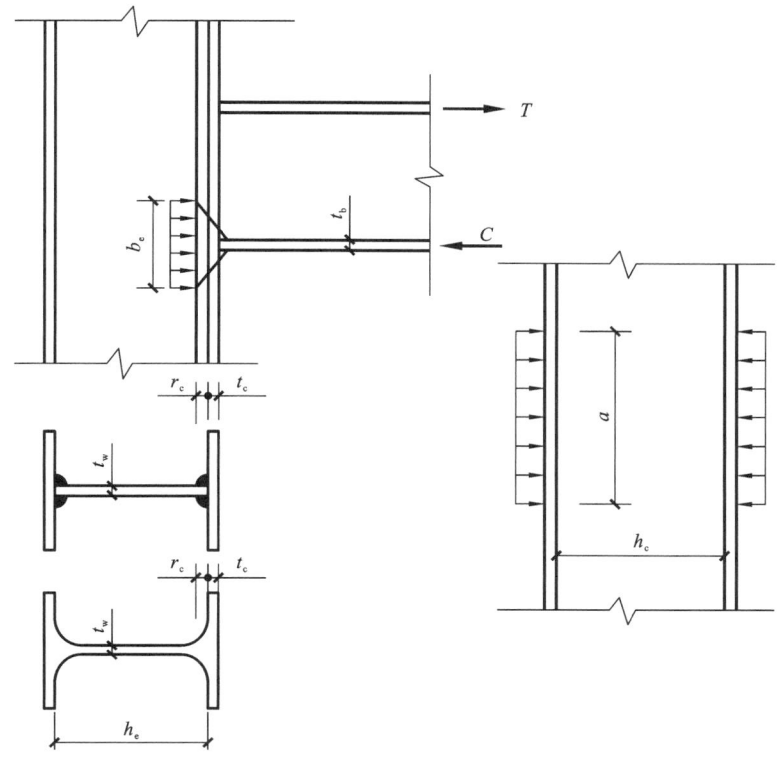

图 7.4.8 柱腹板受压计算示意图

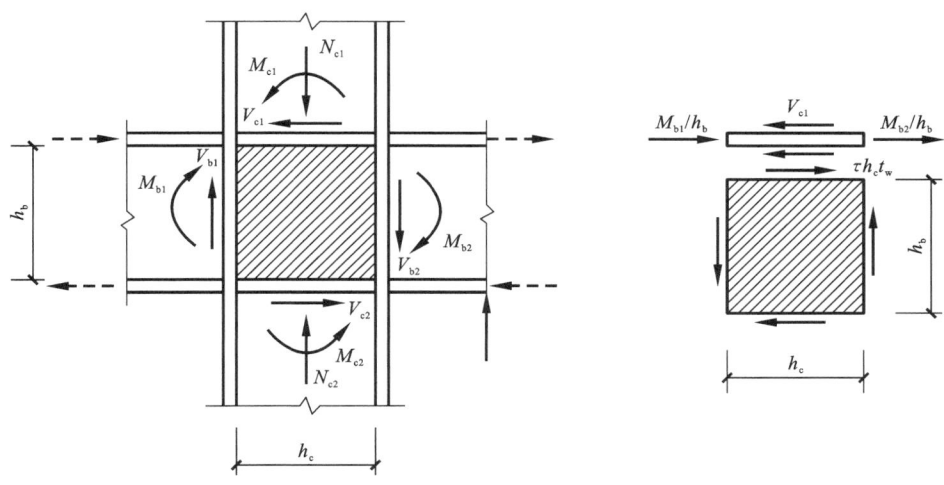

图 7.4.9 梁柱刚接节点的节点域受力状态

节点域受剪正则化宽厚比 $\lambda_{n,s}$ 的大小取值,见式(7.4.12)～式(7.4.14)。《标准》指出,腹板塑性和弹塑性屈曲的拐点是 $\lambda_{n,s}=0.8$,当横向加劲肋厚度不小于梁翼缘板厚度时,节点域受剪正则化宽厚比 $\lambda_{n,s}$ 不应大于 0.8。为方便设计应用,把节点域受剪承载力提高到 4/3 倍的上限宽厚比定为 $\lambda_{n,s}=0.6$;而在 $0.6<\lambda_{n,s}\leqslant0.8$ 的过渡段,节点域的抗剪承载力按照 $\lambda_{n,s}$ 在 f_v 和 $4/3f_v$ 中插值计算,其中 f_v 为柱腹板钢材的抗剪承载力。$0.8<\lambda_{n,s}\leqslant1.2$ 仅适用于门式刚架

轻型房屋等采用薄柔截面的单层和底层结构。

当 $\lambda_{n,s} \leqslant 0.6$ 时：

$$f_{ps} = \frac{4}{3} f_v \tag{7.4.12}$$

当 $0.6 < \lambda_{n,s} \leqslant 0.8$ 时：

$$f_{ps} = \frac{1}{3} (7 - 5\lambda_{n,s}) f_v \tag{7.4.13}$$

当 $0.8 < \lambda_{n,s} \leqslant 1.2$ 时：

$$f_{ps} = [1 - 0.75(\lambda_{n,s} - 0.8)] f_v \tag{7.4.14}$$

节点域的受剪正则化宽厚比 $\lambda_{n,s}$ 应按照式(7.4.15)和式(7.4.16)计算。

当 $h_c/h_b \geqslant 10$ 时：

$$\lambda_{n,s} = \frac{h_b/t_w}{37\sqrt{5.34 + 4(h_b/h_c)^2}} \sqrt{\frac{f_c}{235}} \tag{7.4.15}$$

当 $h_c/h_b < 10$ 时：

$$\lambda_{n,s} = \frac{h_b/t_w}{37\sqrt{4 + 5.34(h_b/h_c)^2}} \sqrt{\frac{f_c}{235}} \tag{7.4.16}$$

轴力对于节点域抗剪承载力也有一定影响。当轴压比不大于 0.4 时，可以忽略轴压比的影响，当轴压比大于 0.4 时，节点域受剪承载力 f_{ps} 应乘屈服修正系数。当节点域受剪正则化宽厚比 $\lambda_{n,s} \leqslant 0.8$ 时，修正系数可取为 $\sqrt{1 - n^2}$，其中 n 为轴压比。

当节点域不满足抗剪承载力要求时，对 H 形截面柱，可以采用焊接补强板或设置斜向加劲肋等补强措施。在节点域处焊接补强板以加厚节点域的柱腹板时，腹板加厚的范围应超出梁的上、下翼缘至少 150 mm。

当采用斜向加劲肋补强时，有斜向加劲肋的节点域可以等效为一个"桁架＋腹板"的计算模型，如图 7.4.10 所示，其中桁架的竖杆认为由柱翼缘构成，水平弦杆由节点域的横向加劲肋构成，斜腹杆由节点域的斜向加劲肋构成，腹板即为节点域的柱腹板。

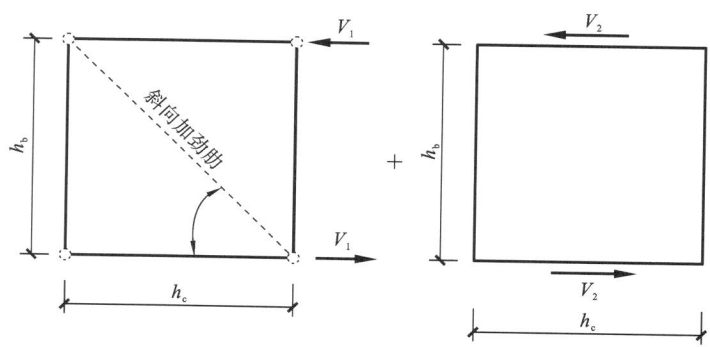

图 7.4.10　节点域等效的"桁架＋腹板"模型

节点域的剪力可以认为由两个部分承担：一部分由桁架承担，另外一部分由腹板承担。根据水平方向力的平衡可知，桁架部分所承担的剪力为

$$V_1 = T_s \cos\alpha \tag{7.4.17}$$

式中，T_s 为斜向加劲肋的承载力设计值，可取为 $T_s = 2b_s t_s f_s$（式中，2 表示斜向加劲肋在柱腹

板两侧对称布置;f_s 为斜向加劲肋的抗压强度设计值;b_s 为斜向加劲肋的宽度;t_s 为斜向加劲肋的厚度);α 为斜向加劲肋与横向加劲肋间的夹角。试验结果表明,参加工作的斜向加劲肋的宽度不宜超过其厚度的 20 倍。当 $b_s > 20t_s$ 时,b_s 取为 $20t_s$。

柱腹板可以承担的剪力为

$$V_2 = f_v h_c t_w \tag{7.4.18}$$

式中,f_v 为柱腹板钢材抗剪强度设计值。

假设节点域所承受的设计弯矩为 M,则有

$$\frac{M}{h_b} \leqslant V_1 + V_2 \tag{7.4.19}$$

式中,h_b 为节点域的高度,即梁腹板的高度。

将式(7.4.17)和式(7.4.18)代入式(7.4.19),可推出节点域斜向加劲肋的设计公式:

$$b_s t_s \geqslant \frac{1}{2f_s \cos\alpha}\left(\frac{M}{h_b} - f_v t_c t_w\right) \tag{7.4.20}$$

7.5 桁架节点

钢桁架中的各杆件在节点处常常是通过焊接连接在一起的,但对于类似栓焊桥的重型桁架,则需要在节点处用高强度螺栓连接。连接可以使用节点板[图 7.5.1(a)],也可以不用节点板,而将腹杆直接焊接于弦杆上[图 7.5.1(b)]。节点设计工作包括节点的构造形式与连接焊缝的确定及节点承载力的计算。使用节点板时,需要确定节点板的形状和尺寸。节点的构造应使传力路线明确、简洁,制作安装方便。节点板应只在弦杆和腹杆之间传力,不应涉及其他构件。

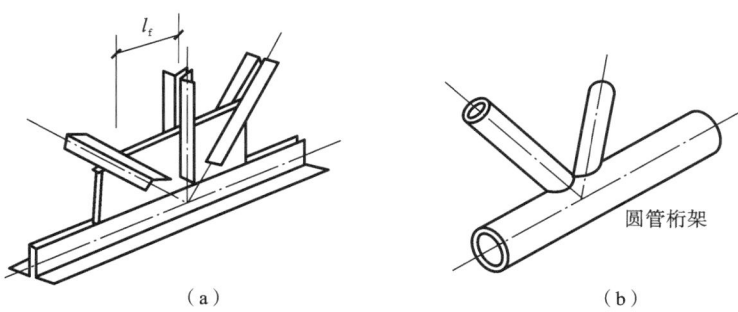

（a）　　　　　　　　　　　　　（b）

图 7.5.1 桁架节点

7.5.1 双角钢截面杆件的节点

1. 节点设计的一般原则

（1）双角钢截面杆件在节点处通过节点板相连,各杆轴线会交于节点中心。理论上各杆轴线与型钢形心轴线重合,但杆件用双角钢时,因角钢截面的形心与肢背的距离常常不是整数,为便于制造,焊接桁架中应将此距离调整为 5 mm 的倍数(小型角钢除外),用螺栓连接时应该用角钢的最小线距来会交。这样的会交给杆件轴线力带来的偏心很小,计算时可以忽略

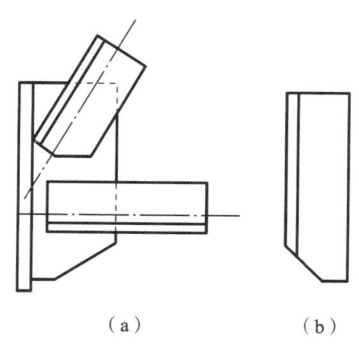

图 7.5.2　角钢与钢板的切割

不计。

（2）角钢的切断面一般应与其轴线垂直，需要斜切以便使节点紧凑时只能切肢尖［图 7.5.2(a)］。图 7.5.2(b)所示的切割肢背的方式是错误的，因为其不能用机械切割且布置焊缝时将很不合理。

（3）如果弦杆截面沿长度变化，截面改变点应设置在节点上，且应设置拼接材料。例如上弦杆，为方便安装屋面构件，应使角钢的肢背平齐。此时取两段角钢形心之间的中线作为弦杆的轴线以减小偏心作用，如图 7.5.3 所示。如果偏心距不超过较大杆件截面高度的 5%，可不考虑偏心引起的附加弯矩，否则应按交会节点的各杆件线刚度分配偏心力矩，并按偏心受力构件计算各杆件的强度与稳定，各杆件力矩为

$$M_i = \frac{M \cdot K_i}{\sum K_i} \tag{7.5.1}$$

式中，$M=(N_1+N_2)e$，是偏心力矩；M_i 是分配给第 i 个杆件的力矩；K_i 是第 i 杆的线刚度，$K_i = \frac{EI_i}{l_i}$；$\sum K_i$ 是会交于节点处各杆件线刚度之和。

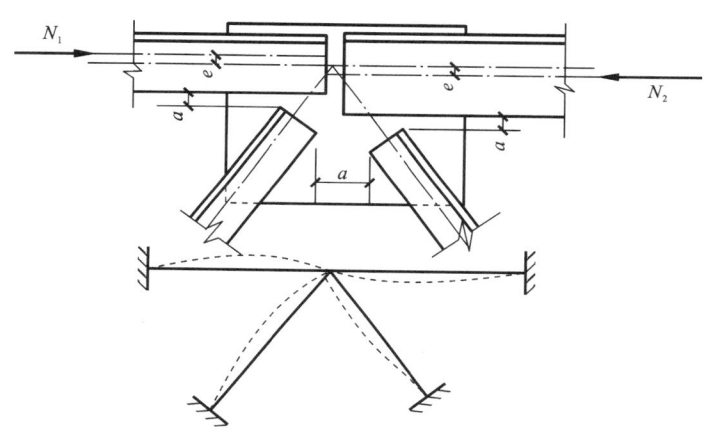

图 7.5.3　变截面引起偏心的节点受力分析

（4）为便于焊接且避免焊缝过密带来的材质变脆，节点板上各个杆件之间的焊缝净间距不宜过小，用控制杆端间隙 a 来保证。受静力荷载时，$a \geqslant 10 \sim 20$ mm；受动力荷载时，$a \geqslant 50$ mm；但 a 也不宜过大，因为节点板过大将削弱其所在节点的平面外刚度。

2. 节点板设计

节点板的形状和尺寸是设计中需要考虑的两个要素。节点板的形状应简单，如矩形、梯形等，必要时也可以使用其他复杂形状，但应保证至少有两条平行边。

节点板的受力较为复杂，可依据经验初选厚度后再做相应验算。梯形屋架和平行弦屋架的节点板将腹杆的内力传给弦杆，节点板的厚度由腹杆的最大内力（一般在支座处）来确定。三角形屋架支座处的节点板要传递端节间弦杆的内力，因此节点板的厚度应由上弦杆内力来

确定。此外,节点板的厚度还受到焊缝的焊脚尺寸等因素影响。一般屋架支座节点板受力大,中间节点板受力小,中间节点板的厚度可比支座节点板厚度减小 2 mm。中间节点板厚度可参照表 7.5.1 选用。在一榀屋架中除支座节点板厚度可以大 2 mm 外,其他节点板取相同厚度。

表 7.5.1 双角钢杆件桁架节点板厚度选用表

桁架腹杆内力或三角形屋架弦杆端节间内力 N/kN	≤170	171～290	291～510	511～680	681～910	911～1290	1291～1770	1771～3090
中间节点板厚度 t/mm	6	8	10	12	14	16	18	20

注:表中数据针对节点板钢材 Q235,当钢材为其他钢号时,表中数字应乘 $\sqrt{235/f_y}$。

节点板的拉剪破坏可按下列公式计算:

$$\frac{N}{\sum(\eta_i A_i)} \leqslant f \tag{7.5.2}$$

单根腹杆的节点板则按照下式计算:

$$\sigma = \frac{N}{b_e t} \leqslant f \tag{7.5.3}$$

式中,b_e 是板件的有效宽度(见图 7.5.4),当用螺栓连接时,应取净宽度[见图 7.5.4(b)];t 是板件厚度。图 7.5.4 中 θ 为应力扩散角,焊接及单排螺栓时可取为 30°,多排螺栓时可取为 22°。

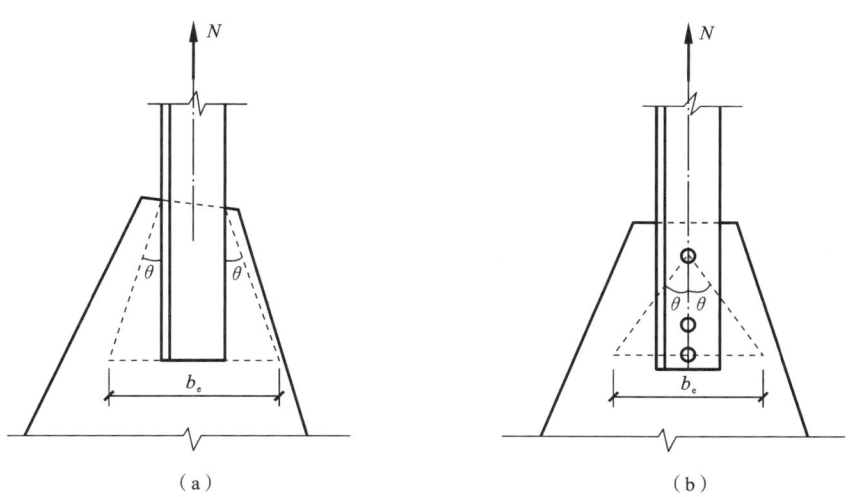

图 7.5.4 板件的有效宽度

根据已有试验研究,桁架节点板在斜腹杆压力作用下的稳定应符合下列要求:

(1) 对有竖向腹杆的节点板(图 7.5.5),当 $\frac{c}{t} \leqslant 15\sqrt{\frac{235}{f_y}}$ 时,可以不计算稳定性,否则应按《标准》的规定进行稳定性验算。但在任何情况下,$\frac{c}{t}$ 不得大于 $22\sqrt{\frac{235}{f_y}}$。其中,c 为受压腹杆连接肢端面中点沿腹杆轴线方向至弦杆的净距离;t 为节点板厚度。

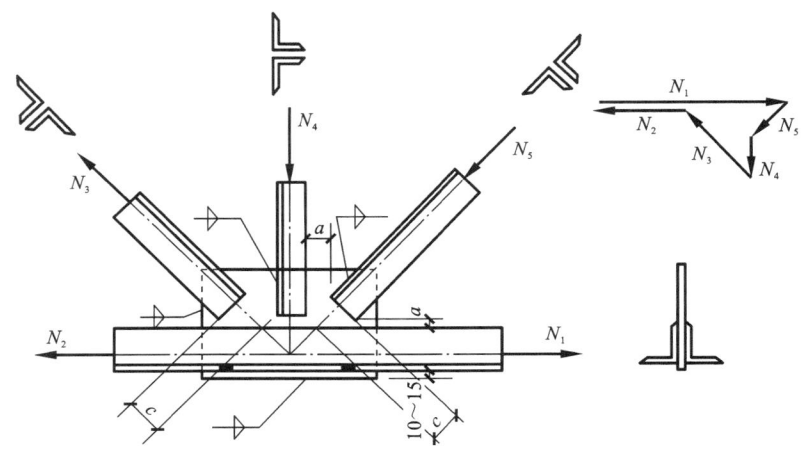

图 7.5.5　一般节点示意图

（2）对无竖向腹杆的节点板，当 $\dfrac{c}{t} \leqslant 10\sqrt{\dfrac{235}{f_y}}$ 时，节点板的稳定承载力可取为 $0.8b_e t f$；当

$\dfrac{c}{t} > 10\sqrt{\dfrac{235}{f_y}}$ 时，应当进行稳定性验算。但在任何情况下，$\dfrac{c}{t}$ 不得大于 $17.5\sqrt{\dfrac{235}{f_y}}$。

需要注意的是，用上述计算方法计算桁架节点板强度及稳定性时，节点还应满足下列要求：

① 节点板边缘与腹杆轴线之间的夹角应不小于 $15°$；

② 斜腹杆与弦杆间夹角应在 $30°\sim60°$ 之间；

③ 节点板的自由边长度 l_f[见图 7.5.1(a)]与厚度 t 的比值不得大于 $60\sqrt{\dfrac{235}{f_y}}$，否则应沿自由边设置加劲肋予以加强。

3. 节点的构造与计算

（1）一般节点。

一般节点指节点无集中荷载也无弦杆拼接的节点。图 7.5.5 是一般下弦节点示意图。各腹杆与节点板之间力（即 N_3、N_4 和 N_5）的传递，一般用两侧角焊缝实现，也可以用 L 形围焊缝或三面围焊缝实现。腹杆与节点板间焊缝按受轴心力角钢的角焊缝计算。由于弦杆是连续的，本身已传递了较小的力（即 N_2），弦杆与节点板之间的焊缝只传递差值 $\Delta N = N_1 - N_2$，按照下列公式计算其焊缝长度。

肢背焊缝：

$$l_{w1} \geqslant \frac{K_1 \Delta N}{2 \times 0.7 h_{f1} \cdot f_f^w} + 2h_{f1} \tag{7.5.4}$$

肢尖焊缝：

$$l_{w2} \geqslant \frac{K_2 \Delta N}{2 \times 0.7 h_{f2} \cdot f_f^w} + 2h_{f2} \tag{7.5.5}$$

式中，K_1 和 K_2 分别是角钢肢背、肢尖焊缝的内力分配系数，取值见表 7.5.2；h_{f1} 和 h_{f2} 分别是角钢肢背、肢尖焊缝的焊脚尺寸；f_f^w 是角焊缝强度设计值。

由 ΔN 计算得到的焊缝长度往往很小，此时可按构造要求在节点板范围内进行满焊。节点板的尺寸应能容下各杆焊缝的长度。各杆之间应留有间隙 a（图 7.5.5），以便于装配与施

表 7.5.2 角钢角焊缝内力分配系数

连接情况	连接形式	分配系数	
		K_1	K_2
等肢角钢一肢连接		0.7	0.3
不等肢角钢短肢连接		0.75	0.25
不等肢角钢长肢连接		0.65	0.35

焊。节点板应伸出弦杆 10～15 mm，以便施焊。在保证应留间隙的条件下，节点应设计紧凑。

（2）有集中荷载作用的节点。

图 7.5.6 是带有集中荷载的上弦节点。当采用较重的屋面板而上弦角钢较薄时，其伸出肢较易弯曲，必要时可用水平板予以加强。为便于放置檩条或屋面板，节点板有不伸出和部分伸出两种工艺做法。对应于不同的工艺做法，有两种计算方法。

节点板不伸出的制作方案见图 7.5.6(a)。此时节点板凹进，形成槽焊缝"K"和角焊缝"A"，节点板与上弦杆之间就由这两种不同的焊缝传力。由于槽焊接质量较难保证，常常假设槽焊缝"K"只传递外力 P，并近似按两条焊脚尺寸为 $h_{fl} = t/2$（其中 t 为节点板厚度）的角焊缝来计算所需要的焊缝计算长度 l_{w1}，实际上因 P 较小，计算得到的 l_{w1} 亦不会太大而总是满焊的。节点板凹进的深度应在 $\frac{t}{2}$ 与 t 之间。"A"焊缝传递弦杆两端的内力差值 $\Delta N = N_1 - N_2$，但因"A"焊缝与弦杆轴线的距离为 e，所以"A"焊缝同时还需要传递偏心力矩 $\Delta M = \Delta N \cdot e$。因此，应验算"A"焊缝两端的最大合成应力，即

$$\sqrt{\left(\frac{\sigma_f}{\beta_f}\right)^2 + \tau_f^2} \leqslant f_t^w \qquad (7.5.6)$$

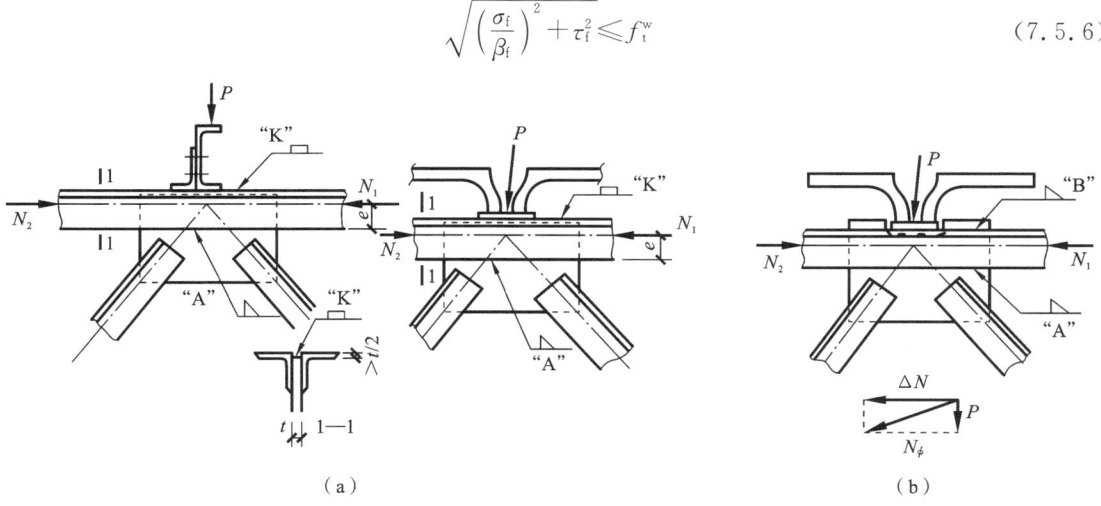

（a）   （b）

图 7.5.6 上弦节点的两种制作方法

式中，$\sigma_{\mathrm{f}}=\dfrac{6\Delta M}{2\times0.7h_{\mathrm{f2}}l_{\mathrm{w2}}^{2}}$，$\tau_{\mathrm{f}}=\dfrac{\Delta N}{2\times0.7h_{\mathrm{f2}}l_{\mathrm{w2}}}$，下角标 2 指"A"焊缝。

以上算法偏于保守。在焊缝质量得以保证时，可以考虑槽焊缝参与承担弦杆内力差 ΔN。

节点板部分伸出制作方案如图 7.5.6(b)所示。若上面的计算中"A"焊缝的强度不足，则采用节点板部分伸出的方案。此时形成肢尖的"A"与肢背的"B"两条角焊缝，由这两条焊缝来传递弦杆与节点板之间的力，即 P 与 ΔN 的合力 N_ϕ。N_ϕ 并不沿杆件轴线方向，但 P 往往较小，故仍可近似地按只承受轴力时肢尖与肢背的分配系数将 N_ϕ 分到肢尖与肢背，以设计和验算"A"及"B"焊缝。

(3) 下弦杆跨中拼接节点。

角钢长度不足时以及桁架分单元运输时，弦杆经常要拼接。前者常在工厂拼接，拼接点可在节点上也可以在节点之间；后者常在工地拼接，拼接点通常设置在节点处。这里着重阐述工地拼接。

图 7.5.7 是下弦拼接节点示意图。弦杆内力常常比较大，单靠节点板传力显然是不合适的，并且节点板在平面的刚度将很小，所以弦杆常常采用拼接角钢。拼接角钢采用与弦杆相同的规格，并切除部分竖肢和直角边棱。切肢应满足 $\Delta=t+h_{\mathrm{f}}+5$ mm 以便施焊，其中 t 为拼接角钢肢厚，h_{f} 为角钢焊缝焊脚尺寸，5 mm 为余量以避开肢尖圆角。切棱的作用是使拼接角钢与弦杆贴紧[图 7.5.7(c)]。切肢切棱引起的截面削弱（一般不超过原面积的 15%）不太大，在需要时可由节点板传递一部分力来补偿。也有将拼接角钢选成与弦杆同宽但肢厚稍大一些的。当为工地拼接时，为便于现场拼装，拼接节点要设置安装螺栓。同时，拼接角钢与节点板应各自焊于不同的运输单元，以避免拼装中双插的困难。也有的将拼接角钢单个运输，拼装时用安装焊缝焊于两侧。

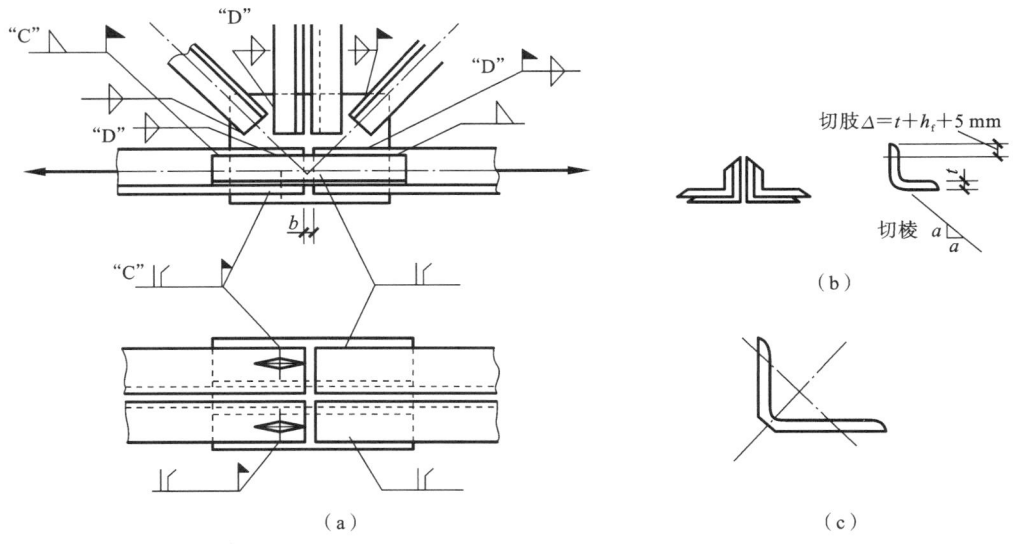

图 7.5.7　下弦拼接节点示意图

弦杆拼接节点的计算包括两部分，即弦杆自身拼接的传力焊缝[图 7.5.7(a)中的"C"焊缝]和各杆与节点板之间的传力焊缝[图 7.5.7(a)中的"D"焊缝]。

在图 7.5.7 中，弦杆拼接焊缝"C"应能传递两侧弦杆内力中的较小值 N，或者偏于安全地取截面承载力 $N=f\cdot A_{\mathrm{n}}$（式中，A_{n} 为弦杆净截面面积，f 为弦杆强度设计值）。考虑到截面形心处的力[图 7.5.7(c)]与拼接角钢两侧的焊缝距离近乎相等,故 N 由两根拼接角钢的四条焊缝平分传递。

弦杆和拼接角钢连接一侧的焊缝长度为

$$l_1 = \frac{N}{4 \times 0.7 h_{\mathrm f} f_{\mathrm f}^{\mathrm w}} + 2h_{\mathrm f} \tag{7.5.7}$$

拼接角钢长度为

$$L = 2l_1 + b \tag{7.5.8}$$

式中,b 为间隙,一般取 $10 \sim 20 \text{ mm}$。

内力较大一侧的下弦杆与节点板之间的焊缝传递弦杆内力之差 ΔN,如果 ΔN 过小则取弦杆较大内力的 15%。内力较小一侧弦杆与节点板间焊缝并无传力要求,通常和传力一侧采用同样焊缝。弦杆与节点连接一侧的焊缝强度按下列公式计算:

肢背焊缝:

$$\frac{0.15 K_1 N_{\max}}{2 \times 0.7 h_{\mathrm f} l_{\mathrm w}} \leqslant f_{\mathrm f}^{\mathrm w} \tag{7.5.9}$$

肢尖焊缝:

$$\frac{0.15 K_2 N_{\max}}{2 \times 0.7 h_{\mathrm f} l_{\mathrm w}} \leqslant f_{\mathrm f}^{\mathrm w} \tag{7.5.10}$$

（4）上弦杆跨中拼接节点。

上弦拼接角钢的弯折角度用热弯工艺制作[图 7.5.8(a)]。当屋面较陡需要弯折角度较大且角钢肢较宽不易弯折时,可将竖肢开口弯折后对焊[图 7.5.8(b)]。拼接角钢与弦杆间焊缝计算方法与下弦杆跨中拼接节点相同。计算拼接角钢长度时,屋脊节点所需间隙较大,常取 $b = 50 \text{ mm}$ 左右。对节点板不伸出和部分伸出两种做法,弦杆与节点板间焊缝计算略有不同。弦杆与节点板间所承受的竖向力应为 $P - (N_1 - N_2) \sin\alpha$。

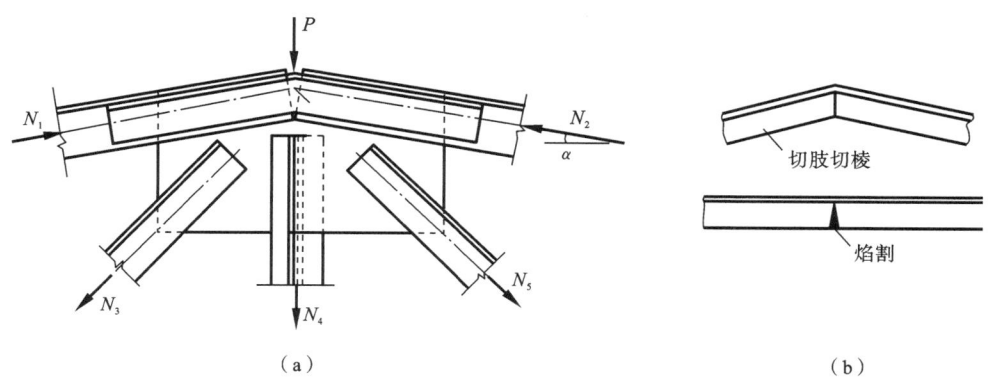

图 7.5.8　上弦杆拼装节点

（5）支座节点。

屋架与柱子的连接可以设计成铰接或刚接。支承于钢筋混凝土柱的屋架一般都按铰接设计(图 7.5.9)。三角形屋架端部高度较小,需加隅撑(图 7.5.10)才能与柱形成刚接,否则只能与柱子形成铰接[图 7.5.9(b)]。梯形屋架和平行弦屋架的端部有足够的高度,既可与柱子铰接[图 7.5.9(a)],也可以通过两个节点与柱子相连而形成刚接(图 7.5.11)。铰接支座只需传递屋架竖向支座反力,而与柱刚接的屋架支座节点要能传递端部弯矩产生的水平力和竖向反力。

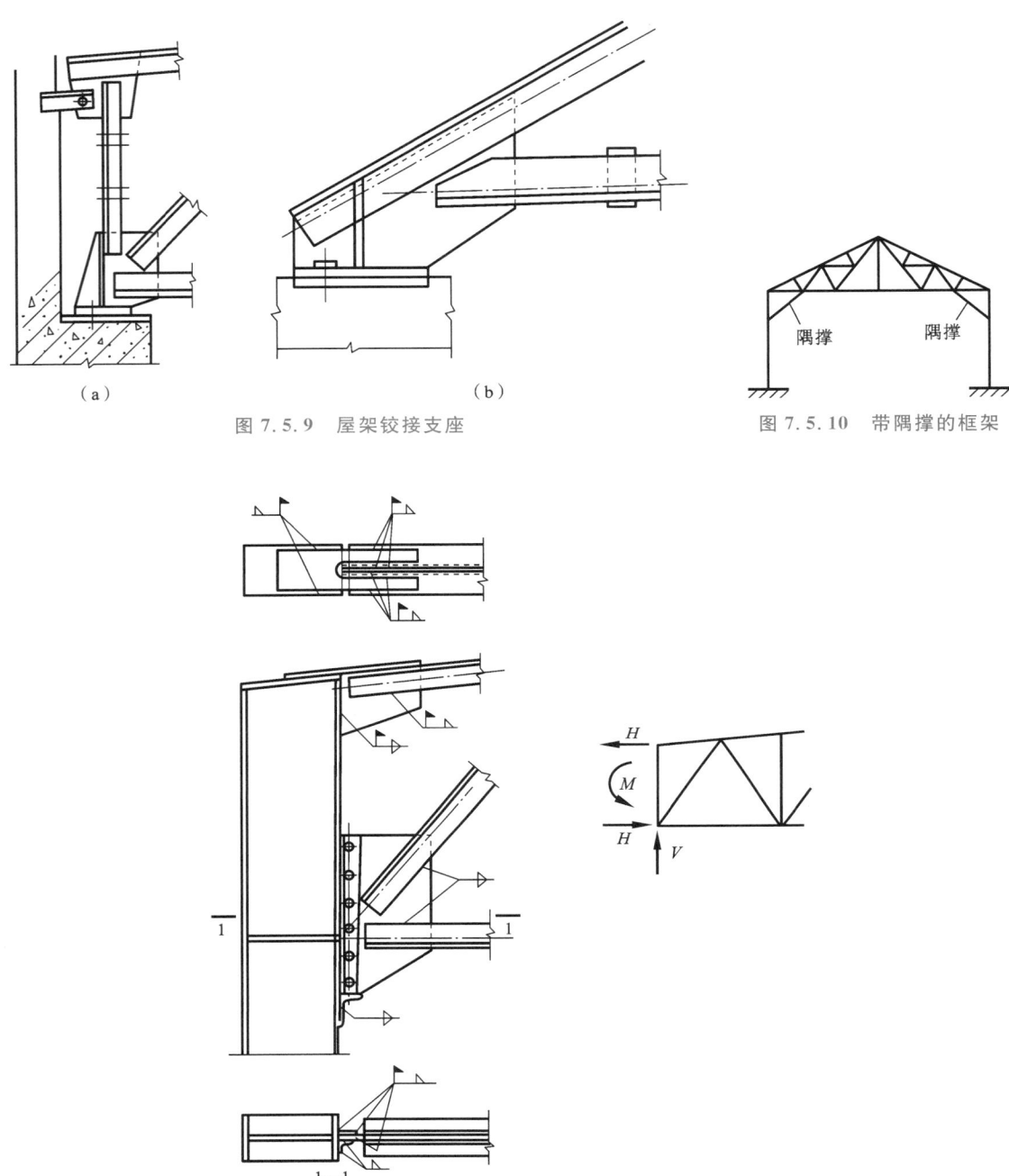

图 7.5.9　屋架铰接支座　　　　　　　　　图 7.5.10　带隔撑的框架

图 7.5.11　桁架与柱子的刚性连接

　　图 7.5.12 是简支梯形屋架支座节点。在图 7.5.12 中,以屋架杆件合力(竖向)作用点作为底板中点,合力通过方形或矩形底板以分布力的形式传给混凝土等下部结构。为保证底板的刚度,也为传力和节点板平面刚度的需要,应设置肋板,肋板厚度的中线应与各杆件合力线重合。梯形屋架中,为了便于施焊,下弦角钢的边缘与底板间的距离 e 一般不应小于下弦伸出肢的宽度。底板固定于钢筋混凝土柱等下部结构中预埋的锚栓。为使屋架在安装时容易就位以最终能牢靠固定,底板上应有较大锚栓孔,就位后再用垫板(图 7.5.12)套进

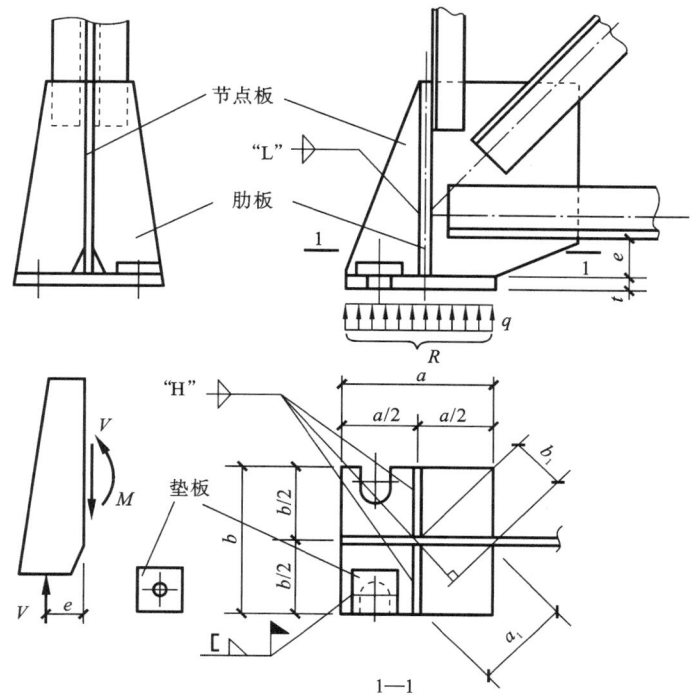

图 7.5.12 梯形屋架支座节点

锚栓并将垫板焊牢于底板。锚栓直径 d 一般为 $18\sim26$ mm(常不小于 20 mm),底板上的锚栓孔径 $\phi=d+(1\sim2)$ mm。

简支支座中力的传递路线:屋架杆件合力施加在节点板上,节点板通过"L"焊缝将合力的一部分传递给肋板,然后,节点板与肋板一起,通过水平的"H"焊缝将合力传给底板。支座节点的计算包括底板、加劲肋、"L"焊缝和"H"焊缝四个部分。

底板计算包括面积与厚度的确定。底板所需毛截面面积为

$$A=A_n+A_0 \tag{7.5.11}$$

式中,$A_n=R/f_c$,是由反力 R 按支座混凝土或钢筋混凝土局部承压强度算得的面积;A_0 为实际采用的锚栓孔面积。

采用方形底板时,边长尺寸 $a\geqslant\sqrt{A}$。当 R 不大时计算获得的 a 值很小,构造要求底板短边尺寸不小于 200 mm。底边边长应取厘米的整倍数,在图 7.5.12 所示的构造中还应使锚栓与节点板、肋板的中线的间距不小于底板上的锚栓孔径。

底板的厚度按均布荷载下板的抗弯强度计算。将基础的反力看成均布荷载 q(图 7.5.12),底板的计算原则及底板厚度的计算公式与轴心受压柱脚底板相同。例如,图 7.5.12 所示的节点板和加劲肋将底板分隔成四块两两相邻边支承的板,其单位宽度的弯矩为

$$M=\beta q a_1^2 \tag{7.5.12}$$

式中,$q=R/A_n$ 是底板下的平均压应力;β 是根据 b_1/a_1 比值确定的系数(详见 7.7.1 节);a_1 和 b_1 是板块对角线长度以及角点到对角线的距离。

底板不宜太薄,其最小厚度为 16 mm,以便使混凝土受压均匀。

水平焊缝"H"应能传递全部反力 R。"H"焊缝分布在节点板两侧及肋板的两侧。为计算

肋板与节点板之间的竖向焊缝"L",将反力 R 按照"H"焊缝的各部分长度按比例划分,每块肋板应传递的力用 V 表示,则每块肋板竖向焊缝的受力为 V 及 $M=Ve$,焊缝中的最大应力按下式计算:

$$\sqrt{(\sigma_f/\beta_f)^2+\tau_f^2}\leqslant f_f^w \tag{7.5.13}$$

加劲肋的高度应与节点板高度一致,厚度取等于或略小于节点板的厚度。加劲肋的强度可近似按悬臂梁验算,固端截面剪力为 V,弯矩为 $M=Ve$。

7.5.2　钢管桁架直接焊接节点

1. 焊接管节点的构造形式

直接焊接管节点又称相贯节点,指在节点处主管保持连续,其余支管通过端部相贯线加工后,不经任何加强措施,直接焊接在主管外表面的节点形式。当节点交会的各杆件轴线处于同一平面内时,称为平面相贯节点,否则称为空间相贯节点。主管与支管均为圆管的直接焊接管节点的构造形式如图 7.5.13 所示。主管为方、矩形管,支管为方、矩形管或圆管的直接焊接管节点的构造形式如图 7.5.14 所示。

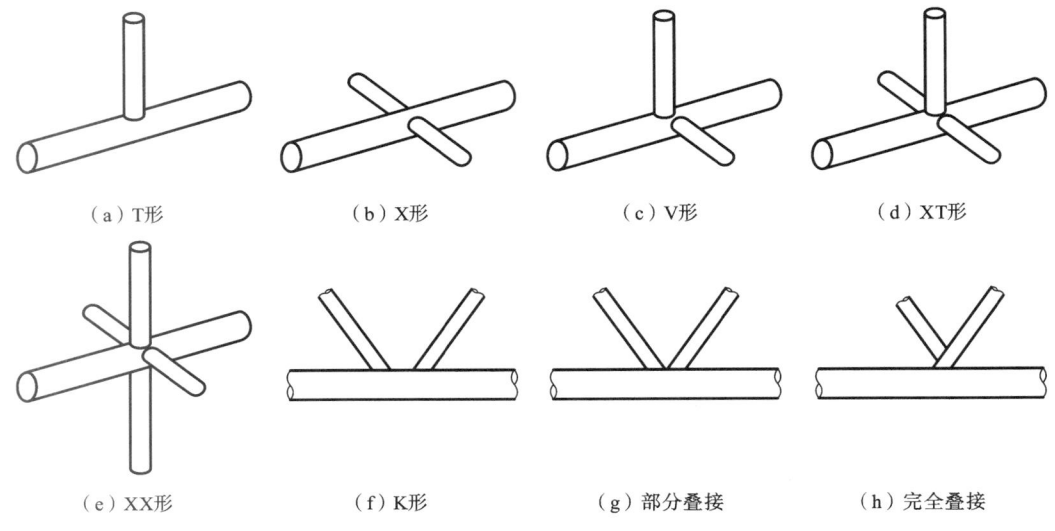

　　（a）T形　　　　　　　　（b）X形　　　　　　　　（c）V形　　　　　　　　（d）XT形

　　（e）XX形　　　　　　　（f）K形　　　　　　　（g）部分叠接　　　　　　（h）完全叠接

图 7.5.13　圆管的相贯节点的构造形式

从图 7.5.13 和图 7.5.14 中可以看出,平面管节点主要有 T、Y、X 形,有间隙的 K、N 形和搭接的 K、N 形;空间管节点主要有 TT、XX 和 KK 形。在图 7.5.14 中,a 为会交于同一节点的不同支管之间的间隙;p 为搭接支管与主管的相贯长度;q 为两支管搭接部分延伸至主管表面时的长度;q 与 p 的比值代表搭接率;e 为支管轴线交点与主管轴线间的偏心距,当偏心位于无支管的一侧时,定义 e 为正值,否则 e 为负值。

传统的相贯节点存在较大的缺陷,即主管的径向刚度远远小于支管的轴向刚度。这样,在支管端部轴向压力的作用下,主管与支管的相贯部位就极容易发生局部凹陷。许多学者针对这个问题进行研究,并提出了不同的方式来对主/支管相贯部位进行加固。如图 7.5.15 所示,目前主要的加固方式有环口板加固、垫板加固、主管局部加厚加固和内置加劲板加固等。这些加固方式有一个共同的特点:极大地提高了主管的径向刚度,使得节点的承载力大幅度提高。

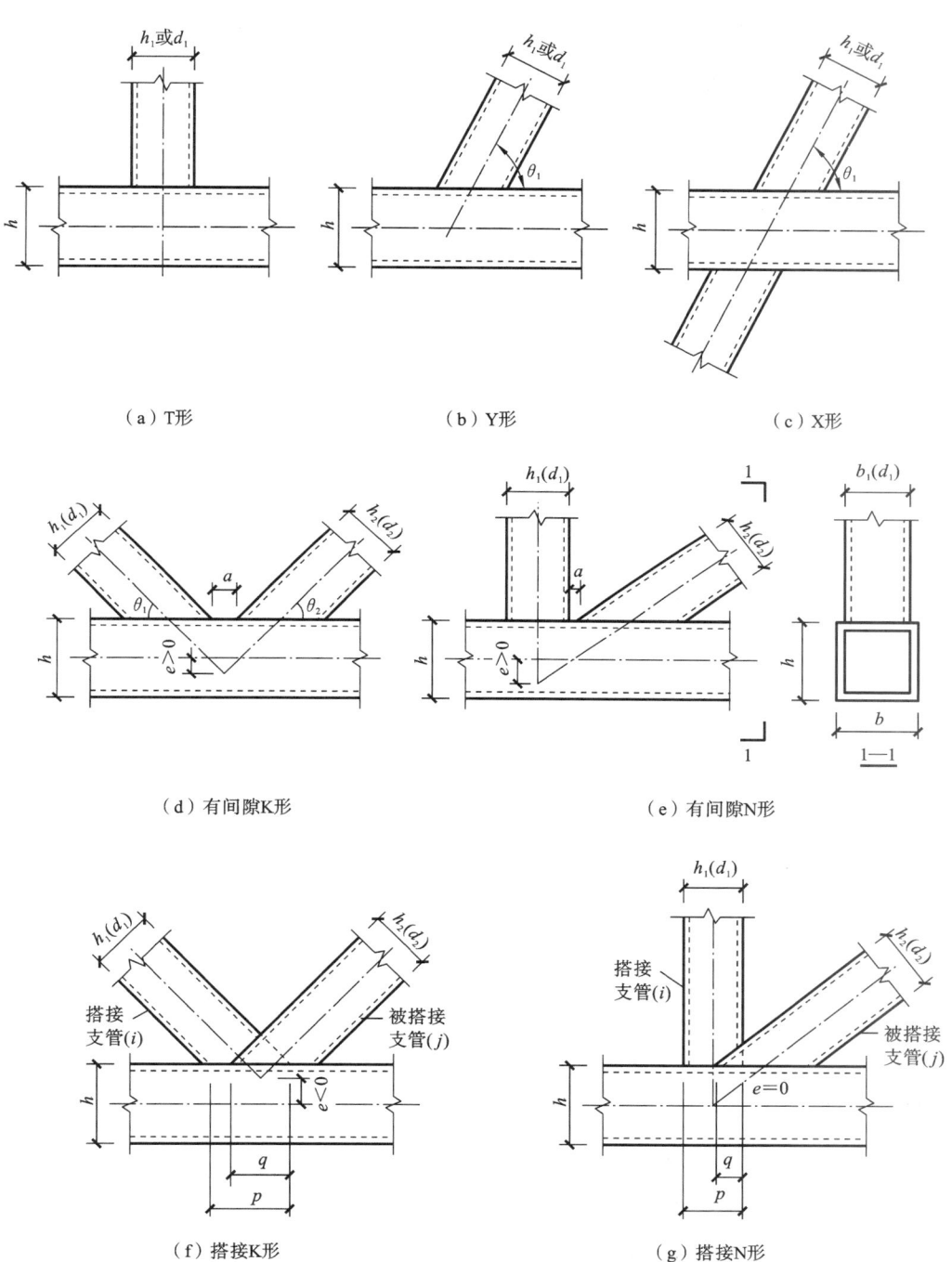

（a）T形　　　　　　　　　（b）Y形　　　　　　　　　（c）X形

（d）有间隙K形　　　　　　　　　　　　（e）有间隙N形

（f）搭接K形　　　　　　　　　　　　（g）搭接N形

图 7.5.14　方、矩形管相贯节点的构造形式

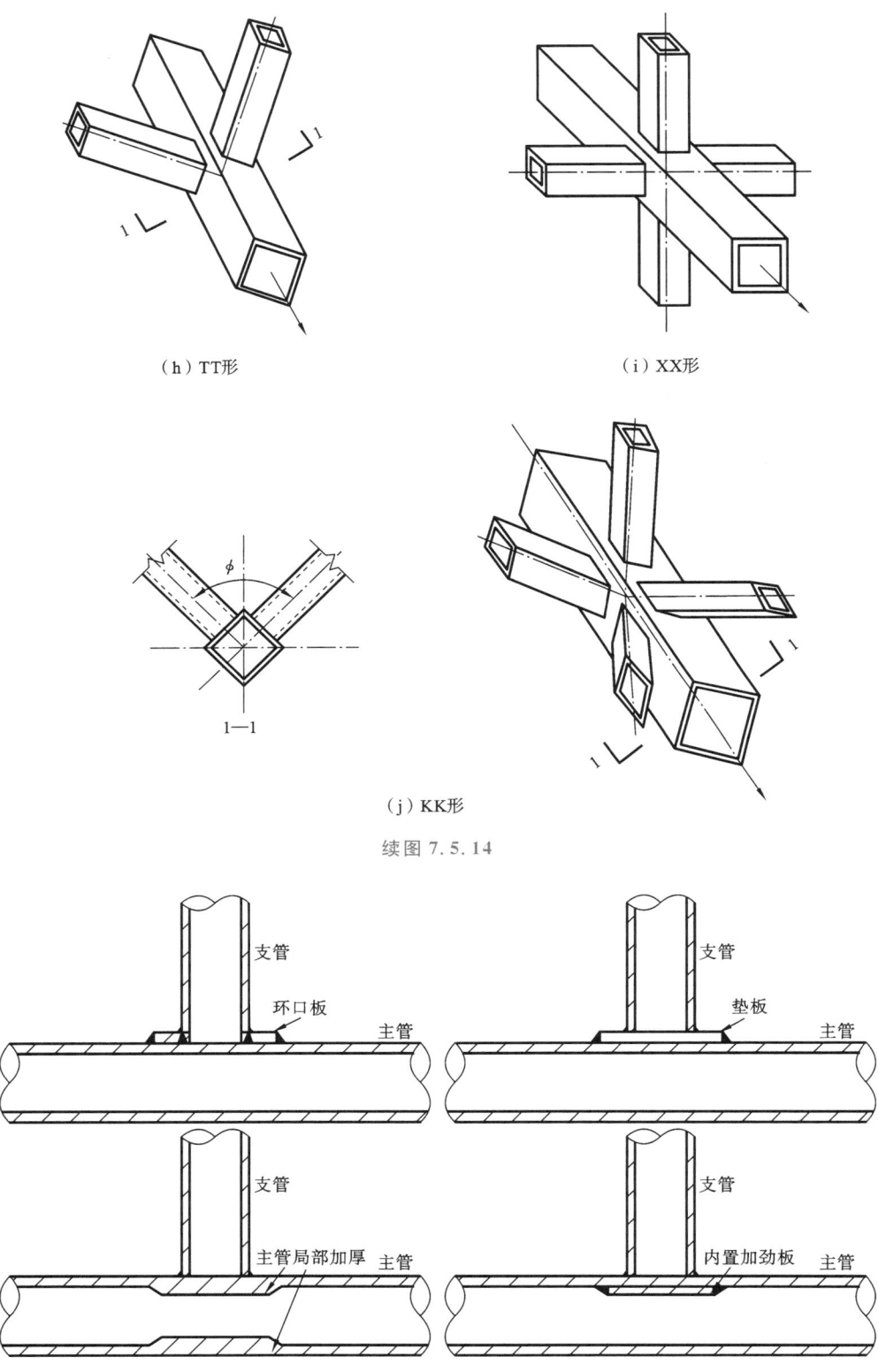

（h）TT形   （i）XX形

（j）KK形

续图 7.5.14

图 7.5.15　相贯节点的加固方式

影响管节点强度和刚度的重要几何及力学参数包括主管的直径与厚度之比；支管与主管的直径比 β_i；各支管轴线与主管轴线的夹角 θ_i；对空间节点还有主管轴线平面处支管之间的夹角 ϕ 等；钢材的屈服强度和屈强比；主管的轴压比；等等。

2. 相贯节点焊缝的计算

支管与主管之间的连接可沿相贯线用角焊缝或部分采用对接焊缝、部分采用角焊缝相连。支管壁与主管壁间夹角大于或等于 120° 的区域，宜采用对接焊缝或带坡口的角焊缝。为确保焊缝承载力大于或等于节点承载力，角焊缝的最大焊脚尺寸 h_f 可取为支管壁厚的 2 倍，由于属单面施焊，不会产生焊缝熔透现象。

支管与主管之间的连接焊缝可当作全周角焊缝，按 $\sigma_f = \dfrac{N}{h_e l_w} \leqslant \beta_f f_f^w$ 进行计算，但此时 β_f 应该取 1.0。焊缝的计算厚度 h_e 沿相贯线是变化的。有关分析指出，当支管轴心受力时，平均计算厚度可取为 $0.7h_f$。

焊缝的计算长度（l_w）按管节点处的刚度可分为两种情况，由于圆管节点刚度较大，支管轴力可近似地认为沿主管的相贯线均匀分布，取相贯线长度为焊缝的计算长度。

当 $\dfrac{D_i}{D} \leqslant 0.65$ 时：

$$l_w = (3.25D_i - 0.025D)\left(\frac{0.534}{\sin\theta_i} + 0.466\right) \tag{7.5.14}$$

当 $\dfrac{D_i}{D} > 0.65$ 时：

$$l_w = (3.81D_i - 0.389D)\left(\frac{0.534}{\sin\theta_i} + 0.466\right) \tag{7.5.15}$$

式中，D、D_i 分别表示主管、支管的外径；θ_i 为支管轴线与主管轴线间的夹角。

在方形或者矩形管结构中，对于有间隙的 K 形和 N 形节点，当支管与主管轴线间的夹角 θ_i 较大时，支管截面中垂直于主管轴线的侧边受力是不均匀的，靠近主管侧壁的部分因支承刚度较大故受力较大，远离主管侧壁的部分因支承刚度较小故受力较小；但当 θ_i 较小时，主管对支管截面各部分的支承刚度比较均匀，可认为整条相贯线参与传递内力。因此，连接焊缝的长度可按照下列公式计算。

当 $\theta_i \geqslant 60°$ 时：

$$l_w = \frac{2h_i}{\sin\theta_i} + b_i \tag{7.5.16}$$

当 $\theta_i \leqslant 50°$ 时：

$$l_w = \frac{2h_i}{\sin\theta_i} + 2b_i \tag{7.5.17}$$

式中，h_i 和 b_i 分别为支管的截面高度与宽度。

当 $50° < \theta_i < 60°$ 时，l_w 按线性内插确定。

对于 T、Y 和 X 形节点，较为保守地忽略支管宽度方向的两个边参与传递内力，此时焊缝的计算长度为

$$l_w = \frac{2h_i}{\sin\theta_i} \tag{7.5.18}$$

3. 管节点承载力的计算

管节点是空间封闭的壳体结构，受力相对复杂。不同的节点形式、几何尺寸和受力状态将

导致不同的破坏模式。试验研究和理论分析表明,相贯管节点的破坏形式主要有:(1)主管连接支管部分的管壁因形成塑性铰而变形过大带来的失效;(2)主管连接支管部分的管壁因支管冲切而失效;(3)主管壁局部屈曲失效,包括邻近受拉支管处的主管壁和邻近 T 形、Y 形和 X 形连接中受压支管处的主管壁的局部屈曲失效;(4)受压支管在节点处的局部屈曲失效;(5)有间隙的 K 形和 N 形节点中主管在间隙处的剪切破坏;等等。针对不同的节点形式,我国规范给出了不同的承载力计算公式。

1)平面 X 形节点(图 7.5.16)

受压支管在管节点处的承载力设计值 N_{cX} 应按下列公式计算:

$$N_{cX} = \frac{5.45}{(1-0.81\beta)\sin\theta}\psi_n t^2 f \tag{7.5.19}$$

$$\beta = D_i/D \tag{7.5.20}$$

$$\psi_n = 1-0.3\frac{\sigma}{f_y}-0.3\left(\frac{\sigma}{f_y}\right)^2 \tag{7.5.21}$$

式中,ψ_n 为参数,当节点两侧或者一侧主管受拉时,取 1.0,其余情况按上式计算;t 为壁厚;f 为钢材的抗拉、抗压和抗弯强度设计值;θ 为主管轴线与支管轴线间所夹的锐角;D、D_i 分别为主管和支管的外径;f_y 为钢材的屈服强度;σ 为节点两侧主管轴心压应力中较小值的绝对值。

受拉支管在管节点处的承载力设计值 N_{tX} 应按下式计算:

$$N_{tX} = 0.78\left(\frac{D}{t}\right)^{0.2}N_{cX} \tag{7.5.22}$$

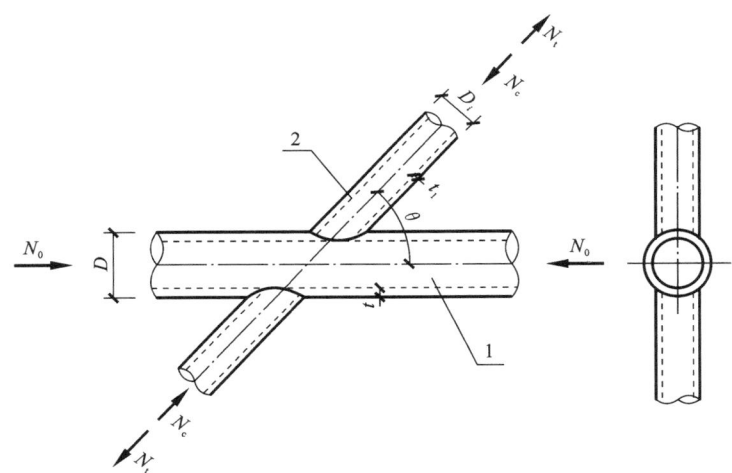

图 7.5.16　平面 X 形节点
1—主管;2—支管

2)平面 T/Y 形节点(图 7.5.17)

受压支管在节点处的承载力设计值 N_{cT} 应按下式计算:

$$N_{cT} = \frac{11.51}{\sin\theta}\left(\frac{D}{t}\right)^{0.2}\psi_n\psi_d t^2 f \tag{7.5.23}$$

当 $\beta \leqslant 0.7$ 时,有

$$\psi_d = 0.069+0.93\beta \tag{7.5.24}$$

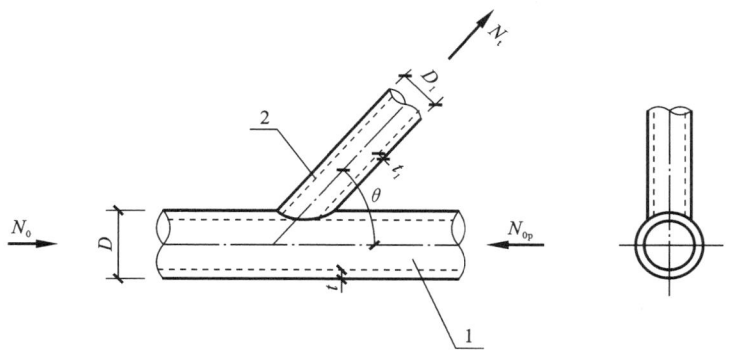

图 7.5.17 平面 T/Y 形节点

1—主管；2—支管

当 $\beta>0.7$ 时，有

$$\psi_d = 2\beta - 0.68 \tag{7.5.25}$$

受拉支管在管节点处的承载力设计值 N_{tT} 应按下列公式计算：

当 $\beta \leqslant 0.6$ 时，有

$$N_{tT} = 1.4 N_{cT} \tag{7.5.26}$$

当 $\beta>0.6$ 时，有

$$N_{tT} = (2-\beta) N_{cT} \tag{7.5.27}$$

3）有间隙平面 K 形节点（图 7.5.18）

受压支管在管节点处的承载力设计值 N_{cK} 应按下列公式计算：

$$N_{cK} = \frac{11.51}{\sin\theta_c} \left(\frac{D}{t}\right)^{0.2} \psi_n \psi_d \psi_a t^2 f \tag{7.5.28}$$

$$\psi_a = 1 + \left[\frac{2.19}{1+\dfrac{7.5a}{D}}\right] \left[1 - \frac{20.1}{6.6+\dfrac{D}{t}}\right] (1-0.77\beta) \tag{7.5.29}$$

式中，θ_c 为受压支管轴线与主管轴线间的夹角；ψ_a 为与管节点几何性质有关的参数，按式（7.5.29）计算；ψ_d 为与节点有关的参数；a 为两支管之间的间隙。

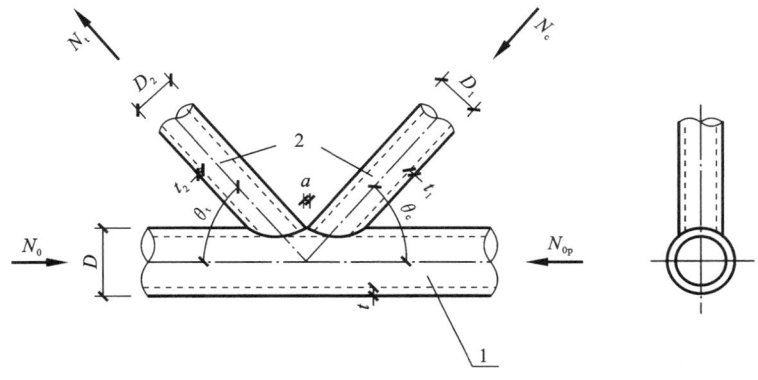

图 7.5.18 有间隙平面 K 形节点

1—主管；2—支管

受拉支管在管节点处的承载力设计值 N_{tK} 应按下式计算：

$$N_{tK}=\frac{\sin\theta_c}{\sin\theta_t}N_{cK}\qquad(7.5.30)$$

式中，θ_t 为受拉支管轴线与主管轴线之间的夹角。

4）搭接平面 K 形节点（图 7.5.19）

支管在管节点处的承载力设计值 N_{cK} 和 N_{tK} 应按照下列公式计算：

受压支管：

$$N_{cK}=\left(\frac{29}{\psi_q+25.2}-0.074\right)A_c f\qquad(7.5.31)$$

受拉支管：

$$N_{tK}=\left(\frac{29}{\psi_q+25.2}-0.074\right)A_t f\qquad(7.5.32)$$

$$\psi_q=\beta^{\eta_{ov}}\gamma\tau^{0.8-\eta_{ov}}\qquad(7.5.33)$$

$$\gamma=\frac{D}{2t}\qquad(7.5.34)$$

$$\tau=\frac{t_i}{t}\qquad(7.5.35)$$

式中，A_c 为受压支管的截面面积；A_t 为受拉支管的截面面积；f 为支管钢材的强度设计值；ψ_q 为与管节点几何性质有关的参数；η_{ov} 为管节点的支管搭接率；t_i 为支管壁厚。

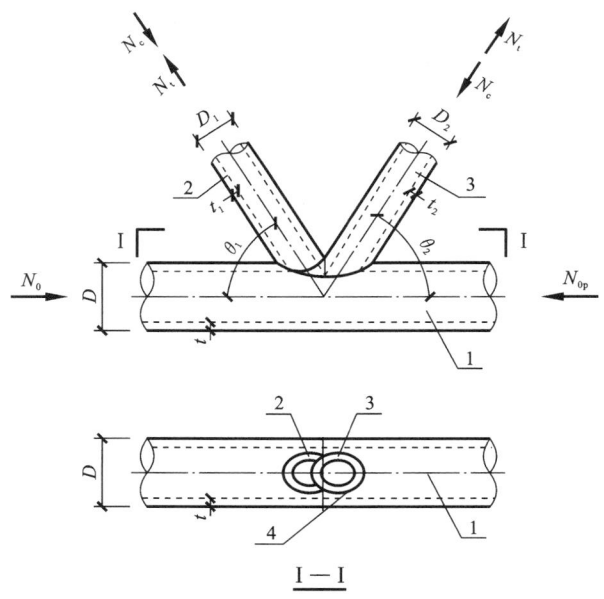

图 7.5.19　搭接平面 K 形节点
1—主管；2—搭接支管；3—被搭接支管；4—被搭接支管横截面

5）平面 DY 形节点（图 7.5.20）

两受压支管在管节点处的承载力设计值 N_{cDY} 应按下式计算：

$$N_{cDY}=N_{cX}\qquad(7.5.36)$$

式中，N_{cX} 为 X 形节点中受压支管极限承载力设计值。

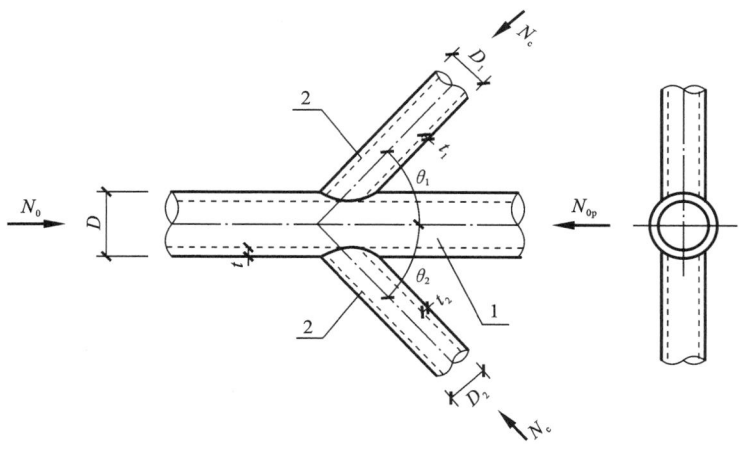

图 7.5.20　平面 DY 形节点

1—主管;2—支管

6) 平面 DK 形节点

(1) 荷载正对称布置(图 7.5.21)。

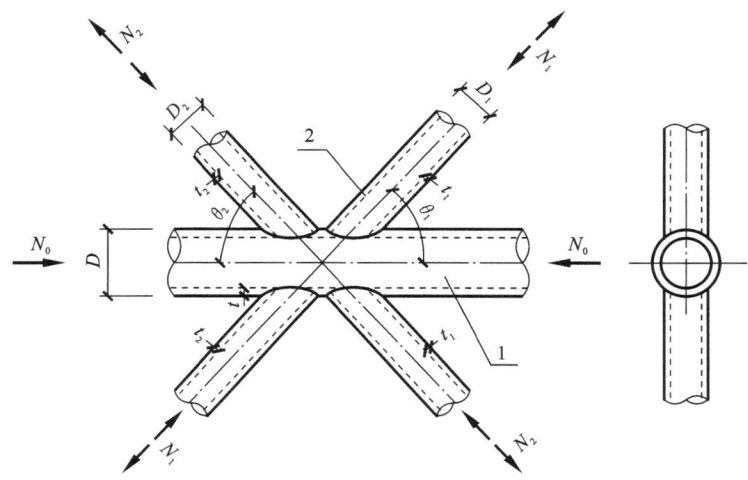

图 7.5.21　荷载正对称布置的平面 DK 形节点

1—主管;2—支管

四个支管同时受压时,支管在管节点处的承载力应按下列公式验算:

$$N_1\sin\theta_1 + N_2\sin\theta_2 \leqslant N_{cXi}\sin\theta_i \tag{7.5.37}$$

$$N_{cXi}\sin\theta_i = \max\{N_{cX1}\sin\theta_1, N_{cX2}\sin\theta_2\} \tag{7.5.38}$$

四个支管同时受拉时,支管在管节点处的承载力应按下列公式验算:

$$N_1\sin\theta_1 + N_2\sin\theta_2 \leqslant N_{tXi}\sin\theta_i \tag{7.5.39}$$

$$N_{tXi}\sin\theta_i = \max\{N_{tX1}\sin\theta_1, N_{tX2}\sin\theta_2\} \tag{7.5.40}$$

式中,N_{cX1}、N_{cX2}为 X 形节点中支管受压时节点承载力设计值;N_{tX1}、N_{tX2}为 X 形节点中支管受拉时节点承载力设计值。

（2）荷载反对称布置时（图7.5.22）。

$$N_1 \leqslant N_{cK} \tag{7.5.41}$$

$$N_2 \leqslant N_{tK} \tag{7.5.42}$$

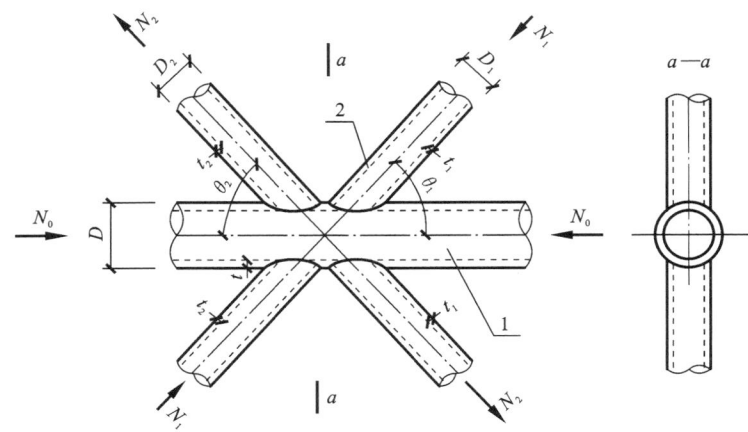

图 7.5.22　荷载反对称布置的平面 DK 形节点
1—主管；2—支管

对于荷载反对称布置的间隙节点，还需要补充验算截面 a—a 的塑性剪切承载力：

$$\sqrt{\left(\frac{\sum N_i \sin\theta_i}{V_{p1}}\right)^2 + \left(\frac{N_a}{N_{p1}}\right)^2} \leqslant 1.0 \tag{7.5.43}$$

$$V_{p1} = \frac{2}{\pi} A f_v \tag{7.5.44}$$

$$N_{p1} = \pi(D-t)tf \tag{7.5.45}$$

式中，N_{cK} 为平面 K 形节点中受压支管承载力设计值；N_{tK} 为平面 K 形节点中受拉支管承载力设计值；V_{p1} 为主管剪切承载力设计值；A 为主管截面面积；f_v 为主管钢材抗剪切强度设计值；N_{p1} 为主管轴向承载力设计值；N_a 为截面 a—a 处主管轴力设计值。

7）平面 KT 形节点（图7.5.23）

对有间隙的 KT 形节点，当竖杆不受力时，可按没有竖杆的 K 形节点计算，其间隙值 a 取两斜杆的趾间距；当竖杆受压力时，可按下列公式计算：

$$N_1 \sin\theta_1 + N_3 \sin\theta_3 \leqslant N_{cK1} \sin\theta_1 \tag{7.5.46}$$

$$N_2 \sin\theta_2 \leqslant N_{cK1} \sin\theta_1 \tag{7.5.47}$$

当竖杆受拉力时，尚应按下式验算：

$$N_1 \leqslant N_{cK1} \tag{7.5.48}$$

式中，N_{cK1} 为 K 形节点支管承载力设计值，由下式计算：

$$N_{cK1} = \frac{11.51}{\sin\theta_c}\left(\frac{D}{t}\right)^{0.2} \psi_n \psi_d \psi_a t^2 f \tag{7.5.49}$$

$$\psi_a = 1 + \left[\frac{2.19}{1+\dfrac{7.5a}{D}}\right]\left[1-\frac{20.1}{6.6+\dfrac{D}{t}}\right](1-0.77\beta) \tag{7.5.50}$$

式中，$\beta = (D_1 + D_2 + D_3)/3D$；$a$ 为受压支管与受拉支管在主管表面的间隙。

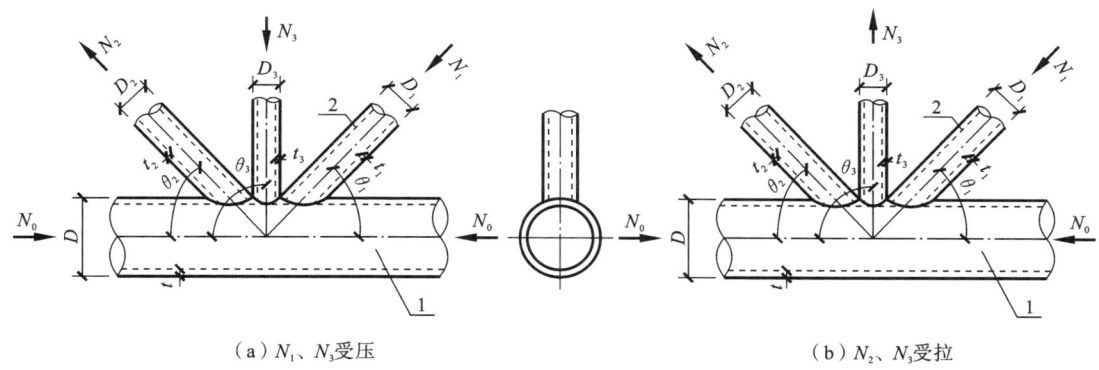

（a）N_1、N_3受压 （b）N_2、N_3受拉

图 7.5.23 平面 KT 形节点
1—主管；2—支管

8) T、Y、X 形和有间隙的 K 形、N 形、平面 KT 形节点

这类节点的支管在节点处的冲剪承载力设计值 N_{si} 应按下式进行补充验算：

$$N_{si} = \pi \frac{1 + \sin\theta_i}{2\sin^2\theta_i} t D_i f_v \qquad (7.5.51)$$

7.6 支座设计

7.6.1 支座节点的形式

钢结构与其支承结构或基础的连接节点称为支座节点，因此前述的桁架或梁与钢筋混凝土柱或砖柱的连接节点和柱脚节点，均属于支座节点。支座节点的构造形式可分为固定支座（如与基础刚接的柱脚）、不动铰支座和可动铰支座等。本节重点介绍不动铰支座和可动铰支座。总体上说，支座节点构造与结构计算时采用的约束条件相符合，能够安全、准确地传递支座反力，同时还应做到受力明确、传力简洁、构造简单、制造安装方便。铰支座节点有三种基本形式：平板支座、弧形支座和铰轴式支座。

图 7.6.1 是工程中常见的平板支座。如图 7.6.1(a)所示，梁端下面设置钢板，梁端不能灵活地移动和转动，这种支座一般在跨度小于 20 m 的梁中采用。图 7.6.2(b)所示平板支座用于球形节点（焊接空心球或螺栓球）的网架，支座不能完全转动，与计算简图略有差异，一般用于跨度小于 30 m 的网架中。

图 7.6.2 所示为弧形支座，弧形板是用厚钢板（厚度为 40～50 mm）切削加工而成的。支座沿圆柱形弧面可以转动，但弧形支座下的摩擦力仍然较大，可用于能产生一定水平位移的铰支座。弧形支座节点与计算简图比较接近。图 7.6.2(a)所示为梁端弧形支座，常用于跨度为 20～40 m 的梁中。图 7.6.2(b)所示弧形支座适用于中小跨度的网架。当支座反力较大时，可设 4 个锚栓[图 7.6.2(c)]，为使锚栓锚固后不影响支座转动，应在锚栓上加弹簧。图 7.6.3 所示为辊轴支座，在辊轴支座中以滚动摩擦代替了滑动摩擦，可以当作一种能自由移动的支座形式。

图 7.6.4(a)所示为铰轴式支座示意图，支座可以自由转动。铰轴式支座节点与简支梁

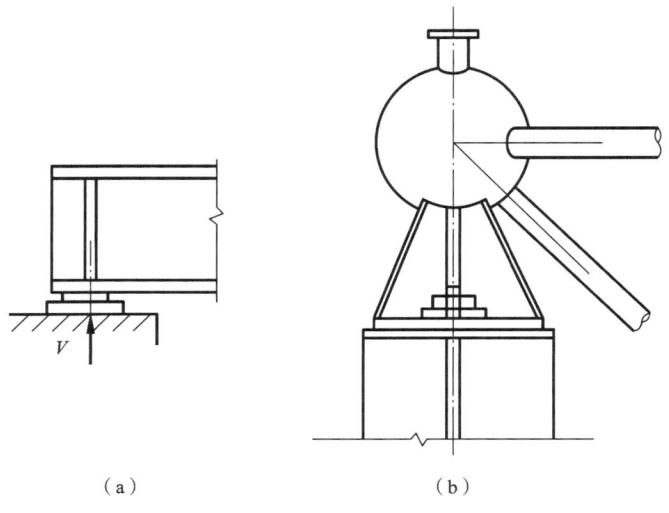

（a）　　　　　　　　　　　　（b）

图 7.6.1　平板支座

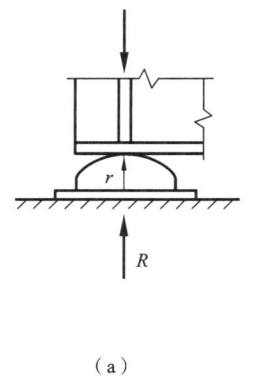

（a）

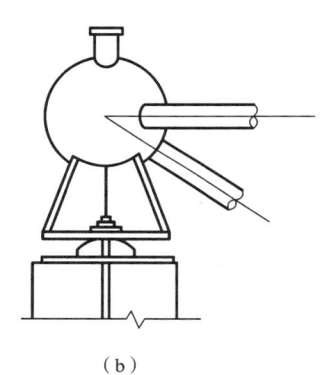

（b）

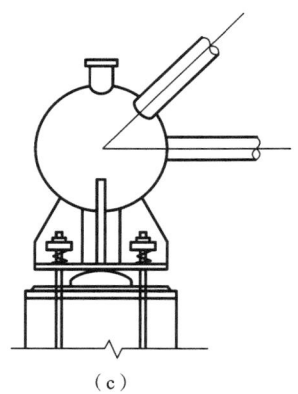

（c）

图 7.6.2　弧形支座

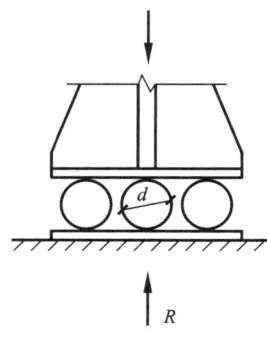

图 7.6.3　辊轴支座

的计算简图完全一致,适用于对转动约束条件有严格要求的结构。图 7.6.4(b)所示为梁端铰轴式支座,用于跨度大于 40 m 的梁。图 7.6.4(c)所示为格构式铰轴支座。格构式拱在支座处必须过渡到实腹截面,因此格构式拱与实腹式拱的支座节点完全相同。

　　板式橡胶支座如图 7.6.5 所示,在支座底板与支承面之间设置了一块橡胶垫板。橡胶垫板是由多层橡胶片与薄钢板间隔粘合压制而成的。由于橡胶垫板具有良好的弹性和较大的抗剪切变形能力,因此支座既可转动又可以在水平方向产生一定的弹性变形。这种支座一般用于对水平推力有限制或需释放温度应力的大跨度梁和大中跨度的网架结构中。

　　图 7.6.6 所示为固定铰支座,该节点可以转动而不能产生线位移。因此,该节点只能传递轴向力和剪力,而不能传递弯矩。这种支座多用于跨度较大的网壳结构中。图 7.6.6(a)为双向弧形铰支座,是由两个弧形支座组合而成的。它可以使支座节点

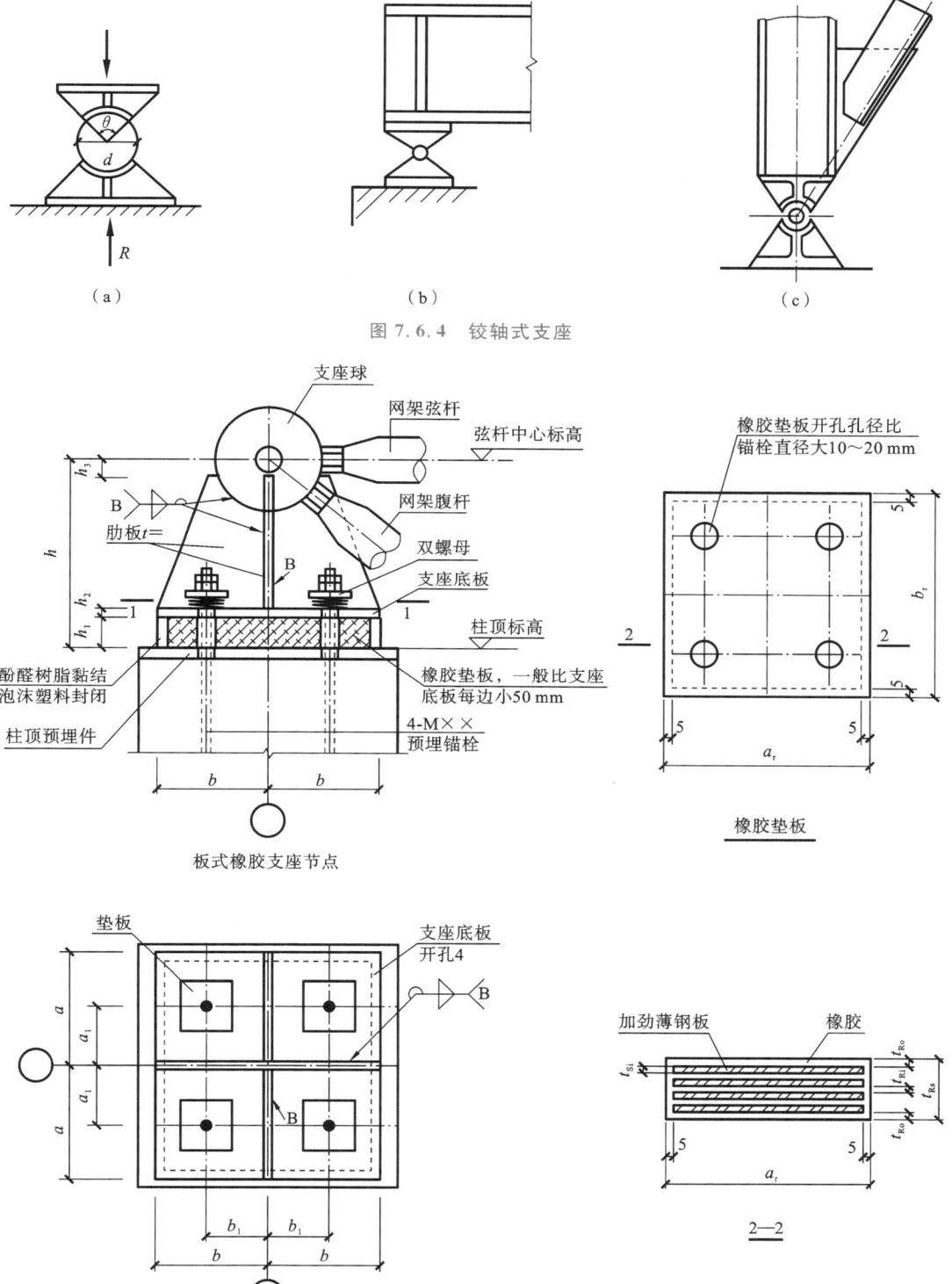

（a）　　　　　　　　　　（b）　　　　　　　　　　（c）

图 7.6.4　铰轴式支座

板式橡胶支座节点

橡胶垫板

1—1

图 7.6.5　板式橡胶支座

不产生任何线位移,从而有效地传递支座水平反力。为使节点能转动,两块弧形垫板应位于以节点中心为圆心的同心圆上。图 7.6.6(b)是双向板式橡胶支座,采用橡胶垫板代替弧形垫板来达到同样的目的。

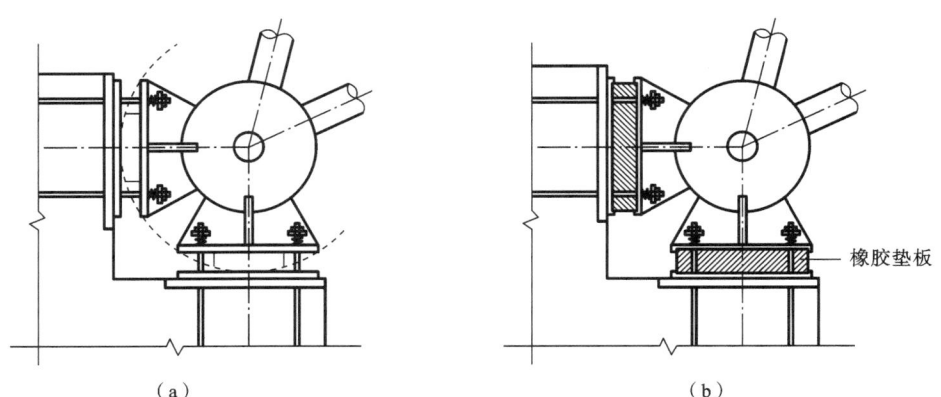

（a） （b）

图 7.6.6 固定铰支座

图 7.6.7 所示为橡胶垫板滑动支座,在支座底板与橡胶垫板之间加设了一层不锈钢板,力求减小摩擦力,以使支座与橡胶垫板之间能产生相对滑移。这种支座一般用于网架结构中。

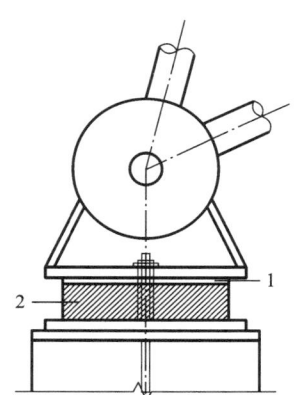

图 7.6.7 橡胶垫板滑动支座
1—不锈钢板;2—橡胶垫板

7.6.2 支座节点的设计

平板支座底板(或垫板)的面积可按下式确定,但应令 $N=R$。

$$A=L \times B \geqslant \frac{N}{f_c} + A_0 \tag{7.6.1}$$

支座底板的厚度,按均布支座反力所产生的最大弯矩进行计算。

弧形支座和辊轴支座中圆柱形弧面与平板为线接触,其支座反力 R 应满足下式要求:

$$N=R \leqslant \frac{40ndlf^2}{E} \tag{7.6.2}$$

式中,对辊轴支座,d 为辊轴直径,对弧形支座,d 为弧形表面接触点曲率半径 r 的 2 倍;n 为辊轴数目,对弧形支座 $n=1$;l 为弧形表面或辊轴与平板的接触长度。

铰轴式支座的圆柱形枢轴,当两相同半径的圆柱形弧面自由接触的中心角 $\theta \geqslant 90°$ 时,其承压应力应按下式计算:

$$\sigma = \frac{2R}{d \cdot l} \leqslant f \qquad (7.6.3)$$

式中,d 为枢轴直径;l 为枢轴纵向接触面长度。

7.7 柱脚设计

柱脚的作用是将柱子的内力传递给基础,因此柱脚需要和基础有可靠的连接。柱脚构造应尽可能符合结构的计算简图。在整个柱子的设计中,柱脚部分是比较耗费钢材和人工的,因此,柱脚部分的设计应力求简明。

柱脚的具体构造取决于柱子的截面形式和柱与基础的连接方式。柱与基础的连接方式分为刚接和铰接两种形式。刚接柱脚与混凝土基础的连接方式有支承式[图 7.7.1(a)]、埋入式[图 7.7.1(b)]和外包式三种[图 7.7.1(c)]。铰接柱脚与混凝土基础的连接方式均为支承式[图 7.7.1(a)]。

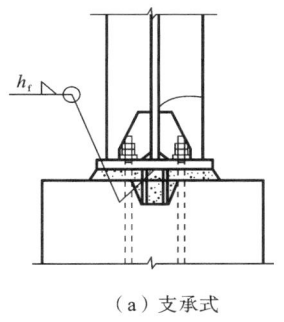
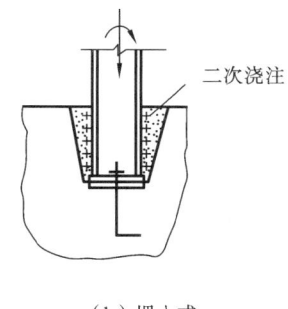
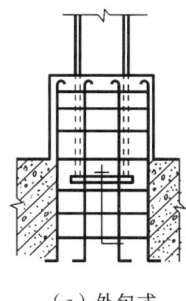

（a）支承式　　　　　　　　（b）埋入式　　　　　　　　（c）外包式

图 7.7.1　刚接柱脚的连接方式

埋入式柱脚插入钢筋混凝土基础的杯口中,然后用混凝土填实,通过柱身与混凝土之间的接触来传递内力。当柱在荷载组合下出现拉力时,可采用预埋锚栓或柱翼缘设置焊钉等办法来抵抗拉力。

外包式柱脚的传力方式与埋入式柱脚相似,因外包混凝土层较薄,需配钢筋加强。埋入式柱脚和外包式柱脚的计算可参照钢筋混凝土结构的有关规定,本节重点介绍支承式柱脚的构造与计算。

7.7.1　轴心受压柱的柱脚设计

1. 柱脚的形式和构造

轴心受压柱的柱脚可以是铰接柱脚[见图 7.7.2(a)~图 7.7.2(c)],也可以是刚接柱脚[图 7.7.2(d)]。

图 7.7.2(a)所示是一种轴承式铰接柱脚,柱可以围绕轴承自由转动,其构造很符合铰接连接的计算简图。但是,这种柱脚的制造与安装成本较高,只有少数大跨度结构当要求

压力的作用点不允许有较大变动时才采用。图 7.7.2(b)和图 7.7.2(c)都是平板式铰接柱脚。图 7.7.2(b)所示是一种最简单的柱脚构造,在柱的底部只焊接了一块较薄的钢板,这块钢板通常称为底板,用于传递柱的压力。由于柱身的压力要先经过焊缝后才由底板传递到基础,若压力过大,焊缝势必很厚以至于超过构造限制的要求,而且基础的压力也会很不均匀,直接影响基础的承载能力,因此这种柱脚只适合于压力较小的轻型柱。对于荷载很大的柱,可以先将柱底铣平后直接放置于底板上,此时仍应设置角焊缝,可按传递部分轴力计算焊缝。这种构造方式虽然简单,但是柱底的加工要在大型铣床上完成,实际上很难实现,而且还要采用很厚的底板,因此目前没有广泛使用。最常用的铰接柱脚是由靴梁和底板组成的柱脚,如图 7.7.2(c)所示。柱身的压力通过与靴梁连接的竖向焊缝先传给靴梁,这样柱底的压力就可以向两侧分布开来,然后通过与底板连接的水平焊缝经底板传递给基础。当底板的平面尺寸较大时,为了提高底板的抗弯承载力,可以在靴梁之间设置隔板。柱脚通过埋设在基础里的锚栓来固定,按照构造要求采用 2～4 个直径为 20～25 mm 的锚栓。为了便于施工安装,底板上的锚栓孔径应当为锚栓直径的 1.5～2 倍,套在锚栓上的零件板是在柱脚安装定位以后焊上的。图 7.7.2(d)所示是附加槽钢后使锚栓处于高位张紧的刚接柱脚,为了加强槽钢翼缘的抗弯能力,需要在它的下面焊接肋板。柱脚锚栓分布在底板的四周以约束柱脚,使其不能转动。目前工程中,图 7.7.2(b)和图 7.7.2(c)所示柱脚都被当作铰接柱脚对待,只有图 7.7.2(d)所示柱脚被当作刚接柱脚对待。但是近些年的试验研究表明,图 7.7.2(b)所示的平板柱脚对柱身有一定的转动约束,在计算稳定承载力时应加以考虑。

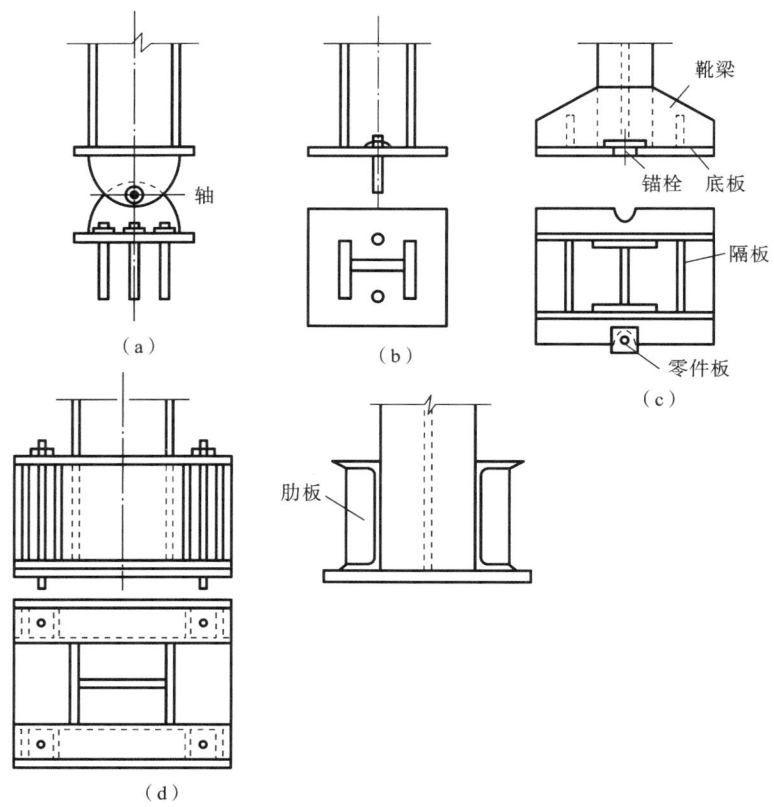

图 7.7.2   柱脚的不同形式

2. 柱脚的计算

柱脚的计算包括确定底板的尺寸、靴梁的尺寸以及它们之间的焊缝尺寸。

1）底板的计算

底板的平面尺寸取决于基础的抗压能力。一般在计算时认为柱脚的压力在底板与基础之间是均匀分布的，因此底板的面积为

$$A=\frac{N}{f_{cc}} \qquad (7.7.1)$$

式中，N 为作用域柱脚的压力设计值；f_{cc} 为基础材料的抗压强度设计值。

如果底板上设置锚栓，那么所需要的底板面积还应该加上锚栓孔洞的面积 A_0。

对于有靴梁的柱脚，如图 7.7.3 所示，底板的宽度 B 由柱子截面的跨度或高度 b、靴梁板的厚度 t 和底板的悬伸部分 c 组成，即

$$B=b+2t+2c \qquad (7.7.2)$$

式中，c 取 2～10 cm，而且要使 B 的计算结果为整数。底板的长度为

$$L=A/B \qquad (7.7.3)$$

根据柱脚的构造形式，可以取 L 与 B 大致相等，也可以取 L 比 B 大一些，但不应该超过 B 的两倍，因为狭长的柱脚会使底板下面的压力分布不均且须配置较多的隔板。底板承受的均布压力为

$$q=N/(B \cdot L-A_0) \qquad (7.7.4)$$

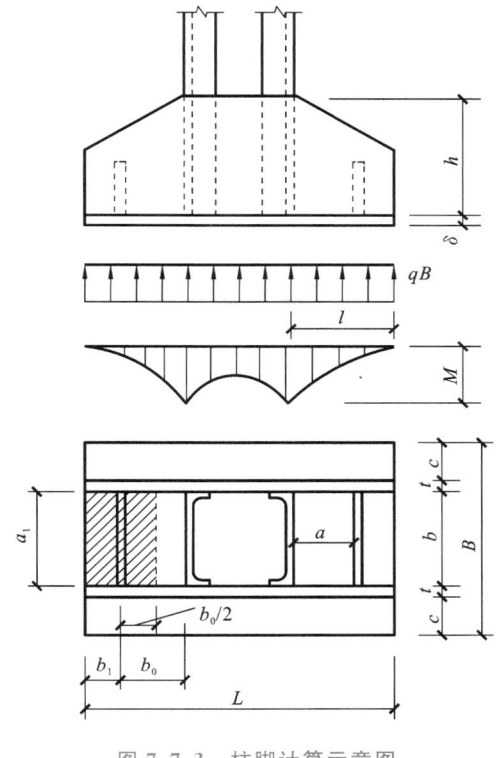

图 7.7.3　柱脚计算示意图

底板的厚度由板的抗弯强度确定。在计算时，可以将底板看作一块支承在靴梁、隔板和柱身上的平板，它承受从下面传来的基础的均匀反力。底板划分为几个部分，有四边支承部分，如图 7.7.3 中的柱截面范围内的板，或者在柱身与隔板之间的部分；有三边支承部分，如图 7.7.3 中隔板至底板自由边之间的部分；还有悬臂部分。这几部分板所承受的弯矩不同，要分别进行计算，然后取其中最大的弯矩来计算底板厚度。

四边支承的板为双向弯曲板，在板中央短边方向的弯矩比长边方向的大，取宽度为 1 cm 的板条作为计算单元，其弯矩为

$$M_4=\alpha qa^2 \qquad (7.7.5)$$

式中，a 为四边支承短边的长度；α 为与板的长边与短边比值相关的系数，具体取值见表 7.7.1。

表 7.7.1　四边简支板的弯矩系数 α

b/a	1.0	1.1	1.2	1.3	1.4	1.5	1.6	1.7	1.8	1.9	2.0	3.0	4.0
α	0.048	0.055	0.063	0.069	0.075	0.081	0.086	0.091	0.095	0.099	0.101	0.119	0.125

三边支承的板,其最大弯矩位于自由边的中点,该处的弯矩为

$$M_3 = \beta q a_1^2 \tag{7.7.6}$$

式中,a_1 为自由边的长度;β 为弯矩系数,其取值取决于垂直于自由边宽度 b_1 和自由边长度 a_1 的比值,见表 7.7.2。

表 7.7.2　三边简支、一边自由板的弯矩系数 β

b_1/a_1	0.3	0.4	0.5	0.6	0.7	0.8	0.9	1.0	1.2	≥1.4
β	0.026	0.042	0.058	0.072	0.085	0.092	0.104	0.111	0.120	0.125

悬臂板的弯矩为

$$M_1 = \frac{1}{2} q c^2 \tag{7.7.7}$$

经过比较,取 M_4、M_3 和 M_1 中最大值作为底板承受的最大弯矩 M_{max},用其确定板的厚度,要求 $\sigma = M_{max}/W = f$,因此 $W = t^2/6$,这样

$$t = \sqrt{6M_{max}/f} \tag{7.7.8}$$

设计要注意到底板的尺寸,靴梁和隔板的布置应尽可能地使 M_4、M_3 和 M_1 数值大致接近,以免底板过厚。底板的厚度一般为 $20 \sim 40$ mm,最薄也不宜小于 14 mm,以保证底板有足够的刚度。若底板厚度过小,其下的基础反力分布会很不均匀。

如遇到两邻边支承、另两边自由的底板,也可按照 M_3 的公式来计算其弯矩。这种情况下,a_1 取对角线的长度,b_1 则为支承边交点至对角线的距离。

2)靴梁的计算

靴梁板的厚度宜与被连接的柱子翼缘厚度大致相同。靴梁的高度由连接柱所需要的焊缝长度决定。每条焊缝的长度不应超过角焊缝焊脚尺寸 h_f 的 60 倍,而 h_f 也不应大于被连接的较薄板厚度的 1.2 倍。

两块靴梁板承受的最大弯矩:

$$M = q B l^2 \tag{7.7.9}$$

两块靴梁板承受的剪力:

$$V = q B l \tag{7.7.10}$$

应根据 M 和 V 的值验算靴梁的抗弯和抗剪强度。上述公式中 l 为靴梁的悬臂长度。

3)隔板计算

为了支承底板,隔板应具有一定刚度,因此其厚度不应小于隔板长度的 1/50,但可比靴梁板的厚度略小。隔板的高度取决于连接焊缝的要求,其传递的内力数值可偏安全地取图7.7.3中阴影部分所承受的基础反力。

7.7.2　压弯柱的柱脚设计

压弯柱与基础的连接也有铰接柱脚和刚接柱脚两种类型。铰接柱脚不承受弯矩,它的构造和计算方法与轴心受压柱的柱脚基本相同。刚接柱脚因同时承受压力和弯矩,构造上要保证传力明确,柱脚与基础之间的连接要兼顾强度与刚度要求,并要便于制造和安装。无论是铰接还是刚接,柱脚都要传递剪力。对于一般单层厂房来说,剪力通常不大,底板与基础之间的摩擦就足以胜任。

当作用于柱脚的压力和弯矩都比较小,而且在底板与基础之间只承受不均匀压力时,可采取如图 7.7.4(a)和图 7.7.4(b)所示的构造方案。图 7.7.4(a)所示柱脚和轴心受压柱的柱脚构造类似,在锚栓连接处焊一角钢,以增强连接刚性。对于弯矩较大而要求较高的刚性连接柱脚,可采取如图 7.7.4(b)所示的构造,此时锚栓通过用肋加强的短槽钢将柱脚与基础牢牢固定住。在图 7.7.4(b)所示柱脚中,底板的宽度 B 根据构造要求确定,要求板的悬伸部分 C 不宜超过 2~3 cm。确定了底板的宽度以后,可根据底板下基础的压应力不超过混凝土抗压强度设计值的要求来确定底板的长度 L。

$$\sigma_{max} = \frac{N}{BL} + \frac{6M}{BL^2} \leqslant f_{cc} \qquad (7.7.11)$$

式中,f_{cc} 为混凝土抗压强度设计值。

当作用于柱脚的压力和弯矩都比较大时,为使传到基础上的力分布开来和加强底板的抗弯能力,可采取如图 7.7.4(c)和图 7.7.4(d)所示的带靴梁构造方案。因为有弯矩作用,柱身与靴梁连接的两侧焊缝的受力是不相同的,但对于像图 7.7.4(c)所示的构造方案,左、右两侧的焊缝应采用相同的焊脚尺寸,即按受力最大的右侧焊缝确定,以便于制作。

因为底板和基础之间不能承受拉应力,当最小应力出现负值时,应由固定锚栓承担拉力。为保证柱脚嵌固于基础,固定锚栓的零件应有足够刚度。图 7.7.4(c)和图 7.7.4(d)分别是实腹式和格构式的刚性整体式柱脚。

一种计算方法是,当锚栓拉力不是很大时,需要的直径不会很大,这时锚栓的拉力可根据图 7.7.4(c)所示的应力分布确定。

$$T = \frac{M - Ne}{(2/3)L_0 + d_0/2} \qquad (7.7.12)$$

式中,e 为柱脚底板中心至受压区合力 R 的距离;d_0 为锚栓孔洞直径;L_0 为底板边缘至锚栓孔边缘的距离。

底板的长度 L 要根据最大压应力 σ_{max} 不大于混凝土的抗压强度设计值 f_{cc} 确定。当锚栓拉力确定后,就可以计算得到底板受压区承受的总压力 $R = N + T$。这样再根据底板下的三角形应力分布图计算出最大的压应力 σ_{max},使其满足混凝土抗压强度设计值。

另一种近似计算方法是先将柱脚与基础之间连接部分看作能承受压应力和拉应力的弹性体,先计算出弯矩 M 与压力 N 共同作用所产生的最大压应力 σ_{max},然后找出压应力区的合力点,该点至柱截面形心轴之间的距离为 e,至锚栓中心的距离为 x,根据力矩平衡条件,得

$$T = \frac{M - Ne}{x} \qquad (7.7.13)$$

两种计算方法得到的锚栓拉力一般都偏大,得到的最大压应力 σ_{max} 都偏小,而后一种计算方法在轴线方向的力是不平衡的。

如果锚栓的拉力过大,则所需直径过大。当锚栓直径大于 60 mm 时,可根据底板受力的实际情况,采用如图 7.7.4(d)所示的应力分布图,像计算钢筋混凝土压弯构件中的钢筋一样确定锚栓的直径。锚栓的尺寸和其他零件应符合锚栓规格的要求。

底板的厚度原则上采用和轴心受压柱的柱脚底板一样的方法确定。压弯构件底板各区格所承受的压应力虽然都不均匀,但在计算各区格底板的弯矩值时可以偏安全地取该区格的最大压应力而非其平均压应力。

对于肢间距离很大的格构柱,可在每个肢的端部设置独立柱脚,组成分离式柱脚。每个独立柱脚都根据分肢可能产生的最大拉力确定。

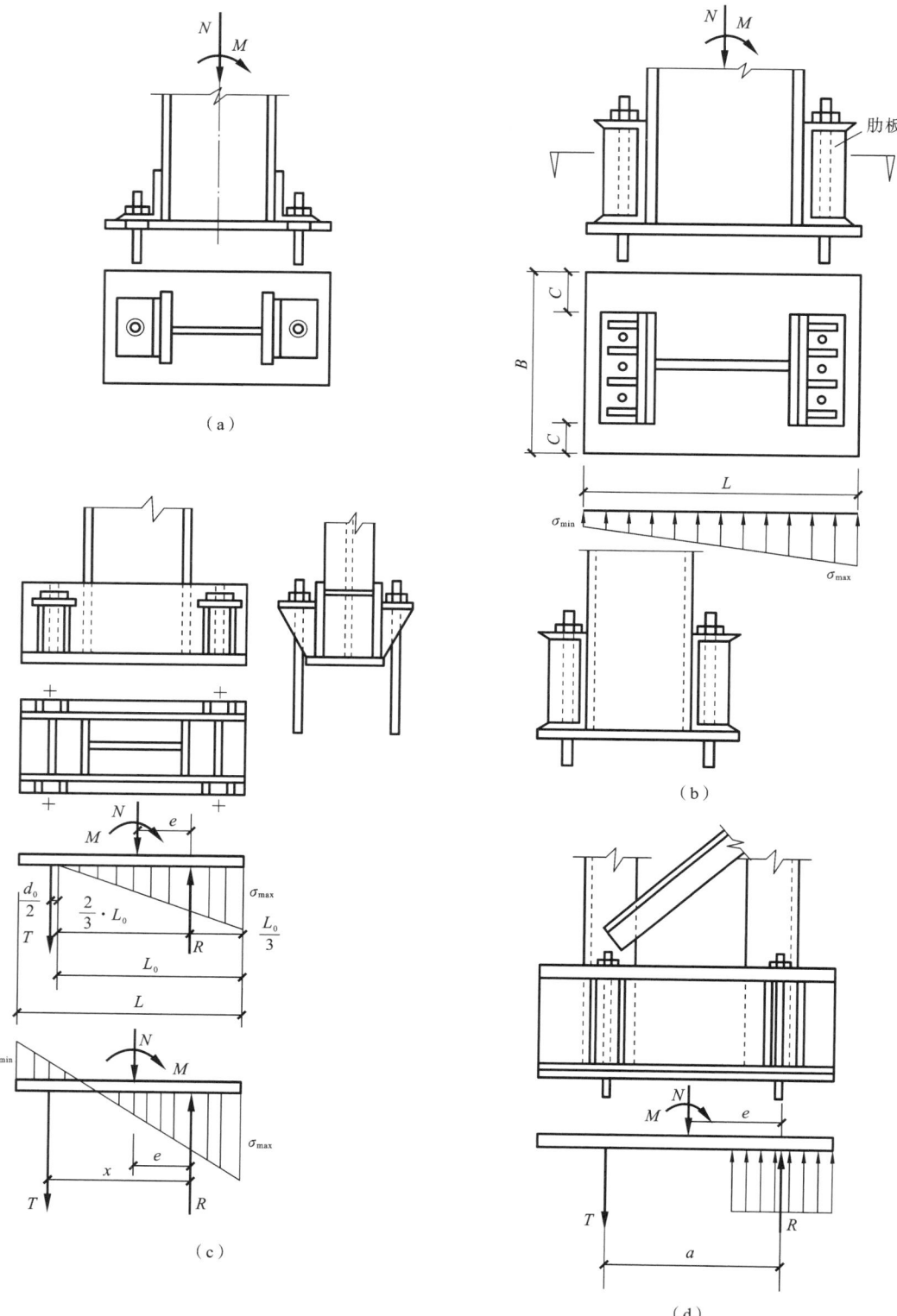

图 7.7.4　整体式柱脚

习题

7.1 节点按照转动刚度可以分为哪几类？各有什么受力特点？

7.2 主次梁的连接有哪些常见的连接方式？

7.3 节点域的受剪承载力应该如何计算？

7.4 影响管节点承载能力的因素有哪些？

7.5 轴心受压柱的柱脚和压弯柱的柱脚分别该如何设计？

第 8 章
疲劳计算与防脆断设计

8.1 疲劳破坏概述

8.1.1 疲劳破坏的分类与特征

钢材在循环荷载作用下,因逐渐累积损伤而产生裂纹,裂纹逐渐扩展直至破坏,这种现象称为疲劳破坏。

按照断裂寿命和应力的高低,可将疲劳分为高周疲劳和低周疲劳两类。其中,高周疲劳断裂前荷载循环次数 $N \geqslant 5 \times 10^4$,断裂应力水平较低,即 $\sigma < f_y$,故也称为低应力疲劳,常见结构疲劳多属于这一类。低周疲劳断裂前荷载循环次数相对较少,$N = 10^2 \sim 5 \times 10^4$,断裂应力水平较高,即 $\sigma \geqslant f_y$,故也称为应变疲劳或高应力疲劳。本章主要介绍高周疲劳(以下简称疲劳)。

按照产生疲劳破坏的循环荷载的特点,可将疲劳分为常幅疲劳和变幅疲劳。由常幅循环应力引起的疲劳称为常幅疲劳[图 8.1.1(a)～图 8.1.1(d)],转动的机械零件常发生这类疲劳破坏。由变幅循环应力引起的疲劳称为变幅疲劳[图 8.1.1(e)],吊车梁、钢桥等常发生这类疲劳破坏。

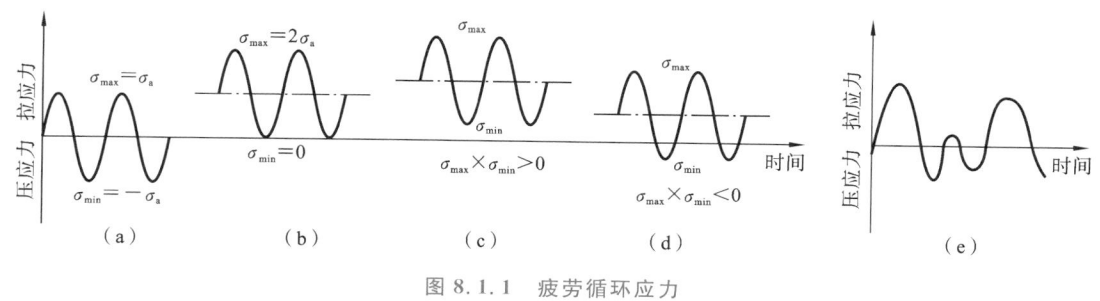

图 8.1.1 疲劳循环应力

疲劳破坏均具有以下特征:

(1)疲劳破坏具有突然性,破坏前没有明显的塑性变形,属于脆性断裂。与一般脆性破坏不同,疲劳是在名义应力低于屈服点的低应力循环下,经历了长期的累积损伤过程后突然发生的。疲劳破坏过程一般可分为裂纹的萌生、裂纹的缓慢扩展和迅速断裂三个过程。

(2)疲劳破坏的断口与一般脆性断口不同,可分为裂纹源、裂纹扩展区和断裂区三个区域(图 8.1.2)。裂纹扩展区表面较光滑,一般可见到放射状和年轮状花纹,这是疲劳断裂的主要特征。根据断裂力学知识,只有当裂纹扩展到临界尺寸,发生失稳扩展后才会形成瞬间断裂区,出现人字纹或晶粒状脆性断口。

（3）疲劳对缺陷（缺口、裂纹及组织缺陷等）十分敏感,缺陷部位应力集中严重,会加快疲劳裂纹的萌生和扩展。

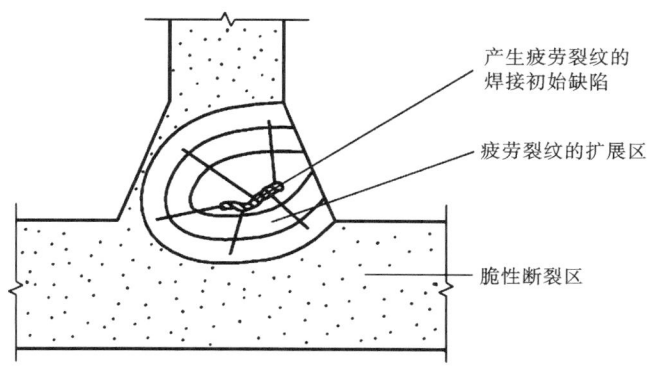

图 8.1.2　疲劳破坏的断口特征

8.1.2　与疲劳破坏相关的几个概念

1. 应力集中

应力集中是影响疲劳性能的重要因素。应力集中越严重,钢材越容易发生疲劳破坏。应力集中的程度由构造细节决定,包括微小缺陷、孔洞、缺口、凹槽、截面的厚度和宽度的变化,以及焊接结构之间相互连接的焊缝形式等。

2. 应力比（ρ）

连续重复荷载之下,应力从最大到最小重复一周叫作一个循环。应力循环特征常用应力比 ρ 来表示,$\rho = \sigma_{min}/\sigma_{max}$,其中拉应力取正值,压应力取负值。当 $\rho = -1$ 时,称为完全对称循环[图 8.1.1(a)];当 $\rho = 0$ 时,称为脉冲循环[图 8.1.1(b)];当 $0 < \rho < 1$ 时,称为同号应力循环[图 8.1.1(c)];当 $-1 < \rho < 0$ 时,称为异号应力循环[图 8.1.1(d)]。

3. 应力幅（$\Delta\sigma$）

应力幅 $\Delta\sigma$ 表示应力变化的幅度,$\Delta\sigma = \sigma_{max} - \sigma_{min}$。应力幅在整个应力循环过程中保持常量的循环称为常幅应力循环;应力幅随时间随机变化的循环则称为变幅应力循环。

4. 疲劳循环次数（N）

材料发生疲劳破坏所经历的疲劳荷载循环次数 N,称为疲劳寿命。因为裂纹失稳扩展是快速扩展,对寿命的影响很小,在估算寿命时通常不予考虑,故一般可将疲劳寿命分为裂纹起始或萌生寿命与裂纹扩展寿命两部分。

8.2　常幅疲劳

8.2.1　非焊接结构和焊接结构的疲劳

非焊接结构一般不存在很高的残余应力,其疲劳寿命不仅与应力幅有关,也与名义最大应力以及应力比有关。随着焊接结构的不断发展和应用,相关研究发现,与非焊接结构不同,影响焊接结构疲劳寿命的最主要因素是构件和连接的构造类型和应力幅,而与应力比无关。在焊接结构中,焊缝部位的残余拉应力通常达到钢材的屈服点 f_y,该处是萌生和发展疲劳裂纹最敏感的区域。以图 8.2.1 中的焊接板件承受纵向拉压循环荷载为例,当名义循环应力为拉应力时,因焊缝附近的残余拉应力已达到屈服强度不再增加,实际拉应力保持 f_y 不变;当名义循环应力减小到最小时,焊缝附近的实际应力将降至 $f_y - \Delta\sigma = f_y - (\sigma_{max} - \sigma_{min})$,焊缝附近的真实应力比 $\rho = (f_y - \Delta\sigma)/f_y = 1 - (\sigma_{max} - \sigma_{min})/f_y$。这样,循环荷载下的真实应力比仅与应力幅值有关。

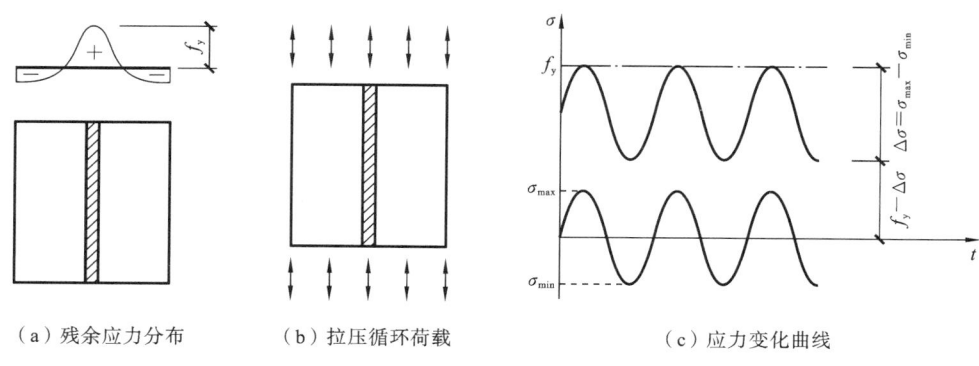

（a）残余应力分布　　　（b）拉压循环荷载　　　（c）应力变化曲线

图 8.2.1　焊缝附近的真实循环应力

8.2.2　疲劳曲线($S\text{-}N$ 曲线)

对不同的构件和连接用不同的应力幅进行常幅循环应力试验,即可得到疲劳破坏时不同的循环次数 N,将足够多的试验点连接起来可得到 $\Delta\sigma\text{-}N$ 曲线,该曲线称为疲劳曲线,如图 8.2.2(a)所示。疲劳曲线是疲劳验算的基础。

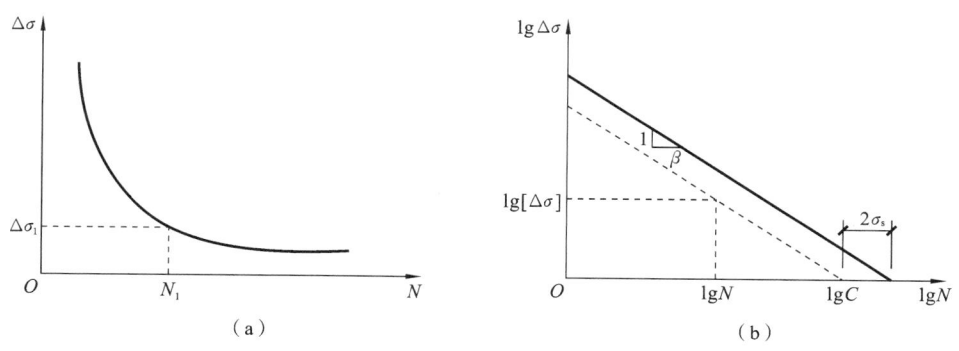

（a）　　　　　　　　　　　　　（b）

图 8.2.2　应力幅与疲劳寿命的关系

国内外的大量疲劳试验证明,构件或连接的应力幅 $\Delta\sigma$ 与疲劳寿命 N 之间呈指数为负数的幂函数关系,如图 8.2.2(a)所示。某一循环寿命(疲劳寿命)N_1 必然与一个应力幅 $\Delta\sigma_1$ 对应,表明在该应力幅值下循环 N_1 次时,构件或连接就会发生疲劳破坏。为了方便分析,可对该曲线中 $\Delta\sigma$ 和 N 分别取对数,所得到的 $\lg\Delta\sigma$ 和 $\lg N$ 之间呈直线关系,如图 8.2.2(b)所示。考虑到 $\Delta\sigma$ 与 N 之间的关系曲线是试验回归方程,主要反映平均值之间的关系,同时考虑到试验数据的离散性,取平均值减去 2 倍 lgN 的标准差($2\sigma_s$)作为疲劳强度的下限值,如图 8.2.2 (b)中的虚线所示。若 lgN 符合正态分布,则构件或连接的疲劳强度的保证率为 97.7%,称该虚线上的应力幅为对应某疲劳寿命的容许应力幅$[\Delta\sigma]$。

将图 8.2.2(b)中的虚线延长与横坐标交于 lgC 点,假设该线对纵坐标的斜率为$-1/\beta$,则可通过三角形相似关系得到疲劳寿命 N 的容许应力幅。

对不同的构件和连接类型,试验数据回归的直线方程各异,其斜率也不尽相同。为了设计方便,《标准》按连接方式、受力特点和疲劳容许应力幅,并考虑 $\Delta\sigma$-N 曲线族的等间隔设置,对各类型构件和连接正应力幅疲劳计算分为 14 个类别(Z1~Z14),对剪应力幅疲劳计算分为 3 个类别(J1~J3),如图 8.2.3 和图 8.2.4 所示。常见构件和连接的疲劳分类可见附录 G。

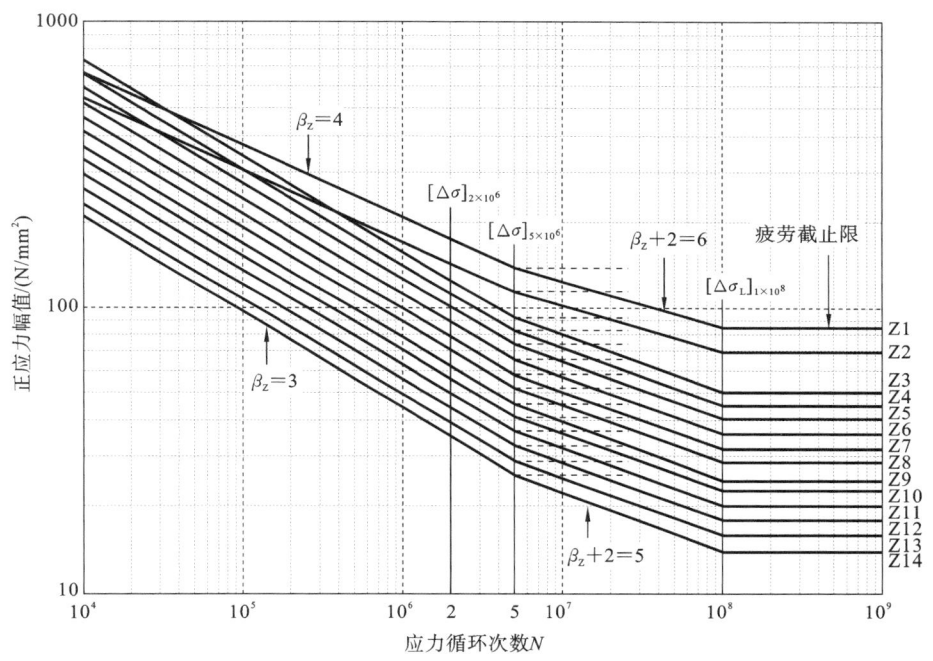

图 8.2.3　关于正应力幅的疲劳强度 S-N 曲线

研究表明,对变幅疲劳问题,低应力幅在高周循环阶段的疲劳损伤程度有所降低,且存在一个不会疲劳损伤的截止限。因此,针对正应力幅疲劳强度计算的 S-N 曲线,其斜率会随应力循环次数的变化而发生变化:当 $N < 5\times10^6$ 时,斜率为 β_z;当 $N = 5\times10^6 \sim 1\times10^8$ 时,斜率取为 β_z+2。但是,针对剪应力幅疲劳强度计算的 S-N 曲线,其斜率保持不变,为 β_J。对正应力幅和剪应力幅,均取 $N = 1\times10^8$ 次时所对应的应力幅为疲劳截止限。常幅疲劳计算采用的 S-N 曲线的斜率和变幅疲劳相同。

8.2.3　常幅疲劳验算

值得注意的是,由于疲劳问题比较复杂,目前主要采用容许应力设计法。进行内力计算时,应采用荷载的标准值。由于确定容许应力幅的试验中自动包括了动力作用,故内力计算中不再重复考虑。

相关试验研究表明,在结构使用寿命期间,当常幅疲劳的最大应力幅较低时,一般不会导

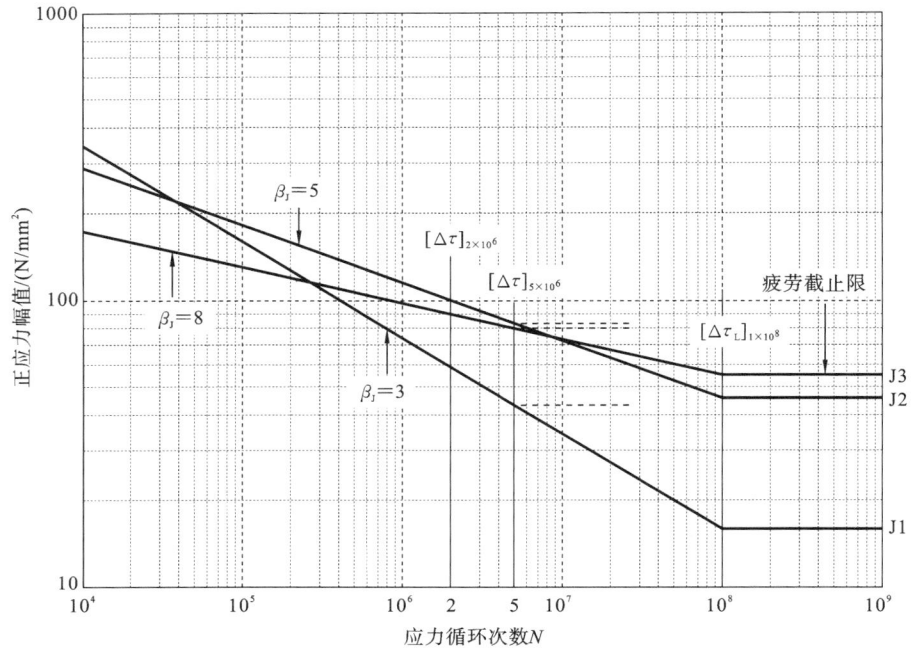

图 8.2.4   关于剪应力幅的疲劳强度 S-N 曲线

致疲劳破坏,可不进行疲劳验算,对正应力幅和剪应力幅分别有

$$\Delta\sigma < \gamma_{t} [\Delta\sigma_{L}]_{1\times10^{8}} \tag{8.2.1}$$

$$\Delta\tau < [\Delta\tau_{L}]_{1\times10^{8}} \tag{8.2.2}$$

式中,$\Delta\sigma$、$\Delta\tau$ 为构件或连接计算部位的正应力幅、剪应力幅,对于焊接结构,有 $\Delta\sigma = \sigma_{max} - \sigma_{min}$,$\Delta\tau = \tau_{max} - \tau_{min}$,对于非焊接结构,有 $\Delta\sigma = \sigma_{max} - 0.7\sigma_{min}$,$\Delta\tau = \tau_{max} - 0.7\tau_{min}$(考虑最大应力因素的影响,引入 0.7 折减系数);$[\Delta\sigma_{L}]_{1\times10^{8}}$ 和 $[\Delta\tau_{L}]_{1\times10^{8}}$ 为正应力幅、剪应力幅的疲劳截止限;γ_{t} 为厚度或直径的修正系数,按照规定进行采用。

对于横向角焊缝连接和对接焊缝连接,当连接板厚 t 超过 25 mm 时,应按下式计算:

$$\gamma_{t} = \left(\frac{25}{t}\right)^{0.25} \tag{8.2.3}$$

对于螺栓轴向受拉连接,当螺栓的公称直径 d 大于 30 mm 时,按下式计算:

$$\gamma_{t} = \left(\frac{30}{d}\right)^{0.25} \tag{8.2.4}$$

其他情况均取 $\gamma_{t} = 1.0$。

当常幅疲劳计算不满足上述要求时,应按下列规定进行正应力幅的疲劳计算:

$$\Delta\sigma \leqslant \gamma_{t} [\Delta\sigma] \tag{8.2.5}$$

当 $N \leqslant 5\times10^{6}$ 时:

$$[\Delta\sigma] = \left(\frac{C_{Z}}{N}\right)^{1/\beta_{Z}} \tag{8.2.6}$$

当 $5\times10^{6} < N \leqslant 1\times10^{8}$ 时:

$$[\Delta\sigma] = \left[([\Delta\sigma]_{5\times10^{6}})^{2} \frac{C_{Z}}{n} \right]^{1/(\beta_{Z}+2)} \tag{8.2.7}$$

当 $N>1\times10^8$ 时：

$$[\Delta\sigma]=[\Delta\sigma_L]_{1\times10^8} \tag{8.2.8}$$

按照下列规定进行剪应力幅的疲劳计算：

$$\Delta\tau\leqslant[\Delta\tau] \tag{8.2.9}$$

当 $N\leqslant1\times10^8$ 时：

$$[\Delta\tau]=\left(\frac{C_J}{N}\right)^{1/\beta_J} \tag{8.2.10}$$

当 $N>1\times10^8$ 时：

$$[\Delta\tau]=[\Delta\tau_L]_{1\times10^8} \tag{8.2.11}$$

式中，$[\Delta\sigma]$、$[\Delta\tau]$ 为常幅疲劳的容许正应力幅、剪应力幅；N 为应力循环次数；C_Z、β_Z 为构件和连接的相关参数，根据构件和连接类别按表 8.2.1 选用；C_J、β_J 为构件和连接的相关参数，根据构件和连接类别按表 8.2.2 选用；$[\Delta\sigma]_{5\times10^6}$ 为循环 5×10^6 次的容许应力幅。

表 8.2.1　正应力幅的疲劳计算参数

构件与连接类别	构件与连接的相关系数		循环次数 N 为 2×10^6 次的容许正应力幅	循环次数 N 为 5×10^6 次的容许正应力幅	疲劳截止限
	C_Z	β_Z	$[\Delta\sigma]_{2\times10^6}$ /(N/mm²)	$[\Delta\sigma]_{5\times10^6}$ /(N/mm²)	$[\Delta\sigma_L]_{1\times10^8}$ /(N/mm²)
Z1	1920×10^{12}	4	176	140	85
Z2	861×10^{12}	4	144	115	70
Z3	3.91×10^{12}	3	125	92	51
Z4	2.81×10^{12}	3	112	83	46
Z5	2.00×10^{12}	3	100	74	41
Z6	1.46×10^{12}	3	90	66	36
Z7	1.02×10^{12}	3	80	59	32
Z8	0.72×10^{12}	3	71	52	29
Z9	0.50×10^{12}	3	63	46	25
Z10	0.35×10^{12}	3	56	41	23
Z11	0.25×10^{12}	3	50	37	20
Z12	0.18×10^{12}	3	45	33	18
Z13	0.13×10^{12}	3	40	29	16
Z14	0.09×10^{12}	3	36	26	14

表 8.2.2　剪应力幅的疲劳计算参数

构件与连接类别	构件与连接的相关系数		循环次数 N 为 2×10^6 次的容许剪应力幅 $[\Delta\tau]_{2\times10^6}$ /(N/mm²)	疲劳截止限 $[\Delta\tau_L]_{1\times10^8}$ /(N/mm²)
	C_J	β_J		
J1	4.10×10^{11}	3	59	16
J2	2.00×10^{16}	5	100	46
J3	8.61×10^{21}	8	90	55

【例题 8-1】　如图 8.2.5 所示，一焊接箱形钢梁，在跨中截面受到 $F_{\min}=20$ kN 和 $F_{\max}=$ 110 kN 的常幅交变荷载作用，跨中截面对水平形心轴的惯性矩 $I_z=68.5\times10^{-6}$ m^4。该梁翼缘与腹板由单侧施焊手工焊接而成，焊缝符合二级焊缝标准，翼缘与腹板很好贴合，欲使构件在服役期间能承受 2×10^6 次交变荷载作用。试校核其疲劳强度。

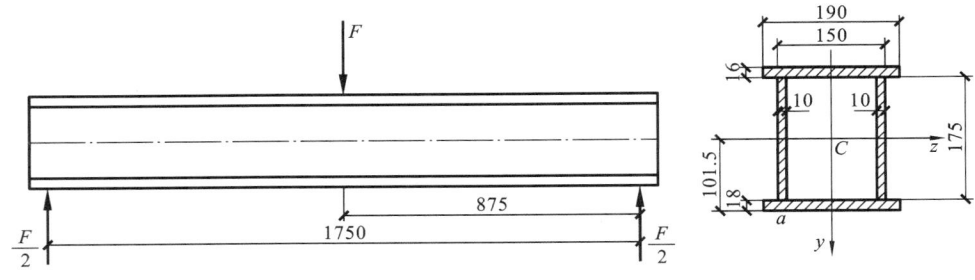

图 8.2.5　例题 8-1 图

解　（1）正应力幅校核。

计算跨中截面危险点（a 点）的正应力幅：

$$\sigma_{\min}=M_{\min}y_a/I_z=(F_{\min}l/4)y_a/I_z=(20\times10^3\times1750/4)\times101.5/(68.5\times10^6)\ \text{N/mm}^2$$
$$=12.96\ \text{N/mm}^2$$

$$\sigma_{\max}=M_{\max}y_a/I_z=(F_{\max}l/4)y_a/I_z=(110\times10^3\times1750/4)\times101.5/(68.5\times10^6)\ \text{N/mm}^2$$
$$=71.31\ \text{N/mm}^2$$

$$\Delta\sigma=\sigma_{\max}-\sigma_{\min}=(71.31-12.96)\ \text{N/mm}^2=58.35\ \text{N/mm}^2$$

确定疲劳截止限：该梁 $\gamma_t=1.0$，在正应力幅计算时，该梁为 Z5 类，$[\Delta\sigma_L]_{2\times10^6}=100$ N/mm^2，$[\Delta\sigma_L]_{1\times10^8}=41$ N/mm^2，显然 $\Delta\sigma>\gamma_t[\Delta\sigma_L]_{1\times10^8}$，需校核疲劳强度。而 $\Delta\sigma<$ $\gamma_t[\sigma_L]_{2\times10^6}$，故在承受 2×10^6 次交变荷载作用下该梁正应力幅满足疲劳强度要求。

（2）剪应力幅校核。

截面惯性矩：

$$S_z=\{16\times190\times[16/2+(175-101.5+18)]+2\times10\times(175-101.5+18)\times$$
$$[(175-101.5+18)/2]\}\ \text{mm}^3=386202.5\ \text{mm}^3$$

计算剪应力幅：

$$\tau_{\min}=F_{\min}S_z/(I_z\cdot2t)=20\times10^3\times386202.5/(68.5\times10^6\times2\times10)\ \text{N/mm}^2$$
$$=5.64\ \text{N/mm}^2$$

$$\tau_{\max}=F_{\max}S_z/(I_z\cdot2t)=110\times10^3\times386202.5/(68.5\times10^6\times2\times10)\ \text{N/mm}^2$$
$$=31.01\ \text{N/mm}^2$$

$$\Delta\tau=\tau_{\max}-\tau_{\min}=(31.01-5.64)\ \text{N/mm}^2=25.37\ \text{N/mm}^2$$

确定疲劳截止限：查阅《标准》可知，在剪应力幅计算时，该梁为 J1 类，$[\Delta\tau_L]_{2\times10^6}=59$ N/mm^2，$[\Delta\tau_L]_{1\times10^8}=16$ N/mm^2，显然 $\Delta\tau>\gamma_t[\Delta\tau_L]_{1\times10^8}$，需校核疲劳强度。而 $\Delta\tau<$ $\gamma_t[\Delta\tau_L]_{2\times10^6}$，故在承受 2×10^6 次交变荷载作用下该梁剪应力幅满足疲劳强度要求。

8.3　变幅疲劳

8.3.1　计算原则

实际结构中作用的交变荷载一般不是常幅循环荷载,而是变幅随机荷载,例如吊车梁和桥梁的荷载。变幅疲劳的计算比常幅疲劳的计算复杂得多。如果能够预测出结构在使用寿命期间各级应力幅水平所占频次百分比以及预期寿命(总频次)N_i所构成的设计应力谱,则可根据Miner线性累积损伤准则(linear cumulative damage criteria),将变幅应力幅折算为常幅等效应力幅 $\Delta\sigma_e(\Delta\tau_e)$,然后按常幅疲劳进行校核。

线性累积损伤理论有两个重要的假设:其一,构件在相同的疲劳荷载作用下,每一次循环荷载产生的疲劳损伤是相同的;其二,不同的疲劳应力幅值所产生的疲劳损伤是可以叠加的。设某个构件或连接的设计应力谱由若干个不同应力幅水平 $\Delta\sigma_i$ 的常幅循环应力组成,各应力幅水平 $\Delta\sigma_i$ 所对应的循环次数为 n_i,相对的疲劳寿命为 N_i,由此可以计算每一水平疲劳应力幅对应的疲劳损伤为

$$D_i = n_i/N_i \tag{8.3.1}$$

则总的疲劳损伤为

$$D = \sum (n_i/N_i) \tag{8.3.2}$$

则粗略认为当 $D \geqslant 1$ 时,构件会发生疲劳破坏;当 $D < 1$ 时,构件还未发生疲劳破坏。

同常幅疲劳一样,若变幅疲劳的最大应力幅满足 $D < 1$,则疲劳强度满足要求。若不满足该式,基于上述 S-N 曲线以及线性累积损伤理论,可将变幅疲劳问题换算成应力循环 200 万次的等效常幅疲劳进行计算。

设有一变幅疲劳,其应力谱由$(\Delta\sigma_i、n_i)$和$(\Delta\sigma_j、n_j)$两部分组成,总应力在循环 $n = n_i + n_j$ 后构件发生破坏,则有

$$N_i = C_z/(\Delta\sigma_i)^{\beta_z} \tag{8.3.3}$$

$$N_j = C'_z/(\Delta\sigma_j)^{\beta_z+2} \tag{8.3.4}$$

$$\sum \frac{n_i}{N_i} + \sum \frac{n_j}{N_j} = 1 \tag{8.3.5}$$

式中,C_z、C'_z 为斜率 β_z、(β_z+2) 的 S-N 曲线的参数。

由于斜率 β_z 和(β_z+2)的两条 S-N 曲线在 $N = 5 \times 10^6$ 处交会,则满足下式:

$$C'_z = \frac{(\Delta\sigma_{5\times10^6})^{\beta_z+2}}{(\Delta\sigma_{5\times10^6})^{\beta_z}}C_z = (\Delta\sigma_{5\times10^6})^2 C_z \tag{8.3.6}$$

设想上述的变幅疲劳破坏与循环次数为 200 万次的常幅疲劳破坏具有等效的疲劳损伤效应,则

$$C_z = 2 \times 10^6 (\Delta\sigma_e)^{\beta_z} \tag{8.3.7}$$

将式(8.3.3)、式(8.3.4)、式(8.3.6)、式(8.3.7)代入式(8.3.5)中,得到:

$$\Delta\sigma_e = \left[\frac{\sum n_i(\Delta\sigma_i)^{\beta_z} + ([\Delta\sigma]_{5\times10^6})^{-2}\sum n_j(\Delta\sigma_j)^{\beta_z+2}}{2\times10^6} \right]^{1/\beta_z} \tag{8.3.8}$$

式中,$\Delta\sigma_e$ 为由变幅疲劳预期使用寿命(总循环次数 $n = \sum n_i + \sum n_j$)折算成循环 2×10^6 次

的等效正应力幅；$\Delta\sigma_i$、n_i 为谱中在 $\Delta\sigma_i \geqslant [\Delta\sigma]_{5\times10^6}$ 范围内的正应力幅及其频次；$\Delta\sigma_j$、n_j 为谱中在 $[\Delta\sigma]_{1\times10^6} \leqslant \Delta\sigma_j \leqslant [\Delta\sigma]_{5\times10^6}$ 范围内的正应力幅及其频次。

同理可得应力循环次数为 200 万次常幅疲劳的等效剪应力幅：

$$\Delta\tau_e = \left[\frac{\sum n_i (\Delta\tau_i)^{\beta_j}}{2\times10^6}\right]^{1/\beta_j} \tag{8.3.9}$$

当 $\Delta\sigma_e$ 或 $\Delta\tau_e$ 满足式(8.2.1)或式(8.2.2)的要求时，则疲劳强度满足要求；否则，按下式进行疲劳验算：

$$\Delta\sigma_e \leqslant \gamma_t [\Delta\sigma]_{2\times10^6} \tag{8.3.10}$$
$$\Delta\tau_e \leqslant [\Delta\tau]_{2\times10^6} \tag{8.3.11}$$

式中，$[\Delta\sigma]_{2\times10^6}$ 和 $[\Delta\tau]_{2\times10^6}$ 为循环 2×10^6 次的容许正应力幅和容许剪应力幅。

8.3.2　吊车梁的疲劳验算

吊车梁是钢结构中处于变幅疲劳工作环境的典型构件。经过多年的工程实践和现场测试分析，已获得了一些有代表性的车间的重级工作制吊车梁和重级、中级工作制吊车桁架的设计应力谱。由于不同车间内的吊车梁在 50 年设计基础期内的应力循环次数并不相同，为便于比较，统一按 2×10^6 循环次数计算出了相应的等效应力幅 $\Delta\sigma_e$。将变幅应力谱中的最大应力幅 $\Delta\sigma_1$ 看成满负荷工作的常幅设计应力幅 $\Delta\sigma$，则实际工作中吊车梁的欠载效应的等效系数为

$$\alpha_f = \frac{\Delta\sigma_e}{\Delta\sigma} \tag{8.3.12}$$

于是重级工作制吊车梁和重级、中级工作制吊车桁架的疲劳可作为常幅疲劳，按下式进行正应力幅和剪应力幅的疲劳计算：

$$\alpha_f \Delta\sigma \leqslant \gamma_t [\Delta\sigma]_{2\times10^6} \tag{8.3.13}$$
$$\alpha_f \Delta\tau \leqslant [\Delta\tau]_{2\times10^6} \tag{8.3.14}$$

式中，α_f 为欠载效应的等效系数，按表 8.3.1 选取；$\Delta\sigma$、$\Delta\tau$ 为设计应力谱中的最大正应力幅、最大剪应力幅；γ_t 为厚度或直径的修正系数；$[\Delta\sigma]_{2\times10^6}$、$[\Delta\tau]_{2\times10^6}$ 为循环 2×10^6 次的容许正应力幅、容许剪应力幅。

表 8.3.1　吊车梁和吊车桁架欠载效应的等效系数 α_f

吊车类别	α_f
A6、A7、A8 工作级别(重级)的硬钩吊车	1.0
A6、A7 工作级别(重级)的软钩吊车	0.8
A4、A5 工作级别(中级)的吊车	0.5

8.3.3　疲劳验算中值得注意的问题

(1) 疲劳验算仍然采用容许应力设计方法，即采用标准荷载进行弹性分析求内力(并不采用任何动力系数)，用容许应力幅作为疲劳强度。

(2)《标准》中提出的疲劳强度是以试验为依据的，包含外形变化和内在缺陷所引起的应力集中，以及连接方式不同而引起的内应力的不利影响。当遇到《标准》规定以外的连接构造时，应进行专门的研究后，再确定是套用相近的连接类别，还是采用疲劳试验确定疲劳强度。同样，凡是能改变原有应力状态的措施和环境，例如高温环境(构件表面温度高于 150 ℃)、海

水腐蚀环境、焊后经热处理消除残余应力以及低周高应变疲劳等条件下,构件或连接的疲劳问题均不可直接采用《标准》中的方法和数据。

（3）按应力幅概念计算,承受压应力循环与承受拉应力循环是完全相同的。试验证明,焊接结构中也有压应力区出现疲劳开裂的现象。焊接结构的疲劳强度之所以与应力幅密切相关,本质上是由于焊接部位存在较大的残余拉应力,造成名义上受压应力的部位仍旧会疲劳开裂,只是裂纹扩展的速度比较缓慢,裂纹扩展的长度有限,裂纹扩展在残余拉应力释放后便会停止。考虑到疲劳破坏通常发生在焊接部位,而钢结构连接节点的受力又十分复杂,且连接节点一般不容许开裂,故规定在非焊接构件和连接的条件下,在应力循环中不出现拉应力的部位可不计算疲劳。

（4）由于《标准》推荐钢种的静力强度对焊接构件和连接的疲劳强度无显著影响,故可以认为,疲劳容许应力幅与钢种无关。决定局部应力状态的构造细节是控制疲劳强度的关键因素,因此在进行构造设计、加工制造和质量控制等过程中,要特别注意做到构造合理、措施得当,以便最大限度地减少应力集中和减小残余应力,使构件和连接的分类序号尽量靠前,达到改善工作性能、提高疲劳强度、节约钢材的目的。

8.4　防止疲劳破坏的措施

改善结构的疲劳性能应当从影响疲劳寿命的主要因素入手。除了正确选材外,最重要的是在设计中采用合理的构造细节,减小应力集中程度,从而使结构的尺寸由静力（强度、稳定）计算而不是由疲劳计算来控制。另外在施工过程中,要严格控制质量,并采用一些有效的工艺措施来减少初始裂纹的数量,减小初始裂纹的尺寸。具体需注意以下几个方面。

1. 钢材的选择

由于钢材疲劳容许应力幅与钢材牌号无关,因此,当某类型的构件和连接的承载力是由疲劳强度控制时,采用高强度钢材不仅不能提高构件和连接的承载力,还会造成浪费。疲劳荷载属于动力作用,虽然疲劳破坏的周期较长,但最终呈脆性破坏,故应选择强度适当且韧性好的钢材。

2. 构造细节设计

从抗疲劳的角度出发,要求设计者选择应力集中程度低的构造方案,改善结构工作性能,提高疲劳强度,节约钢材。构造细节的确定原则如下。

（1）应尽量避免应力集中。如能用对接焊缝,就不用拼接板加角焊缝。在截面改变处,尽量采用缓坡过渡,因为应力集中通常出现于结构表面凹凸处和截面突变（包括孔洞造成的截面突变）处。不同厚度板材或管材对接时,均应加工成斜坡过渡。若必须采用应力集中严重的构造,应尽量把它放在低应力区。

（2）优先采用疲劳性能好的连接方式,如摩擦型高强度螺栓抗剪连接。

（3）尽量避免多条焊缝相互交会而导致高残余拉应力的情形。尤其当三条在空间相互垂直的焊缝交于一点时,将造成三轴拉应力的不利状况。在设计承受疲劳荷载的受弯构件时,常不将横向加劲肋与构件的受拉翼缘连接,而是保持一段距离。对于连接横向支撑处的横向加劲肋,可以把横向加劲肋和受拉翼缘顶紧不焊,且将加劲肋切角,保持腹板与加劲肋 50～100 mm 不焊。

（4）避免单个构件或整体结构的自振频率与疲劳荷载的施振频率接近，防止形成过大的振幅，加大应力幅。

3．施工和工艺措施

除了冷热加工环节外，承受疲劳荷载的构件在运输、安装甚至临时堆放的每一个施工环节都可能由于操作不当而造成构件疲劳性能的损伤。例如，构件在长途运输中如果没有采取正确的支垫和固定措施，运输过程中的振动可以诱发裂纹。因此，在整个施工过程中对承受疲劳荷载的构件做好严格的质量管理是很有意义的。另外，在承受疲劳荷载的构件加工完毕后，可以采取一些工艺措施来改善疲劳性能。这些措施包括缓和应力集中程度、消除切口以及在表层形成压缩残余应力。

焊缝表面的光滑处理经常能有效地缓和应力集中，表面光滑处理最普通的方法是打磨。在焊缝内部没有显著缺陷时，打磨焊缝表面可以有效提高疲劳强度，改善疲劳性能。对于纵向受力角焊缝，可以打磨它的端部，使截面变化比较缓和。打磨后的表面不应存在明显的刻痕。消除切口、焊渣等焊接缺陷，还可运用气体保护钨极弧焊的方法。由于钨极弧焊不会在趾部产生焊渣侵入，只要重新熔化的深度足够，焊缝处切口、裂缝以及侵入焊渣都可以消除，因此疲劳性能得到明显改善。这种方法在不同应力幅情况下都能提高疲劳寿命。

残余压应力是减缓甚至抑制裂纹扩展的有利因素。采用工艺措施，有意识地在焊缝和近旁金属的表层形成压缩残余应力，是改善疲劳性能的一个有效手段。常用方法是锤击敲打和喷射金属丸粒。其机理是：金属表层材料在冲击性的敲打力作用下趋于侧向扩张，但受周围的材料约束，故在金属表层产生残余压应力。同时，敲击造成的冷作硬化也使疲劳强度提高，冲击性的敲打还使尖锐的切口得到缓减。梁的疲劳试验已经表明，这种工艺措施宜在构件安装就位后承受恒载工况下进行；否则，恒载产生的拉应力会抵消残余压应力，进而削弱敲打效果。

8.5　钢结构的防脆断设计

8.5.1　结构的脆性断裂破坏特征

在正常使用条件下具有较高塑性和韧性的建筑钢材，在某些条件下，却可能发生脆性破坏，即在所受应力小于其强度的情况下，发生速度极快且吸收能量极小的不稳定断裂。由于破坏突发，脆性破坏常造成财产和人员的重大损失。从宏观上讲，脆性破坏的主要特征表现为断裂时伸长量极其微小（例如生铁在单向拉伸断裂时伸长量为 $0.5\%\sim0.6\%$）。如果结构的最终破坏是由于其构件的脆性断裂导致的，那么称结构发生了脆性破坏。对于脆性破坏的结构，几乎观察不到构件的塑性发展，因为没有预兆，脆性破坏的后果经常是灾难性的。工程设计的任何领域，无一例外地都要力求避免结构的脆性破坏（如在钢筋混凝土结构中避免设计超筋梁），其道理就在于此。

国内外曾发生过许多钢结构脆断事故（见图 8.5.1～图 8.5.4），特别在焊接代替铆接连接之后，在桥梁、储液罐、压力容器、船舶、工业厂房，甚至海上钻井平台，都发生过灾难性的脆性破坏事故。如自 1938 年至 1950 年间，比利时有 6 座焊接钢桥因低温冷脆断裂；又如第二次世界大战时期，美国建造的全焊接船舶有 200 多艘发生脆性破坏。1979 年，吉林市煤气公司液化石油气厂的一个容积为 $400\ \mathrm{m}^3$ 的球罐突发脆性破裂；1994 年，竣工通车 15 年的韩国圣水大桥第五个与第六个柱之间整体桥梁的混凝土块坍塌落水,导致大桥脆断;2001 年,四川宜宾市金沙江南门大桥两端先后发生断裂;2015 年,大型集装箱船"金富星"号船舶满载状态行驶在风平浪静的海面上时,突然在船体中部 90♯ 肋位出现大裂缝,从两侧船舷的货舱围板顶缘至主甲板,并继续延伸到舷侧甲板,形成环状裂缝。

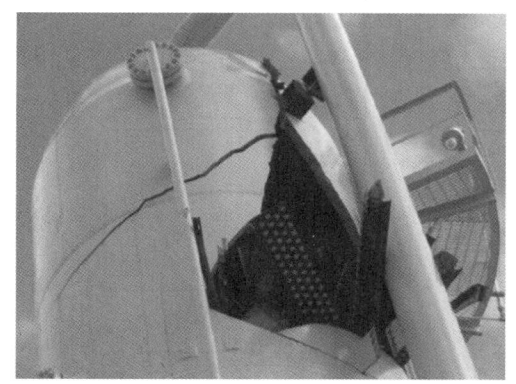
图 8.5.1　球罐脆性断裂

图 8.5.2　美国 I-40 桥梁事故

图 8.5.3　韩国圣水大桥坍塌事故

图 8.5.4　船体断裂事故

　　钢材的脆性破坏大致可分为即时脆性破坏和延迟脆性破坏两类。即时脆性破坏是指钢材在缺陷、低温、拉力或冲击荷载等影响下突然发生脆性断裂的情形。延迟脆性破坏是指钢结构虽有缺陷,但尚未达到即时脆性破坏状态,而是经过了一段时间的缺陷发展后出现的脆性断裂。钢结构的疲劳破坏、钢材的应力腐蚀开裂和氢脆可以归为延迟脆性破坏。

8.5.2　断裂力学的应用简介

　　材料或结构中的缺陷(其最严重形式是裂纹)是不可避免的。由缺陷引起的断裂,是工程中最重要和最常见的失效模式。在人们还不能深刻认识断裂破坏的机理和规律的时候,若发现零件、构件存在或出现裂纹,大都只能够按不合格或报废进行处理,这往往会造成巨大的浪费。从 20 世纪初开始,尤其是 20 世纪 50 年代以后,人们对含裂纹(或缺陷)物体开展了广泛研究,深化了对断裂问题的认识,逐步形成了完整的"断裂力学"理论体系。断裂力学是研究材料抗断裂性能,以及在各种条件下含裂纹(或缺陷)物体变形和断裂规律的一门学科。

1. 断裂力学中的裂纹

在断裂力学中,将实际材料中存在的缺陷统称为裂纹。裂纹按照几何特征可以分为穿透裂纹[图 8.5.5(a)]、表面裂纹[图 8.5.5(b)]和深埋裂纹[图 8.5.5(c)]。裂纹按照力学特征可以分为张开型(Ⅰ型)裂纹[图 8.5.6(a)]、滑移型(Ⅱ型)裂纹[图 8.5.6(b)]和撕开型(Ⅲ型)裂纹[图 8.5.6(c)]。在钢结构中,Ⅰ型裂纹是最常见的裂纹形式。

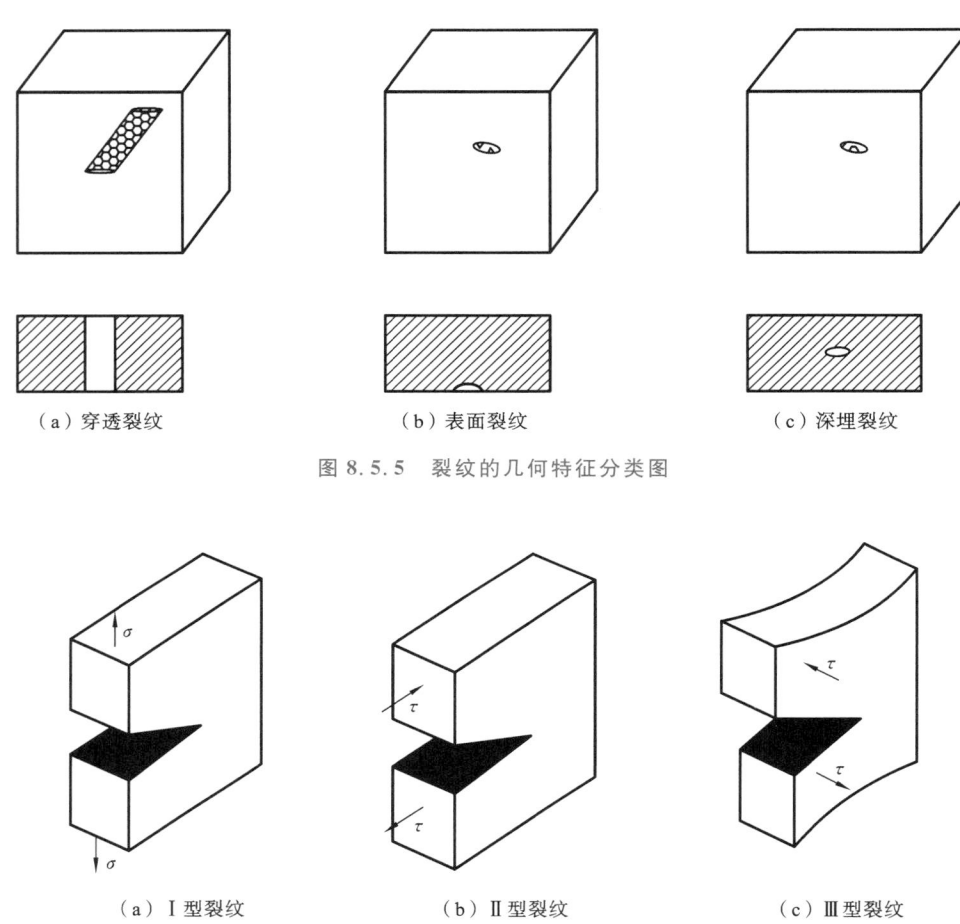

（a）穿透裂纹　　　　　（b）表面裂纹　　　　　（c）深埋裂纹

图 8.5.5　裂纹的几何特征分类图

（a）Ⅰ型裂纹　　　　　（b）Ⅱ型裂纹　　　　　（c）Ⅲ型裂纹

图 8.5.6　裂纹的力学特征分类图

裂纹的存在将引起严重的应力集中,结构或构件的强度不可避免地要被削弱。与原有强度相比,受裂纹影响降低后的强度通常称为剩余强度。在载荷、腐蚀环境等作用下,裂纹一般还将扩展,裂纹尺寸也将随使用时间而增大。因此,随着使用时间的延长,裂纹尺寸增大,剩余强度下降。如果工作中出现较大的偶然载荷,结构或构件的剩余强度不足以承受此载荷,该结构或构件就将发生破坏;如果在正常使用载荷下工作,不出现意外高荷载,则裂纹继续扩展,剩余强度继续降低,直至最后在正常使用载荷下断裂。

2. 脆性断裂的 K 准则

构件的断裂是裂纹失稳扩展的结果,而裂纹的失稳扩展与裂纹尖端附近区域的应力场强度相关。

对于 Ⅰ 型裂纹,令

$$K_{\mathrm{I}} = y\sigma\sqrt{\pi a} \tag{8.5.1}$$

式中,K_{I} 为 Ⅰ 型裂纹应力强度因子,由外应力大小、裂纹的位置和尺寸确定;a 为裂纹宽度的一半(图 8.5.7 的情况)或裂纹宽度[图 8.5.6(a)的情况];σ 为板的外应力;y 为考虑边界效应、裂纹和荷载形式的修正系数,可查有关表格确定,如当穿透裂纹位于无限宽板的中央时,$y=1.0$,当穿透裂纹位于半无限宽板的边缘时,$y=1.1$。

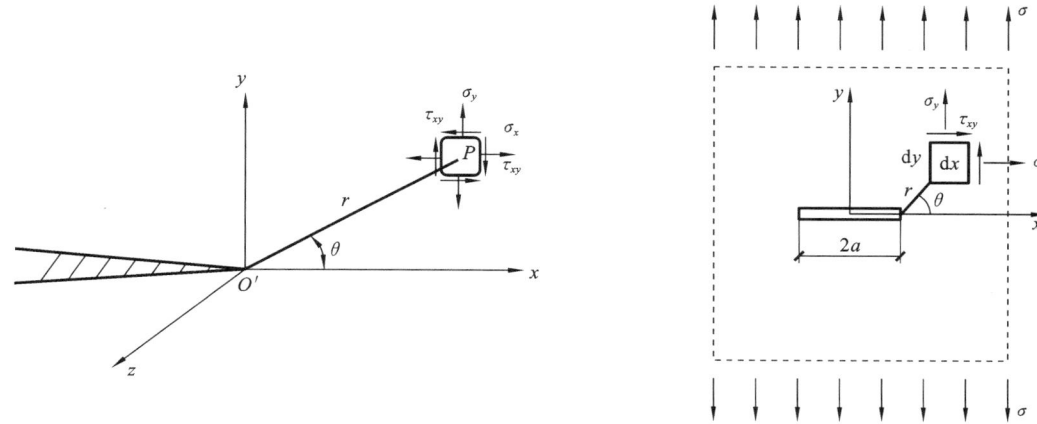

图 8.5.7　Ⅰ 型裂纹尖端附近应力状态

应力强度因子 K_{I},表征了 Ⅰ 型裂纹尖端附近区域应力场的强度,裂纹是否会发生失稳扩展取决于 K_{I} 的大小。据此建立 Ⅰ 型裂纹失稳扩展的 K 准则:

$$K_{\mathrm{I}} = K_{\mathrm{I\,c}} \tag{8.5.2}$$

式中,$K_{\mathrm{I\,c}}$ 为 K_{I} 的临界值,又称断裂韧度,是材料的固有常数。钢材的断裂韧度一般随板厚的增加而下降,这是因为在承受拉力的厚板裂纹尖端,会形成三向拉力场,使材料变脆。钢材的断裂韧度可以遵照国家标准《金属材料　平面应变断裂韧度 $K_{\mathrm{I\,c}}$ 试验方法》(GB/T 4161—2007)测定。

Ⅰ 型裂纹失稳扩展的 K 准则也可以表述成:

当 $K_{\mathrm{I}} < K_{\mathrm{I\,c}}$ 时,裂纹处于稳定状态,不会扩展;

当 $K_{\mathrm{I}} = K_{\mathrm{I\,c}}$ 时,裂纹处于临界状态,即将发生失稳扩展;

当 $K_{\mathrm{I}} > K_{\mathrm{I\,c}}$ 时,裂纹处于失稳扩展状态,材料即将发生断裂。

值得注意的是,K 准则是基于脆性材料导出的,属于线弹性断裂力学的范畴。在推导过程中,裂纹体被视为线弹性材料,人们利用弹性力学的方法去分析裂纹尖端的应力场、位移场,以及与裂纹扩展有关的能量关系,并由此找出控制裂纹扩展的物理量——应力强度因子。实践表明:采用 K 准则分析得到的结果,对于高强度和超高强度钢材是足够精确的;对于较厚的中低强度钢材,只要裂纹尖端的塑性区尺寸远小于裂纹尺寸,经过适当的修正,该准则也是有效的;K 准则也适用于低温环境中的中低强度钢材。

3. 弹塑性断裂力学简介

线弹性断裂力学(linear elastic fracture mechanics)假设含裂纹(或缺陷)物体内部应力-应变关系是线性的,满足胡克定律。对于金属材料,由于高度的应力集中,裂纹尖端周围通常存在一定范围的塑性变形区域,因此严格的线弹性断裂问题几乎不存在。但是,理论和试验研究都已经证明,只要塑性区尺寸远小于裂纹尺寸,经过适当修正,线弹性断裂力学的结论仍然是适用的。而对于高强度钢、陶瓷和在低温下工作的许多材料或构件,断裂塑性区尺寸很小,线弹性断裂力学理论则完全适用。

目前应用最多的是 COD(cracking opening displacement)理论和 J 积分(J integral)理论。COD 理论的断裂准则的表达式为式(8.5.3),即当裂纹尖端张开位移 δ_I 达到材料的临界值 δ_{Ic} 时,裂纹发生失稳扩展。J 积分属于围线积分,可利用 J 积分描述裂纹尖端弹塑性应力应变场的强度。J 积分与积分路线无关,因此,可以避开裂纹尖端的复杂应力应变场,其断裂准则的表达式为式(8.5.4),即当 J 积分值 J_I 达到材料的临界值 J_{Ic} 时,裂纹发生失稳扩展。

$$\delta_I = \delta_{Ic} \tag{8.5.3}$$

$$J_I = J_{Ic} \tag{8.5.4}$$

式中,δ_{Ic} 和 J_{Ic} 都称为材料的断裂韧度,可遵照国家标准《金属材料　准静态断裂韧度的统一试验方法》(GB/T 21143—2014)测定。根据理论分析,在钢材所受拉应力 σ 满足条件 $\sigma/f_y \leqslant 0.5$ 时,钢材的三个断裂韧度之间有如下的近似换算关系:

$$J_{Ic} = \frac{K_{Ic}^2(1-\mu^2)}{E} = f_y\delta_{Ic} \tag{8.5.5}$$

考虑平面应变条件下的 K_{Ic} 试件尺寸限制严格,对韧性好的钢材,试件尺寸过大,试验难度较大,此时可由标准试件小得多的 J_{Ic} 的测试结果,通过式(8.5.5)换算 K_{Ic}。

8.5.3　防止脆性断裂的方法

1. 钢材选择

目前工程中常用冲击韧性作为材料韧性指标,因其试样截面一律用 10 mm×10 mm,并不能完全反映厚板的真实韧性,但其试验简单易行,在工程界有较多的应用经验。另外,提高冲击韧性的有效措施对提高断裂韧性同样有效。国家标准《碳素结构钢》(GB/T 700—2006)和《低合金高强度结构钢》(GB/T 1591—2018)分别规定纵向取样的夏比 V 形缺口冲击功不低于 27 J 和 34 J。国家标准《建筑结构用钢板》(GB/T 19879—2005)也规定冲击功不低于 34 J。钢材的质量等级就是依冲击韧性的试验温度划分的。一般地,公路钢桥和吊车梁在翼缘板厚度不超过 40 mm 时,可以按所处最低温度加 40 ℃级别要求,厚度超过 40 mm 则适当降低冲击试验温度。钢材标准都未对厚板的韧性提供更高的保证。有鉴于此,设计重要的低温地区露天结构时,尽量避免用厚度大的钢板。低温地区必须用厚板时,应提高对冲击韧性的要求或进行全厚度韧性试验,如带缺口的静力拉伸试验或落锤试验,以考察其实际韧性。

2. 初始裂纹

对于焊接结构来说,减小初始裂纹尺寸主要是保证焊缝质量,限制和避免焊接缺陷。焊缝的咬边实际上相当于表面裂纹。《钢结构工程施工质量验收标准》(GB 50205—2020)规定,质量等级为一级的焊缝不允许有咬边,二级和三级焊缝的咬边深度分别不超过 0.05t(及 0.5 mm)和 0.1t(及 1 mm),其中 t 指连接处较薄板的厚度。角焊缝的焊瘤也起类似于裂纹的作用。GB 50205—2020 规定,不论焊缝质量等级为哪一级,都不允许存在焊瘤。除了表面缺陷外,焊缝内部也可能有气孔和未焊透等缺陷,这些缺陷亦可萌生裂纹。内部缺陷由超声波探伤法检测,按国家标准《焊缝无损检测　超声检测　技术、检测等级和评定》(GB/T 11345—

2023)评定。质量等级为一级和二级的焊缝,检验等级应为 B 级,评定等级则应分别为Ⅰ级和Ⅱ级。质地优良的焊缝只有通过严格的质量管理和验收制度才能实现。某糖厂存放废液的焊接罐体结构,在验收合格后不久突然脆性断裂,经事后详细检查,才发现焊缝质量存在严重问题。

3. 结构形式和构造细节

在设计工作的结构选型和结构布置阶段,就应该注意防止断裂的问题。在工作环境温度不高于−30 ℃的地区,焊接构件宜采用实腹式构件,避免采用手工焊接的格构式构件。在工作环境温度不高于−20 ℃的地区,承重构件的连接宜采用螺栓,即便是临时安装连接亦应避免采用焊接连接。由于赘余构件的断裂一般不会导致整体结构的失效,因此超静定结构对于减轻断裂的不良后果一般是有利的。当然,要同时考虑地基不均匀沉陷、超静定结构可能导致的严重不利的内力重分布等问题。静定结构采用多路径传递荷载亦有异曲同工之效。用一根独立的简支受弯构件作为跨越结构是单路径结构,以横向构件相连的数根并联构件作为跨越结构就是多路径结构。对于多路径结构,并联构件中的任一个发生断裂,一般不会立即引发整体结构的坍塌。这是因为在正确设计和正常使用的情况下,断裂发生后的重分布内力一般达不到足以使结构整体坍塌的程度,澳大利亚 Kings 桥的垮塌就是一个例证。该桥由四根梁构成,在一次暴风中其中一根遭到破坏,桥由剩下的三根梁几乎支持了整整一年,才在第二根梁破坏后垮塌。内力重分布是否构成严重不利态势对结构是否破坏起举足轻重的作用。

实际上,单路径和多路径是相对的。就整个结构而言,有单路径结构和多路径结构之分;就单个构件而言,同样有单路径构件和多路径构件之分。甚至就构件的各部分元件而言,亦有单路径元件和多路径元件之分。显然,就防止断裂而言,多路径组织要优于单路径组织。一个由单个角钢构成的拉杆是单路径构件,而由两个以上角钢和钢板构成的组合截面拉杆则是多路径构件。当弯矩很大,需要选取较厚的翼缘时,从抗断裂的角度看,多路径构件要比单路径构件有利。这不仅是因为单层厚板翼缘脆断的可能性比多层薄板翼缘大得多,还在于前者一旦开裂很快失效,后者在一层板开裂后,不会波及其他板层。

有时构造间隙并不是无条件的,因为构造间隙并不总是有利于构件抵抗断裂。构造间隙只有在梁翼缘和腹板之间无垂直于间隙的拉力时才被允许,否则,构造间隙的类裂纹作用十分有害。在它近旁的高度应力集中、高的焊接残余应力,以及因热塑变形而时效硬化导致的基体金属的脆性提高,是诱发裂纹的主要因素。特别是低温地区的结构,必须避免留有间隙的构造设计。

4. 合理使用

合理使用亦在防止脆断措施之列。在使用过程中,严禁在结构上随意加焊零部件以免导致机械损伤;除了严禁设备超载外,亦不得在结构上随意悬挂重物;严格控制设备的运行速度以减小结构的冲击荷载。除了结构正常使用的工作环境温度要符合设计要求外,在停产检修(尤其在严寒季节)时亦应注意结构的保温。

5. 其他措施

在钢结构制造安装过程中,应尽量避免使材料出现应变硬化,要及时通过扩钻和刨边消除因冲孔和裁剪(剪切和手工气割)而造成的局部硬化区,在低温地区尤须如此。应当避免现场低温焊接,施焊时注意正确选择和制定焊接工艺以免因淬硬而开裂。受拉板件的钢材边缘宜为轧制边或自动气割边。对于厚度超过 10 mm 的板件在采用手工气割或剪切边时,应沿全长刨边。板件制孔应采用钻成孔或先冲后扩钻孔。构件的拉应力区宜避免使用焊缝,包括临时焊缝。提倡规范文明施工,不在构件上随意起弧和砸击以避免构件表面的意外损伤。

习题

疲劳计算与
防脆断设计

8.1 什么是钢材的疲劳破坏?钢材的疲劳破坏具有哪些特征?

8.2 影响结构疲劳强度的主要因素是什么?

8.3 常幅疲劳和变幅疲劳的含义是什么?

8.4 导致钢结构脆断的最主要原因是什么?

8.5 有哪些方法可以防止钢材脆断?

附 录

附录 A 钢材连接的强度指标

表 A.1 钢材的设计用强度指标 单位:N/mm²

钢材牌号		钢材厚度或直径/mm	抗拉、抗压、抗弯 f	抗剪 f_v	端面承压(刨平顶紧) f_{ce}	屈服强度 f_y	抗拉强度 f_u
碳素结构钢	Q235	≤16	215	125	320	235	370
		>16,≤40	205	120		225	
		>40,≤100	200	115		215	
低合金高强度结构钢	Q345	≤16	305	175	400	345	470
		>16,≤40	295	170		335	
		>40,≤63	290	165		325	
		>63,≤80	280	160		315	
		>80,≤100	270	155		305	
	Q390	≤16	345	200	415	390	490
		>16,≤40	330	190		370	
		>40,≤63	310	180		350	
		>63,≤100	295	170		330	
	Q420	≤16	375	215	440	420	520
		>16,≤40	355	205		400	
		>40,≤63	320	185		380	
		>63,≤100	305	175		360	
	Q460	≤16	410	235	470	460	550
		>16,≤40	390	225		440	
		>40,≤63	355	205		420	
		>63,≤100	340	195		400	

注:1. 表中直径指实芯棒材直径,厚度系指计算点的钢材或钢管壁厚度,对轴心受拉和轴心受压构件系指截面中较厚板件的厚度;

  2. 冷弯型材和冷弯钢管,其强度设计值应按国家现行有关标准的规定采用。

表 A.2　建筑结构用钢板的设计用强度指标　　　　单位:N/mm²

建筑结构用钢板	钢材厚度或直径/mm	强度设计值			屈服强度 f_y	抗拉强度 f_u
		抗拉、抗压和抗弯 f	抗剪 f_v	端面承压(刨平顶紧)f_{ce}		
Q345GJ	>16,≤50	325	190	415	345	490
	>50,≤100	300	175		335	

表 A.3　结构用无缝钢管的强度指标　　　　单位:N/mm²

钢管钢材牌号	壁厚/mm	强度设计值			屈服强度 f_y	抗拉强度 f_u
		抗拉、抗压和抗弯强度 f	抗剪 f_v	端面承压(刨平顶紧)f_{ce}		
Q235	≤16	215	125	320	235	375
	>16,≤30	205	120		225	
	>30	195	115		215	
Q345	≤16	305	175	400	345	470
	>16,≤30	290	170		325	
	>30	260	150		295	
Q390	≤16	345	200	415	390	490
	>16,≤30	330	190		370	
	>30	310	180		350	
Q420	≤16	375	220	445	420	520
	>16,≤30	355	205		400	
	>30	340	195		380	
Q460	≤16	410	240	470	460	550
	>16,≤30	390	225		440	
	>30	355	205		420	

表 A.4　铸钢件的强度设计值　　　　单位:N/mm²

类别	钢号	铸件厚度/mm	抗拉、抗压和抗弯强度 f	抗剪 f_v	端面承压(刨平顶紧)f_{ce}
非焊接结构用铸钢件	ZG230-450	≤100	180	105	290
	ZG270-500		210	120	325
	ZG310-570		240	140	370
焊接结构用铸钢件	ZG230-450H	≤100	180	105	290
	ZG270-480H		210	120	310
	ZG300-500H		235	135	325
	ZG340-550H		265	150	355

注:表中强度设计值仅适用于本表规定的厚度。

表 A.5　焊缝的强度指标　　　　　　　　单位：N/mm²

焊接方法和焊条型号	构件钢材		对接焊缝强度设计值			角焊缝强度设计值		对接焊缝抗拉强度 f_u^w	角焊缝抗拉、抗压和抗剪强度 f_u^f
	牌号	厚度或直径/mm	抗压 f_c^w	焊缝质量为下列等级时，抗拉 f_t^w		抗剪 f_v^w	抗拉、抗压和抗剪 f_f^w		
				一级、二级	三级				
自动焊、半自动焊和 E43 型焊条手工焊	Q235	≤16	215	215	185	125	160	415	240
		>16，≤40	205	205	175	120			
		>40，≤100	200	200	170	115			
自动焊、半自动焊和 E50、E55 型焊条手工焊	Q345	≤16	305	305	260	175	200	480(E50) 540(E55)	280(E50) 315(E55)
		>16，≤40	295	295	250	170			
		>40，≤63	290	290	245	165			
		>63，≤80	280	280	240	160			
		>80，≤100	270	270	230	155			
	Q390	≤16	345	345	295	200	200(E50) 220(E55)		
		>16，≤40	330	330	280	190			
		>40，≤63	310	310	265	180			
		>63，≤100	295	295	250	170			
自动焊、半自动焊和 E55、E60 型焊条手工焊	Q420	≤16	375	375	320	215	220(E55) 240(E60)	540(E55) 590(E60)	315(E55) 340(E60)
		>16，≤40	355	355	300	205			
		>40，≤63	320	320	270	185			
		>63，≤80	305	305	260	175			
自动焊、半自动焊和 E55、E60 型焊条手工焊	Q460	≤16	410	410	350	235	220(E55) 240(E60)	540(E55) 590(E60)	315(E55) 340(E60)
		>16，≤40	390	390	330	225			
		>40，≤63	355	355	300	205			
		>63，≤100	340	340	290	195			
自动焊、半自动焊和 E50、E55 型焊条手工焊	Q345GJ	>16，≤35	310	310	265	180	200	480(E50) 540(E55)	280(E50) 315(E55)
		>35，≤50	290	290	245	170			
		>50，≤100	285	285	240	165			

注：表中厚度系指计算点的钢材厚度，对轴心受拉和轴心受压构件系指截面中较厚板件的厚度。

表 A.6　螺栓连接的强度指标　　　　　　单位：N/mm²

螺栓的性能等级、锚栓和构件钢材的牌号		强度设计值										高强度螺栓的抗拉强度 f_u^b
		普通螺栓						锚栓	承压型连接或网架用高强度螺栓			
		C级螺栓			A级、B级螺栓							
		抗拉 f_t^b	抗剪 f_v^b	承压 f_c^b	抗拉 f_t^b	抗剪 f_v^b	承压 f_c^b	抗拉 f_t^a	抗拉 f_t^b	抗剪 f_v^b	承压 f_c^b	
普通螺栓	4.6级、4.8级	170	140	—	—	—	—	—	—	—	—	—
	5.6级	—	—	—	210	190	—	—	—	—	—	—
	8.8级	—	—	—	400	320	—	—	—	—	—	—
锚栓	Q235	—	—	—	—	—	—	140	—	—	—	—
	Q345	—	—	—	—	—	—	180	—	—	—	—
	Q390	—	—	—	—	—	—	185	—	—	—	—
承压型连接高强度螺栓	8.8级	—	—	—	—	—	—	—	400	250	—	830
	10.9级	—	—	—	—	—	—	—	500	310	—	1040
螺栓球节点用高强度螺栓	9.8级	—	—	—	—	—	—	385	—	—	—	—
	10.9级	—	—	—	—	—	—	430	—	—	—	—
构件钢材牌号	Q235	—	—	305	—	—	405	—	—	—	470	—
	Q345	—	—	385	—	—	510	—	—	—	590	—
	Q390	—	—	400	—	—	530	—	—	—	615	—
	Q420	—	—	425	—	—	560	—	—	—	655	—
	Q460	—	—	450	—	—	595	—	—	—	695	—
	Q345GJ	—	—	400	—	—	530	—	—	—	615	—

注：1. A级螺栓用于 $d \leqslant 24$ mm 和 $L \leqslant 10d$ 或 $L \leqslant 150$ mm（按较小值）的螺栓；B级螺栓用于 $d > 24$ mm 和 $L > 10d$ 或 $L > 150$ mm（按较小值）的螺栓。其中，d 为公称直径，L 为螺栓公称长度。

2. A、B级螺栓孔的精度和孔壁表面粗糙度，C级螺栓孔的允许偏差和孔壁表面粗糙度，均应符合现行国家标准《钢结构工程施工质量验收规范》GB 50205 的要求。

3. 用于螺栓球节点网架的高强度螺栓，M12～M36 为 10.9 级，M39～M64 为 9.8 级。

附录 B　结构或构件的变形容许值

B.1　受弯构件的挠度容许值

B.1.1　吊车梁、楼盖梁、屋盖梁、工作平台梁以及墙架构件的挠度不宜超过表 B.1 所列的容许值。

表 B.1　受弯构件的挠度容许值

项次	构件类别	挠度容许值	
		$[\upsilon_T]$	$[\upsilon_Q]$
1	吊车梁和吊车桁架(按自重和起重量最大的一台吊车计算挠度) 1) 手动起重机和单梁起重机(含悬挂起重机) 2) 轻级工作制桥式起重机 3) 中级工作制桥式起重机 4) 重级工作制桥式起重机	$l/500$ $l/750$ $l/900$ $l/1000$	—
2	手动或电动葫芦的轨道梁	$l/400$	—
3	有重轨(重量等于或大于 38 kg/m)轨道的工作平台梁	$l/600$	
	有轻轨(重量等于或小于 24 kg/m)轨道的工作平台梁	$l/400$	
4	楼(屋)盖梁或桁架、工作平台梁(第 3 项除外)和平台板 1) 主梁或桁架(包括设有悬挂起重设备的梁和桁架) 2) 仅支承压型金属板屋面和冷弯型钢檩条 3) 除支承压型金属板屋面和冷弯型钢檩条外,尚有吊顶 4) 抹灰顶棚的次梁 5) 除第 1)款~第 4)款外的其他梁(包括楼梯梁) 6) 屋盖檩条 　支承压型金属板屋面者 　支承其他屋面材料者 　有吊顶 7) 平台板	$l/400$ $l/180$ $l/240$ $l/250$ $l/250$ $l/150$ $l/200$ $l/240$ $l/150$	$l/500$ $l/350$ $l/300$
5	墙架构件(风荷载不考虑阵风系数) 1) 支柱(水平方向) 2) 抗风桁架(作为连续支柱的支承时,水平位移) 3) 砌体墙的横梁(水平方向) 4) 支承压型金属板的横梁(水平方向) 5) 支承其他墙面材料的横梁(水平方向) 6) 带有玻璃窗的横梁(竖直和水平方向)	— — — — — $l/200$	$l/400$ $l/1000$ $l/300$ $l/100$ $l/200$ $l/200$

注:1. l 为受弯构件的跨度(对悬臂梁和伸臂梁为悬臂长度的 2 倍);

2. $[\upsilon_T]$ 为永久和可变荷载标准值产生的挠度(如有起拱应减去拱度)的容许值,$[\upsilon_Q]$ 为可变荷载标准值产生的挠度的容许值;

3. 当吊车梁或吊车桁架跨度大于 12 m 时,其挠度容许值 $[\upsilon_T]$ 应乘以 0.9 的系数;

4. 当墙面采用延性材料或与结构采用柔性连接时,墙架构件的支柱水平位移容许值可采用 $l/300$,抗风桁架(作为连续支柱的支承时)水平位移容许值可采用 $l/800$。

B.1.2　冶金厂房或类似车间中设有工作级别为 A7、A8 级起重机的车间,其跨间每侧吊车梁或吊车桁架的制动结构,由一台最大起重机横向水平荷载(按荷载规范取值)所产生的挠度不宜超过制动结构跨度的 1/2200。

B.2　结构的位移容许值

B.2.1　单层钢结构水平位移限值宜符合下列规定:

(1) 在风荷载标准值作用下,单层钢结构柱顶水平位移宜符合下列规定。

① 单层钢结构柱顶水平位移不宜超过表 B.2 所列数值。

② 无桥式起重机时,当围护结构采用砌体墙,柱顶水平位移不应大于 $H/240$,若围护结构采用轻型钢墙板且房屋高度不超过 18 m,柱顶水平位移可放宽至 $H/60$。

③ 有桥式起重机时,当房屋高度不超过 18 m,采用轻型屋盖,吊车起重量不大于 20 t、工作级别为 A1~A5 且吊车由地面控制时,柱顶水平位移可放宽至 $H/180$。

表 B.2　风荷载作用下柱顶水平位移容许值

结构体系	吊车情况	柱顶水平位移
排架、框架	无桥式起重机	$H/150$
	有桥式起重机	$H/400$

注:H 为柱高度。

(2) 在冶金厂房或类似车间中设有 A7、A8 级吊车的厂房柱和设有中级和重级工作制吊车的露天栈桥柱,在吊车梁或吊车桁架的顶面标高处,由一台最大吊车水平荷载(按荷载规范取值)所产生的计算变形值,不宜超过表 B.3 所列的容许值。

表 B.3　吊车水平荷载作用下柱水平位移(计算值)容许值

项次	位移的种类	按平面结构图形计算	按空间结构图形计算
1	厂房柱的横向位移	$H_c/1250$	$H_c/2000$
2	露天栈桥柱的横向位移	$H_c/2500$	
3	厂房和露天栈桥柱的纵向位移	$H_c/4000$	

注:1.　H_c 为基础顶面至吊车梁或吊车桁架的顶面的高度。

　　2.　计算厂房或露天栈桥柱的纵向位移时,可假定吊车的纵向水平制动力分配在温度区段内所有的柱间支撑或纵向框架上。

　　3.　在设有 A8 级吊车的厂房中,厂房柱的水平位移(计算值)容许值不宜大于表中数值的 90%。

　　4.　在设有 A6 级吊车的厂房柱的纵向位移宜符合表中的要求。

B.2.2　多层钢结构层间位移角限值宜符合下列规定:

(1) 在风荷载标准值作用下,有桥式起重机时,多层钢结构的弹性层间位移角不宜超过 1/400。

(2) 在风荷载标准值作用下,无桥式起重机时,多层钢结构的弹性层间位移角不宜超过表 B.4 所列数值。

表 B.4　层间位移角容许值

结构体系	层间位移角
框架、框架-支撑	1/250

续表

结构体系			层间位移角
框-排架	侧向框-排架		1/250
	竖向框-排架	排架	1/150
		框架	1/250

注:1. 对室内装修要求较高的建筑,层间位移角宜适当减小;无墙壁的建筑,层间位移角可适当放宽。

2. 当围护结构可适应较大变形时,层间位移角可适当放宽。

3. 在多遇地震作用下多层钢结构的弹性层间位移角不宜超过 1/250。

B.2.3　高层建筑钢结构在风荷载和多遇地震作用下弹性层间位移角不宜超过 1/250。

B.2.4　大跨度钢结构位移限值宜符合下列规定。

(1) 在永久荷载与可变荷载的标准值组合下,结构挠度宜符合下列规定:

① 结构的最大挠度值不宜超过表 B.5 中的容许挠度值;

② 网架与桁架可预先起拱,起拱值可取不大于短向跨度的 1/300;当仅为改善外观条件时,结构挠度可取永久荷载与可变荷载标准值作用下的挠度计算值减去起拱值,但结构在可变荷载下的挠度不宜大于结构跨度的 1/400;

③ 对于设有悬挂起重设备的屋盖结构,其最大挠度值不宜大于结构跨度的 1/400,在可变荷载下的挠度不宜大于结构跨度的 1/500。

(2) 在重力荷载代表值与多遇竖向地震作用标准值下的组合最大挠度值不宜超过表 B.6 所列限值。

表 B.5　非抗震组合时大跨度钢结构容许挠度值

结构类型		跨中区域	悬挑结构
受弯为主的结构	桁架、网架、斜拉结构、张弦结构等	$L/250$(屋盖)	$L/125$(屋盖)
		$L/300$(楼盖)	$L/150$(楼盖)
受压为主的结构	双层网壳	$L/250$	$L/125$
	拱架、单层网壳	$L/400$	—
受拉为主的结构	单层单索屋盖	$L/200$	
	单层索网、双层索系以及横向加劲索系的屋盖、索穹顶屋盖	$L/250$	

注:1. 表中 L 为短向跨度或者悬挑跨度。

2. 索网结构的挠度为预应力之后的挠度。

表 B.6　地震作用组合时大跨度钢结构容许挠度值

结构类型		跨中区域	悬挑结构
受弯为主的结构	桁架、网架、斜拉结构、张弦结构等	$L/250$(屋盖)	$L/125$(屋盖)
		$L/300$(楼盖)	$L/150$(楼盖)
受压为主的结构	双层网壳、弦支穹顶	$L/300$	$L/150$
	拱架、单层网壳	$L/400$	—

注:表中 L 为短向跨度或者悬挑跨度。

附录 C　梁的整体稳定系数

C. 1　等截面焊接工字形和轧制 H 型钢简支梁

等截面焊接工字形和轧制 H 型钢(图 C.1)简支梁的整体稳定系数 φ_b 应按下列公式计算:

$$\varphi_b = \beta_b \frac{4320}{\lambda_y^2} \cdot \frac{Ah}{W_x} \left[\sqrt{1 + \left(\frac{\lambda_y t_1}{4.4h} \right)^2} + \eta_b \right] \varepsilon_k^2 \tag{C. 1}$$

$$\lambda_y = \frac{l_1}{i_y} \tag{C. 2}$$

(注意:GB 50017 中 C.0.1-1 公式中,ε_k 应改为 ε_k^2,如上式所示)

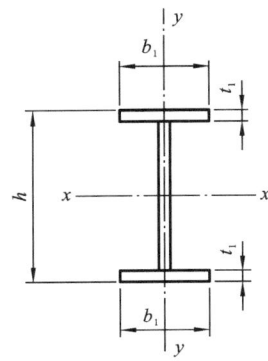

（a）双轴对称焊接工字形截面

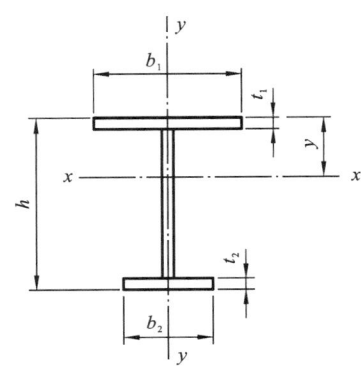

（b）加强受压翼缘的单轴对称焊接工字形截面

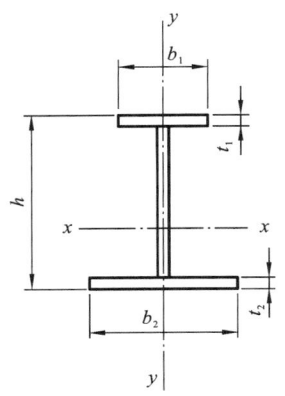

（c）加强受拉翼缘的单轴对称焊接工字形截面

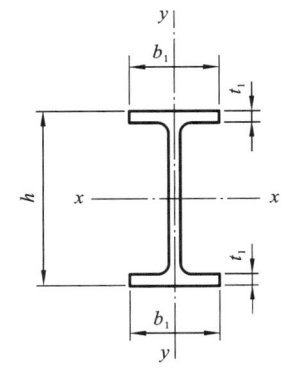

（d）轧制H型钢截面

图 C.1　焊接工字形和轧制 H 型钢

截面不对称影响系数 η_b 应按下列公式计算:

对双轴对称截面[图 C.1(a)、图 C.1(d)]:

$$\eta_b = 0 \tag{C. 3}$$

对单轴对称工字形截面[C.1(b)、图 C.1(c)]:

加强受压翼缘:

$$\eta_b = 0.8(2\alpha_b - 1) \tag{C.4}$$

加强受拉翼缘：

$$\eta_b = 2\alpha_b - 1 \tag{C.5}$$

$$\alpha_b = \frac{I_1}{I_1 + I_2} \tag{C.6}$$

当按公式(C.1)算得的 φ_b 值大于 0.6 时,应用下式计算的 φ'_b 代替 φ_b 值：

$$\varphi'_b = 1.07 - \frac{0.282}{\varphi_b} \leqslant 1.0 \tag{C.7}$$

式中：β_b——梁整体稳定的等效弯矩系数,应按表 C.1 采用；

λ_y——梁在侧向支承点间对截面弱轴 y—y 的长细比；

A——梁的毛截面面积(mm^2)；

h、t_1——梁截面的全高和受压翼缘厚度,等截面铆接(或高强度螺栓连接)简支梁,其受压翼缘厚度 t_1 包括翼缘角钢厚度在内(mm)；

l_1——梁受压翼缘侧向支承点之间的距离(mm)；

i_y——梁毛截面对 y 轴的回转半径(mm)；

I_1、I_2——分别为受压翼缘和受拉翼缘对 y 轴的惯性矩(mm^3)。

表 C.1　H 型钢和等截面工字形简支梁的系数 β_b

项次	侧向支承	荷载		$\xi \leqslant 2.0$	$\xi > 2.0$	适用范围
1	跨中无侧向支承	均匀荷载作用在	上翼缘	$0.69 + 0.13\xi$	0.95	图 C.1(a)、图 C.1(b) 和图 C.1(d)的截面
2			下翼缘	$1.73 - 0.20\xi$	1.33	
3		集中荷载作用在	上翼缘	$0.73 + 0.18\xi$	1.09	
4			下翼缘	$2.23 - 0.28\xi$	1.67	
5	跨度中点有一个侧向支承点	均布荷载作用在	上翼缘	1.15		图 C.1 中的所有截面
6			下翼缘	1.40		
7		集中荷载作用在截面高度的任意位置		1.75		
8	跨中有不少于两个等距离侧向支承点	任意荷载作用在	上翼缘	1.20		
9			下翼缘	1.40		
10	梁端有弯矩,但跨中无荷载作用			$1.75 - 1.05\dfrac{M_2}{M_1} + 0.3\left(\dfrac{M_2}{M_1}\right)^2$ 但 $\leqslant 2.3$		

注：1. ξ 为参数,$\xi = \dfrac{l_1 t_1}{b_1 h}$,其中 b_1 为受压翼缘的宽度。

2. M_1 和 M_2 为梁的端弯矩,使梁产生同向曲率时 M_1 和 M_2 取同号,产生反向曲率时取异号,$|M_1| \geqslant |M_2|$。

3. 表中项次 3、4 和 7 的集中荷载是指一个或少数几个集中荷载位于跨中央附近的情况,对其他情况的集中荷载,应按表中项次 1、2、5、6 内的数值采用。

4. 表中项次 8、9 的 β_b,当集中荷载作用在侧向支承点处时,取 $\beta_b = 1.20$。

5. 荷载作用在上翼缘系指荷载作用点在翼缘表面,方向指向截面形心；荷载作用在下翼缘系指荷载作用点在翼缘表面,方向背向截面形心。

6. 对 $\alpha_b > 0.8$ 的加强受压翼缘工字形截面,下列情况的 β_b 值应乘以相应的系数。

项次 1：当 $\xi \leqslant 1.0$ 时,乘以 0.95。

项次 3：当 $\xi \leqslant 0.5$ 时,乘以 0.90；当 $0.5 < \xi \leqslant 1.0$ 时,乘以 0.95。

C.2　轧制普通工字钢简支梁

轧制普通工字形简支梁的整体稳定系数 φ_b 应按表 C.2 采用,当所得的 φ_b 值大于 0.6 时,应取式(C.7)算得的代替值。

表 C.2　轧制普通工字钢简支梁的 φ_b

项次	荷载情况		工字钢型号	自由长度 l_1/mm								
				2	3	4	5	6	7	8	9	10
1	跨中无侧向支承点的梁	集中荷载作用于	上翼缘	10~20	2.00	1.30	0.99	0.80	0.68	0.58	0.53	0.48	0.43
				22~32	2.40	1.48	1.09	0.86	0.72	0.62	0.54	0.49	0.45
				36~63	2.80	1.60	1.07	0.83	0.68	0.56	0.50	0.45	0.40
2			下翼缘	10~20	3.10	1.95	1.34	1.01	0.82	0.69	0.63	0.57	0.52
				22~40	5.50	2.80	1.84	1.37	1.07	0.86	0.73	0.64	0.56
				45~63	7.30	3.60	2.30	1.62	1.20	0.96	0.80	0.69	0.60
3		均布荷载作用于	上翼缘	10~20	1.70	1.12	0.84	0.68	0.57	0.50	0.45	0.41	0.37
				22~40	2.10	1.30	0.93	0.73	0.60	0.51	0.45	0.40	0.36
				45~63	2.60	1.45	0.97	0.73	0.59	0.50	0.44	0.38	0.35
4			下翼缘	10~20	2.50	1.55	1.08	0.83	0.68	0.56	0.52	0.47	0.42
				22~40	4.00	2.20	1.45	1.10	0.85	0.70	0.60	0.52	0.46
				45~63	5.60	2.80	1.80	1.25	0.95	0.78	0.65	0.55	0.49
5	跨中有侧向支承点的梁(不论荷载作用点在截面高度上的位置)			10~20	2.20	1.39	1.01	0.79	—0.66	0.57	0.52	0.47	0.42
				22~40	3.00	1.80	1.24	0.96	0.76	0.65	0.56	0.49	0.43
				45~63	4.00	2.20	1.38	1.01	0.80	0.66	0.56	0.49	0.43

注:1. 同表 C.1 的注3、注5;

2. 表中的 φ_b 适用于 Q235 钢。对其他钢号,表中数值应乘以 ε_k^2。

C.3　轧制槽钢简支梁

轧制槽钢简支梁的整体稳定系数,不论荷载的形式和荷载作用点在截面高度上的位置,均可按下式计算:

$$\varphi_b = \frac{570bt}{l_1 h} \cdot \varepsilon_k^2 \tag{C.8}$$

式中:h、b、t——槽钢截面的高度、翼缘宽度和平均厚度。

当按公式(C.8)算得的 φ_b 值大于 0.6 时,应按式(C.7)算得相应的 φ_b' 代替 φ_b 值。

C.4　双轴对称工字形等截面悬臂梁

双轴对称工字形等截面悬臂梁的整体稳定系数,可按式(C.1)计算,但式中系数 β_b 应按表 C.3 查得,当按式(C.2)计算长细比 λ_y 时,l_1 为悬臂梁的悬伸长度。当求得的 φ_b 值大于 0.6 时,应按式(C.7)算得的 φ_b' 代替 φ_b 值。

表 C.3　双轴对称工字形等截面悬臂梁的系数 β_b

项次	荷载形式		$0.60 \leqslant \xi \leqslant 1.24$	$1.24 < \xi \leqslant 1.96$	$1.96 < \xi \leqslant 3.10$
1	自由端一个集中荷载作用在	上翼缘	$0.21 + 0.67\xi$	$0.72 + 0.26\xi$	$1.17 + 0.03\xi$
2		下翼缘	$2.94 - 0.65\xi$	$2.64 - 0.40\xi$	$2.15 - 0.15\xi$
3	均布荷载作用在上翼缘		$0.62 + 0.82\xi$	$1.25 + 0.31\xi$	$1.66 + 0.10\xi$

注:1. 本表是按支承端为固定的情况确定的,当用于由邻跨延伸出来的伸臂梁时,应在构造上采取措施加强支承处的抗扭能力;

　2. 表中 ξ 见表 C.1 注 1。

C.5　受弯构件整体稳定系数的近似计算

均匀弯曲的受弯构件,当 $\lambda_y \leqslant 120\varepsilon_k$ 时,其整体稳定系数 φ_b 可按下列近似公式计算:

1. 工字形截面

双轴对称时:

$$\varphi_b = 1.07 - \frac{\lambda_y^2}{44000\varepsilon_k^2} \tag{C.9}$$

单轴对称时:

$$\varphi_b = 1.07 - \frac{W_x}{(2\alpha_b + 0.1)Ah} \cdot \frac{\lambda_y^2}{14000\varepsilon_k^2} \tag{C.10}$$

2. 弯矩作用在对称轴平面,绕 x 轴的 T 形截面

(1)弯矩使翼缘受压时:

双角钢 T 形截面:

$$\varphi_b = 1 - 0.0017\lambda_y/\varepsilon_k \tag{C.11}$$

剖分 T 型钢和两板组合 T 形截面:

$$\varphi_b = 1 - 0.0022\lambda_y/\varepsilon_k \tag{C.12}$$

(2)弯矩使翼缘受拉且腹板宽厚比不大于 $18\varepsilon_k$ 时:

$$\varphi_b = 1 - 0.0005\lambda_y/\varepsilon_k \tag{C.13}$$

当按公式(C.9)和公式(C.10)算得的 φ_b 值大于 1.0 时,取 $\varphi_b = 1.0$。

附录 D　轴心受压构件的稳定系数

D.1　轴心受压构件的稳定系数

　　a 类～d 类截面轴心受压构件稳定系数分别按表 D.1～表 D.4 取值,表中数据按照 D.2 条计算得到。

表 D.1　a 类截面轴心受压构件的稳定系数 φ

$\lambda\sqrt{\dfrac{f_y}{235}}$	0	1	2	3	4	5	6	7	8	9
0	1.000	1.000	1.000	1.000	0.999	0.999	0.998	0.998	0.997	0.996
10	0.995	0.994	0.993	0.992	0.991	0.989	0.988	0.986	0.985	0.983
20	0.981	0.979	0.977	0.976	0.974	0.972	0.970	0.968	0.966	0.964
30	0.963	0.961	0.959	0.957	0.955	0.952	0.950	0.948	0.946	0.944
40	0.941	0.939	0.937	0.934	0.932	0.929	0.927	0.924	0.921	0.919
50	0.916	0.913	0.910	0.907	0.904	0.900	0.897	0.894	0.890	0.886
60	0.883	0.879	0.875	0.871	0.867	0.863	0.858	0.854	0.849	0.844
70	0.839	0.834	0.829	0.824	0.818	0.813	0.807	0.801	0.795	0.789
80	0.783	0.776	0.770	0.763	0.757	0.750	0.743	0.736	0.728	0.721
90	0.714	0.706	0.699	0.691	0.684	0.676	0.668	0.661	0.653	0.645
100	0.638	0.630	0.622	0.615	0.607	0.600	0.592	0.585	0.577	0.570
110	0.563	0.555	0.548	0.541	0.534	0.527	0.520	0.514	0.507	0.500
120	0.494	0.488	0.481	0.475	0.469	0.463	0.457	0.451	0.445	0.440
130	0.434	0.429	0.423	0.418	0.412	0.407	0.402	0.397	0.392	0.387
140	0.383	0.378	0.373	0.369	0.364	0.360	0.356	0.351	0.347	0.343
150	0.339	0.335	0.331	0.327	0.323	0.320	0.316	0.312	0.309	0.305
160	0.302	0.298	0.295	0.292	0.289	0.285	0.282	0.279	0.276	0.273
170	0.270	0.267	0.264	0.262	0.259	0.256	0.253	0.251	0.248	0.246
180	0.243	0.241	0.238	0.236	0.233	0.231	0.229	0.226	0.224	0.222
190	0.220	0.218	0.215	0.213	0.211	0.209	0.207	0.205	0.203	0.201
200	0.199	0.198	0.196	0.194	0.192	0.190	0.189	0.187	0.185	0.183
210	0.182	0.180	0.179	0.177	0.175	0.174	0.172	0.171	0.169	0.168
220	0.166	0.165	0.164	0.162	0.161	0.159	0.158	0.157	0.155	0.154
230	0.153	0.152	0.150	0.149	0.148	0.147	0.146	0.144	0.143	0.142
240	0.141	0.140	0.139	0.138	0.136	0.135	0.134	0.133	0.132	0.131
250	0.130	—	—	—	—	—	—	—	—	—

表 D. 2　b 类截面轴心受压构件的稳定系数 φ

$\lambda\sqrt{\dfrac{f_y}{235}}$	0	1	2	3	4	5	6	7	8	9
0	1.000	1.000	1.000	0.999	0.999	0.998	0.997	0.996	0.995	0.994
10	0.992	0.991	0.989	0.987	0.985	0.983	0.981	0.978	0.976	0.973
20	0.970	0.967	0.963	0.960	0.957	0.953	0.950	0.946	0.943	0.939
30	0.936	0.932	0.929	0.925	0.922	0.918	0.914	0.910	0.906	0.903
40	0.899	0.895	0.891	0.887	0.882	0.878	0.874	0.870	0.865	0.861
50	0.856	0.852	0.847	0.842	0.838	0.833	0.828	0.823	0.818	0.813
60	0.807	0.802	0.797	0.791	0.786	0.780	0.774	0.769	0.763	0.757
70	0.751	0.745	0.739	0.732	0.726	0.720	0.714	0.707	0.701	0.694
80	0.688	0.681	0.675	0.668	0.661	0.655	0.648	0.641	0.635	0.628
90	0.621	0.614	0.608	0.601	0.594	0.588	0.581	0.575	0.568	0.561
100	0.555	0.549	0.542	0.536	0.529	0.523	0.517	0.511	0.505	0.499
110	0.493	0.487	0.481	0.475	0.470	0.464	0.458	0.453	0.447	0.442
120	0.437	0.432	0.426	0.421	0.416	0.411	0.406	0.402	0.397	0.392
130	0.387	0.383	0.378	0.374	0.370	0.365	0.361	0.357	0.353	0.349
140	0.345	0.341	0.337	0.333	0.329	0.326	0.322	0.318	0.315	0.311
150	0.308	0.304	0.301	0.298	0.295	0.291	0.288	0.285	0.282	0.279
160	0.276	0.273	0.270	0.267	0.265	0.262	0.259	0.256	0.254	0.251
170	0.249	0.246	0.244	0.241	0.239	0.236	0.234	0.232	0.229	0.227
180	0.225	0.223	0.220	0.218	0.216	0.214	0.212	0.210	0.208	0.206
190	0.204	0.202	0.200	0.198	0.197	0.195	0.193	0.191	0.190	0.188
200	0.186	0.184	0.183	0.181	0.180	0.178	0.176	0.175	0.173	0.172
210	0.170	0.169	0.167	0.166	0.165	0.163	0.162	0.160	0.159	0.158
220	0.156	0.155	0.154	0.153	0.151	0.150	0.149	0.148	0.146	0.145
230	0.144	0.143	0.142	0.141	0.140	0.138	0.137	0.136	0.135	0.134
240	0.133	0.132	0.131	0.130	0.129	0.128	0.127	0.126	0.125	0.124
250	0.123	—	—	—	—	—	—	—	—	—

表 D. 3   c 类截面轴心受压构件的稳定系数 φ

$\lambda\sqrt{\dfrac{f_y}{235}}$	0	1	2	3	4	5	6	7	8	9
0	1.000	1.000	1.000	0.999	0.999	0.998	0.997	0.996	0.995	0.993
10	0.992	0.990	0.988	0.986	0.983	0.981	0.978	0.976	0.973	0.970
20	0.966	0.959	0.953	0.947	0.940	0.934	0.928	0.921	0.915	0.909
30	0.902	0.896	0.890	0.884	0.877	0.871	0.865	0.858	0.852	0.846
40	0.839	0.833	0.826	0.820	0.814	0.807	0.801	0.794	0.788	0.781
50	0.775	0.768	0.762	0.755	0.748	0.742	0.735	0.729	0.722	0.715
60	0.709	0.702	0.695	0.689	0.682	0.676	0.669	0.662	0.656	0.649
70	0.643	0.636	0.629	0.623	0.616	0.610	0.604	0.597	0.591	0.584
80	0.578	0.572	0.566	0.559	0.553	0.547	0.541	0.535	0.529	0.523
90	0.517	0.511	0.505	0.500	0.494	0.488	0.483	0.477	0.472	0.467
100	0.463	0.458	0.454	0.449	0.445	0.441	0.436	0.432	0.428	0.423
110	0.419	0.415	0.411	0.407	0.403	0.399	0.395	0.391	0.387	0.383
120	0.379	0.375	0.371	0.367	0.364	0.360	0.356	0.353	0.349	0.346
130	0.342	0.339	0.335	0.332	0.328	0.325	0.322	0.319	0.315	0.312
140	0.309	0.306	0.303	0.300	0.297	0.294	0.291	0.288	0.285	0.282
150	0.280	0.277	0.274	0.271	0.269	0.266	0.264	0.261	0.258	0.256
160	0.254	0.251	0.249	0.246	0.244	0.242	0.239	0.237	0.235	0.233
170	0.230	0.228	0.226	0.224	0.222	0.220	0.218	0.216	0.214	0.212
180	0.210	0.208	0.206	0.205	0.203	0.201	0.199	0.197	0.196	0.194
190	0.192	0.190	0.189	0.187	0.186	0.184	0.182	0.181	0.179	0.178
200	0.176	0.175	0.173	0.172	0.170	0.169	0.168	0.166	0.165	0.163
210	0.162	0.161	0.159	0.158	0.157	0.156	0.154	0.153	0.152	0.151
220	0.150	0.148	0.147	0.146	0.145	0.144	0.143	0.142	0.140	0.139
230	0.138	0.137	0.136	0.135	0.134	0.133	0.132	0.131	0.130	0.129
240	0.128	0.127	0.126	0.125	0.124	0.124	0.123	0.122	0.121	0.120
250	0.119	—	—	—	—	—	—	—	—	—

表 D.4　d 类截面轴心受压构件的稳定系数 φ

$\lambda\sqrt{\dfrac{f_y}{235}}$	0	1	2	3	4	5	6	7	8	9
0	1.000	1.000	0.999	0.999	0.998	0.996	0.994	0.992	0.990	0.987
10	0.984	0.981	0.978	0.974	0.969	0.965	0.960	0.955	0.949	0.944
20	0.937	0.927	0.918	0.909	0.900	0.891	0.883	0.874	0.865	0.857
30	0.848	0.840	0.831	0.823	0.815	0.807	0.799	0.790	0.782	0.774
40	0.766	0.759	0.751	0.743	0.735	0.728	0.720	0.712	0.705	0.697
50	0.690	0.683	0.675	0.668	0.661	0.654	0.646	0.639	0.632	0.625
60	0.618	0.612	0.605	0.598	0.591	0.585	0.578	0.572	0.565	0.559
70	0.552	0.546	0.540	0.534	0.528	0.522	0.516	0.510	0.504	0.498
80	0.493	0.487	0.481	0.476	0.470	0.465	0.460	0.454	0.449	0.444
90	0.439	0.434	0.429	0.424	0.419	0.414	0.410	0.405	0.401	0.397
100	0.394	0.390	0.387	0.383	0.380	0.376	0.373	0.370	0.366	0.363
110	0.359	0.356	0.353	0.350	0.346	0.343	0.340	0.337	0.334	0.331
120	0.328	0.325	0.322	0.319	0.316	0.313	0.310	0.307	0.304	0.301
130	0.299	0.296	0.293	0.290	0.288	0.285	0.282	0.280	0.277	0.275
140	0.272	0.270	0.267	0.265	0.262	0.260	0.258	0.255	0.253	0.251
150	0.248	0.246	0.244	0.242	0.240	0.237	0.235	0.233	0.231	0.229
160	0.227	0.225	0.223	0.221	0.219	0.217	0.215	0.213	0.212	0.210
170	0.208	0.206	0.204	0.203	0.201	0.199	0.197	0.196	0.194	0.192
180	0.191	0.189	0.188	0.186	0.184	0.183	0.181	0.180	0.178	0.177
190	0.176	0.174	0.173	0.171	0.170	0.168	0.167	0.166	0.164	0.163
200	0.162	—	—	—	—	—	—	—	—	—

D.2　轴心受压构件稳定系数的计算公式

当构件的 $\lambda\sqrt{f_y/235}$ 超出表 D.1～表 D.4 的范围时,轴心受压构件的稳定系数应按下式公式计算:

当 $\lambda_n \leqslant 0.215$ 时:

$$\varphi = 1 - \alpha_1\lambda_n^2$$

$$\lambda_n = \frac{\lambda}{\pi}\sqrt{f_y/E}$$

当 $\lambda_n > 0.215$ 时:

$$\varphi = \frac{1}{2\lambda_n^2}\left[(\alpha_2 + \alpha_3\lambda_n + \lambda_n^2) - \sqrt{(\alpha_2 + \alpha_3\lambda_n + \lambda_n^2)^2 - 4\lambda_n^2}\right]$$

式中,α_1、α_2、α_3——系数,应根据截面分类按表 D.5 采用。

表 D.5　系数 α_1、α_2、α_3

截面类别		α_1	α_2	α_3
a 类		0.41	0.986	0.152
b 类		0.65	0.965	0.300
c 类	$\lambda_n \leqslant 1.05$	0.73	0.906	0.595
	$\lambda_n > 1.05$		1.216	0.302
d 类	$\lambda_n \leqslant 1.05$	1.35	0.868	0.915
	$\lambda_n > 1.05$		1.375	0.432

附录 E　各类截面回转半径近似值

表 E.1　各类截面回转半径近似值

$i_x=0.305h$ $i_y=0.305b$ $i_z=0.195h$	$i_x=0.40h$ $i_y=0.21b$	$i_x=0.38h$ $i_y=0.60b$	$i_x=0.41h$ $i_y=0.22b$
$i_x=0.32h$ $i_y=0.28b$ $i_z=0.09(b+h)$	$i_x=0.45h$ $i_y=0.235b$	$i_x=0.385h$ $i_y=0.44b$	$i_x=0.32h$ $i_y=0.49b$
$i_x=0.30h$ $i_y=0.215b$	$i_x=0.44h$ $i_y=0.28b$	$i_x=0.32h$ $i_y=0.58b$	$i_x=0.29h$ $i_y=0.50b$
$i_x=0.32h$ $i_y=0.20b$	$i_x=0.43h$ $i_y=0.43b$	$i_x=0.32h$ $i_y=0.40b$	$i_x=0.29h$ $i_y=0.45b$
$i_x=0.28h$ $i_y=0.24b$	$i_x=0.395h$ $i_y=0.20b$	$i_x=0.38h$ $i_y=0.21b$	$i_x=0.29h$ $i_y=0.29b$
$i_x=0.30h$ $i_y=0.17b$	$i_x=0.42h$ $i_y=0.22b$	$i_x=0.44h$ $i_y=0.32b$	
$i_x=0.28h$ $i_y=0.21b$	$i_x=0.43h$ $i_y=0.24b$	$i_x=0.44h$ $i_y=0.38b$	$i=0.25d$
$i_x=0.215h$ $i_y=0.215b$ $i_z=0.185h$	$i_x=0.365h$ $i_y=0.275b$	$i_x=0.37h$ $i_y=0.54b$	$i=0.175$ $(d+D)$
$i_x=0.215h$ $i_y=0.215b$	$i_x=0.35h$ $i_y=0.56b$	$i_x=0.37h$ $i_y=0.45b$	$i_x=0.39h$ $i_y=0.53b$
$i_x=0.45h$ $i_y=0.24b$	$i_x=0.385h$ $i_y=0.285b$	$i_x=0.40h$ $i_y=0.24b$	$i_x=0.395h$ $i_y=0.505b$

附录 F　柱的计算长度系数

表 F.1　无侧移框架柱的计算长度系数

K_2	K_1												
	0	0.05	0.1	0.2	0.3	0.4	0.5	1	2	3	4	5	≥10
0	1.000	0.990	0.981	0.964	0.949	0.935	0.922	0.875	0.820	0.791	0.773	0.760	0.732
0.05	0.990	0.981	0.971	0.955	0.940	0.926	0.914	0.867	0.814	0.784	0.766	0.754	0.726
0.1	0.981	0.971	0.962	0.946	0.931	0.918	0.906	0.860	0.807	0.778	0.760	0.748	0.721
0.2	0.964	0.955	0.946	0.930	0.916	0.903	0.891	0.846	0.795	0.767	0.749	0.737	0.711
0.3	0.949	0.940	0.931	0.916	0.902	0.889	0.878	0.834	0.784	0.756	0.739	0.728	0.701
0.4	0.935	0.926	0.918	0.903	0.889	0.877	0.866	0.823	0.774	0.747	0.730	0.719	0.693
0.5	0.922	0.914	0.906	0.891	0.878	0.866	0.855	0.813	0.765	0.738	0.721	0.710	0.685
1	0.875	0.867	0.860	0.846	0.834	0.823	0.813	0.774	0.729	0.704	0.688	0.677	0.654
2	0.820	0.814	0.807	0.795	0.784	0.774	0.765	0.729	0.686	0.663	0.648	0.638	0.615
3	0.791	0.784	0.778	0.767	0.756	0.747	0.738	0.704	0.663	0.640	0.625	0.616	0.593
4	0.773	0.766	0.760	0.749	0.739	0.730	0.721	0.688	0.648	0.625	0.611	0.601	0.580
5	0.760	0.754	0.748	0.737	0.728	0.719	0.710	0.677	0.638	0.616	0.601	0.592	0.570
≥10	0.732	0.726	0.721	0.711	0.701	0.693	0.685	0.654	0.615	0.593	0.580	0.570	0.549

注:1. 表中的计算长度系数 μ 值按下式算得:

$$\left[\left(\frac{\pi}{\mu}\right)^2 + 2(K_1-K_2) - 4K_1K_2\right]\frac{\pi}{\mu} \cdot \sin\frac{\pi}{\mu} - 2\left[(K_1-K_2)\left(\frac{\pi}{\mu}\right)^2 + 4K_1K_2\right]\cos\frac{\pi}{\mu} - 8K_1K_2 = 0$$

K_1、K_2——分别为相交于柱上端、柱下端的横梁线刚度之和与柱线刚度之和的比值。当横梁远端为铰接时,应将横梁线刚度乘以 1.5;当横梁远端为嵌固时,则将横梁线刚度乘以 2.0。

2. 当横梁与柱铰接时,取横梁线刚度为零。

3. 对底层框架柱:当柱与基础铰接时,取 $K_2=0$(对平板支座可取 $K_2=0.1$);当柱与基础刚接时,取 $K_2=10$。

表 F. 2　有侧移框架柱的计算长度系数

K_2	K_1												
	0	0.05	0.1	0.2	0.3	0.4	0.5	1	2	3	4	5	≥10
0	∞	6.02	4.46	3.42	3.01	2.78	2.64	2.33	2.17	2.11	2.08	2.07	2.03
0.05	6.02	4.16	3.47	2.86	2.58	2.42	2.31	2.07	1.94	1.90	1.87	1.86	1.83
0.1	4.46	3.47	3.01	2.56	2.33	2.20	2.11	1.90	1.79	1.75	1.73	1.72	1.70
0.2	3.42	2.86	2.56	2.23	2.05	1.94	1.87	1.70	1.60	1.57	1.55	1.54	1.52
0.3	3.01	2.58	2.33	2.05	1.90	1.80	1.74	1.58	1.49	1.46	1.45	1.44	1.42
0.4	2.78	2.42	2.20	1.94	1.80	1.71	1.65	1.50	1.42	1.39	1.37	1.37	1.35
0.5	2.64	2.31	2.11	1.87	1.74	1.65	1.59	1.45	1.37	1.34	1.32	1.32	1.30
1	2.33	2.07	1.90	1.70	1.58	1.50	1.45	1.32	1.24	1.21	1.20	1.19	1.17
2	2.17	1.94	1.79	1.60	1.49	1.42	1.37	1.24	1.16	1.14	1.12	1.12	1.10
3	2.11	1.90	1.75	1.57	1.46	1.39	1.34	1.21	1.14	1.11	1.10	1.09	1.07
4	2.08	1.87	1.73	1.55	1.45	1.37	1.32	1.20	1.12	1.10	1.08	1.08	1.06
5	2.07	1.86	1.72	1.54	1.44	1.37	1.32	1.19	1.12	1.09	1.08	1.07	1.05
≥10	2.03	1.83	1.70	1.52	1.42	1.35	1.30	1.17	1.10	1.07	1.06	1.05	1.03

注:1. 表中的计算长度系数 μ 值按下式计算得出:

$$\left[36K_1K_2 - \left(\frac{\pi}{\mu}\right)^2\right]\sin\frac{\pi}{\mu} + 6(K_1+K_2)\frac{\pi}{\mu} \cdot \cos\frac{\pi}{\mu} = 0$$

K_1、K_2——分别为相交于柱上端、柱下端的横梁线刚度之和与柱线刚度之和的比值。当横梁远端为铰接时,应将横梁线刚度乘以 0.5;当横梁远端为嵌固时,则应乘以 2/3。

2. 当横梁与柱铰接时,取横梁线刚度为零。

3. 对底层框架柱:当柱与基础铰接时,取 $K_2 = 0$(对平板支座可取 $K_2 = 0.1$);当柱与基础刚接时,取 $K_2 = 10$。

附录 G　疲劳计算的构件和连接分类

表 G.1　非焊接的构件和连接分类

项次	构造细节	说明	类别
1		● 无连接处的母材 轧制型钢	Z1
2		● 无连接处的母材 钢板 （1）两边为轧制边或刨边 （2）两侧为自动、半自动切割边（切割质量标准应符合现行国家标准《钢结构工程施工质量验收规范》GB 50205）	Z1 Z2
3		● 连系螺栓和虚孔处的母材 应力以净截面面积计算	Z4
4		● 螺栓连接处的母材 高强度螺栓摩擦型连接应力以毛截面面积计算，其他螺栓连接应力以净截面面积计算 ● 铆钉连接处的母材 连接应力以净截面面积计算	Z2 Z4
5		● 受拉螺栓的螺纹处母材 连接板件应有足够的刚度，保证不产生撬力。否则受拉正应力应考虑撬力及其他因素产生的全部附加应力 　对于直径大于 30 mm 的螺栓，需要考虑尺寸效应对容许应力幅进行修正，修正系数 $\gamma_t = \left(\dfrac{30}{d}\right)^{0.25}$ 　d——螺栓直径，单位为 mm	Z11

注：箭头表示计算应力幅的位置和方向。

表 G. 2　纵向传力焊缝的构件和连接分类

项次	构造细节	说明	类别
6	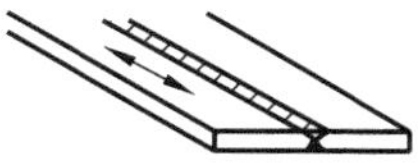	● 无垫板的纵向对接焊缝附近的母材焊缝符合二级焊缝标准	Z2
7	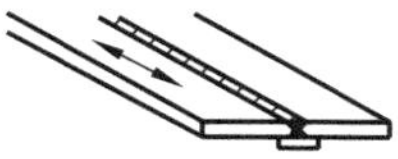	● 有连续垫板的纵向自动对接焊缝附近的母材 （1）无起弧、灭弧 （2）有起弧、灭弧	Z4 Z5
8	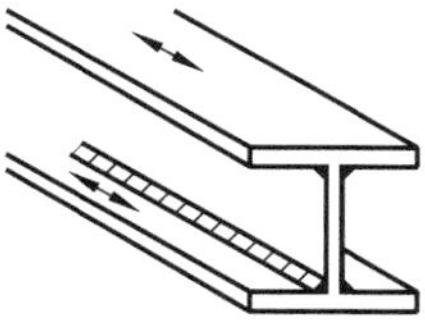 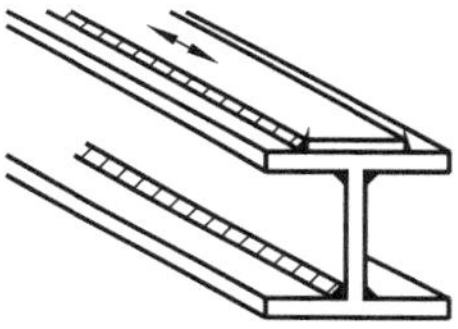	● 翼缘连接焊缝附近的母材 翼缘板与腹板的连接焊缝 自动焊，二级 T 形对接与角接组合焊缝 自动焊，角焊缝，外观质量标准符合二级 手工焊，角焊缝，外观质量标准符合二级 双层翼缘板之间的连接焊缝 自动焊，角焊缝，外观质量标准符合二级 手工焊，角焊缝，外观质量标准符合二级	Z2 Z4 Z5 Z4 Z5
9	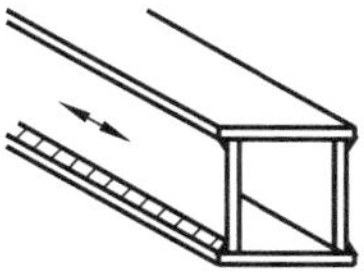 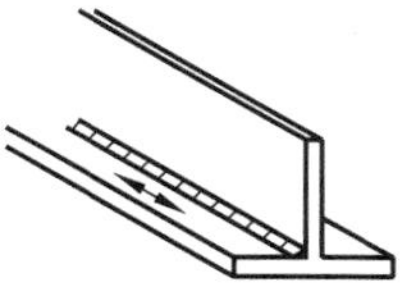	● 仅单侧施焊的手工或自动对接焊缝附近的母材，焊缝符合二级焊缝标准，翼缘与腹板很好贴合	Z5
10	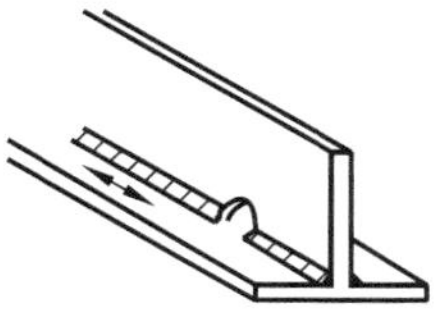	● 开工艺孔处焊缝符合二级焊缝标准的对接焊缝、焊缝外观质量符合二级焊缝标准的角焊缝等附近的母材	Z8
11	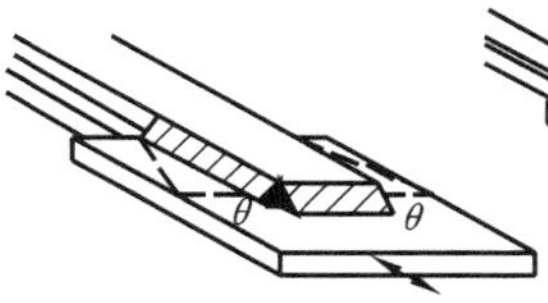 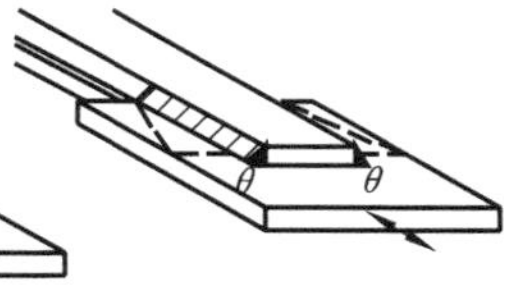	● 节点板搭接的两侧面角焊缝端部的母材 ● 节点板搭接的三面围焊时两侧角焊缝端部的母材 ● 三面围焊或两侧面角焊缝的节点板母材（节点板计算宽度按应力扩散角 θ 等于 $30°$ 考虑）	Z10 Z8 Z8

注：箭头表示计算应力幅的位置和方向。

表 G.3　横向传力焊缝的构件和连接分类

项次	构造细节	说明	类别
12		● 横向对接焊缝附近的母材,轧制梁对接焊缝附近的母材 符合现行国家标准《钢结构工程施工质量验收规范》GB 50205 的一级焊缝,且经加工、磨平	Z2
		符合现行国家标准《钢结构工程施工质量验收规范》GB 50205 的一级焊缝	Z4
13		● 不同厚度(或宽度)横向对接焊缝附近的母材 符合现行国家标准《钢结构工程施工质量验收规范》GB 50205 的一级焊缝,且经加工、磨平	Z2
		符合现行国家标准《钢结构工程施工质量验收规范》GB 50205 的一级焊缝	Z4
14	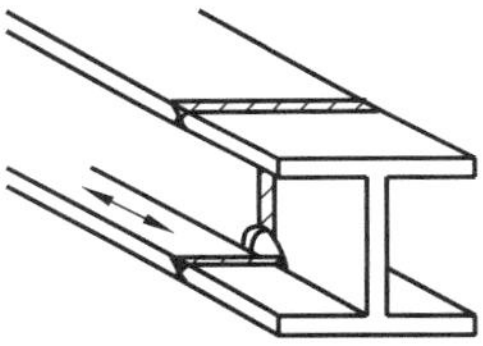	● 有工艺孔的轧制梁对接焊缝附近的母材,焊缝加工成平滑过渡并符合一级焊缝标准	Z6
15	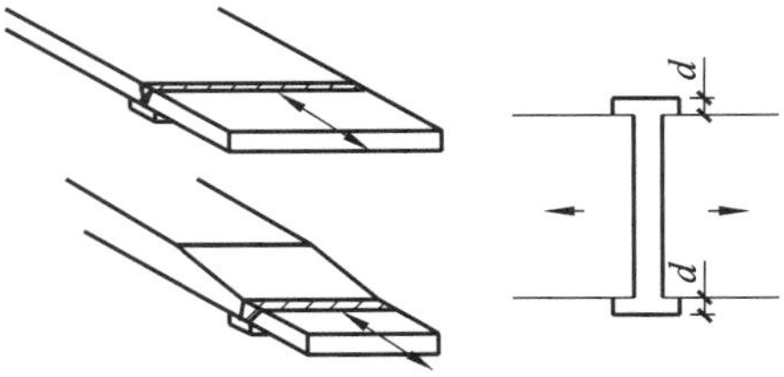	● 带垫板的横向对接焊缝附近的母材 垫板端部超出母板距离 d: $d \geqslant 10$ mm $d < 10$ mm	Z8 Z11
16	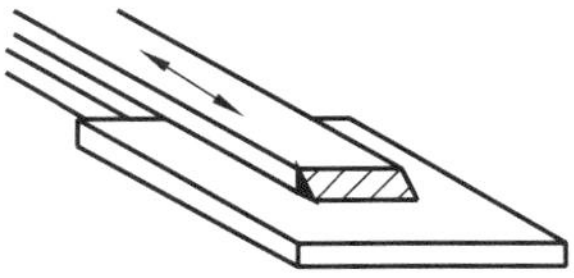	● 节点板搭接的端面角焊缝的母材	Z7
17	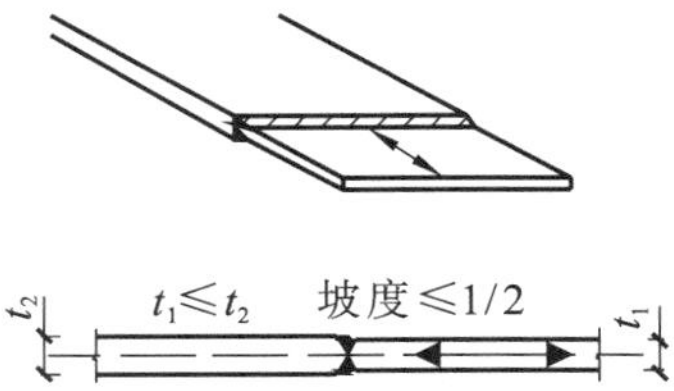	● 不同厚度直接横向对接焊缝附近的母材,焊缝等级为一级,无偏心	Z8

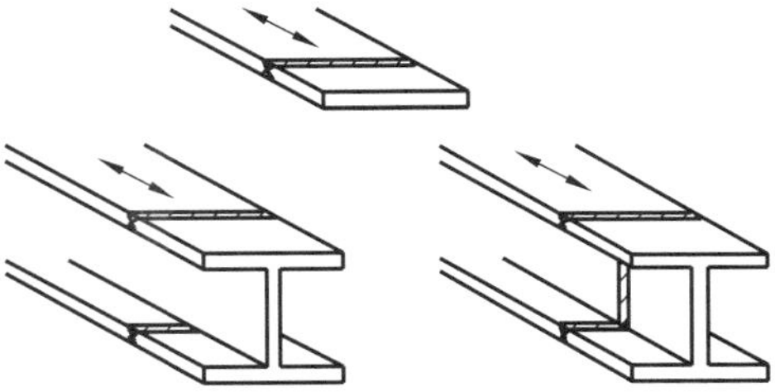

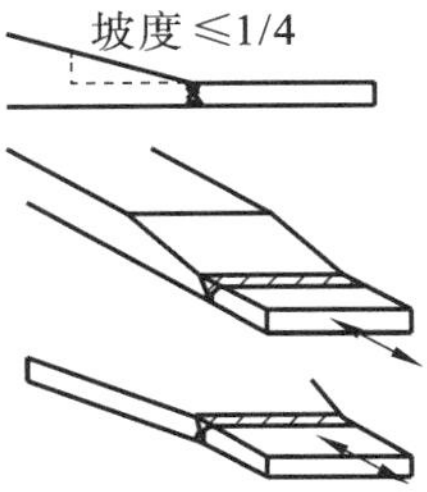

项次	构造细节	说明	类别
18	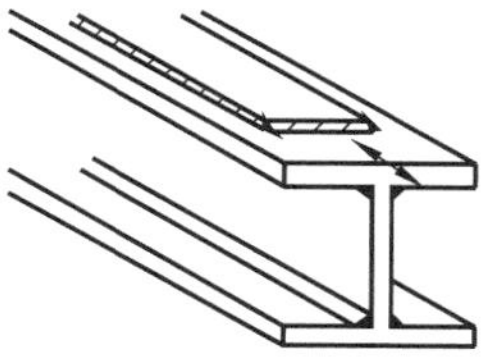	● 翼缘盖板中断处的母材（板端有横向端焊缝）	Z8
19	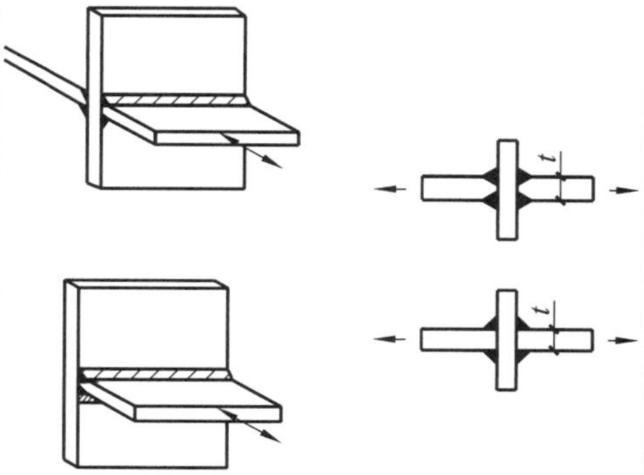	● 十字形连接、T形连接 （1）K形坡口、T形对接与角接组合焊缝处的母材,十字形连接两侧轴线偏离距离小于$0.15t$,焊缝为二级,焊趾角 $\alpha \leqslant 45°$ （2）角焊缝处的母材,十字形连接两侧轴线偏离距离小于 $0.15t$	Z6 Z8
20	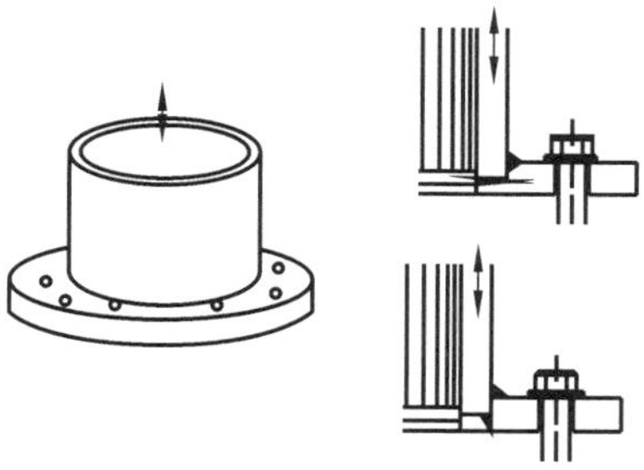	● 法兰焊缝连接附近的母材 （1）采用对接焊缝,焊缝为一级 （2）采用角焊缝	Z8 Z13

注:箭头表示计算应力幅的位置和方向。

表 G.4　非传力焊缝的构件和连接分类

项次	构造细节	说明	类别
21	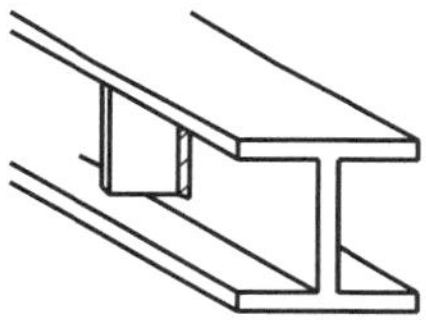	● 横向加劲肋端部附近的母材 肋端焊缝不断弧（采用回焊） 肋端焊缝断弧	Z5 Z6

项次	构造细节	说明	类别
22	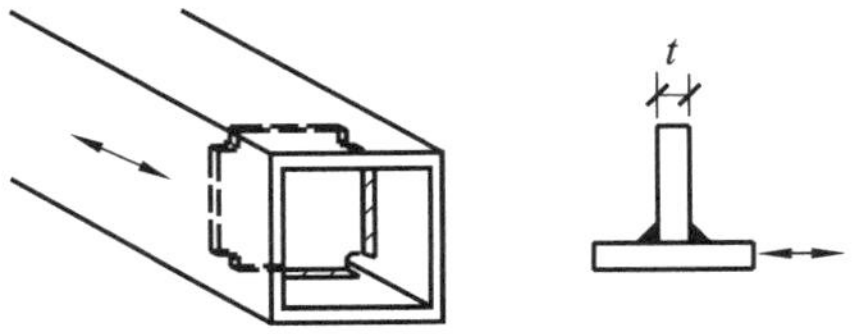	● 横向焊接附件附近的母材 (1) $t \leqslant 50$ mm (2) 50 mm $< t \leqslant 80$ mm t 为焊接附件的板厚	Z7 Z8
23	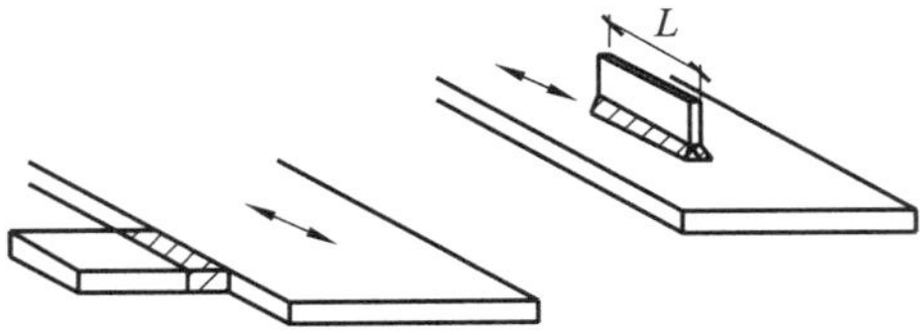	● 矩形节点板焊接于构件翼缘或腹板处的母材 (节点板焊缝方向的长度 $L > 150$ mm)	Z8
24	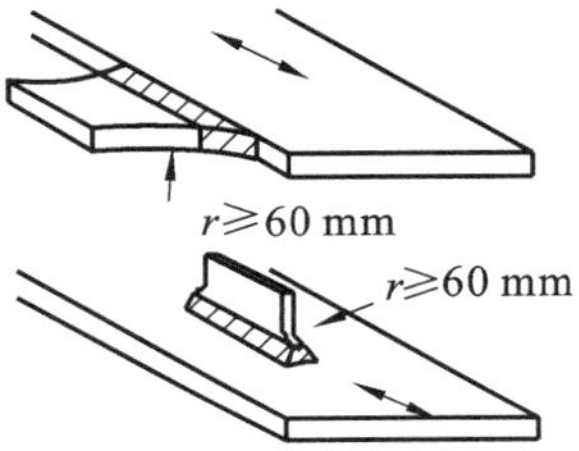	● 带圆弧的梯形节点板用对接焊缝焊于梁翼缘、腹板以及桁架构件处的母材,圆弧过渡处在焊后铲平、磨光、圆滑过渡,不得有焊接起弧、灭弧缺陷	Z6
25	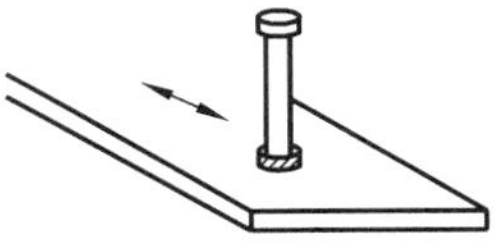	● 焊接剪力栓钉附近的钢板母材	Z7

注:箭头表示计算应力幅的位置和方向。

表 G.5　钢管截面的构件和连接分类

项次	构造细节	说明	类别
26	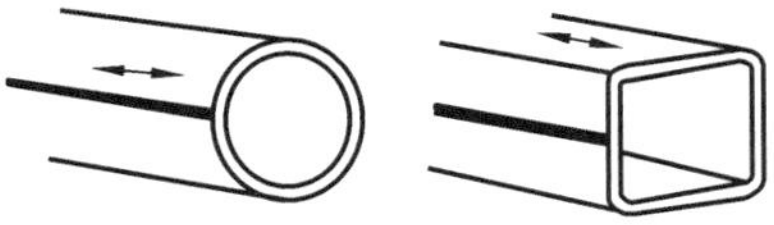	● 钢管纵向自动焊缝的母材 (1) 无焊接起弧、灭弧点 (2) 有焊接起弧、灭弧点	Z3 Z6
27	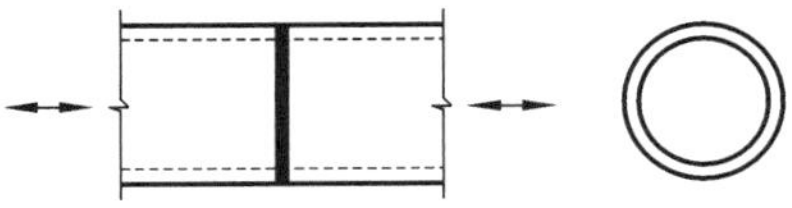	● 圆管端部对接焊缝附近的母材,焊缝平滑过渡并符合现行国家标准《钢结构工程施工质量验收规范》GB 50205 的一级焊缝标准,余高不大于焊缝宽度的 10% (1) 圆管壁厚 8 mm $< t \leqslant 12.5$ mm (2) 圆管壁厚 $t \leqslant 8$ mm	 Z6 Z8

项次	构造细节	说明	类别
28	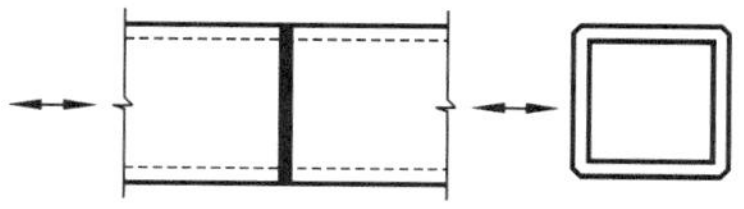	● 矩形管端部对接焊缝附近的母材,焊缝平滑过渡并符合一级焊缝标准,余高不大于焊缝宽度的10% 　(1) 方管壁厚 8 mm<t≤12.5 mm 　(2) 方管壁厚 t≤8 mm	Z8 Z10
29	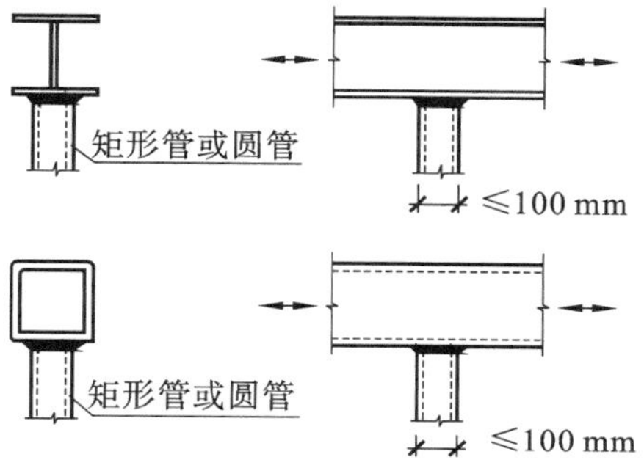 矩形管或圆管　　≤100 mm 矩形管或圆管　　≤100 mm	● 焊有矩形管或圆管的构件,连接角焊缝附近的母材,角焊缝为非承载焊缝,其外观质量标准符合二级,矩形管宽度或圆管直径不大于 100 mm	Z8
30	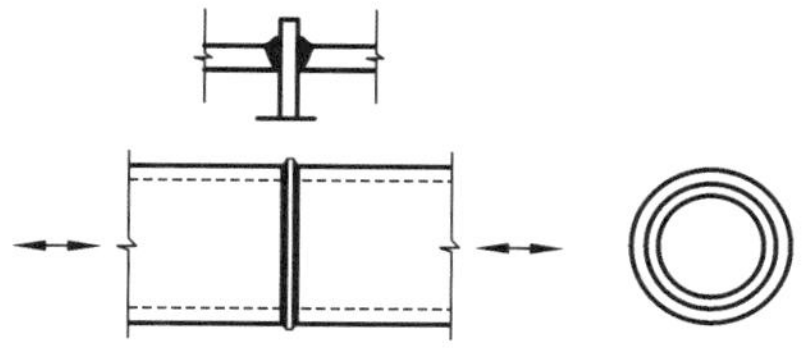	● 通过端板采用对接焊缝拼接的圆管母材,焊缝符合一级质量标准 　(1) 圆管壁厚 8 mm<t≤12.5 mm 　(2) 圆管壁厚 t≤8 mm	Z10 Z11
31	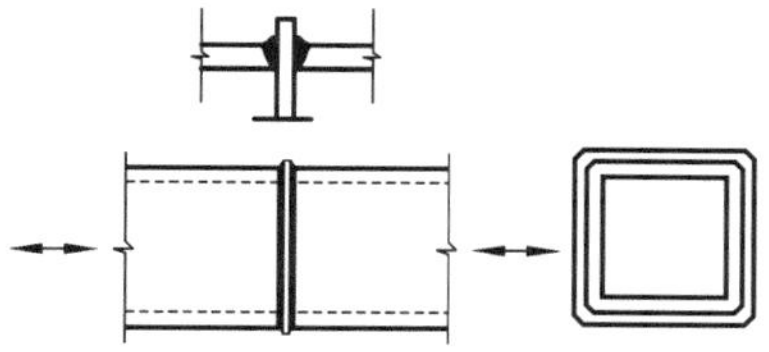	● 通过端板采用对接焊缝拼接的矩形管母材,焊缝符合一级质量标准 　(1) 方管壁厚 8 mm<t≤12.5 mm 　(2) 方管壁厚 t≤8 mm	Z11 Z12
32	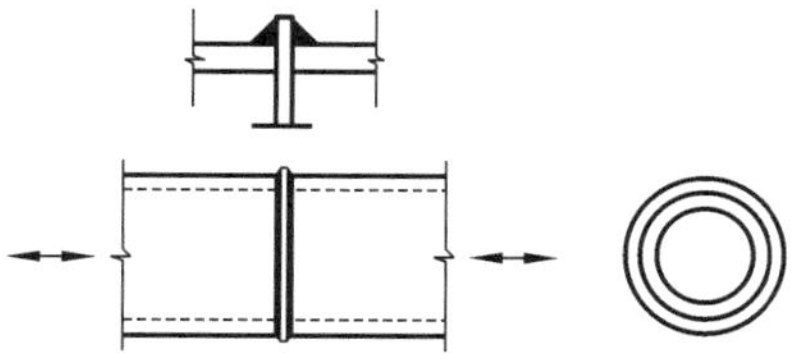	● 通过端板采用角焊缝拼接的圆管母材,焊缝外观质量标准符合二级,管壁厚度 t≤8 mm	Z13
33	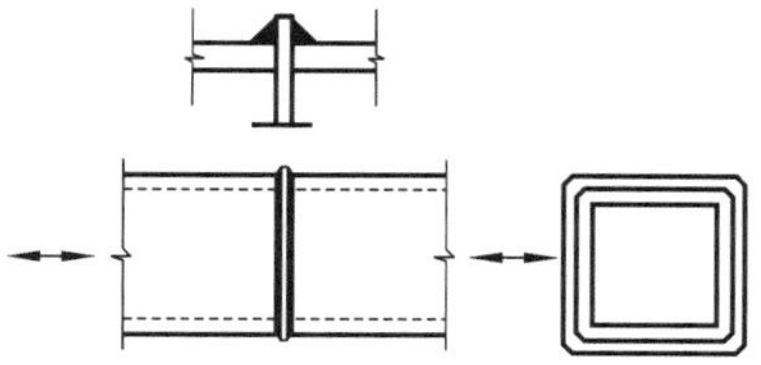	● 通过端板采用角焊缝拼接的矩形管母材,焊缝外观质量标准符合二级,管壁厚度 t≤8 mm	Z14

续表

项次	构造细节	说明	类别
34	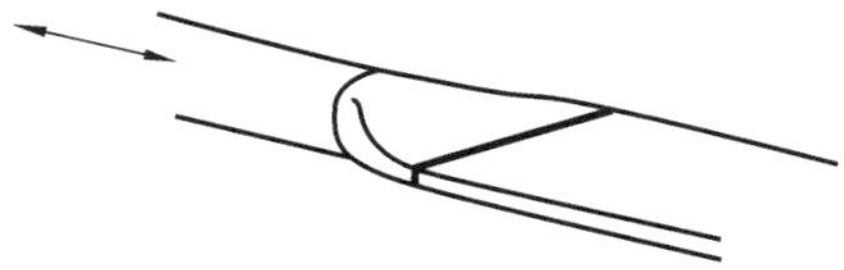	● 钢管端部压扁与钢板对接焊缝连接（仅适用于直径小于 200 mm 的钢管），计算时采用钢管的应力幅	Z8
35	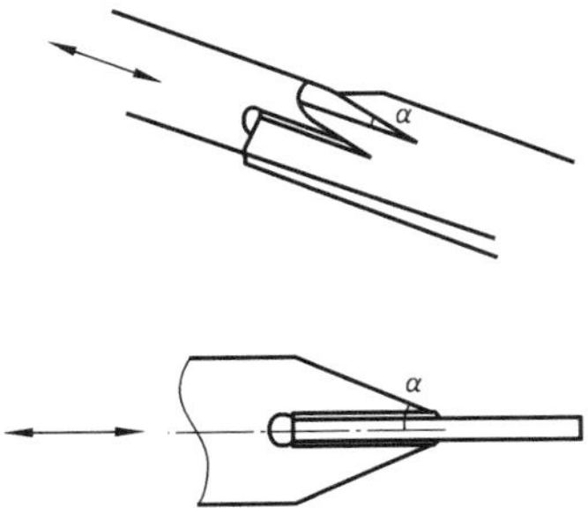	● 钢管端部开设槽口与钢板角焊缝连接，槽口端部为圆弧，计算时采用钢管的应力幅 （1）倾斜角 $\alpha \leqslant 45°$ （2）倾斜角 $\alpha > 45°$	Z8 Z9

注:箭头表示计算应力幅的位置和方向。

表 G.6　剪应力作用下的构件和连接分类

项次	构造细节	说明	类别
36	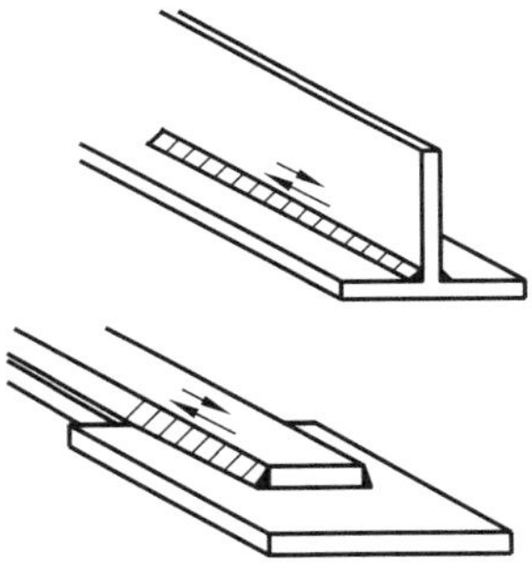	● 各类受剪角焊缝 剪应力按有效截面计算	J1
37	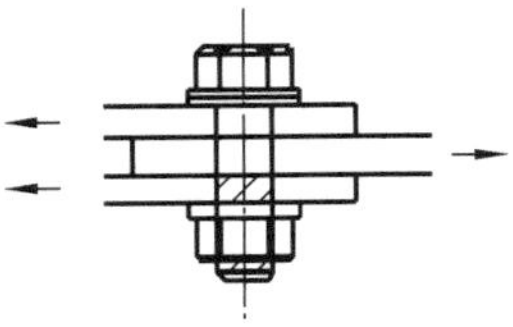	● 受剪力的普通螺栓 采用螺杆截面的剪应力	J2
38	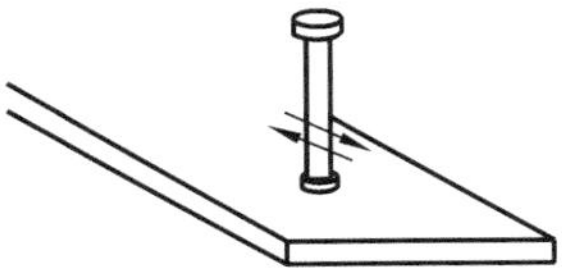	● 焊接剪力栓钉 采用栓钉名义截面的剪应力	J3

注:箭头表示计算应力幅的位置和方向。

附录 H　常用型钢规格及截面特征

表 H.1　热轧等边角钢截面特性表(按 GB/T 706—2016《热轧型钢》计算)

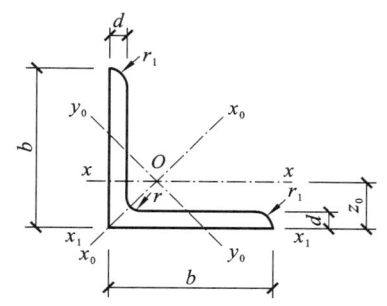

b——边宽度;I——截面惯性矩;z_0——重心距离;

d——边宽度;W——截面抵抗矩;r_1——边端圆弧半径;

r——内圆弧半径;i——回转半径。

型号	截面尺寸/mm			截面面积/cm^2	每米长质量/(kg/m)	外表面积/(m^2/m)	惯性矩/cm^4				惯性半径/cm			截面抵抗矩/cm^3			重心距离/cm
	b	d	r				I_x	I_{x1}	I_{x0}	I_{y0}	i_x	i_{x0}	i_{y0}	W_x	W_{x0}	W_{y0}	z_0
2	20	3	3.5	1.132	0.89	0.078	0.40	0.81	0.63	0.17	0.59	0.75	0.39	0.29	0.45	0.20	0.60
		4		1.459	1.15	0.077	0.50	1.09	0.78	0.22	0.58	0.73	0.38	0.36	0.55	0.24	0.64
2.5	25	3		1.432	1.12	0.098	0.82	1.57	1.29	0.34	0.76	0.95	0.49	0.46	0.73	0.33	0.73
		4		1.859	1.46	0.097	1.03	2.11	1.62	0.43	0.74	0.93	0.48	0.59	0.92	0.40	0.76
3.0	30	3		1.749	1.37	0.117	1.46	2.71	2.31	0.61	0.91	1.15	0.59	0.68	1.09	0.51	0.85
		4		2.276	1.79	0.117	1.84	3.63	2.92	0.77	0.90	1.13	0.58	0.87	1.37	0.62	0.89
3.6	36	3	4.5	2.109	1.66	0.141	2.58	4.68	4.09	1.07	1.11	1.39	0.71	0.99	1.61	0.76	1.00
		4		2.756	2.16	0.141	3.29	6.25	5.22	1.37	1.09	1.38	0.70	1.28	2.05	0.93	1.04
		5		3.382	2.65	0.141	3.95	7.84	6.24	1.65	1.08	1.36	0.70	1.56	2.45	1.00	1.07
4	40	3	5	2.359	1.85	0.157	3.59	6.41	5.69	1.49	1.23	1.55	0.79	1.23	2.01	0.96	1.09
		4		3.086	2.42	0.157	4.60	8.56	7.29	1.91	1.22	1.54	0.79	1.60	2.58	1.19	1.13
		5		3.792	2.98	0.156	5.53	10.7	8.76	2.30	1.21	1.52	0.78	1.96	3.10	1.39	1.17
4.5	45	3	5	2.659	2.09	0.177	5.17	9.12	8.20	2.14	1.40	1.76	0.89	1.58	2.58	1.24	1.22
		4		3.486	2.74	0.177	6.65	12.2	10.6	2.75	1.38	1.74	0.89	2.05	3.32	1.54	1.26
		5		4.292	3.37	0.176	8.04	15.2	12.7	3.33	1.37	1.72	0.88	2.51	4.00	1.81	1.30
		6		5.077	3.99	0.176	9.33	18.4	14.8	3.89	1.36	1.70	0.80	2.95	4.64	2.06	1.33
5	50	3	5.5	2.971	2.33	0.197	7.18	12.5	11.4	2.98	1.55	1.96	1.00	1.96	3.22	1.57	1.34
		4		3.897	3.06	0.197	9.26	16.7	14.7	3.82	1.54	1.94	0.99	2.56	4.16	1.96	1.38
		5		4.803	3.77	0.196	11.2	20.9	17.8	4.64	1.53	1.94	0.98	3.13	5.03	2.31	1.42
		6		5.688	4.46	0.196	13.1	25.1	20.7	5.42	1.52	1.91	0.98	3.68	5.85	2.63	1.46

型号	截面尺寸/mm			截面面积/cm²	每米长质量/(kg/m)	外表面积/(m²/m)	惯性矩/cm⁴				惯性半径/cm			截面抵抗矩/cm³			重心距离/cm
	b	d	r				I_x	I_{x1}	I_{x0}	I_{y0}	i_x	i_{x0}	i_{y0}	W_x	W_{x0}	W_{y0}	z_0
5.6	56	3	6	3.343	2.62	0.221	10.2	17.6	16.1	4.24	1.75	2.20	1.13	2.48	4.08	2.02	1.48
		4		4.390	3.45	0.220	13.2	23.4	20.9	5.46	1.73	2.18	1.11	3.24	5.28	2.52	1.53
		5		5.415	4.25	0.220	16.0	29.3	25.4	6.61	1.72	2.17	1.10	3.97	6.42	2.98	1.57
		6		6.420	5.04	0.220	18.7	35.3	29.7	7.73	1.71	2.15	1.10	4.68	7.49	3.40	1.61
		7		7.404	5.81	0.219	21.2	41.2	33.6	8.82	1.69	2.13	1.09	5.36	8.49	3.80	1.64
		8		8.367	6.57	0.219	23.6	47.2	37.4	9.89	1.68	2.11	1.09	6.03	9.44	4.16	1.68
6	60	5	6.5	5.829	4.58	0.236	19.9	36.1	31.6	8.21	1.85	2.33	1.19	4.59	7.44	3.48	1.67
		6		6.914	5.43	0.235	23.4	43.3	36.9	9.60	1.83	2.31	1.18	5.41	8.70	3.98	1.70
		7		7.977	6.26	0.235	26.4	50.7	41.9	11.0	1.82	2.29	1.17	6.21	9.88	4.45	1.74
		8		9.020	7.08	0.235	29.5	58.0	46.7	12.3	1.81	2.27	1.17	6.98	11.0	4.88	1.78
6.3	63	4	7	4.978	3.91	0.248	19.0	33.4	30.2	7.89	1.96	2.46	1.26	4.13	6.78	3.29	1.70
		5		6.143	4.82	0.248	23.2	41.7	36.8	9.57	1.94	2.45	1.25	5.08	8.25	3.90	1.74
		6		7.288	5.72	0.247	27.1	50.1	43.0	11.2	1.93	2.43	1.24	6.00	9.66	4.46	1.78
		7		8.412	6.60	0.247	30.9	58.6	49.0	12.8	1.92	2.41	1.23	6.88	11.0	4.98	1.82
		8		9.515	7.47	0.247	34.5	67.1	54.6	14.3	1.90	2.40	1.23	7.75	12.3	5.47	1.85
		10		11.660	9.15	0.246	41.1	84.3	64.9	17.3	1.88	2.36	1.22	9.39	14.6	6.36	1.93
7	70	4	8	5.570	4.37	0.275	26.4	45.7	41.8	11.0	2.18	2.74	1.40	5.14	8.44	4.17	1.86
		5		6.876	5.40	0.275	32.2	57.2	51.1	13.3	2.16	2.73	1.39	6.32	10.3	4.95	1.91
		6		8.160	6.41	0.275	37.8	68.7	59.9	15.6	2.15	2.71	1.38	7.48	12.1	5.67	1.95
		7		9.424	7.40	0.275	43.1	80.3	68.4	17.8	2.14	2.69	1.38	8.59	13.8	6.34	1.99
		8		10.670	8.37	0.274	48.2	91.9	76.4	20.0	2.12	2.68	1.37	9.68	15.4	6.98	2.03
7.5	75	5	9	7.412	5.82	0.295	40.0	70.6	63.3	16.6	2.33	2.92	1.50	7.32	11.9	5.77	2.04
		6		8.797	6.91	0.294	47.0	84.6	74.4	19.5	2.31	2.90	1.49	8.64	14.0	6.67	2.07
		7		10.160	7.98	0.294	53.6	98.7	85.0	22.2	2.30	2.89	1.48	9.93	16.0	7.44	2.11
		8		11.500	9.03	0.294	60.0	113	95.1	24.9	2.28	2.88	1.47	11.2	17.9	8.19	2.15
		9		12.830	10.10	0.294	66.1	127	105	27.5	2.27	2.86	1.46	12.4	19.8	8.89	2.18
		10		14.130	11.10	0.293	72.0	142	114	30.1	2.26	2.84	1.46	13.6	21.5	9.56	2.22
8	80	5	9	7.912	6.21	0.315	48.8	85.4	77.3	20.3	2.48	3.13	1.60	8.34	13.7	6.66	2.15
		6		9.397	7.38	0.314	57.4	103	91.0	23.7	2.47	3.11	1.59	9.87	16.1	7.65	2.19
		7		10.860	8.53	0.314	65.6	120	104	27.1	2.46	3.10	1.58	11.4	18.4	8.58	2.23
		8		12.300	9.66	0.314	73.5	137	117	30.4	2.44	3.08	1.57	12.8	20.6	9.46	2.27
		9		13.730	10.80	0.314	81.1	154	129	33.6	2.43	3.06	1.56	14.3	22.7	10.3	2.31
		10		15.130	11.90	0.313	88.4	172	140	36.8	2.42	3.04	1.56	15.6	24.8	11.1	2.35

续表

型号	截面尺寸/mm			截面面积/cm²	每米长质量/(kg/m)	外表面积/(m²/m)	惯性矩/cm⁴				惯性半径/cm			截面抵抗矩/cm³			重心距离/cm
	b	d	r				I_x	I_{x1}	I_{x0}	I_{y0}	i_x	i_{x0}	i_{y0}	W_x	W_{x0}	W_{y0}	z_0
9	90	6	10	10.64	8.35	0.354	82.8	146	131	34.3	2.79	3.51	1.80	12.6	20.6	9.95	2.44
		7		12.30	9.66	0.354	94.8	170	150	39.2	2.78	3.50	1.78	14.5	23.6	11.2	2.48
		8		13.94	10.90	0.353	106	195	169	44.0	2.76	3.48	1.78	16.4	26.6	12.4	2.52
		9		15.57	12.20	0.353	118	219	187	48.7	2.75	3.46	1.77	18.3	29.4	13.5	2.56
		10		17.17	13.50	0.353	129	244	204	53.3	2.74	3.45	1.76	20.1	32.0	14.5	2.59
		12		20.31	15.90	0.352	149	294	236	62.2	2.71	3.41	1.75	23.6	37.1	16.5	2.67
10	100	6	12	11.93	9.37	0.393	115	200	182	47.9	3.10	3.90	2.00	15.7	25.7	12.7	2.67
		7		13.80	10.80	0.393	132	234	209	54.7	3.09	3.89	1.99	18.1	29.6	14.3	2.71
		8		15.64	12.30	0.393	148	267	235	61.4	3.08	3.88	1.98	20.5	33.2	15.8	2.76
		9		17.46	13.70	0.392	164	300	260	68.0	3.07	3.86	1.97	22.8	36.8	17.2	2.80
		10		19.26	15.10	0.392	180	334	285	74.4	3.05	3.84	1.96	25.1	40.3	18.5	2.84
		12		22.80	17.90	0.391	209	402	331	86.8	3.03	3.81	1.95	29.5	46.8	21.1	2.91
		14		26.26	20.60	0.391	237	471	374	99.0	3.00	3.77	1.94	33.7	52.9	23.4	2.99
		16		29.63	23.30	0.390	263	540	414	111	2.98	3.74	1.94	37.8	58.6	25.6	3.06
11	110	7	12	15.20	11.90	0.433	177	311	281	73.4	3.41	4.30	2.20	22.1	36.1	17.5	2.96
		8		17.24	13.50	0.433	199	355	316	82.4	3.40	4.28	2.19	25.0	40.7	19.4	3.01
		10		21.26	16.70	0.432	242	445	384	100	3.38	4.25	2.17	30.6	49.4	22.9	3.09
		12		25.20	19.80	0.431	283	535	448	117	3.35	4.22	2.15	36.1	57.6	26.2	3.16
		14		29.06	22.80	0.431	321	625	508	133	3.32	4.18	2.14	41.3	65.3	29.1	3.24
12.5	125	8	14	19.75	15.50	0.492	297	521	471	123	3.88	4.88	2.50	32.5	53.3	25.9	3.37
		10		24.37	19.10	0.491	362	652	574	149	3.85	4.85	2.48	40.0	64.9	30.6	3.45
		12		28.91	22.70	0.491	423	783	671	175	3.83	4.82	2.46	41.2	76.0	35.0	3.53
		14		33.37	26.20	0.490	482	916	764	200	3.80	4.78	2.45	54.2	86.4	39.1	3.61
		16		37.74	29.60	0.489	537	1050	851	224	3.77	4.75	2.43	60.9	96.3	43.0	3.68
14	140	10	14	27.37	21.50	0.551	515	915	817	212	4.34	5.46	2.78	50.6	82.6	39.2	3.82
		12		32.51	25.50	0.551	604	1100	959	249	4.31	5.43	2.76	59.8	96.9	45.0	3.90
		14		37.57	29.50	0.550	689	1280	1090	284	4.28	5.40	2.75	68.8	110	50.5	3.98
		16		42.54	33.40	0.549	770	1470	1220	319	4.26	5.36	2.74	77.5	123	55.6	4.06
15	150	8		23.75	18.60	0.592	521	900	827	215	4.69	5.90	3.01	47.4	78.0	38.1	3.99
		10		29.37	23.10	0.591	638	1130	1010	262	4.66	5.87	2.99	58.4	95.5	45.5	4.08
		12		34.91	27.40	0.591	749	1350	1190	308	4.63	5.84	2.97	69.0	112	52.4	4.15
		14		40.37	31.70	0.590	856	1580	1360	352	4.60	5.80	2.95	79.5	128	58.8	4.23
		15		43.06	33.80	0.590	907	1690	1440	374	4.59	5.78	2.95	84.6	136	61.9	4.27
		16		45.74	35.90	0.589	958	1810	1520	395	4.58	5.77	2.94	89.6	143	64.9	4.31

型号	截面尺寸/mm			截面面积/cm²	每米长质量/(kg/m)	外表面积/(m²/m)	惯性矩/cm⁴				惯性半径/cm			截面抵抗矩/cm³			重心距离/cm
	b	d	r				I_x	I_{x1}	I_{x0}	I_{y0}	i_x	i_{x0}	i_{y0}	W_x	W_{x0}	W_{y0}	z_0
16	160	10	16	31.50	24.7	0.630	780	1370	1240	322	4.98	6.27	3.20	66.7	109	52.8	4.31
		12		37.44	29.4	0.630	917	1640	1460	377	4.95	6.24	3.18	79.0	129	60.7	4.39
		14		43.30	34.0	0.629	1050	1910	1670	432	4.92	6.20	3.16	91.0	147	68.2	4.47
		16		49.07	38.5	0.629	1180	2190	1870	485	4.89	6.17	3.14	103	165	75.3	4.55
18	180	12		42.24	33.2	0.710	1320	2330	2100	543	5.59	7.05	3.58	101	165	78.4	4.89
		14		48.90	38.4	0.709	1510	2720	2410	622	5.56	7.02	3.56	116	189	88.4	4.97
		16		55.47	43.5	0.709	1700	3120	2700	699	5.54	6.98	3.55	131	212	97.8	5.05
		18		61.96	48.6	0.708	1880	3500	2990	762	5.50	6.94	3.51	146	235	105	5.13
20	200	14	18	54.64	42.9	0.788	2100	3730	3340	864	6.20	7.82	3.98	145	236	112	5.46
		16		62.01	48.7	0.788	2370	4270	3760	971	6.18	7.79	3.96	164	266	124	5.54
		18		69.30	54.4	0.787	2620	4810	4160	1080	6.15	7.75	3.94	182	294	136	5.62
		20		76.51	60.1	0.787	2870	5350	4530	1180	6.12	7.72	3.93	200	322	147	5.69
		24		90.66	71.2	0.785	3340	6460	5290	1380	6.07	7.64	3.90	236	374	167	5.87
22	220	16	21	68.67	53.9	0.866	3190	5680	5060	1310	6.81	8.59	4.37	200	326	154	6.03
		18		76.75	60.3	0.866	3549	6400	5620	1450	6.79	8.55	4.35	223	361	168	6.11
		20		84.76	66.5	0.865	3870	7110	6150	1590	6.76	8.52	4.34	245	395	182	6.18
		22		92.68	72.8	0.865	4200	7830	6670	1730	6.73	8.48	4.32	267	429	195	6.26
		24		100.5	78.9	0.864	4520	8550	7170	1870	6.71	8.45	4.31	289	461	208	6.33
		26		108.3	85.0	0.864	4830	9280	7690	2000	6.68	8.41	4.30	310	492	221	6.41
25	250	18	24	87.84	69.0	0.985	5270	9380	8370	2170	7.75	9.76	4.97	290	473	224	6.84
		20		97.05	76.2	0.984	5780	10400	9180	2380	7.72	9.73	4.95	320	519	243	6.92
		22		106.2	83.3	0.983	6280	11500	9970	2580	7.69	9.69	4.93	349	564	261	7.00
		24		115.2	90.4	0.983	6770	12500	10700	2790	7.67	9.66	4.92	378	608	278	7.07
		26		124.2	97.5	0.982	7240	13600	11500	2980	7.64	9.62	4.90	406	650	295	7.15
		28		133.0	104	0.982	7700	14600	12200	3180	7.61	9.58	4.89	433	691	311	7.22
		30		141.8	111	0.981	8160	15700	12900	3380	7.58	9.55	4.88	461	731	327	7.30
		32		150.5	118	0.981	8600	16800	13600	3570	7.56	9.51	4.87	488	770	342	7.37
		35		163.4	128	0.980	9240	18400	14600	3850	7.52	9.46	4.86	527	827	364	7.48

注:1. 截面图中的 $r_1=1/3d$ 及表中 r 的数据用于孔型设计,不做交货条件。

2. 当惯性矩和截面抵抗矩超过 100 时,有效数字取至个位。

3. 当惯性矩和截面抵抗矩小于 10 时,为保证足够的有效位数,有效数字取至小数点后 2 位。

表 H.2　热轧不等边角钢截面特性表（按 GB/T 706—2016《热轧型钢》计算）

B——长边宽度；I——截面惯性矩；x₀，y₀——重心距离；
b——短边宽度；W——截面抵抗矩；r——内圆弧半径；
d——边厚度；i——回转半径；r₁——边端圆弧半径。

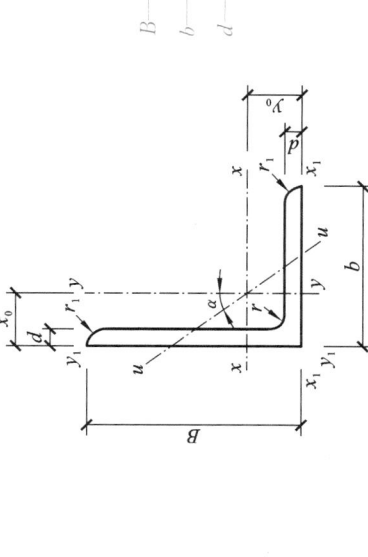

型号	截面尺寸/mm B	b	d	r	截面面积/cm²	每米长质量/(kg/m)	外表面积/(m²/m)	惯性矩/cm⁴ I_x	I_{x1}	I_y	I_{y1}	I_0	惯性半径/cm i_x	i_y	i_0	截面抵抗矩/cm³ W_x	W_y	W_0	$\tan\alpha$	重心距离/cm x_0	y_0
2.5/1.6	25	16	3	3.5	1.162	0.91	0.080	0.70	1.56	0.22	0.43	0.14	0.78	0.44	0.34	0.43	0.19	0.16	0.392	0.42	0.86
			4		1.499	1.18	0.079	0.88	2.09	0.27	0.59	0.17	0.77	0.43	0.34	0.55	0.24	0.20	0.381	0.46	0.90
3.2/2	32	20	3		1.492	1.17	0.102	1.53	3.27	0.46	0.82	0.28	1.01	0.55	0.43	0.72	0.30	0.25	0.382	0.49	1.08
			4		1.939	1.52	0.101	1.93	4.37	0.57	1.12	0.35	1.00	0.54	0.42	0.93	0.39	0.32	0.374	0.53	1.12
4/2.5	40	25	3	4	1.890	1.48	0.127	3.08	5.39	0.93	1.59	0.56	1.28	0.70	0.54	1.15	0.49	0.40	0.385	0.59	1.32
			4		2.467	1.94	0.127	3.93	8.53	1.18	2.14	0.71	1.36	0.69	0.54	1.49	0.63	0.52	0.381	0.63	1.37
4.5/2.8	45	28	3	5	2.149	1.69	0.143	4.45	9.10	1.34	2.23	0.80	1.44	0.79	0.61	1.47	0.62	0.51	0.383	0.64	1.47
			4		2.806	2.20	0.143	5.69	12.1	1.70	3.00	1.02	1.42	0.78	0.60	1.91	0.80	0.66	0.380	0.68	1.51
5/3.2	50	32	3	5.5	2.431	1.91	0.161	6.24	12.5	2.02	3.31	1.20	1.60	0.91	0.70	1.84	0.82	0.68	0.404	0.73	1.60
			4		3.177	2.49	0.160	8.02	16.7	2.58	4.45	1.53	1.59	0.90	0.69	2.39	1.06	0.87	0.402	0.77	1.65
5.6/3.6	56	36	3	6	2.743	2.15	0.181	8.88	17.5	2.92	4.70	1.73	1.80	1.03	0.79	2.32	1.05	0.87	0.408	0.80	1.78
			4		3.590	2.82	0.180	11.5	23.4	3.76	6.33	2.23	1.79	1.02	0.79	3.03	1.37	1.13	0.408	0.85	1.82
			5		4.415	3.47	0.180	13.9	29.3	4.49	7.94	2.67	1.77	1.01	0.78	3.71	1.65	1.36	0.404	0.88	1.87

续表

| 型号 | 截面尺寸/mm | | | | 截面面积/cm² | 每米长质量/(kg/m) | 外表面积/(m²/m) | 惯性矩/cm⁴ | | | | | 惯性半径/cm | | | 截面抵抗矩/cm³ | | | tanα | 重心距离/cm | |
	B	b	d	r				I_x	I_{x1}	I_y	I_{y1}	I_u	i_x	i_y	i_u	W_x	W_y	W_u		x_0	y_0
6.3/4	63	40	4	7	4.058	3.19	0.202	16.5	33.3	5.23	8.63	3.12	2.02	1.14	0.88	3.87	1.70	1.40	0.398	0.92	2.04
			5		4.993	3.92	0.202	20.0	41.6	6.31	10.9	3.76	2.00	1.12	0.87	4.74	2.07	1.71	0.396	0.95	2.08
			6		5.908	4.64	0.201	23.4	50.0	7.29	13.1	4.34	1.96	1.11	0.86	5.59	2.43	1.99	0.393	0.99	2.12
			7		6.802	5.34	0.201	26.5	58.1	8.24	15.5	4.97	1.98	1.10	0.86	6.40	2.78	2.29	0.389	1.03	2.15
7/4.5	70	45	4	7.5	4.553	3.57	0.226	23.2	45.9	7.55	12.3	4.40	2.26	1.29	0.98	4.86	2.17	1.77	0.410	1.02	2.24
			5		5.609	4.40	0.225	28.0	57.1	9.13	15.4	5.40	2.23	1.28	0.98	5.92	2.65	2.19	0.407	1.06	2.28
			6		6.644	5.22	0.225	32.5	68.4	10.6	18.6	6.35	2.21	1.26	0.98	6.95	3.12	2.59	0.404	1.09	2.32
			7		7.658	6.01	0.225	37.2	80.0	12.0	21.8	7.16	2.20	1.25	0.97	8.03	3.57	2.94	0.402	1.13	2.36
7.5/5	75	50	5	8	6.126	4.81	0.245	34.9	70.0	12.6	21.0	7.41	2.39	1.44	1.10	6.83	3.30	2.74	0.435	1.17	2.40
			6		7.260	5.70	0.245	41.1	84.3	14.7	25.4	8.54	2.38	1.42	1.08	8.12	3.88	3.19	0.435	1.21	2.44
			8		9.467	7.43	0.244	52.4	113	18.5	34.2	10.9	2.35	1.40	1.07	10.5	4.99	4.10	0.429	1.29	2.52
			10		11.59	9.10	0.244	62.7	141	22.0	43.4	13.1	2.33	1.38	1.06	12.8	6.04	4.99	0.423	1.36	2.60
8/5	80	50	5	8	6.376	5.00	0.255	42.0	85.2	12.8	21.1	7.66	2.56	1.42	1.10	7.78	3.32	2.74	0.388	1.14	2.60
			6		7.560	5.93	0.255	49.5	103	15.0	25.4	8.85	2.56	1.41	1.08	9.25	3.91	3.20	0.387	1.18	2.65
			7		8.724	6.85	0.255	56.2	119	17.0	29.8	10.2	2.54	1.39	1.08	10.6	4.48	3.70	0.384	1.21	2.69
			8		9.867	7.75	0.254	62.8	136	18.9	34.3	11.4	2.52	1.38	1.07	11.9	5.03	4.16	0.381	1.25	2.73
9/5.6	90	56	5	9	7.212	5.66	0.287	60.5	121	18.3	29.5	11.0	2.90	1.59	1.23	9.92	4.21	3.49	0.385	1.25	2.91
			6		8.557	6.72	0.286	71.0	146	21.4	35.6	12.9	2.88	1.58	1.23	11.7	4.96	4.13	0.384	1.29	2.95
			7		9.881	7.76	0.286	81.0	170	24.4	41.7	14.7	2.86	1.57	1.22	13.5	5.70	4.72	0.382	1.33	3.00
			8		11.18	8.78	0.288	91.0	194	27.2	47.9	16.3	2.85	1.56	1.21	15.3	6.41	5.29	0.380	1.36	3.04

续表

型号	截面尺寸/mm B	b	d	r	截面面积/cm²	每米长质量/(kg/m)	外表面积/(m²/m)	惯性矩/cm⁴ I_x	I_{x1}	I_y	I_{y1}	I_0	惯性半径/cm i_x	i_y	i_0	截面抵抗矩/cm³ W_x	W_y	W_0	$\tan\alpha$	重心距离/cm x_0	y_0
10/6.3	100	63	6	10	9.618	7.55	0.320	99.1	200	30.9	50.5	18.4	3.21	1.79	1.38	14.6	6.35	5.25	0.394	1.43	3.24
			7		11.110	8.72	0.320	113	233	35.3	59.1	21.0	3.20	1.78	1.38	16.9	7.29	6.02	0.394	1.47	3.28
			8		12.580	9.88	0.319	127	266	39.4	67.9	23.5	3.18	1.77	1.37	19.1	8.21	6.78	0.391	1.50	3.32
			10		15.470	12.10	0.319	154	333	47.1	85.7	28.3	3.15	1.74	1.35	23.3	9.98	8.24	0.387	1.58	3.40
10/8	100	80	6	10	10.64	8.35	0.354	107	200	61.2	103	31.7	3.17	2.40	1.72	15.2	10.2	8.37	0.627	1.97	2.95
			7		12.30	9.66	0.354	123	233	70.1	120	36.2	3.16	2.39	1.72	17.5	11.7	9.60	0.626	2.01	3.00
			8		13.94	10.90	0.353	138	267	78.6	137	40.6	3.14	2.37	1.71	19.8	13.2	10.8	0.625	2.05	3.04
			10		17.17	13.50	0.353	167	334	94.7	172	49.1	3.12	2.35	1.69	24.2	16.1	13.1	0.622	2.13	3.12
11/7	110	70	6	10	10.64	8.35	0.354	133	266	42.9	69.1	25.4	3.54	2.01	1.54	17.9	7.90	6.53	0.403	1.57	3.53
			7		12.30	9.66	0.354	153	310	49.0	80.8	29.0	3.53	2.00	1.53	20.6	9.09	7.50	0.402	1.61	3.57
			8		13.94	10.90	0.353	172	354	54.9	92.7	32.5	3.51	1.98	1.53	23.3	10.3	8.45	0.401	1.65	3.62
			10		17.17	13.50	0.353	208	443	65.9	117	39.2	3.48	1.96	1.51	28.5	12.5	10.3	0.397	1.72	3.70
12.5/8	125	80	7	11	14.10	11.10	0.403	228	455	74.4	120	43.8	4.02	2.30	1.76	26.9	12.0	9.92	0.408	1.80	4.01
			8		15.99	12.60	0.403	257	520	83.5	138	49.2	4.01	2.28	1.75	30.4	13.6	11.2	0.407	1.84	4.06
			10		19.71	15.50	0.402	312	650	101	173	59.5	3.98	2.26	1.74	37.3	16.6	13.6	0.404	1.92	4.14
			12		23.35	18.30	0.402	364	780	117	210	69.4	3.95	2.24	1.72	44.0	19.4	16.0	0.400	2.00	4.22
14/9	140	90	8	12	18.04	14.20	0.453	366	731	121	196	70.8	4.50	2.59	1.98	38.5	17.3	14.3	0.411	2.04	4.50
			10		22.26	17.50	0.452	446	913	140	246	85.8	4.47	2.56	1.96	47.3	21.2	17.5	0.409	2.12	4.58
			12		26.40	20.70	0.451	522	1100	170	297	100	4.44	2.54	1.95	55.9	25.0	20.5	0.406	2.19	4.66
			14		30.46	23.90	0.451	594	1280	192	349	114	4.42	2.51	1.94	64.2	28.5	23.5	0.403	2.27	4.74

续表

型号	截面尺寸/mm B	b	d	r	截面面积/cm²	每米长质量/(kg/m)	外表面积/(m²/m)	惯性矩/cm⁴ I_x	I_{x1}	I_y	I_{y1}	I_u	惯性半径/cm i_x	i_y	i_u	截面抵抗矩/cm³ W_x	W_y	W_u	tanα	重心距/cm x_0	y_0
15/9	150	90	8	12	18.84	14.80	0.473	442	898	123	196	74.1	4.84	2.55	1.98	43.9	17.5	14.5	0.364	1.97	4.92
			10		23.26	18.30	0.472	539	1120	149	246	89.9	4.81	2.53	1.97	54.0	21.4	17.7	0.362	2.05	5.01
			12		27.60	21.70	0.471	632	1350	173	297	105	4.79	2.50	1.95	63.8	25.1	20.8	0.359	2.12	5.09
			14		31.86	25.00	0.471	721	1570	196	350	120	4.76	2.48	1.94	73.3	28.8	23.8	0.356	2.20	5.17
			15		33.95	26.70	0.471	764	1680	207	376	127	4.74	2.47	1.93	78.0	30.5	25.3	0.354	2.24	5.21
			16		36.03	28.30	0.470	806	1800	217	403	134	4.73	2.45	1.93	82.6	32.3	26.8	0.352	2.27	5.25
16/10	160	100	10	13	25.32	19.90	0.512	669	1360	205	337	122	5.14	2.85	2.19	62.1	26.6	21.9	0.390	2.28	5.24
			12		30.05	23.60	0.511	785	1640	239	406	142	5.11	2.82	2.17	73.5	31.3	25.8	0.388	2.36	5.32
			14		34.71	27.20	0.510	896	1910	271	476	162	5.08	2.80	2.16	84.6	35.8	29.6	0.385	2.43	5.40
			16		39.28	30.80	0.510	1000	2180	302	548	183	5.05	2.77	2.16	95.3	40.2	33.4	0.382	2.51	5.48
18/11	180	110	10	14	28.37	22.30	0.571	956	1940	278	447	167	5.80	3.13	2.42	79.0	32.5	26.9	0.376	2.44	5.89
			12		33.71	26.50	0.571	1120	2330	325	539	195	5.78	3.10	2.40	93.5	38.3	31.7	0.374	2.52	5.98
			14		38.97	30.60	0.570	1290	2720	370	632	222	5.75	3.08	2.39	108	44.0	36.3	0.372	2.59	6.06
			16		44.14	34.60	0.569	1440	3110	412	726	249	5.72	3.06	2.38	122	49.4	40.9	0.369	2.67	6.14
20/12.5	200	125	12	14	37.91	29.80	0.641	1570	3190	483	788	286	6.44	3.57	2.74	117	50.0	41.2	0.392	2.83	6.54
			14		43.87	34.40	0.640	1800	3730	551	922	327	6.41	3.54	2.73	135	57.4	47.3	0.390	2.91	6.62
			16		49.74	39.00	0.639	2020	4260	615	1060	366	6.38	3.52	2.71	152	64.9	53.3	0.388	2.99	6.70
			18		55.53	43.60	0.639	2240	4790	677	1200	405	6.35	3.49	2.70	169	71.7	59.2	0.385	3.06	6.78

注：1. 截面图中的 $r_1 = 1/3d$ 及表中 r 的数据用于孔型设计，不做交货条件。

2. 当惯性矩和截面抵抗矩超过 100 时，有效数字取至个位。

3. 当惯性矩和截面抵抗矩小于 10 时，为保证足够的有效位数，有效数字取至小数点后 2 位。

表 II.3　热轧等边角钢组合截面特性表（按《热轧型钢》计算）

y—y 轴截面特性
a 为角钢肢背之间的距离（mm）

角钢型号	两个角钢的截面积/cm²	两个角钢的每米长质量/(kg/m)	$a=0$ mm W_y/cm³	i_y/cm	$a=4$ mm W_y/cm³	i_y/cm	$a=6$ mm W_y/cm³	i_y/cm	$a=8$ mm W_y/cm³	i_y/cm	$a=10$ mm W_y/cm³	i_y/cm	$a=12$ mm W_y/cm³	i_y/cm	$a=14$ mm W_y/cm³	i_y/cm	$a=16$ mm W_y/cm³	i_y/cm
2L 20×3	2.26	1.78	0.81	0.85	1.03	1.00	1.15	1.08	1.28	1.17	1.42	1.25	1.57	1.34	1.72	1.43	1.88	1.52
2L 20×4	2.92	2.29	1.09	0.87	1.38	1.02	1.55	1.11	1.73	1.19	1.91	1.28	2.10	1.37	2.30	1.46	2.51	1.55
2L 25×3	2.86	2.25	1.26	1.05	1.52	1.20	1.66	1.27	1.82	1.36	1.98	1.44	2.15	1.53	2.33	1.61	2.52	1.70
2L 25×4	3.72	2.92	1.69	1.07	2.04	1.22	2.21	1.30	2.44	1.38	2.66	1.47	2.89	1.55	3.13	1.64	3.38	1.73
2L 30×3	3.50	2.75	1.81	1.25	2.11	1.39	2.28	1.47	2.46	1.55	2.65	1.63	2.84	1.71	3.05	1.80	3.26	1.88
2L 30×4	4.55	3.57	2.42	1.26	2.83	1.41	3.06	1.49	3.30	1.57	3.55	1.65	3.82	1.74	4.09	1.82	4.38	1.91
2L 36×3	4.22	3.31	2.60	1.49	2.95	1.63	3.14	1.70	3.35	1.78	3.56	1.86	3.79	1.94	4.02	2.03	4.27	2.11
2L 36×4	5.51	4.33	3.47	1.51	3.95	1.65	4.21	1.73	4.49	1.80	4.78	1.89	5.08	1.97	5.39	2.05	5.72	2.14
2L 36×5	6.76	5.31	4.36	1.52	4.96	1.67	5.30	1.75	5.64	1.83	6.01	1.91	6.39	1.99	6.78	2.08	7.19	2.16
2L 40×3	4.72	3.70	3.20	1.65	3.59	1.79	3.80	1.86	4.02	1.94	4.26	2.01	4.50	2.09	4.76	2.18	5.02	2.26
2L 40×4	6.17	4.85	4.28	1.67	4.80	1.81	5.09	1.88	5.39	1.96	5.70	2.04	6.03	2.12	6.37	2.20	6.72	2.29
2L 40×5	7.58	5.95	5.37	1.68	6.03	1.83	6.39	1.90	6.77	1.98	7.17	2.06	7.58	2.14	8.01	2.23	8.45	2.31
2L 45×3	5.32	4.18	4.05	1.85	4.48	1.99	4.71	2.06	4.95	2.14	5.21	2.21	5.47	2.29	5.75	2.37	6.04	2.45
2L 45×4	6.97	5.47	5.41	1.87	5.99	2.01	6.30	2.08	6.63	2.16	6.97	2.24	7.33	2.32	7.70	2.40	8.09	2.48
2L 45×5	8.58	6.74	6.78	1.89	7.51	2.03	7.91	2.10	8.32	2.18	8.76	2.26	9.21	2.34	9.67	2.42	10.15	2.50
2L 45×6	10.15	7.97	8.16	1.90	9.05	2.05	9.53	2.12	10.04	2.20	10.56	2.28	11.10	2.36	11.66	2.44	12.24	2.53

续表

y—y 轴截面特性
a 为角钢肢背之间的距离 (mm)

角钢型号	两个角钢的截面面积 /cm²	两个角钢的每米长质量 /(kg/m)	a=0 mm		a=4 mm		a=6 mm		a=8 mm		a=10 mm		a=12 mm		a=14 mm		a=16 mm	
			W_y/cm³	i_y/cm	W_y/cm³	i_y/cm	W_y/cm³	i_y/cm	W_y/cm³	i_y/cm	W_y/cm³	i_y/cm	W_y/cm³	i_y/cm	W_y/cm³	i_y/cm	W_y/cm³	i_y/cm
2∟50×3	5.94	4.66	5.00	2.05	5.47	2.19	5.72	2.26	5.98	2.33	6.26	2.41	6.55	2.48	6.85	2.56	7.16	2.64
4	7.79	6.12	6.68	2.07	7.31	2.21	7.65	2.28	8.01	2.36	8.38	2.43	8.77	2.51	9.17	2.59	9.58	2.67
5	9.61	7.54	8.36	2.09	9.16	2.23	9.59	2.30	10.05	2.38	10.52	2.45	11.00	2.53	11.51	2.61	12.03	2.70
6	11.38	8.93	10.06	2.10	11.03	2.25	11.56	2.32	12.10	2.40	12.67	2.48	13.26	2.56	13.87	2.64	14.50	2.72
2∟56×3	6.69	5.25	6.27	2.29	6.79	2.43	7.06	2.50	7.35	2.57	7.66	2.64	7.97	2.72	8.30	2.80	8.64	2.88
4	7.78	6.89	8.37	2.31	9.07	2.45	9.44	2.52	9.83	2.59	10.24	2.67	10.66	2.74	11.10	2.82	11.55	2.90
5	10.83	8.50	10.47	2.33	11.36	2.47	11.83	2.54	12.33	2.61	12.84	2.69	13.38	2.77	13.93	2.85	14.49	2.93
6	12.84	10.08	12.62	2.35	13.70	2.49	14.27	2.56	14.88	2.64	15.50	2.71	16.14	2.79	16.81	2.87	17.49	2.95
7	14.81	11.62	14.69	2.36	15.96	2.50	16.64	2.58	17.35	2.65	18.08	2.73	18.83	2.81	19.61	2.89	20.41	2.97
8	16.73	13.14	16.87	2.38	18.34	2.52	19.13	2.60	19.94	2.67	20.78	2.75	21.65	2.83	22.55	2.91	23.46	3.00
2∟60×5	11.66	9.15	12.05	2.49	12.99	2.63	13.50	2.70	14.02	2.77	14.57	2.85	15.13	2.93	15.71	3.00	16.31	3.08
6	13.83	10.85	14.41	2.50	15.55	2.64	16.16	2.71	16.79	2.79	17.45	2.86	18.13	2.94	18.83	3.02	19.55	3.10
7	15.95	12.52	16.86	2.52	18.21	2.66	18.93	2.73	19.68	2.81	20.45	2.89	21.25	2.96	22.07	3.04	22.91	3.13
8	18.04	14.16	19.35	2.54	20.91	2.68	21.74	2.76	22.61	2.83	23.50	2.91	24.41	2.99	25.36	3.07	26.33	3.15
2∟63×4	9.96	7.81	10.59	2.59	11.36	2.72	11.78	2.79	12.21	2.87	12.66	2.94	13.12	3.02	13.60	3.09	14.10	3.17
5	12.29	9.64	13.25	2.61	14.23	2.74	14.75	2.82	15.30	2.89	15.86	2.96	16.45	3.04	17.05	3.12	17.67	3.20
6	14.58	11.44	15.92	2.62	17.11	2.76	17.75	2.83	18.41	2.91	19.09	2.98	19.80	3.06	20.53	3.14	21.28	3.22
7	16.82	13.21	18.65	2.64	20.06	2.78	20.81	2.86	21.59	2.93	22.40	3.01	23.23	3.09	24.08	3.17	24.96	3.25
8	19.03	14.94	21.31	2.66	22.94	2.80	23.80	2.87	24.70	2.95	25.62	3.03	26.58	3.10	27.56	3.18	28.57	3.26
10	23.31	18.30	26.77	2.69	28.85	2.84	29.95	2.91	31.09	2.99	32.26	3.07	33.46	3.15	34.70	3.23	35.97	3.31

续表

$y—y$ 轴截面特性
a 为角钢肢背之间的距离（mm）

角钢型号	两个角钢的截面面积 /cm²	两个角钢的每米长质量 /(kg/m)	$a=0$ mm		$a=4$ mm		$a=6$ mm		$a=8$ mm		$a=10$ mm		$a=12$ mm		$a=14$ mm		$a=16$ mm	
			W_y /cm³	i_y /cm	W_y /cm³	i_y /cm	W_y /cm³	i_y /cm	W_y /cm³	i_y /cm	W_y /cm³	i_y /cm	W_y /cm³	i_y /cm	W_y /cm³	i_y /cm	W_y /cm³	i_y /cm
2∟70×4	11.14	8.74	13.07	2.87	13.92	3.00	14.37	3.07	14.85	3.14	15.34	3.21	15.84	3.29	16.36	3.36	16.90	3.44
5	13.75	10.79	16.35	2.88	17.43	3.02	18.00	3.09	18.60	3.16	19.21	3.24	19.85	3.31	20.50	3.39	21.18	3.47
6	16.32	12.81	19.64	2.90	20.95	3.04	21.64	3.11	22.36	3.18	23.11	3.26	23.88	3.33	24.67	3.41	25.48	3.49
7	18.85	14.80	22.94	2.92	24.49	3.06	25.31	3.13	26.16	3.20	27.03	3.28	27.94	3.36	28.86	3.43	29.82	3.51
8	21.33	16.75	26.26	2.94	28.05	3.08	29.00	3.15	29.97	3.22	30.98	3.30	32.02	3.38	33.09	3.46	34.18	3.54
2∟75×5	14.82	11.64	18.88	3.09	20.04	3.23	20.66	3.30	21.29	3.37	21.95	3.44	22.62	3.52	23.32	3.59	24.04	3.67
6	17.59	13.81	22.57	3.10	23.97	3.24	24.71	3.31	25.47	3.38	26.26	3.46	27.08	3.53	27.91	3.61	28.77	3.68
7	20.32	15.95	26.32	3.12	27.97	3.26	28.84	3.33	29.74	3.40	30.67	3.47	31.62	3.55	32.60	3.63	33.61	3.71
8	23.01	18.06	30.13	3.13	32.03	3.27	33.03	3.35	34.07	3.42	35.13	3.50	36.23	3.57	37.36	3.65	38.52	3.73
9	25.65	20.14	33.88	3.15	36.04	3.29	37.17	3.36	38.35	3.44	39.55	3.51	40.79	3.59	42.07	3.67	43.37	3.75
10	28.25	22.18	37.79	3.17	40.22	3.31	41.49	3.38	42.81	3.46	44.16	3.54	45.55	3.61	46.97	3.69	48.43	3.77
2∟80×5	15.82	12.42	21.34	3.28	22.56	3.42	23.20	3.49	23.86	3.56	24.55	3.63	25.26	3.71	25.99	3.78	26.74	3.86
6	18.79	14.75	25.63	3.30	27.10	3.44	27.88	3.51	28.69	3.58	29.52	3.65	30.37	3.73	31.25	3.80	32.15	3.88
7	21.72	17.05	29.93	3.32	31.67	3.46	32.59	3.53	33.53	3.60	34.51	3.67	35.51	3.75	36.54	3.83	37.60	3.90
8	24.61	19.32	34.24	3.34	36.25	3.48	37.31	3.55	38.40	3.62	39.53	3.70	40.68	3.77	41.87	3.85	43.08	3.93
9	27.45	21.55	38.59	3.35	40.87	3.49	42.07	3.57	43.31	3.64	44.58	3.72	45.89	3.79	47.23	3.87	48.60	3.95
10	30.25	23.75	42.93	3.37	45.50	3.51	46.84	3.58	48.23	3.66	49.65	3.74	51.11	3.81	52.61	3.89	54.14	3.97

y—y 轴截面特性
a 为角钢肢背之间的距离（mm）

角钢型号	两个角钢的截面面积/cm²	两个角钢的每米长质量/(kg/m)	a=0 mm W_y/cm³	a=0 mm i_y/cm	a=4 mm W_y/cm³	a=4 mm i_y/cm	a=6 mm W_y/cm³	a=6 mm i_y/cm	a=8 mm W_y/cm³	a=8 mm i_y/cm	a=10 mm W_y/cm³	a=10 mm i_y/cm	a=12 mm W_y/cm³	a=12 mm i_y/cm	a=14 mm W_y/cm³	a=14 mm i_y/cm	a=16 mm W_y/cm³	a=16 mm i_y/cm
2∟90×6	21.27	16.70	32.41	3.70	34.06	3.84	34.92	3.91	35.81	3.98	36.72	4.05	37.66	4.12	38.63	4.20	39.62	4.27
7	24.60	19.31	37.84	3.72	39.78	3.86	40.79	3.93	41.84	4.00	42.91	4.07	44.02	4.14	45.15	4.22	46.31	4.30
8	27.89	21.89	43.29	3.74	45.52	3.88	46.69	3.95	47.90	4.02	49.13	4.09	50.40	4.17	51.71	4.24	53.04	4.32
9	31.13	24.44	48.83	3.76	51.37	3.90	52.70	3.97	54.06	4.04	55.47	4.11	56.91	4.19	58.38	4.27	59.89	4.34
10	34.33	26.95	54.24	3.77	57.08	3.91	58.57	3.98	60.09	4.06	61.66	4.13	63.27	4.21	64.91	4.28	66.59	4.36
12	40.61	31.88	65.28	3.80	68.75	3.95	70.56	4.02	72.42	4.09	74.32	4.17	76.27	4.25	78.26	4.32	80.30	4.40
2∟100×6	23.86	18.73	40.01	4.09	41.82	4.23	42.77	4.30	43.75	4.37	44.75	4.44	45.78	4.51	46.83	4.58	47.91	4.66
7	27.59	21.66	46.71	4.11	48.84	4.25	49.95	4.32	51.10	4.39	52.27	4.46	53.48	4.53	54.72	4.61	55.98	4.68
8	31.28	24.55	53.42	4.13	55.87	4.27	57.16	4.34	58.48	4.41	59.83	4.48	61.22	4.55	62.64	4.63	64.09	4.70
9	34.92	27.42	60.20	4.15	63.00	4.29	64.45	4.36	65.95	4.43	67.48	4.50	69.05	4.58	70.66	4.65	72.30	4.73
10	38.52	30.24	66.90	4.17	70.02	4.31	71.65	4.38	73.32	4.45	75.03	4.52	76.79	4.60	78.58	4.67	80.41	4.75
12	45.60	35.80	80.47	4.20	84.28	4.34	86.26	4.41	88.29	4.49	90.37	4.56	92.50	4.64	94.67	4.71	96.89	4.79
14	52.51	41.22	94.15	4.23	98.66	4.38	101.00	4.45	103.40	4.53	105.85	4.60	108.36	4.68	110.92	4.75	113.52	4.83
16	59.25	46.51	107.96	4.27	113.16	4.41	115.89	4.49	118.66	4.56	121.49	4.64	124.38	4.72	127.33	4.80	130.33	4.87
2∟110×7	30.39	23.86	56.48	4.52	58.80	4.65	60.01	4.72	61.25	4.79	62.52	4.86	63.82	4.94	65.15	5.01	66.51	5.08
8	34.48	27.07	64.66	4.54	67.34	4.68	68.73	4.75	70.16	4.82	71.62	4.89	73.12	4.96	74.65	5.03	76.22	5.11
10	42.52	33.38	80.84	4.57	84.24	4.71	86.00	4.78	87.81	4.85	89.66	4.92	91.56	5.00	93.49	5.07	95.46	5.15
12	50.40	39.56	97.20	4.61	101.34	4.75	103.48	4.82	105.68	4.89	107.93	4.96	110.22	5.04	112.57	5.11	114.96	5.19
14	58.11	45.62	113.67	4.64	118.56	4.78	121.10	4.85	123.69	4.93	126.34	5.00	129.05	5.08	131.81	5.15	134.62	5.23

续表

y—y 轴截面特性

a 为角钢肢背之间的距离（mm）

角钢型号	两个角钢的截面积/cm²	两个角钢的每米长质量/(kg/m)	a=0 mm W_y/cm³	a=0 mm i_y/cm	a=1 mm W_y/cm³	a=1 mm i_y/cm	a=6 mm W_y/cm³	a=6 mm i_y/cm	a=8 mm W_y/cm³	a=8 mm i_y/cm	a=10 mm W_y/cm³	a=10 mm i_y/cm	a=12 mm W_y/cm³	a=12 mm i_y/cm	a=14 mm W_y/cm³	a=14 mm i_y/cm	a=16 mm W_y/cm³	a=16 mm i_y/cm
2∟ 125×8	39.50	31.01	83.36	5.14	86.36	5.27	87.92	5.34	89.52	5.41	91.15	5.48	92.81	5.55	94.52	5.62	96.25	5.69
10	48.75	38.27	104.31	5.17	108.12	5.31	110.09	5.38	112.11	5.45	114.17	5.52	116.28	5.59	118.43	5.66	120.62	5.74
12	57.82	45.39	125.35	5.21	129.98	5.34	132.38	5.41	134.84	5.48	137.34	5.56	139.89	5.63	143.49	5.70	145.15	5.78
14	66.73	52.39	146.50	5.24	151.98	5.38	154.82	5.45	157.71	5.52	160.66	5.59	163.67	5.67	166.73	5.74	169.85	5.82
16	75.48	59.25	167.74	5.27	174.09	5.41	177.36	5.48	180.70	5.56	184.11	5.63	187.58	5.71	191.11	5.78	194.70	5.86
2∟ 140×10	54.75	42.98	130.73	5.78	134.94	5.92	137.12	5.98	139.34	6.05	141.61	6.12	143.92	6.20	146.27	6.27	148.67	6.34
12	65.02	51.04	157.04	5.81	162.16	5.95	164.81	6.02	167.50	6.09	170.25	6.16	173.06	6.23	175.91	6.31	178.81	6.38
14	75.13	58.98	183.46	5.85	189.51	5.98	192.63	6.06	195.82	6.13	199.06	6.20	202.36	6.27	205.72	6.34	209.13	6.42
16	85.08	66.79	210.01	5.88	217.01	6.02	220.62	6.09	224.29	6.16	228.03	6.23	231.84	6.31	235.71	6.38	239.64	6.46
2∟ 150×10	47.50	37.29	119.93	6.15	123.46	6.29	125.29	6.35	127.15	6.42	129.05	6.49	130.99	6.56	132.97	6.63	134.97	6.70
12	58.75	46.12	150.19	6.19	154.68	6.33	156.99	6.39	159.35	6.46	161.76	6.53	164.21	6.60	166.70	6.67	169.24	6.75
14	69.82	54.81	180.02	6.22	185.46	6.35	188.26	6.42	191.12	6.49	194.03	6.56	196.99	6.63	200.01	6.71	203.07	6.78
15	80.73	63.38	210.39	6.25	216.82	6.39	220.13	6.46	223.50	6.53	226.94	6.60	230.43	6.67	233.98	6.75	237.59	6.82
16	86.13	67.61	225.67	6.27	232.61	6.41	236.18	6.48	239.81	6.55	243.51	6.62	247.27	6.69	251.09	6.77	254.98	6.84
	91.48	71.81	241.03	6.29	248.48	6.43	252.30	6.50	256.20	6.57	260.17	6.64	264.20	6.71	268.30	6.79	272.46	6.86
2∟ 160×10	63.00	49.46	170.67	6.58	175.42	6.72	177.87	6.78	180.37	6.85	182.91	6.92	185.50	6.99	188.14	7.06	190.81	7.13
12	74.88	58.78	204.95	6.62	210.43	6.75	213.70	6.82	216.73	6.89	219.81	6.96	222.95	7.03	226.14	7.10	229.38	7.17
14	86.59	67.97	239.33	6.65	246.10	6.79	249.67	6.86	253.24	6.93	256.87	7.00	260.56	7.07	264.32	7.14	268.13	7.21
16	98.13	77.04	273.85	6.68	281.74	6.82	285.79	6.89	289.91	6.96	294.10	7.03	298.36	7.10	302.68	7.18	307.07	7.25

续表

y—y轴截面特性

a 为角钢肢背之间的距离（mm）

角钢型号	两个角钢的截面面积/cm²	两个角钢的每米长质量/(kg/m)	$a=0$ mm W_y/cm³	i_y/cm	$a=4$ mm W_y/cm³	i_y/cm	$a=6$ mm W_y/cm³	i_y/cm	$a=8$ mm W_y/cm³	i_y/cm	$a=10$ mm W_y/cm³	i_y/cm	$a=12$ mm W_y/cm³	i_y/cm	$a=14$ mm W_y/cm³	i_y/cm	$a=16$ mm W_y/cm³	i_y/cm
2∟180×12	84.48	66.32	259.20	7.43	265.62	7.56	268.92	7.63	272.27	7.70	275.68	7.77	279.14	7.84	282.66	7.91	286.23	7.98
14	97.79	76.77	302.61	7.46	310.19	7.60	314.07	7.67	318.02	7.74	322.04	7.81	326.11	7.88	330.25	7.95	334.45	8.02
16	110.93	87.08	346.14	7.49	354.90	7.63	359.38	7.70	363.94	7.77	368.57	7.84	373.27	7.91	378.03	7.98	382.86	8.06
18	123.91	97.27	389.82	7.53	399.77	7.66	404.86	7.73	410.04	7.80	415.29	7.87	420.62	7.95	426.02	8.02	431.50	8.09
2∟200×14	109.28	85.79	373.41	8.27	381.75	8.40	386.02	8.47	390.36	8.54	394.76	8.61	399.22	8.67	403.75	8.75	408.33	8.82
16	124.03	97.36	427.04	8.30	436.67	8.43	441.59	8.50	446.59	8.57	451.66	8.64	456.80	8.71	462.02	8.78	467.30	8.85
18	138.60	108.80	480.81	8.33	491.75	8.47	497.34	8.53	503.01	8.60	508.76	8.67	514.59	8.75	520.50	8.82	526.48	8.89
20	153.01	120.11	534.75	8.36	547.01	8.50	553.28	8.57	559.63	8.64	566.07	8.71	572.60	8.78	579.21	8.85	585.91	8.92
24	181.32	142.34	643.20	8.42	658.16	8.56	665.80	8.63	673.55	8.71	681.39	8.78	689.34	8.85	697.38	8.92	705.52	9.00
2∟220×16	137.33	107.80	516.73	9.10	527.24	9.23	532.61	9.30	538.06	9.37	543.58	9.44	549.17	9.51	554.83	9.58	560.57	9.65
18	153.50	120.50	581.78	9.13	593.72	9.27	599.81	9.33	605.99	9.40	612.24	9.47	618.58	9.54	625.00	9.61	631.50	9.68
20	169.51	133.07	646.23	9.16	659.59	9.29	666.41	9.36	673.31	9.43	680.31	9.50	687.40	9.57	694.57	9.64	701.83	9.72
22	185.35	145.50	711.91	9.19	726.73	9.33	734.30	9.40	741.96	9.47	749.72	9.54	757.57	9.61	765.52	9.68	773.56	9.75
24	201.02	157.80	776.84	9.22	793.13	9.36	801.44	9.43	809.85	9.50	818.36	9.57	826.98	9.64	835.70	9.71	844.52	9.79
26	216.53	169.97	843.27	9.26	861.07	9.40	870.14	9.47	879.33	9.54	888.62	9.61	898.03	9.68	907.54	9.75	917.16	9.83
2∟250×18	175.68	137.91	750.24	10.33	763.64	10.47	770.46	10.53	777.38	10.60	784.37	10.67	791.45	10.74	798.61	10.81	805.85	10.88
20	194.09	152.36	834.12	10.37	849.13	10.50	856.77	10.57	864.51	10.64	872.34	10.71	880.26	10.78	888.26	10.85	896.36	10.92
24	230.40	180.87	1001.78	10.43	1020.05	10.56	1029.35	10.63	1038.76	10.70	1048.28	10.77	1057.90	10.84	1067.62	10.91	1077.45	10.98
26	248.31	194.92	1086.81	10.46	1106.76	10.60	1116.91	10.67	1127.18	10.74	1137.56	10.81	1148.05	10.88	1158.66	10.95	1169.37	11.02
28	266.04	208.84	1170.79	10.49	1192.41	10.63	1203.40	10.70	1214.52	10.77	1225.76	10.84	1237.13	10.91	1248.61	10.98	1260.20	11.05
30	283.61	222.64	1256.70	10.52	1280.04	10.66	1291.90	10.74	1303.90	10.81	1316.03	10.88	1328.28	10.95	1340.66	11.02	1353.16	11.09
32	301.02	236.30	1341.37	10.55	1366.42	10.70	1379.15	10.77	1392.02	10.84	1405.02	10.91	1418.16	10.98	1431.43	11.05	1444.83	11.13
35	326.80	256.54	1469.99	10.60	1497.64	10.75	1511.69	10.82	1525.89	10.89	1540.03	10.96	1554.72	11.04	1569.34	11.11	1584.11	11.18

表 II.4　热轧不等边角钢组合截面特性表（按《热轧型钢》计算）

角钢型号	两角钢的截面面积 /cm²	两个角钢的每米长质量 /(kg/m)	长肢相连时绕 y—y 轴回转半径 i_y/cm								短肢相连时绕 y—y 轴回转半径 i_y/cm							
			$a=$ 0 mm	$a=$ 4 mm	$a=$ 6 mm	$a=$ 8 mm	$a=$ 10 mm	$a=$ 12 mm	$a=$ 14 mm	$a=$ 16 mm	$a=$ 0 mm	$a=$ 4 mm	$a=$ 6 mm	$a=$ 8 mm	$a=$ 10 mm	$a=$ 12 mm	$a=$ 14 mm	$a=$ 16 mm
2∟25×16×3	2.32	1.82	0.61	0.76	0.84	0.93	1.02	1.11	1.20	1.30	1.16	1.32	1.40	1.48	1.57	1.66	1.74	1.83
4	3.00	2.35	0.63	0.78	0.87	0.96	1.05	1.14	1.23	1.33	1.18	1.34	1.42	1.51	1.60	1.68	1.77	1.86
2∟32×20×3	2.98	2.24	0.74	0.89	0.97	1.05	1.14	1.23	1.32	1.41	1.48	1.63	1.71	1.79	1.88	1.96	2.05	2.14
4	3.88	3.04	0.76	0.91	0.99	1.08	1.16	1.25	1.34	1.44	1.50	1.66	1.74	1.82	1.90	1.99	2.08	2.17
2∟40×25×3	3.78	2.97	0.92	1.06	1.13	1.21	1.30	1.38	1.47	1.56	1.84	1.99	2.07	2.14	2.23	2.31	2.39	2.48
4	4.93	3.87	0.93	1.08	1.16	1.24	1.32	1.41	1.50	1.58	1.86	2.01	2.09	2.17	2.25	2.34	2.42	2.51
2∟45×28×3	4.30	3.37	1.02	1.15	1.23	1.31	1.39	1.47	1.56	1.64	2.06	2.21	2.28	2.36	2.44	2.52	2.60	2.69
4	5.61	4.41	1.03	1.18	1.25	1.33	1.41	1.50	1.59	1.67	2.08	2.23	2.31	2.39	2.47	2.55	2.63	2.72
2∟50×32×3	4.86	3.82	1.17	1.30	1.37	1.45	1.53	1.61	1.69	1.78	2.27	2.41	2.49	2.56	2.64	2.72	2.81	2.89
4	6.35	4.99	1.18	1.32	1.40	1.47	1.55	1.64	1.72	1.81	2.29	2.44	2.51	2.59	2.67	2.75	2.84	2.92
2∟56×36×3	5.49	4.31	1.31	1.44	1.51	1.59	1.66	1.74	1.83	1.91	2.53	2.67	2.75	2.82	2.90	2.98	3.06	3.14
4	7.18	5.64	1.33	1.46	1.53	1.61	1.69	1.77	1.85	1.94	2.55	2.70	2.77	2.85	2.93	3.01	3.09	3.17
5	8.83	6.93	1.34	1.48	1.56	1.63	1.71	1.79	1.88	1.96	2.57	2.72	2.80	2.88	2.96	3.04	3.12	3.20
2∟63×40×4	8.12	6.37	1.46	1.59	1.66	1.74	1.81	1.89	1.97	2.06	2.86	3.01	3.09	3.16	3.24	3.32	3.40	3.48
5	9.99	7.84	1.47	1.61	1.68	1.76	1.84	1.92	2.00	2.08	2.89	3.03	3.11	3.19	3.27	3.35	3.43	3.51
6	11.82	9.28	1.49	1.63	1.71	1.78	1.86	1.94	2.03	2.11	2.91	3.06	3.13	3.21	3.29	3.37	3.45	3.53
7	13.60	10.68	1.51	1.65	1.73	1.81	1.89	1.97	2.05	2.14	2.93	3.08	3.16	3.24	3.32	3.40	3.48	3.56

续表

角钢型号	两个角钢的截面面积/cm²	两个角钢的每米长质量/(kg/m)	长肢相连时绕 y—y 轴回转半径 i_y/cm								短肢相连时绕 y—y 轴回转半径 i_y/cm							
			a=0 mm	a=4 mm	a=6 mm	a=8 mm	a=10 mm	a=12 mm	a=14 mm	a=16 mm	a=0 mm	a=4 mm	a=6 mm	a=8 mm	a=10 mm	a=12 mm	a=14 mm	a=16 mm
2L 70×45×4	9.09	7.14	1.64	1.77	1.84	1.91	1.99	2.07	2.15	2.23	3.17	3.31	3.39	3.46	3.54	3.62	3.69	3.77
5	11.22	8.81	1.66	1.79	1.86	1.94	2.01	2.09	2.17	2.25	3.19	3.34	3.41	3.49	3.57	3.64	3.72	3.80
6	13.29	10.43	1.67	1.81	1.88	1.96	2.04	2.11	2.20	2.28	3.21	3.36	3.44	3.51	3.59	3.67	3.75	3.83
7	15.31	12.02	1.69	1.83	1.90	1.98	2.06	2.14	2.22	2.30	3.23	3.38	3.46	3.54	3.61	3.69	3.77	3.86
2L 75×50×5	12.25	9.62	1.85	1.99	2.06	2.13	2.20	2.28	2.36	2.44	3.39	3.53	3.60	3.68	3.76	3.83	3.91	3.99
6	14.52	11.40	1.87	2.00	2.08	2.15	2.23	2.30	2.38	2.46	3.41	3.55	3.63	3.70	3.78	3.86	3.94	4.02
8	18.93	14.86	1.90	2.04	2.12	2.19	2.27	2.35	2.43	2.51	3.45	3.60	3.67	3.75	3.83	3.91	3.99	4.07
10	23.18	18.20	1.94	2.08	2.16	2.24	2.31	2.40	2.48	2.56	3.49	3.64	3.71	3.79	3.87	3.95	4.03	4.12
2L 80×50×5	12.75	10.01	1.82	1.95	2.02	2.09	2.17	2.24	2.32	2.40	3.66	3.80	3.88	3.95	4.03	4.10	4.18	4.26
6	15.12	11.87	1.83	1.97	2.04	2.11	2.19	2.27	2.34	2.43	3.68	3.82	3.90	3.98	4.05	4.13	4.21	4.29
7	17.45	13.70	1.85	1.99	2.06	2.13	2.21	2.29	2.37	2.45	3.70	3.85	3.92	4.00	4.08	4.16	4.23	4.32
8	19.73	15.49	1.86	2.00	2.08	2.15	2.23	2.31	2.39	2.47	3.72	3.87	3.94	4.02	4.10	4.18	4.26	4.34
2L 90×56×5	14.42	11.32	2.02	2.15	2.22	2.29	2.36	2.44	2.52	2.59	4.10	4.25	4.32	4.39	4.47	4.55	4.62	4.70
6	17.11	13.43	2.04	2.17	2.24	2.31	2.39	2.46	2.54	2.62	4.12	4.27	4.34	4.42	4.50	4.57	4.65	4.73
7	19.76	15.51	2.05	2.19	2.26	2.33	2.41	2.48	2.56	2.64	4.15	4.29	4.37	4.44	4.52	4.60	4.68	4.76
8	22.37	17.56	2.07	2.21	2.28	2.35	2.43	2.51	2.59	2.67	4.17	4.31	4.39	4.47	4.54	4.62	4.70	4.78
2L 100×63×6	19.23	15.10	2.29	2.42	2.49	2.56	2.63	2.71	2.78	2.86	4.56	4.70	4.77	4.85	4.92	5.00	5.08	5.16
7	22.22	17.44	2.31	2.44	2.51	2.58	2.65	2.73	2.80	2.88	4.58	4.72	4.80	4.87	4.95	5.03	5.10	5.18
8	25.07	19.76	2.32	2.46	2.53	2.60	2.67	2.75	2.83	2.91	4.60	4.75	4.82	4.90	4.97	5.05	5.13	5.21
10	30.93	24.28	2.35	2.49	2.57	2.64	2.72	2.79	2.87	2.95	4.64	4.79	4.86	4.94	5.02	5.10	5.18	5.26

续表

角钢型号	两角钢的截面面积/cm²	两个角钢的每米长质量/(kg/m)	长肢相连时绕 y—y 轴回转半径 i_y/cm								短肢相连时绕 y—y 轴回转半径 i_y/cm							
			a=0 mm	a=4 mm	a=6 mm	a=8 mm	a=10 mm	a=12 mm	a=14 mm	a=16 mm	a=0 mm	a=4 mm	a=6 mm	a=8 mm	a=10 mm	a=12 mm	a=14 mm	a=16 mm
2∟100×80×6	21.27	16.70	3.11	3.24	3.31	3.38	3.45	3.52	3.59	3.67	4.33	4.47	4.54	4.62	4.69	4.76	4.84	4.91
7	24.60	19.31	3.12	3.26	3.32	3.39	3.47	3.54	3.61	3.69	4.35	4.49	4.57	4.64	4.71	4.79	4.86	4.94
8	27.89	21.89	3.14	3.27	3.34	3.41	3.49	3.56	3.64	3.71	4.37	4.51	4.59	4.66	4.73	4.81	4.88	4.96
10	34.33	26.95	3.17	3.31	3.38	3.45	3.53	3.60	3.68	3.75	4.41	4.55	4.63	4.70	4.78	4.85	4.93	5.01
2∟110×70×6	21.27	16.70	2.55	2.68	2.74	2.81	2.88	2.96	3.03	3.11	5.00	5.14	5.21	5.29	5.36	5.44	5.51	5.59
7	24.60	19.31	2.56	2.69	2.76	2.83	2.90	2.98	3.05	3.13	5.02	5.16	5.24	5.31	5.39	5.46	5.53	5.62
8	27.89	21.89	2.58	2.71	2.78	2.85	2.92	3.00	3.07	3.15	5.04	5.19	5.26	5.34	5.41	5.49	5.56	5.64
10	34.33	26.95	2.61	2.74	2.82	2.89	2.96	3.04	3.12	3.19	5.08	5.23	5.30	5.38	5.46	5.53	5.61	5.69
2∟125×80×7	28.19	22.13	2.92	3.05	3.13	3.18	3.25	3.33	3.40	3.47	5.68	5.82	5.90	5.97	6.04	6.12	6.20	6.27
8	31.98	25.10	2.94	3.07	3.15	3.20	3.27	3.35	3.42	3.49	5.70	5.85	5.92	5.99	6.07	6.14	6.22	6.30
10	39.42	30.95	2.97	3.10	3.17	3.24	3.31	3.39	3.46	3.54	5.74	5.89	5.96	6.04	6.11	6.19	6.27	6.34
12	46.70	36.66	3.00	3.13	3.20	3.28	3.35	3.43	3.50	3.58	5.78	5.93	6.00	6.08	6.16	6.23	6.31	6.39
2∟140×90×8	36.08	28.32	3.29	3.42	3.49	3.56	3.63	3.70	3.77	3.84	6.36	6.51	6.58	6.65	6.73	6.80	6.88	6.95
10	44.52	34.95	3.32	3.45	3.52	3.59	3.66	3.73	3.81	3.88	6.40	6.55	6.62	6.70	6.77	6.85	6.92	7.00
12	52.80	41.45	3.35	3.49	3.56	3.63	3.70	3.77	3.85	3.92	6.44	6.59	6.66	6.74	6.81	6.89	6.97	7.04
14	60.91	47.82	3.38	3.52	3.59	3.66	3.74	3.81	3.89	3.97	6.48	6.63	6.70	6.78	6.86	6.93	7.01	7.09
2∟150×90×8	37.68	29.58	3.22	3.35	3.42	3.48	3.55	3.62	3.69	3.77	6.90	7.05	7.12	7.19	7.27	7.34	7.42	7.50
10	46.52	36.52	3.25	3.38	3.45	3.52	3.59	3.66	3.74	3.81	6.95	7.09	7.17	7.24	7.32	7.39	7.47	7.55
12	55.20	43.33	3.28	3.41	3.48	3.55	3.62	3.70	3.77	3.85	6.99	7.13	7.21	7.28	7.36	7.43	7.51	7.59
14	63.71	50.01	3.31	3.45	3.52	3.59	3.66	3.74	3.81	3.89	7.03	7.17	7.25	7.32	7.40	7.48	7.56	7.63
15	67.90	53.30	3.33	3.47	3.54	3.61	3.69	3.76	3.84	3.91	7.05	7.19	7.27	7.35	7.42	7.50	7.58	7.66
16	72.05	56.56	3.34	3.48	3.55	3.63	3.70	3.78	3.85	3.93	7.07	7.22	7.29	7.37	7.44	7.52	7.60	7.68

续表

角钢型号	两角钢的截面面积 /cm²	两个角钢的每米长质量 /(kg/m)	长肢相连时绕 y—y 轴回转半径 i_y /cm								短肢相连时绕 y—y 轴回转半径 i_y /cm							
			a=0 mm	a=4 mm	a=6 mm	a=8 mm	a=10 mm	a=12 mm	a=14 mm	a=16 mm	a=0 mm	a=4 mm	a=6 mm	a=8 mm	a=10 mm	a=12 mm	a=14 mm	a=16 mm
2∟160×100×10	50.63	39.74	3.65	3.77	3.84	3.91	3.98	4.05	4.12	4.19	7.34	7.48	7.55	7.63	7.70	7.78	7.85	7.93
12	60.11	47.18	3.68	3.81	3.87	3.94	4.01	4.09	4.16	4.23	7.38	7.52	7.60	7.67	7.75	7.82	7.90	7.97
14	69.42	54.49	3.70	3.84	3.91	3.98	4.05	4.12	4.20	4.27	7.42	7.56	7.64	7.71	7.79	7.86	7.94	8.02
16	78.56	61.67	3.74	3.87	3.94	4.02	4.09	4.16	4.24	4.31	7.45	7.60	7.68	7.75	7.83	7.90	7.98	8.06
2∟180×110×10	56.75	44.55	3.97	4.10	4.16	4.23	4.30	4.36	4.44	4.51	8.27	8.41	8.49	8.56	8.63	8.71	8.78	8.86
12	67.42	52.93	4.00	4.13	4.19	4.26	4.33	4.40	4.47	4.54	8.31	8.46	8.53	8.60	8.68	8.75	8.83	8.90
14	77.93	61.18	4.03	4.16	4.23	4.30	4.37	4.44	4.51	4.58	8.35	8.50	8.57	8.64	8.72	8.79	8.87	8.95
16	88.28	69.30	4.06	4.19	4.26	4.33	4.40	4.47	4.55	4.62	8.39	8.53	8.61	8.68	8.76	8.84	8.91	8.99
2∟200×125×12	75.82	59.52	4.56	4.69	4.75	4.82	4.88	4.95	5.02	5.09	9.18	9.32	9.39	9.47	9.54	9.62	9.69	9.76
14	87.37	68.87	4.59	4.72	4.78	4.85	4.92	4.99	5.06	5.13	9.22	9.36	9.43	9.51	9.58	9.66	9.73	9.81
16	99.48	78.09	4.61	4.75	4.81	4.88	4.95	5.02	5.09	5.17	9.25	9.40	9.47	9.55	9.62	9.70	9.77	9.85
18	111.05	87.18	4.64	4.78	4.85	4.92	4.99	5.06	5.13	5.21	9.29	9.44	9.51	9.59	9.66	9.74	9.81	9.89

表 H.5　热轧普通工字钢规格及截面特性（按 GB/T 706—2016《热轧型钢》计算）

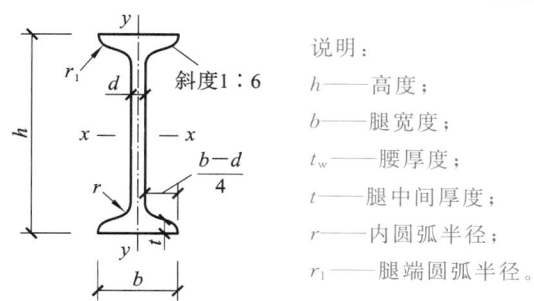

说明：

h——高度；

b——腿宽度；

t_w——腰厚度；

t——腿中间厚度；

r——内圆弧半径；

r_1——腿端圆弧半径。

型号	截面面积/mm						截面面积/cm²	每米长质量/(kg/m)	外表面积/(m²/m)	惯性矩/cm⁴		惯性半径/cm		截面抵抗矩/cm³	
	h	b	t_w	t	r	r_1				I_x	I_y	i_x	i_y	W_x	W_y
10	100	68	4.5	7.6	6.5	3.3	14.33	11.3	0.432	245	33.0	4.14	1.52	49.0	9.72
12	120	74	5.0	8.4	7.0	3.5	17.80	14.0	0.493	436	46.9	4.95	1.62	72.7	12.7
12.6	126	74	5.0	8.4	7.0	3.5	18.10	14.2	0.505	488	46.9	5.20	1.61	77.5	12.7
14	140	80	5.5	9.1	7.5	3.8	21.50	16.9	0.553	712	64.4	5.76	1.73	102	16.1
16	160	88	6.0	9.9	8.0	4.0	26.11	20.5	0.621	1130	93.1	6.58	1.89	141	21.2
18	180	94	6.5	10.7	8.5	4.3	30.74	24.1	0.681	1660	122	7.36	2.00	185	26.0
20a	200	100	7.0	11.4	9.0	4.5	35.55	27.9	0.742	2370	158	8.15	2.12	237	31.5
20b		102	9.0				39.55	31.1	0.746	2500	169	7.96	2.06	250	33.1
22a	220	110	7.5	12.3	9.5	4.8	42.10	33.1	0.817	3400	225	8.99	2.31	309	40.9
22b		112	9.5				46.50	36.5	0.821	3570	239	8.78	2.27	325	42.7
24a	240	116	8.0	13.0	10.0	5.0	47.71	37.5	0.878	4570	280	9.77	2.42	381	48.4
24b		118	10.0				52.51	41.2	0.882	4800	297	9.57	2.38	400	50.4
25a	250	116	8.0				48.51	38.1	0.898	5020	280	10.2	2.40	402	48.3
25b		118	10.0				53.51	42.0	0.902	5280	309	9.94	2.40	423	52.4
27a	270	122	8.5	13.7	10.5	5.3	54.52	42.8	0.958	6550	345	10.9	2.51	485	56.6
27b		124	10.5				59.92	47.0	0.962	6870	366	10.7	2.47	509	58.9
28a	280	122	8.5				55.37	43.5	0.978	7110	345	11.3	2.50	508	56.6
28b		124	10.5				60.97	47.9	0.982	7480	379	11.1	2.49	534	61.2
30a	300	126	9.0	14.4	11.0	5.5	61.22	48.1	1.031	8950	400	12.1	2.55	597	63.5
30b		128	11.0				67.22	52.8	1.035	9400	422	11.8	2.50	627	65.9
30c		130	13.0				73.22	57.5	1.039	9850	445	11.6	2.46	657	68.5
32a	320	130	9.5	15.0	11.5	5.8	67.12	52.7	1.084	11100	460	12.8	2.62	692	70.8
32b		132	11.5				73.52	57.7	1.088	11600	502	12.6	2.61	726	76.0
32c		134	13.5				79.92	62.7	1.092	12200	544	12.3	2.61	760	81.2

型号	截面面积/mm						截面面积/cm²	每米长质量/(kg/m)	外表面积/(m²/m)	惯性矩/cm⁴		惯性半径/cm		截面抵抗矩/cm³	
	h	b	t_w	t	r	r_1				I_x	I_y	i_x	i_y	W_x	W_y
36a		136	10.0				76.44	60.0	1.185	15800	552	14.4	2.69	875	81.2
36b	360	138	12.0	15.8	12.0	6.0	83.64	65.7	1.189	16500	582	14.1	2.64	919	84.3
36c		140	14.0				90.84	71.3	1.193	17300	612	13.8	2.60	962	87.4
40a		142	10.5				86.07	67.6	1.285	21700	660	15.9	2.77	1090	93.2
40b	400	144	12.5	16.5	12.5	6.3	94.07	73.8	1.289	22800	692	15.6	2.71	1140	96.2
40c		146	14.5				102.1	80.1	1.293	23900	727	15.2	2.65	1190	99.6
45a		150	11.5				102.4	80.4	1.411	32200	855	17.7	2.89	1430	114
45b	450	152	13.5	18.0	13.5	6.8	111.4	87.4	1.415	33800	894	17.4	2.84	1500	118
45c		154	15.5				120.4	94.5	1.419	35300	938	17.1	2.79	1570	122
50a		158	12.0				119.2	93.6	1.539	46500	1120	19.7	3.07	1860	142
50b	500	160	14.0	20.0	14.0	7.0	129.2	101	1.543	48600	1170	19.4	3.01	1940	146
50c		162	16.0				139.2	109	1.547	50600	1220	19.0	2.96	2080	151
55a		166	12.5				134.1	105	1.667	62900	1370	21.6	3.19	2290	164
55b	550	168	14.5				145.1	114	1.671	65600	1420	21.2	3.14	2390	170
55c		170	16.5	21.0	14.5	7.3	156.1	123	1.675	68400	1480	20.9	3.08	2490	175
56a		166	12.5				135.4	106	1.687	65600	1370	22.0	3.18	2340	165
56b	560	168	14.5				146.6	115	1.691	68500	1490	21.6	3.16	2450	174
56c		170	16.5				157.8	124	1.695	71400	1560	21.3	3.16	2550	183
63a		176	13.0				154.6	121	1.862	93900	1700	24.5	3.31	2980	193
63b	630	178	15.0	22.0	15.0	7.5	167.2	131	1.866	98100	1810	24.2	3.29	3160	204
63c		180	17.0				179.8	141	1.870	102000	1920	23.8	3.27	3300	214

注:表中 r、r_1 的数据用于孔型设计,不做交货条件。

表 H.6　热轧轻型工字钢规格及截面特性(按 YB 163—1963《热轧轻型工字钢品种》①计算)

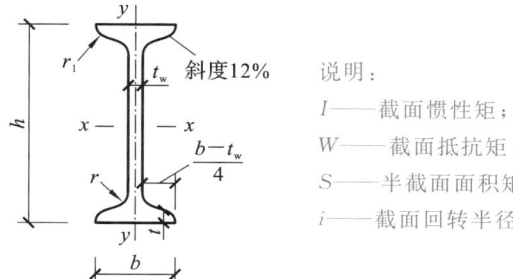

说明:

I——截面惯性矩;

W——截面抵抗矩;

S——半截面面积矩;

i——截面回转半径。

型号	尺寸/mm						截面面积 A/cm²	每米长质量/(kg/m)	截面特性						
									$x—x$ 轴				$y—y$ 轴		
	h	b	t_w	t	r	r_1			I_x/cm⁴	W_x/cm³	S_x/cm³	i_x/cm	I_y/cm⁴	W_y/cm³	i_y/cm
I 10	100	55	4.5	7.2	7.0	2.5	12.05	9.46	198	39.7	23.0	4.06	17.9	6.5	1.22
I 12	120	64	4.8	7.3	7.5	3.0	14.71	11.55	351	58.4	33.7	4.88	27.9	8.7	1.38
I 14	140	73	4.9	7.5	8.0	3.0	17.43	13.68	572	81.7	46.8	5.73	41.9	11.5	1.55
I 16	160	81	5.0	7.8	8.5	3.5	20.24	15.89	873	109.2	62.3	6.57	58.6	14.5	1.70
I 18	180	90	5.1	8.1	9.0	3.5	23.38	18.35	1288	143.1	81.4	7.42	82.6	18.4	1.88
I 18a	180	100	5.1	8.3	9.0	3.5	25.38	19.92	1431	159.0	89.8	7.51	114.2	22.8	2.12
I 20	200	100	5.2	8.4	9.5	4.0	26.81	21.04	1840	184.0	104.2	8.28	115.4	23.1	2.08
I 20a	200	110	5.2	8.6	9.5	4.0	28.91	22.69	2027	202.7	114.1	8.37	154.9	28.2	2.32
I 22	220	110	5.4	8.7	10.0	4.0	30.62	24.04	2554	232.1	131.2	9.13	157.4	28.6	2.27
I 22a	220	120	5.4	8.9	10.0	4.0	32.82	25.76	2792	253.8	142.7	9.22	205.9	34.3	2.50
I 24	240	115	5.6	9.5	10.5	4.0	34.83	27.35	3 465	288.7	163.1	9.97	198.5	34.5	2.39
I 24a	240	125	5.6	9.8	10.5	4.0	37.45	29.40	3 801	316.7	177.9	10.07	260.0	41.6	2.63
I 27	270	125	6.0	9.8	11.0	4.5	40.17	31.54	5 011	371.2	210.0	11.17	259.6	41.5	2.54
I 27a	270	135	6.0	10.2	11.0	4.5	43.17	33.89	5500	407.4	229.1	11.29	337.5	50.0	2.80
I 30	300	135	6.5	10.2	12.0	5.0	46.48	36.49	7084	472.3	267.8	12.35	337.0	49.9	2.69
I 30a	300	145	6.5	10.7	12.0	5.0	49.91	39.18	7776	518.4	292.1	12.48	435.8	60.1	2.95
I 33	330	140	7.0	11.2	13.0	5.0	53.82	42.25	9845	596.6	339.2	13.52	419.4	59.9	2.79
I 36	360	145	7.5	12.3	14.0	6.0	61.86	48.56	13377	743.2	423.3	14.71	515.8	71.2	2.89
I 40	400	155	8.0	13.0	15.0	6.0	71.44	56.08	18932	946.6	540.1	16.28	666.3	86.0	3.05
I 45	450	160	8.6	14.2	16.0	7.0	83.03	65.18	27446	1219.8	699.0	18.18	806.9	100.9	3.12
I 50	500	170	9.5	15.2	17.0	7.0	97.84	76.81	39295	1571.8	905.0	20.04	1041.8	122.6	3.26
I 55	550	180	10.3	16.5	18.0	7.0	114.43	89.83	55155	2005.6	1157.7	21.95	1353.0	150.3	3.44
I 60	600	190	11.1	17.8	20.0	8.0	132.46	103.98	75456	2515.2	1455.0	23.07	1720.1	181.1	3.60
I 65	650	200	12.0	19.2	22.0	9.0	152.80	119.94	101412	3120.4	1809.4	25.76	2170.1	217.0	3.77
I 70	700	210	13.0	20.8	24.0	10.0	176.03	138.18	134609	3846.0	2235.1	27.65	2733.3	260.3	3.94
I 70a	700	210	15.0	24.0	24.0	10.0	201.67	158.31	152706	4363.0	2547.5	27.52	3243.5	308.9	4.01
I 70b	700	210	17.5	28.2	24.0	10.0	234.14	183.80	175374	5010.7	2941.6	27.37	3914.7	372.8	4.09

注:轻型工字钢的通常长度:I 10~I 18,为 5~19 m;I 20~I 70,为 6~19 m。

---

① 本标准仅供已采用该种规格钢材的已建结构复核验算用。

表 H.7　热轧普通槽钢的规格及截面特性（按《热轧型钢》计算）

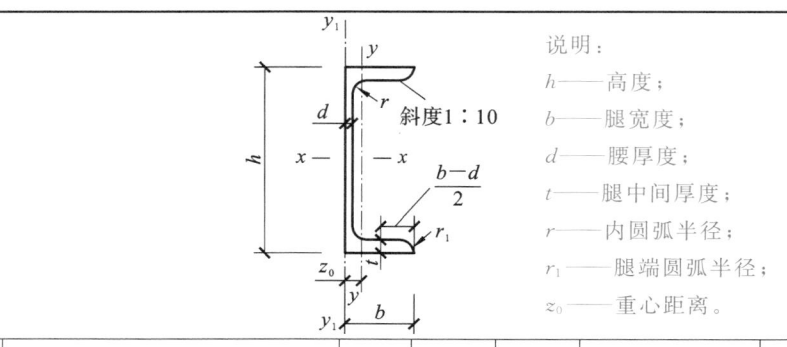

说明：
h——高度；
b——腿宽度；
d——腰厚度；
t——腿中间厚度；
r——内圆弧半径；
r_1——腿端圆弧半径；
z_0——重心距离。

型号	截面尺寸/mm						截面面积/cm²	每米长质量/(kg/m)	外表面积/(m²/m)	惯性矩/cm⁴			惯性半径/cm		截面抵抗矩/cm³		重心距离/cm
	h	b	d	t	r	r_1				I_x	I_y	I_{y1}	i_x	i_y	W_x	$W_{y\min}$	z_0
5	50	37	4.5	7.0	7.0	3.5	6.925	5.44	0.226	26.0	8.30	20.9	1.94	1.10	10.4	3.55	1.35
6.3	63	40	4.8	7.5	7.5	3.8	8.446	6.63	0.262	50.8	11.9	28.4	2.45	1.19	16.1	4.50	1.36
6.5	65	40	4.3	7.5	7.5	3.8	8.292	6.51	0.267	55.2	12.0	28.3	2.54	1.19	17.0	4.59	1.38
8	80	43	5.0	8.0	8.0	4.0	10.24	8.04	0.307	101	16.6	37.4	3.15	1.27	25.3	5.79	1.43
10	100	48	5.3	8.5	8.5	4.2	12.74	10.0	0.365	198	25.6	54.9	3.95	1.41	39.7	7.80	1.52
12	120	53	5.5	9.0	9.0	4.5	15.36	12.1	0.423	346	37.4	77.7	4.75	1.56	57.7	10.2	1.62
12.6	126	53	5.5	9.0	9.0	4.5	15.69	12.3	0.435	391	38.0	77.1	4.95	1.57	62.1	10.2	1.59
14a	140	58	6.0	9.5	9.5	4.8	18.51	14.5	0.480	564	53.2	107	5.52	1.70	80.5	13.0	1.71
14b	140	60	8.0	9.5	9.5	4.8	21.31	16.7	0.484	609	61.1	121	5.35	1.69	87.1	14.1	1.67
16a	160	63	6.5	10.0	10.0	5.0	21.95	17.2	0.538	866	73.3	144	6.28	1.83	108	16.3	1.80
16b	160	65	8.5	10.0	10.0	5.0	25.15	19.8	0.542	935	83.4	161	6.10	1.82	117	17.6	1.75
18a	180	68	7.0	10.5	10.5	5.2	25.69	20.2	0.596	1270	98.6	190	7.04	1.96	141	20.0	1.88
18b	180	70	9.0	10.5	10.5	5.2	29.29	23.0	0.600	1370	111	210	6.84	1.95	152	21.5	1.84
20a	200	73	7.0	11.0	11.0	5.5	28.83	22.6	0.654	1780	128	244	7.86	2.11	178	24.2	2.01
20b	200	75	9.0	11.0	11.0	5.5	32.83	25.8	0.658	1910	144	268	7.64	2.09	191	25.9	1.95
22a	220	77	7.0	11.5	11.5	5.8	31.83	25.0	0.709	2390	158	298	8.67	2.23	218	28.2	2.10
22b	220	79	9.0	11.5	11.5	5.8	36.23	28.5	0.713	2570	176	326	8.42	2.21	234	30.1	2.03
24a	240	78	7.0	12.0	12.0	6.0	34.21	26.9	0.752	3050	174	325	9.45	2.25	254	30.5	2.10
24b	240	80	9.0	12.0	12.0	6.0	39.01	30.6	0.756	3280	194	355	9.17	2.23	274	32.5	2.03
24c	240	82	11.0	12.0	12.0	6.0	43.81	34.4	0.760	3510	213	388	8.96	2.21	293	34.4	2.00
25a	250	78	7.0	12.0	12.0	6.0	34.91	27.1	0.722	3370	176	322	9.82	2.24	270	30.6	2.07
25b	250	80	9.0	12.0	12.0	6.0	39.91	31.3	0.776	3530	196	353	9.41	2.22	282	32.7	1.98
25c	250	82	11.0	12.0	12.0	6.0	44.91	35.3	0.780	3690	218	384	9.07	2.21	295	35.9	1.92

型号	截面尺寸/mm						截面面积/cm²	每米长质量/(kg/m)	外表面积/(m²/m)	惯性矩/cm⁴			惯性半径/cm		截面抵抗矩/cm³		重心距离/cm
	h	b	d	t	r	r_1				I_x	I_y	I_{y1}	i_x	i_y	W_x	W_{ymin}	z_0
27a		82	7.5				39.27	30.8	0.826	4360	216	393	10.5	2.34	323	35.5	2.13
27b	270	84	9.5				44.67	35.1	0.830	4690	239	428	10.3	2.31	347	37.7	2.06
27c		86	11.5	12.5	12.5	6.2	50.07	39.3	0.834	5020	261	467	10.1	2.28	372	39.8	2.03
28a		82	7.5				40.02	31.4	0.846	4760	218	388	10.9	2.33	340	35.7	2.10
28b	280	84	9.5				45.62	35.8	0.850	5130	242	428	10.6	2.30	366	37.9	2.02
28c		86	11.5				51.22	40.2	0.854	5500	268	463	10.4	2.29	393	40.3	1.95
30a		85	7.5				43.89	34.5	0.897	6050	260	467	11.7	2.43	403	41.1	2.17
30b	300	87	9.5	13.5	13.5	6.8	49.89	39.2	0.901	6500	289	515	11.4	2.41	433	44.0	2.13
30c		89	11.5				55.89	43.9	0.905	6950	316	560	11.2	2.38	463	46.4	2.09
32a		88	8.0				48.50	38.1	0.947	7600	305	552	12.5	2.50	475	46.5	2.24
32b	320	90	10.0	14.0	14.0	7.0	54.90	43.1	0.951	8140	336	593	12.2	2.47	509	49.2	2.16
32c		92	12.0				61.30	48.1	0.955	8690	374	643	11.9	2.47	543	52.6	2.09
36a		96	9.0				60.89	47.8	1.053	11900	455	818	14.0	2.73	660	63.5	2.44
36b	360	98	11.0	16.0	16.0	8.0	68.09	53.5	1.057	12700	497	880	13.6	2.70	703	66.9	2.37
36c		100	13.0				75.29	59.1	1.061	13400	536	948	13.4	2.67	746	70.0	2.34
40a		100	10.5				75.04	58.9	1.144	17600	592	1070	15.3	2.81	879	78.8	2.49
40b	400	102	12.5	18.0	18.0	9.0	83.04	65.2	1.148	18600	640	1140	15.0	2.78	932	82.5	2.44
40c		104	14.5				91.04	71.5	1.152	19700	688	1220	14.7	2.75	986	86.2	2.42

注:表中 r、r_1 的数据用于孔型设计,不做交货条件。

表 H. 8　热轧轻型槽钢的规格及截面特性（按 YB 164—1963《热轧轻型槽钢品种》①计算）

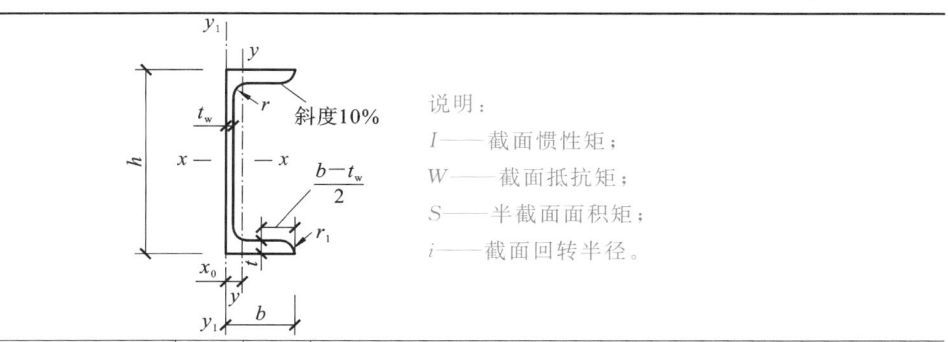

说明：
I——截面惯性矩；
W——截面抵抗矩；
S——半截面面积矩；
i——截面回转半径。

型号	尺寸/mm						截面面积 A/cm²	每米长质量 /(kg/m)	x_0/cm	x—x 轴				y—y 轴				y_1—y_1 轴
	h	b	t_w	t	r	r_1				I_x /cm⁴	W_x /cm³	S_x /cm³	i_x /cm	I_y /cm⁴	W_{ymax} /cm³	W_{ymin} /cm³	i_y /cm	I_{y1} /cm⁴
[5	50	32	4.4	7.0	6.0	2.5	6.16	4.84	1.16	22.8	9.1	5.6	1.92	5.6	4.8	2.8	0.95	13.9
[6.5	65	36	4.4	7.2	6.0	2.5	7.51	5.70	1.24	48.6	15.0	9.0	2.54	8.7	7.0	3.7	1.08	20.2
[8	80	40	4.5	7.4	6.5	2.5	8.98	7.05	1.31	89.4	22.4	13.3	3.16	12.8	9.8	4.8	1.19	28.2
[10	100	46	4.5	7.6	7.0	3.0	10.94	8.59	1.44	173.9	34.8	20.4	3.99	20.4	14.2	6.5	1.37	43.0
[12	120	52	4.8	7.8	7.5	3.0	13.28	10.43	1.54	303.9	50.6	29.6	4.78	31.2	20.2	8.5	1.53	62.8
[14	140	58	4.9	8.1	8.0	3.0	15.65	12.28	1.67	491.1	70.2	40.8	5.60	45.4	27.1	11.0	1.70	89.2
[14a	140	62	4.9	8.7	8.0	3.0	16.98	13.33	1.87	544.8	77.8	45.1	5.66	57.5	30.7	13.3	1.84	116.9
[16	160	64	5.0	8.4	8.5	3.5	18.12	14.22	1.80	747.0	93.4	54.1	6.42	63.3	35.1	13.8	1.87	122.2
[16a	160	68	5.0	9.0	8.5	3.5	19.54	15.34	2.00	823.3	102.9	59.4	6.49	78.8	39.4	16.4	2.01	157.1
[18	180	70	5.1	8.7	9.0	3.5	20.71	16.25	1.94	1086.3	120.7	69.8	7.24	86.0	44.4	17.0	2.04	163.6
[18a	180	74	5.1	9.3	9.0	3.5	22.23	17.45	2.14	1190.7	132.3	76.1	7.32	105.4	49.4	20.0	2.18	206.7
[20	200	76	5.2	9.0	9.5	4.0	23.40	18.37	2.07	1522.0	152.2	87.8	8.07	113.4	54.9	20.5	2.20	213.3
[20a	200	80	5.2	9.7	9.5	4.0	25.16	19.75	2.28	1672.4	167.2	95.9	8.15	138.6	60.8	24.2	2.35	269.3
[22	220	82	5.4	9.5	10.0	4.0	26.72	20.97	2.21	2109.5	191.8	110.4	8.89	150.6	68.0	25.1	2.37	281.4
[22a	220	87	5.4	10.2	10.0	4.0	28.81	22.62	2.46	2327.4	211.6	121.1	8.99	187.1	76.1	30.0	2.55	361.3
[24	240	90	5.6	10.0	10.5	4.0	30.64	24.05	2.42	2901.1	241.8	138.8	9.73	207.6	85.7	31.6	2.60	387.4
[24a	240	95	5.6	10.7	10.5	4.0	32.89	25.82	2.67	3181.2	265.1	151.3	9.83	253.6	95.0	37.2	2.78	488.5
[27	270	95	6.0	10.5	11.0	4.5	35.23	27.66	2.47	4163.3	308.4	177.6	10.87	261.8	105.8	37.3	2.73	477.5
[30	300	100	6.5	11.0	12.0	5.0	40.47	31.77	2.52	5808.3	387.2	224.0	11.98	326.6	129.8	43.6	2.84	582.9
[33	330	105	7.0	11.7	13.0	5.0	46.52	36.52	2.59	7984.1	483.9	280.9	13.10	410.1	158.3	51.8	2.97	722.2
[36	360	110	7.5	12.6	14.0	6.0	53.37	41.90	2.68	10815.5	600.9	349.6	14.24	513.5	191.3	61.8	3.10	898.2
[40	400	115	8.0	13.5	15.0	6.0	61.53	48.30	2.75	15219.6	761.0	444.3	15.73	642.3	233.1	73.4	3.23	1109.2

注：轻型槽钢的通常长度：[5～[8，为 5～12 m；[10～[18，为 5～19 m；[20～[40，为 6～19 m。

———————————

①　本标准仅供已采用该种规格钢材的已建结构复核验算用。

表 H.9　宽、中、窄翼缘 H 型钢的规格及截面特性（按 GB/T 11263—2017 《热轧 H 型钢和剖分 T 型钢》计算）

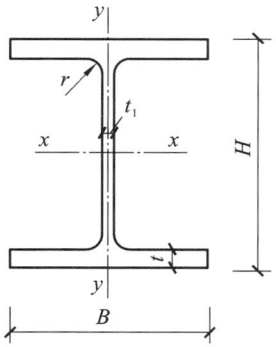

说明：
H——高度；
B——宽度；
t_1——腹板厚度；
t_2——翼缘厚度；
r——圆角半径。

类别	型号（高度×宽度）/（mm×mm）	截面尺寸/mm					截面面积/cm²	每米长质量/(kg/m)	表面积/(m²/m)	惯性矩/cm⁴		惯性半径/cm		截面抵抗矩/cm³	
		H	B	t_1	t_2	r	/cm²	/(kg/m)	/(m²/m)	I_x	I_y	i_x	i_y	W_x	W_y
HW	100×100	100	100	6	8	8	21.59	16.9	0.574	378	134	4.18	2.48	75.6	26.7
	125×125	125	125	6.5	9	8	30.00	23.6	0.723	839	293	5.28	3.12	134	46.9
	150×150	150	150	7	10	8	39.64	31.1	0.872	1620	563	6.39	3.76	216	75.1
	175×175	175	175	7.5	11	13	51.42	40.4	1.01	2900	984	7.50	4.37	331	112
	200×200	200	200	8	12	13	63.53	49.9	1.16	4720	1600	8.61	5.02	472	160
		* 200	204	12	12	13	71.53	56.2	1.17	4980	1700	8.34	4.87	498	167
	250×250	* 244	252	11	11	13	81.31	63.8	1.45	8700	2940	10.3	6.01	713	233
		250	250	9	14	13	91.43	71.8	1.46	10700	3650	10.8	6.31	860	292
		* 250	255	14	14	13	103.9	81.6	1.47	11400	3880	10.5	6.10	912	304
	300×300	* 294	302	12	12	13	106.3	83.5	1.75	16600	5510	12.5	7.20	1130	365
		300	300	10	15	13	118.5	93.0	1.76	20200	6750	13.1	7.55	1350	450
		* 300	305	15	15	13	133.5	105	1.77	21300	7100	12.6	7.29	1420	466
	350×350	* 338	351	13	13	13	133.3	105	2.03	27700	9380	14.4	8.38	1640	534
		* 344	348	10	16	13	144.0	113	2.04	32800	11200	15.1	8.83	1910	646
		* 344	354	16	16	13	164.7	129	2.05	34900	11800	14.6	8.48	2030	669
		350	350	12	19	13	171.9	135	2.05	39800	13600	15.2	8.88	2280	776
		* 350	357	19	19	13	196.4	154	2.07	42300	14400	14.7	8.57	2420	808
	400×400	* 388	402	15	15	22	178.5	140	2.32	49000	16300	16.6	9.54	2520	809
		* 394	398	11	18	22	186.8	147	2.32	56100	18900	17.3	10.1	2850	951
		* 394	405	18	18	22	214.4	168	2.33	59700	20000	16.7	9.64	3030	985

类别	型号（高度×宽度）/（mm×mm）	截面尺寸/mm					截面面积/cm²	每米长质量/（kg/m）	表面积/（m²/m）	惯性矩/cm⁴		惯性半径/cm		截面抵抗矩/cm³	
		H	B	t_1	t_2	r				I_x	I_y	i_x	i_y	W_x	W_y
HW	400×400	400	400	13	21	22	218.7	172	2.34	66600	22400	17.5	10.1	3330	1120
		* 400	408	21	21	22	250.7	197	2.35	70900	23800	16.8	9.74	3540	1170
		* 414	405	18	28	22	295.4	232	2.37	92800	31000	17.7	10.2	4480	1530
		* 428	407	20	35	22	360.7	283	2.41	119000	39400	18.2	10.4	5570	1930
		* 458	417	30	50	22	528.6	415	2.49	187000	60500	18.8	10.7	8170	2900
		* 498	432	45	70	22	770.1	604	2.60	298000	94400	19.7	11.1	12000	4370
	* 500×500	* 492	465	15	20	22	258.0	202	2.78	117000	33500	21.3	11.4	4770	1440
		* 502	465	15	25	22	304.5	239	2.80	146000	41900	21.9	11.7	5810	1800
		* 502	470	20	25	22	329.6	259	2.81	151000	43300	21.4	11.5	6020	1840
HM	150×100	148	100	6	9	8	26.34	20.7	0.670	1000	150	6.16	2.38	135	30.1
	200×150	194	150	6	9	8	38.10	29.9	0.962	2630	507	8.30	3.64	271	67.6
	250×175	244	175	7	11	13	55.49	43.6	1.15	6040	984	10.4	4.21	495	112
	300×200	294	200	8	12	13	71.05	55.8	1.35	11100	1600	12.5	4.74	756	160
		* 298	201	9	14	13	82.03	64.4	1.36	13100	1900	12.6	4.80	878	189
	350×250	340	250	9	14	13	99.53	78.1	1.64	21200	3650	14.6	6.05	1250	292
	400×300	390	300	10	16	13	133.3	105	1.94	37900	7200	16.9	7.35	1940	480
	450×300	440	300	11	18	13	153.9	121	2.04	54700	8110	18.9	7.25	2490	540
	500×300	* 482	300	11	15	13	141.2	111	2.12	58300	6760	20.3	6.91	2420	450
		488	300	11	18	13	159.2	125	2.13	68900	8110	20.8	7.13	2820	540
	550×300	* 544	300	11	15	13	148.0	116	2.24	76400	6760	22.7	6.75	2810	450
		* 550	300	11	18	13	166.0	130	2.26	89800	8110	23.3	6.98	3270	540
	600×300	* 582	300	12	17	13	169.2	133	2.32	98900	7660	24.2	6.72	3400	511
		588	300	12	20	13	187.2	147	2.33	114000	9010	24.7	6.93	3890	601
		* 594	302	14	23	13	217.1	170	2.35	134000	10600	24.8	6.97	4500	700
HN	* 100×50	100	50	5	7	8	11.84	9.30	0.376	187	14.8	3.97	1.11	37.5	5.91
	* 125×60	125	60	6	8	8	16.68	13.1	0.464	409	29.1	4.95	1.32	65.4	9.71
	150×75	150	75	5	7	8	17.84	14.0	0.576	666	49.5	6.10	1.66	88.8	13.2
	175×90	175	90	5	8	8	22.89	18.0	0.686	1210	97.5	7.25	2.06	138	21.7
	200×100	* 198	99	4.5	7	8	22.68	17.8	0.769	1540	113	8.24	2.23	156	22.9
		200	100	5.5	8	8	26.66	20.9	0.775	1810	134	8.22	2.23	181	26.7

续表

类别	型号（高度×宽度）/（mm×mm）	截面尺寸/mm					截面面积/cm²	每米长质量/（kg/m）	表面积/（m²/m）	惯性矩/cm⁴		惯性半径/cm		截面抵抗矩/cm³	
		H	B	t_1	t_2	r				I_x	I_y	i_x	i_y	W_x	W_y
HN	250×125	*248	124	5	8	8	31.98	25.1	0.968	3450	255	10.4	2.82	278	41.1
		250	125	6	9	8	36.96	29.0	0.974	3960	294	10.4	2.81	317	47.0
	300×150	*298	149	5.5	8	13	40.80	32.0	1.16	6320	442	12.4	3.29	424	59.3
		300	150	6.5	9	13	46.78	36.7	1.16	7210	508	12.4	3.29	481	67.6
	350×175	*346	174	6	9	13	52.45	41.2	1.35	11000	791	14.5	3.88	638	91.0
		350	175	7	11	13	62.91	49.4	1.36	13500	984	14.6	3.95	771	112
	400×150	400	150	8	13	13	70.37	55.2	1.36	18600	734	16.3	3.22	929	97.8
	400×200	*396	199	7	11	13	71.41	56.1	1.55	19800	1450	16.6	4.50	999	145
		400	200	8	13	13	83.37	65.4	1.56	23500	1740	16.8	4.56	1170	174
	450×150	*446	150	7	12	13	66.99	52.6	1.46	22000	677	18.1	3.17	985	90.3
		450	151	8	14	13	77.49	60.8	1.47	25700	806	18.2	3.22	1140	107
	450×200	*446	199	8	12	13	82.97	65.1	1.65	28100	1580	18.4	4.36	1260	159
		450	200	9	14	13	95.43	74.9	1.66	32900	1870	18.6	4.42	1460	187
	475×150	*470	150	7	13	13	71.53	56.2	1.50	26200	733	19.1	3.20	1110	97.8
		*475	151.5	8.5	15.5	13	86.15	67.6	1.52	31700	901	19.2	3.23	1330	119
		482	153.5	10.5	19	13	106.4	83.5	1.53	39600	1150	19.3	3.28	1640	150
	500×150	*492	150	7	12	13	70.21	55.1	1.55	27500	677	19.8	3.10	1120	90.3
		*500	152	9	16	13	92.21	72.4	1.57	37000	940	20.0	3.19	1480	124
		504	153	10	18	13	103.3	81.1	1.58	41900	1080	20.1	3.23	1660	141
	500×200	*496	199	9	14	13	99.29	77.9	1.75	40800	1840	20.3	4.30	1650	185
		500	200	10	16	13	112.3	88.1	1.76	46800	2140	20.4	4.36	1870	214
		*506	201	11	19	13	129.3	102	1.77	55500	2580	20.7	4.46	2190	257
	550×200	*546	199	9	14	13	103.8	81.5	1.85	50800	1840	22.1	4.21	1860	185
		550	200	10	16	13	117.3	92.0	1.86	58200	2140	22.3	4.27	2120	214
	600×200	*596	199	10	15	13	117.8	92.4	1.95	66600	1980	23.8	4.09	2240	199
		600	200	11	17	13	131.7	103	1.96	75600	2270	24.0	4.15	2520	227
		*606	201	12	20	13	149.8	118	1.97	88300	2720	24.3	4.25	2910	270
	625×200	*625	198.5	13.5	17.5	13	150.6	118	1.99	88500	2300	24.2	3.90	2830	231
		630	200	15	20	13	170.0	133	2.01	101000	2690	24.4	3.97	3220	268
		*638	202	17	24	13	198.7	156	2.03	122000	3320	24.8	4.09	3820	329
	650×300	*646	299	12	18	13	183.6	144	2.43	131000	8030	26.7	6.61	4080	537
		*650	300	13	20	18	202.1	159	2.44	146000	9010	26.9	6.67	4500	601
		*654	301	14	22	18	220.6	173	2.45	161000	10000	27.4	6.81	4930	666
	700×300	*692	300	13	20	18	207.5	163	2.53	168000	9020	28.5	6.59	4870	601
		700	300	13	24	18	231.5	182	2.54	197000	10800	29.2	6.83	5640	721

类别	型号(高度×宽度)/(mm×mm)	H	B	t_1	t_2	r	截面面积/cm²	每米长质量/(kg/m)	表面积/(m²/m)	I_x	I_y	i_x	i_y	W_x	W_y
HN	750×300	*734	299	12	16	18	182.7	143	2.61	161000	7140	29.7	6.25	4390	478
		*742	300	13	20	18	214.0	168	2.63	197000	9020	30.4	6.49	5320	601
		*750	300	13	24	18	238.0	187	2.64	231000	10800	31.1	6.74	6150	721
		*758	303	16	28	18	284.8	224	2.67	276000	13000	31.1	6.75	7270	859
	800×300	*792	300	14	22	18	239.5	188	2.73	248000	9920	32.2	6.43	6270	661
		800	300	14	26	18	263.5	207	2.74	286000	11700	33.0	6.66	7160	781
	850×300	*834	298	14	19	18	227.5	179	2.80	251000	8400	33.2	6.07	6020	564
		*842	299	15	23	18	259.7	204	2.82	298000	10300	33.9	6.28	7080	687
		*850	300	16	27	18	292.1	229	2.84	346000	12200	34.4	6.45	8140	812
		*858	301	17	31	18	324.7	255	2.86	395000	14100	34.9	6.59	9210	939
	900×300	*890	299	15	23	18	266.9	210	2.92	339000	10300	35.6	6.20	7610	687
		900	300	16	28	18	305.8	240	2.94	404000	12600	36.4	6.42	8990	842
		*912	302	18	34	18	360.1	283	2.97	491000	15700	36.9	6.59	10800	1040
	1000×300	*970	297	16	21	18	276.00	217	3.07	393000	9210	37.8	5.77	8110	620
		*980	298	17	26	18	315.5	248	3.09	472000	11500	38.7	6.04	9630	772
		*990	298	17	31	18	345.3	271	3.11	544000	13700	39.7	6.30	11000	921
		*1000	300	19	36	18	395.1	310	3.13	634000	16300	40.1	6.41	12700	1080
		*1008	302	21	40	18	439.3	345	3.15	712000	18400	40.3	6.47	14100	1220
HT	100×50	95	48	3.2	4.5	8	7.62	5.98	0.362	115	8.39	3.88	1.04	24.2	3.49
		97	49	4	5.5	8	9.37	7.36	0.368	143	10.9	3.91	1.07	29.6	4.45
	100×100	96	99	4.5	6	8	16.20	12.7	0.565	272	97.2	4.09	2.44	56.7	19.6
	125×60	118	58	3.2	4.5	8	9.25	7.26	0.448	218	14.7	4.85	1.26	37.0	5.08
		120	59	4	5.5	8	11.39	8.94	0.454	271	19.0	4.87	1.29	45.2	6.43
	125×125	119	123	4.5	6	8	20.12	15.8	0.707	532	186	5.14	3.04	89.5	30.3
	150×75	145	73	3.2	4.5	8	11.47	9.00	0.562	416	29.3	6.01	1.59	57.3	8.02
		147	74	4	5.5	8	14.12	11.1	0.568	516	37.3	6.04	1.62	70.2	10.1
	150×100	139	97	3.2	4.5	8	13.43	10.6	0.646	476	68.6	5.94	2.25	68.4	14.1
		142	99	4.5	6	8	18.27	14.3	0.657	654	97.2	5.98	2.30	92.1	19.6
	150×150	144	148	5	7	8	27.76	21.8	0.856	1090	378	6.25	3.69	151	51.1
		147	149	6	8.5	8	33.67	26.4	0.864	1350	469	6.32	3.73	183	63.0
	175×90	168	88	3.2	4.5	8	13.55	10.6	0.668	670	51.2	7.02	1.94	79.7	11.6
		171	89	4	6	8	17.58	13.8	0.676	894	70.7	7.13	2.00	105	15.9

续表

类别	型号（高度×宽度）/（mm×mm）	截面尺寸/mm					截面面积/cm²	每米长质量/(kg/m)	表面积/(m²/m)	惯性矩/cm⁴		惯性半径/cm		截面抵抗矩/cm³	
		H	B	t_1	t_2	r				I_x	I_y	i_x	i_y	W_x	W_y
HN	175×175	167	173	5	7	13	33.32	26.2	0.994	1780	605	7.30	4.26	213	69.9
		172	175	6.5	9.5	13	44.64	35.0	1.01	2470	850	7.43	4.36	287	97.1
	200×100	193	98	3.2	4.5	8	15.25	12.0	0.758	994	70.7	8.07	2.15	103	14.4
		196	99	4	6	8	19.78	15.5	0.766	1320	97.2	8.18	2.21	135	19.6
	200×150	188	149	4.5	6	8	26.34	20.7	0.949	1730	331	8.09	3.54	184	44.4
	200×200	192	198	6	8	13	43.69	34.3	1.14	3060	1040	8.37	4.86	319	105
	250×125	244	124	4.5	6	8	25.86	20.3	0.961	2650	191	10.1	2.71	217	30.8
	250×175	238	173	4.5	8	13	39.12	30.7	1.14	4240	691	10.4	4.20	356	79.9
	300×150	294	148	4.5	6	13	31.90	25.0	1.15	4800	325	12.3	3.19	327	43.9
	300×200	286	198	6	8	13	49.33	38.7	1.33	7360	1040	12.2	4.58	515	105
	350×175	340	173	4.5	6	13	36.97	29.0	1.34	7490	518	14.2	3.74	441	59.9
	400×150	390	148	6	8	13	47.57	37.3	1.34	11700	434	15.7	3.01	602	58.6
	400×200	390	198	6	8	13	55.57	43.6	1.54	14700	1040	16.2	4.31	752	105

注：1. 表中同一型号的产品，其内侧尺寸高度一致。

2. 表中截面面积计算公式为 $t_1(H-2t_2)+2Bt_2+0.858r^2$。

3. 表中"＊"表示的规格为市场非常用规格。

表 H. 10　宽、中、窄翼缘剖分 T 型钢的规格及截面特性（按《热轧 H 型钢和剖分 T 型钢》计算）

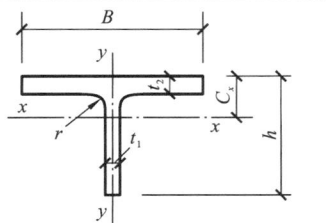

说明：

h——高度；

B——宽度；

t_1——腹板厚度；

t_2——翼缘厚度；

r——圆角半径；

C_x——重心。

类别	型号 （高度×宽度）/ （mm×mm）	截面尺寸/mm					截面面积/cm²	每米长质量/（kg/m）	表面积/（m²/m）	惯性矩/cm⁴		惯性半径/cm		截面抵抗矩/cm³		重心C_x/cm	对应 H 型钢系列型号/（mm×mm）
		h	B	t_1	t_2	r				I_x	I_y	i_x	i_y	W_x	W_y		
TW	50×100	50	100	6	8	8	10.79	8.47	0.293	16.1	66.8	1.22	2.48	4.02	13.4	1.00	100×100
	62.5×125	62.5	125	6.5	9	8	15.00	11.8	0.368	35.0	147	1.52	3.12	6.91	23.5	1.19	125×125
	75×150	75	150	7	10	8	19.82	15.6	0.443	66.4	282	1.82	3.76	10.8	37.5	1.37	150×150
	87.5×175	87.5	175	7.5	11	13	25.71	20.2	0.514	115	492	2.11	4.37	15.9	56.2	1.55	175×175
	100×200	100	200	8	12	13	31.76	24.9	0.589	184	801	2.40	5.02	22.3	80.1	1.73	200×200
		100	204	12	12	13	35.76	28.1	0.597	256	851	2.67	4.87	32.4	83.4	2.09	
	125×250	125	250	9	14	13	45.71	35.9	0.739	412	1820	3.00	6.31	39.5	146	2.08	250×250
		125	255	14	14	13	51.96	40.8	0.749	589	1940	3.36	6.10	59.4	152	2.58	
	150×300	147	302	12	12	13	53.16	41.7	0.887	857	2760	4.01	7.20	72.3	183	2.85	300×300
		150	300	10	15	13	59.22	46.5	0.889	798	3380	3.67	7.55	63.7	225	2.47	
		150	305	15	15	13	66.72	52.4	0.899	1110	3550	4.07	7.29	92.5	233	3.04	
	175×350	172	348	10	16	13	72.00	56.5	1.03	1230	5620	4.13	8.83	84.7	323	2.67	350×350
		175	350	12	19	13	85.94	67.5	1.04	1520	6790	4.20	8.88	104	388	2.87	
	200×400	194	402	15	15	22	89.22	70.0	1.17	2480	8130	5.27	9.54	158	404	3.70	400×400
		197	398	11	18	22	93.40	73.3	1.17	2050	9460	4.67	10.1	123	475	3.01	
		200	400	13	21	22	109.3	85.8	1.18	2480	11200	4.75	10.1	147	560	3.21	
		200	408	21	21	22	125.3	98.4	1.20	3650	11900	5.39	9.74	229	584	4.07	
		207	405	18	28	22	147.7	116	1.21	3620	15500	4.95	10.2	213	766	3.68	
		214	407	20	35	22	180.3	142	1.22	4380	19700	4.92	10.4	250	967	3.90	
TM	75×100	74	100	6	9	8	13.17	10.3	0.341	51.7	75.2	1.98	2.38	8.84	15.0	1.56	150×100
	100×150	97	150	6	9	8	19.05	15.0	0.487	124	253	2.55	3.64	15.8	33.8	1.80	200×150
	125×175	122	175	7	11	13	27.74	21.8	0.583	288	492	3.22	4.21	29.1	56.2	2.28	250×175
	150×200	147	200	8	12	13	35.52	27.9	0.683	571	801	4.00	4.74	48.2	80.1	2.85	300×200
		149	201	9	14	13	41.01	32.2	0.689	661	949	4.01	4.80	55.2	94.4	2.92	
	175×250	170	250	9	14	13	49.76	39.1	0.829	1020	1820	4.51	6.05	73.2	146	3.11	350×250
	200×300	195	300	10	16	13	66.62	52.3	0.979	1730	3600	5.09	7.35	108	240	3.43	400×300
	225×300	220	300	11	18	13	76.94	60.4	1.03	2680	4050	5.89	7.25	150	270	4.09	450×300
	250×300	241	300	11	15	13	70.58	55.4	1.07	3400	3380	6.93	6.91	178	225	5.00	500×300
		244	300	11	18	13	79.58	62.5	1.08	3610	4050	6.73	7.13	184	270	4.72	
	275×300	272	300	11	15	13	73.99	58.1	1.13	4790	3380	8.04	6.75	225	225	5.96	550×300
		275	300	11	18	13	82.99	65.2	1.14	5090	4050	7.82	6.98	232	270	5.59	
	300×300	291	300	12	17	13	84.60	66.4	1.17	6320	3830	8.64	6.72	280	255	6.51	600×300
		294	300	12	20	13	93.60	73.5	1.18	6680	4500	8.44	6.93	288	300	6.17	
		297	302	14	23	13	108.5	85.2	1.19	7890	5290	8.52	6.97	339	350	6.41	

续表

类别	型号（高度×宽度）/（mm×mm）	截面尺寸/mm					截面面积/cm²	每米长质量/（kg/m）	表面积/（m²/m）	惯性矩/cm⁴		惯性半径/cm		截面模量/cm³		重心C_x/cm	对应 H 型钢系列型号/（mm×mm）
		h	B	t_1	t_2	r				I_x	I_y	i_x	i_y	W_x	W_y		
TN	50×50	50	50	5	7	8	5.920	4.65	0.193	11.8	7.39	1.41	1.11	3.18	2.95	1.28	100×50
	62.5×60	62.5	60	6	8	8	8.340	6.55	0.238	27.5	14.6	1.81	1.32	5.96	4.85	1.64	125×60
	75×75	75	75	5	7	8	8.920	7.00	0.293	42.6	24.7	2.18	1.66	7.46	6.59	1.79	150×75
	87.5×90	85.5	89	4	6	8	8.790	6.90	0.342	53.7	35.3	2.47	2.00	8.02	7.94	1.86	175×90
		87.5	90	5	8	8	11.44	8.98	0.348	70.6	48.7	2.48	2.06	10.4	10.8	1.93	
	100×100	99	99	4.5	7	8	11.34	8.90	0.389	93.5	56.7	2.87	2.23	12.1	11.5	2.17	200×100
		100	100	5.5	8	8	13.33	10.5	0.393	114	66.9	2.92	2.23	14.8	13.4	2.31	
	125×125	124	124	5	8	8	15.99	12.6	0.489	207	127	3.59	2.82	21.3	20.5	2.66	250×125
		125	125	6	9	8	18.48	14.5	0.493	248	147	3.66	2.81	25.6	23.5	2.81	
	150×150	149	149	5.5	8	13	20.40	16.0	0.585	393	221	4.39	3.29	33.8	29.7	3.26	300×150
		150	150	6.5	9	13	23.39	18.4	0.589	464	254	4.45	3.29	40.0	33.8	3.41	
	175×175	173	174	6	9	13	26.22	20.6	0.683	679	396	5.08	3.88	50.0	45.5	3.72	350×175
		175	175	7	11	13	31.45	24.7	0.689	814	492	5.08	3.95	59.3	56.2	3.76	
	200×200	198	199	7	11	13	35.70	28.0	0.783	1190	723	5.77	4.50	76.4	72.7	4.20	400×200
		200	200	8	13	13	41.68	32.7	0.789	1390	868	5.78	4.56	88.6	86.8	4.26	
	225×150	223	150	7	12	13	33.49	26.3	0.735	1570	338	6.84	3.17	93.7	45.1	5.54	450×150
		225	151	8	14	13	38.74	30.4	0.741	1830	403	6.87	3.22	108	53.4	5.62	
	225×200	223	199	8	12	13	41.48	32.6	0.833	1870	789	6.71	4.36	109	79.3	5.15	450×200
		225	200	9	14	13	47.71	37.5	0.839	2150	935	6.71	4.42	124	93.5	5.19	
	237.5×150	235	150	7	13	13	35.76	28.1	0.759	1850	367	7.18	3.20	104	48.9	7.50	475×150
		237.5	151.5	8.5	15.5	13	43.07	33.8	0.767	2270	451	7.25	3.23	128	59.5	7.57	
		241	153.5	10.5	19	13	53.20	41.8	0.778	2860	575	7.33	3.28	160	75.0	7.67	
	250×150	246	150	7	12	13	35.10	27.6	0.781	2060	339	7.66	3.10	113	45.1	6.36	500×150
		250	152	9	16	13	46.10	36.2	0.793	2750	470	7.71	3.19	149	61.9	6.53	
		252	153	10	18	13	51.66	40.6	0.799	3100	540	7.74	3.23	167	70.5	6.62	
	250×200	248	199	9	14	13	49.64	39.0	0.883	2820	921	7.54	4.30	150	92.6	5.97	500×200
		250	200	10	16	13	56.12	44.1	0.889	3200	1070	7.54	4.36	169	107	6.03	
		253	201	11	19	13	64.65	50.8	0.897	3660	1290	7.52	4.46	189	128	6.00	
	275×200	273	199	9	14	13	51.89	40.7	0.933	3690	921	8.43	4.21	180	92.6	6.85	550×200
		275	200	10	16	13	58.62	46.0	0.939	4180	1070	8.44	4.27	203	107	6.89	
	300×200	298	199	10	15	13	58.87	46.2	0.983	5150	988	9.35	4.09	235	99.3	7.92	600×200
		300	200	11	17	13	65.85	51.7	0.989	5770	1140	9.35	4.15	262	114	7.95	
		303	201	12	20	13	74.88	58.8	0.997	6530	1360	9.33	4.25	291	135	7.88	

类别	型号 （高度× 宽度）/ (mm×mm)	截面尺寸/mm					截面 面积/ cm²	每米长 质量/ (kg/ m)	表面积 /(m² /m)	惯性矩/ cm⁴		惯性半径/ cm		截面抵抗矩/ cm³		重心 C_x/ cm	对应 H 型钢系 列型号 /(mm ×mm)
		h	B	t_1	t_2	r				I_x	I_y	i_x	i_y	W_x	W_y		
TN	312.5×200	312.5	198.5	13.5	17.5	13	75.28	59.1	1.01	7460	1150	9.95	3.90	338	116	9.15	625×200
		315	200	15	20	13	84.97	66.7	1.02	8470	1340	9.98	3.97	380	134	9.21	
		319	202	17	24	13	99.35	78.0	1.03	9960	1160	10.0	4.08	440	165	9.26	
	325×300	323	299	12	18	18	91.81	72.1	1.23	8570	4020	9.66	6.61	344	269	7.36	650×300
		325	300	13	20	18	101.0	79.3	1.23	9430	4510	9.66	6.67	376	300	7.40	
		327	301	14	22	18	110.3	86.6	1.24	10300	5010	9.66	6.73	408	333	7.45	
	350×300	346	300	13	20	18	103.8	81.5	1.28	11300	4510	10.4	6.59	424	301	8.09	700×300
		350	300	13	24	18	115.8	90.9	1.28	12000	5410	10.2	6.83	438	361	7.63	
	400×300	396	300	14	22	18	119.8	94.0	1.38	17600	4960	12.1	6.43	592	331	9.78	800×300
		400	300	14	26	18	131.8	103	1.38	18700	5860	11.9	6.66	610	391	9.27	
	450×300	445	299	15	23	18	133.5	105	1.47	25900	5140	13.9	6.20	789	344	11.7	900×300
		450	300	16	28	18	152.9	120	1.48	29100	6320	13.8	6.42	865	421	11.4	
		456	302	18	34	18	180.0	141	1.50	34100	7830	13.8	6.59	997	518	11.3	

表 H.11　常用的热轧无缝钢管的规格及截面特性

（按 GB/T 17395—2008《无缝钢管尺寸、外形、重量及允许偏差》计算）

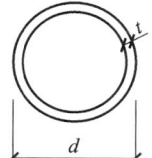

说明：
I——截面惯性矩；
W——截面抵抗矩；
i——截面回转半径。

尺寸/mm		截面面积	每米长质量	截面特性			尺寸/mm		截面面积	每米长质量	截面特性		
d	t	A/cm^2	$/(kg/m)$	I/cm^4	W/cm^3	i/cm	d	t	A/cm^2	$/(kg/m)$	I/cm^4	W/cm^3	i/cm
32	2.5	2.32	1.82	2.54	1.59	1.05	63.5	3.0	5.70	4.48	26.15	8.24	2.14
	3.0	2.73	2.15	2.90	1.82	1.03		3.5	6.60	5.18	29.79	9.38	2.12
	3.5	3.13	2.46	3.23	2.02	1.02		4.0	7.48	5.87	33.24	10.47	2.11
	4.0	3.52	2.76	3.52	2.20	1.00		4.5	8.34	6.55	36.50	11.50	2.09
38	2.5	2.79	2.19	4.41	2.32	1.26		5.0	9.19	7.21	39.60	12.47	2.08
	3.0	3.30	2.59	5.09	2.68	1.24		5.5	10.02	7.87	42.52	13.39	2.06
	3.5	3.79	2.98	5.70	3.00	1.23		6.0	10.84	8.51	45.28	14.26	2.04
	4.0	4.27	3.35	6.26	3.29	1.21	68	3.0	6.13	4.81	32.42	9.54	2.30
42	2.5	3.10	2.44	6.07	2.89	1.40		3.5	7.09	5.57	36.99	10.88	2.28
	3.0	3.68	2.89	7.03	3.35	1.38		4.0	8.04	6.31	41.34	12.16	2.27
	3.5	4.23	3.32	7.91	3.77	1.37		4.5	8.98	7.05	45.47	13.37	2.25
	4.0	4.78	3.75	8.71	4.15	1.35		5.0	9.90	7.77	49.41	14.53	2.23
45	2.5	3.34	2.62	7.56	3.36	1.51		5.5	10.80	8.48	53.14	15.63	2.22
	3.0	3.96	3.11	8.77	3.90	1.49		6.0	11.69	9.17	56.68	16.67	2.20
	3.5	4.56	3.58	9.89	4.40	1.47	70	3.0	6.31	4.96	35.50	10.14	2.37
	4.0	5.15	4.04	10.93	4.86	1.46		3.5	7.31	5.74	40.53	11.58	2.35
50	2.5	3.73	2.93	10.55	4.22	1.68		4.0	8.29	6.51	45.33	12.95	2.34
	3.0	4.43	3.48	12.28	4.91	1.67		4.5	9.26	7.27	49.89	14.26	2.32
	3.5	5.11	4.01	13.90	5.56	1.65		5.0	10.21	8.01	54.24	15.50	2.30
	4.0	5.78	4.54	15.41	6.16	1.63		5.5	11.14	8.75	58.38	16.68	2.29
	4.5	6.43	5.05	16.81	6.72	1.62		6.0	12.06	9.47	62.31	17.80	2.27
	5.0	7.07	5.55	18.11	7.25	1.60	73	3.0	6.60	5.18	40.48	11.09	2.48
54	3.0	4.81	3.77	15.68	5.81	1.81		3.5	7.64	6.00	46.26	12.67	2.46
	3.5	5.55	4.36	17.79	6.59	1.79		4.0	8.67	6.81	51.78	14.19	2.44
	4.0	6.28	4.93	19.76	7.32	1.77		4.5	9.68	7.60	57.04	15.63	2.43
	4.5	7.00	5.49	21.61	8.00	1.76		5.0	10.68	8.38	62.07	17.01	2.41
	5.0	7.70	6.04	23.34	8.64	1.74		5.5	11.66	9.16	66.87	18.32	2.39
	5.5	8.38	6.58	24.96	9.24	1.73		6.0	12.63	9.91	71.43	19.57	2.38
	6.0	9.05	7.10	26.46	9.80	1.71	76	3.0	6.88	5.40	45.91	12.08	2.58
57	3.0	5.09	4.00	18.61	6.53	1.91		3.5	7.97	6.26	52.50	13.82	2.57
	3.5	5.88	4.62	21.14	7.42	1.90		4.0	9.05	7.10	58.81	15.48	2.55
	4.0	6.66	5.23	23.52	8.25	1.88		4.5	10.11	7.93	64.85	17.07	2.53
	4.5	7.42	5.83	25.76	9.04	1.86		5.0	11.15	8.75	70.62	18.59	2.52
	5.0	8.17	6.41	27.86	9.78	1.85		5.5	12.18	9.56	76.14	20.04	2.50
	5.5	8.90	6.99	29.84	10.47	1.83		6.0	13.19	10.36	81.41	21.42	2.48
	6.0	9.61	7.55	31.69	11.12	1.82	83	3.5	8.74	6.86	69.19	16.67	2.81
60	3.0	5.37	4.22	21.88	7.29	2.02		4.0	9.93	7.79	77.64	18.71	2.80
	3.5	6.21	4.88	24.88	8.29	2.00		4.5	11.10	8.71	85.76	20.67	2.78
	4.0	7.04	5.52	27.73	9.24	1.98		5.0	12.25	9.62	93.56	22.54	2.76
	4.5	7.85	6.16	30.41	10.14	1.97		5.5	13.39	10.51	101.04	24.35	2.75
	5.0	8.64	6.78	32.94	10.98	1.95		6.0	14.51	11.39	108.22	26.08	2.73
	5.5	9.42	7.39	35.32	11.77	1.94		6.5	15.62	12.26	115.10	27.74	2.71
	6.0	10.18	7.99	37.56	12.52	1.92		7.0	16.71	13.12	121.69	29.32	2.70

尺寸/mm		截面面积 A/cm²	每米长质量 /(kg/m)	截面特性			尺寸/mm		截面面积 A/cm²	每米长质量 /(kg/m)	截面特性		
d	t			I/cm⁴	W/cm³	i/cm	d	t			I/cm⁴	W/cm³	i/cm
89	3.5	9.40	7.38	86.05	19.34	3.03	127	4.0	15.46	12.13	292.61	46.08	4.35
	4.0	10.68	8.38	96.68	21.73	3.01		4.5	17.32	13.59	325.29	51.23	4.33
	4.5	11.95	9.38	106.92	24.03	2.99		5.0	19.16	15.04	357.14	56.24	4.32
	5.0	13.19	10.36	116.79	26.24	2.98		5.5	20.99	16.48	388.19	61.13	4.30
	5.5	14.43	11.33	126.29	28.38	2.96		6.0	22.81	17.90	418.44	65.90	4.28
	6.0	15.65	12.28	135.43	30.43	2.94		6.5	24.61	19.32	447.92	70.54	4.27
	6.5	16.85	13.22	144.22	32.41	2.93		7.0	26.39	20.72	476.63	75.06	4.25
	7.0	18.03	14.16	152.67	34.31	2.91		7.5	28.16	22.10	504.58	79.46	4.23
								8.0	29.91	23.48	531.80	83.75	4.22
95	3.5	10.06	7.90	105.45	22.20	3.24	133	4.0	16.21	12.73	337.53	50.76	4.56
	4.0	11.44	8.98	118.60	24.97	3.22		4.5	18.17	14.26	375.42	56.45	4.55
	4.5	12.79	10.04	131.31	27.64	3.20		5.0	20.11	15.78	412.40	62.02	4.53
	5.0	14.14	11.10	143.58	30.23	3.19		5.5	22.03	17.29	448.50	67.44	4.51
	5.5	15.46	12.14	155.43	32.72	3.17		6.0	23.94	18.79	483.72	72.74	4.50
	6.0	16.78	13.17	166.86	35.13	3.15		6.5	25.83	20.28	518.07	77.91	4.48
	6.5	18.07	14.19	177.89	37.45	3.14		7.0	27.71	21.75	551.58	82.94	4.46
	7.0	19.35	15.19	188.51	39.69	3.12		7.5	29.57	23.21	584.25	87.86	4.45
								8.0	31.42	24.66	616.11	92.65	4.43
102	3.5	10.83	8.50	131.52	25.79	3.48	140	4.5	19.16	15.04	440.12	62.87	4.79
	4.0	12.32	9.67	148.09	29.04	3.47		5.0	21.21	16.65	483.76	69.11	4.78
	4.5	13.78	10.82	164.14	32.18	3.45		5.5	23.24	18.24	526.40	75.20	4.76
	5.0	15.24	11.96	179.68	35.23	3.43		6.0	25.26	19.83	568.06	81.15	4.74
	5.5	16.67	13.09	194.72	38.18	3.42		6.5	27.26	21.40	608.76	86.97	4.73
	6.0	18.10	14.21	209.28	41.03	3.40		7.0	29.25	22.96	648.51	92.64	4.71
	6.5	19.50	15.31	223.35	43.79	3.38		7.5	31.22	24.51	687.32	98.19	4.69
	7.0	20.89	16.40	236.96	46.46	3.37		8.0	33.18	26.04	725.21	103.60	4.68
								9.0	37.04	29.08	798.29	114.04	4.64
114	4.0	13.82	10.85	209.35	36.73	3.89		10	40.84	32.06	867.86	123.98	4.61
	4.5	15.48	12.15	232.41	40.77	3.87	146	4.5	20.00	15.70	501.16	68.65	5.01
	5.0	17.12	13.44	254.81	44.70	3.86		5.0	22.15	17.39	551.10	75.49	4.99
	5.5	18.75	14.72	276.58	48.52	3.84		5.5	24.28	19.06	599.95	82.19	4.97
	6.0	20.36	15.98	297.73	52.23	3.82		6.0	26.39	20.72	647.73	88.73	4.95
	6.5	21.95	17.23	318.26	55.84	3.81		6.5	28.49	22.36	694.44	95.13	4.94
	7.0	23.53	18.47	338.19	59.33	3.79		7.0	30.57	24.00	740.12	101.39	4.92
	7.5	25.09	19.70	357.58	62.73	3.77		7.5	32.63	25.62	784.77	107.50	4.90
	8.0	26.64	20.91	376.30	66.02	3.76		8.0	34.68	27.23	828.41	113.48	4.89
								9.0	38.74	30.41	912.71	125.03	4.85
121	4.0	14.70	11.54	251.87	41.63	4.14		10	42.73	33.54	993.16	136.05	4.82
	4.5	16.47	12.93	279.83	46.25	4.12	152	4.5	20.85	16.37	567.61	74.69	5.22
	5.0	18.22	14.30	307.05	50.75	4.11		5.0	23.09	18.13	624.43	82.16	5.20
	5.5	19.96	15.67	333.54	55.13	4.09		5.5	25.31	19.87	680.06	89.48	5.18
	6.0	21.68	17.02	359.32	59.39	4.07		6.0	27.52	21.60	734.52	96.65	5.17
	6.5	23.38	18.35	384.40	63.54	4.05		6.5	29.71	23.32	787.82	103.66	5.15
	7.0	25.07	19.68	408.80	67.57	4.04		7.0	31.89	25.03	839.99	110.52	5.13
	7.5	26.74	20.99	432.51	71.49	4.02		7.5	34.05	26.73	891.03	117.24	5.12
	8.0	28.40	22.29	455.57	75.30	4.01		8.0	36.19	28.41	940.97	123.81	5.10
								9.0	40.43	31.74	1037.59	136.53	5.07
								10	44.61	35.02	1129.99	148.68	5.03

续表

尺寸/mm		截面面积 A/cm²	每米长质量 /(kg/m)	截面特性			尺寸/mm		截面面积 A/cm²	每米长质量 /(kg/m)	截面特性		
d	t			I/cm⁴	W/cm³	i/cm	d	t			I/cm⁴	W/cm³	i/cm
159	4.5	21.84	17.15	652.27	82.05	5.46	219	6.0	40.15	31.52	2278.74	208.10	7.53
	5.0	24.19	18.99	717.88	90.30	5.45		6.5	43.39	34.06	2451.64	223.89	7.52
	5.5	26.52	20.82	782.18	98.39	5.43		7.0	46.62	36.60	2622.04	239.46	7.50
	6.0	28.84	22.64	845.19	106.31	5.41		7.5	49.83	39.12	2789.96	254.79	7.48
	6.5	31.14	24.45	906.92	114.08	5.40		8.0	53.03	41.63	2955.43	269.90	7.47
	7.0	33.43	26.24	967.41	121.69	5.38		9.0	59.38	46.61	3279.12	299.46	7.43
	7.5	35.70	28.02	1026.65	129.14	5.36		10	65.66	51.54	3593.29	328.15	7.40
	8.0	37.95	29.79	1084.67	136.44	5.35		12	78.04	61.26	4193.81	383.00	7.33
	9.0	42.41	33.29	1197.12	150.58	5.31		14	90.16	70.78	4758.50	434.57	7.26
	10	46.81	36.75	1304.88	164.14	5.28		16	102.04	80.10	5288.81	483.00	7.20
168	4.5	23.11	18.14	772.96	92.02	5.78	245	6.5	48.70	38.23	3465.46	282.89	8.44
	5.0	25.60	20.10	851.14	101.33	5.77		7.0	52.34	41.08	3709.06	302.78	8.42
	5.5	28.08	22.04	927.85	110.46	5.75		7.5	55.96	43.93	3949.52	322.41	8.40
	6.0	30.54	23.97	1003.12	119.42	5.73		8.0	59.56	46.76	4186.87	341.79	8.38
	6.5	32.98	25.89	1076.95	128.21	5.71		9.0	66.73	52.38	4652.32	379.78	8.35
	7.0	35.41	27.79	1149.36	136.83	5.70		10	73.83	57.95	5105.63	416.79	8.32
	7.5	37.82	29.69	1220.38	145.28	5.68		12	87.84	68.95	5976.67	487.89	8.25
	8.0	40.21	31.57	1290.01	153.57	5.66		14	101.60	79.76	6801.68	555.24	8.18
	9.0	44.96	35.29	1425.22	169.67	5.63		16	115.11	90.36	7582.30	618.96	8.12
	10	49.64	38.97	1555.13	185.13	5.60	273	6.5	54.42	42.72	4834.18	354.15	9.42
180	5.0	27.49	21.58	1053.17	117.02	6.19		7.0	58.50	45.92	5177.30	379.29	9.41
	5.5	30.15	23.67	1148.79	127.64	6.17		7.5	62.56	49.11	5516.47	404.14	9.39
	6.0	32.80	25.75	1242.72	138.08	6.16		8.0	66.60	52.28	5851.71	428.70	9.37
	6.5	35.43	27.81	1335.00	148.33	6.14		9.0	74.64	58.60	6510.56	476.96	9.34
	7.0	38.04	29.87	1425.63	158.40	6.12		10	82.62	64.86	7154.09	524.11	9.31
	7.5	40.64	31.91	1514.64	168.29	6.10		12	98.39	77.24	8396.14	615.10	9.24
	8.0	43.23	33.93	1602.04	178.00	6.09		14	113.91	89.42	9579.75	701.81	9.17
	9.0	48.35	37.95	1772.12	196.90	6.05		16	129.18	101.41	10706.79	784.38	9.10
	10	53.41	41.92	1936.01	215.11	6.02	299	7.5	68.68	53.92	7300.02	488.30	10.31
	12	63.33	49.72	2245.84	249.54	5.95		8.0	73.14	57.41	7747.42	518.22	10.29
194	5.0	29.69	23.31	1326.54	136.76	6.68		9.0	82.00	64.37	8628.09	577.13	10.26
	5.5	32.57	25.57	1447.86	149.26	6.67		10	90.79	71.27	9490.15	634.79	10.22
	6.0	35.44	27.82	1567.21	161.57	6.65		12	108.20	84.93	11159.52	746.46	10.16
	6.5	38.29	30.06	1684.61	173.67	6.63		14	128.35	98.40	12757.61	853.35	10.09
	7.0	41.12	32.28	1800.08	185.57	6.62		16	142.25	111.67	14286.48	955.62	10.02
	7.5	43.94	34.50	1913.64	197.28	6.60	325	7.5	74.81	58.73	9431.80	580.42	11.23
	8.0	46.75	36.70	2025.31	208.79	6.58		8.0	79.67	62.54	10013.92	616.24	11.21
	9.0	52.31	41.06	2243.08	231.25	6.55		9.0	89.35	70.14	11161.33	686.85	11.18
	10	57.81	45.38	2453.55	252.94	6.51		10	98.96	77.68	12286.52	756.09	11.14
	12	68.61	53.86	2853.25	294.15	6.45		12	118.00	92.63	14471.45	890.55	11.07
203	6.0	37.13	29.15	1803.07	177.64	6.97		14	136.78	107.38	16570.98	1019.75	11.01
	6.5	40.13	31.50	1938.81	191.02	6.95		16	155.32	121.93	18587.38	1143.84	10.94
	7.0	43.10	33.84	2072.43	204.18	6.93	351	8.0	86.21	67.67	12684.36	722.76	12.13
	7.5	46.06	36.16	2203.94	217.14	6.92		9.0	96.70	75.91	14147.55	806.13	12.10
	8.0	49.01	38.47	2333.37	229.89	6.90		10	107.13	84.10	15584.62	888.01	12.06
	9.0	54.85	43.06	2586.08	254.79	6.87		12	127.80	100.32	18381.63	1047.39	11.99
	10	60.63	47.60	2830.72	278.89	6.83		14	148.22	116.35	21077.86	1201.02	11.93
	12	72.01	56.52	3296.49	324.78	6.77		16	168.39	132.19	23675.75	1349.05	11.86
	14	83.13	65.25	3732.07	367.69	6.70							
	16	94.00	73.79	4138.78	407.76	6.64							

注:热轧无缝钢管的通常长度为3~12 m。

表 II.12　常用的电焊钢管的规格及截面特性（按 GB/T 21835—2008《焊接钢管尺寸及单位长度重量》计算）

说明：
I —— 截面惯性矩；
W —— 截面抵抗矩；
i —— 截面回转半径。

尺寸/mm		截面面积 A /cm²	每米长质量 /(kg/m)	截面特性		
d	t			I/cm⁴	W/cm³	i/cm
33.7	2.0	1.992	1.564	2.512	1.491	1.123
	2.3	2.269	1.781	2.811	1.668	1.113
	2.6	2.540	1.994	3.093	1.835	1.103
	2.9	2.806	2.203	3.357	1.992	1.094
42.4	2.0	2.538	1.993	5.192	2.449	1.430
	2.3	2.897	2.275	5.843	2.756	1.420
	2.6	3.251	2.552	6.464	3.049	1.410
	2.9	3.599	2.825	7.056	3.328	1.400
	3.2	3.941	3.094	7.620	3.594	1.391
	3.6	4.388	3.445	8.329	3.929	1.378
48.3	2.0	2.909	2.284	7.810	3.234	1.638
	2.3	3.324	2.609	8.813	3.649	1.628
	2.6	3.733	2.930	9.777	4.048	1.618
	2.9	4.136	3.247	10.700	4.431	1.608
	3.2	4.534	3.559	11.586	4.797	1.599
	3.6	5.055	3.969	12.708	5.262	1.586

尺寸/mm		截面面积 A /cm²	每米长质量 /(kg/m)	截面特性		
d	t			I/cm⁴	W/cm³	i/cm
60.3	2.0	3.663	2.876	15.581	5.168	2.062
	2.3	4.191	3.290	17.650	5.854	2.052
	2.6	4.713	3.700	19.654	6.519	2.042
	2.9	5.229	4.105	21.592	7.162	2.032
	3.2	5.740	4.506	23.468	7.784	2.022
	3.6	6.413	5.034	25.874	8.582	2.009
	4.0	7.075	5.554	28.173	9.344	1.996
	4.5	7.889	6.193	30.902	10.249	1.979
76.1	2.0	4.656	3.655	31.979	8.404	2.621
	2.3	5.333	4.186	36.339	9.550	2.610
	2.6	6.004	4.713	40.592	10.668	2.600
	2.9	6.669	5.235	44.738	11.758	2.590
	3.2	7.329	5.753	48.778	12.820	2.580
	3.6	8.200	6.437	54.006	14.194	2.566
	4.0	9.060	7.112	59.055	15.520	2.553
	4.5	10.122	7.946	65.121	17.115	2.536
	5.0	11.168	8.767	70.922	18.639	2.520

续表

尺寸/mm d	尺寸/mm t	截面面积A /cm²	每米长质量 /(kg/m)	截面特性 I/cm⁴	截面特性 W/cm³	截面特性 i/cm
88.9	2.0	5.460	4.286	51.568	11.601	3.073
	2.3	6.257	4.912	58.701	13.206	3.063
	2.6	7.049	5.534	65.684	14.777	3.053
	2.9	7.835	6.151	72.518	16.315	3.042
	3.2	8.615	6.763	79.206	17.819	3.032
	3.6	9.647	7.573	87.899	19.775	3.018
	4.0	10.669	8.375	96.340	21.674	3.005
	4.5	11.932	9.366	106.545	23.970	2.988
	5.0	13.179	10.345	116.374	26.181	2.972
114.3	2.0	7.056	5.539	111.267	19.469	3.971
	2.3	8.093	6.353	126.948	22.213	3.961
	2.6	9.124	7.162	142.373	24.912	3.950
	2.9	10.149	7.967	157.546	27.567	3.940
	3.2	11.169	8.768	172.469	30.178	3.930
	3.6	12.520	9.828	191.984	33.593	3.916
	4.0	13.861	10.881	211.065	36.932	3.902
	4.5	15.523	12.185	234.319	41.001	3.885
	5.0	17.169	13.478	256.920	33.955	3.868
139.7	2.0	8.652	6.792	205.108	29.364	4.869
139.7	2.3	9.928	7.794	234.352	33.551	4.859
	2.6	11.199	8.791	263.209	37.682	4.848
	2.9	12.463	9.784	291.683	41.758	4.838
	3.2	13.722	10.772	319.776	45.780	4.827
	3.6	15.393	12.083	356.648	51.059	4.814
	4.0	17.053	13.386	392.859	56.243	4.800
	4.5	19.113	15.004	437.203	62.592	4.783
	5.0	21.159	16.610	480.541	68.796	4.766
	5.4	22.783	17.885	514.497	73.657	4.752
	5.6	23.592	18.520	531.240	76.054	4.745
	6.3	26.403	20.726	588.620	84.269	4.722
168.3	2.0	10.449	8.202	361.268	42.931	5.880
	2.3	11.995	9.416	413.233	49.107	5.870
	2.6	13.535	10.625	464.630	55.215	5.859
	2.9	15.069	11.829	515.463	61.255	5.849
	3.2	16.598	13.029	565.736	67.229	5.838
	3.6	18.627	14.622	631.903	75.092	5.824
	4.0	20.647	16.208	697.091	82.839	5.811
	4.5	23.157	18.178	777.215	92.361	5.793

续表

尺寸/mm d	尺寸/mm t	截面面积 A /cm²	每米长质量 /(kg/m)	I/cm⁴	W/cm³	i/cm
168.3	5.0	25.651	20.136	855.845	101.705	5.776
	5.4	27.635	21.694	917.685	109.053	5.763
	5.6	28.624	22.470	948.253	112.686	5.756
	6.3	32.063	25.170	1053.420	125.184	5.732
219.1	2.0	13.641	10.708	803.722	73.366	7.676
	2.3	15.665	12.297	920.479	84.024	7.665
	2.6	17.684	13.882	1036.261	94.593	7.655
	2.9	19.697	15.462	1151.073	105.073	7.645
	3.2	21.705	17.038	1264.919	115.465	7.634
	3.6	24.372	19.132	1415.223	129.185	7.620
	4.0	27.030	21.219	1563.835	142.751	7.606
	4.5	30.338	23.816	1747.238	159.492	7.589
	5.0	33.631	26.400	1928.041	175.996	7.572
	5.4	36.253	28.459	2070.828	189.030	7.558
	5.6	37.561	29.485	2141.607	195.491	7.551
	6.3	42.117	33.062	2386.137	217.813	7.527
273.1	2.9	24.617	19.324	2246.796	164.540	9.554
	3.2	27.133	21.300	2471.037	180.962	9.543
	3.6	30.480	23.927	2767.680	202.686	9.529

尺寸/mm d	尺寸/mm t	截面面积 A /cm²	每米长质量 /(kg/m)	I/cm⁴	W/cm³	i/cm
273.1	4.0	33.816	26.546	3061.657	224.215	9.515
	4.5	37.972	29.808	3425.405	250.854	9.498
	5.0	42.113	33.059	3785.045	277.191	9.480
	5.4	45.414	35.650	4069.819	298.046	9.467
	5.6	47.061	36.943	4211.232	308.402	9.460
	6.3	52.805	41.452	4701.102	344.277	9.435
	7.1	59.332	46.576	5251.363	384.574	9.408
	8.0	66.627	52.302	5858.332	429.025	9.377
323.9	3.2	32.240	25.309	4145.239	255.958	11.339
	3.6	36.225	28.437	4646.091	286.884	11.325
	4.0	40.200	31.557	5143.161	317.577	11.311
	4.5	45.154	35.446	5759.211	355.617	11.294
	5.0	50.093	39.323	6369.419	393.295	11.276
	5.4	54.032	42.415	6853.405	423.180	11.262
	5.6	55.998	43.959	7094.011	438.037	11.255
	6.3	62.859	49.345	7928.890	489.589	11.231
	7.1	70.663	55.471	8869.343	547.659	11.203
	8.0	79.394	62.325	9910.072	611.922	11.172
	8.8	87.113	68.383	10819.969	668.105	11.145
	10	98.615	77.412	12158.332	750.746	11.104

续表

尺寸/mm d	t	截面面积 A /cm²	每米长质量 /(kg/m)	截面特性 I/cm⁴	W/cm³	i/cm
355.6	3.6	39.810	31.251	6166.453	346.820	12.446
	4.0	44.183	34.684	6828.453	384.052	12.432
	4.5	49.636	38.964	7649.549	430.233	12.414
	5.0	55.072	43.232	8463.570	476.016	12.397
	5.4	59.410	46.637	9109.718	512.358	12.383
	5.6	61.575	48.337	9431.111	530.434	12.376
	6.3	69.134	54.270	10547.197	593.206	12.352
	7.1	77.734	61.021	11806.099	664.010	12.324
	8.0	87.361	68.579	13201.363	742.484	12.293
	8.8	95.876	75.263	14423.113	811.199	12.265
	10	108.573	85.230	16223.486	912.457	12.224
	11	119.085	93.482	17694.583	995.196	12.190
	12.5	134.735	105.767	19852.159	1116.544	12.138
406.4	4.0	50.567	39.695	10236.143	503.747	14.228
	4.5	56.817	44.602	11473.092	564.621	14.210
	5.0	63.052	49.496	12700.739	625.036	14.193
	5.4	68.028	53.402	13676.191	673.041	14.179
	5.6	70.512	55.352	14161.702	696.934	14.172
	6.3	79.188	62.163	15849.420	779.991	14.147

尺寸/mm d	t	截面面积 A /cm²	每米长质量 /(kg/m)	截面特性 I/cm⁴	W/cm³	i/cm
406.4	7.1	89.065	69.916	17756.325	873.835	14.120
	8.0	100.129	78.601	19873.876	978.045	14.088
	8.8	109.920	86.288	21731.715	1069.474	14.061
	10	124.533	97.758	24475.792	1204.517	14.019
	11	136.640	107.263	26723.799	1315.148	13.985
	12.5	154.684	121.427	30030.641	1477.886	13.933
	14.2	174.963	137.346	33685.234	1657.738	13.875
457	4.5	63.971	50.217	16374.601	716.613	15.999
	5.0	71.000	55.735	18134.182	793.618	15.982
	5.4	76.612	60.141	19533.370	854.852	15.968
	5.6	79.414	62.340	20230.147	885.346	15.961
	6.3	89.203	70.024	22654.141	991.428	15.936
	7.1	100.351	78.776	25396.507	1111.445	15.908
	8.0	112.846	88.584	28446.339	1244.916	15.877
	8.8	123.909	97.269	31126.131	1362.194	15.849
	10	140.429	110.237	35091.294	1535.724	15.808
	11	154.126	120.989	38346.072	1678.165	15.773
	12.5	174.555	137.025	43144.768	1888.174	15.722
	14.2	197.536	155.066	48463.759	2120.952	15.663
	16	221.671	174.012	53959.332	2361.459	15.602

续表

尺寸/mm		截面面积 A /cm²	每米长质量 /(kg/m)	截面特性		
d	t			I/cm⁴	W/cm³	i/cm
508	5.0	79.011	62.024	24990.583	983.881	17.785
	5.4	85.264	66.932	26925.939	1060.076	17.771
	5.6	88.387	69.384	27890.121	1098.036	17.764
	6.3	99.297	77.948	31246.462	1230.176	17.739
	7.1	111.727	87.706	35047.594	1379.827	17.711
	8.0	125.664	98.646	39279.928	1546.454	17.680
	8.8	138.009	108.337	43003.208	1693.040	17.652
	10	156.451	122.814	48520.205	1910.244	17.611
	11	171.751	134.824	53055.946	2088.817	17.576
	12.5	194.582	152.747	59755.352	2352.573	17.524
	14.2	220.287	172.925	67198.582	2645.613	17.466
	16	247.306	194.135	74908.977	2949.172	17.404
	17.5	269.666	211.688	81292.064	3196.932	17.353
	20	306.619	240.696	91427.708	3599.516	17.268

尺寸/mm		截面面积 A /cm²	每米长质量 /(kg/m)	截面特性		
d	t			I/cm⁴	W/cm³	i/cm
610	5.6	106.332	83.470	48557.710	1592.056	21.370
	6.3	119.484	93.795	54439.094	1784.888	21.345
	7.1	134.479	105.566	61110.234	2003.614	21.317
	8.0	151.299	118.770	68551.296	2247.583	21.286
	8.8	166.208	130.473	75109.029	2462.591	21.258
	10	188.495	147.969	84846.492	2781.852	21.216
	11	206.999	162.495	92870.783	3044.944	21.181
	12.5	234.638	184.191	104754.647	3434.579	21.129
	14.2	265.790	208.645	118003.798	3868.977	21.071
	16	298.577	234.383	131781.311	4320.699	21.009
	17.5	325.744	255.709	143067.613	4690.741	20.957
	20	370.708	291.006	161489.507	5294.738	20.872
	22.2	409.951	321.812	177304.714	5813.269	20.797
	25	459.458	360.674	196906.271	6455.943	20.702

表 H. 13　冷弯薄壁焊接圆钢管的规格及截面特性（按 GB 50018—2002《冷弯薄壁型钢技术规范》计算）

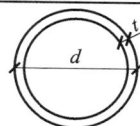

尺寸/mm		截面面积 /cm²	每米长质量 /(kg/m)	I/cm⁴	i/cm	W/cm³
d	t					
25	1.5	1.11	0.87	0.77	0.83	0.61
30	1.5	1.34	1.05	1.37	1.01	0.91
30	2.0	1.76	1.38	1.73	0.99	1.16
40	1.5	1.81	1.42	3.37	1.36	1.68
40	2.0	2.39	1.88	4.32	1.35	2.16
51	2.0	3.08	2.42	9.26	1.73	3.63
57	2.0	3.46	2.71	13.08	1.95	4.59
60	2.0	3.64	2.86	15.34	2.05	5.10
70	2.0	4.27	3.35	24.72	2.41	7.06
76	2.0	4.65	3.65	31.85	2.62	8.38
83	2.0	5.09	4.00	41.76	2.87	10.06
83	2.5	6.32	4.96	51.26	2.85	12.35
89	2.0	5.47	4.29	51.74	3.08	11.63
89	2.5	6.79	5.33	63.59	3.06	14.29
95	2.0	5.84	4.59	63.20	3.29	13.31
95	2.5	7.26	5.70	77.76	3.27	16.37
102	2.0	6.28	4.93	78.55	3.54	15.40
102	2.5	7.81	6.14	96.76	3.52	18.97
102	3.0	9.33	7.33	114.40	3.50	22.43
108	2.0	6.66	5.23	93.6	3.75	17.33
108	2.5	8.29	6.51	115.4	3.73	21.37
108	3.0	9.90	7.77	136.5	3.72	25.28
114	2.0	7.04	5.52	110.4	3.96	19.37
114	2.5	8.76	6.87	136.2	3.94	23.89
114	3.0	10.46	8.21	161.3	3.93	28.30
121	2.0	7.48	5.87	132.4	4.21	21.88
121	2.5	9.31	7.31	163.5	4.19	27.02
121	3.0	11.12	8.73	193.7	4.17	32.02
127	2.0	7.85	6.17	153.4	4.42	24.16

尺寸/mm		截面面积	每米长质量	I/cm^4	i/cm	W/cm^3
d	t	$/\text{cm}^2$	$/(\text{kg/m})$			
127	2.5	9.78	7.68	189.5	4.40	29.84
127	3.0	11.69	9.18	224.7	4.39	35.39
133	2.5	10.25	8.05	218.2	4.62	32.81
133	3.0	12.25	9.62	259.0	4.60	38.95
133	3.5	14.24	11.18	298.7	4.58	44.92
140	2.5	10.80	8.48	255.3	4.86	36.47
140	3.0	12.91	10.13	303.1	4.85	43.29
140	3.5	15.01	11.78	349.8	4.83	49.97
152	3.0	14.04	11.02	389.9	5.27	51.30
152	3.5	16.33	12.82	450.3	5.25	59.25
152	4.0	18.60	14.60	509.6	5.24	67.05
159	3.0	14.70	11.54	447.4	5.52	56.27
159	3.5	17.10	13.42	517.0	5.50	65.02
159	4.0	19.48	15.29	585.3	5.48	73.62
168	3.0	15.55	12.21	529.4	5.84	63.02
168	3.5	18.09	14.20	612.1	5.82	72.87
168	4.0	20.61	16.18	693.3	5.80	82.53
180	3.0	16.68	13.09	653.5	6.26	72.61
180	3.5	19.41	15.24	756.0	6.24	84.00
180	4.0	22.12	17.36	856.8	6.22	95.20
194	3.0	18.00	14.13	821.1	6.75	84.64
194	3.5	20.95	16.45	950.5	6.74	97.99
194	4.0	23.88	18.75	1078	6.72	111.10
2003	3.0	18.85	15.00	943	7.07	92.87
203	3.5	21.94	17.22	1092	7.06	107.55
203	4.0	25.01	19.63	1238	7.04	122.01
219	3.0	20.36	15.98	1187	7.64	108.44
219	3.5	23.70	18.61	1376	7.62	125.65
219	4.0	27.02	21.81	1562	7.60	142.62
245	3.0	22.81	17.91	1670	8.56	136.30
245	3.5	26.55	20.84	1936	8.54	158.10
245	4.0	30.28	23.77	2199	8.52	179.50

表 H.14　冷弯薄壁方钢管的规格及截面特性（按《冷弯薄壁型钢技术规范》计算）

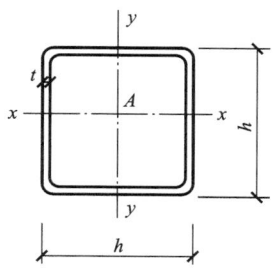

尺寸/mm		截面面积	每米长质量	I_x/cm⁴	i_x/cm	W/cm³
h	t	/cm²	/(kg/m)			
25	1.5	1.31	1.03	1.16	0.94	0.92
30	1.5	1.61	1.27	2.11	1.14	1.40
40	1.5	2.21	1.74	5.33	1.55	2.67
40	2.0	2.87	2.25	6.66	1.52	3.33
50	1.5	2.81	2.21	10.82	1.96	4.33
50	2.0	3.67	2.88	13.71	1.93	5.48
60	2.0	4.47	3.51	24.51	2.34	8.17
60	2.5	5.48	4.30	29.36	2.31	9.79
80	2.0	6.07	4.76	60.58	3.16	15.15
80	2.5	7.48	5.87	73.40	3.13	18.35
100	2.5	9.48	7.44	147.91	3.05	29.58
100	3.0	11.25	8.83	173.12	3.92	34.62
120	2.5	11.48	9.01	260.88	4.77	43.48
120	3.0	13.65	10.72	306.71	4.74	51.12
140	3.0	16.05	12.60	495.68	5.56	70.81
140	3.5	18.58	14.59	568.22	5.53	81.17
140	4.0	21.07	16.44	637.97	5.50	91.14
160	3.0	18.45	14.49	749.64	6.37	93.71
160	3.5	21.38	16.77	861.34	6.35	107.67
160	4.0	24.27	19.05	969.35	6.32	121.17
160	4.5	27.12	21.05	1073.66	6.29	134.21
160	5.0	29.93	23.35	1174.44	6.26	146.81

表 H. 15　冷弯薄壁矩形钢管的规格及截面特性

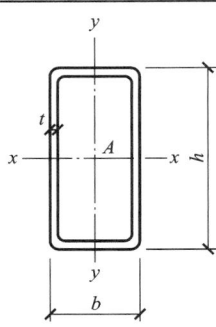

尺寸/mm			截面面积 /cm²	每米长质量 /(kg/m)	x—x			y—y		
h	b	t			I_x/cm^4	i_x/cm	W_x/cm^3	I_y/cm^4	i_y/cm	W_y/cm^3
30	15	1.5	1.20	0.95	1.28	1.02	0.85	0.42	0.59	0.57
40	20	1.6	1.75	1.37	3.43	1.40	1.72	1.15	0.81	1.15
40	20	2.0	2.14	1.68	4.05	1.38	2.02	1.34	0.79	1.34
50	30	1.6	2.39	1.88	7.96	1.82	3.18	3.60	1.23	2.40
50	30	2.0	2.94	2.31	9.54	1.80	3.81	4.29	1.21	2.86
60	30	2.5	4.09	3.21	17.93	2.09	5.80	6.00	1.21	4.00
60	30	3.0	4.81	3.77	20.50	2.06	6.83	6.79	1.19	4.53
60	40	2.0	3.74	2.94	18.41	2.22	6.14	9.83	1.62	4.92
60	40	3.0	5.41	4.25	25.37	2.17	8.46	13.44	1.58	6.72
70	50	2.5	5.59	4.20	38.01	2.61	10.86	22.59	2.01	9.04
70	50	3.0	6.61	5.19	44.05	2.58	12.58	26.10	1.99	10.44
80	40	2.0	4.54	3.56	37.36	2.87	9.34	12.72	1.67	6.36
80	40	3.0	6.61	5.19	52.25	2.81	13.06	17.55	1.63	8.78
90	40	2.5	6.09	4.79	60.69	3.16	13.49	17.02	1.67	8.51
90	50	2.0	5.34	4.19	57.88	3.29	12.86	23.37	2.09	9.35
90	50	3.0	7.81	6.13	81.85	2.24	18.19	32.74	2.05	13.09
100	50	3.0	8.41	6.60	106.45	3.56	21.29	36.05	2.07	14.42
100	60	2.6	7.88	6.19	106.66	3.68	21.33	48.47	2.48	16.16
120	60	2.0	6.94	5.45	131.92	4.36	21.99	45.33	2.56	15.11
120	60	3.2	10.85	8.52	199.88	4.29	33.31	67.94	2.50	22.65
120	60	4.0	13.35	10.48	240.72	4.25	40.12	81.24	2.47	27.08
120	80	3.2	12.13	9.53	243.54	4.48	40.59	130.48	3.28	32.62
120	80	4.0	14.96	11.73	294.57	4.44	49.09	157.28	3.24	39.32
120	80	5.0	18.36	14.41	353.11	4.39	58.85	187.75	3.20	46.94
120	80	6.0	21.63	16.98	406.00	4.33	67.67	214.98	3.15	53.74
140	90	3.2	14.05	11.04	384.01	5.23	54.86	194.80	3.72	43.29
140	90	4.0	17.35	13.63	466.59	5.19	66.66	235.92	3.69	52.43
140	90	5.0	21.36	16.78	562.61	5.13	80.37	283.32	3.64	62.96
150	100	3.2	15.33	12.04	488.18	5.64	65.09	262.26	4.14	52.45

表 H.16　冷弯薄壁等边角钢的规格及截面特性(按《冷弯薄壁型钢结构技术规范》计算)

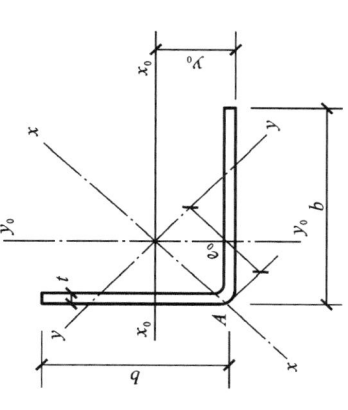

尺寸/mm		截面面积/cm²	每米长质量/(kg/m)	y_0/cm	x_0—x_0				x—x		y—y		x_1—x_1	e_0/cm	I_t/cm⁴	U_y/cm³
b	t				I_{x0}/cm⁴	i_{x0}/cm	W_{x0max}/cm³	W_{x0min}/cm³	I_x/cm⁴	i_x/cm	I_y/cm⁴	i_y/cm	I_{x1}/cm⁴			
30	1.5	0.85	0.67	0.828	0.77	0.95	0.93	0.35	1.25	1.21	0.29	0.58	1.35	1.07	0.0064	0.613
30	2.0	1.12	0.88	0.855	0.99	0.94	1.16	0.46	1.63	1.21	0.36	0.57	1.81	1.07	0.0149	0.775
40	2.0	1.52	1.19	1.105	2.43	1.27	2.20	0.84	3.95	1.61	0.90	0.77	4.28	1.42	0.0208	2.585
40	2.5	1.87	1.47	1.132	2.96	1.26	2.62	1.03	4.85	1.61	1.07	0.76	5.36	1.42	0.0390	3.104
50	2.5	2.37	1.86	1.381	5.93	1.58	4.29	1.64	9.65	2.02	2.20	0.96	10.44	1.78	0.0494	7.890
50	3.0	2.81	2.21	1.408	6.97	1.57	4.95	1.94	11.40	2.01	2.54	0.95	12.55	1.78	0.0843	9.169
60	2.5	2.87	2.25	1.630	10.41	1.90	6.38	2.38	16.90	2.43	3.91	1.17	18.03	2.13	0.0598	16.800
60	3.0	3.41	2.68	1.657	12.29	1.90	7.42	2.83	20.02	2.42	4.56	1.16	21.66	2.13	0.1023	19.630
75	2.5	3.62	2.84	2.005	20.65	2.39	10.30	3.76	33.43	3.04	7.87	1.48	35.20	2.66	0.0755	42.090
75	3.0	4.31	3.39	2.031	24.47	2.38	12.05	4.47	39.70	3.03	9.23	1.46	42.26	2.66	0.1203	49.470

表 H.17　冷弯薄壁卷边等边角钢的规格及截面特性（按《冷弯薄壁型钢结构技术规范》计算）

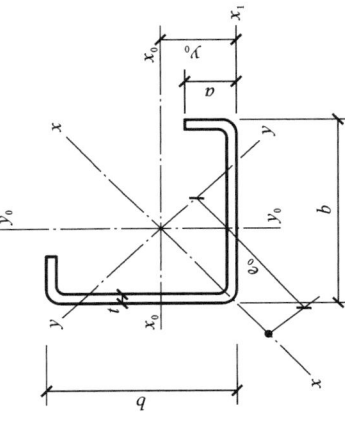

尺寸/mm			截面面积/cm²	每米长质量/(kg/m)	y_0/cm	$x_0—x_0$				$x—x$		$y—y$		$x_1—x_1$	e_0/cm	I_t/cm⁴	I_w/cm⁶	U_y/cm⁵
b	a	t				I_{x0}/cm⁴	i_{x0}/cm	W_{x0max}/cm³	W_{x0min}/cm³	I_x/cm⁴	i_x/cm	I_y/cm⁴	i_y/cm	I_{x1}/cm⁴				
40	15	2.0	1.95	1.53	1.404	3.93	1.42	2.80	1.51	5.74	1.72	2.12	1.01	7.78	2.37	0.0260	3.88	3.75
60	20	2.0	2.95	2.32	2.026	13.83	2.17	6.83	3.48	20.56	2.64	7.11	1.55	25.94	3.38	0.0394	22.64	21.01
75	20	2.0	3.55	2.79	2.396	25.60	2.69	10.68	5.02	39.01	3.31	12.19	1.85	45.99	3.82	0.0473	36.55	51.84
75	20	2.5	4.36	3.42	2.401	30.76	2.66	12.81	6.03	46.91	3.28	14.60	1.83	55.90	3.80	0.0909	43.33	61.93

表 H.18　冷弯薄壁槽钢的规格及截面特性

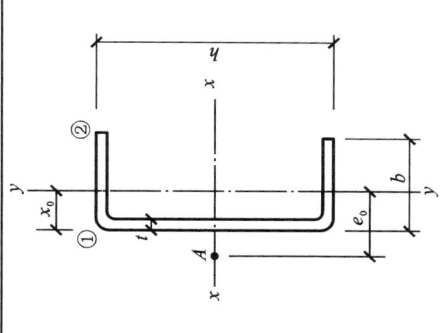

h	b	t	截面面积 /cm²	每米长质量 /(kg/m)	x_0/cm	I_x/cm⁴	i_x/cm	W_x/cm³	I_y/cm⁴	i_y/cm	W_{ymax}/cm³	W_{ymin}/cm³	I_{y1}/cm⁴	e_0/cm	I_t/cm⁴	I_ω/cm⁶	k/cm⁻¹	$W_{\omega1}$/cm⁴	$W_{\omega2}$/cm⁴	U_y/cm³
尺寸/mm						x—x			y—y				y_1—y_1							
40	20	2.5	1.76	1.38	0.629	3.91	1.49	1.96	0.65	0.61	1.03	0.48	1.35	1.26	0.0367	1.33	0.1030	1.36	0.67	1.440
50	30	2.5	2.51	1.97	0.951	9.57	1.95	3.83	2.24	0.94	2.36	1.10	4.52	2.01	0.0523	7.94	0.0503	3.55	2.04	5.259
60	30	2.5	2.74	2.15	0.883	14.38	2.31	4.89	2.40	0.94	2.71	1.13	4.53	1.88	0.0571	12.21	0.0425	4.72	2.51	7.942
70	40	2.5	3.50	2.74	1.202	26.70	2.76	7.63	5.64	1.27	4.69	2.02	10.70	2.65	0.0728	41.05	0.0260	9.50	5.44	19.429
80	40	2.5	3.74	2.94	1.132	36.70	3.13	9.18	5.92	1.26	2.23	2.06	10.71	2.51	0.0779	57.36	0.0229	11.61	6.37	26.089
80	40	3.0	4.43	3.48	1.159	42.66	3.10	10.67	6.93	1.25	5.98	2.44	12.87	2.51	0.1328	64.58	0.0282	13.64	7.34	30.575
100	40	2.5	4.24	3.33	1.013	62.07	3.83	12.41	6.37	1.23	6.29	2.13	10.72	2.30	0.0884	99.70	0.0185	17.07	8.44	42.672
100	40	3.0	5.03	3.95	1.039	72.44	3.80	14.49	7.47	1.22	7.19	2.52	12.89	2.30	0.1508	113.23	0.0227	20.20	9.79	50.247
120	40	2.5	4.74	3.72	0.919	95.92	4.50	15.99	6.72	1.19	7.32	2.18	10.73	2.13	0.0988	156.19	0.0156	23.62	10.59	63.644
120	40	3.0	5.63	4.42	0.944	112.28	4.47	18.71	7.90	1.19	8.37	2.58	12.91	2.12	0.1688	178.49	0.0191	28.13	12.33	75.140

续表

尺寸/mm			截面面积/cm²	每米长质量/(kg/m)	x_0/cm	$x-x$			I_y/cm⁴	i_y/cm	$y-y$		y_1-y_1	e_0/cm	I_t/cm¹	I_ω/cm⁶	k/cm⁻¹	$W_{\omega 1}$/cm¹	$W_{\omega 2}$/cm²	U_ω/cm⁵
h	b	t				I_x/cm⁴	i_x/cm	W_x/cm³			$W_{y\max}$/cm³	$W_{y\min}$/cm³	I_{y1}/cm¹							
140	50	3.0	6.83	5.36	1.187	191.53	5.30	27.36	15.52	1.51	13.08	4.07	25.13	2.75	0.2048	487.60	0.0128	48.99	22.93	160.572
140	50	3.5	7.89	6.20	1.211	218.88	5.27	31.27	17.79	1.50	14.69	4.70	29.37	2.74	0.3223	546.44	0.0151	56.72	26.09	184.730
160	60	3.0	8.03	6.30	1.432	300.87	6.12	37.61	26.90	1.83	18.79	5.89	43.35	3.37	0.2408	1119.78	0.0091	78.25	38.21	303.617
160	60	3.5	9.29	7.29	1.456	344.94	6.09	43.12	30.92	1.82	21.23	6.81	50.63	3.37	0.3794	1264.16	0.0108	90.71	43.68	349.963
180	60	4.0	11.35	8.91	1.390	510.37	6.70	56.71	35.96	1.78	25.86	7.80	57.91	3.22	0.6053	1872.16	0.0112	135.19	57.11	511.702
180	60	5.0	13.98	10.98	1.440	616.04	6.64	68.45	43.60	1.76	30.27	9.56	72.61	3.22	1.1654	2190.18	0.0143	170.05	68.63	625.549
200	60	4.0	12.15	9.54	1.312	658.60	7.36	65.86	37.02	1.74	28.21	7.90	57.94	3.06	0.6480	2424.95	0.0101	165.21	65.01	644.574
200	60	5.0	14.98	11.76	1.360	796.66	7.29	79.66	44.92	1.73	33.01	9.68	72.67	3.06	1.2488	2849.11	0.0130	209.46	78.32	789.191

表 H.19 冷弯薄壁卷边槽钢的规格及截面特性（按《冷弯薄壁型钢结构技术规范》计算）

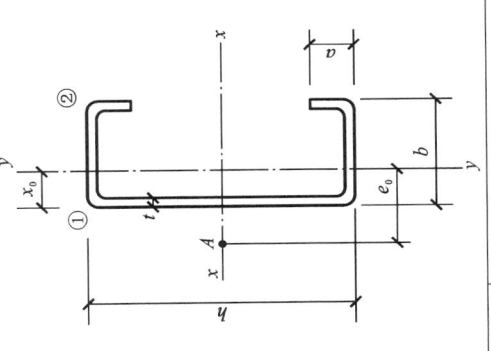

尺寸/mm				截面面积/cm²	每米长质量/(kg/m)	x_0/cm	$x-x$			$y-y$				y_1-y_1	e_0/cm	I_t/cm⁴	I_w/cm⁶	k/cm⁻¹	W_{w1}/cm⁴	W_{w2}/cm⁴
h	b	a	t				I_x/cm⁴	i_x/cm	W_x/cm³	I_y/cm⁴	i_y/cm	W_{ymax}/cm³	W_{ymin}/cm³	I_{y1}/cm⁴						
80	40	15	2.0	3.47	2.72	1.452	34.16	3.14	8.54	7.79	1.50	5.36	3.06	15.10	3.36	0.0462	112.90	0.0126	16.03	15.74
100	50	15	2.5	5.23	4.11	1.706	81.34	3.94	16.27	17.19	1.81	10.08	5.22	32.41	3.94	0.1090	352.80	0.0109	34.47	29.41
120	50	20	2.5	5.98	4.70	1.706	129.40	4.65	21.57	20.96	1.87	12.28	6.36	38.36	4.03	0.1246	660.90	0.0085	51.04	48.36
120	60	20	3.0	7.65	6.01	2.106	170.68	4.72	28.45	37.36	2.21	17.74	9.59	71.31	4.87	0.2296	1153.20	0.0087	75.68	68.84
140	50	20	2.0	5.27	4.14	1.590	154.03	5.41	22.00	18.56	1.88	11.68	5.44	31.86	3.87	0.0703	794.79	0.0058	51.44	52.22
140	50	20	2.2	5.76	4.52	1.590	167.40	5.39	23.91	20.03	1.87	12.62	5.87	34.53	3.84	0.0929	852.46	0.0065	55.98	56.84
140	50	20	2.5	6.48	5.09	1.580	186.78	5.39	26.68	22.11	1.85	13.96	6.47	38.38	3.80	0.1351	931.89	0.0075	62.56	63.56
140	60	20	3.0	8.25	6.48	1.964	245.42	5.45	35.06	39.49	2.19	20.11	9.79	71.33	4.61	0.2476	1589.80	0.0078	92.69	79.00
160	60	20	2.0	6.07	4.76	1.850	236.59	6.24	29.57	29.99	2.22	16.19	7.23	50.83	4.52	0.0809	1596.28	0.0044	76.92	71.30

续表

| 尺寸/mm | | | | 截面面积/cm² | 每米长质量/(kg/m) | r_0/cm | x—x | | | I_y/cm⁴ | i_y/cm | y—y | | y_1—y_1 I_{y1}/cm⁴ | e_0/cm | I_t/cm⁴ | I_w/cm⁶ | k/cm⁻¹ | W_{w1}/cm⁴ | W_{w2}/cm⁴ |
h	b	a	t				I_x/cm⁴	i_x/cm	W_x/cm³			$W_{y\max}$/cm³	$W_{y\min}$/cm³							
160	60	20	2.2	6.64	5.21	1.850	257.57	6.23	32.20	32.45	2.21	17.53	7.82	55.19	4.50	0.1071	1717.82	0.0049	83.82	77.55
160	60	20	2.5	7.48	5.87	1.850	288.13	6.21	36.02	35.96	2.19	19.47	8.66	61.49	4.45	0.1559	1887.71	0.0056	93.87	86.63
160	70	20	3.0	9.45	7.42	2.224	373.64	6.29	46.71	60.42	2.53	27.17	12.65	107.20	5.25	0.2836	3070.50	0.0060	135.49	109.92
180	70	20	2.0	6.87	5.39	2.110	343.93	7.08	38.21	45.18	2.57	21.37	9.25	75.87	5.17	0.0916	2934.34	0.0035	109.50	95.22
180	70	20	2.2	7.52	5.90	2.110	374.90	7.06	41.66	48.97	2.55	23.19	10.02	82.49	5.14	0.1213	3165.62	0.0038	119.44	103.58
180	70	20	2.5	8.48	6.66	2.110	420.20	7.04	46.69	54.42	2.53	25.82	11.12	92.08	5.10	0.1767	3492.15	0.0044	133.99	115.73
200	70	20	2.0	7.27	5.71	2.000	440.04	7.78	44.00	46.71	2.54	23.32	9.35	75.88	4.96	0.0969	3672.33	0.0032	126.74	106.15
200	70	20	2.2	7.96	6.25	2.000	479.87	7.77	47.99	50.64	2.52	25.31	10.13	82.49	4.93	0.1284	3963.82	0.0035	138.26	115.74
200	70	20	2.5	8.98	7.05	2.000	538.21	7.74	53.82	56.27	2.50	28.18	11.25	92.09	4.89	0.1871	4376.18	0.0041	155.14	129.75
220	75	20	2.0	7.87	6.18	2.080	574.45	8.54	52.22	56.88	2.69	27.35	10.50	90.93	5.18	0.1049	5313.52	0.0028	158.43	127.32
220	75	20	2.2	8.62	6.77	2.080	626.85	8.53	56.99	61.71	2.68	29.70	11.38	98.91	5.15	0.1391	5742.07	0.0031	172.92	138.93
220	75	20	2.5	9.73	7.64	2.070	703.76	8.50	63.98	68.66	2.66	33.11	12.65	110.51	5.11	0.2028	6351.05	0.0035	194.18	155.94

表 H.20 冷弯薄壁卷边 Z 形钢的规格及截面特性（按《冷弯薄壁型钢结构技术规范》计算）

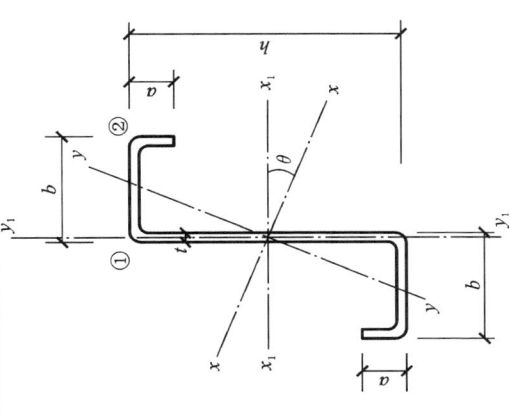

尺寸/mm				截面面积 /cm²	每米长质量 /(kg/m)	θ	$x_1—x_1$			$y_1—y_1$			$x—x$				$y—y$				$I_{x_1y_1}$ /cm⁴	I_t /cm⁴	I_ω /cm⁶	k /cm⁻¹	$W_{\omega 1}$ /cm⁴	$W_{\omega 2}$ /cm⁴
h	b	a	t				I_{x_1} /cm⁴	i_{x_1} /cm	W_{x_1} /cm³	I_{y_1} /cm⁴	i_{y_1} /cm	W_{y_1} /cm³	I_x /cm⁴	i_x /cm	W_{x_1} /cm³	W_{x_2} /cm³	I_y /cm⁴	i_y /cm	W_{y_1} /cm³	W_{x_2} /cm³						
100	40	20	2.0	4.07	3.19	24°1′	60.04	8.84	12.01	17.02	2.05	4.36	70.70	4.17	15.93	11.94	6.36	1.25	3.36	4.42	23.93	0.0542	325.0	0.0081	49.97	29.16
100	40	20	2.5	4.98	3.91	23°46′	72.10	3.80	14.42	20.02	2.00	5.17	84.63	4.12	19.18	14.47	7.49	1.23	4.07	5.28	28.45	0.1038	381.9	0.0102	62.25	35.03
120	50	20	2.0	4.87	3.82	24°3′	106.97	4.69	17.83	30.23	2.49	6.17	126.06	5.09	23.55	17.40	11.14	1.51	4.83	5.74	42.77	0.0649	785.2	0.0057	84.05	43.96
120	50	20	2.5	5.98	4.70	23°50′	129.39	4.65	21.57	35.91	2.45	7.37	152.05	5.04	28.55	21.21	13.25	1.49	5.89	6.89	51.30	0.1246	930.9	0.0072	104.68	52.94
120	50	20	3.0	7.05	5.54	23°36′	150.14	4.61	25.02	40.88	2.41	8.43	175.92	4.99	33.18	24.80	15.11	1.46	6.89	7.92	58.99	0.2116	1058.9	0.0087	125.37	61.22
140	50	20	2.5	6.48	5.09	19°25′	186.77	5.37	26.68	35.91	2.35	7.37	209.19	5.67	32.55	26.34	14.48	1.49	6.69	6.78	60.75	0.1350	1289.0	0.0064	137.04	60.03
140	50	20	3.0	7.65	6.01	19°12′	217.26	5.33	31.04	40.83	2.31	8.43	241.62	5.62	37.76	30.70	16.52	1.47	7.84	7.81	69.93	0.2296	1468.2	0.0077	164.94	69.51
160	60	20	2.5	7.48	5.87	19°59′	288.12	6.21	36.01	58.15	2.79	9.90	323.13	6.57	44.00	34.95	23.14	1.76	9.00	8.71	96.32	0.1559	2634.3	0.0048	205.98	86.28
160	60	20	3.0	8.85	6.95	19°47′	336.66	6.17	42.08	66.66	2.74	11.39	376.76	6.52	51.48	41.08	26.56	1.73	10.58	10.07	111.51	0.2656	3019.4	0.0058	247.41	100.15
160	70	20	2.5	7.98	6.27	23°46′	319.13	6.32	39.89	87.74	3.32	12.76	374.76	6.85	52.35	38.23	32.11	2.01	10.53	10.86	126.37	0.1663	3793.3	0.0041	238.87	106.91
160	70	20	3.0	9.45	7.42	23°34′	373.64	6.29	46.71	101.10	3.27	14.76	437.72	6.80	61.33	45.01	37.03	1.98	12.39	12.58	146.86	0.2836	4365.0	0.0050	285.78	124.26
180	70	20	2.5	8.48	6.66	20°22′	420.18	7.04	46.69	187.74	3.22	12.76	473.34	7.47	57.27	44.88	34.58	2.02	11.66	10.86	143.18	0.1767	4907.9	0.0037	294.53	119.41
180	70	20	3.0	10.05	7.89	20°11′	492.61	7.00	54.73	101.11	3.17	14.76	553.83	7.42	67.22	52.89	39.89	1.99	13.72	12.59	166.47	0.3016	5652.2	0.0045	353.32	138.92

表 II.21　冷弯薄壁斜卷边 Z 形钢的规格及截面特性（按《冷弯薄壁型钢结构技术规范》计算）

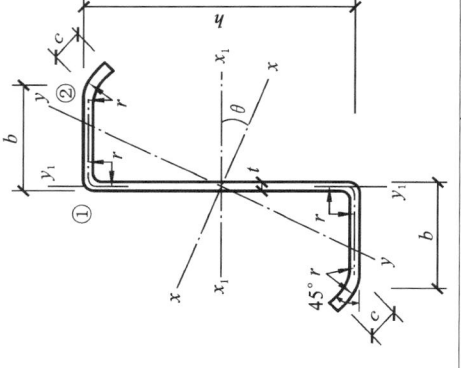

| 尺寸/mm | | | | 截面面积 /cm² | 每米长质量 /(kg/m) | θ/° | x_1—x_1 | | | y_1—y_1 | | | x—x | | | |
h	b	a	t				I_{x1}/cm⁴	i_{x1}/cm	W_{x1}/cm³	I_{y1}/cm⁴	i_{y1}/cm	W_{y1}/cm³	I_x/cm⁴	i_x/cm	W_{x1}/cm³	W_{x2}/cm³
140	50	20	2.0	5.392	4.233	21.986	162.065	5.482	23.152	39.363	2.702	6.234	185.962	5.872	30.377	22.470
140	50	20	2.2	5.909	4.638	21.998	176.813	5.470	25.259	42.928	2.695	6.809	202.926	5.860	33.352	24.544
140	50	20	2.5	6.676	5.240	22.018	198.446	5.452	28.349	48.154	2.686	7.657	227.828	5.842	37.792	27.598
160	60	20	2.0	6.192	4.861	22.104	246.830	6.313	30.854	60.271	3.120	8.240	283.680	6.768	40.271	29.603
160	60	20	2.2	6.789	5.329	22.113	269.592	6.302	33.699	65.802	3.113	9.009	309.891	6.756	44.225	32.367
160	60	20	2.5	7.676	6.025	22.128	303.090	6.284	37.886	73.935	3.104	10.143	348.487	6.738	50.132	36.445
180	70	20	2.0	6.992	5.489	22.185	356.620	7.141	39.624	87.417	3.536	10.514	410.315	7.660	51.502	37.679
180	70	20	2.2	7.669	6.020	22.193	389.835	7.130	43.315	95.518	3.529	11.502	448.592	7.648	56.570	41.226
180	70	20	2.5	8.676	6.810	22.205	438.835	7.112	48.759	107.460	3.519	12.964	505.087	7.630	61.143	46.471
200	70	20	2.0	7.392	5.803	19.305	455.430	7.849	45.543	87.418	3.439	10.514	506.903	8.281	56.094	43.435
200	70	20	2.2	8.109	6.365	19.309	498.023	7.837	49.802	95.520	3.432	11.503	554.346	8.268	61.618	47.533
200	70	20	2.5	9.176	7.203	19.314	560.921	7.819	56.092	107.462	3.422	12.964	624.421	8.249	69.876	53.596
220	75	20	2.0	7.992	6.274	18.300	592.787	8.612	53.890	103.580	3.600	11.751	652.866	9.038	65.085	51.328
220	75	20	2.2	8.769	6.884	18.302	648.520	8.600	58.956	113.220	3.593	12.860	714.276	9.025	71.501	56.190
220	75	20	2.5	9.926	7.792	18.305	730.926	8.581	66.448	127.443	3.583	14.500	805.086	9.006	81.096	63.392
250	75	20	2.0	8.592	6.745	15.389	799.640	9.647	63.791	103.580	3.472	11.752	856.690	9.985	71.976	61.841
250	75	20	2.2	9.429	7.402	15.387	875.145	9.634	70.012	113.223	3.465	12.860	937.579	9.972	78.870	67.773
250	75	20	2.5	10.676	8.380	15.385	986.898	9.615	78.952	127.447	3.455	14.500	1057.300	9.952	89.108	76.584

续表

尺寸/mm				y—y				I_{tsl}/cm⁴	I_1/cm⁴	I_w/cm⁶	k/cm⁻¹	W_{w1}/cm³	W_{w2}/cm³
h	b	a	t	I_y/cm⁴	i_y/cm	W_{y1}/cm³	W_{y2}/cm³						
140	50	20	2.0	15.466	1.694	6.107	8.067	59.189	0.0719	1298.621	0.0046	118.281	59.18
140	50	20	2.2	16.814	1.687	6.659	8.823	64.638	0.0953	1407.575	0.0051	130.014	64.38
140	50	20	2.5	18.771	1.667	7.468	9.941	72.659	0.1391	1563.520	0.0058	147.558	71.93
160	60	20	2.0	23.422	1.945	8.018	9.554	90.733	0.0826	2559.036	0.0035	175.940	82.22
160	60	20	2.2	25.503	1.938	8.753	10.450	99.179	0.1095	2779.796	0.0039	193.430	89.57
160	60	20	2.5	28.537	1.928	9.834	11.775	111.642	0.1599	3098.400	0.0044	219.605	100.26
180	70	20	2.0	33.722	2.196	10.191	11.289	131.674	0.0932	4643.994	0.0028	249.609	111.10
180	70	20	2.2	36.761	2.189	11.136	12.351	144.034	0.1237	5052.769	0.0031	274.455	121.13
180	70	20	2.5	41.208	2.179	12.528	13.923	162.307	0.1807	5654.157	0.0035	311.661	135.81
200	70	20	2.0	35.944	2.205	11.109	11.339	146.944	0.0986	5882.294	0.0025	302.430	123.44
200	70	20	2.2	39.197	2.200	12.138	12.419	160.756	0.1308	6403.010	0.0028	332.826	134.66
200	70	20	2.5	43.962	2.189	13.654	14.021	181.182	0.1912	7160.113	0.0032	378.452	151.08
220	75	20	2.0	43.500	2.333	12.829	12.343	181.661	0.1066	8483.845	0.0022	383.110	148.38
220	75	20	2.2	47.465	2.327	14.023	13.524	198.803	0.1415	9242.136	0.0024	421.750	161.95
220	75	20	2.5	53.283	2.317	15.783	15.278	224.175	0.2068	10347.65	0.0028	479.804	181.87
250	75	20	2.0	46.532	2.327	14.553	12.090	207.280	0.1146	11298.92	0.0020	485.919	169.98
250	75	20	2.2	50.789	2.321	15.946	14.211	226.864	0.1521	12314.34	0.0022	535.491	184.53
250	75	20	2.5	57.044	2.312	18.014	16.169	255.870	0.2224	13797.02	0.0025	610.188	207.38

附录 I　锚栓和螺栓规格

表 I.1　Q235钢(Q315钢)锚栓规格

锚栓直径 d/mm	锚栓截面有效面积 A_e/cm²	连接尺寸				锚固长度及细部尺寸								每个锚栓的受拉承载力设计值 N_t^b/kN
		单螺母		双螺母		锚固长度 l/mm（基础混凝土的强度等级）						锚板尺寸		
						I 型		II 型		III 型				
		a/mm	b/mm	a/mm	b/mm	C15	C20	C15	C20	C15	C20	e/mm	t/mm	
20	2.45	45	75	60	90	500(600)	400(500)							34.3(44.1)
22	3.03	45	75	65	95	550(660)	440(550)							42.5(54.6)
24	3.52	50	80	70	100	600(720)	480(600)							49.4(63.5)
27	4.59	50	80	75	105	675(810)	540(675)							64.3(82.7)
30	5.61	55	85	80	110	750(900)	600(750)							78.5(100.9)
33	6.94	55	90	85	120	825(990)	660(625)							97.1(124.8)
36	8.17	60	95	90	125	900(1080)	720(900)							114.3(147.0)
39	9.76	65	100	95	130	1000(1170)	780(1000)							136.6(175.6)
42	11.21	70	105	100	135			1050(1260)	840(1050)	630(755)	505(630)	140	20	156.9(201.8)
45	13.06	75	110	105	140			1125(1350)	900(1125)	675(810)	540(675)	140	20	182.8(235.1)
48	14.73	80	120	110	150			1200(1440)	960(1200)	720(865)	575(720)	200	20	206.2(265.1)

续表

锚栓直径 d/mm	锚栓截面有效面积 A_s/cm²	连接尺寸 单螺母 a/mm	连接尺寸 单螺母 b/mm	连接尺寸 双螺母 a/mm	连接尺寸 双螺母 b/mm	I型 C15	I型 C20	II型 C15	II型 C20	III型 C15	III型 C20	锚板尺寸 e/mm	锚板尺寸 t/mm	每个锚栓的受拉承载力设计值 N_t/kN
52	17.58	85	125	120	160			1300(1560)	1040(1300)	780(935)	625(780)	200	20	246.1(316.4)
56	20.30	90	130	130	170			1400(1680)	1120(1400)	840(1010)	670(840)	200	20	284.2(365.4)
60	23.62	95	135	140	180			1500(1800)	1200(1500)	900(1080)	720(900)	240	25	330.7(425.2)
64	26.76	100	145	150	195			1600(1920)	1280(1600)	960(1150)	770(960)	240	25	374.6(481.7)
68	30.55	105	150	160	205			1700(2040)	1360(1700)	1020(1225)	815(1020)	280	30	427.7(549.9)
72	34.60	110	155	170	215			1800(2160)	1440(1800)	1080(1300)	865(1080)	280	30	484.4(622.8)
76	38.89	115	160	180	225			1900(2280)	1520(1900)	1140(1370)	910(1140)	320	30	544.5(700.0)
80	43.44	120	165	190	235			2000(2400)	1600(2000)	1200(1440)	960(1200)	350	40	608.2(781.9)
85	49.48	130	180	200	250			2125(2550)	1700(2125)	1275(1530)	1020(1275)	350	40	692.7(890.6)
90	55.91	140	190	210	260			2250(2700)	1800(2250)	1350(1620)	1080(1350)	400	40	782.7(1006.0)
95	62.73	150	200	220	270			2375(2850)	1900(2375)	1425(1710)	1140(1425)	450	45	878.2(1129.0)
100	69.95	160	210	230	280			2500(3000)	2000(2500)	1500(1800)	1200(1500)	500	45	979.3(1259.0)

注：Q345 钢锚栓规格按括号内的数值选取。

表 I.2　普通螺栓规格

公称直径 d/mm	12	14	16	18	20	22	24	27	30
螺距 t/mm	1.75	2.0	2.0	2.5	2.5	2.5	3.0	3.0	3.5
中径 d_2/mm	10.863	12.701	14.701	16.376	18.376	20.376	22.052	25.052	27.727
内径 d_1/mm	10.106	11.835	13.835	15.294	17.294	19.294	20.752	23.752	26.211
计算净截面积 A_n/cm²	0.84	1.15	1.57	1.92	2.45	3.03	3.53	4.59	5.61

注:净截面积按下式算得:$A_n = \dfrac{\pi}{4}\left(\dfrac{d_1+d_3}{2}\right)^2$,式中 $d_3 = d_1 - 0.1444t$。

参考文献

[1] 李克强. 政府工作报告:2016 年 3 月 5 日在第十二届全国人民代表大会第四次会议上[M]. 北京:人民出版社,2016.

[2] 工信部. 钢铁工业调整升级规划(2016—2020 年)[J]. 中国钢铁业,2016(12):5-13.

[3] 佚名.实现钢结构建筑高质量发展[J]. 中国建筑金属结构,2021(06):12.

[4] 中华人民共和国住房和城乡建设部.装配式钢结构建筑技术标准:GB/T 51232—2016[S]. 北京:中国建筑工业出版社,2017.

[5] 中华人民共和国住房和城乡建设部.装配式钢结构住宅建筑技术标准:JGJ/T 469—2019[S]. 北京:中国建筑工业出版社,2019.

[6] 中华人民共和国住房和城乡建设部,中华人民共和国国家质量监督检验检疫总局.钢结构设计标准(附条文说明):GB 50017—2017[S]. 北京:中国建筑工业出版社,2018.

[7] 张耀春. 钢结构设计原理[M].2 版. 北京:高等教育出版社,2004.

[8] 何延宏. 钢结构基本原理[M].3 版. 上海:同济大学出版社,2010.

[9] 陈绍蕃. 钢结构(上册):钢结构基础.[M].4 版. 北京:中国建筑工业出版社,2018.

[10] 沈之容. 钢结构设计原理[M]. 北京:中国建筑工业出版社,2010.

[11] European Committee for Standardization. Eurocode 3:design of steel structures part 1-1:general rules and rules for buildings:EN 1993-1-1[S].2005.

[12] European Committee for Standardization. Eurocode 3:design of steel structures part 1-8:design of joints:EN 1993-1-8[S].2013.

[13] 中华人民共和国住房和城乡建设部,中华人民共和国国家质量监督检验检疫总局.冷弯薄壁型钢结构技术规范:GB 50018—2002[S]. 北京:中国计划出版社,2002.

[14] 陈骥. 钢结构稳定理论与设计[M].2 版. 北京:科学出版社,2001.

[15] 上田修三,荆洪阳. 结构钢的焊接:低合金钢的性能及冶金学[M]. 北京:冶金工业出版社,2004.

[16] 王国凡. 钢结构焊接制造[M]. 北京:化学工业出版社,2004.

[17] 王伯琴. 高强度螺栓连接[M]. 北京:冶金工业出版社,1991.

[18] 侯兆新. 高强度螺栓连接设计与施工[M]. 北京:中国建筑工业出版社,2012.

[19] 中华人民共和国住房和城乡建设部,国家市场监督管理总局.钢结构工程施工质量验收标准:GB 50205—2020[S]. 北京:中国计划出版社,2020.

[20] 中华人民共和国住房和城乡建设部,中华人民共和国国家质量监督检验检疫总局.工程结构可靠性设计统一标准:GB 50153—2008[S]. 北京:中国建筑工业出版社,2008.

[21] 中华人民共和国住房和城乡建设部.钢结构高强度螺栓连接技术规程:JGJ 82—2011[S]. 北京:中国建筑工业出版社,2011.

[22] 中华人民共和国住房和城乡建设部,中华人民共和国国家质量监督检验检疫总局.建筑抗震设计规范:GB 50011—2010[S].北京:中国建筑工业出版社,2010.

[23] 郭继武.建筑抗震设计[M].北京:中国建筑工业出版社,2006.

[24] 中华人民共和国住房和城乡建设部.高层民用建筑钢结构技术规程:JGJ 99—2015[S].北京:中国建筑工业出版社,2015.

[25] 周绪红.结构稳定理论[M].北京:高等教育出版社,2010.

[26] 张文元,张耀春.空间钢框架结构稳定分析的塑性铰法[C]//钢结构工程研究(三)——中国钢结构协会结构稳定与疲劳分会2000年学术交流会论文集.2000.

[27] 周绪红,万红霞,莫涛.轴心压杆截面设计时选定长细比λ的简便方法[J].钢结构,1996(4):37-40.

[28] American Institute of Steel Construction. Specification for structural steel buildings: ANSI/AISC 360-2016[S].2016.

[29] GIULIO B. Theory and design of steel structures[M]. Chapman & Hall,1983.

[30] TRAHAIR N, BRADFORD M A. The behaviour and design of steel structures[M]. Chapman and Hall,1988.

[31] 王光煜.钢结构缺陷及其处理[M].上海:同济大学出版社,1988.

[32] 陈德和.钢的缺陷[M].北京:机械工业出版社,1977.

[33] 雷宏刚.钢结构事故分析与处理[M].北京:中国建材工业出版社,2003.

[34] 叶梅新,黄琼.钢结构事故研究[J].铁道科学与工程学报,2002,20(4):6-10.

[35] 刘永华,张耀春.钢框架高等分析研究综述[J].哈尔滨工业大学学报,2005,37(9):123-130.

[36] 中华人民共和国住房和城乡建设部,中华人民共和国国家质量监督检验检疫总局.门式刚架轻型房屋钢结构技术规范:GB 51022—2015[S].北京:中国建筑工业出版社,2015.

[37] 罗邦富.钢结构设计手册[M].2版.北京:中国建筑工业出版社,1989.